みんなが欲しかった!

電験三種 機械の 実践問題集

尾上建夫 著

はじめに

電験とは?

電験（正式名称：電気主任技術者試験）とは，電気事業法に基づく国家試験で，使用可能な電圧区分により一種～三種まであり，電験三種の免状を取得すれば電圧50,000 V未満の電気施設（出力5,000 kW以上の発電所を除く。）の保安監督にあたることができます。

また，近年の電気主任技術者の高齢化や電力自由化等に伴い，電気主任技術者のニーズはますます増加しており，今後もさらに増加すると考えられます。

しかしながら，試験の難易度は毎年合格率10％以下の難関であり，その問題は基礎問題の割合は極めて少なく，テキストを学習したばかりの初学者がいきなり挑んでもなかなか解けないため，挫折してしまうこともあります。

4つのステップで試験問題が解ける!

電験三種ではさまざまな参考書が出ていますが，テキストを読み終えた後の適切な問題集がなく，テキストを理解できてもいきなり過去問を解くことはできず，解法を覚えるだけでは，試験問題は解けず…という事態に陥る可能性があります。

本書は，テキストと過去問の橋渡しをし，テキストの内容を確認する確認問題から，本試験対策となる応用問題までステップを踏んで力を養うことができます。

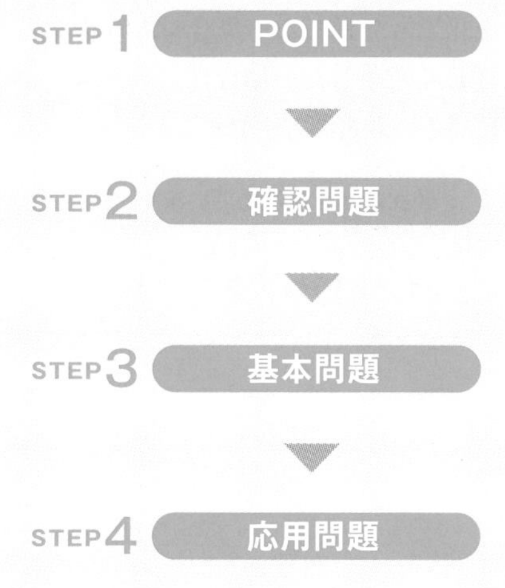

本書の特長と使い方

本問題集は，さまざまなテキストで学習された方が，過去問を解く前に必要な力を無理なくつけることができるよう次の４つのステップで構成されています。また，「みんなが欲しかった！電験三種の教科書＆問題集」と同じ構成をしているため「みんなが欲しかった！電験三種の教科書＆問題集」とあわせて使うことで効率よく学習を行うことができます。

本書に掲載されている問題は，すべて過去問を研究し出題分野を把握した上でつくられたオリジナル問題で構成されていますので，過去問を学習した受験生の腕試しにも効果的です。

STEP 1 POINT

テキストに記載のある重要事項，公式等を整理し説明しています。内容を見ても分からない場合やもう少し詳しく勉強したい場合は，テキストに戻るのも良い方法です。

公式などをまとめています

ポイントや覚え方もバッチリ

CHAPTER 01 直流機

1 直流発電機

（教科書CHAPTER01 SEC01～02対応）

POINT 1 直流発電機の誘導起電力

$$E=\frac{pZ}{60a}\phi N=K\phi N$$

E[V]:発電機の誘導起電力，p:磁極数，Z:電機子の全導体本数（コイル辺の数），ϕ[Wb]:1極あたりの磁束，N[min^{-1}]:回転速度，a:並列回路数，K:定数（$K=\frac{pZ}{60a}$）

上式において，重ね巻は$a=p$，波巻は$a=2$となる。

POINT 2 電機子反作用

(1) 電機子反作用

発電機で電気を作り，コイルに電流が流れると，その流れた電流により磁束が発生し，界磁磁束の向きに影響を与える現象を電機子反作用という。

2

STEP2 確認問題

POINTの内容について，テキストでも例題とされているような問題を設定しています。敢えて選択肢に頼らない出題形式で，知識が定着しているかを確認することができます。

穴埋め問題や簡単な計算問題を掲載

POINTへのリンクもつけています

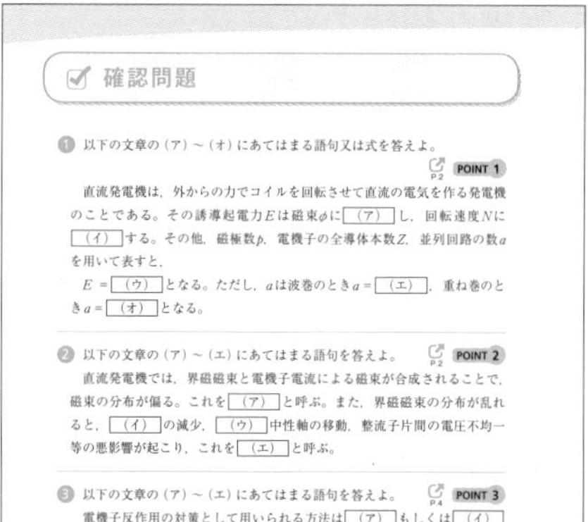

確認問題

1 以下の文章の（ア）～（オ）にあてはまる語句又は式を答えよ。 P2 POINT 1

直流発電機は，外からの力でコイルを回転させて直流の電気を作る発電機のことである。その誘導起電力Eは磁束ϕに［（ア）］し，回転速度Nに［（イ）］する。その他，磁極数p，電機子の全導体本数Z，並列回路の数aを用いて表すと，

E＝［（ウ）］となる。ただし，aは波巻のときa＝［（エ）］，重ね巻のときa＝［（オ）］となる。

2 以下の文章の（ア）～（エ）にあてはまる語句を答えよ。 P2 POINT 2

直流発電機では，界磁磁束と電機子電流による磁束が合成されることで，磁束の分布が偏る。これを［（ア）］と呼ぶ。また，界磁磁束の分布が乱れると，［（イ）］の減少，［（ウ）］中性軸の移動，整流子片間の電圧不均一等の悪影響が起こり，これを［（エ）］と呼ぶ。

3 以下の文章の（ア）～（エ）にあてはまる語句を答えよ。 P4 POINT 3

電機子反作用の対策として用いられる方法は［（ア）］もしくは［（イ）］

STEP3 基本問題

重要事項の内容を基本として，電験で出題されるような形式の問題を設定しています。問題慣れができるようになると良いでしょう。

本試験に沿った択一式の問題です

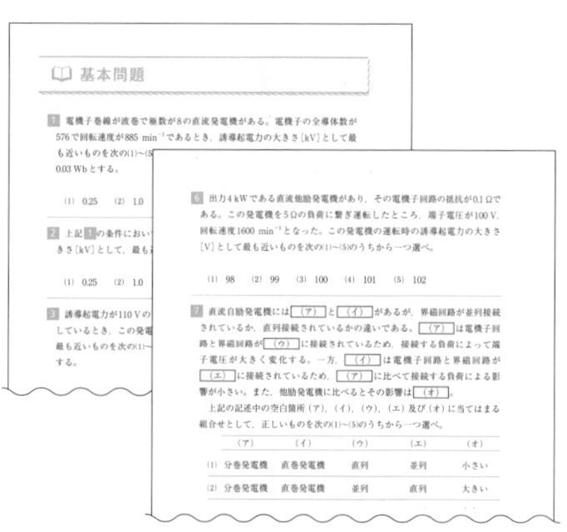

基本問題

1 電機子巻線が波巻で極数が8の直流発電機がある。電機子の全導体数が576で回転速度が885 min^{-1}であるとき，誘導起電力の大きさ[kV]として最も近いものを次の(1)～(5 … 0.03 Wbとする。

(1) 0.25 (2) 1.0

2 上記1の条件におい… き[kV]として，最も…

(1) 0.25 (2) 1.0

3 誘導起電力が110 Vの… しているとき，この発… 最も近いものを次の(1)～… する。

6 出力4 kWである直流他励発電機があり，その電機子回路の抵抗が0.1 Ωである。この発電機を5 Ωの負荷に繋ぎ運転したところ，端子電圧が100 V，回転速度1600 min^{-1}となった。この発電機の運転時の誘導起電力の大きさ[V]として最も近いものを次の(1)～(5)のうちから一つ選べ。

(1) 98 (2) 99 (3) 100 (4) 101 (5) 102

7 直流自励発電機には［（ア）］と［（イ）］があるが，界磁回路が並列接続されているか，直列接続されているかの違いである。［（ア）］は電機子回路と界磁回路が［（ウ）］に接続されているため，接続する負荷によって端子電圧が大きく変化する。一方，［（イ）］は電機子回路と界磁回路が［（エ）］に接続されているため，［（ア）］に比べて接続する負荷による影響が小さい。また，他励発電機に比べるとその影響は［（オ）］。

上記の記述中の空白箇所（ア），（イ），（ウ），（エ）及び（オ）に当てはまる組合せとして，正しいものを次の(1)～(5)のうちから一つ選べ。

	（ア）	（イ）	（ウ）	（エ）	（オ）
(1)	分巻発電機	直巻発電機	直列	並列	小さい
(2)	分巻発電機	直巻発電機	並列	直列	大きい

STEP4 応用問題

電験の準備のために，本試験で出題される内容と同等のレベルの問題を設定しています。応用問題を十分に理解していれば，合格に必要な能力は十分についているものと考えて構いません。

本試験レベルのオリジナル問題です

応用問題

1 直流機に関する記述として，誤っているものを次の(1)～(5)のうちから一つ選べ。

(1) 直巻発電機は，… 電機で，出力電流が… 流が小さく界磁線…

(2) 直流機は固定子と… 巻線，継鉄などによ… 構成されている。

(3) 分巻発電機は，… で，界磁抵抗を一定… ずかに上昇するが…

(4) 電機子反作用は… るため，発電機であ… 電機子電流の向きが… きに働く。

(5) 電機子反作用の対…

(1) 860 (2) 890 (3) 920 (4) 950 (5) 980

4 直流電動機に関する記述として，誤っているものを次の(1)～(5)のうちから一つ選べ。

(1) 直流電動機は始動時に非常に大きな電機子電流が流れるため，始動抵抗を電機子回路に直列に挿入する方法がとられる。

(2) 直流電動機の回転速度は電圧や抵抗，界磁によって変化する。電圧制御法は一般に他励電動機や直巻電動機に用いられる方法である。

(3) 直流他励電動機において，励磁電圧が低下すると，回転速度は低下する。

(4) 直流機の制動法のうち，電源から切り離して抵抗を接続し，抵抗で電力消費しジュール熱にする制動法を発電制動という。

(5) 直流機の制動法のうち，電機子の端子を逆にして，逆向きのトルクを発生させ停止する方法を逆転制動という。

5 分巻電動機及び直巻電動機のトルクと回転速度の関係を表すグラフとして，最も近いものを次の(1)～(5)のうちから一つ選べ。

(1) (2) (3)

詳細な解説の解答編

本書で解答編を別冊にしており，紙面の許す限り丁寧に解説しているので問題編よりも厚い構成になっています。

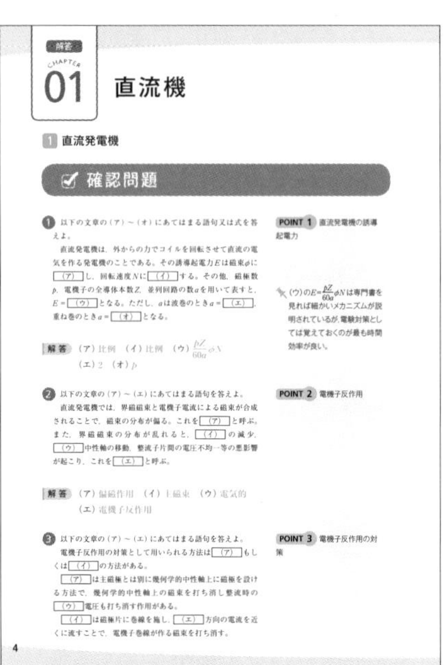
解答 CHAPTER 01 直流機

1 直流発電機

確認問題

❶ 以下の文章の（ア）～（オ）にあてはまる語句又は式を答えよ。

直流発電機は，外からの力でコイルを回転させて直流の電気を作る発電機のことである。その誘導起電力Eは磁束ϕに［（ア）］し，回転速度Nに［（イ）］する。その他，磁極数p，電機子の全導体本数Z，並列回路の数aを用いて表すと，E＝［（ウ）］となる。ただし，aは波巻のときa＝［（エ）］，重ね巻のときa＝［（オ）］となる。

解答 （ア）比例 （イ）比例 （ウ）$\frac{pZ}{60a}\phi N$ （エ）2 （オ）p

POINT 1 直流発電機の誘導起電力

（ウ）の$E=\frac{pZ}{60a}\phi N$は専門書を見れば細かいメカニズムが説明されているが，電験対策としては覚えておくのが最も時間効率が良い。

❷ 以下の文章の（ア）～（エ）にあてはまる語句を答えよ。

直流発電機では，界磁磁束と電機子電流による磁束が合成されることで，磁束の分布が偏る。これを［（ア）］と呼ぶ。また，界磁磁束の分布が乱れると，［（イ）］の減少，［（ウ）］中性軸の移動，整流子片間の電圧不均一等の悪影響が起こり，これを［（エ）］と呼ぶ。

解答 （ア）偏磁作用 （イ）主磁束 （ウ）電気的 （エ）電機子反作用

POINT 2 電機子反作用

❸ 以下の文章の（ア）～（エ）にあてはまる語句を答えよ。

電機子反作用の対策として用いられる方法は［（ア）］もしくは［（イ）］の方法がある。

［（ア）］は主磁極とは別に幾何学的中性軸上に磁極を設ける方法で，幾何学的中性軸上の磁束を打ち消し整流時の［（ウ）］電圧も打ち消す作用がある。

［（イ）］は磁極片に巻線を施し，［（エ）］方向の電流を近くに流すことで，電機子巻線が作る磁束を打ち消す。

POINT 3 電機子反作用の対策

4

POINT 1　POINTへのリンクを施しています。公式などを忘れている場合は戻って確認しましょう。

解答する際のポイントをまとめました。

注目　問題文で注意すべきところや，学習上のワンポイントアドバイスを掲載しています。

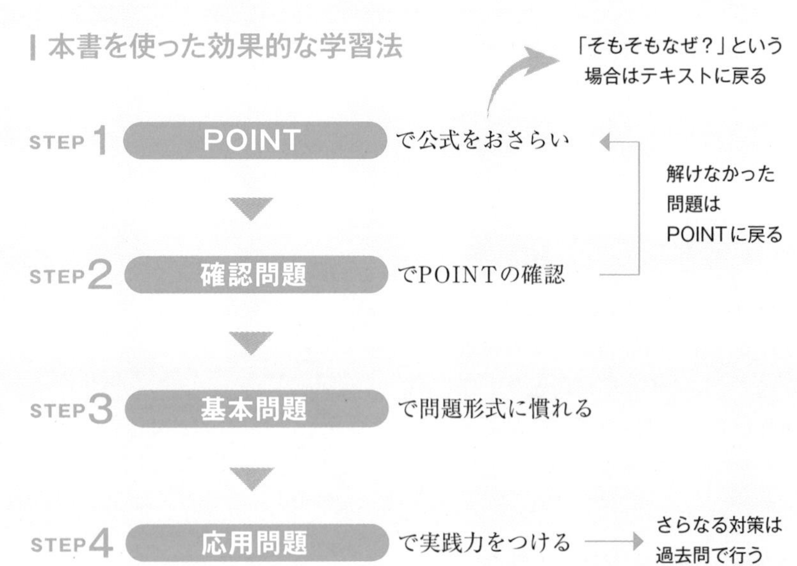

教科書との対応

本書は『みんなが欲しかった！電験三種 機械の教科書&問題集 第2版』と同じ構成をしています。本書との対応は以下の通りです。

CHAPTER	本書	電験三種機械の教科書&問題集（第2版）
CHAPTER 01 直流機	1 直流発電機	SEC01 直流機の原理
		SEC02 直流発電機
	2 直流電動機	SEC03 直流電動機
CHAPTER 02 変圧器	1 変圧器の構造，損失と効率	SEC01 変圧器の構造と理想変圧器
		SEC02 変圧器の等価回路
		SEC03 変圧器の定格と電圧変動率
		SEC04 変圧器の損失と効率
	2 変圧器の並行運転	SEC05 変圧器の並行運転
		SEC06 変圧器の三相結線
		SEC07 単巻変圧器
CHAPTER 03 誘導機	1 誘導電動機の原理と構造	SEC01 三相誘導電動機の原理
		SEC02 三相誘導電動機の構造と滑り
		SEC03 三相誘導電動機の等価回路
		SEC04 三相誘導電動機の特性
	2 誘導電動機の始動法と速度制御	SEC05 三相誘導電動機の始動法
		SEC06 誘導電動機の逆転と速度制御
		SEC07 特殊かご形誘導電動機
		SEC08 単相誘導電動機
CHAPTER 04 同期機	1 三相同期発電機	SEC01 三相同期発電機
	2 三相同期電動機	SEC02 三相同期電動機
CHAPTER 05 パワーエレクトロニクス	1 パワー半導体デバイスと整流回路	SEC01 パワー半導体デバイス
		SEC02 整流回路と電力調整回路
	2 直流チョッパとインバータ	SEC03 直流チョッパ
		SEC04 インバータとその他の変換装置
CHAPTER 06 自動制御	1 自動制御	SEC01 自動制御
CHAPTER 07 情報	1 情報	SEC01 情報
CHAPTER 08 照明	1 照明	SEC01 照明
CHAPTER 09 電熱	1 電熱	SEC01 電熱
CHAPTER 10 電動機応用	1 電動機応用	SEC01 電動機応用
		SEC02 小形モータ
CHAPTER 11 電気化学	1 電気化学	SEC01 電気化学

Index

CHAPTER 01 直流機

CHAPTER 02 変圧器

CHAPTER 03 誘導機

CHAPTER 04 同期機

CHAPTER 05 パワーエレクトロニクス

CHAPTER 06 自動制御

別冊解答編

CHAPTER 01

直流機

毎年２問程度，計算問題と知識問題がともに出題される分野です。
問題文に等価回路が与えられていることは稀なので，原理を理解した上で等価回路を描き，各公式を使いこなせるかどうかがカギとなります。
また，直流電動機は近年毎年出題されている必須分野です。

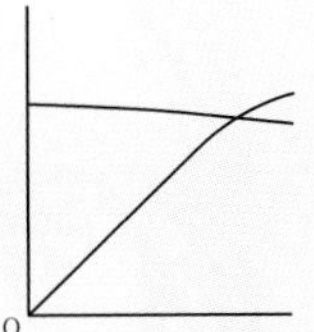

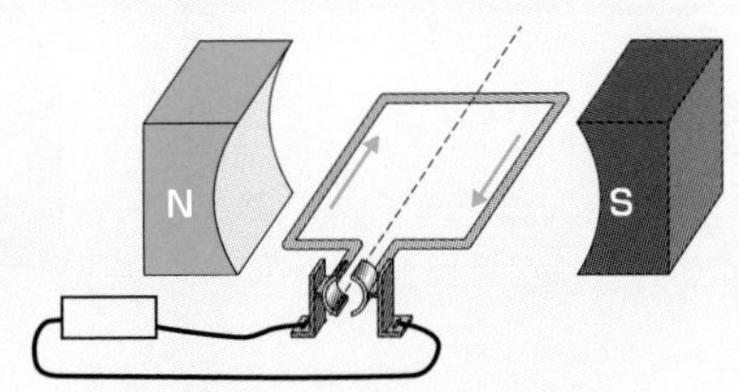

CHAPTER 01

直流機

1 直流発電機

（教科書CHAPTER01 SEC01～02対応）

POINT 1　直流発電機の誘導起電力

$$E=\frac{pZ}{60a}\phi N=K\phi N$$

E[V]:発電機の誘導起電力，p:磁極数，Z:電機子の全導体本数（コイル辺の数），ϕ[Wb]:1極あたりの磁束，N[min^{-1}]:回転速度，a:並列回路数，K:定数（$K=\frac{pZ}{60a}$）

上式において，重ね巻は$a=p$，波巻は$a=2$となる。

POINT 2　電機子反作用

(1)　電機子反作用

発電機で電気を作り，コイルに電流が流れると，その流れた電流により磁束が発生し，界磁磁束の向きに影響を与える現象を**電機子反作用**という。

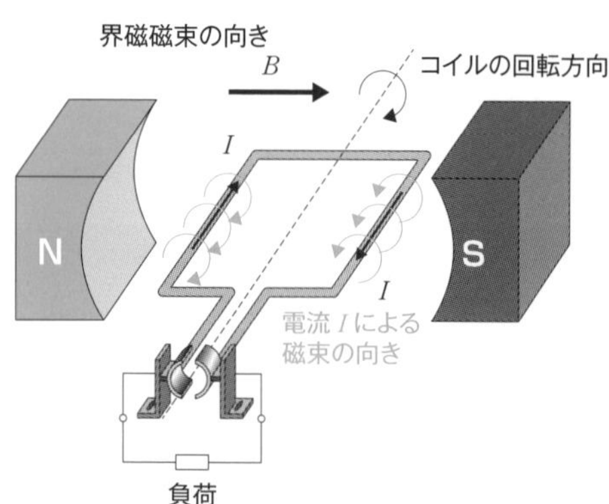

(2) 電機子反作用による偏磁作用

界磁磁束と電機子電流による磁束が合成されることで，磁束の分布が偏る。これを**偏磁作用**と呼び，偏る前の中性軸を幾何学的中性軸，移動した中性軸を**電気的中性軸**という。界磁磁束の分布が乱れると下図のような悪影響が起こる。

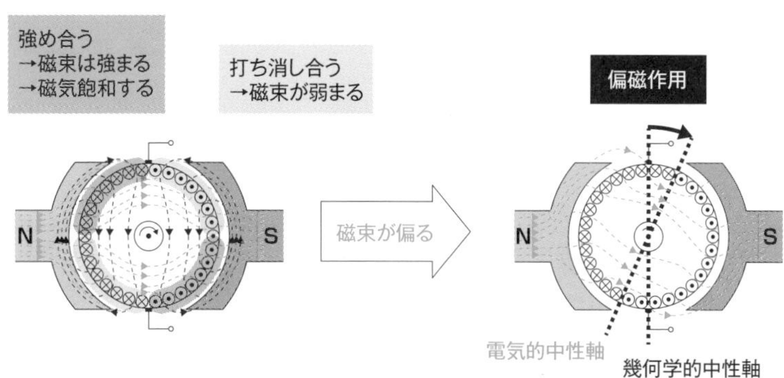

Ⓐ 主磁束の減少（全体として減少）

①強め合う部分
→ある程度強まると，
→磁気飽和してしまう
→磁束は一定以上強くならない

②打ち消し合う部分
→磁束が弱まる

①と②より，全体としては，磁束が減少する。
→発電機の起電力が弱くなる。

Ⓑ 電気的中性軸の移動

磁束分布がずれる
→ブラシで短絡されたコイルが磁束を切ることになる
→コイル（とそれにつながった整流子片）に起電力が発生してしまう
→短絡状態のコイルに大電流が流れブラシと整流子片の間で火花が生じる

Ⓒ 整流子片間の電圧不均一

磁束分布がずれる
→磁束が不均一になる
→高すぎる起電力を生じるコイル（とそれにつながった整流子片）があらわれる
→高電圧の整流子片から他の整流子片に小さなアークが飛ぶ
→整流子片間で火花が生じる

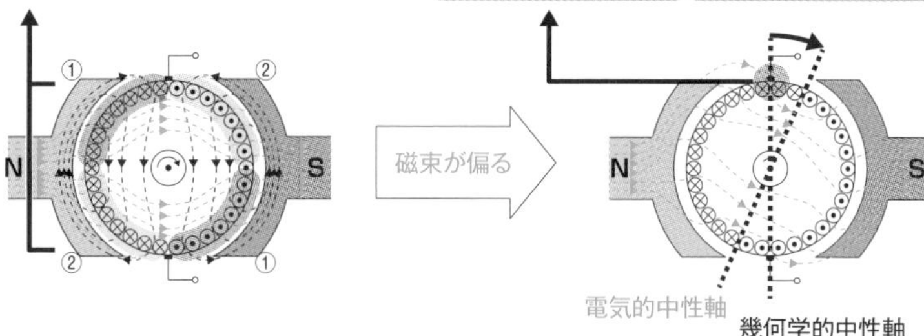

POINT 3　電機子反作用の対策

(1)　補償巻線

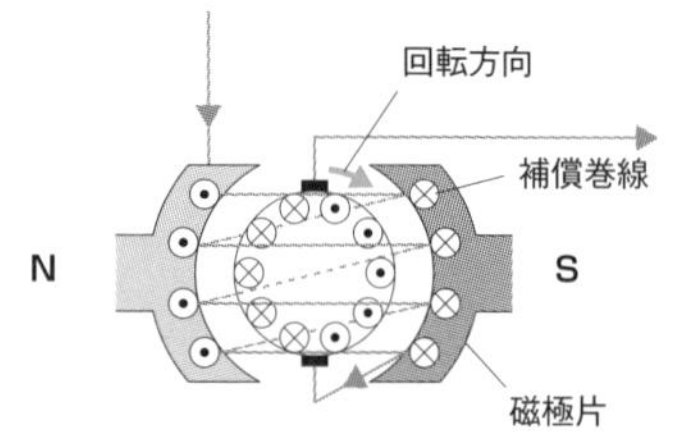

電機子に流れる電流の近くに逆方向の電流を流すことで，電機子巻線が作る磁束を打ち消す。具体的には，磁極片に巻線を施し，電機子巻線と直列に接続する方法が取られる。

(2)　補極

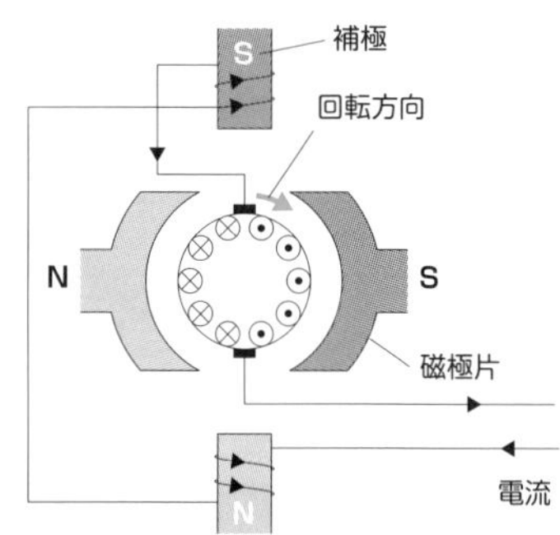

主磁極とは別に，幾何学的中性軸上に磁極を設ける。これにより，❶幾何学的中性軸上の磁束を打ち消し，❷整流時のリアクタンス電圧も打ち消す。

リアクタンス電圧とは
ブラシと整流子片は接触しているが，回転しているので一瞬だけ離れ，電流の大きさが0となる瞬間がある。このとき，コイルは$e=-L\dfrac{\Delta I}{\Delta t}$の関係により，誘導起電力が発生し，これをリアクタンス電圧という。

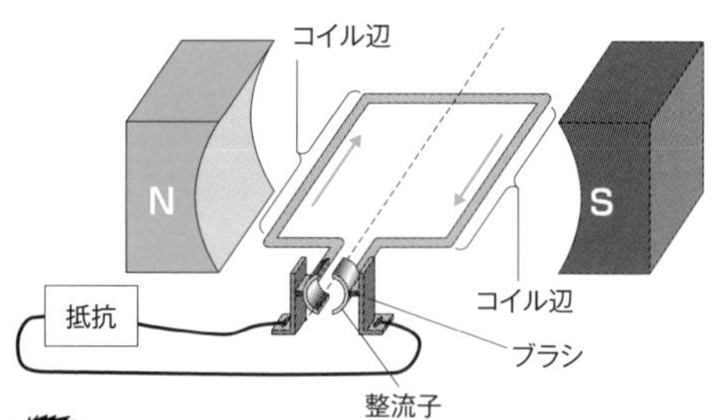

POINT 4 他励発電機と等価回路

界磁回路と電機子回路が分離されている方式の発電機を他励発電機という。等価回路は下図のように描くことができ，非常に重要である。

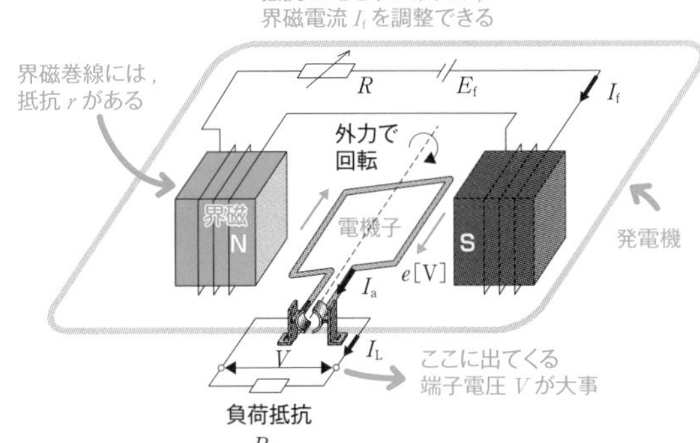

※r と R の合成抵抗を界磁抵抗 r_f と考える

「他励式発電機」と設問で記載されていたら，下の等価回路が描けるようにしておく。

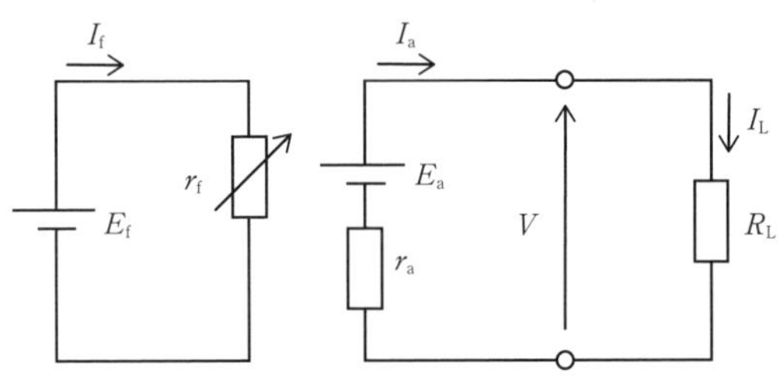

V :端子電圧
E_a :誘導起電力
r_a :電機子抵抗
I_a :電機子電流
E_f :外部電源電圧（励磁電圧）
r_f :界磁抵抗
I_f :界磁電流
I_L :負荷電流
R_L :負荷抵抗

等価回路から導かれる関係式

$$V=E_a-r_aI_a$$

POINT 5　自励発電機

(1)　分巻発電機と等価回路

分巻発電機は，図のように自励発電機のうち電機子回路と界磁回路が**並列接続**された発電機。自励とは界磁のための電源を発電機自身が担うこと。

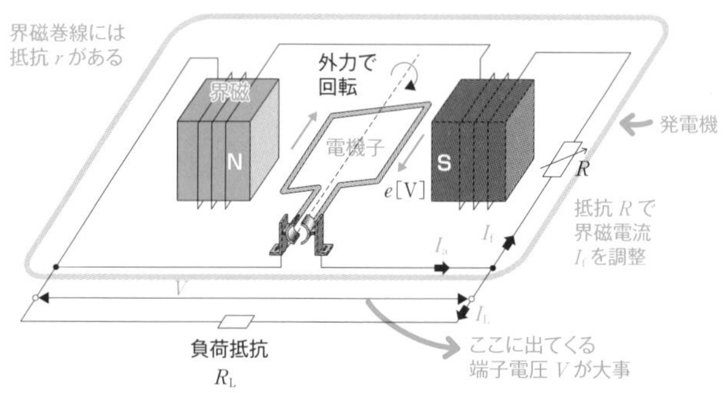

※r と R の合成抵抗を界磁抵抗 r_f と考える

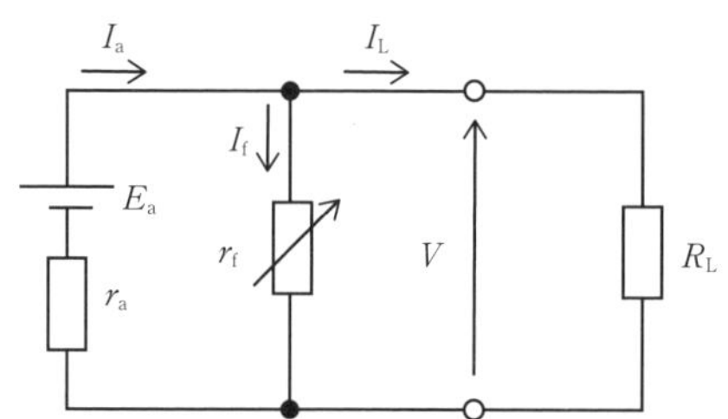

V　:端子電圧	r_f　:界磁抵抗
E_a　:誘導起電力	I_f　:界磁電流
r_a　:電機子抵抗	I_L　:負荷電流
I_a　:電機子電流	R_L:負荷抵抗

等価回路から導かれる関係式

$$V = E_a - r_a I_a$$

$$I_f = \frac{V}{r_f} = \frac{E_a - r_a I_a}{r_f}$$

$$I_L = I_a - I_f$$

(2) 直巻発電機と等価回路

図のように自励発電機のうち電機子回路と界磁回路が**直列接続**された発電機のこと。

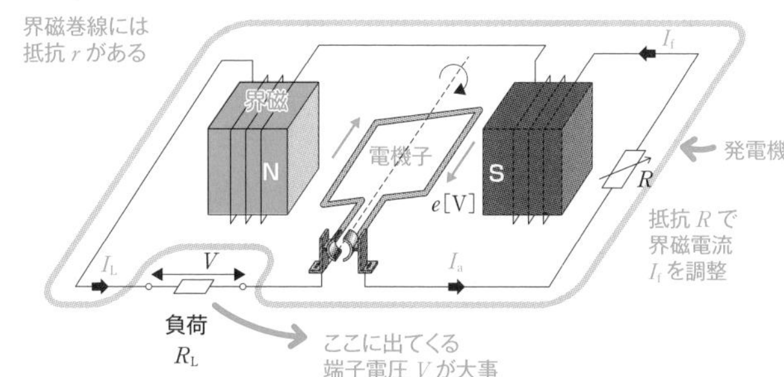

※r と R の合成抵抗を界磁抵抗 r_f と考える

等価回路が描ければ関係式は自ずと導き出せるので，分巻発電機と関係式の違いは覚える必要はない。

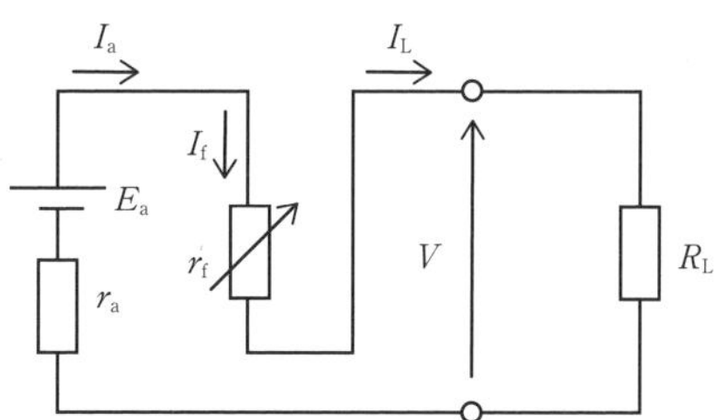

V	:端子電圧	r_f	:界磁抵抗
E_a	:誘導起電力	I_f	:界磁電流
r_a	:電機子抵抗	I_L	:負荷電流
I_a	:電機子電流	R_L	:負荷抵抗

等価回路から導かれる関係式

$$V = E_a - (r_a + r_f)I_a$$

$$I_L = I_a = I_f$$

確認問題

1 以下の文章の（ア）～（オ）にあてはまる語句又は式を答えよ。

P.2 POINT 1

直流発電機は，外からの力でコイルを回転させて直流の電気を作る発電機のことである。その誘導起電力Eは磁束ϕに［（ア）］し，回転速度Nに［（イ）］する。その他，磁極数p，電機子の全導体本数Z，並列回路の数aを用いて表すと，

E =［（ウ）］となる。ただし，aは波巻のときa =［（エ）］，重ね巻のときa =［（オ）］となる。

---

2 以下の文章の（ア）～（エ）にあてはまる語句を答えよ。

P.2 POINT 2

直流発電機では，界磁磁束と電機子電流による磁束が合成されることで，磁束の分布が偏る。これを［（ア）］と呼ぶ。また，界磁磁束の分布が乱れると，［（イ）］の減少，［（ウ）］中性軸の移動，整流子片間の電圧不均一等の悪影響が起こり，これを［（エ）］と呼ぶ。

---

3 以下の文章の（ア）～（エ）にあてはまる語句を答えよ。

P.4 POINT 3

電機子反作用の対策として用いられる方法は［（ア）］もしくは［（イ）］の方法がある。

［（ア）］は主磁極とは別に幾何学的中性軸上に磁極を設ける方法で，幾何学的中性軸上の磁束を打ち消し整流時の［（ウ）］電圧も打ち消す作用がある。

［（イ）］は磁極片に巻線を施し，［（エ）］方向の電流を近くに流すことで，電機子巻線が作る磁束を打ち消す。

4 以下の文章の（ア）～（エ）にあてはまる数値を答えよ。P.5~7 POINT 4 5

・直流他励発電機が端子電圧100 V，電機子電流100 Aで運転しているとき，誘導起電力の大きさは［（ア）］Vとなる。ただし，電機子巻線抵抗は0.05 Ωとする。

・端子電圧が100 Vの直流分巻発電機の誘導起電力が110 V，電機子電流が60 Aであるとき，界磁電流が10 Aであった。このとき，この発電機の電機子巻線抵抗の大きさは［（イ）］Ωであり，負荷電流は［（ウ）］Aであるので，このとき接続した外部抵抗は［（エ）］Ωと求められる。

---

5 以下の文章の（ア）～（エ）にあてはまる語句を答えよ。P.5~7 POINT 4 5

直流発電機のうち［（ア）］は，界磁のための電源として，発電機自身の電源を利用するもので［（イ）］と［（ウ）］があり，［（イ）］は電機子回路と界磁回路が並列接続されたもの，［（ウ）］は電機子回路と界磁回路が直列接続されたものである。

直流発電機のうち［（エ）］は，界磁回路と電機子回路が分離されている方式の発電機で，界磁回路用に別の電源を必要とする。

基本問題

1 電機子巻線が波巻で極数が8の直流発電機がある。電機子の全導体数が576で回転速度が885 $\mathrm{min^{-1}}$であるとき，誘導起電力の大きさ[kV]として最も近いものを次の(1)～(5)のうちから一つ選べ。ただし，1極あたりの磁束は0.03 Wbとする。

(1) 0.25　(2) 1.0　(3) 25　(4) 250　(5) 1000

---

2 上記 **1** の条件において電機子巻線が重ね巻であるとき，誘導起電力の大きさ[kV]として，最も近いものを次の(1)～(5)のうちから一つ選べ。

(1) 0.25　(2) 1.0　(3) 25　(4) 250　(5) 1000

---

3 誘導起電力が110 Vの直流発電機がある。この発電機が1000 $\mathrm{min^{-1}}$で回転しているとき，この発電機の磁極の1極あたりの磁束の大きさ[Wb]として，最も近いものを次の(1)～(5)のうちから一つ選べ。ただし定数$K=\dfrac{pZ}{60a}=10$とする。

(1) 0.011　(2) 0.11　(3) 1.1　(4) 1.2　(5) 11

---

4 直流発電機では発電機で電気を作り，コイルに電流が流れると，その流れた電流により磁束が発生する。これにより，界磁磁束による磁界の向きに影響を与える現象を［（ア）］と呼ぶ。電機子電流による磁束を加味しない中性軸を［（イ）］，電機子電流による磁束を考慮した場合の中性軸を［（ウ）］と呼ぶ。［（イ）］と［（ウ）］の角度は電機子電流の大きさが大きくなるほど［（エ）］。［（ア）］の対策として［（オ）］は電機子に流れる電流と，逆方向の電流を近くに流すことで，電機子巻線が作る磁束を打ち消す方法である。

上記の記述中の空白箇所（ア），（イ），（ウ），（エ）及び（オ）に当てはまる組合せとして，正しいものを次の(1)～(5)のうちから一つ選べ。

	（ア）	（イ）	（ウ）	（エ）	（オ）
(1)	電機子反作用	電気的中性軸	幾何学的中性軸	大きくなる	補償巻線
(2)	電機子作用	電気的中性軸	幾何学的中性軸	大きくなる	補償巻線
(3)	電機子反作用	幾何学的中性軸	電気的中性軸	小さくなる	補極
(4)	電機子反作用	幾何学的中性軸	電気的中性軸	大きくなる	補償巻線
(5)	電機子作用	電気的中性軸	幾何学的中性軸	小さくなる	補極

5 直流発電機の電機子反作用の記述として，誤っているものを次の(1)～(5)のうちから一つ選べ。

(1) 電機子反作用とは電機子電流による磁界により，界磁磁束の磁束分布に偏りが生じ，発電機に悪影響を及ぼす作用である。

(2) 電機子反作用による悪影響の一つとして，主磁束への影響が挙げられる。これは界磁磁束と電機子電流による磁束とが合成されることで磁束の強め合う部分と弱め合う部分が発生するからであるが全体としては，磁束の合計は変わらない。

(3) 電機子反作用の影響には電気的中性軸の移動があるが，これにより起電力が発生しているコイルを，ブラシで短絡すると火花を生じる可能性がある。

(4) 電機子反作用の対策として，補極を設けるという方法がある。これは，幾何学的中性軸上に磁極を設けることで，幾何学中性軸上の磁束を打ち消し，電気的中性軸の移動を抑える方法である。

(5) 電機子反作用の対策として，補償巻線を設ける方法がある。補償巻線は，磁極片に巻線を施し，電機子電流と逆方向に電流を流すことで，主磁極の外側で磁束を打ち消し合うようにする方法である。電機子巻線と補償巻線は直列に接続する。

6 出力4 kWである直流他励発電機があり，その電機子回路の抵抗が0.1 Ωである。この発電機を5 Ωの負荷に繋ぎ運転したところ，端子電圧が100 V，回転速度1600 min^{-1}となった。この発電機の運転時の誘導起電力の大きさ[V]として最も近いものを次の(1)〜(5)のうちから一つ選べ。

(1) 98　(2) 99　(3) 100　(4) 101　(5) 102

---

7 直流自励発電機には［（ア）］と［（イ）］があるが，界磁回路が並列接続されているか，直列接続されているかの違いである。［（ア）］は電機子回路と界磁回路が［（ウ）］に接続されているため，接続する負荷によって端子電圧が大きく変化する。一方，［（イ）］は電機子回路と界磁回路が［（エ）］に接続されているため，［（ア）］に比べて接続する負荷による影響が小さい。また，他励発電機に比べるとその影響は［（オ）］。

上記の記述中の空白箇所（ア），（イ），（ウ），（エ）及び（オ）に当てはまる組合せとして，正しいものを次の(1)〜(5)のうちから一つ選べ。

	（ア）	（イ）	（ウ）	（エ）	（オ）
(1)	分巻発電機	直巻発電機	直列	並列	小さい
(2)	分巻発電機	直巻発電機	並列	直列	大きい
(3)	直巻発電機	分巻発電機	直列	並列	大きい
(4)	分巻発電機	直巻発電機	並列	直列	小さい
(5)	直巻発電機	分巻発電機	直列	並列	小さい

8 出力10 kWである直流分巻発電機があり，端子電圧が200 V，回転速度600 min^{-1}で運転しているときの誘導起電力の大きさが220 Vであった。その電機子回路の抵抗が0.05 Ωであるとき，電機子電流の大きさ[A]として，最も近いものを次の(1)～(5)のうちから一つ選べ。

(1) 200　(2) 250　(3) 300　(4) 350　(5) 400

---

9 界磁巻線の抵抗が0.03 Ω，他の条件が上記 **8** と同条件において，直巻発電機であった場合の電機子電流の大きさ[A]として，最も近いものを次の(1)～(5)のうちから一つ選べ。

(1) 200　(2) 250　(3) 300　(4) 350　(5) 400

---

10 直流分巻発電機に4.0 Ωの外部抵抗が接続されている。端子電圧が200 V，誘導起電力が214 Vであるとき，界磁巻線に流れる電流の大きさとして，最も近いものを次の(1)～(5)のうちから一つ選べ。ただし，電機子巻線抵抗は0.2 Ωとする。

(1) 10　(2) 20　(3) 30　(4) 40　(5) 50

応用問題

1 直流機に関する記述として，誤っているものを次の(1)～(5)のうちから一つ選べ。

(1) 直巻発電機は，電機子巻線と界磁巻線が直列に接続されている自励発電機で，出力電流が大きく界磁磁極が磁気飽和する場合の方が，出力電流が小さく界磁磁極が磁気飽和しない場合に比べて出力が安定する。

(2) 直流機は固定子と回転子から構成されている。一般的に固定子は界磁巻線，継鉄などによって，回転子は，電機子巻線，整流子などによって構成されている。

(3) 分巻発電機は，電機子巻線と界磁巻線が並列に接続されている発電機で，界磁抵抗を一定とすれば，電機子電流が増加すると，回転速度がわずかに上昇するが，ほぼ一定に制御できるという特徴がある。

(4) 電機子反作用は電機子電流がつくり出す磁束により発生するものであるため，発電機である場合でも電動機である場合でも発生する。しかし，電機子電流の向きが逆となるため，電機子反作用による偏磁作用も逆向きに働く。

(5) 電機子反作用の対策として，補極を設置すること，磁極片に補償巻線を設けること，という対策がある。一般的に補極はすべての直流機，補償巻線は大容量機にのみ設けることが多い。

---

2 極数6，全導体数432，回転速度950 min^{-1}で波巻の直流他励発電機に10 Ωの外部抵抗を接続し運転したところ，端子電圧が200 Vであった。これを未知の抵抗Rに置き換えたところ，抵抗Rに流れる電流の大きさが30 Aとなった。このときの抵抗Rの値[Ω]として最も近いものを次の(1)～(5)の中から一つ選べ。ただし，発電機の磁極の1極あたりの磁束の大きさは0.01 Wbとし，外部抵抗を繋ぎ変えたことによる発電機の回転速度の変化はないものとする。

(1) 6.4　(2) 6.5　(3) 6.6　(4) 6.7　(5) 6.8

3 端子電圧が100 V，電機子回路の全抵抗が0.1 Ωである直流他励発電機があり，ある負荷を接続し運転すると，回転速度は1440 min^{-1}であった。界磁磁束を一定に保ち，この発電機の同一端子電圧に同じ負荷を並列に接続したときの回転速度が1600 min^{-1}であったとき，負荷の大きさ[Ω]として最も近いものを次の(1)～(5)のうちから一つ選べ。

(1) 0.2　(2) 0.4　(3) 0.6　(4) 0.8　(5) 1.0

2 直流電動機

（教科書CHAPTER01 SEC03対応）

POINT 1　直流電動機のトルクと出力

$$T=\frac{pZ}{2\pi a}\phi I_a=K'\phi I_a$$

$$P_o=\omega T=\frac{2\pi N}{60}T=E_a I_a$$

T[N・m]:電動機のトルク，p:磁極数，Z:電機子の全導体本数（コイル辺の数），a:並列回路数，ϕ[Wb]:1極あたりの磁束，I_a[A]:電機子電流，N[min^{-1}]:回転速度，K':定数（$K'=\frac{pZ}{2\pi a}$）

上式において，重ね巻は$a=p$，波巻は$a=2$となる。

誘導起電力の式$E_a=\frac{pZ}{60a}\phi N=K\phi N$と似ているので，一緒に覚えておくと良い。

POINT 2　直流電動機の等価回路

(1)　他励直流電動機の等価回路

他励式直流発電機とほぼ同じ等価回路で，接続するものが抵抗から電源に変わり，電機子電流の向きが逆になっている。

等価回路より導かれる関係式は以下の通り。

$$E_a=V-r_a I_a$$

$$I_f=\frac{E_f}{r_f}$$

$$I_a=I$$

暗記は不要

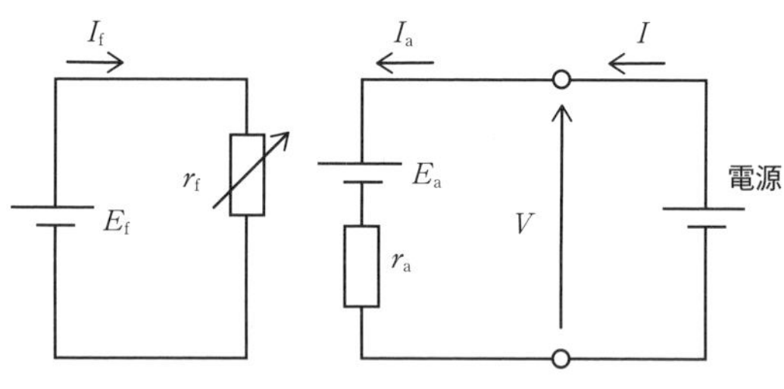

V[V]：電源電圧　　E_f[V]：外部電源電圧
E_a[V]：誘導起電力　　I_f[A]：界磁電流
I_a[A]：電機子電流　　r_f[Ω]：界磁抵抗
r_a[Ω]：電機子抵抗

(2) 分巻直流電動機の等価回路

分巻直流発電機とほぼ同じ等価回路で，他励電動機と同様接続するものが抵抗から電源に変わり，電機子電流の向きが逆になっている。

等価回路より導かれる関係式は以下の通り。

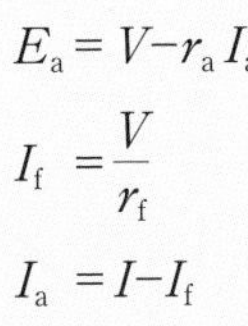

$$E_a = V - r_a I_a$$

$$I_f = \frac{V}{r_f}$$

$$I_a = I - I_f$$

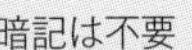

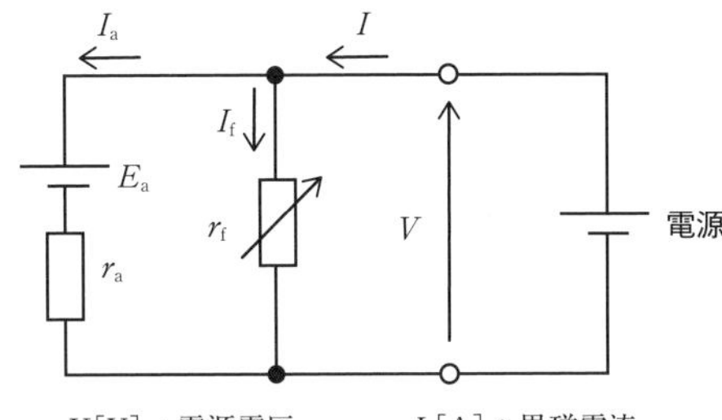

V[V]：電源電圧　　I_f[A]：界磁電流
E_a[V]：誘導起電力　　r_f[Ω]：界磁抵抗
I_a[A]：電機子電流
r_a[Ω]：電機子抵抗

(3) 直巻直流電動機の等価回路

直巻直流発電機とほぼ同じ等価回路で，分巻電動機と同様接続するものが抵抗から電源に変わり，電機子電流の向きが逆になっている。

等価回路より導かれる関係式は以下の通り。

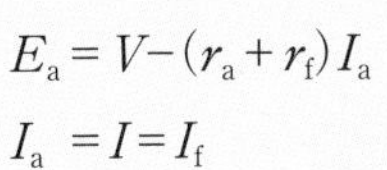

$$E_a = V - (r_a + r_f) I_a$$

$$I_a = I = I_f$$

暗記は不要

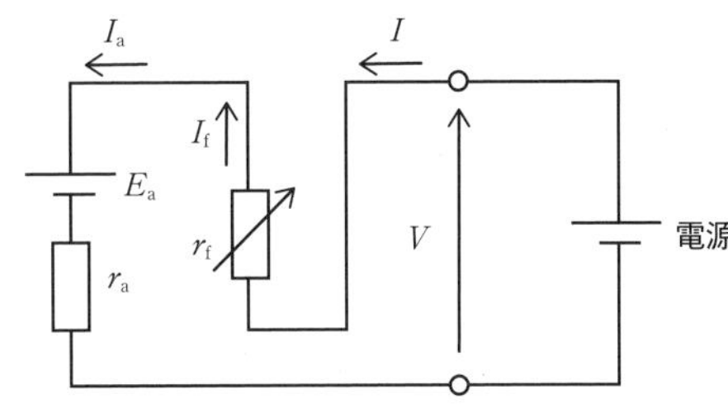

V[V]：電源電圧　　I_f[A]：界磁電流
E_a[V]：誘導起電力　　r_f[Ω]：界磁抵抗
I_a[A]：電機子電流
r_a[Ω]：電機子抵抗

POINT 3　直流電動機の特性

(1)　他励直流電動機及び分巻直流電動機の特性曲線

$E_a=\dfrac{pZ}{60a}\phi N=K\phi N$より，$N=\dfrac{E_a}{K\phi}$であり，これに$E_a=V-r_aI_a$を代入すると，

$$N=\frac{V-r_aI_a}{K\phi}=\frac{V-r_aI}{K\phi}$$

となる。

よって，回転速度Nは負荷電流Iが大きくなると，わずかに減少するがほぼ一定であることがわかる。

→トルク T[N・m]　→回転速度 N[min^{-1}]
N
T
O
→負荷電流 I[A]

またトルクTは，

$$T=K'\phi I_a=K'\phi I$$

となり，トルクTは負荷電流Iにほぼ比例することがわかる。

正確には直流分巻電動機の場合，界磁回路の電圧降下の分だけトルクは下に平行移動することになる。

(2)　直巻直流電動機の特性曲線

$E_a=\dfrac{pZ}{60a}\phi N=K\phi N$より，$N=\dfrac{E_a}{K\phi}$であり，これに$E_a=V-(r_a+r_f)I_a$を代入すると，

$$N=\frac{V-(r_a+r_f)I_a}{K\phi}=\frac{V-(r_a+r_f)I}{K\phi}$$

となる。直巻式の場合磁束ϕは一定ではなく，磁気回路のオームの法則から，$\phi=\dfrac{NI}{R_m}=K''I$の関係があるので，

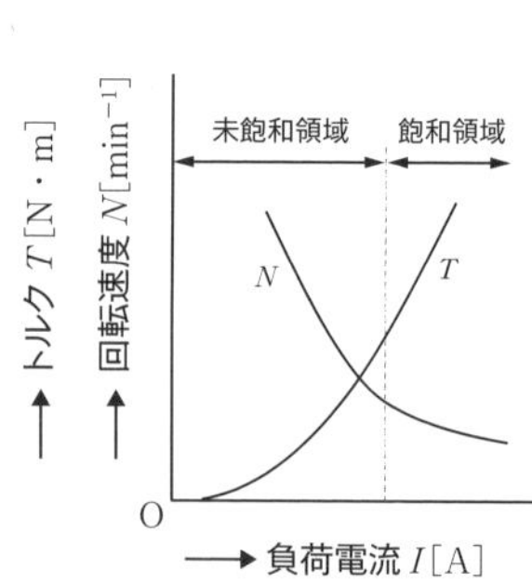

$$N=\frac{V-(r_a+r_f)I}{KK''I}=\frac{V}{KK''I}-\frac{r_a+r_f}{KK''}$$

となり，回転速度Nは負荷電流Iに反比例した値から$\dfrac{r_a+r_f}{KK''}$だけ下げた大きさとなる。

また，トルクTは，

$$T=K'\phi I_a=K'(K''I)I=K'K''I^2$$

となり，トルクTは負荷電流Iの2乗にほぼ比例することがわかる。

POINT 4　直流電動機の始動

$E_a=K\phi N$より，始動時の誘導起電力E_aが零であるため，始動時には非常に大きな電機子電流$I_a=\dfrac{V}{r_a}$が流れる。これを始動電流と呼び，この始動電流を低減させるため，始動抵抗を電機子回路に直列に挿入する。

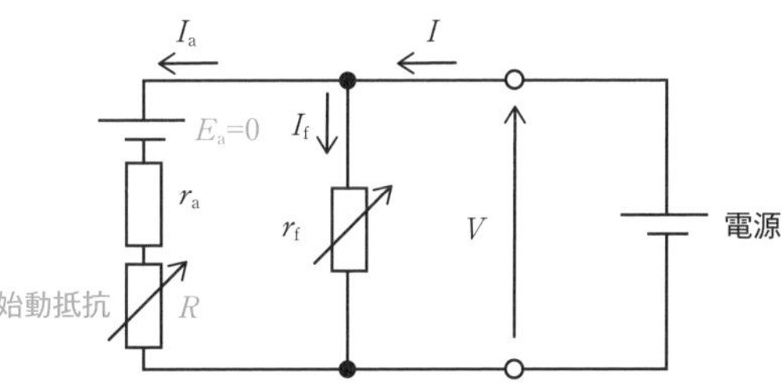

POINT 5　直流電動機の速度制御

$N=\dfrac{V-r_aI}{K\phi}$の関係より，直流電動機はV(電圧制御)，r_a(抵抗制御)，ϕ(界磁制御) により回転速度Nが制御できる。界磁制御は界磁巻線に流れる電流I_fにより制御する。

POINT 6　直流電動機の制動法

①発電制動…電源から切り離して抵抗を接続し，電動機を発電機として運転させ，抵抗で電力を消費させて制動する方法。

②回生制動…電動機を発電機として運転し，電力を電源に送り，他の用途で電力を消費させる方法。設備は複雑になるが，エネルギーの有効利用となる。

③逆転制動…電機子の端子を逆に接続して，逆トルクを発生させて制動する方法。急制動がかかる。

☑ 確認問題

❶ 以下の文章の（ア）～（エ）にあてはまる語句又は式を答えよ。

P.16 POINT 1

直流電動機は，直流の電気で動く電動機である。電動機のトルクT[N・m]は（ア）と（イ）に比例する。（ア）と（イ）の記号及び磁極数p，電機子の全導体本数Z，並列回路の数aを用いて表すと，$T=$（ウ）[N・m]と表され，出力P_0[W]を回転速度N[min^{-1}]とトルクT[N・m]で表すと（エ）[W]となる。

---

❷ 以下の問に答えよ。

P.16~19 POINT 2 ～ 5

(1) 直流他励電動機を200 Vの電源に接続したところ，電機子電流は20 Aとなった。このとき，逆起電力の大きさ[V]を求めよ。ただし，電機子巻線抵抗は0.5 Ωとする。

(2) 直流分巻電動機に100 Vの電源を接続したところ，電機子電流は30 Aとなった。このとき，この分巻電動機の出力[kW]を求めよ。ただし，電機子巻線抵抗は0.2 Ωとする。

(3) 直流直巻電動機に220 Vの電源を接続したところ，電機子電流は25 Aであった。電機子巻線抵抗が0.5 Ω，界磁巻線抵抗が1.3 Ωであるとき，逆起電力の大きさ[V]を求めよ。

(4) 定格電圧が220 V，定格出力が4 kWの直流他励電動機がある。今，定格電圧，定格出力で運転したときの電機子電流が20 Aであったとき，この電動機の電機子巻線抵抗の大きさ[Ω]を求めよ。

(5) 逆起電力が90 V，電機子電流が15 A，回転速度が1200 min^{-1}で運転されている直流電動機のトルクの大きさ[N・m]を求めよ。

③ 以下の直流電動機に関する文章の（ア）～（エ）にあてはまる語句を「大きくなる」「小さくなる」「変わらない」で答えよ。 P.19 POINT 4 5

界磁磁束を一定に保った他励電動機において負荷電流を大きくすると回転速度は［（ア）］が，トルクは［（イ）］。直巻電動機において負荷電流を大きくすると，トルクは［（ウ）］が，回転速度は［（エ）］。

---

④ 次のグラフのうち，(a)～(d)の関係を示したグラフを(1)～(5)のうちから選べ。 P.18～19 POINT 3

(a) 分巻電動機のトルクと負荷電流

(b) 分巻電動機の回転速度と負荷電流

(c) 直巻電動機のトルクと負荷電流

(d) 直巻電動機の回転速度と負荷電流

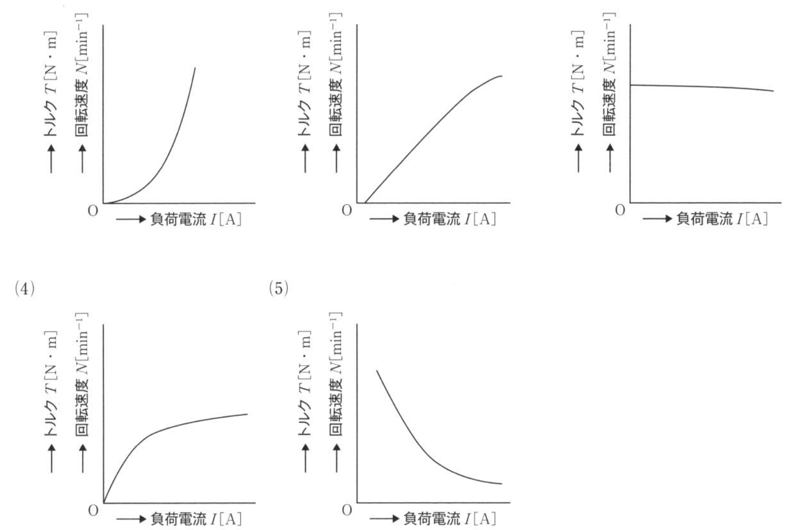

5 以下の文章の（ア）～（エ）にあてはまる語句を答えよ。

P.19 POINT 4

直流電動機は始動時の逆起電力が［（ア）］であるため，起動時に非常に大きな電機子電流が流れる。この非常に大きな電機子電流を［（イ）］といい，［（イ）］を低減するために電機子抵抗に［（ウ）］に挿入する抵抗を［（エ）］と呼ぶ。

---

6 以下の文章の（ア）～（ウ）にあてはまる語句を上昇又は減少で答えよ。

P.19 POINT 5

直流電動機は速度制御を電圧，抵抗，界磁で制御できる。電圧を上げると電動機の回転速度は［（ア）］し，電機子巻線の抵抗値を大きくすると電動機の回転速度は［（イ）］し，界磁磁束を増加させると電動機の回転速度は［（ウ）］する。

---

7 以下の直流電動機の制動に関する文章の（ア）～（ウ）にあてはまる語句を答えよ。

P.19 POINT 6

①［（ア）］制動

電動機を発電機として運転し，電力を電源に送り制動する方法。

②［（イ）］制動

電源から切り離して抵抗を接続し，電動機を発電機として運転させ制動する方法。

③［（ウ）］制動

電機子の端子を逆に接続して制動する方法。

基本問題

1 電機子巻線が重ね巻で極数が6の直流電動機がある。この電動機を100 Vの電源につないだところ，電機子電流が25 Aになり安定運転した。この電動機のトルクの大きさ[N・m]として，最も近いものを次の(1)～(5)のうちから一つ選べ。ただし，電機子の全導体本数は128，1極あたりの磁束は0.04 Wbとする。

(1) 6.8　(2) 13.6　(3) 20.4　(4) 30.6　(5) 61.1

---

2 ある負荷が接続されている定格出力6 kWの他励直流電動機に200 Vの電源をつないだら，電機子電流が30 A，回転速度が900 min^{-1}で安定運転した。電機子巻線抵抗が0.4 Ωであるとき，この電動機のトルクの大きさ[N・m]として，最も近いものを次の(1)～(5)のうちから一つ選べ。

(1) 48　(2) 51　(3) 56　(4) 60　(5) 64

---

3 定格出力が3.7 kW，定格電圧が200 V，定格運転時の回転速度が925 min^{-1}の直流他励電動機がある。次の(a)及び(b)の問に答えよ。

(a) 定格出力，定格電圧で運転したときの電機子電流が20 Aであったとき，電機子巻線抵抗の大きさ[Ω]として，最も近いものを次の(1)～(5)のうちから一つ選べ。

(1) 0.75　(2) 1.0　(3) 1.25　(4) 1.5　(5) 1.75

(b) 界磁磁束が一定であるとして，入力電圧が190 V及び入力電流が16 Aに低下したときの回転速度の大きさ[min^{-1}]として，最も近いものを次の(1)〜(5)のうちから一つ選べ。

(1) 850　(2) 890　(3) 925　(4) 960　(5) 990

---

4 界磁巻線の抵抗が20 Ωの直流直巻電動機を入力電圧200 Vで始動したところ始動電流が9.75 Aとなった。このとき，次の(a)及び(b)の問に答えよ。

(a) 電機子巻線抵抗の大きさ[Ω]として，最も近いものを次の(1)〜(5)のうちから一つ選べ。

(1) 0.2　(2) 0.3　(3) 0.4　(4) 0.5　(5) 0.6

(b) しばらく時間が経過し，電源の電流値を測定したところ，2.0 Aで安定していた。このとき，逆起電力の大きさ[V]として，最も近いものを次の(1)〜(5)のうちから一つ選べ。

(1) 160　(2) 170　(3) 180　(4) 190　(5) 200

---

5 直流直巻電動機の速度とトルク制御について考える。

電機子反作用を無視した場合，回転速度は入力電流にほぼ［（ア）］する。したがって，負荷が［（イ）］になると回転速度は非常に大きくなり大変危険であるので注意を要する。

一方，電機子電流が小さい領域では，トルクは負荷電流［（ウ）］するが，電機子電流が非常に大きくなると，磁気飽和により磁束ϕがほぼ一定となるため，トルクは負荷電流に［（エ）］。

上記の記述中の空白箇所（ア），（イ），（ウ）及び（エ）に当てはまる組合せとして，正しいものを次の(1)〜(5)のうちから一つ選べ。

	（ア）	（イ）	（ウ）	（エ）
(1)	反比例	無負荷	の２乗に比例	ほぼ比例する
(2)	比例	重負荷	に比例	関係なく一定となる
(3)	比例	無負荷	の２乗に比例	ほぼ比例する
(4)	比例	重負荷	に比例	ほぼ比例する
(5)	反比例	無負荷	に比例	関係なく一定となる

6 次の図のうち直流電動機の名称と特性を示したグラフとして，正しい組合せを次の(1)～(5)のうちから一つ選べ。

(1) 分巻電動機

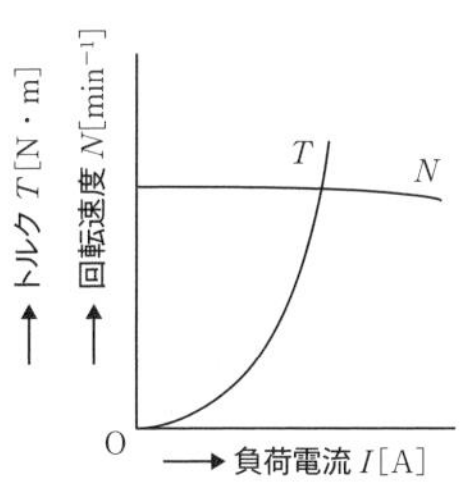

(2) 他励電動機

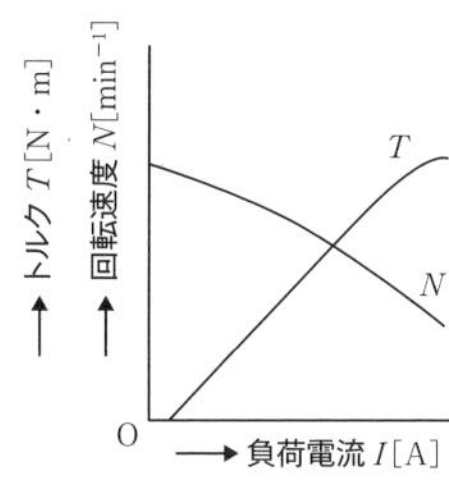

(3) 直巻電動機

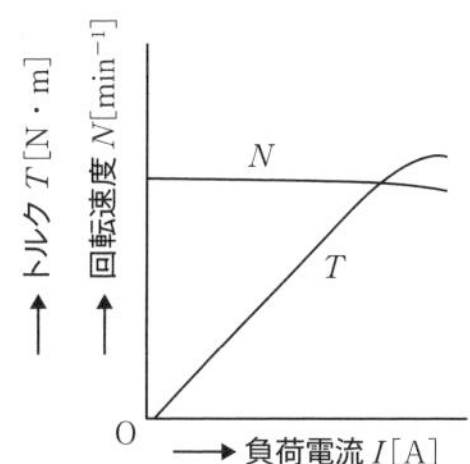

(4) 分巻電動機

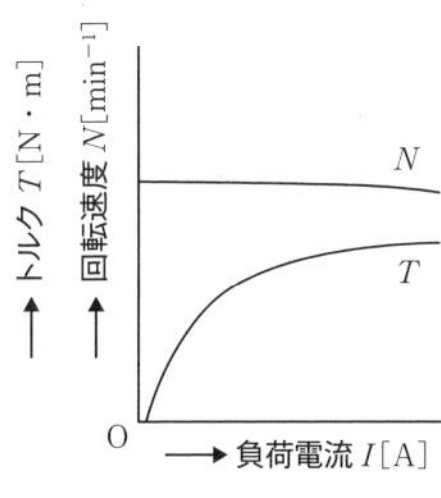

(5) 直巻電動機

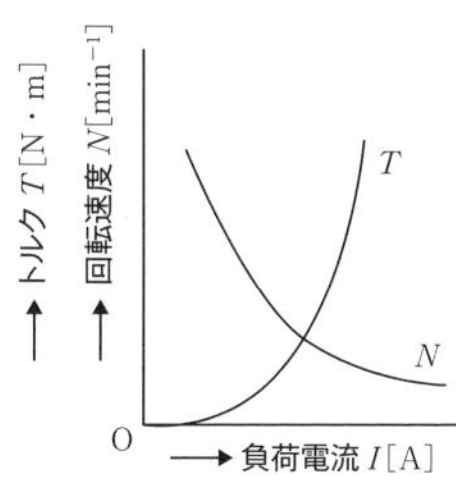

応用問題

1 定格出力が4 kW，電機子巻線が波巻で極数が8の直流分巻電動機がある。この電動機を200 Vの電源につなぎ定格運転したところ，電機子電流が22 Aになり安定運転した。この電動機の定格運転時の回転速度［min^{-1}］として，最も近いものを次の(1)～(5)のうちから一つ選べ。ただし，電機子の全導体本数は576，1極あたりの磁束は0.02 Wbとする。

(1) 240　(2) 350　(3) 590　(4) 780　(5) 950

---

2 直流他励電動機を200 Vの電源に接続して，3Ωの外部抵抗を挿入して起動したところ，起動直後の電機子電流は60 Aとなった。その後，外部抵抗を取り外し，安定したときの電機子電流の値が30 Aとなった。この電動機の定格出力の値［kW］として，最も近いものを次の(1)～(5)のうちから一つ選べ。

(1) 5.2　(2) 5.7　(3) 6.0　(4) 6.3　(5) 6.7

---

3 電機子巻線の抵抗が0.1 Ω，界磁巻線の抵抗が10 Ωの直流分巻電動機がある。次の(a)及び(b)の問に答えよ。

(a) この電動機を入力電圧200 Vで運転したところ，入力電流が150 A，回転速度が1000 min^{-1}であった。このとき，誘導起電力の大きさ［V］として，最も近いものを次の(1)～(5)のうちから一つ選べ。

(1) 179　(2) 181　(3) 183　(4) 185　(5) 187

(b) この電動機をトルク一定の状態で入力電圧を180 Vにしたときの回転速度［min^{-1}］として，最も近いものを次の(1)～(5)のうちから一つ選べ。ただし，界磁磁束は界磁電流の大きさに比例するものとする。

(1) 860　　(2) 890　　(3) 920　　(4) 950　　(5) 980

---

4 直流電動機に関する記述として，誤っているものを次の(1)～(5)のうちから一つ選べ。

(1) 直流電動機は始動時に非常に大きな電機子電流が流れるため，始動抵抗を電機子回路に直列に挿入する方法がとられる。

(2) 直流電動機の回転速度は電圧や抵抗，界磁によって変化する。電圧制御法は一般に他励電動機や直巻電動機に用いられる方法である。

(3) 直流他励電動機において，励磁電圧が低下すると，回転速度は低下する。

(4) 直流機の制動法のうち，電源から切り離して抵抗を接続し，抵抗で電力消費しジュール熱にする制動法を発電制動という。

(5) 直流機の制動法のうち，電機子の端子を逆にして，逆向きのトルクを発生させ停止する方法を逆転制動という。

---

5 分巻電動機及び直巻電動機のトルクと回転速度の関係を表すグラフとして，最も近いものを次の(1)～(5)のうちから一つ選べ。

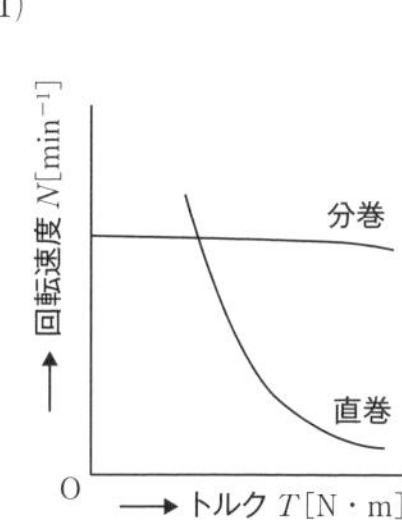

(2)

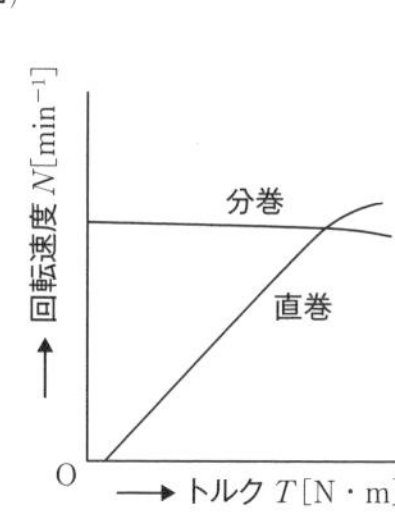

(3)

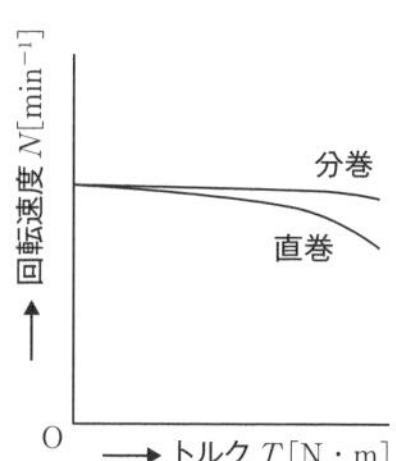

(4)

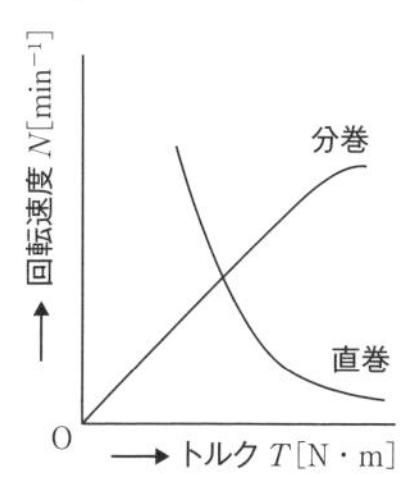

(5)

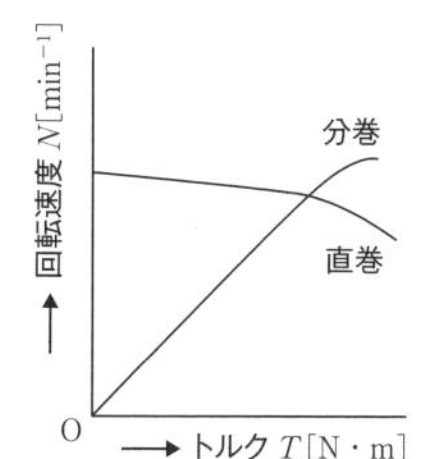

CHAPTER 02

変圧器

毎年２，３問計算問題を中心に出題される分野です。
等価回路，三相接続，並行運転，損失から効率まで，出題は多岐にわたり，しっかりと理論科目の電磁気や電気回路の土台がないと理解ができない分野となります。

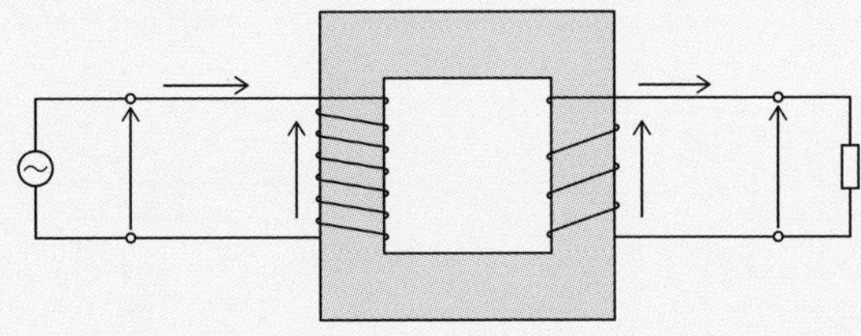

CHAPTER 02

変圧器

1 変圧器の構造，損失と効率

（教科書CHAPTER02 SEC01～04対応）

POINT 1 変圧器の巻数比と電圧比と電流比

図のように，変圧器について，一次誘導起電力E_1[V]，一次電流I_1[A]，二次誘導起電力E_2[V]，二次電流I_2[A]とすると，巻数比aは，

$$a=\frac{N_1}{N_2}=\frac{E_1}{E_2}=\frac{I_2}{I_1}$$

巻数比　電圧比　電流比

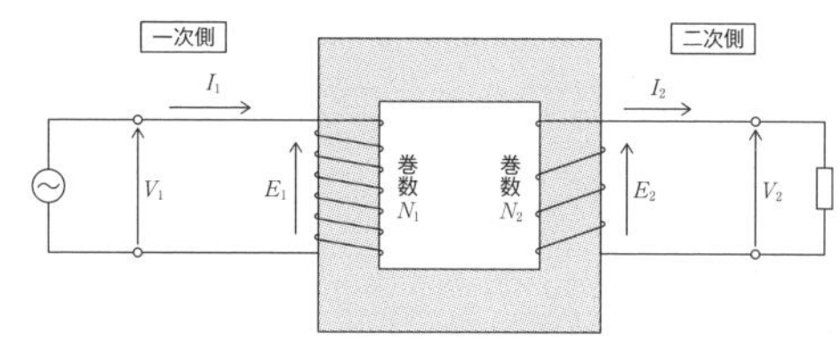

POINT 2 変圧器の等価回路

(1) T形等価回路

変圧器の二次側（もしくは一次側）を一次側（もしくは二次側）に変換し，一次側と二次側を接続したもの。

この時，電圧E_2，電流I_2，インピーダンスZ_2の一次側換算は以下の通り計算できる。

$$E_2'=aE_2,\ I_2'=\frac{1}{a}I_2,\ Z_2'=\frac{E_2'}{I_2'}=\frac{aE_2}{\frac{1}{a}I_2}=a^2\frac{E_2}{I_2}=a^2Z_2$$

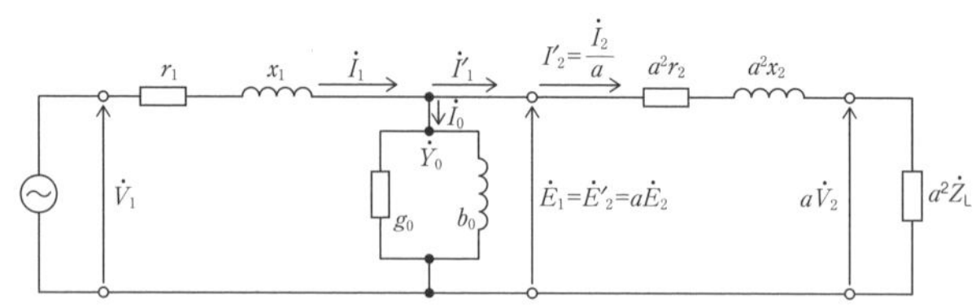

二次側を一次側に換算した等価回路（T形等価回路）

$\dot{I}_0$：励磁電流
$\dot{Y}_0$：励磁アドミタンス
g_0：励磁コンダクタンス
b_0：励磁サセプタンス
$\dot{V}_1$：一次端子電圧
$\dot{I}_1$：一次入力電流
r_1：一次巻線抵抗
x_1：一次漏れリアクタンス
I_2：二次電流
I_2'：二次電流の一次換算値
E_1：一次誘導起電力
E_2：二次誘導起電力
E_2'：二次誘導起電力の一次換算値
I_1'：一次巻線電流
r_2：二次巻線抵抗
x_2：二次漏れリアクタンス
V_2：二次端子電圧
$\dot{Z}_L$：負荷

(2)　L 形等価回路

T 形等価回路では励磁回路の計算が複雑となるため，励磁回路を左に寄せた簡易等価回路（L 形等価回路）がよく用いられる。

電験三種ではこちらの方がより出題頻度が高い。

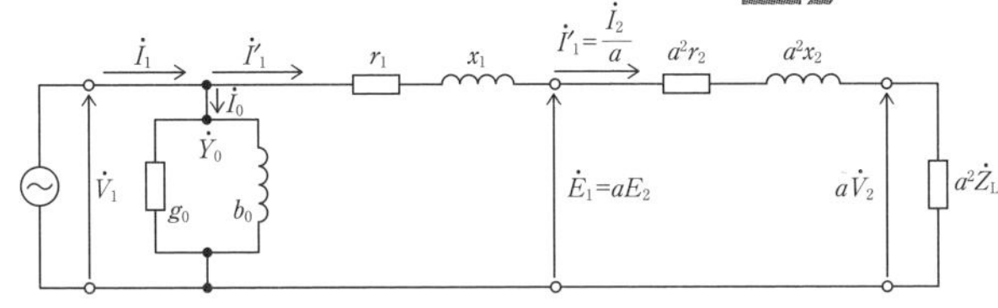

二次側を一次側に換算した簡易等価回路（L形等価回路）

POINT 3　電圧変動率

無負荷時の二次端子電圧を V_{20}[V]，定格運転時の二次端子電圧を V_{2n}[V] とすると，電圧変動率 ε[%] は，

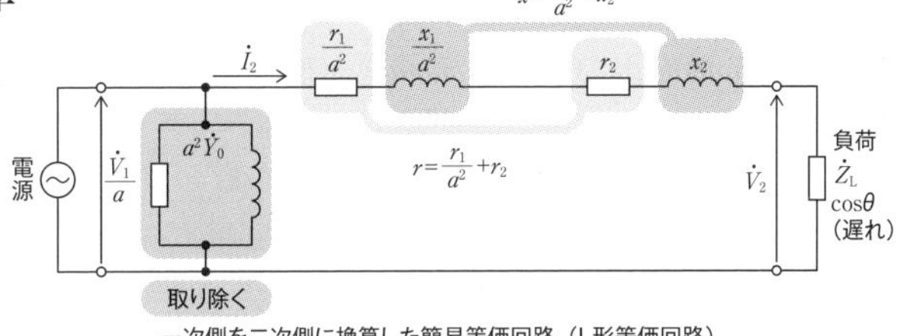

一次側を二次側に換算した簡易等価回路（L形等価回路）

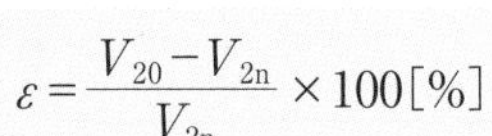

$$\varepsilon=\frac{V_{20}-V_{2n}}{V_{2n}}\times 100[\%]$$

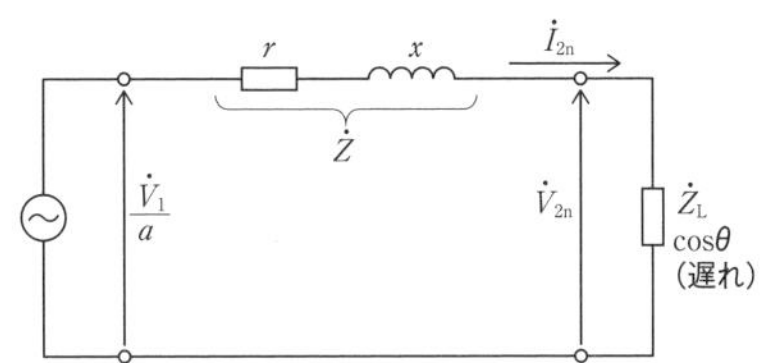

百分率抵抗降下を p[%]，百分率リアクタンス降下を q[%] とすると，電圧変動率の近似式は，

$$\varepsilon \fallingdotseq p\cos\theta+q\sin\theta$$

ただし，$p=\dfrac{rI_{2n}}{V_{2n}}$, $q=\dfrac{xI_{2n}}{V_{2n}}$ 。

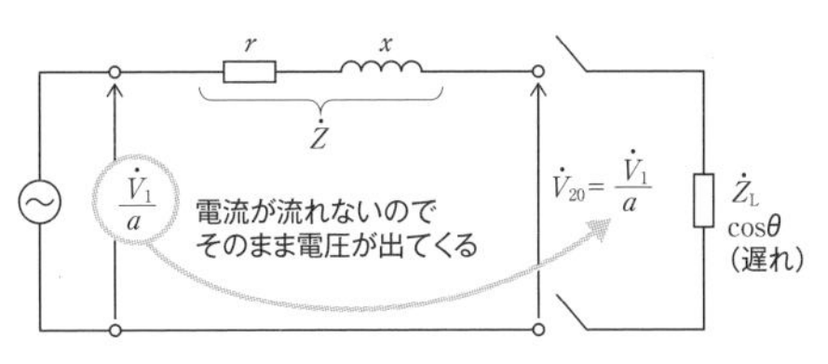

無負荷=回路が途切れた状態
（負荷を取り外した状態）

POINT 4　変圧器の損失

(1)　無負荷損

負荷に関係なく発生する損失。主に鉄損（鉄心による損失）。鉄損にはヒステリシス損，及び渦電流損がある。負荷電流の大きさに関係なく一定である。

(2)　負荷損

負荷電流の大きさにより損失が変化する損失。主に銅損で一次及び二次巻線におけるジュール熱で発生する損失。したがって，負荷電流の2乗に比例して大きくなる。

POINT 5　変圧器の効率

入力に対する出力の比。変圧器では損失を測定し，入力から損失を差し引いた値を出力と考えて効率を間接的に算出する規約効率が用いられる。

$$\eta = \frac{\text{出力}}{\text{入力}} \times 100 = \frac{\text{出力}}{\text{出力}+\text{損失}} \times 100 = \frac{\text{入力}-\text{損失}}{\text{入力}} \times 100 [\%]$$

出力 = $V_{2n} I_{2n} \cos\theta$，無負荷損≒鉄損 P_i [W]，負荷損≒銅損 P_c [W] なので，定格負荷時の効率 η_n [%] は，

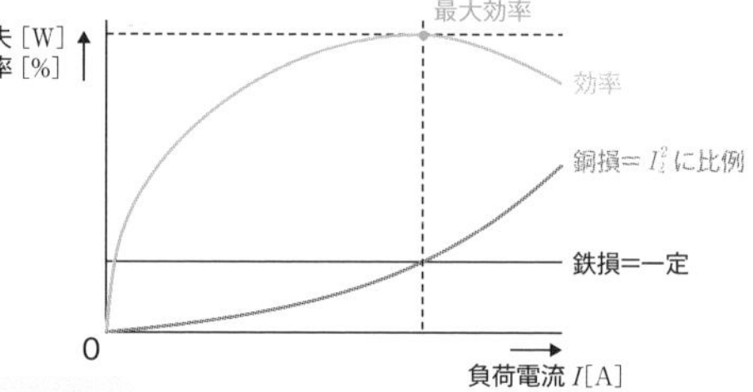

$$\eta_n = \frac{V_{2n} I_{2n} \cos\theta}{V_{2n} I_{2n} \cos\theta + P_i + P_c} \times 100 [\%]$$

部分負荷の効率 η_α [%] は，利用率（定格負荷に対する負荷の割合）を α とすると，

$$\eta_\alpha = \frac{\alpha V_{2n} I_{2n} \cos\theta}{\alpha V_{2n} I_{2n} \cos\theta + P_i + \alpha^2 P_c} \times 100 [\%]$$

変圧器の効率は $P_i = \alpha^2 P_c$ のとき最大となる。

確認問題

❶ 次の各問に答えよ。 P.30~31 POINT 1 2

(1) 一次側の巻数$N_1 = 600$，二次側の巻数$N_2 = 10$で，一次誘導起電力E_1が6600 V，一次電流I_1が10 Aであるとき，二次誘導起電力E_2[V]と二次電流I_2[A]の大きさを求めよ。

(2) 巻数比$a = 10$の変圧器があり，二次誘導起電力E_2が100 V，二次電流I_2が50 Aであるとき，一次誘導起電力E_1[V]と一次電流I_1[A]の大きさを求めよ。

(3) 一次誘導起電力E_1が600 V，二次誘導起電力E_2が100 Vであるとき，巻数比aを求めよ。

(4) 一次電流I_1が5 A，二次電流I_2が40 Aであるとき，巻数比aを求めよ。

(5) 巻数比$a = 5$の変圧器において，二次側電圧E_2が100 V，二次側電流I_2が10 A，二次側の抵抗r_2が0.8 Ω，二次側のリアクタンスx_2が1.2 Ωであるとき，各値を一次側に換算した値E_2'，I_2'，r_2'，x_2'をそれぞれ求めよ。

(6) 巻数比$a = 3$の変圧器において，一次側電圧E_1が600 V，一次側電流I_1が10 A，一次側の抵抗r_1が1.8 Ω，一次側のリアクタンスx_1が2.7 Ωであるとき，各値を二次側に換算した値E_1'，I_1'，r_1'，x_1'をそれぞれ求めよ。

---

❷ 次の文章は変圧器の等価回路に関する記述である。(ア)～(オ)にあてはまる式を答えよ。 P.30~31 POINT 2

一次側と二次側の巻数比を$a = \dfrac{N_1}{N_2}$とするとき，変圧器の二次側の電圧E_2を一次側に換算した値をE_2'とすると，$E_2' =$ (ア) E_2，二次側の電流I_2を一次側に換算した値をI_2'とすると，$I_2' =$ (イ) I_2，二次側の巻線抵抗r_2を一次側に換算した値をr_2'とすると，$r_2' =$ (ウ) r_2，二次側の漏れリアクタンスx_2を一次側に換算した値をx_2'とすると，$x_2' =$ (エ) x_2，負荷のインピーダンスをZ_Lを一次側に換算した値をZ_L'とすると，$Z_L' =$ (オ) Z_Lとなる。これらより，変圧器の一次側に換算した簡易等価回路は図のように描くことができる。ただし，励磁電流は十分に小さいものとする。

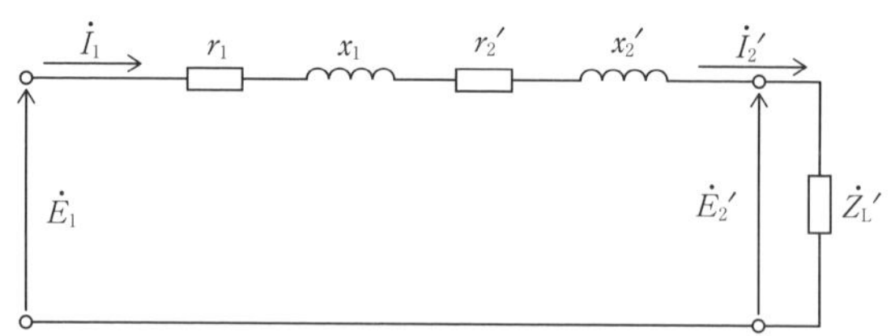

二次側を一次側に換算した簡易等価回路（L形等価回路）

---

❸ 次の文章の（ア）～（エ）にあてはまる式を答えよ。 P.31 POINT 3

変圧器の二次側の無負荷時の二次端子電圧を V_{20}［V］，定格運転時の二次端子電圧を V_{2n}［V］とすると電圧変動率 ε［%］は，$\varepsilon =$ （ア） で定義される。V_{20}［V］と V_{2n}［V］の位相差が十分小さいとし，百分率抵抗降下を p［%］，百分率リアクタンス降下を q［%］，力率角を θ［rad］とすると，電圧変動率 ε［%］は，$\varepsilon \fallingdotseq$ （イ） となる。

ただし，百分率抵抗降下 p［%］及び百分率リアクタンス降下 q［%］は，二次側電流を I_{2n}［A］，一次側（二次側換算）と二次側の抵抗を合算した抵抗値を r［Ω］，一次側（二次側換算）と二次側の漏れリアクタンスを合算したリアクタンス値を x［Ω］として，$p =$ （ウ），$q =$ （エ） となる。

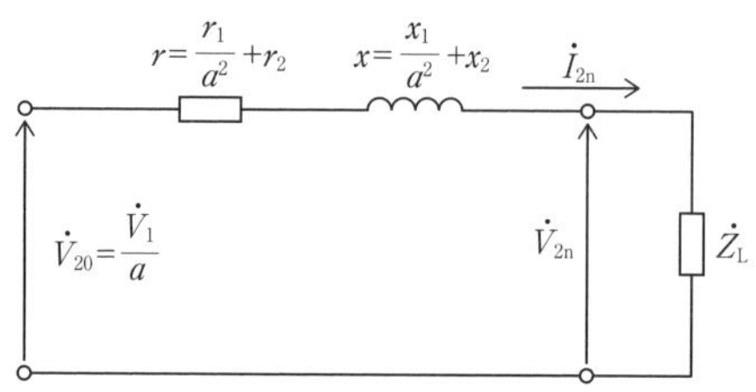

一次側を二次側に換算した簡易等価回路

4 次の文章の（ア）～（エ）にあてはまる語句を答えよ。 P.32 POINT 4

変圧器の損失には無負荷損と負荷損がある。

無負荷損のうち，交番磁界により，磁界が周期的に変化することによって発生する損失を［（ア）］損，鉄心中の磁界の変化により，起電力が発生し電流が流れることにより発生する損失を［（イ）］損と呼ぶ。

また，負荷損のうち，変圧器の巻線抵抗により生じる損失を［（ウ）］損，変圧器の漏れ磁束によって生じる損失を［（エ）］損と呼ぶ。

---

5 次の各問に答えよ。ただし，変圧器の損失は鉄損と銅損のみで，他の損失は無視できるものとする。 P.32 POINT 5

(1) 変圧器の出力がP_0[W]，合計損失がP_1[W]であるとき，この変圧器の効率η[%]を求めよ。

(2) 変圧器の出力が15 kWのとき，鉄損が380 W，銅損が720 Wであった。この変圧器の効率η[%]を求めよ。

(3) 定格出力時の鉄損が800 W，銅損が1200 Wの変圧器がある。この変圧器の効率を最大とする利用率[%]を求めよ。

(4) 出力4 kWのときの鉄損が200 W，銅損が320 Wの変圧器がある。この変圧器を出力1 kWにしたときの鉄損と銅損の値[W]を求めよ。ただし，鉄損は電圧の2乗に比例するものとし，出力電圧や負荷の力率は一定とする。

(5) 定格容量が10 kV・Aの変圧器があり，定格時の鉄損が300 W，銅損が1200 Wである。力率が1の抵抗負荷を接続したとき，この変圧器の効率が最大となる負荷の大きさ[kW]及び最大効率η[%]を求めよ。

基本問題

1 変圧器に関する記述として，誤っているものを次の(1)〜(5)のうちから一つ選べ。

(1) 一次側よりも二次側の巻線の方が巻数が大きいとき，一次誘導起電力E_1[V]，二次誘導起電力E_2[V]，一次電流I_1[A]，二次電流I_2[A]の関係は$E_1<E_2$，$I_1>I_2$であり，$E_1 I_1 = E_2 I_2$である。

(2) 一次側と二次側の巻数比がaであるとき，二次側の負荷抵抗Z_Lを一次側に換算すると，$a^2 Z_L$となる。

(3) 変圧器の等価回路における励磁回路は，負荷と並列に接続されている。

(4) 変圧器の損失には無負荷損と負荷損がある。無負荷損にはヒステリシス損や誘電損，負荷損には銅損や渦電流損が存在する。

(5) 変圧器の等価回路には励磁回路を一次回路と二次回路の間に配置したT形等価回路，励磁回路を一次側の上位に配置して簡略化したL形等価回路がある。

---

2 定格容量が66 kV・A，定格一次電圧が22 kV，定格二次電圧が220 Vの単相変圧器がある。このとき，次の(a)〜(c)の問に答えよ。

(a) この変圧器の巻数比として，最も近いものを次の(1)〜(5)のうちから一つ選べ。

(1) 10　(2) 30　(3) 100　(4) 300　(5) 1000

(b) この変圧器の定格一次電流の値[A]として，最も近いものを次の(1)〜(5)のうちから一つ選べ。

(1) 1.0　(2) 1.7　(3) 2.4　(4) 3.0　(5) 3.5

(c) この変圧器の一次側に定格電圧をかけ，二次側に力率が0.9で大きさが3 Ωの負荷を接続したときの変圧器の一次電流の値として，最も近いものを次の(1)～(5)のうちから一つ選べ。

(1) 0.5　(2) 0.7　(3) 1.0　(4) 1.5　(5) 2.0

---

3 変圧器の利用率と効率及び損失の関係を表したグラフとして，正しいものを次の(1)～(5)のうちから一つ選べ。

(1)

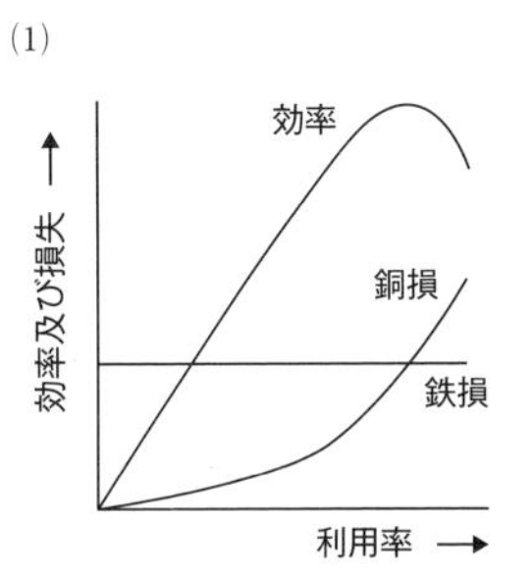

(2)

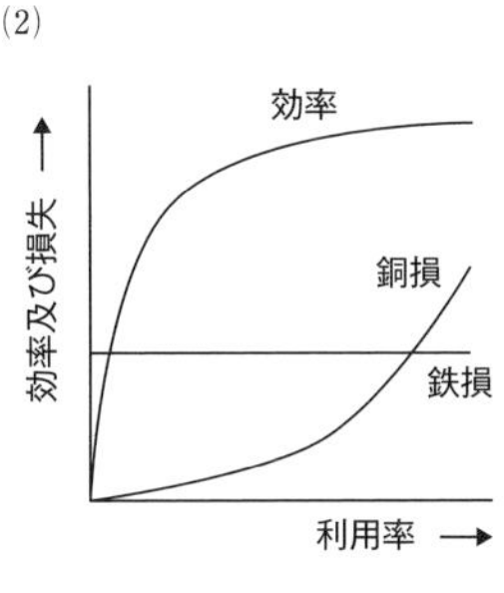

(3)

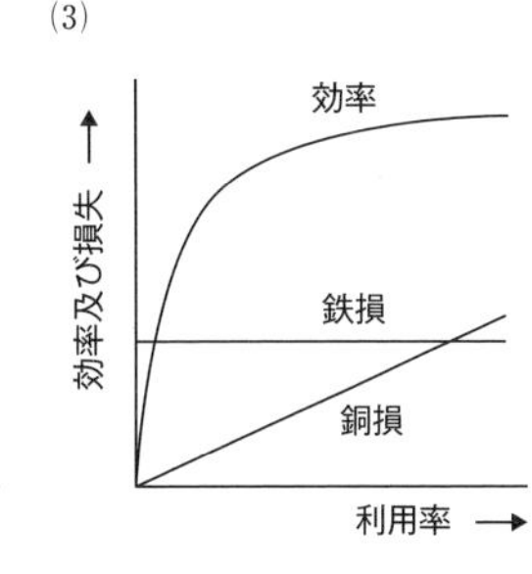

(4)

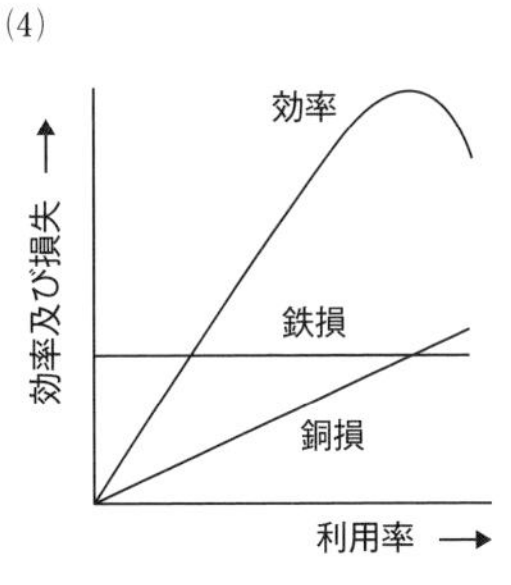

(5)

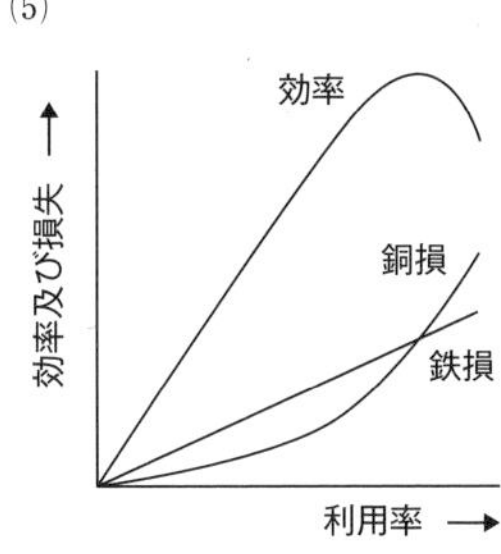

問題編
CHAPTER 02
変圧器 1

4 下図のような変圧器の一次側と二次側を合わせた等価回路がある。次の(a)～(c)の問に答えよ。ただし$\dot{V}_{20}$は無負荷時の二次端子電圧［V］，$\dot{V}_{2n}$は定格運転時の二次端子電圧［V］，$\dot{I}_{2n}$は定格運転時の負荷電流［A］，$r = r_1{}' + r_2$は一次・二次の巻線抵抗の合算値（二次換算），$x = x_1{}' + x_2$は一次・二次巻線の漏れリアクタンスの合算値（二次換算）とする。

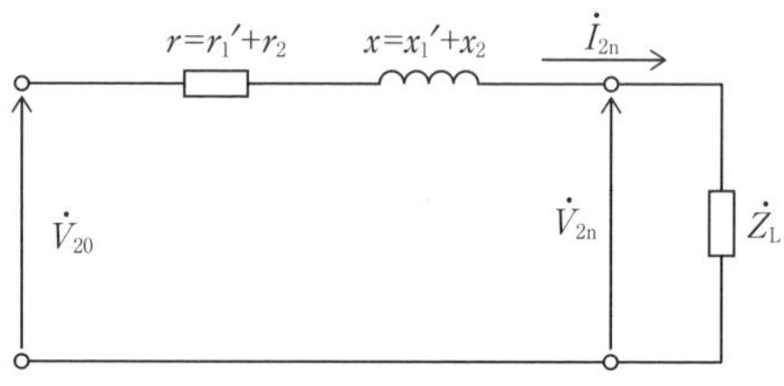

一次側を二次側に換算した簡易等価回路

(a) この変圧器の電圧変動率εとして，正しいものを次の(1)～(5)のうちから一つ選べ。

(1) $\dfrac{V_{20}-V_{2n}}{V_{2n}}\times 100$　(2) $\dfrac{V_{20}-V_{2n}}{V_{20}}\times 100$　(3) $\dfrac{V_{2n}-V_{20}}{V_{2n}}\times 100$

(4) $\dfrac{V_{2n}+V_{20}}{V_{20}}\times 100$　(5) $\dfrac{V_{20}+V_{2n}}{V_{2n}}\times 100$

(b) この変圧器の電圧降下の近似式として，正しいものを次の(1)～(5)のうちから一つ選べ。

(1) $I_{2n}(r\sin\theta + x\cos\theta)$　(2) $I_{2n}(r\cos\theta + x\sin\theta)$

(3) $I_{2n}(r\sin\theta - x\cos\theta)$　(4) $V_{2n}(\sin\theta + \cos\theta)$

(5) $V_{2n}\left(\dfrac{r}{x}\cos\theta + \dfrac{x}{r}\sin\theta\right)$

(c) この変圧器の電圧変動率の近似式 ε として，正しいものを次の(1)～(5)のうちから一つ選べ。

(1) $100(\sin\theta + \cos\theta)$　(2) $100(r\cos\theta + x\sin\theta)$

(3) $\dfrac{100\,I_{2n}}{V_{2n}}(r\sin\theta + x\cos\theta)$　(4) $\dfrac{100\,I_{2n}}{V_{2n}}(r\cos\theta + x\sin\theta)$

(5) $\dfrac{100\,I_{2n}}{V_{2n}}\cos\theta(r + x)$

---

5 出力10 kWで運転しているとき，鉄損が300 W，銅損が500 Wの変圧器がある。ただし，その他の損失は無視するものとし，出力電圧や負荷の力率は一定とする。次の(a)及び(b)の問に答えよ。

(a) 出力を5 kWに減じたときの効率 η [%] の値として，最も近いものを次の(1)～(5)のうちから一つ選べ。

(1) 88　(2) 90　(3) 92　(4) 94　(5) 96

(b) 変圧器の効率を最大とする出力 [kW] 及び最大効率 [%] の組合せとして，最も近いものを次の(1)～(5)のうちから一つ選べ。

	出力	最大効率
(1)	6.00	93
(2)	6.00	96
(3)	7.75	96
(4)	7.10	93
(5)	7.75	93

6 定格容量50 kV・Aの変圧器に40 kWで力率1の負荷を接続したところ，97%の最大効率が得られた。このとき，次の(a)及び(b)の問に答えよ。

(a) 無負荷損の大きさ[W]として，最も近いものを次の(1)〜(5)のうちから一つ選べ。

(1) 380　(2) 450　(3) 510　(4) 580　(5) 620

(b) 50 kWで力率1の負荷を接続したときの負荷損の大きさ[W]として，最も近いものを次の(1)〜(5)のうちから一つ選べ。

(1) 650　(2) 720　(3) 810　(4) 880　(5) 970

---

7 定格容量100 kV・Aの変圧器に力率1の負荷を接続した。この変圧器の鉄損は1500 Wである。このとき，次の(a)及び(b)の問に答えよ。ただし，損失は鉄損及び銅損のみとする。

(a) 80%負荷において最大効率が得られたとき，最大効率の値[%]として，最も近いものを次の(1)〜(5)のうちから一つ選べ。

(1) 87　(2) 90　(3) 93　(4) 96　(5) 99

(b) この変圧器を30%負荷で運転したときの効率の値[%]として，最も近いものを次の(1)〜(5)のうちから一つ選べ。

(1) 87　(2) 89　(3) 91　(4) 93　(5) 95

応用問題

1 変圧器の損失に関する記述として，誤っているものを一つ選べ。

(1) 変圧器の無負荷損は鉄心で生じるヒステリシス損及び渦電流損がある。渦電流損を低減するため，けい素鋼板の厚さを薄くし，磁束の向きと平行に重ね合わせる積層鉄心を用いる方法がとられる。

(2) 変圧器の無負荷損であるヒステリシス損と渦電流損は，いずれも電源電圧の２乗に比例して大きくなる。

(3) 変圧器の負荷損である銅損は変圧器の利用率によって変化し，利用率の２乗に比例して大きくなる。

(4) 変圧器の負荷損である漂遊負荷損は，銅損と比較してはるかに小さい。

(5) 変圧器の損失の割合が最小となる最大効率の出力は定格出力であるとは限らない。

---

2 定格一次電圧が1100 V，定格二次電圧が220 Vの単相変圧器がある。一次巻線抵抗が0.5 Ω，一次漏れリアクタンスが2.5 Ω，二次巻線抵抗が0.3 Ω，二次漏れリアクタンスが0.5 Ωのとき，次の(a)及び(b)の問に答えよ。ただし，励磁アドミタンスは無視できるものとし，変圧器の等価回路は図のようなL形簡易等価回路を用いることとする。

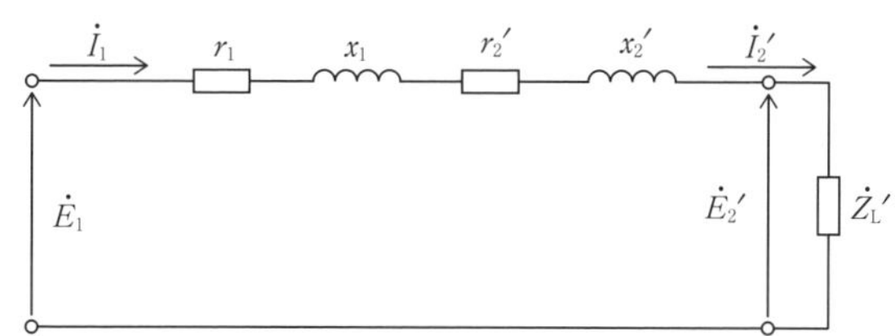

二次側を一次側に換算した簡易等価回路（L形等価回路）

(a) 一次側に換算したときの変圧器の合成インピーダンスの大きさ[Ω]として，最も近いものを次の(1)～(5)のうちから一つ選べ。

(1) 8　(2) 12　(3) 15　(4) 17　(5) 20

(b) 一次側電圧を1100 Vとし，力率が0.8（遅れ）の負荷を二次側に接続したとき，負荷を流れる電流の大きさが100 Aであった。このとき，負荷のインピーダンスの大きさ[Ω]として，最も近いものを次の(1)〜(5)のうちから一つ選べ。

(1) 0.4　(2) 1.6　(3) 6.4　(4) 15　(5) 39

---

3 定格一次電圧が2000 V，定格二次電圧が400 V，定格二次電流が200 Aの単相変圧器がある。一次巻線抵抗が0.1 Ω，一次漏れリアクタンスが0.3 Ω，二次巻線抵抗が0.02 Ω，二次漏れリアクタンスが0.04 Ωのとき，次の(a)〜(c)の問に答えよ。

(a) 一次巻線抵抗を二次側に換算したときの換算値[Ω]として，最も近いものを次の(1)〜(5)のうちから一つ選べ。

(1) 0.004　(2) 0.02　(3) 0.1　(4) 0.5　(5) 2.5

(b) 百分率抵抗降下p[%]，百分率リアクタンス降下q[%]の組合せとして，最も近いものを次の(1)〜(5)のうちから一つ選べ。

	p	q
(1)	1.2	5.2
(2)	2.4	5.2
(3)	0.6	2.6
(4)	2.4	2.6
(5)	1.2	2.6

(c) この変圧器において，力率が0.9（遅れ）の負荷に定格電流を流して運転したときの電圧変動率ε [%] として，最も近いものを次の(1)〜(5)のうちから一つ選べ。ただし，電圧変動率の近似式を用いてよい。

(1) 1.1　(2) 1.7　(3) 2.2　(4) 3.3　(5) 4.4

---

4 出力20 kWで運転している単相変圧器がある。この運転状態において，鉄損が500 W，銅損が800 Wであり，その他の損失は無視するものとする。次の(a)及び(b)の問に答えよ。

(a) 出力の電圧を一定として，出力を10 kWに減じたときの効率η [%] の値として，最も近いものを次の(1)〜(5)のうちから一つ選べ。

(1) 87　(2) 89　(3) 91　(4) 93　(5) 95

(b) 出力は20 kWのまま，電圧が20%低下したときの効率η' [%] の値として，最も近いものを次の(1)〜(5)のうちから一つ選べ。ただし，鉄損は電圧の2乗に比例するものとする。

(1) 89　(2) 91　(3) 93　(4) 95　(5) 97

2 変圧器の並行運転

（教科書CHAPTER02 SEC05～07対応）

POINT 1　変圧器の並行運転の条件

複数の変圧器の一次側と二次側をそれぞれ並列に接続することを並行運転という。安全性や経済性を考慮して，変圧器の並行運転には①～⑥の条件がある。

① 極性が一致している…極性の不一致が発生すると，大きな循環電流が流れ，変圧器の巻線が焼損する。日本では減極性で統一されているため，基本的に一致する。

② 変圧比（巻数比）が等しい…変圧比が異なると，二次側の電圧に電位差が生じるため，変圧器間で循環電流が流れる。

③ 百分率インピーダンス（$\%Z$）が等しい…百分率インピーダンスが異なると，各変圧器の定格容量に比例するように配分できなくなる。

④ 巻線抵抗rと漏れリアクタンスxの比が等しい…$\dfrac{r}{x}$が異なると，電流に位相差が生じ，負荷供給電流が減少する。

⑤ 相回転が等しい…相回転が異なると，短絡電流が流れる。

⑥ 角変位が等しい…角変位が異なると，変圧器間の電位差が生じ，循環電流が流れる。

POINT 2　変圧器の極性，角変位，百分率インピーダンス

(1)　変圧器の極性（理論科目）

①　加極性…和動接続とも呼ばれ，磁束を強め合う接続方法

②　減極性…差動接続とも呼ばれ，磁束を弱め合う接続方法

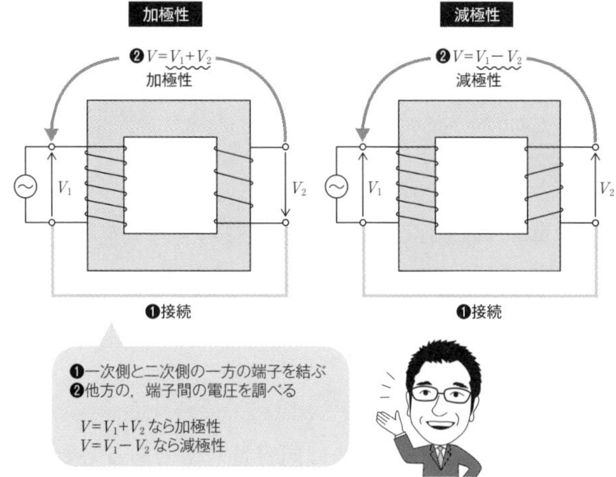

(2)　変圧器の角変位（電力科目）

変圧器の一次側の二次側の位相差で，Y結線やΔ結線同士では位相差は生じないが，Y−Δ結線やΔ−Y結線では$\dfrac{\pi}{6}$ radの位相差が生じる。

(3)　変圧器の百分率インピーダンス（電力科目）

百分率インピーダンスはインピーダンス降下の基準電圧（定格電圧）に対する割合を示したもので，単相変圧器における百分率インピーダンス$\%Z$[%]は，定格電圧をV_n[V]，定格電流をI_n[A]，変圧器の短絡インピーダンスをZ[Ω]とすると，次の式で表せる。

$$\%Z=\frac{ZI_n}{V_n}\times 100$$

で定義される。このときの短絡電流I_s[A]の大きさは，定格一次電流をI_{1n}[A]とすると，次の式で表せる。

$$I_s=\frac{100I_{1n}}{\%Z}$$

POINT 3　並行運転時の分担電流

図のように変圧器Aと変圧器Bが並行運転されているとき，各変圧器の分担電流 I_{A}［A］及び I_{B}［A］は，次の式で表せる。

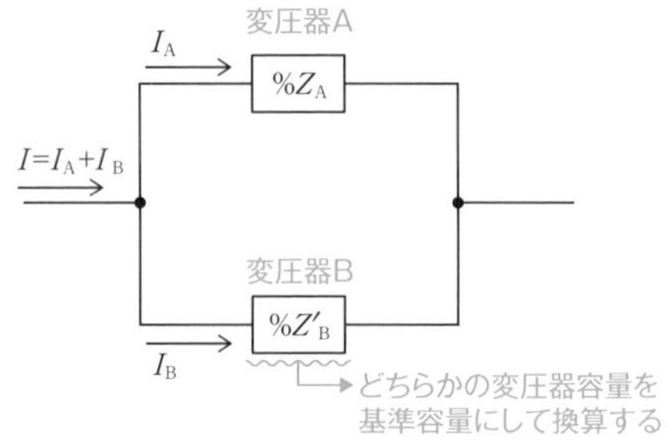

$$I_{\mathrm{A}}=\frac{\%Z_{\mathrm{B}}'}{\%Z_{\mathrm{A}}+\%Z_{\mathrm{B}}'}I$$

$$I_{\mathrm{B}}=\frac{\%Z_{\mathrm{A}}}{\%Z_{\mathrm{A}}+\%Z_{\mathrm{B}}'}I$$

両辺に定格電圧 V_{n}［V］を掛ければ，次の式で表せる。

$$P_{\mathrm{A}}=\frac{\%Z_{\mathrm{B}}'}{\%Z_{\mathrm{A}}+\%Z_{\mathrm{B}}'}P$$

$$P_{\mathrm{B}}=\frac{\%Z_{\mathrm{A}}}{\%Z_{\mathrm{A}}+\%Z_{\mathrm{B}}'}P$$

ただし，百分率インピーダンスは同容量基準である必要がある。
P_{B} 基準の百分率インピーダンス $\%Z_{\mathrm{B}}$ を P_{A} 基準に換算した値 $\%Z_{\mathrm{B}}'$ は，次の式で表せる。

$$\%Z_{\mathrm{B}}'=\frac{P_{\mathrm{A}}}{P_{\mathrm{B}}}\%Z_{\mathrm{B}}$$

POINT 4 変圧器の三相結線（理論科目）

(1) Δ−Δ結線…一次側二次側ともΔ結線する方法。特徴は以下の通り。

・一次側と二次側に位相差がない

・第3調波励磁電流が還流できる

・変圧器が1台故障してもV−V結線として利用できる

結線図

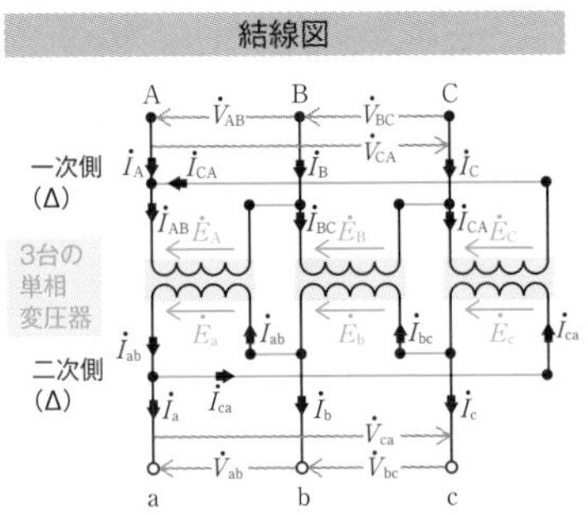

以後，結線図で鉄心はわざわざ書きません。

接続図

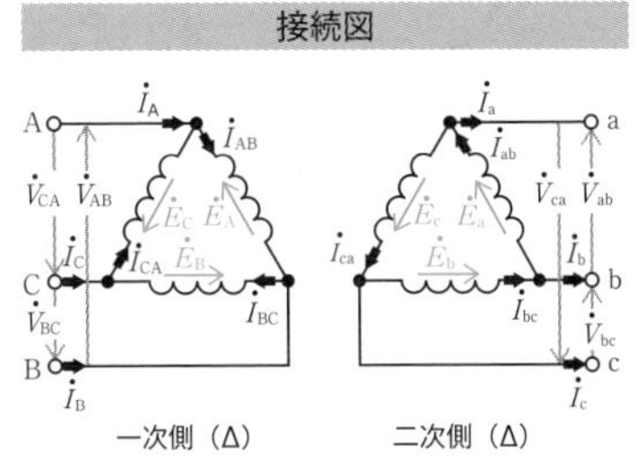

節点に注目するとキルヒホッフの電流則より方程式が立てられる。

ベクトル図（一次側）

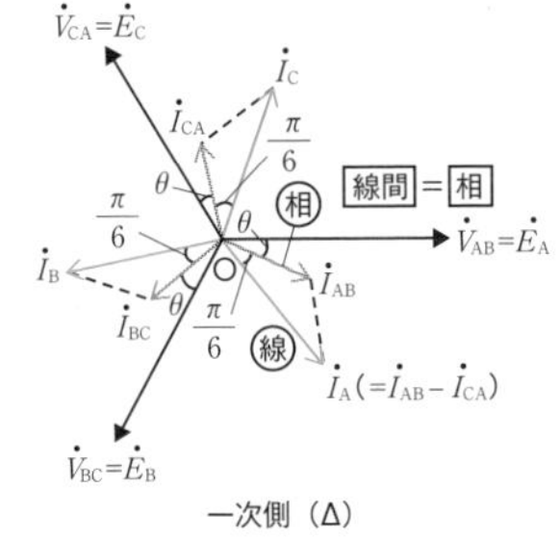

ベクトル図（二次側）

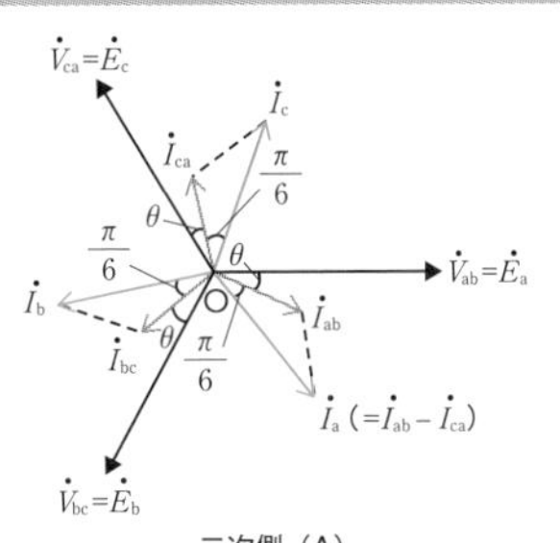

(2) Y−Y結線…一次側二次側ともY結線する方法。特徴は以下の通り。

・Δ結線を持たないため，第3調波励磁電流を還流できない。したがって，三次巻線にΔ巻線を加えたY−Y−Δ結線を用いる

・一次側と二次側に位相差がない

・中性点を接地できる

結線図

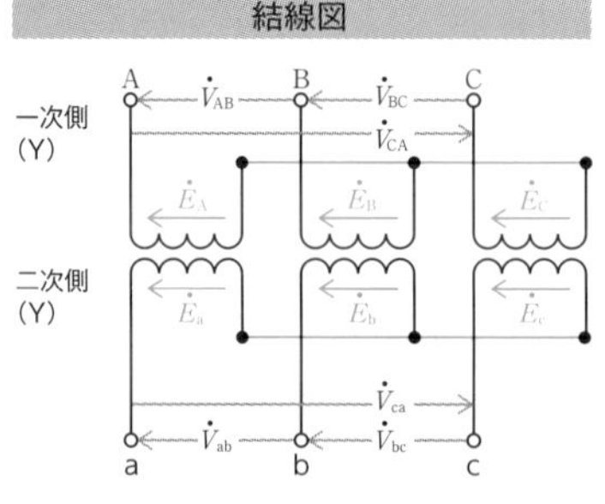

接続図

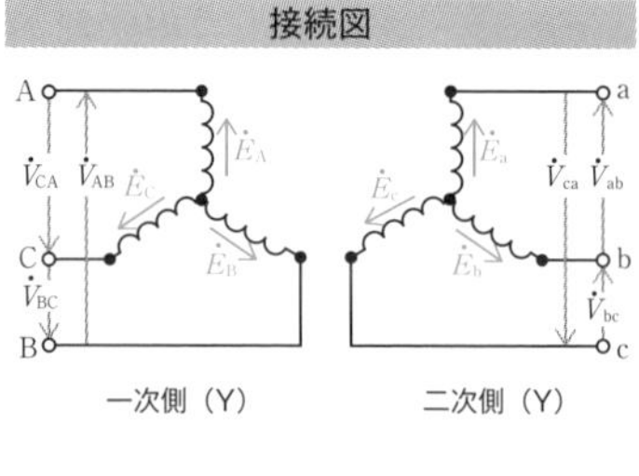

ベクトル図（一次側）

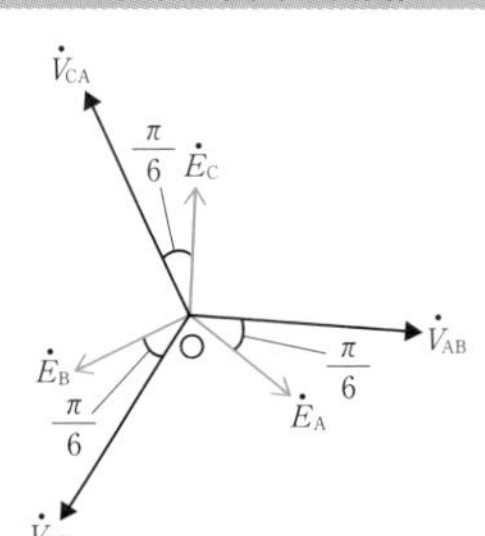

一次側（Y）

ベクトル図（二次側）

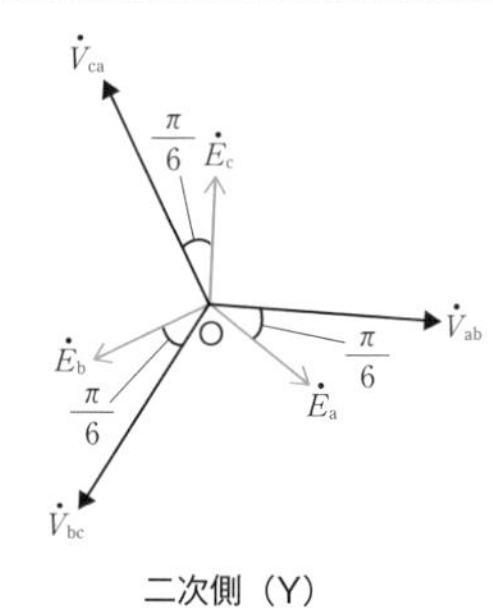

二次側（Y）

(3)　Δ−Y結線，Y−Δ結線…Δ−Y結線は一次側をΔ結線，二次側をY結線する方法，Y−Δ結線は一次側をY結線，二次側をΔ結線する方法。

・Δ結線で第3調波励磁電流を還流できる

・Y結線で中性点を接地できる

・一次側と二次側に位相差が$\frac{\pi}{6}$rad生じる

結線図

一次側
(Δ)

二次側
(Y)

接続図

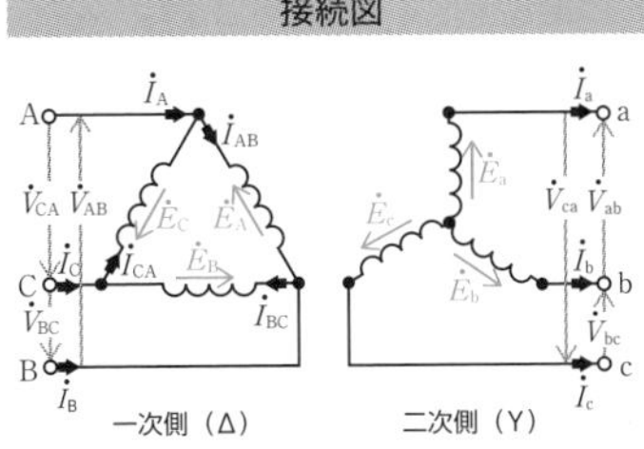

ベクトル図（一次側）

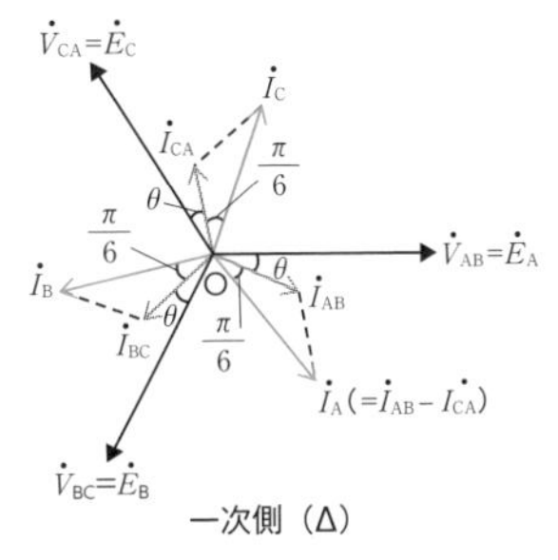

ベクトル図（二次側）

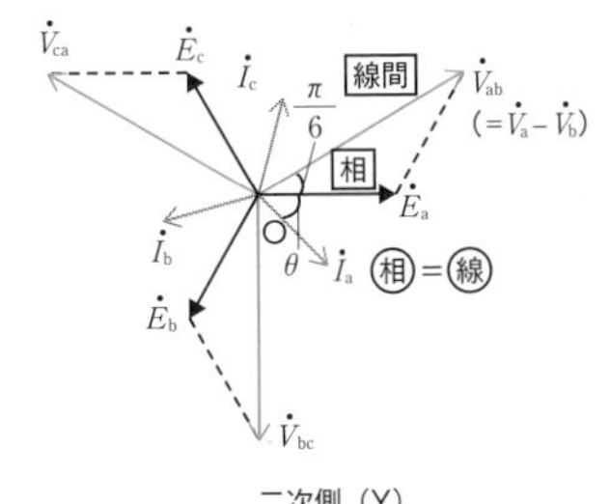

二次側（Y）

位相変位あり（$\dot{V}_{ab}$ は $\dot{V}_{AB}$ より $\frac{\pi}{6}$ 進む）

結線図

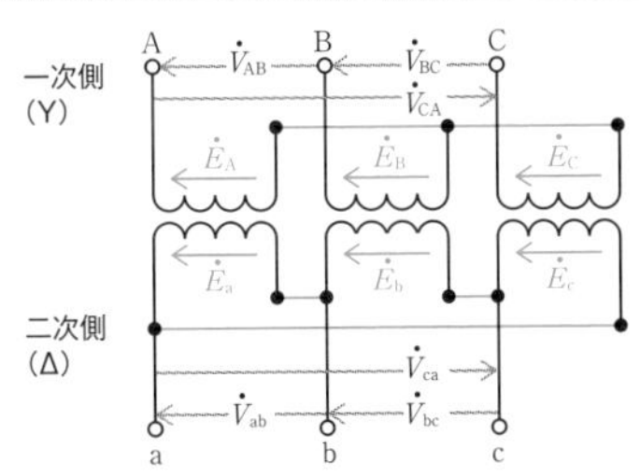

接続図

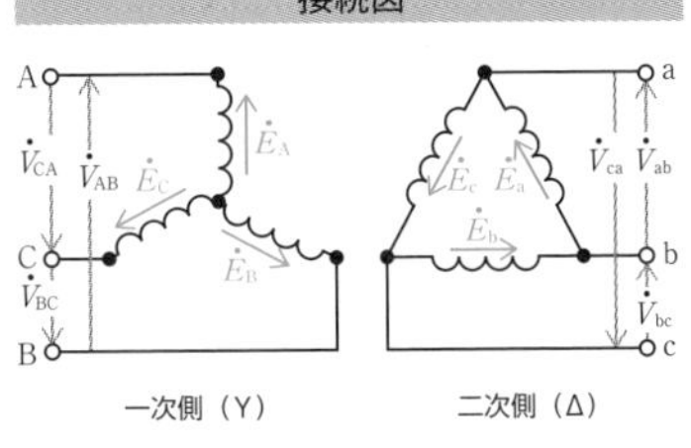

ベクトル図（一次側）

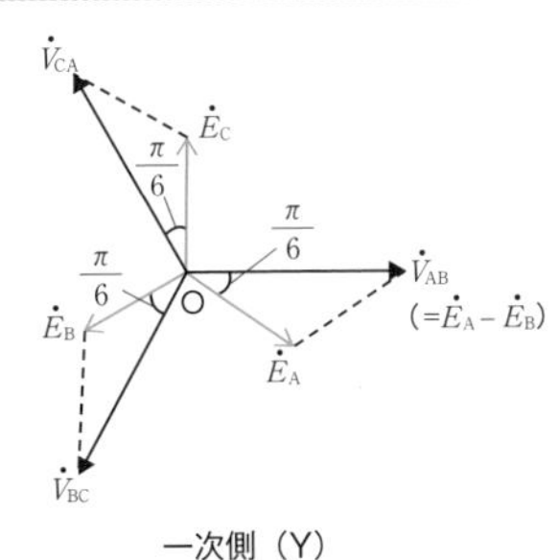

ベクトル図（二次側）

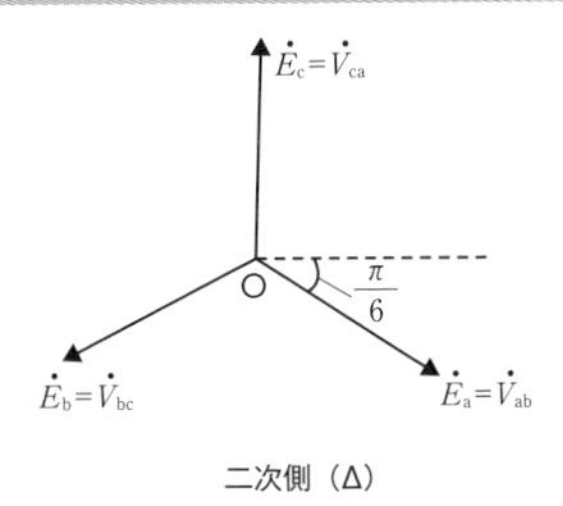

位相変位あり（$\dot{V}_{ab}$ は $\dot{V}_{AB}$ より $\frac{\pi}{6}$ 遅れる）

(4)　V−V結線…２台の変圧器でV字に結線する方法。Δ−Δ結線と同様の特性を持たせることが可能。

・利用率がΔ−Δ結線の約86.6%，最大出力が約57.7%となってしまう。

・将来の増設を見越して，Δ−Δ結線とすることが可能。

POINT 5　単巻変圧器

１つの巻線を一次巻線と二次巻線として利用し変圧する変圧器。共用部分でない箇所を直列巻線，共用部分を分路巻線という。

図において，巻数比aは，

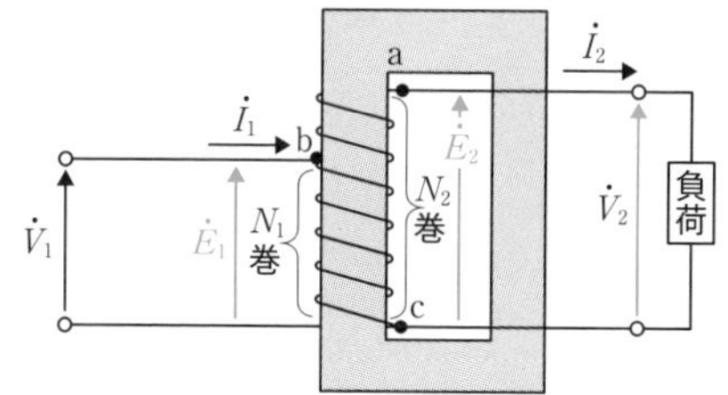

$$a=\frac{N_1}{N_2}=\frac{V_1}{V_2}=\frac{I_2}{I_1}$$

自己容量P_s[V・A]は，

$$P_s=V_1I_3=(V_2-V_1)I_2=V_2I_2(1-a)$$

負荷容量P_l[V・A]は，

$$P_l=V_2I_2=V_1I_1$$

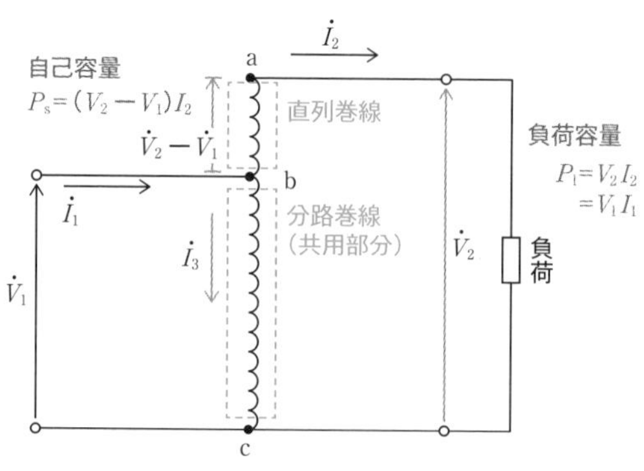

確認問題

1 次の各文は変圧器の並行運転に関する記述である。正しいものには○，正しくないものには×をつけよ。 P.44~50 POINT 1 ～ 4

(1) 並行運転の必要条件として，極性が合っていることがある。極性が合っていないと大きな循環電流が流れる。

(2) 単相変圧器について，下図の(a)及び(b)のような接続をしたとき，(a)は加極性，(b)は減極性である。

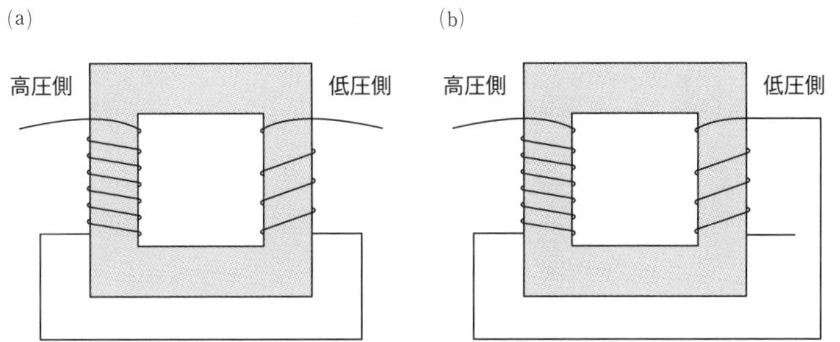

(3) 並行運転の必要条件として，巻数比が等しいことが求められる。巻数比が合っていないと，各変圧器の二次側に位相差が生じ，循環電流が流れる。

(4) 単相変圧器の並行運転の必要条件として，相回転が等しいことが求められる。

(5) Δ−Y結線の変圧器とY−Y結線の変圧器は並行運転ができない。

(6) Δ−Δ結線の変圧器とY−Y−Δ結線の変圧器は並行運転ができない。

(7) Δ−Y結線のΔ側を一次巻線，Y側を二次巻線とすると，二次電圧は一次電圧に対して位相が30°進みとなる。

(8) Δ−Δ結線同士の並行運転であれば，巻数比が合っていなくても，Δ結線で循環電流が流れるので問題はない。

(9) 変圧器容量が異なっていても，条件を満たせば変圧器の並行運転は可能である。

(10) 並行運転の必要条件として，百分率抵抗降下とリアクタンス降下の比が等しいことが求められる。等しくないと電圧に位相差を生じ循環電流が流れる。

---

2 次の変圧器の並行運転の図において，それぞれの変圧器が分担する電流の大きさI_A[A]及びI_B[A]，分担する負荷の大きさP_A[kV・A]及びP_B[kV・A]をそれぞれ求めよ。 P.46 POINT 3

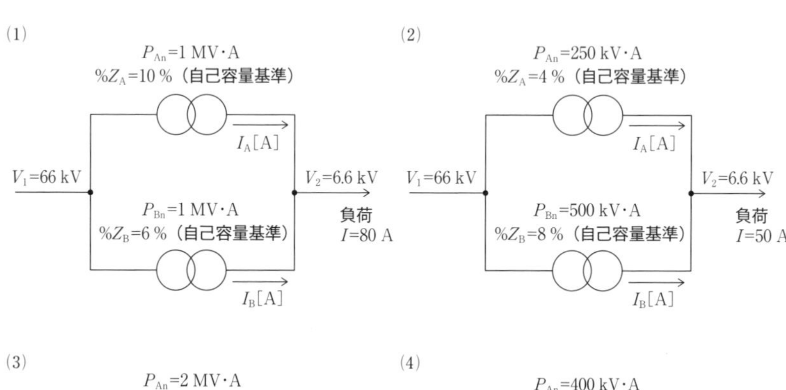

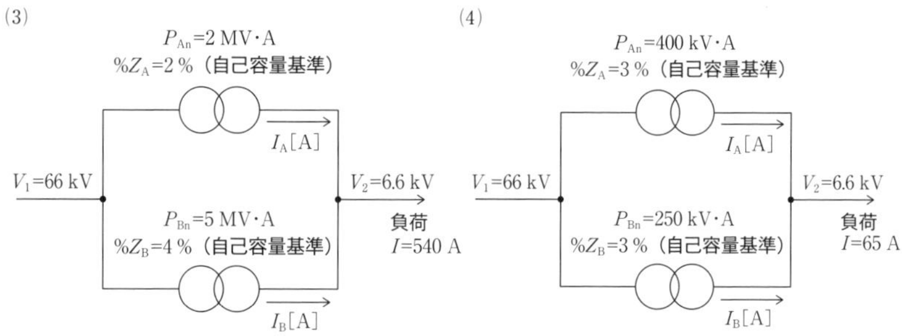

3 次の各図における一次電圧に対する二次電圧の位相差[rad]を遅れか進みかも含め答えよ。

P.47~50 POINT 4

(1)

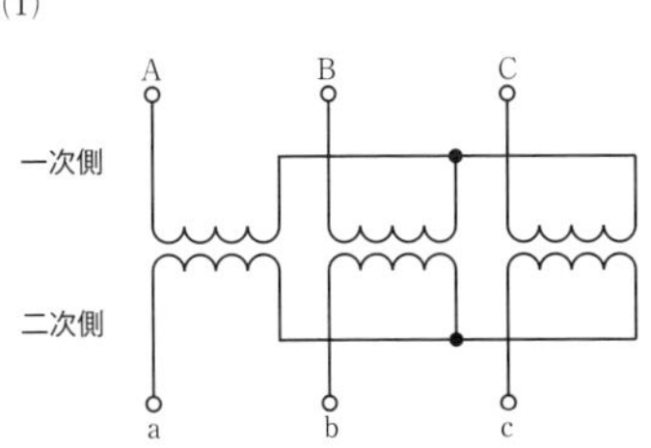

(2)

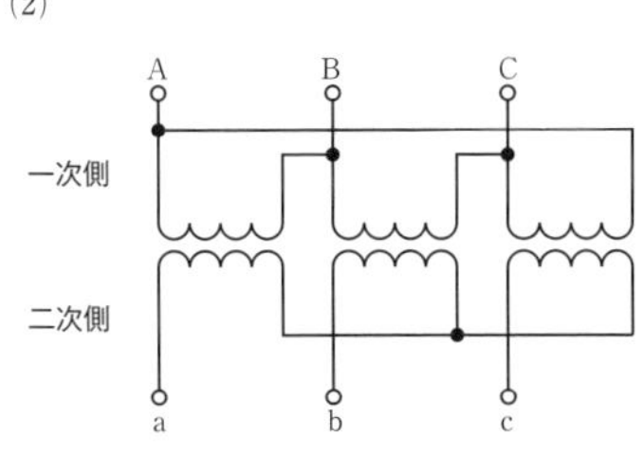

(3)

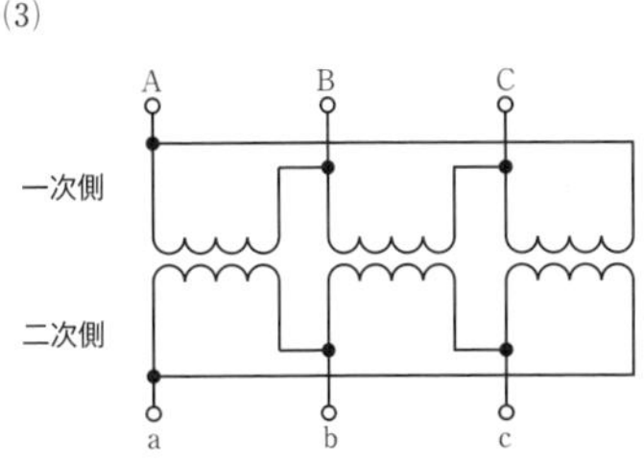

(4)

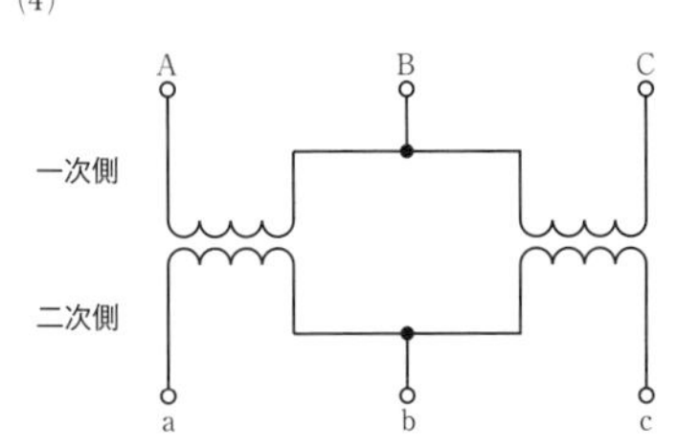

(5)

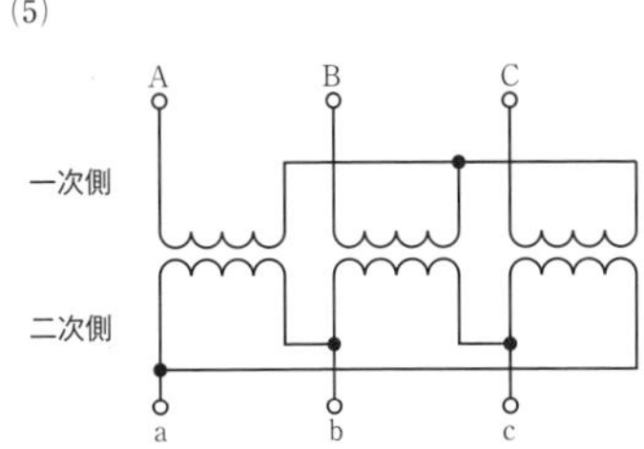

4 次の各問に答えよ。

P.47~50 POINT 4

(1) 3台の単相変圧器をY–Y–Δ結線して一次側に33 kVを加えたところ，二次側の電圧が6.6 kVとなった。このとき，単相変圧器の巻数比を求めよ。

(2) 3台の単相変圧器を一次側，二次側ともΔ結線にして，一次側に線間電圧6.6 kVを加えたところ，二次側の線間電圧が110 Vとなった。この変圧器の一次電流が2 Aであるとき，二次側の線電流[A]を求めよ。

(3) 3台の単相変圧器の一次側をΔ結線，二次側をY結線して，一次側に22 kVを加えた。各変圧器の巻数比が300であるとき，二次側の電圧の大きさ[V]を求めよ。

(4) 3台の単相変圧器の一次側をY結線，二次側をΔ結線して，一次側の電圧を15 kVにして，二次側の電圧を154 kVに調整した。このときの巻数比を求めよ。また，一次電圧に対する二次電圧の位相差を遅れか進みかも含めて答えよ。

---

5 次の文章は単巻変圧器に関する内容である。（ア）～（オ）にあてはまる語句又は式を答えよ。

P.50 POINT 5

単巻変圧器は1つの巻線を一次巻線と二次巻線にして電圧を変える変圧器である。下図において共用部分でない巻線を［（ア）］巻線，共用部分の巻線を［（イ）］巻線と呼ぶ。巻数比aは一次電圧V_1及び二次電圧V_2を用いて$a=$［（ウ）］となり，自己容量と負荷容量はそれぞれ一次電圧V_1及び二次電圧V_2または二次電流I_2を用いて［（エ）］及び［（オ）］となる。

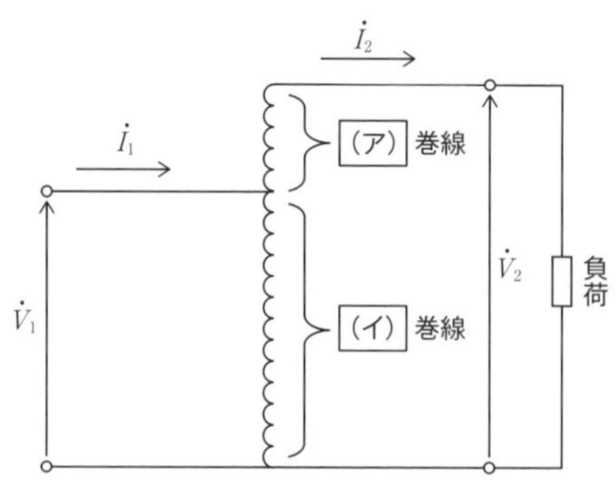

基本問題

1 変圧器の並行運転の条件に関する項目として，誤っているものを次の(1)～(5)のうちから一つ選べ。

(1) 相回転の一致
(2) 角変位の一致
(3) 定格容量の一致
(4) 変圧比の一致
(5) 極性の一致

---

2 次の(a)～(d)の変圧器の接続方法のうち，並行運転可能な組合せとして正しいものを次の(1)～(5)のうちから一つ選べ。

(a)
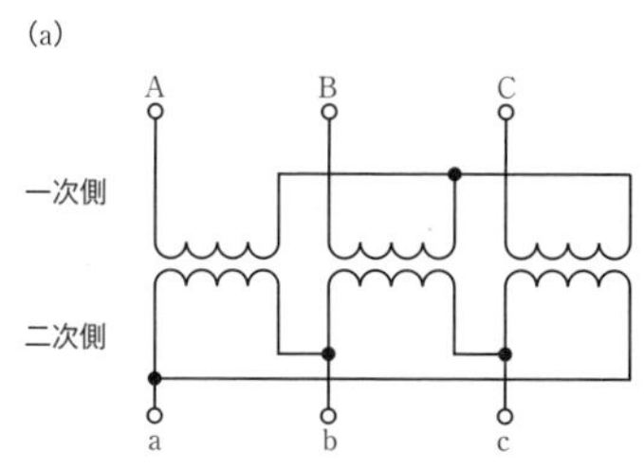

(b)
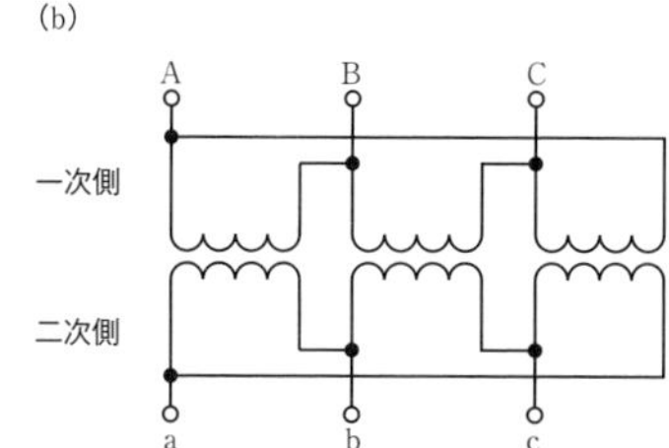

(c)
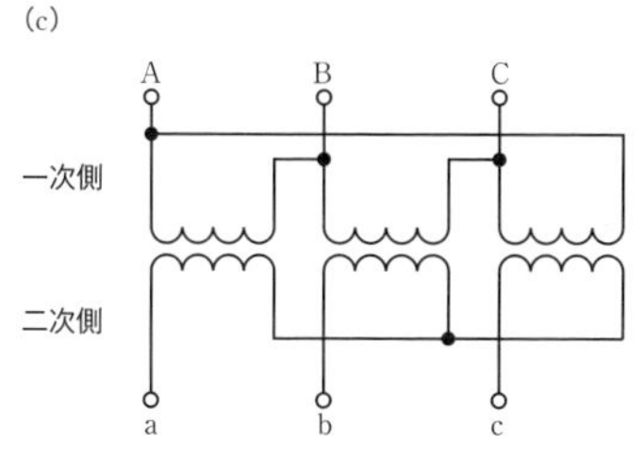

(d)
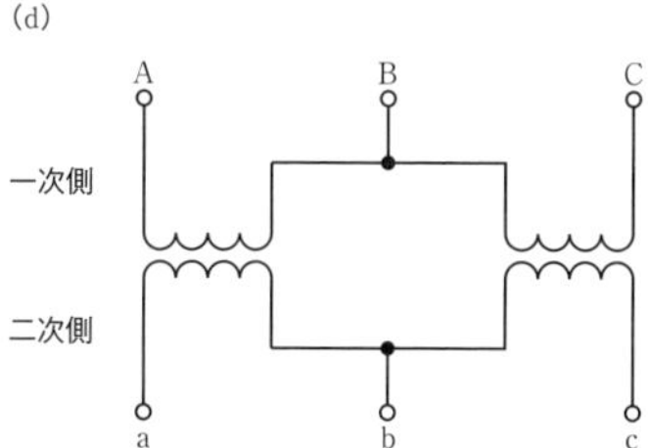

(1) (a)と(b)　(2) (a)と(c)　(3) (a)と(d)
(4) (b)と(c)　(5) (b)と(d)

3 図のように，ともに一次定格電圧が33 kV，二次定格電圧が6.6 kVで巻数比が等しい三相変圧器A，Bがある。変圧器Aの定格容量が100 kV・A，変圧器Bの定格容量が20 kV・Aであり，それぞれの百分率インピーダンスが変圧器Aが3 %，変圧器Bが4 %であるとき，二次側に供給可能な電流の大きさの最大値I_2［A］として，最も近いものを次の(1)～(5)のうちから一つ選べ。

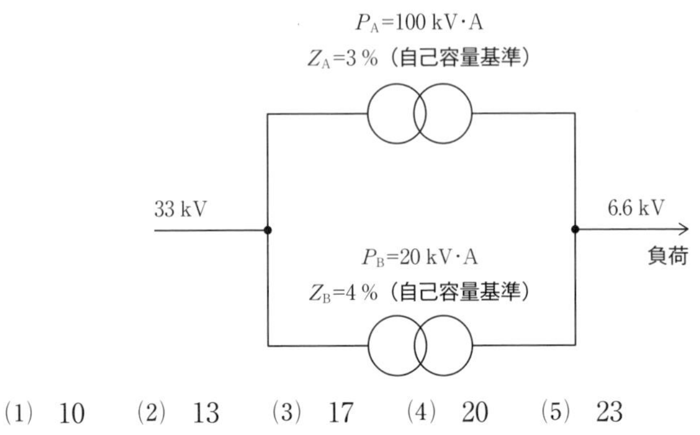

(1) 10　(2) 13　(3) 17　(4) 20　(5) 23

---

4 変圧器の三相結線に関する記述として，誤っているものを次の(1)～(5)のうちから一つ選べ。

(1) Y−Y結線の変圧器は，第3調波を還流する回路がないため，二次側の相電圧の波形にひずみが生じる。

(2) Δ−Y結線の変圧器は，一次電圧と二次電圧の間に角変位と呼ばれる$\frac{\pi}{6}$ radの位相差を生じる。

(3) Δ−Δ結線の変圧器は，中性点を接地することができず，保護が難しい面もある。

(4) 同一電圧において，Δ結線の変圧器には，Y結線の約$\sqrt{2}$倍の電圧がかかるので，絶縁に費用がかかる。

(5) Y−Y−Δ結線の三次巻線には，調相設備を設けるものもある。

5 次の文章は単巻変圧器に関する記述である。

単巻変圧器は1つの巻線で一次巻線と二次巻線を共用する変圧器で，巻線の共用部分を［（ア）］，巻線の共用でない部分を［（イ）］と呼ぶ。一次電圧が4000 V，二次電圧が5000 V，二次電流が20 Aであるとき，この単巻変圧器の負荷容量は［（ウ）］［kV・A］，自己容量は［（エ）］［kV・A］となる。

上記の記述中の空白箇所（ア），（イ），（ウ）及び（エ）に当てはまる組合せとして，正しいものを次の(1)～(5)のうちから一つ選べ。

	（ア）	（イ）	（ウ）	（エ）
(1)	直列巻線	分路巻線	100	20
(2)	分路巻線	直列巻線	80	100
(3)	直列巻線	分路巻線	80	20
(4)	分路巻線	直列巻線	100	20
(5)	直列巻線	分路巻線	80	100

応用問題

1 変圧器の並行運転に関する記述として，誤っているものを次の(1)〜(5)のうちから一つ選べ。

(1) 変圧器の並行運転を行うことで，出力の増減に合わせて，運転台数を変更することにより，変圧器の無負荷損を低減させることが可能となる。

(2) 変圧比が異なる２台の変圧器で並行運転を行うと，二次側電圧の電圧差に比例した循環電流が変圧器間に流れる。

(3) 極性が一致しない変圧器を用いると，大きな循環電流が流れる。したがって，日本では減極性を基本として統一している。

(4) Y−Δ結線は二次側の電圧が一次側の電圧に対して$\frac{\pi}{6}$ rad遅れとなるので，並行運転を行う際は，Δ−Δ結線の変圧器と一緒に使用してはならない。

(5) 並行運転を行う条件として，巻線抵抗と漏れリアクタンスの大きさが変圧器間で等しいという条件がある。

---

2 容量がP_1[kV・A]の単相変圧器３台を使用してΔ－Δ結線で運転している変圧器がある。変圧器の一台が故障して，V－V結線として同じ電力を供給することにした。変圧器全体の銅損はΔ－Δ結線の何倍となるか。最も近いものを次の(1)〜(5)のうちから一つ選べ。

(1) 1　(2) 2　(3) 3　(4) 4　(5) 6

3 単相変圧器を3台使用して三相結線の変圧器として利用することを考える。次の各結線方法と一次線間電圧 $\dot{V}_1$[V] に対する二次線間電圧 $\dot{V}_2$[V] の位相及びその大きさの組合せとして，正しいものを次の(1)～(5)のうちから一つ選べ。ただし，各変圧器の巻数比はa，極性はいずれも減極性とする。

(1)

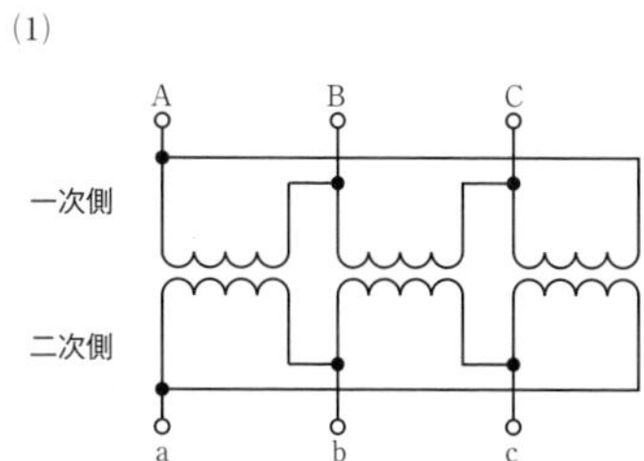

(2)

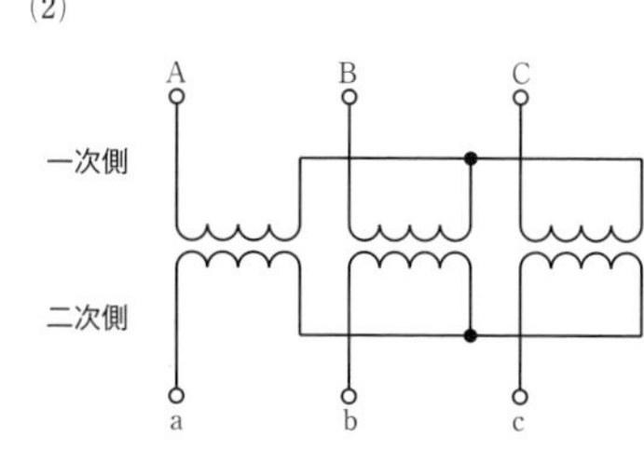

(3)

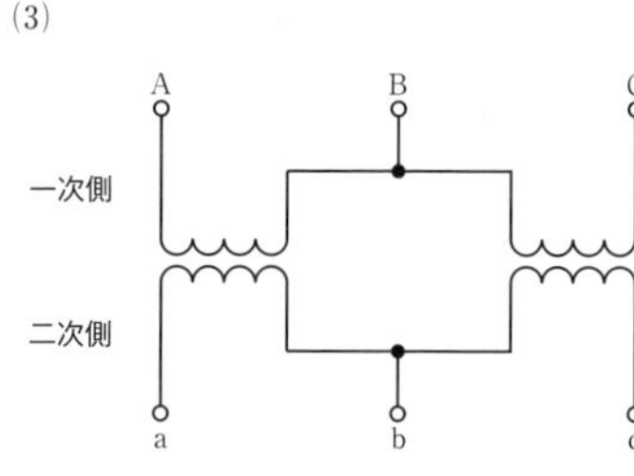

(4)

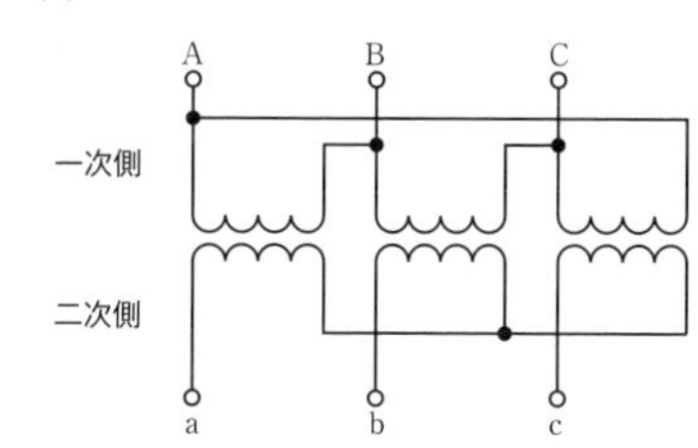

(5)

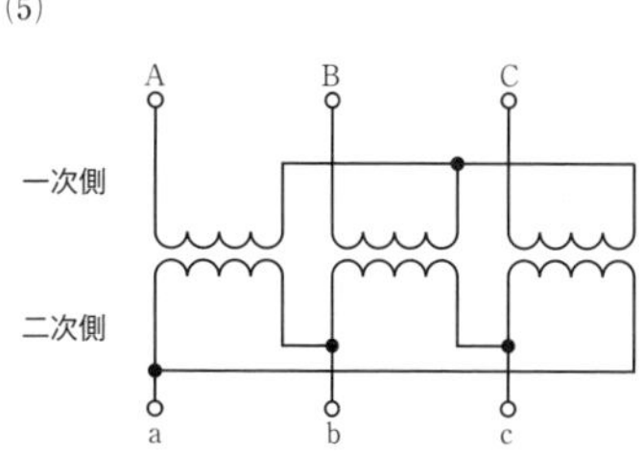

	一次線間電圧に対する二次線間電圧の位相	二次線間電圧の大きさ
(1)	同相	aV_1
(2)	30° 遅れ	$\frac{V_1}{a}$
(3)	同相	$\frac{V_1}{\sqrt{3}a}$
(4)	30° 進み	$\frac{\sqrt{3}V_1}{a}$
(5)	30° 進み	$\frac{V_1}{\sqrt{3}a}$

4 変圧器の三相結線に関する記述として，誤っているものを次の(1)～(5)のうちから一つ選べ。

(1) Δ−Δ結線の変圧器は，そのままでは中性点を接地することができないので，中性点を接地するときは接地変圧器が必要となる。したがって，非接地方式を採用する配電用変圧器として用いられることが多い。

(2) Y−Y結線の変圧器は，Δ結線を持たないので第３調波励磁電流を還流することができない。したがって，一般にΔ結線を三次巻線に設け，Y−Y−Δ結線として使用することが多い。

(3) Y−Δ結線の変圧器は，一次と二次の電圧に位相差が生じる。したがって，他の変圧器との角変位をなくすため，直列に巻数比１のΔ−Y結線を接続することが多い。

(4) Y−Δ結線においては一次側の中性点を接地でき，二次側で第3調波を還流できるので，広く使用されている。

(5) V−V結線は単相変圧器で構成されたΔ−Δ結線の１台が故障しても運転継続が可能な方法で，Δ−Δ結線と比較して，利用率が86.6 %，出力が57.7 %となる。

5 図のように，定格一次電圧が400 V，定格二次電圧が440 Vの単巻変圧器がある。最初スイッチSを開放した状態で一次側に定格電圧を加えたところ，電流I_1［A］の大きさは0.7 Aとなった。次にスイッチSを投入し一次側に定格電圧を加えたところ，電流I_2［A］の大きさが24 Aとなった。このとき，分路巻線に流れる電流の大きさとして，最も近いものを次の(1)〜(5)のうちから一つ選べ。ただし，巻線は純リアクタンスと考えることができ，巻線抵抗は無視できるものとする。

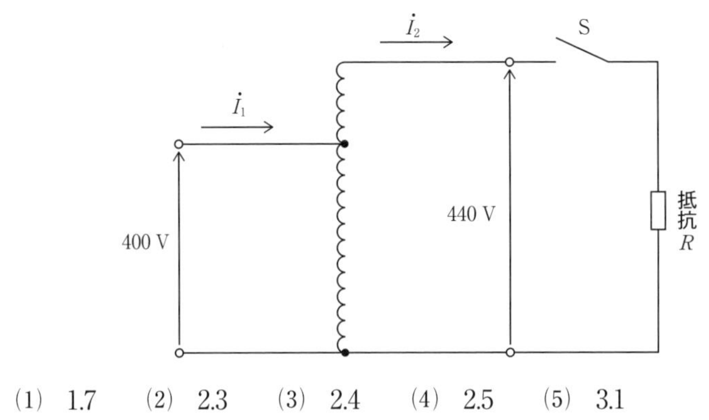

(1)　1.7　　(2)　2.3　　(3)　2.4　　(4)　2.5　　(5)　3.1

CHAPTER 03

誘導機

毎年2，3問計算問題を中心に出題される分野です。
誘導機においても最重要となるのは等価回路であり，特にL形簡易等価回路の理解からトルクの導出までの内容はしっかりと理解しましょう。
トルクの比例推移に関しても頻出の内容となります。

CHAPTER 03

誘導機

1 誘導電動機の原理と構造

（教科書CHAPTER03 SEC01～04対応）

POINT 1 **誘導電動機の原理**

① 磁石が回転→フレミングの右手の法則により渦電流が発生

② フレミングの左手の法則により電磁力が発生→回転

電験の対策としては詳細なメカニズムの知識は不要

POINT 2 **回転磁界**

三相誘導電動機において，永久磁石でなく三相交流電流を利用して回転磁界を作り出す。

2極の三相誘導電動機においては，下図のような合成磁界を生み出し，結果下のグラフのような電流波形が得られる。

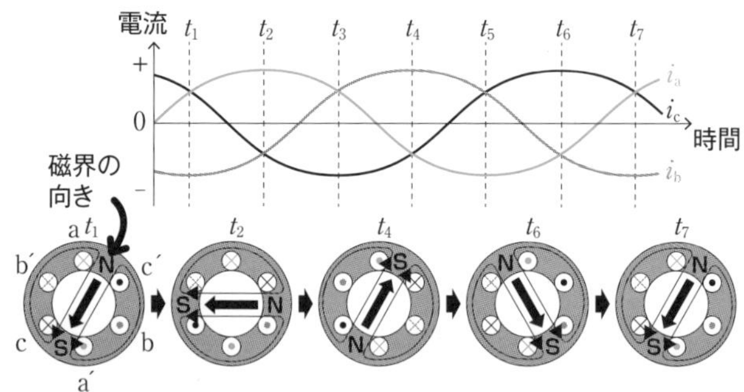

1分あたりの回転磁界の回転速度（同期速度）N_s[min^{-1}]は，電源の周波数f[Hz]，極数pとすると，

$$N_s = \frac{120f}{p}$$

POINT 3 三相誘導電動機の構造

三相誘導電動機は，回転磁界を作る固定子と，回転磁界により回転してトルクを発生する回転子で構成される。

(1) 固定子…回転磁界を作る部分。巻線に三相交流電流を流し，回転磁界を作り出す。

(2) 回転子

① かご形回転子

・かごの形にした導体の中に，透磁率の高い鉄心を入れ，両端を端絡環で接続したもの。

・構造が簡単で，頑丈かつコンパクトである特徴を持つ。

・普通かご形，深溝かご形，二重かご形回転子がある。

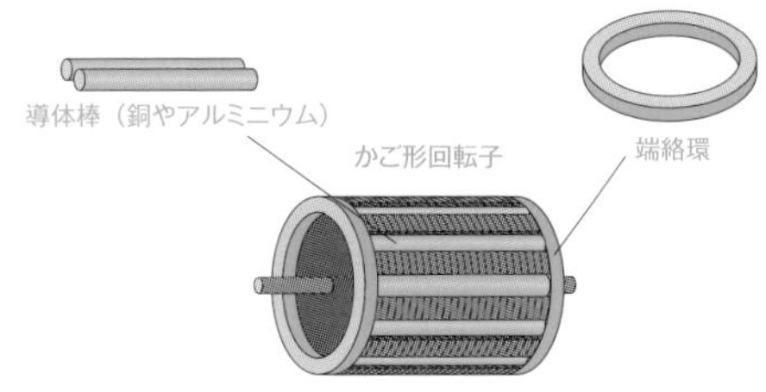

② 巻線形回転子

・鉄心の外側に設けられたスロットに二次巻線を挿入して，結線して三相巻線にする。

・三相巻線は，3個のスリップリングに接続して，ブラシを通して外部の端子に接続できる。

・端子に可変抵抗器を接続することで，電動機の速度制御や始動電流の低減を図ることができる。

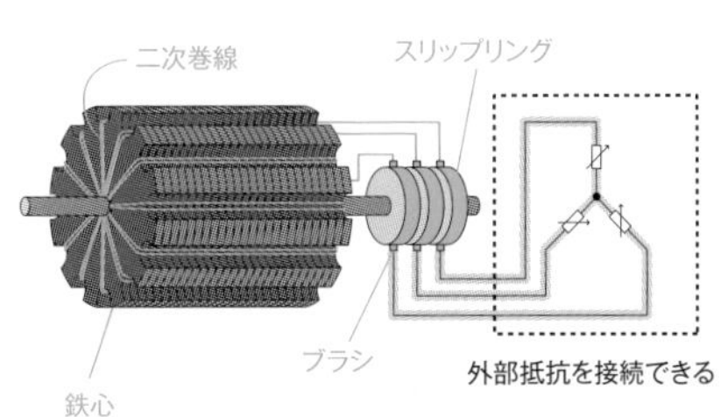

問題編
CHAPTER 03
誘導機 1

POINT 4　電動機の滑り

同期速度（回転磁界の回転速度）をN_s[min^{-1}]，回転子の回転速度をN[min^{-1}]とすると，滑りsは，次の式で表せる。

$$s=\frac{N_s-N}{N_s}$$

上式を変形すると，次の式で表せる。

$$N_s s=N_s-N$$
$$N=N_s-N_s s=N_s(1-s)$$

POINT 5　三相誘導電動機の等価回路

三相誘導電動機の等価回路には一次側に換算した等価回路（T形等価回路）と一次側に換算した簡易等価回路（L形等価回路）があり，いずれも変圧器の等価回路と形が似ている。

(1)　T形等価回路

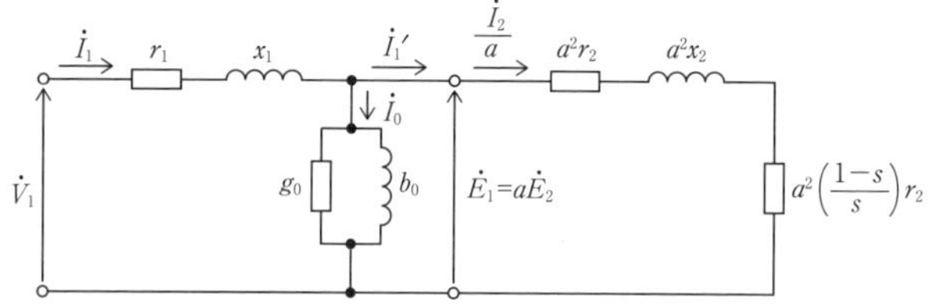

二次側を一次側に換算した等価回路（T形等価回路）

(2)　L形等価回路

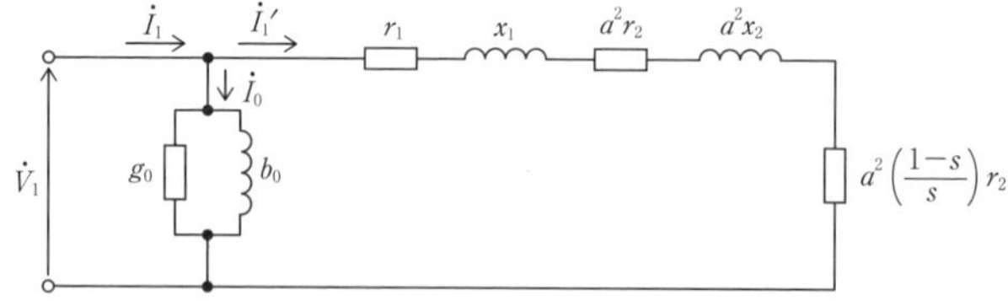

二次側を一次側に換算した簡易等価回路（L形等価回路）

二次入力をP_2[W]，二次銅損をP_{c2}[W]，機械的出力をP_m[W]とすると，

$$P_2:P_{c2}:P_m=1:s:1-s$$

POINT 6　三相誘導電動機の機械的出力とトルクの関係

運転中の角速度を$\omega = \frac{2\pi N}{60}$[rad/s]とすると，機械的出力$P_m$[W]は，次の式で表せる。

$$P_m = \omega T$$

二次入力をP_2[W]，同期角速度を$\omega_s = \frac{2\pi N_s}{60}$[rad/s]とすると，トルク$T$[N・m]は，

$$T = \frac{P_m}{\omega} = \frac{P_2(1-s)}{\omega_s(1-s)} = \frac{P_2}{\omega_s}$$

POINT 7　三相誘導電動機の滑りとトルクの関係

L形等価回路より，トルクT[N・m]は次の式で表せる。

$$T = \frac{P_m}{\omega} = \frac{P_2(1-s)}{\omega_s(1-s)} = \frac{P_2}{\omega_s}$$

$$= \frac{3\left(\frac{r_2'}{s}\right)I_1'^2}{\omega_s}$$

$$= \frac{1}{\omega_s} \cdot \frac{3\left(\frac{r_2'}{s}\right)V_1^2}{\left(r_1 + \frac{r_2'}{s}\right)^2 + (x_1 + x_2')^2}$$

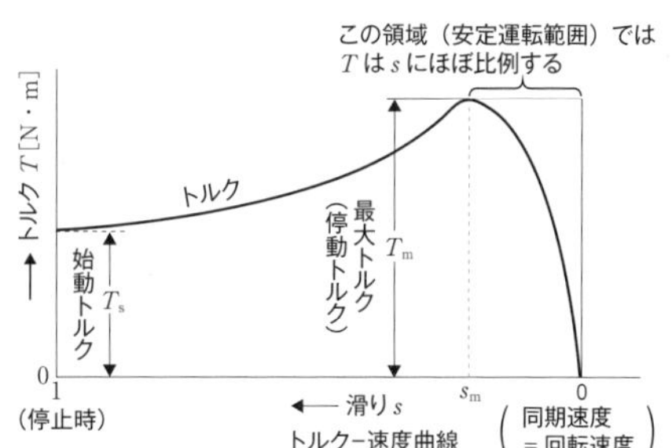

グラフで表すと右図のようになる。

r_1，$x_1 \ll x_2'$のとき，グラフにおける最大トルクT_m[N・m]となる滑りs_mは，

$$s_m = \frac{r_2'}{x_2'}$$

となり，$0 < s < s_m$のとき，電動機は安定，$s_m < s < 1$のとき，電動機は不安定となる。

問題編　CHAPTER 03　誘導機 1

POINT 8　トルクの比例推移

$$T=\frac{1}{\omega_{\mathrm{s}}}\cdot\frac{3\left(\frac{r_2{}'}{s}\right)V_1{}^2}{\left(r_1+\frac{r_2{}'}{s}\right)^2+(x_1+x_2{}')^2}$$

において，安定運転しているとき，$s\ll1$なので，等価回路上の$\frac{r_2{}'}{s}$以外の値は小さいと考えると，

$$T=\frac{1}{\omega_{\mathrm{s}}}\cdot\frac{3\left(\frac{r_2{}'}{s}\right)V_1{}^2}{\left(\frac{r_2{}'}{s}\right)^2}$$

$$=\frac{1}{\omega_{\mathrm{s}}}\cdot\frac{3V_1{}^2}{\frac{r_2{}'}{s}}$$

$$=\frac{1}{\omega_{\mathrm{s}}}\cdot\frac{3V_1{}^2}{r_2{}'}s$$

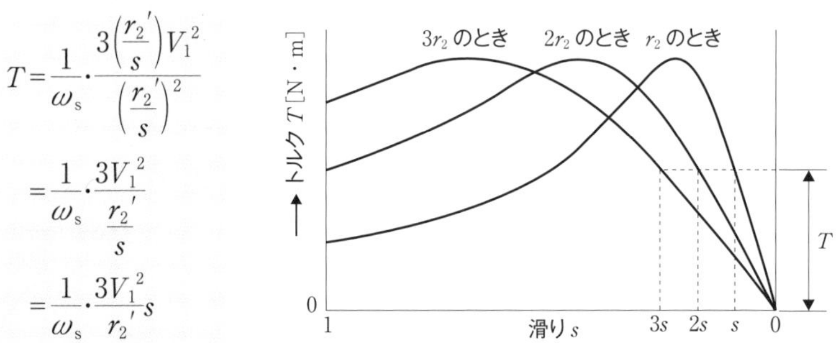

となり，トルクTと滑りsがほぼ比例すると考えられる。
したがって，トルク一定の条件では，

$$\frac{r_2}{s}=\frac{r_2+R}{s'}$$

となり，滑りを外部抵抗Rにてコントロールすることが可能となる。
（ただし，外部抵抗が挿入できるのは，巻線形誘導電動機のみ）

確認問題

1 次の文章は誘導電動機に関する記述である。(ア)～(エ)にあてはまる語句を答えよ。

P.64 POINT 1

誘導電動機は三相交流電源により，回転磁界を作り出し，回転磁界によるフレミングの（ア）の法則により，（イ）指の方向に誘導起電力が発生し，これによって渦電流が発生する。その渦電流が磁界中を流れることにより，フレミングの（ウ）の法則に沿って（エ）指の方向に電磁力を発生させ，電動機を回転させる。

---

2 次の文章は三相誘導電動機の構造に関する記述である。(ア)～(エ)にあてはまる語句を答えよ。

P.65 POINT 3

三相誘導電動機は三相交流電源を巻線に接続し，回転磁界を作る（ア）と，（ア）が作った回転磁界により回転してトルクを発生させる（イ）で構成されている。（イ）は，鉄心と端絡環と導体棒から構成される比較的構造が単純な（ウ）形と鉄心の外側に設けられたスロットに絶縁電線を挿入した（エ）形がある。

---

3 次の文章のうち，正しいものには○を，誤っているものには×をつけよ。

P.64～68 POINT 2 ～ 8

(1) 三相誘導電動機の同期速度N_s[min^{-1}]は，電源の周波数f[Hz]，極数pとすると，$N_s=\dfrac{120f}{p}$で求められる。

(2) 三相誘導電動機の同期角速度ω_s[rad/s]は，電源の周波数f[Hz]，極数pとすると，$\omega_s=\dfrac{2\pi f}{p}$で求められる。

(3) 運転中の誘導電動機の角速度ω[rad/s]と回転速度N[min^{-1}]には，$\omega=\dfrac{\pi N}{30}$の関係がある。

(4) 同期速度(回転磁界の回転速度)をN_s[min^{-1}]，回転子の回転速度をN[min^{-1}]とすると，滑りsは，$s=\dfrac{N_s-N}{N}$で定義される。

(5) 誘導電動機の回転子にはかご形と巻線形があり，巻線形回転子は外部抵抗を接続することができる。

(6)　三相誘導電動機の等価回路は直流機や変圧器の等価回路と非常に似ている。

(7)　三相誘導電動機の等価回路における一次側とは電機子回路のことであり，二次側とは界磁回路のことである。

(8)　三相誘導電動機の等価回路のうち，二次側の二次抵抗や二次側の漏れリアクタンスを一次側に換算し，さらに励磁回路を左端に寄せた簡易等価回路をＬ形等価回路という。

(9)　三相誘導電動機における二次入力P_2[W]，二次銅損P_{c2}[W]，機械的出力P_m[W]には，$P_2 : P_{c2} : P_m = 1 : (1-s) : s$の関係がある。

(10)　機械的出力P_m[W]と電動機のトルクT[N・m]には，角速度をω[rad/s]とすると，$T = \omega P_m$の関係がある。

(11)　滑り$s = 1$のとき，トルクは発生しない。

(12)　誘導電動機の最大トルクを生じる滑りs_mを基準として，滑りsが$s < s_m$のとき，誘導電動機は安定となる。

(13)　巻線形三相誘導電動機において，トルクを一定として安定運転した場合，外部抵抗の値と滑りは比例する。

4　定格出力が4 kWで極数が12の三相誘導電動機を周波数が60 Hzで200 Vの電源に接続した。定格出力で運転したときの電動機の回転速度が480 min^{-1}であるとき，次の各値を求めよ。

P.64, 66~68　POINT 2 4 5 6

(1)　同期速度[min^{-1}]

(2)　滑り

(3)　二次入力[kW]

(4)　二次銅損[W]

(5)　同期角速度[rad/s]

(6)　角速度[rad/s]

(7)　トルク[N・m]

5 定格出力が10 kWで定格電圧が440 V，定格周波数が50 Hz，4極の三相誘導電動機があり，定格運転しているとする。二次抵抗が0.02 Ω，二次漏れリアクタンスが0.2 Ωのとき，次の各値を求めよ。ただし，励磁電流，一次抵抗及び一次漏れリアクタンスは無視できるものとする。

P.64, 66~68 POINT 2 4 5 6

(1) 同期速度[min^{-1}]

(2) 同期角速度[rad/s]

(3) $s = 0.04$で安定運転したときの回転速度[min^{-1}]

(4) $s = 0.04$で安定運転したときのトルク[N・m]

(5) $s = 0.04$で安定運転したときの二次入力[kW]

(6) 停動トルク発生時の滑り

(7) 停動トルク発生時の回転速度[min^{-1}]

(8) 停動トルク発生時の二次入力[kW]

(9) 停動トルクの大きさ[N・m]

---

6 次の文章は誘導電動機の特性に関する記述である。(ア)～(オ)にあてはまる語句又は式を答えよ。

P.67 POINT 7

三相誘導電動機の滑りとトルクの特性について考える。

仮に同期速度で運転したとすると，その滑りの大きさは［(ア)］であり，安定領域で運転するとそのトルクは滑りにほぼ［(イ)］し，不安定領域で運転するとトルクは滑りにほぼ［(ウ)］する。安定限界であり，最もトルクが大きくなる滑りs_mは，一次抵抗r_1[Ω]，一次漏れリアクタンスx_1[Ω]，二次抵抗r_2[Ω]，二次漏れリアクタンスx_2[Ω]とすると，$s_m =$［(エ)］であり，そのときのトルクを［(オ)］という。

7 次の文章は誘導電動機のトルク特性に関する記述である。(ア)～(エ)にあてはまる語句又は数値を答えよ。 P.68 POINT 8

誘導電動機が定トルク運転している場合に，[(ア)]を通して二次側に外部抵抗を接続したとき，滑りと抵抗値の関係が比例することをトルクの[(イ)]という。

いま，三相誘導電動機がトルク $T = 100$ N・m，滑り $s = 0.02$ で運転しているとする。スリップリングを介して，二次側に15 Ωの外部抵抗を接続した。二次抵抗 $r_2 = 10$ Ωであるとき，外部抵抗を接続した後の滑り s' の大きさは[(ウ)]となる。この[(イ)]の性質を利用すれば，始動時のトルクを大きくすることができるが，二次側に外部抵抗を接続できるのはかご形もしくは巻線形のうち[(エ)]誘導電動機のみである。

基本問題

1 次の文章は誘導電動機に関する記述である。

一次周波数をf_1[Hz]，回転子が停止しているときの二次側誘導起電力の大きさをE_2[V]，二次巻線抵抗をr_2[Ω]，二次漏れリアクタンスをx_2[Ω]とし，電動機を滑りsで運転したとき，二次周波数f_2 =［（ア）］[Hz]，二次側誘導起電力E_2' =［（イ）］[V]，二次巻線抵抗r_2' =［（ウ）］[Ω]，二次漏れリアクタンスx_2' =［（エ）］[Ω]となる。

上記の記述中の空白箇所（ア），（イ），（ウ）及び（エ）に当てはまる組合せとして，正しいものを次の(1)～(5)のうちから一つ選べ。

	（ア）	（イ）	（ウ）	（エ）
(1)	sf_1	sE_2	r_2	x_2
(2)	sf_1	sE_2	r_2	sx_2
(3)	f_1	E_2	$\dfrac{r_2}{s}$	x_2
(4)	f_1	sE_2	r_2	x_2
(5)	sf_1	E_2	$\dfrac{r_2}{s}$	sx_2

2 誘導電動機に関する記述として，誤っているものを次の(1)～(5)のうちから一つ選べ。

(1) 誘導電動機の回転する原理は，アラゴの円板が回転する原理とほぼ同じである。

(2) 同期速度N_s[min^{-1}]は極数p，周波数がf[Hz]であるとき，$N_s = \dfrac{120f}{p}$で表される。

(3) 同期速度N_s[min^{-1}]，回転速度をN[min^{-1}]のときの滑りをsとしたとき，$N_s = N(1-s)$の関係がある。

(4) 誘導電動機の等価回路は，変圧器の等価回路と形が似ている。

(5) 滑りsで運転しているときの，二次入力P_2[W]，二次銅損P_{c2}[W]，機械的出力P_m[W]とすると，$P_2:P_{c2}:P_m = 1:s:(1-s)$の関係がある。

---

3 次の文章は誘導電動機の等価回路に関する記述である。

三相誘導電動機において，ある負荷を接続し，滑り4％で運転している。1相あたりの二次抵抗の大きさが0.05 Ω，一次銅損は二次銅損と同じ大きさ，鉄損が20 Wで，1相当たりの二次電流が20 Aであるとき，1相あたりの二次銅損は［（ア）］[W]，1相あたりの二次入力は［（イ）］[W]となるので，1相あたりの一次入力は［（ウ）］[W]となる。

上記の記述中の空白箇所（ア），（イ）及び（ウ）に当てはまる組合せとして，正しいものを次の(1)～(5)のうちから一つ選べ。

	（ア）	（イ）	（ウ）
(1)	20	500	540
(2)	60	480	540
(3)	20	480	540
(4)	60	500	560
(5)	20	500	560

---

4 極数6の三相巻線形誘導電動機を周波数60 Hzの電源に接続して運転したところ，回転速度が1140 min^{-1}，機械的出力が8 kW，固定子の銅損が400 W，鉄損が300 Wであった。このとき，次の(a)及び(b)に答えよ。ただし，損失は銅損及び鉄損のみで他の損失は無視する。

(a) 二次銅損の大きさ[W]として，最も近いものを次の(1)～(5)のうちから一つ選べ。

(1) 400　(2) 420　(3) 800　(4) 1200　(5) 1260

(b) 一次入力の大きさ[kW]として，最も近いものを次の(1)～(5)のうちから一つ選べ。

(1) 8.3　(2) 8.7　(3) 9.1　(4) 9.5　(5) 9.9

---

5 定格出力が24 kW，定格電圧が220 V，定格周波数が50 Hz，8極のかご形三相誘導電動機があり，滑りが6 %で定格運転している。このとき，次の(a)及び(b)に答えよ。

(a) 定格運転時の角速度[rad/s]として，最も近いものを次の(1)～(5)のうちから一つ選べ。

(1) 67　(2) 74　(3) 79　(4) 89　(5) 94

(b) 電動機のトルクの大きさ[N・m]として，最も近いものを次の(1)～(5)のうちから一つ選べ。

(1) 255　(2) 271　(3) 306　(4) 325　(5) 358

---

6 極数が6，定格周波数が50 Hzで定格運転時の滑りが4 %の巻線形三相誘導電動機がある。この誘導電動機をトルクは一定のまま，外部抵抗を挿入して滑りを6 %としたい。次の(a)及び(b)に答えよ。ただし，一次巻線抵抗の大きさは0.2 Ω，二次巻線抵抗の大きさは0.4 Ωとする。

(a) 外部抵抗挿入後の回転速度[min^{-1}]として，最も近いものを次の(1)～(5)のうちから一つ選べ。

(1) 920　(2) 940　(3) 960　(4) 980　(5) 1000

(b) このときに挿入する外部抵抗の大きさ[Ω]として，最も近いものを次の(1)～(5)のうちから一つ選べ。

(1) 0.1　(2) 0.2　(3) 0.3　(4) 0.4　(5) 0.6

応用問題

1 誘導電動機に関する記述として，誤っているものを次の(1)〜(5)のうちから一つ選べ。

(1) 誘導電動機の損失には鉄損，機械損，一次銅損，二次銅損等があり，機械損には軸受の摩擦損失や風損等があるが，他の損失に比べて非常に小さい。

(2) 誘導電動機の固定子における回転磁界は，三つの巻線を互いに$\frac{2}{3}\pi$ radずつずらして配置し，そこに三相交流電流を流すと発生する。

(3) かご形誘導電動機の回転子は，導体と鉄心に分かれており，鉄心には導体が収まるスロットが切られている。通常けい素鋼板を積層し鉄損を抑えるようにしている。

(4) 巻線形誘導電動機は回転子と同軸上にスリップリングとブラシが取付けられ，そこから端子を引き出している。外部抵抗を挿入することができ，これにより始動特性を改善したり速度制御を行うことができる。

(5) 誘導電動機のトルクは，最大トルクとなる停動トルクを境に回転速度が大きくなると速度にほぼ反比例して減少し，回転速度が小さくなると速度にほぼ比例して減少する。

---

2 次の文章は誘導電動機の入力，出力，損失に関する記述である。

誘導電動機の二次回路における二次入力P_2[W]，機械的出力P_m[W]，二次銅損P_{c2}[W]には滑りをsとすると，P_2:P_m:P_{c2} = （ア） の関係があるが，始動時は （イ） が零であるため，入力はすべて （ウ） になる。したがって，始動時には大きな （エ） が発生するため，三相誘導電動機の始動時には何らかの工夫が必要である。

上記の記述中の空白箇所（ア），（イ），（ウ）及び（エ）に当てはまる組合せとして，正しいものを次の(1)〜(5)のうちから一つ選べ。

	(ア)	(イ)	(ウ)	(エ)
(1)	$1:(1-s):s$	機械的出力	二次銅損	始動電流
(2)	$1:s:(1-s)$	二次銅損	機械的出力	始動電圧
(3)	$1:(1-s):s$	機械的出力	二次銅損	始動電圧
(4)	$1:s:(1-s)$	二次銅損	機械的出力	始動電流
(5)	$1:(1-s):s$	二次銅損	機械的出力	始動電圧

3 次の文章は誘導電動機の等価回路に関する記述である。

図のような励磁回路を無視した三相誘導電動機の星形1相分L形等価回路において，一次側の抵抗をr_1[Ω]，一次側に換算した二次側の抵抗をr_2'[Ω]，一次漏れリアクタンスをx_1[Ω]，二次側に換算した二次漏れリアクタンスをx_2'[Ω]，滑りをsとする。

このとき，一次側に換算した二次電流の大きさI_2'[A]は，I_2'＝ (ア) [A]となるので，電動機の二次入力P_2[W]は，P_2＝ (イ) [W]となる。したがって，同期速度で運転したときの出力（同期ワット）は (ウ) [W]となる。

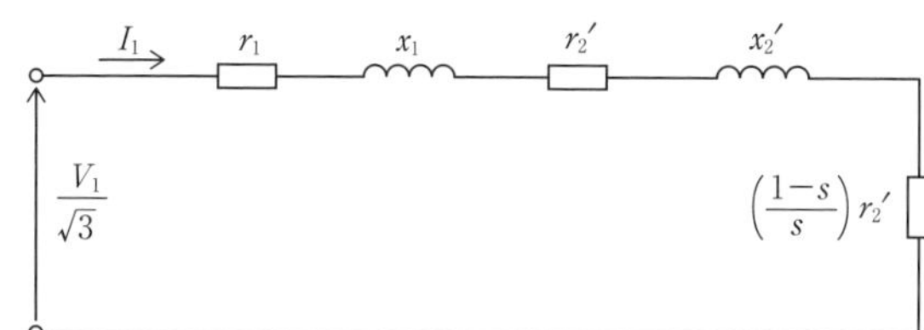

上記の記述中の空白箇所（ア），（イ）及び（ウ）に当てはまる組合せとして，正しいものを次の(1)～(5)のうちから一つ選べ。

	(ア)	(イ)	(ウ)
(1)	$\dfrac{\dfrac{V_1}{\sqrt{3}}}{\sqrt{\left(r_1+\dfrac{r_2'}{s}\right)^2+(x_1+x_2')^2}}$	$\dfrac{3r_2'I_2'^2}{s}$	$\dfrac{1}{s}\cdot\dfrac{r_2'V_1^2}{\left(r_1+\dfrac{r_2'}{s}\right)^2+(x_1+x_2')^2}$
(2)	$\dfrac{\sqrt{3}V_1}{\sqrt{\left(r_1+\dfrac{r_2'}{s}\right)^2+(x_1+x_2')^2}}$	$\dfrac{3r_2'I_2'^2}{s}(1-s)$	$\dfrac{1}{s}\cdot\dfrac{r_2'V_1^2}{\left(r_1+\dfrac{r_2'}{s}\right)^2+(x_1+x_2')^2}$
(3)	$\dfrac{\dfrac{V_1}{\sqrt{3}}}{\sqrt{\left(r_1+\dfrac{r_2'}{s}\right)^2+(x_1+x_2')^2}}$	$\dfrac{3r_2'I_2'^2}{s}$	$\dfrac{1}{1-s}\cdot\dfrac{r_2'V_1^2}{\left(r_1+\dfrac{r_2'}{s}\right)^2+(x_1+x_2')^2}$
(4)	$\dfrac{\sqrt{3}V_1}{\sqrt{\left(r_1+\dfrac{r_2'}{s}\right)^2+(x_1+x_2')^2}}$	$\dfrac{3r_2'I_2'^2}{s}$	$\dfrac{1}{s}\cdot\dfrac{r_2'V_1^2}{\left(r_1+\dfrac{r_2'}{s}\right)^2+(x_1+x_2')^2}$
(5)	$\dfrac{\dfrac{V_1}{\sqrt{3}}}{\sqrt{\left(r_1+\dfrac{r_2'}{s}\right)^2+(x_1+x_2')^2}}$	$\dfrac{3r_2'I_2'^2}{s}(1-s)$	$\dfrac{1}{1-s}\cdot\dfrac{r_2'V_1^2}{\left(r_1+\dfrac{r_2'}{s}\right)^2+(x_1+x_2')^2}$

4 極数が4で定格運転中の巻線形三相誘導電動機がある。負荷に接続し，周波数が60 Hzの電源に接続して定格運転したところ，回転速度が1710 min^{-1}であった。この誘導電動機をトルクは一定のまま，外部抵抗を挿入して回転速度を1440 min^{-1}としたい。挿入する1相あたりの外部抵抗の大きさ[Ω]として，最も適当なものを次の(1)〜(5)のうちから一つ選べ。ただし，二次抵抗の大きさは0.4 Ωとする。

(1) 0.4　(2) 0.8　(3) 1.2　(4) 1.6　(5) 2.0

5 巻線形三相誘導電動機のトルクT[N・m]は，一次電圧をV_1[V]，一次巻線抵抗をr_1[Ω]，二次巻線抵抗の一次側換算値をr_2'[Ω]，一次漏れリアクタンスをx_1[Ω]，二次漏れリアクタンスの一次側換算値をx_2'[Ω]，滑りをs，同期角速度をω_s[rad/s]とすると，

$$T = \frac{1}{\omega_s} \cdot \frac{3\left(\frac{r_2'}{s}\right)V_1^2}{\left(r_1 + \frac{r_2'}{s}\right)^2 + (x_1 + x_2')^2}$$

で求められる。次の(a)及び(b)の問に答えよ。

(a) 滑りが1より非常に小さく$\frac{r_2'}{s}$以外のインピーダンスは無視できるとする。同期速度が1000 min^{-1}で回転速度が970 min^{-1}，$r_2' = 0.6$ Ωであるとき，トルクを一定としてスリップリングを介して外部抵抗$R = 1$ Ωを接続したときの回転速度[min^{-1}]として，最も近いものを次の(1)～(5)のうちから一つ選べ。

(1) 900　(2) 920　(3) 935　(4) 950　(5) 970

(b) (a)の外部抵抗挿入後と同じ条件で電源の電圧は200 Vであったとする。トルクが一定のまま，電動機の電源電圧が180 Vに低下したときの回転速度の大きさとして，最も近いものを次の(1)～(5)のうちから一つ選べ。

(1) 900　(2) 910　(3) 920　(4) 930　(5) 940

2 誘導電動機の始動法と速度制御

（教科書CHAPTER03 SEC05～08対応）

POINT 1　誘導電動機の始動法

三相誘導電動機は，始動電流が大きく（定格電流の5倍以上），始動トルクが小さい，という性質を持っており，その始動電流及び始動トルクを改善するため，始動には次のような方法がある。

(1)　かご形誘導電動機

①　全電圧始動法…定格電圧をそのまま加える方法。始動電流が非常に大きくなりやすいので，小容量機に採用される。

②　Y-Δ始動法…始動時に一次巻線をY結線として，加速した後Δ結線に変更する方法。Y結線はΔ結線と比較して始動電圧が$\frac{1}{\sqrt{3}}$，始動電流が$\frac{1}{3}$，始動トルクが$\frac{1}{3}$となる。始動トルクがさらに小さくなるのがデメリットとなる。

③　始動補償器法…始動時に誘導電動機の一次側に，始動補償器（三相単巻変圧器）を接続し，始動電圧を下げる方法。巻数比aの補償器により始動電圧が全電圧始動の$\frac{1}{a}$倍となった場合，始動電流，始動トルクとも$\frac{1}{a^2}$倍となる。

④　リアクトル始動法…始動時に誘導電動機の一次側に，直列リアクトルを接続して始動電流を下げる方法。リアクトルを接続することにより始動電流が全電圧始動の$\frac{1}{n}$倍となった場合，始動トルクは$\frac{1}{n^2}$倍となる。

(2)　巻線形誘導電動機

二次抵抗始動法…二次巻線にスリップリングを介し，外部抵抗を接続することで，始動電流を小さくし，始動トルクを大きくする。

POINT 2 誘導電動機の速度制御法

誘導電動機の回転速度N[min^{-1}]は，同期速度N_s[min^{-1}]，電源の周波数f[Hz]，極数p，滑りsとすると，

$$N = N_s(1-s) = \frac{120f}{p}(1-s)$$

電動機の回転速度N[min^{-1}]は，電源の周波数f[Hz]，極数p，滑りsのいずれかを変化させることでコントロールすることができる。

(1) 一次周波数制御法

サイリスタを用いたVVVF(可変電圧可変周波数)インバータが用いられ，一次周波数制御はさらに以下の三つの方法がある。

① V/f制御

電圧Vと周波数fの比を一定に保つ方法。$V \propto f\phi$の関係より，$\dfrac{V}{f}$を一定とすれば磁束密度を一定とすることができる。

$\dfrac{V}{f}$制御を行うことにより，速度の変化によるトルクの変動や効率の低下を防ぐことができる。

インバータにより電圧や周波数を変化させる方法としてはPWM制御(CHAPTER05パワーエレクトロニクス POINT 5 参照)が用いられる。

② ベクトル制御

電流をトルクによる電流と磁束による電流に分解してそれぞれを制御し，トルクを直接制御する方法。それぞれの電流は互いに直交しており，独立に制御することができる。また，$\dfrac{V}{f}$制御よりも高速応答性に優れている。

③ 滑り周波数制御

インバータの出力周波数を，回転周波数に滑り周波数を加算した周波数にすることでトルクを制御する方法。

(2) 極数切換法

固定子巻線（一次側）の接続を変更し，極数を切り換えることにより速度を制御する方法。段階的な速度調整となる。

(3) 一次電圧制御法

一次電圧をサイリスタ等を用いて制御し滑りを変化させる方法。トルクが一次電圧の２乗に比例する関係 $T \propto \frac{V_1^2}{s}$ を利用した方法。

(4) 二次抵抗制御法（巻線形電動機のみ）

スリップリングを通して接続した抵抗の値により，トルクの比例推移を利用して滑りを変化させて速度を制御する方法。

(5) 二次励磁制御法（巻線形電動機のみ）

巻線形誘導電動機の二次抵抗損に相当する電力を外部から与え，滑りを制御する方法で，以下の２種類がある。

① クレーマ方式…発生させた電力で主軸と同軸上に設置した直流電動機を運転し，その軸出力を主軸に加える方式。出力が一定な速度制御法。

② セルビウス方式…発生させた電力を半導体電力変換装置により電源に返還する方式。トルクが一定な速度制御法。

POINT 3　特殊かご形誘導電動機

普通かご形誘導電動機は始動電流が大きく，始動トルクが小さいという欠点があるため，それを改善した誘導電動機。

(1)　二重かご形誘導電動機

・図のように，回転子に二重のスロット（溝）を作り，導体Aと導体Bを入れて，両端を端絡環で接続する。

・外側の導体Aには，抵抗率が大きく，断面積が小さいもの，内側の導体Bには，抵抗率が小さく，断面積が大きいものを使用。

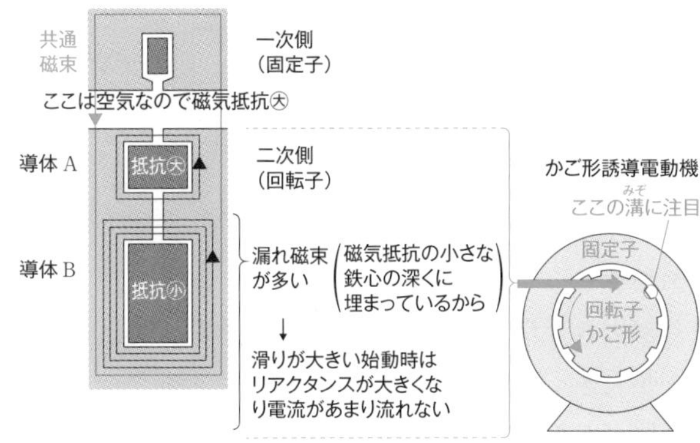

①　始動時

導体Bの漏れリアクタンスが大きく，外側の導体Aにほとんどの電流が流れる。

→抵抗が大きくなり，トルクも大きくなる。

②　通常運転時

滑りが小さくなり，全体の漏れリアクタンスが小さくなるため，抵抗の小さい導体Bにほとんどの電流が流れる。

→抵抗が小さくなる。

(2) 深溝かご形誘導電動機

・図のように，回転子のスロット（溝）を深くして導体を入れる。

・漏れリアクタンスは内側が大きく，外側が小さい。

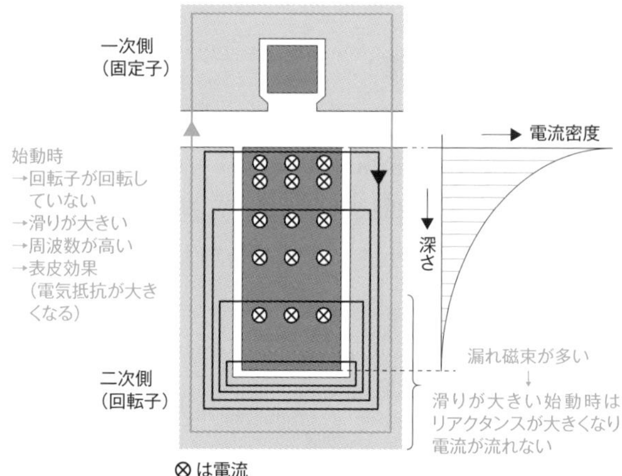

① 始動時

滑りが大きく滑り周波数sf[Hz]が大きいため，内側の漏れリアクタンスが大きく，外側に電流が集中する。

→抵抗が大きくなり，トルクも大きくなる。

② 通常運転時

滑りが小さく滑り周波数sf[Hz]が小さくなるため，漏れリアクタンスが小さくなり，電流は一様に流れるようになる。

→抵抗が小さくなる。

POINT 4　単相誘導電動機における交番磁界の特徴

単相交流においては，三相交流のように回転磁界を作ることができず，図1のように磁界の向きが交互に入れ替わる交番磁界ができる。

また，図1のようにこの交番磁界は同じスピードの正転の回転磁界と逆転の回転磁界を組み合わせたものと全く同じ波形になるため，単相誘導電動機では分けて考える。

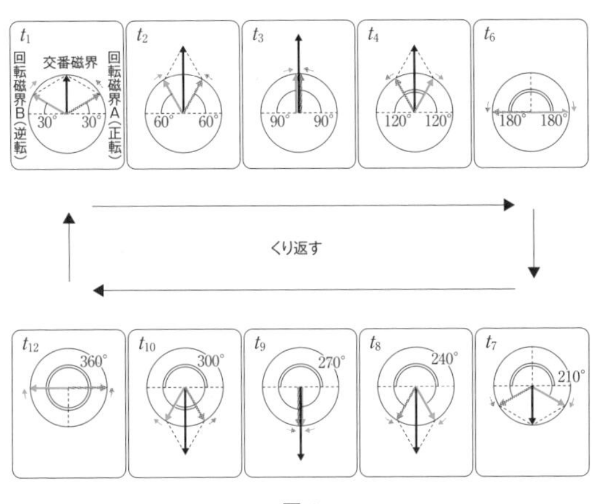

図 1

交番磁界は正転の回転磁界と逆転の回転磁界とを組み合わせた形となっているため，トルクを考えるときも，正転の回転磁界によるトルクと逆転の回転磁界によるトルクを合算したものと考えればよい。

したがって，単相誘導電動機のトルクは図2のような波形となり，始動時（滑り $s=1$）においてはトルクは零となるため，始動トルクが得られないことが分かる。

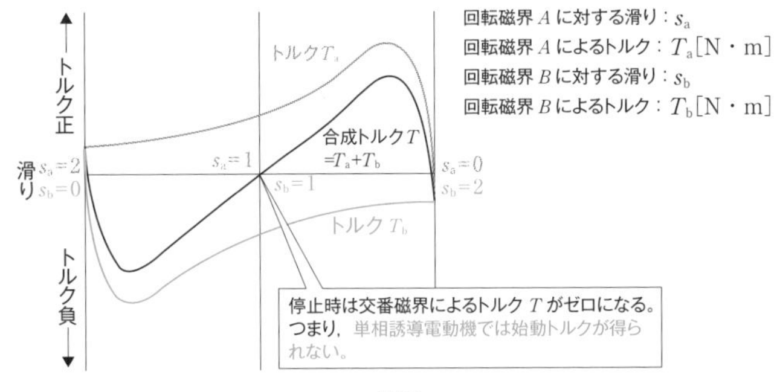

図 2

POINT 5　単相誘導電動機の始動法

単相誘導電動機はそのままでは始動できないため，以下(1)~(3)の始動法が用いられる。

電験では細かなメカニズムの把握は不要で回転磁界を加えるための概要を理解しておく。

(1)　分相始動形

図のように，電気的に$\frac{\pi}{2}$radずれた位置に，主巻線Mと補助巻線Aを配置し，電流と磁界に位相差を設け回転磁界を発生させる。回転速度が70~80%になったら，遠心力スイッチにより巻線Aが切り離される。

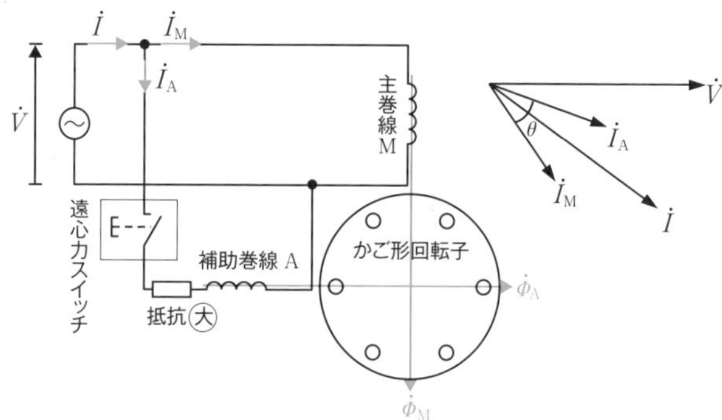

(2)　コンデンサ始動形

分相始動形に分類されることもあるが，補助巻線Aに接続する抵抗をコンデンサに変えることにより，分相始動形よりもより円形に近い回転磁界が得られる。

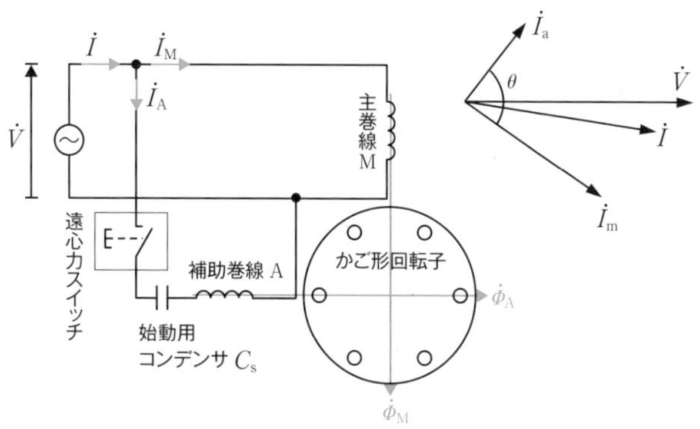

(3)　くま取りコイル形

図のように磁極の端にコイル（くま取りコイル）を巻き，磁束の変化を嫌うコイルの性質を利用して，他の箇所よりも磁束の位相が遅れることで位相差が生まれ，始動トルクが発生する。くま取りコイルがある方に始動トルクは発生する。

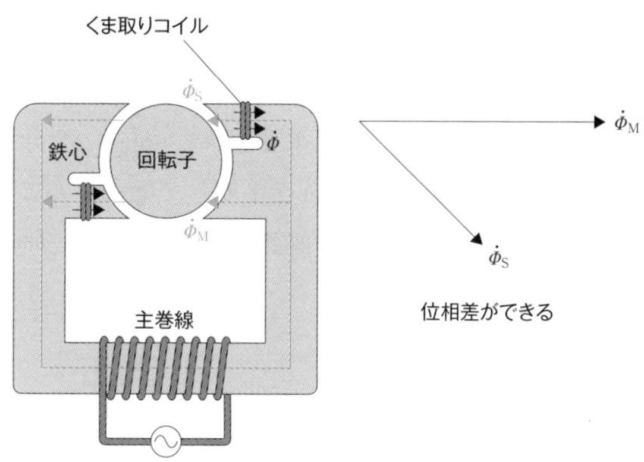

問題編
CHAPTER 03
誘導機 2

確認問題

1 次の文章は誘導電動機の始動に関する記述である。(ア)～(エ)にあてはまる語句を答えよ。

P.80 POINT 1

三相誘導電動機は，始動時の始動電流が［(ア)］，始動トルクが［(イ)］ため，そのまま起動すると，過大な負担がかかり，電動機の寿命を縮めることになる。それを改善するため，Y－Δ始動法では，始動時の一次巻線を［(ウ)］結線として始動する。これにより，始動電流が全電圧始動時と比べて約［(エ)］倍になる。

---

2 次の文章は三相かご形誘導電動機の始動法に関する記述である。(ア)～(エ)にあてはまる語句を答えよ。

P.80 POINT 1

三相かご形誘導電動機の始動法として，［(ア)］始動法や始動［(イ)］法がある。［(ア)］始動法は，誘導電動機の一次側回路に［(ウ)］にリアクトルを接続し，始動する方法である。始動［(イ)］法は誘導電動機の一次側に三相単巻変圧器を接続して始動する方法であり，巻数比がaであるとき，始動電流は［(エ)］倍となる。

---

3 次の文章は三相誘導電動機の始動法に関する記述である。(ア)～(エ)にあてはまる語句を答えよ。

P.80 POINT 1

三相［(ア)］形誘導電動機は二次巻線に［(イ)］を介し，外部抵抗を接続することができるため，外部抵抗を接続して始動することが多い。この方法を［(ウ)］始動法という。この始動法はトルクの［(エ)］の性質を利用している。

4 次の文章は誘導電動機の速度制御に関する記述である。(ア)～(エ)にあてはまる語句又は式を答えよ。 P.81~82 POINT 2

誘導電動機の回転速度N[min^{-1}]は，電源の周波数f[Hz]，極数p，滑りsとすると，N= (ア) となるため，周波数f[Hz]を増加させると回転速度N[min^{-1}]は (イ) なり，極数pを減少させると回転速度N[min^{-1}]は (ウ) なり，滑りsを大きくすると回転速度N[min^{-1}]は (エ) なる。

---

5 次の誘導電動機の速度制御に関する記述として，正しいものには○，誤っているものには×をつけよ。 P.81~82 POINT 2

(1) 一次周波数制御とは，ＶＶＶＦインバータによる制御で，磁束密度を一定とするため，周波数とともに電圧も制御する方法がある。

(2) 極数切換法とは，極数を変更し，電動機の速度を変える方法である。一般に極数を減らすと，回転速度も減少する。

(3) 二次抵抗制御法は，巻線形誘導電動機に用いられる方法である。

(4) 一次電圧制御法は，巻線形誘導電動機には用いられない。

(5) 二次励磁制御法にはクレーマ方式とセルビウス方式があるが，いずれも巻線形誘導電動機に適用される方式である。

(6) インバータにより電圧や周波数を変化させる方法にＰＷＭ制御がある。

(7) 誘導電動機の速度制御を滑りでコントロールする場合，滑りに反比例して回転速度は変化する。

---

6 次の文章は特殊かご形誘導電動機に関する記述である。(ア)～(エ)にあてはまる語句を答えよ。 P.83~84 POINT 3

普通かご形誘導電動機は，始動電流が大きく，始動トルクが小さいため，回転子の構造を工夫しそれらを改善した特殊かご形誘導電動機がある。特殊かご形誘導電動機のうち (ア) は，回転子の溝を深くして始動時の漏れ磁束が (イ) に集中する特性を利用した電動機で， (ウ) は回転子の溝を二重構造とし，二つの導体を内側と外側に配置し外側の導体を内側よりも (エ) した構造を持つ電動機である。

7 次の文章は単相誘導電動機に関する記述である。(ア)～(エ)にあてはまる語句を答えよ。

P.85~87 POINT 4 5

単相誘導電動機は始動トルクが［(ア)］となるため，そのままでは始動できないので，回転方向に向け移動磁界を発生させる始動装置を持つ。［(イ)］は磁極の鉄心の端部に溝を設け，そこにコイルを巻くことで主磁束とは別に磁束を発生させ回転する力を発生させる。［(ウ)］は，主巻線より巻数の少ない補助巻線を配置し，それにより回転磁界を発生させる。［(エ)］は，補助巻線に直列に始動用コンデンサを配置して［(ウ)］よりも理想的な回転磁界を生じるようにした方法である。

基本問題

1 次の文章は誘導電動機の始動に関する記述である。

三相巻線形誘導電動機の始動は，スリップリングにより引き出した回路に抵抗を接続して，定格運転時よりも抵抗を大きくして始動する［（ア）］が用いられる。抵抗を挿入することで，トルクの比例推移により滑りが［（イ）］付近でトルクが最大となるように調整する。

三相かご形誘導電動機の始動方法として，Y－Δ始動法がある。具体的には，Y巻線の相電圧がΔ巻線の［（ウ）］倍となることを利用し，始動電流を小さくする方法であるが，トルクが［（エ）］倍となってしまうという欠点もある。

上記の記述中の空白箇所（ア），（イ），（ウ）及び（エ）に当てはまる組合せとして，正しいものを次の(1)〜(5)のうちから一つ選べ。

	（ア）	（イ）	（ウ）	（エ）
(1)	一次抵抗始動法	1	$\frac{1}{\sqrt{3}}$	$\frac{1}{3}$
(2)	一次抵抗始動法	0	$\sqrt{3}$	$\frac{1}{\sqrt{3}}$
(3)	二次抵抗始動法	1	$\sqrt{3}$	$\frac{1}{\sqrt{3}}$
(4)	二次抵抗始動法	0	$\frac{1}{\sqrt{3}}$	$\frac{1}{3}$
(5)	二次抵抗始動法	1	$\frac{1}{\sqrt{3}}$	$\frac{1}{3}$

2 次の文章は三相巻線形誘導電動機の速度制御に関する記述である。

（ア）法は外部抵抗の値を変化させると，滑りとトルクが比例推移により変化する仕組みを利用した速度制御であるが，抵抗を接続することによる抵抗損を生じるという欠点がある。（イ）法は，外部抵抗で消費される二次銅損を回収することで速度調整する方法であり，（ウ）方式と（エ）方式がある。

（ウ）方式は，半導体電力変換装置により電力を電源に返還する方式で，（エ）方式は主軸と同軸上に設置した直流電動機を運転し，その軸出力を主軸に加える方式である。

上記の記述中の空白箇所（ア），（イ），（ウ）及び（エ）に当てはまる組合せとして，正しいものを次の(1)〜(5)のうちから一つ選べ。

	（ア）	（イ）	（ウ）	（エ）
(1)	二次抵抗制御	二次励磁制御	クレーマ	セルビウス
(2)	二次励磁制御	二次電圧制御	セルビウス	クレーマ
(3)	二次電圧制御	二次抵抗制御	クレーマ	セルビウス
(4)	二次抵抗制御	二次励磁制御	セルビウス	クレーマ
(5)	二次励磁制御	二次電圧制御	クレーマ	セルビウス

3 特殊かご形誘導電動機に関する記述として，誤っているものを次の(1)〜(5)のうちから一つ選べ。

(1) かご形誘導電動機は，構造が簡単で保守が容易であり，かつ価格も安価である。しかしながら，始動電流が大きく，始動トルクが小さいという特性があるため，容量が小さい場合を除き，回転子の構造を工夫する必要がある。

(2) 二重かご形誘導電動機は，回転子に大きさの異なる二重の溝を作り，そこに鉄心を配置する。内側には断面積が大きい金属，外側には断面積が小さい金属を採用する。

(3)　二重かご形誘導電動機は始動時は外側の導体を中心に電流が流れ，通常運転時は内側の導体を中心に電流が流れる。

(4)　深溝かご形誘導電動機は二次周波数が高い始動時は表皮効果によって電流が表面に集中する現象を利用して始動する方法である。

(5)　特殊かご形誘導電動機のうち，深溝かご形誘導電動機の始動トルクは二重かご形誘導電動機よりも大きなトルクを得ることができる。

4　次の文章は単相誘導電動機に関する記述である。

単相誘導電動機は単相交流電源が作る磁界で回転する電動機である。通常運転時は同回転方向にトルクが発生するため問題ないが，始動時は［（ア）］ため始動装置が必要である。代表的な始動装置として，主巻線よりも巻数の少ない補助巻線を接続し，主巻線よりも［（イ）］電流を流すことにより，位相差を生み回転磁界を得る［（ウ）］形始動装置がある。さらに，［（ウ）］形始動装置の回転磁界が不均一であることを改善した［（エ）］形始動装置がある。

上記の記述中の空白箇所（ア），（イ），（ウ）及び（エ）に当てはまる組合せとして，正しいものを次の(1)～(5)のうちから一つ選べ。

	（ア）	（イ）	（ウ）	（エ）
(1)	トルクが零である	進んだ	分相始動	コンデンサ始動
(2)	磁束が零である	遅れた	くま取りコイル	コンデンサ始動
(3)	トルクが零である	遅れた	分相始動	くま取りコイル
(4)	磁束が零である	進んだ	分相始動	くま取りコイル
(5)	トルクが零である	遅れた	くま取りコイル	コンデンサ始動

1 誘導電動機に関する記述として，誤っているものを次の(1)～(5)のうちから一つ選べ。

(1) かご形誘導電動機の回転子の鉄心には導体が収まるようにスロットが切られているが，回転子のスロットを深くしたかご形誘導電動機を深溝かご形誘導電動機と言い，普通のかご形誘導電動機よりも始動トルクが大きくなり，始動電流が小さくなるという特徴がある。

(2) トルクの比例推移は誘導電動機の特徴の一つであるが，一般に停動トルクよりも回転速度が大きいときに成立する。特殊かご形誘導電動機においても，回転速度が大きい領域に関しては同様な特性が得られる。

(3) 誘導電動機の速度制御の方法として，クレーマ方式とセルビウス方式があるが，いずれも巻線形誘導電動機を速度制御する方法であり，かご形誘導電動機には採用できない。

(4) 単相誘導電動機は単相交流電源が作る交番磁界の平均トルクが零であり，始動トルクを発生できないため，始動装置を採用する。くま取りコイル形始動装置は主磁極の端部にコイルを巻き，その部分の磁束を遅らせることで，主磁極のくま取りコイルのある向きとは逆向きのトルクを与える方法である。

(5) 誘導電動機において，同じトルクを発生して同期速度で運転したときの仮想的出力を同期ワットと呼ぶが，実際には誘導電動機は回転子が同期速度になるとトルクを発生しない。

2 次の図は誘導電動機のトルク特性のグラフである。誘導電動機のトルク特性に関する記述として，正しいものの組合せを次の(1)〜(5)のうちから一つ選べ。

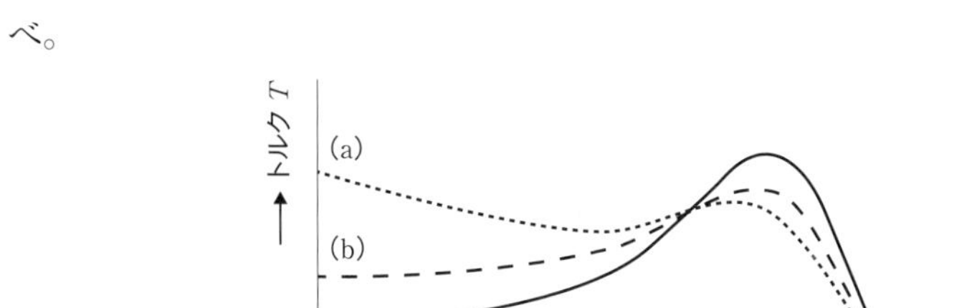

a. 普通かご形誘導電動機は始動時のトルクが小さいため，図の(c)のような特性となる。

b. 深溝かご形誘導電動機は回転子のスロットを深くした構造であり，始動時のトルクを改善したものである。図の(b)のような特性となる。

c. 二重かご形誘導電動機は内側導体よりも外側導体を小さくした回転子の構造を持つ。図の(a)のような特性となる。

(1) a　(2) c　(3) a,b　(4) b,c　(5) a,b,c

---

3 誘導電動機の周波数低下による影響について，正しいものを次の(1)〜(5)のうちから一つ選べ。

(1) 周波数が低下すると回転速度は増加する。回転速度が大きくなるので風損も増加する。

(2) 巻線抵抗は周波数に反比例するので，巻線抵抗が増加する。

(3) 漏れリアクタンスが減少するので始動電流が増加する。

(4) ヒステリシス損が減少するので，鉄損が減少する。

(5) 電圧が一定である場合，ギャップ磁束は低下する。

4 誘導機は滑りの値をコントロールすることにより，そのまま発電機として使用したり，動力を電源に回生する制動機として動作させることが可能である。次の文章は，滑りと誘導機の関係についての記述である。

①滑り$s<0$のとき

滑りがマイナスの値となることで，トルクがマイナスの値となる。したがって，誘導機は［（ア）］として動作する。

②滑り$0<s<1$のとき

誘導機は［（イ）］として動作する。sの値が［（ウ）］とき，安定運転する。

③滑り$s>1$のとき

$s>1$なので，回転子の回転の向きは固定子巻線の回転磁界の向き［（エ）］であり，誘導機は［（オ）］として動作する。

上記の記述中の空白箇所（ア），（イ），（ウ），（エ）及び（オ）に当てはまる組合せとして，正しいものを次の(1)～(5)のうちから一つ選べ。

	（ア）	（イ）	（ウ）	（エ）	（オ）
(1)	発電機	電動機	小さい	の逆向き	制動機
(2)	制動機	発電機	大きい	と同じ向き	電動機
(3)	制動機	電動機	小さい	と同じ向き	発電機
(4)	発電機	制動機	大きい	の逆向き	電動機
(5)	発電機	電動機	大きい	の逆向き	制動機

CHAPTER 04

同期機

毎年3問程度計算問題を中心に出題されますが，知識問題も出題される分野です。等価回路は四機（直流機，変圧器，誘導機，同期機）の中で最も単純ですが，ベクトル図を描いて三平方の定理を使用した問題も多く出題され，高い計算力が求められます。

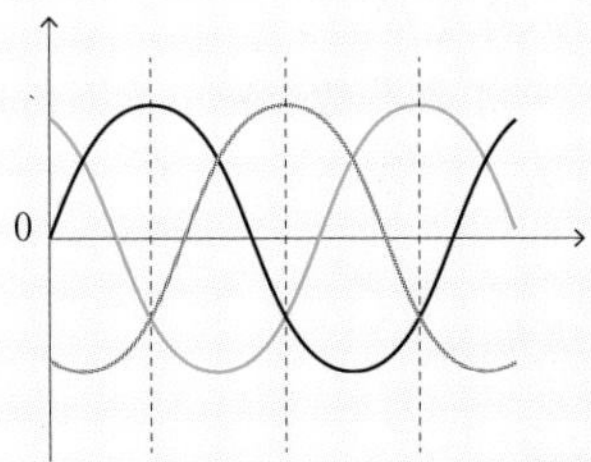

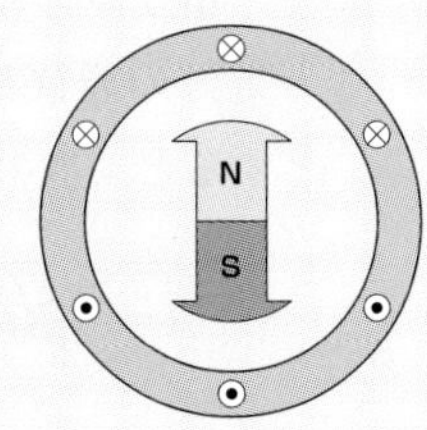

CHAPTER 04

同期機

1 三相同期発電機

（教科書CHAPTER04 SEC01対応）

POINT 1　三相同期発電機の原理

図において，磁石を回すと位相が$\frac{2}{3}\pi$ radずれた誘導起電力が発生する。水力、火力、原子力の交流発電機は同期発電機が用いられることが多い。

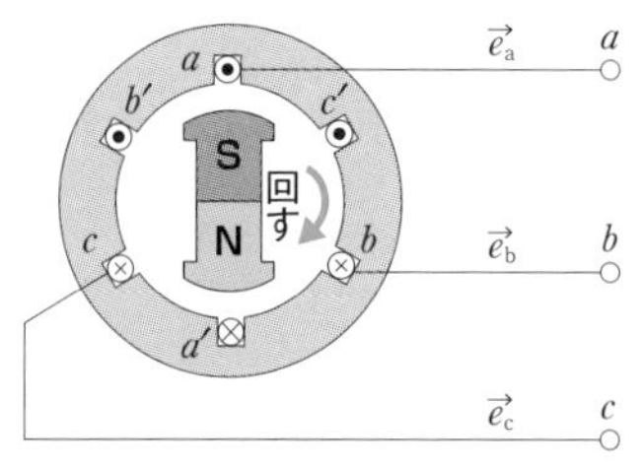

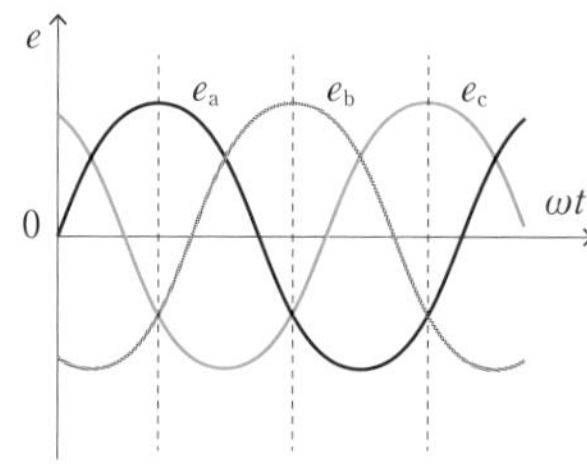

(1)　同期速度N_s [$\min^{-1}$]

電源の周波数f[Hz]，極数pとすると，次の式で表せる。

$$N_s=\frac{120f}{p}$$

(2)　一相分の誘導起電力の大きさE[V]

電源の周波数f[Hz]，一相の巻数をw，1極あたりの磁束をϕ[Wb]とすると，次の式で表せる。

$$E=\frac{2\pi}{\sqrt{2}}Kf\omega\phi=4.44Kf\omega\phi$$

※ただし，Kは巻線係数。

POINT 2 同期発電機の構造

(1) 固定子…電機子鉄心や電機子巻線等から構成される回転しない部分。

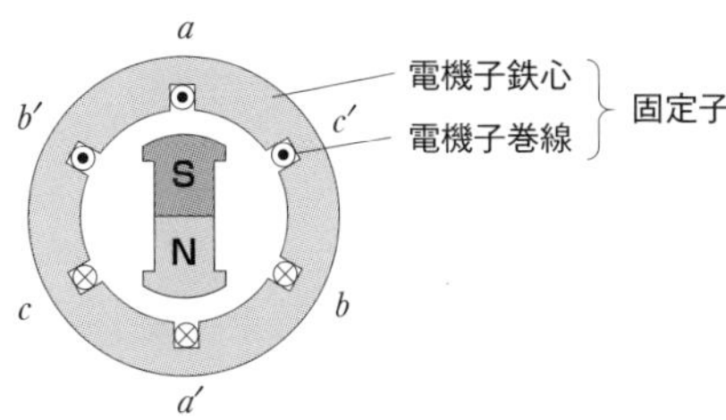

(2) 回転子…磁極や界磁巻線等から構成される回転する部分。突極形と円筒形がある。

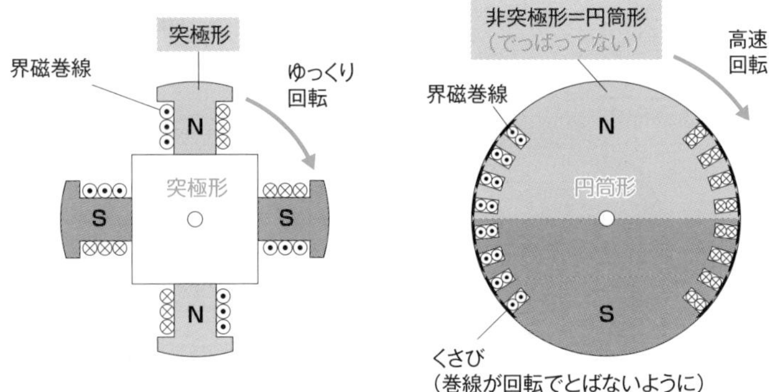

POINT 3　電機子反作用

発電機の磁束は界磁巻線（回転子）から発生させるが，電機子巻線（固定子）により発生する磁束が，界磁巻線の主磁束を乱して，誘導起電力を発生させる現象。運転時の力率により以下の３つの作用が起こる。

(1)　交さ磁化作用（力率１のとき）

磁極の片側（図の右側）で界磁磁束を減少させて，反対側（図の左側）で界磁磁束を増加させる作用。磁気飽和により磁束の増加分は少ないため，全体として磁束は減少する。

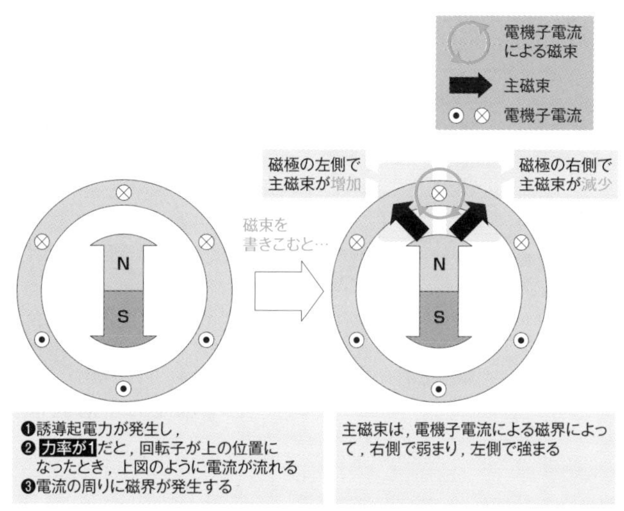

(2)　減磁作用（遅れ力率0のとき）

磁極の両側で界磁磁束が弱められる現象。遅れ力率の負荷を接続したときに発生する。

誘導起電力E[V]が磁束に比例するため，E[V]は低下する。

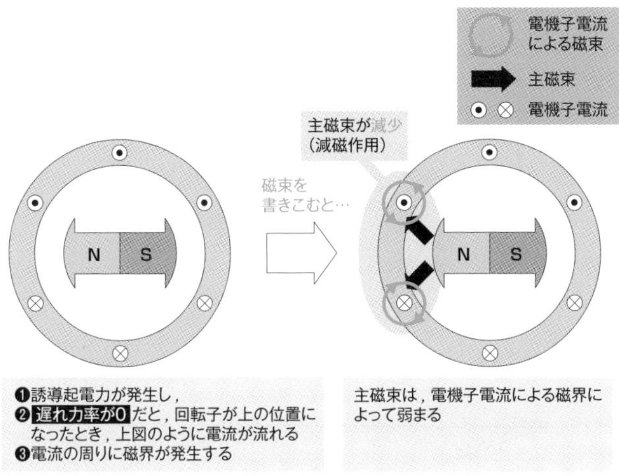

(3)　増磁作用（進み力率0のとき）

磁極の両側で界磁磁束が強められる現象。進み力率の負荷を接続したときに発生する。

誘導起電力E[V]が磁束に比例するため，E[V]は上昇する。

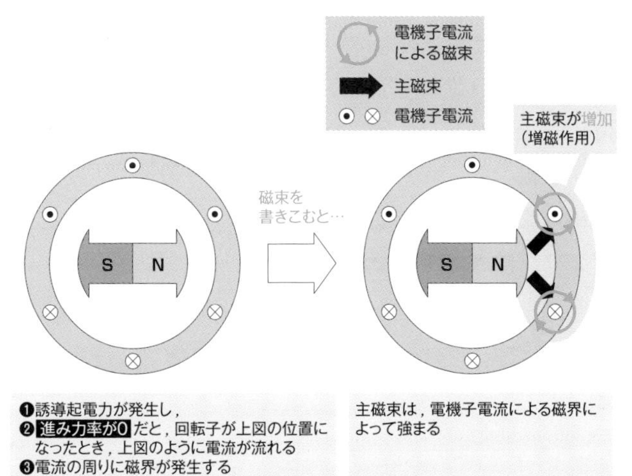

問題編
CHAPTER 04
同期機 1

POINT 4　同期発電機の等価回路

無負荷誘導起電力を$\dot{E}$[V]，端子電圧を$\dot{V}$[V]，電機子巻線抵抗をr_a[Ω]，同期リアクタンスをx_s[Ω]とすると，等価回路及びベクトル図は下図のようになる。通常，$x_s \gg r_a$なので，r_aは無視する場合も多い。

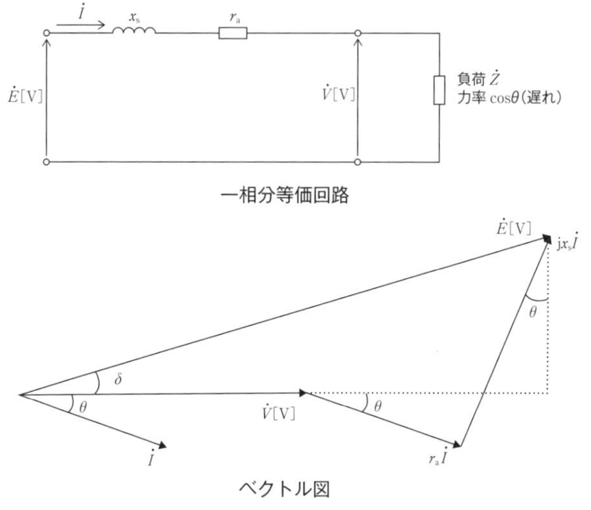

一相分等価回路

ベクトル図

POINT 5　三相同期発電機の特性曲線

(1)　無負荷飽和曲線

三相同期発電機を①無負荷のまま，②定格速度で運転している場合における無負荷の端子電圧$V = \sqrt{3}E$[V]と界磁電流I_f[A]の関係を示す曲線。

界磁電流が大きくなると磁気飽和により，傾きがゆるやかになっていく。

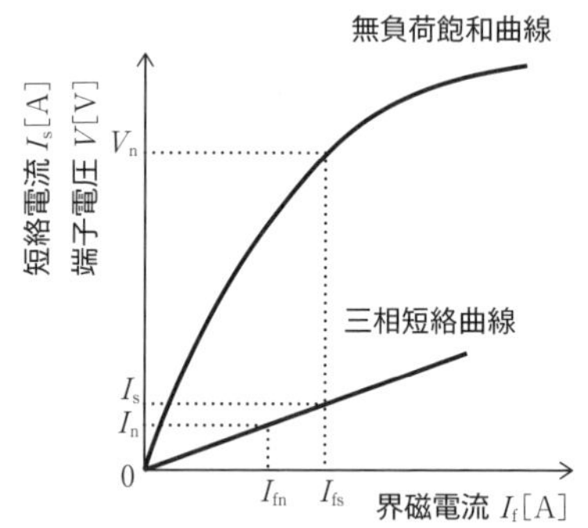

(2)　三相短絡曲線

三相同期発電機の①三つの端子を短絡させ，②定格速度で回転させたときの三相短絡電流I_s［A］と界磁電流I_f［A］の関係を示す曲線。

電機子反作用（減磁作用）により磁気飽和が発生しないので，ほぼ直線となる。

(3)　短絡比

短絡比K_sとは，①無負荷で定格電圧V_n［V］を発生させる界磁電流I_{fs}［A］と，②定格電流I_n［A］と等しい三相短絡電流を発生させる界磁電流I_{fn}［A］の比。

$$K_s = \frac{I_{fs}}{I_{fn}} = \frac{I_s}{I_n}$$

(4)　短絡比K_sと百分率同期インピーダンス$\%Z_s$［Ω］の関係

電機子巻線抵抗r_a［Ω］，同期リアクタンスx_s［Ω］より，同期インピーダンス$\dot{Z}_s$［Ω］は，$\dot{Z}_s = r_a + jx_s$［Ω］であり，その大きさZ_s［Ω］は，定格電圧V_n［V］，三相短絡電流I_s［A］とすると，

$$Z_s = \frac{\frac{V_n}{\sqrt{3}}}{I_s} = \frac{V_n}{\sqrt{3}\,I_s}$$

である。一方，百分率同期インピーダンス$\%Z_s$［%］は公式より，

$$\%Z_s = \frac{\sqrt{3}\,Z_s I_n}{V_n} \times 100$$

であるから，

$$\%Z_s = \frac{\sqrt{3}\,I_n}{V_n} \times \frac{V_n}{\sqrt{3}\,I_s} \times 100 = \frac{100 I_n}{I_s} = \frac{100}{K_s}$$

POINT 6　自己励磁現象

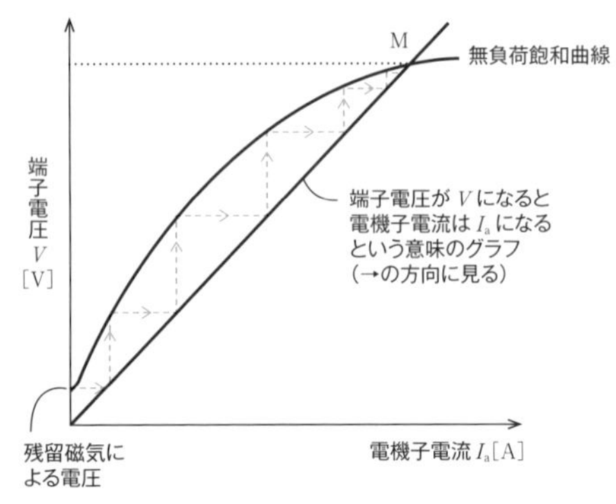

同期発電機がケーブル等容量性負荷に接続されているとき，残留磁気による小さな電圧により小さな進み電流が発生し，進み電流の増磁作用により，端子電圧が上昇し，新たな進み電流を生み，これを繰り返すことで端子電圧がグラフの交点M点まで上昇する現象。

M点が定格電圧より大きい場合は，巻線の絶縁が脅かされる危険性がある。

POINT 7　同期発電機の出力

同期発電機の出力を導出するとき，巻線抵抗は小さいので無視する。

一相分の出力 P_1 [W]

$$P_1 = VI\cos\theta \fallingdotseq \frac{VE}{x_s}\sin\delta$$

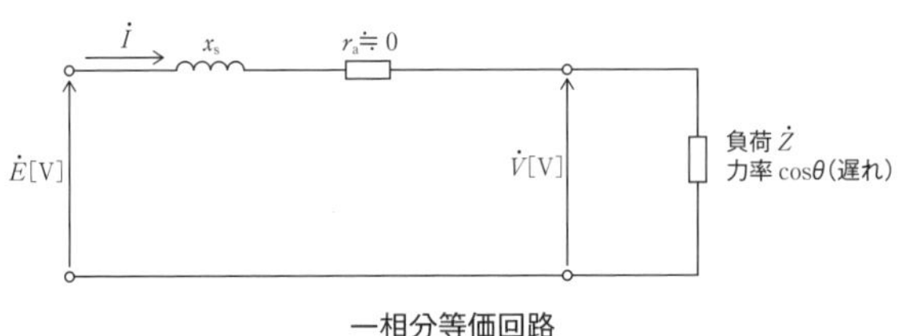

一相分等価回路

三相分の出力

$$P_3 = 3P_1 \fallingdotseq \frac{3VE}{x_s}\sin\delta$$

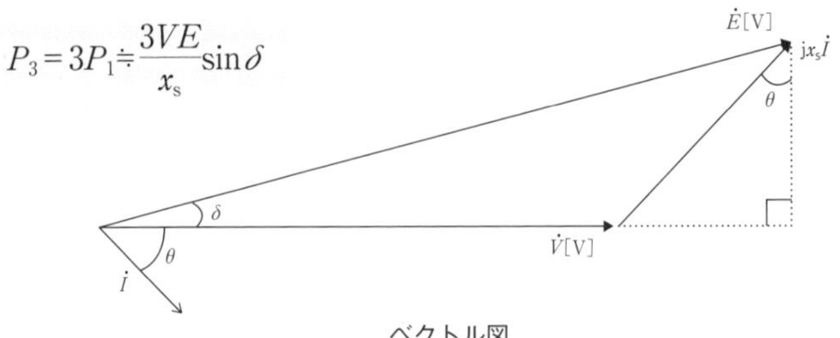

ベクトル図

POINT 8　同期発電機の並行運転の条件

同期発電機の並行運転の条件は以下の通り。

①起電力の大きさが等しい
②起電力の位相が一致している
③起電力の周波数が等しい
④起電力の波形が等しい
⑤起電力の相順が等しい（三相交流機）

確認問題

1 次の文章は三相同期発電機に関する記述である。(ア)～(ウ)にあてはまる語句又は数値を答えよ。 P.98 POINT 1

三相同期発電機は系統連系されている多くの発電所で採用されている発電機である。同期発電機の同期速度は周波数f[Hz]に［(ア)］し，極数pに［(イ)］する。したがって，系統の周波数が50 Hz，極数が2である同期発電機の同期速度は［(ウ)］[min^{-1}]である。

---

2 次の文章は三相同期発電機の電機子反作用に関する記述である。(ア)～(カ)にあてはまる語句を答えよ。 P.100～101 POINT 3

三相同期発電機は電機子巻線に流れる電流の位相によって，界磁磁束に与える影響が異なる。抵抗負荷を接続した場合，［(ア)］作用により，主磁束は全体としてわずかに［(イ)］する。誘導性負荷を接続した場合，［(ウ)］作用により主磁束は［(エ)］する。容量性負荷を接続した場合，［(オ)］作用により主磁束は［(カ)］する。

---

3 次の各図において，空欄に当てはまる数値を求めよ。ただし，巻線抵抗は十分に小さいとして無視するものとする。 P.102 POINT 4

(1)

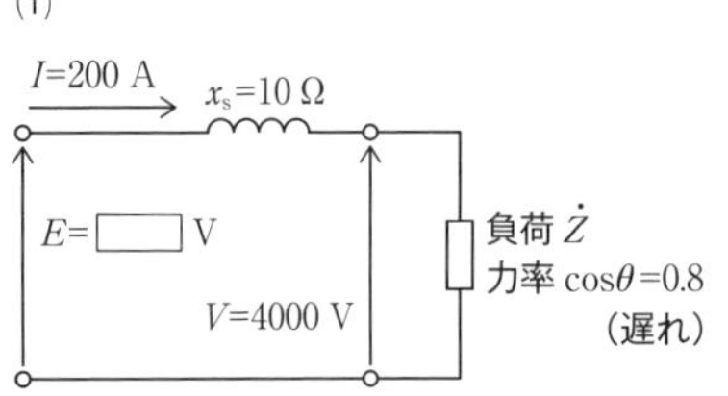

(2)

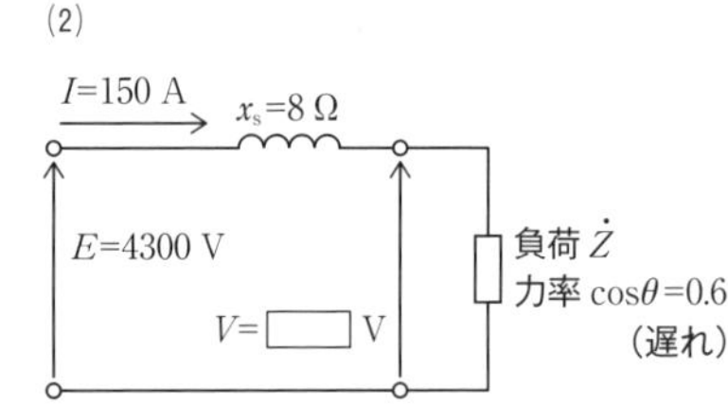

4 次の文章は三相同期発電機の特性曲線に関する記述である。(ア)～(エ)にあてはまる語句を答えよ。

P.102~103 POINT 5

図はある三相同期発電機の特性曲線を示したグラフである。図の(1)線は［(ア)］曲線といい，(2)線は［(イ)］曲線という。(3)はこの発電機における［(ウ)］を表し，I_sは［(ウ)］運転時の三相短絡電流の大きさである。

この同期発電機の短絡比K_sは，I_s及びI_nを用いて，K_s =［(エ)］で求められる。

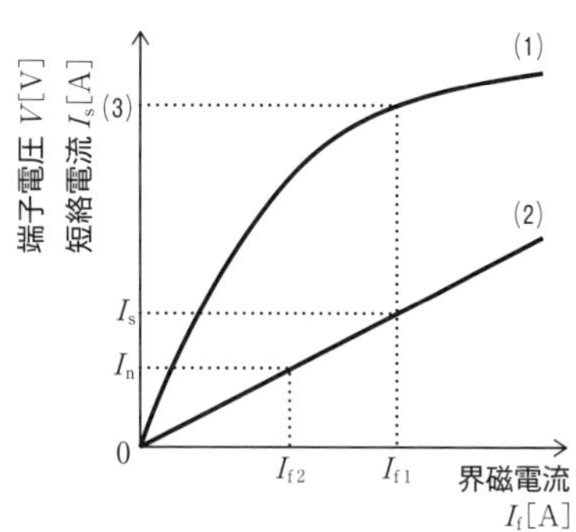

5 次の文章は短絡比と百分率インピーダンスの関係に関する記述である。(ア)～(ウ)にあてはまる語句を答えよ。

P.102~103 POINT 5

図は，電機子巻線抵抗を無視した三相同期発電機の一相分等価回路である。同期リアクタンスx_s[Ω]，定格電圧V_n[V]，定格電流I_n[A]とすると，x_s[Ω]の百分率同期リアクタンス%x_s[%]は，%x_s =［(ア)］となる。定格電圧をかけたときの三相短絡電流の大きさI_s[A]は，I_s =［(イ)］となるので，これより，短絡比K_sは%x_sを用いて，K_s =［(ウ)］と求められる。

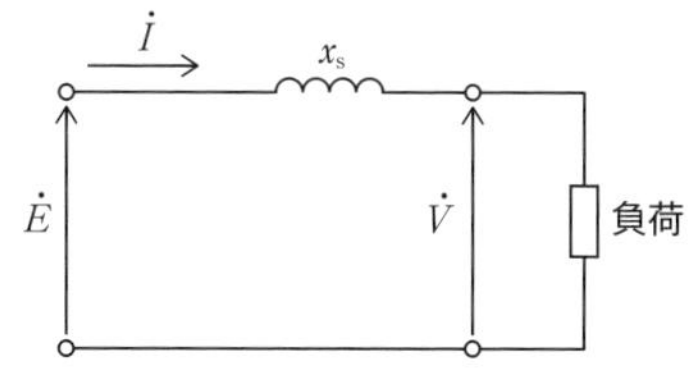

6 次の文章は，送電線の静電容量による同期発電機への影響に関する記述である。(ア)～(エ)にあてはまる語句を答えよ。

P.104 POINT 6

同期発電機が停止している状態で容量性負荷が接続されているとき，線路の［（ア）］により，進み電流が流れ，電機子反作用による［（イ）］作用で，発電機の電圧が上昇し，さらに進み電流が流れ，電圧上昇を繰り返す現象を［（ウ）］現象という。線路の充電特性直線と無負荷飽和曲線との交点まで電圧は上昇するので，充電容量に比べ，発電機容量を十分に［（エ）］すれば，［（ウ）］現象による悪影響を防止することができる。

---

7 次の文章は，同期発電機の出力に関する記述である。(ア)～(エ)にあてはまる語句を答えよ。

P.104 POINT 7

図は三相同期発電機の一相分等価回路と電圧及び電流のベクトル図である。電機子巻線抵抗r_a[Ω]は十分小さいとする。

回路図より，誘導起電力(相電圧)$\dot{E}$[V]は端子電圧(相電圧)$\dot{V}$[V]，同期リアクタンスx_s[Ω]，負荷電流$\dot{I}$[A]を用いて，$\dot{E}$ =［（ア）］となる。

ベクトル図において，ACの長さは，x_s[Ω]，I[A]，力率$\cos\theta$を用いて表すと，$\overline{AC}$ =［（イ）］となる。同様に，ACの長さをE[V]，負荷角δを用いて求めると，$\overline{AC}$ =［（ウ）］となる。［（イ）］と［（ウ）］が等しいことと，$P = VI\cos\theta$より，同期発電機一相分の出力P[W]はE[V]，V[V]，δ，x_s[Ω]を用いて表すと，P =［（エ）］となる。

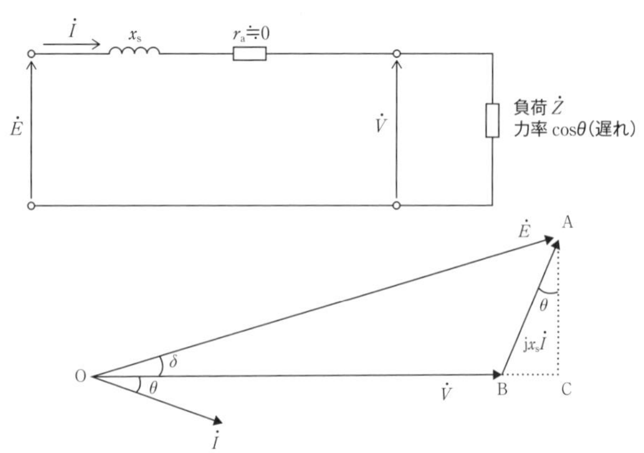

8 同期発電機の並行運転の条件として，誤っているものを次の(1)～(5)のうちから一つ選べ。

P.105 POINT 8

(1) 起電力の位相が一致していること

(2) 起電力の周波数が一致していること

(3) 起電力の極性が一致していること

(4) 起電力の大きさが等しいこと

(5) 起電力の波形が等しいこと

基本問題

1 次の文章は三相同期発電機に関する記述である。

三相同期発電機は電磁石を回転させることで誘導起電力を取り出す[　(ア)　]形と，電磁石を固定して誘導起電力を取り出す[　(イ)　]形があり，一般的に発電所等では[　(ア)　]形が使用される。

電源の周波数をf[Hz]，極数をp，一相の巻数をw，1極あたりの磁束をϕ[Wb]，巻線係数をKとすると，同期速度N_sはN_s = [　(ウ)　][min^{-1}]，同期角速度ω_sはω_s = [　(エ)　][rad/s]，一相分の誘導起電力の大きさEは，E = [　(オ)　][V]となる。

上記の記述中の空白箇所(ア)，(イ)，(ウ)，(エ)及び(オ)に当てはまる組合せとして，正しいものを次の(1)～(5)のうちから一つ選べ。

	(ア)	(イ)	(ウ)	(エ)	(オ)
(1)	回転界磁形	回転電機子形	$\dfrac{120f}{p}$	$\dfrac{4\pi f}{p}$	$4.44Kfw\phi$
(2)	回転界磁形	回転電機子形	$\dfrac{60f}{p}$	$\dfrac{2\pi f}{p}$	$4.44Kf\phi$
(3)	回転界磁形	回転電機子形	$\dfrac{120f}{p}$	$\dfrac{4\pi f}{p}$	$4.44Kf\phi$
(4)	回転電機子形	回転界磁形	$\dfrac{120f}{p}$	$\dfrac{4\pi f}{p}$	$4.44Kfw\phi$
(5)	回転電機子形	回転界磁形	$\dfrac{60f}{p}$	$\dfrac{2\pi f}{p}$	$4.44Kf\phi$

2 同期発電機の電機子反作用に関する記述として，誤っているものを次の(1)～(5)のうちから一つ選べ。

(1) 同期発電機に遅れ力率0の負荷が接続されたときに発生する電機子反作用は，減磁作用である。

(2)　電機子反作用は電機子巻線により発生する磁束が，界磁巻線による磁束を乱す現象である。

(3)　交さ磁化作用には，界磁磁束を増加させる作用がある一方，同様に減少させる作用があるため，相殺され，誘導起電力は変化がない。

(4)　同期発電機に進み力率0の負荷が接続されたときに発生する電機子反作用は，増磁作用である。

(5)　増磁作用により，自己励磁現象が発生することがある。

3　図1は，三相同期発電機に遅れ力率の負荷を接続したときの電機子巻線一相分のベクトル図及び図2は等価回路である。力率角をθ[rad]，負荷角をδ[rad]としたとき，図1の（ア），（イ）及び（ウ）が表すベクトルは図2の(a)，(b)，(c)及び(d)のうちのどの大きさを示したものであるか。正しい組合せを次の(1)～(5)のうちから一つ選べ。

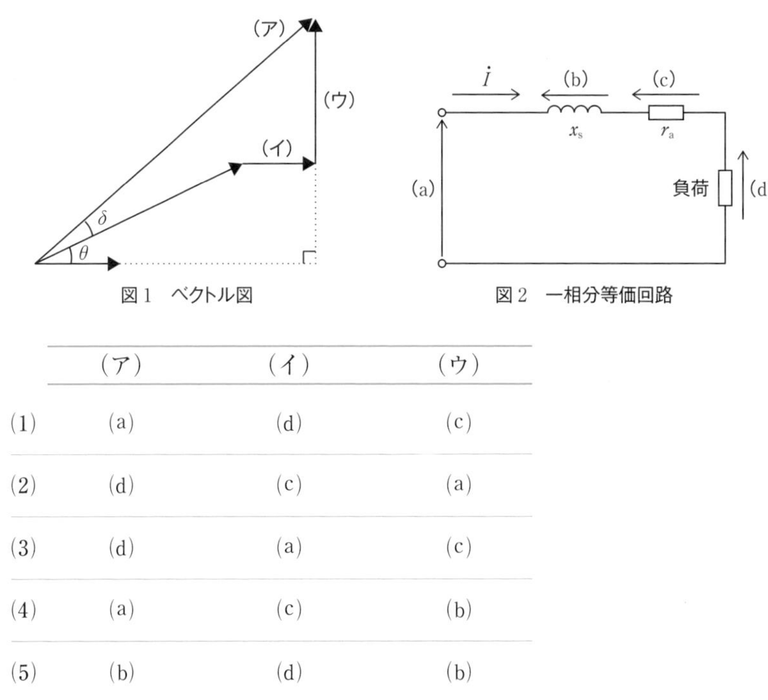

図1　ベクトル図　　図2　一相分等価回路

	（ア）	（イ）	（ウ）
(1)	(a)	(d)	(c)
(2)	(d)	(c)	(a)
(3)	(d)	(a)	(c)
(4)	(a)	(c)	(b)
(5)	(b)	(d)	(b)

問題編

CHAPTER 04

同期機 1

4 定格容量865 kV・A，定格電圧5 kVの三相同期発電機がある。発電機の同期リアクタンスが15 Ωであり，抵抗負荷に接続し定格運転したときの，一相あたりの内部誘導起電力の大きさ[kV]として，最も近いものを次の(1)〜(5)のうちから一つ選べ。ただし，巻線抵抗は十分に小さいとし，$\sqrt{3} \fallingdotseq 1.73$として計算すること。

(1) 2.5　(2) 3.3　(3) 5.2　(4) 5.7　(5) 9.0

---

5 Y結線の三相同期発電機があり，各相の同期リアクタンスが5 Ωで，無負荷時の出力端子の電圧は650 V（相電圧）であった。この三相同期発電機に，12 Ωの抵抗負荷を接続したときの端子電圧（線間電圧）の大きさ[V]として，最も近いものを次の(1)〜(5)のうちから一つ選べ。

(1) 430　(2) 600　(3) 650　(4) 860　(5) 1040

---

6 三相同期発電機を無負荷で運転して励磁電流を上げたところ，励磁電流が200 Aとなったところで，定格電圧10000 Vが得られた。次に，三相を短絡して励磁電流を上げたところ，励磁電流が15 Aとなったところで定格電流400 Aが得られた。この三相同期電動機の三相短絡電流の大きさ[A]として，最も近いものを次の(1)〜(5)のうちから一つ選べ。

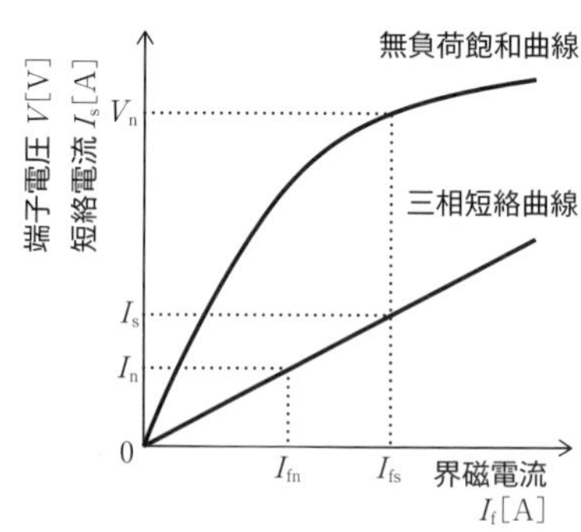

(1) 385　(2) 670　(3) 1255　(4) 3080　(5) 5330

7 定格出力が4000 kV・A，定格電圧が6.6 kVの三相同期発電機がある。この発電機の短絡比が2.5であるとき，この三相同期電動機の三相短絡電流の大きさ[A]として，最も近いものを次の(1)～(5)のうちから一つ選べ。

(1) 350　(2) 606　(3) 875　(4) 1050　(5) 1515

---

8 定格出力が 2.5 MV・A，定格電圧が6.6 kVの三相同期発電機がある。この発電機の短絡比が1.25であるとき，次の(a)及び(b)の問に答えよ。

(a) この三相同期電動機の百分率同期インピーダンス[%]の値として，最も近いものを次の(1)～(5)のうちから一つ選べ。

(1) 0.8　(2) 1.4　(3) 8　(4) 46　(5) 80

(b) この三相同期電動機の同期インピーダンス[Ω]の値として，最も近いものを次の(1)～(5)のうちから一つ選べ。

(1) 3.5　(2) 8.0　(3) 10.5　(4) 13.9　(5) 24.1

---

9 同期リアクタンスが20 ΩのY結線三相同期発電機を相電圧が4000 Vの系統に接続する。発電機の回転速度は一定で，励磁電流も一定とし，このときの誘導起電力の相電圧は7000 Vであった。次の(a)及び(b)の問に答えよ。ただし，三相同期発電機の巻線抵抗は十分に小さいとする。

(a) 内部相差角が30°となったときの出力[kW]として最も近いものを次の(1)～(5)のうちから一つ選べ。

(1) 230　(2) 700　(3) 1050　(4) 2100　(5) 4200

(b) この三相同期発電機を系統から切り離し抵抗に接続したところ，内部相差角が45°となり，誘導起電力の大きさを7000 V（相電圧）とすると，出力が(a)のときの2倍となった。このときの端子電圧［V］として，最も近いものを次の(1)～(5)のうちから一つ選べ。ただし，誘導起電力の大きさは変わらないものとする。

(1) 2800　(2) 4900　(3) 5600　(4) 6800　(5) 8500

---

10 次の文章は，同期発電機の自己励磁現象に関する記述である。

同期発電機を進み力率の負荷に接続していると，励磁電流を零にしても，残留磁気により小さな電圧が発生し，進み力率の負荷による［（ア）］作用により，発電機の［（イ）］が上昇する。端子電圧が上昇すると電機子電流が上昇するため，以後これを繰り返すことで，［（ウ）］と無負荷飽和曲線の交点まで，端子電圧が上昇する。この現象を同期発電機の自己励磁現象と呼ぶ。

上記の記述中の空白箇所（ア），（イ）及び（ウ）に当てはまる組合せとして，正しいものを次の(1)～(5)のうちから一つ選べ。

	（ア）	（イ）	（ウ）
(1)	増磁	誘導起電力	充電特性曲線
(2)	交さ磁化	誘導起電力	充電特性曲線
(3)	交さ磁化	励磁電圧	三相短絡曲線
(4)	増磁	励磁電圧	充電特性曲線
(5)	減磁	誘導起電力	三相短絡曲線

応用問題

1 次の文章は三相同期発電機の並行運転に関する記述である。

三相同期発電機を並行運転する際は，（ア）の大きさが等しいこと，位相が一致していること，（イ）が等しいこと等が求められる。たとえば，出力4000 kV・A，電圧6.6 kV，極数16，回転速度450 min^{-1}の発電機Aと出力5000 kV・A，電圧6.6 kV，極数4の発電機Bを並行運転する場合には，発電機Bの回転速度は（ウ）min^{-1}とする必要がある。

上記の記述中の空白箇所（ア），（イ）及び（ウ）に当てはまる組合せとして，正しいものを次の(1)～(5)のうちから一つ選べ。

	（ア）	（イ）	（ウ）
(1)	電圧	周波数	1800
(2)	電流	角速度	1500
(3)	電圧	周波数	1500
(4)	電流	周波数	1800
(5)	電流	角速度	1800

2 次の文章は三相同期発電機の電機子反作用に関する記述である。

電機子反作用は，電機子電流の作る磁束が，主磁束である界磁電流の磁束を乱すことによる影響であり，（ア）によりその影響は異なる。一般にその位相特性により，重負荷時等においては（イ）作用により，主磁束は（ウ），夜間・軽負荷時には（エ）作用により，その逆の影響を受ける場合がある。

上記の記述中の空白箇所（ア），（イ），（ウ）及び（エ）に当てはまる組合せとして，正しいものを次の(1)～(5)のうちから一つ選べ。

	(ア)	(イ)	(ウ)	(エ)
(1)	力率	増磁	弱められ	減磁
(2)	出力	減磁	弱められ	増磁
(3)	力率	増磁	強められ	減磁
(4)	力率	減磁	弱められ	増磁
(5)	出力	増磁	強められ	減磁

3 定格容量6000 kV・A，定格電圧6.6 kV，Y結線三相同期発電機がある。この発電機の電機子巻線抵抗が0.1 Ω，同期リアクタンスが10 Ωであるとき，次の(a)及び(b)の問に答えよ。

(a) 力率1で定格運転をしたときの内部誘導起電力[kV]（相電圧）の大きさとして，最も近いものを次の(1)～(5)のうちから一つ選べ。

(1) 6.5　(2) 7.0　(3) 7.5　(4) 8.0　(5) 8.5

(b) 力率0.9で定格運転をしたときの内部誘導起電力[kV]（相電圧）の大きさとして，最も近いものを次の(1)～(5)のうちから一つ選べ。

(1) 6.5　(2) 7.1　(3) 7.7　(4) 8.5　(5) 9.0

4 Y結線の三相同期発電機があり，各相の同期リアクタンスが18 Ωで，無負荷時の出力端子の対地電圧は6800 Vであった。この三相同期発電機に，20 Ωで力率0.8の誘導性負荷を接続したとき，この発電機が負荷に供給する電力[kW]として，最も近いものを次の(1)～(5)のうちから一つ選べ。ただし，巻線抵抗は無視するものとする。

(1) 370　(2) 640　(3) 1100　(4) 1490　(5) 1920

5 次の文章は，三相同期発電機の電機子反作用に関する記述である。

電機子反作用は電機子巻線に流れる電流により発生する磁束が，界磁巻線の主磁束に影響を及ぼす現象をいう。

例えば，回転子の極数が２極である突極形同期発電機において，図１のような位置関係で運転しているとき，この負荷の力率は［（ア）］であり，図２のような位置関係で運転しているとき，この負荷の力率は［（イ）］である。図３のような位置関係で運転しているときの電機子反作用は［（ウ）］作用となる。

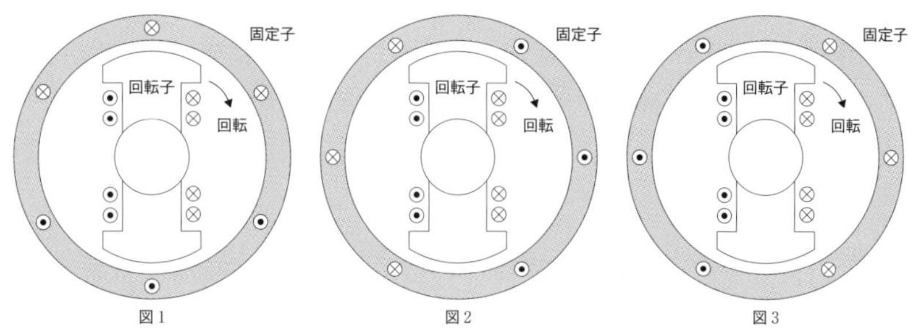

図１　　図２　　図３

上記の記述中の空白箇所（ア），（イ）及び（ウ）に当てはまる組合せとして，正しいものを次の(1)～(5)のうちから一つ選べ。

	（ア）	（イ）	（ウ）
(1)	1	0	交さ磁化
(2)	1	0	増磁
(3)	0	1	減磁
(4)	1	0	減磁
(5)	0	1	増磁

問題編　CHAPTER 04　同期機 1

6 定格容量5000 kV・A，定格電圧が6.6 kVの三相同期発電機を無負荷で運転して励磁電流を上げたところ，励磁電流が300 Aとなったところで定格電圧が得られた。次に，三相の端子を短絡し，励磁電流を15 Aまで上げたところ，電機子電流が70 Aとなった。この三相同期発電機の百分率同期インピーダンスの大きさ[%]として，最も近いものを次の(1)～(5)のうちから一つ選べ。

(1) 30　(2) 40　(3) 50　(4) 60　(5) 70

---

7 定格容量5000 kV・A，電圧が6.6 kVの三相同期発電機の短絡比が1.2であるとき，この同期発電機の同期インピーダンスの大きさ[Ω]として，最も近いものを次の(1)～(5)のうちから一つ選べ。

(1) 4.2　(2) 6.0　(3) 7.3　(4) 8.7　(5) 12.6

---

8 Y結線三相同期発電機A及びBを6600 Vで並列接続する。各発電機の諸元は表の通りとする。次の(a)及び(b)の問に答えよ。ただし，三相同期発電機の巻線抵抗は十分に小さいとし，端子電圧は常に定格電圧であるとする。

	発電機A	発電機B
定格容量	7000 kV・A	4000 kV・A
定格電圧	6600 V	6600 V
百分率同期リアクタンス	15 %(自己容量基準)	10 %(自己容量基準)

(a) 発電機Aのみを接続し，消費電力4000 kWで力率0.8（遅れ）の負荷を接続したときの発電機Aの誘導起電力の大きさ[V]（相電圧）として，最も近いものを次の(1)～(5)のうちから一つ選べ。

(1) 4100 (2) 5200 (3) 5800 (4) 6300 (5) 6900

(b) この2台の同期発電機を消費電力7000 kWで力率0.8（遅れ）の負荷に接続し，発電機Bが力率0.8で運転すると，発電機Bは定格容量を超過してしまうので，発電機Bの力率を1.0で定格運転し，発電機Aの力率を調整した。このときの発電機Aの力率として，最も近いものを次の(1)～(5)のうちから一つ選べ。

(1) 0.2 (2) 0.3 (3) 0.4 (4) 0.5 (5) 0.6

2 三相同期電動機

（教科書CHAPTER04 SEC02対応）

POINT 1　三相同期電動機の原理

図のように，固定子に三相交流を流すと回転磁界が発生するため，中央の磁石が回転磁界に引っ張られて回転する原理を利用した電動機。

三相同期発電機と同じ構造である。

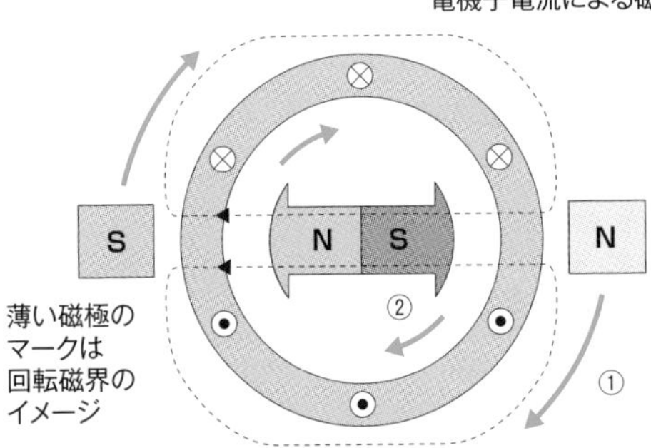

POINT 2　同期電動機の始動法

同期電動機は始動時，回転磁界が速く回転するので，正負のトルクが交互にかかり，合計のトルクが零となる。そのため，以下のような始動法で始動する必要がある。

(1)　自己始動法

回転子の磁極にある制動巻線を利用して，かご形誘導電動機と同様の方法で起動する。かご形誘導電動機同様，始動電流が大きく，始動トルクが小さくなるため，始動補償器を用いたり，二重かご形や深溝かご形として起動する場合もある。

(2)　始動電動機法

外部の電動機（誘導電動機や直流電動機）を利用して始動する。誘導電動機を選定する場合には，同期電動機よりも磁極数が少ない電動機を採用して，同期速度まで加速した後，同期する。

(3) 低周波始動法

周波数を可変とすることが可能な電源を利用して，始動時のみ低周波で始動トルクを与える方法。電源の周波数を徐々に上げ，同期速度まで到達したら，系統と同期する。

(4) サイリスタ始動法

サイリスタ変換装置を利用して，電動機の周波数を変化させて始動する方法。サイリスタの点弧角でサイリスタの出力周波数を調整する。

POINT 3 三相同期電動機の等価回路

端子電圧を$\dot{V}$[V]，逆起電力を$\dot{E}$[V]，電機子巻線抵抗をr_a[Ω]，同期リアクタンスをx_s[Ω]とすると，等価回路及びベクトル図は下図のようになる。通常，$x_s \gg r_a$なので，r_aは無視する場合も多い。

同期発電機の等価回路の電流の向きを逆にしたような形となる。

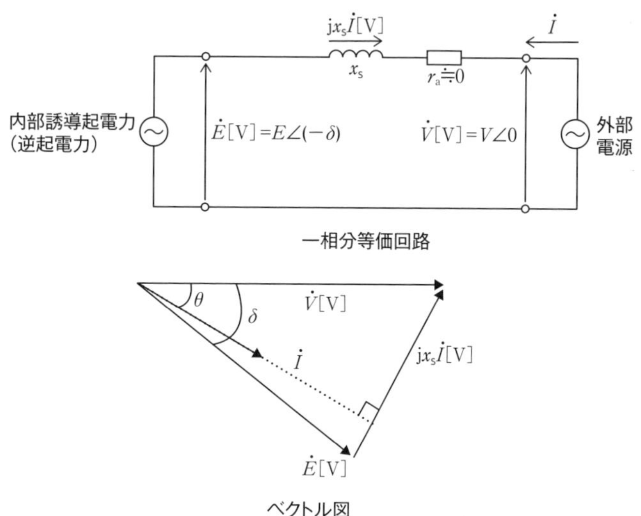

一相分等価回路

ベクトル図

POINT 4 同期電動機の出力，トルク

同期発電機と同様，出力を導出するとき，巻線抵抗は小さいので無視する。

一相分の消費電力 P_1［W］

$$P_1 = EI\cos(\delta-\theta) \fallingdotseq \frac{VE}{x_s}\sin\delta$$

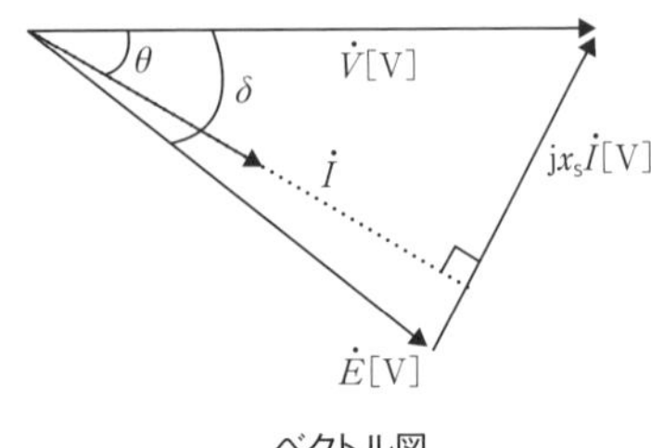

ベクトル図

三相分の消費電力 P_3［W］

$$P_3 = 3P_1 \fallingdotseq \frac{3VE}{x_s}\sin\delta$$

三相同期電動機のトルク T［N・m］

$$T = \frac{P_3}{\omega_s} = \frac{60}{2\pi N_s}\cdot\frac{3VE}{x_s}\sin\delta$$

POINT 5 同期電動機の電機子反作用

同期発電機のときと逆になり，進み力率のときには減磁作用，遅れ力率のときには増磁作用となる。

POINT 6 同期電動機のトルク－負荷角特性

三相同期電動機のトルク T［N・m］は，

$$T = \frac{60}{2\pi N_s}\cdot\frac{3VE}{x_s}\sin\delta$$

となるため，トルク T と負荷角 δ にはサインカーブの関係がある。

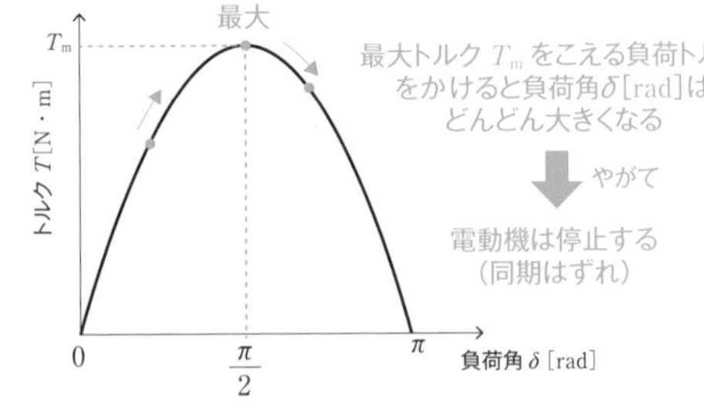

$\delta = \frac{\pi}{2}$ のとき，トルクは最大となり，$\delta < \frac{\pi}{2}$ のときは安定，$\delta > \frac{\pi}{2}$ のときは不安定となる。

POINT 7　同期電動機の位相特性曲線（V曲線）

三相同期電動機では，励磁電流I_f[A]を変化させると，力率$\cos\theta$を変化させることができる。これを位相特性曲線（V曲線）と呼び，図のようになる。

・電機子電流が最小となるのが，力率1のときである。
・界磁電流増→進み，界磁電流小→遅れとなる。
・同期発電機では進みと遅れが逆となる。

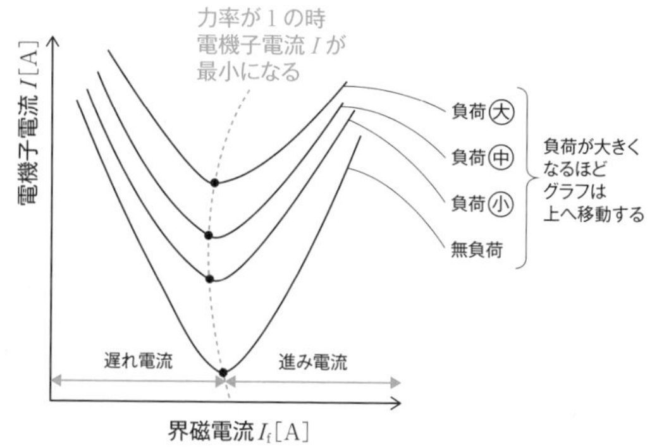

確認問題

❶ 次の文章は三相同期電動機に関する記述である。正しいものには○，誤っているものには×で答えよ。 P.120~123 POINT 1 2 3 5 7

(1) 三相同期電動機は回転子に三相交流を流すことで，回転磁界が発生し，回転子が回転する電動機である。

(2) 同期電動機は始動時のトルクが小さいので，全電圧始動は小容量機に限られる。

(3) 同期電動機のトルクを確保するため，始動電動機法では特殊かご形誘導電動機で始動する方法がある。

(4) 誘導電動機を始動電動機として利用する場合には，同期電動機よりも多い極数の電動機を利用して加速する。

(5) 同期電動機の始動時のトルクはほぼ零であるため，電源の周波数を変化させても始動トルクは発生しない。

(6) 同期電動機の等価回路は同期発電機の等価回路とほぼ同じ形である。

(7) 同期電動機にも電機子反作用があり，発電機と同じく遅れ力率では減磁作用，進み力率では増磁作用となる。

(8) 同期電動機には界磁電流を変化させると力率が変化する特性があり，界磁電流が増加すると遅れ力率，界磁電流が減少すると進み力率となる。

(9) 同期電動機を無負荷で運転したものを同期調相機といい，力率の調整を連続的に行うことが可能となる。

---

❷ 次の文章は三相同期電動機の始動に関する記述である。(ア)～(オ)にあてはまる語句を答えよ。 P.120~121 POINT 2

三相同期電動機の始動方法の一つに［ (ア) ］法がある。この方法は回転子の磁極にある［ (イ) ］を利用して始動させる方法であり，かご形誘導電動機と同様，大きな始動電流が流れるので，［ (ウ) ］器を用いたり，二重かご形や深溝かご形誘導電動機として始動する。そのほかにも，半導体素子である［ (エ) ］を利用して，電動機の周波数を［ (オ) ］て始動する方法もある。

③ 6極の三相同期電動機を周波数50 Hz，電圧300 Vの電源に接続した。このとき，電機子電流が100 A，力率が1で運転していた。ただし，電機子巻線抵抗は無視できるとし，1相の同期リアクタンスが1 Ωであるとする。

このとき，次の値を求めよ。 P.122 POINT 4

(1) 同期速度［min^{-1}］

(2) 同期角速度［rad/s］

(3) 逆起電力（相電圧）［V］

(4) 出力［kW］

(5) 内部相差角［rad］

(6) トルク［N・m］

---

④ 次の文章は，同期電動機のトルク－負荷角特性に関する記述である。(ア)～(エ)にあてはまる語句を答えよ。 P.122 POINT 4

三相同期電動機のトルクT［N・m］は，電源電圧（相電圧）V［V］，逆起電力（相電圧）E［V］，同期リアクタンスx_s［Ω］，内部相差角δ［rad］，同期角速度ω_s［rad/s］を用いて，

$$T = \frac{3VE}{x_s \omega_s} \boxed{\text{（ア）}}$$

で求められ，$\delta =$ （イ） ［rad］のとき最大トルクとなる。一般にδが （イ） より大きい場合は （ウ） ，小さい場合は （エ） となる。

---

⑤ 次の文章は，位相特性曲線に関する記述である。(ア)～(ウ)にあてはまる語句を答えよ。 P.123 POINT 7

三相同期電動機では，励磁電流を変化させると，力率を変化させることができる。力率が （ア） のとき，電機子電流は最小となり，その励磁電流よりも大きくした場合には力率は （イ） となり，小さくした場合には力率は （ウ） となる。

基本問題

1 三相同期電動機の始動法として用いられないものを次の(1)~(5)のうちから一つ選べ。

(1) Y−Δ始動法は，始動時のみ相電圧の小さいY結線に切替え，始動する方法である。

(2) 始動電動機法において誘導電動機で始動する際，誘導電動機の極数は三相同期電動機よりも極数が少ないものを選定する。

(3) 低周波始動法とは，周波数を変化させることが可能な電源を利用して，始動時の周波数を低くして始動する方法である。

(4) 自己始動法は，回転子の磁極にある制動巻線を利用して始動する方法である。

(5) サイリスタ始動法は，半導体素子であるサイリスタの特性を利用した始動方法である。

---

2 次の文章は三相同期電動機に関する記述である。

三相同期電動機は，その極数がp，電源の周波数がf[Hz]である場合，常に，（ア）[min^{-1}]で回転し運転する。Y形一相分等価回路において，電源電圧（相電圧）をV[V]，1相分の誘導起電力（相電圧）をE[V]とすれば，安定運転した状態ではV[V]とE[V]の角度である（イ）は常に一定であり，その大きさをδ[rad]とすると，この同期電動機の出力P[W]は，$P=$（ウ），トルクTは$T=$（エ）[N・m]となる。ただし，電機子巻線抵抗は十分に小さく無視できるものとし，同期リアクタンスはx_s[Ω]とする。

上記の記述中の空白箇所（ア），（イ），（ウ）及び（エ）に当てはまる組合せとして，正しいものを次の(1)~(5)のうちから一つ選べ。

	(ア)	(イ)	(ウ)	(エ)
(1)	$\dfrac{4\pi f}{p}$	力率角	$\dfrac{VE}{x_s}\sin\delta$	$\dfrac{pVE}{2\pi f x_s}\sin\delta$
(2)	$\dfrac{120f}{p}$	負荷角	$\dfrac{3VE}{x_s}\sin\delta$	$\dfrac{3pVE}{4\pi f x_s}\sin\delta$
(3)	$\dfrac{4\pi f}{p}$	負荷角	$\dfrac{3VE}{x_s}\sin\delta$	$\dfrac{3pVE}{4\pi f x_s}\sin\delta$
(4)	$\dfrac{120f}{p}$	力率角	$\dfrac{VE}{x_s}\sin\delta$	$\dfrac{pVE}{2\pi f x_s}\sin\delta$
(5)	$\dfrac{120f}{p}$	負荷角	$\dfrac{3VE}{x_s}\sin\delta$	$\dfrac{pVE}{2\pi f x_s}\sin\delta$

3 次の文章は同期電動機のトルクに関する記述である。

同期電動機のトルク T[N・m] はその負荷角 δ[rad] によって変動し，双方には［　(ア)　］の関係がある。［　(イ)　］のとき，同期電動機は安定運転するため，運転中は常に負荷角 δ[rad] がこの範囲内にあるように注意する。一般に負荷角が $\dfrac{\pi}{6}$ のときのトルクは最大トルクの［　(ウ)　］倍である。

上記の記述中の空白箇所 (ア)，(イ) 及び (ウ) に当てはまる組合せとして，正しいものを次の(1)～(5)のうちから一つ選べ。

	(ア)	(イ)	(ウ)
(1)	サインカーブ	$0<\delta<\dfrac{\pi}{2}$	$\dfrac{\sqrt{3}}{2}$
(2)	V字カーブ	$0<\delta<\dfrac{\pi}{4}$	$\dfrac{\sqrt{3}}{2}$
(3)	サインカーブ	$0<\delta<\dfrac{\pi}{4}$	$\dfrac{\sqrt{3}}{2}$
(4)	V字カーブ	$0<\delta<\dfrac{\pi}{2}$	$\dfrac{1}{2}$
(5)	サインカーブ	$0<\delta<\dfrac{\pi}{2}$	$\dfrac{1}{2}$

4 次の文章は同期電動機の位相特性曲線に関する記述である。

同期電動機の励磁電流と電機子電流には，図のような特性があり，これをV曲線という。図の横軸は［（ア）］，縦軸は［（イ）］であり，電動機の場合，［（ア）］を大きくすると，力率は［（ウ）］となる。電力系統において，無負荷で運転する同期電動機を［（エ）］と呼び，遅れから進みまで連続的に力率を調整することが可能である。

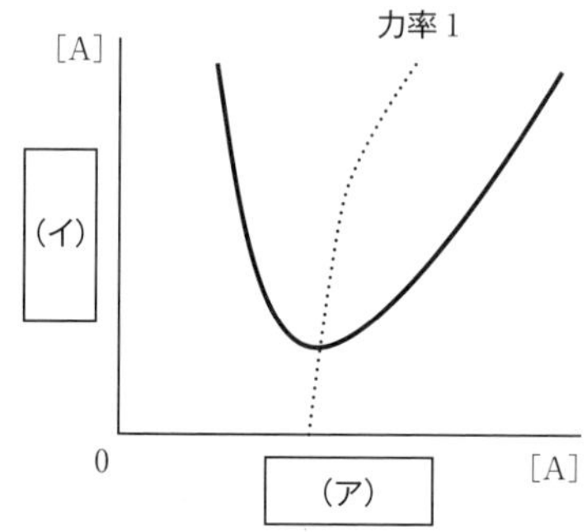

上記の記述中の空白箇所（ア），（イ），（ウ）及び（エ）に当てはまる組合せとして，正しいものを次の(1)〜(5)のうちから一つ選べ。

	（ア）	（イ）	（ウ）	（エ）
(1)	界磁電流	電機子電流	進み	同期調相機
(2)	界磁電流	電機子電流	遅れ	同期調相機
(3)	界磁電流	電機子電流	遅れ	同期発電機
(4)	電機子電流	界磁電流	遅れ	同期調相機
(5)	電機子電流	界磁電流	進み	同期発電機

応用問題

1 次の文章は三相同期電動機の始動に関する記述である。

回転界磁形の三相同期電動機は，始動時に固定子巻線に三相交流を流すと回転磁界を生じるため，トルクを発生するが，回転磁界が［（ア）］回転する毎にトルクの向きが反転するため，平均トルクが零となり，始動トルクが発生しない。

したがって，始動トルクを発生させるため，始動電動機法では磁極数が［（イ）］誘導電動機を使用し，同期速度まで回転速度を上昇させられるようにし，始動電動機の容量を抑えるために電動機を［（ウ）］始動する。

上記の記述中の空白箇所（ア），（イ）及び（ウ）に当てはまる組合せとして，正しいものを次の(1)～(5)のうちから一つ選べ。

	（ア）	（イ）	（ウ）
(1)	1	少ない	抵抗に切り替えて
(2)	0.5	少ない	無負荷にして
(3)	0.5	多い	抵抗に切り替えて
(4)	1	多い	抵抗に切り替えて
(5)	0.5	多い	無負荷にして

2 制動巻線の設置目的として，正しいものを次の(1)～(5)のうちから一つ選べ。

(1) 制動巻線は負荷変化により発生した乱調を防止するために制動トルクを発生するためのものであるが，自己始動法による始動時の始動トルクを発生させる役割も担う。

(2) 制動巻線は同期電動機を停止するために逆向きのトルクを発生させるためのものである。

(3) 制動巻線は同期電動機の回転速度が異常上昇した際に安全に停止するためのものであるが，自己始動法による始動時の始動トルクを発生させる役割も持つ。

(4) 制動巻線は力率を一定に保つために，力率が規定値からズレた際に規定値に戻す役割を持つ巻線である。

(5) 制動巻線は主として電機子反作用による電気的中性軸の移動を補正する役割を担うが，自己始動法による始動時の始動トルクを発生させる役割も持つ。

---

3 定格電圧440 Vの三相同期電動機を運転しているとき，次の(a)及び(b)の問に答えよ。ただし，同期リアクタンスは5 Ω，電機子巻線抵抗やその他損失は無視できるものとする。

(a) 界磁電流が30 A，電機子電流が40 Aで力率が1で運転しているとき，1相あたりの誘導起電力[V]の大きさとして，最も近いものを次の(1)～(5)のうちから一つ選べ。

(1) 320　(2) 480　(3) 560　(4) 690　(5) 840

(b) (a)の条件において負荷角をδとしたとき，$\sin\delta$の値として，最も近いものを次の(1)～(5)のうちから一つ選べ。

(1) 0.2　(2) 0.4　(3) 0.6　(4) 0.8　(5) 1.0

4 定格出力3000 kW，定格電圧6600 V，極数12，短絡比が1.25の三相同期電動機を周波数60 Hz，力率1.0で運転しているとき，次の(a)及び(b)の問に答えよ。ただし，電機子巻線抵抗は無視できるものとする。

(a) 同期リアクタンスの大きさ[Ω]として，最も近いものを次の(1)～(5)のうちから一つ選べ。

(1) 6　(2) 9　(3) 12　(4) 15　(5) 18

(b) この電動機の最大トルクの大きさ[N・m]として，最も近いものを次の(1)～(5)のうちから一つ選べ。

(1) 44100　(2) 76400　(3) 95500　(4) 102000　(5) 132000

CHAPTER 05

パワーエレクトロニクス

近年のデバイス技術の向上により，非常によく出題される分野で，3問ないしは4問出題されることもあります。計算問題も出題されますが，整流回路やチョッパ等のメカニズムをしっかりと理解することが最重要となります。

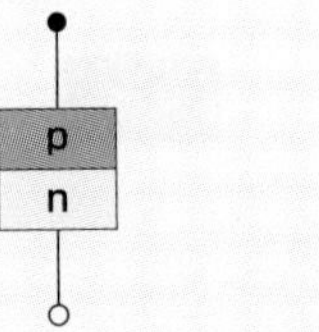

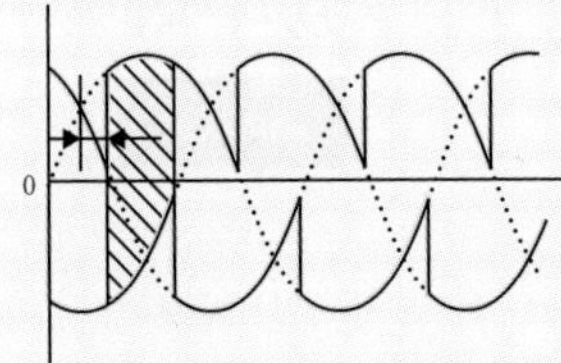

CHAPTER 05

パワーエレクトロニクス

1 パワー半導体デバイスと整流回路

（教科書CHAPTER05 SEC01～02対応）

POINT 1　パワー半導体デバイス

パワーエレクトロニクス分野では，高電圧や大電流を電力変換できる素子を扱う。ダイオードとサイリスタ以外の素子は，自己消弧能力（素子自体にオン→オフできる能力）がある。

(1)　ダイオード…p形半導体とn形半導体を接合した素子。

順電圧→電流が流れる　　逆電圧→電流を流さない

「理論」では逆方向でも高電圧をかけると電流が流れるとしていたが，パワーエレクトロニクスでは流れないと解釈してよい。

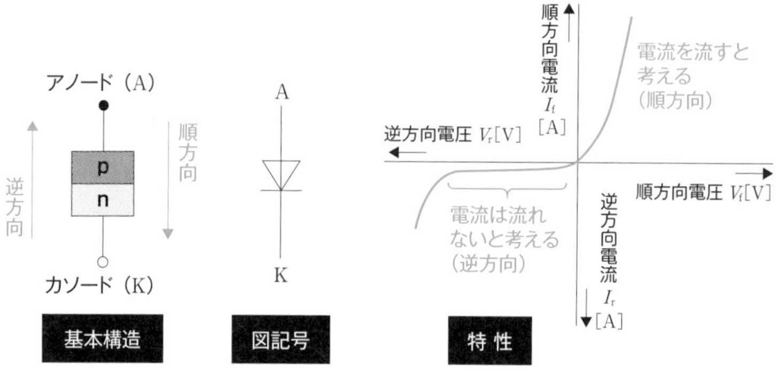

(2)　サイリスタ

サイリスタ（逆阻止３端子サイリスタ）はアノード－カソード間に順電圧をかけ，ゲート電流を流すとアノード－カソード間に電流（i_A）が流れ（ターンオン），ゲート電流をなくしてもそのまま流れ続ける。i_A

を0にするか，逆電圧をかけるとターンオフする。

サイリスタはゲート電流を流さない状態で逆方向または順方向に大きな電圧をかけると電流が流れるが，ダイオード同様，パワーエレクトロニクスの分野では考慮しなくてよい。

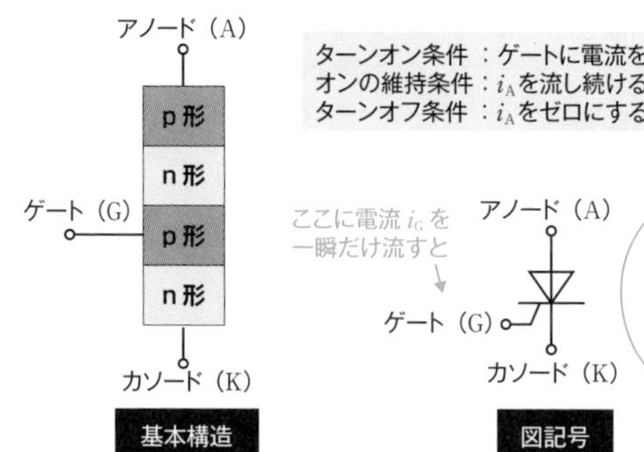

基本構造　　図記号

(3)　バイポーラトランジスタ

コレクタ－エミッタ間に順電圧をかけ，ベース電流を流すと大きなコレクタ電流がコレクタ－エミッタ間で流れ（ターンオン），ベース電流が流れなくなるとターンオフする。

「理論」においては，接地や増幅度等が重要であったが，パワーエレクトロニクス分野ではオンオフ素子の一つとして考えればよい。

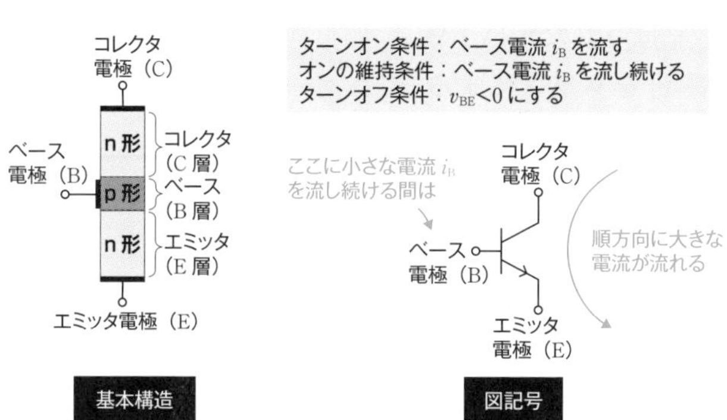

基本構造　　図記号

（npn形の場合）

(4) パワー MOSFET

電界効果トランジスタ（FET）の一種で，ゲート電圧でドレイン電流をコントロールすることが可能となる素子である。

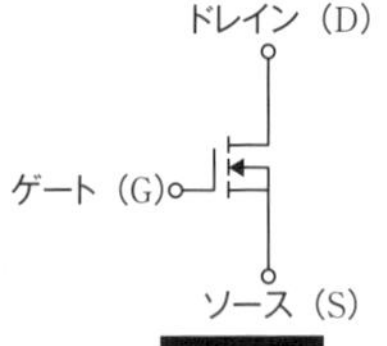

図記号

電圧駆動形のデバイスなので，スイッチング動作が速い特徴があるが，パワーエレクトロニクス分野では，細かなメカニズムは不要。

(5) 絶縁ゲートバイポーラトランジスタ（IGBT）

MOSFETとバイポーラトランジスタを組み合わせた構造を持つ素子。それぞれの長所を持ち合わせたような素子。

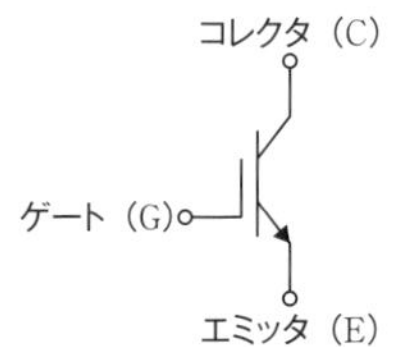

図記号

POINT 2　整流回路

(1) 単相半波整流回路

① ダイオード整流

右図の回路のように，ダイオードを使用すると，交流を直流に変換することができる。

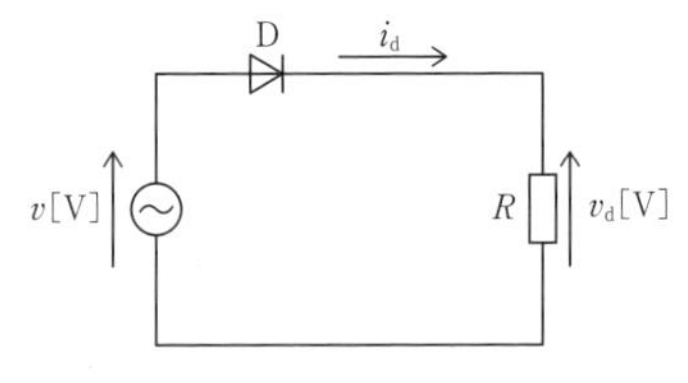

整流されたv_d[V]やi_d[A]をグラフにすると，右グラフの実線部のようになり，脈動があるが直流を得ることができる。

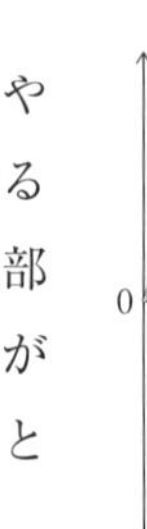
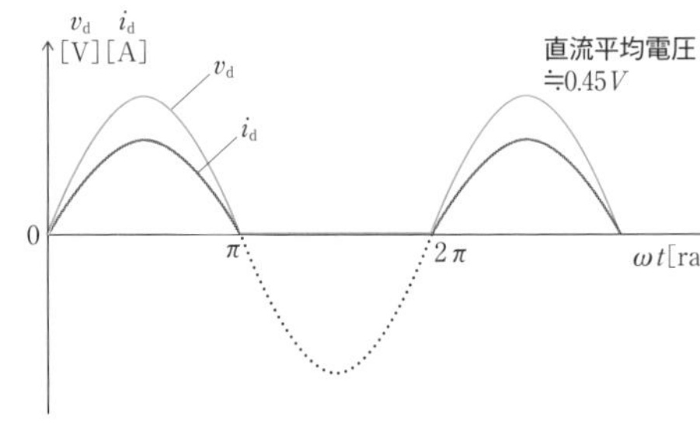

直流電圧の平均値V_d[V]は交流電圧の実効値V[V]を用いて，次の式で表される。

$$V_d = \frac{\sqrt{2}}{\pi} V \fallingdotseq 0.45 V$$

電験三種においては暗記が必要

② サイリスタ整流

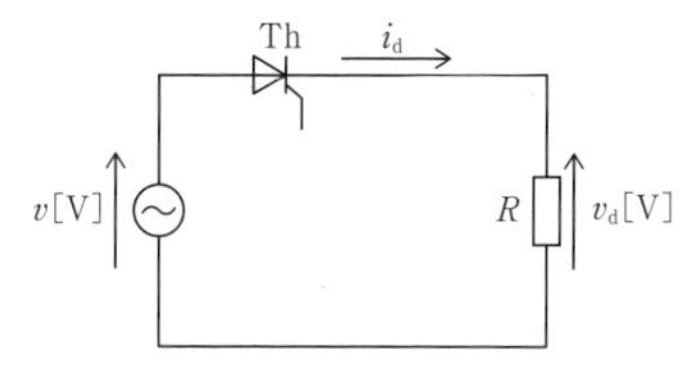

右図のように，ダイオードの代わりにサイリスタを用いると，ゲートの信号（ターンオン）のタイミングによって，電流を流すタイミングを制御することが可能となる。整流された波形は右グラフの実線部のようになり，ターンオンするタイミングの位相角α[rad]を制御角という。

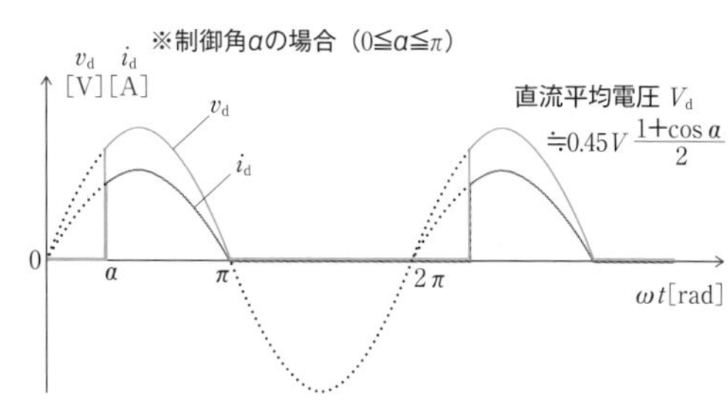

直流電圧の平均値V_d[V]は交流電圧の実効値V[V]を用いて，以下の式で表される。

$$V_d=\frac{\sqrt{2}}{\pi}V\frac{1+\cos\alpha}{2}\fallingdotseq 0.45V\frac{1+\cos\alpha}{2}$$

積分計算を伴うので，電験三種においては暗記が必要

(2) 単相全波整流回路

単相半波整流回路では，負の交流電圧はすべてカットするため，取り出せる電圧は交流電源の半分以下となるが，全波整流回路であれば，負の交流電圧も整流することが可能となり，取り出せる直流電圧は半波整流回路の2倍となる。

① ダイオード整流

以下の図のように，電圧の向きが変わっても，出力の電圧は常に同方向となる。直流電圧の平均値V_d[V]は交流電圧の実効値V[V]を用いて，以下の式で表される。

$$V_d=\frac{2\sqrt{2}}{\pi}V\fallingdotseq 0.9V$$

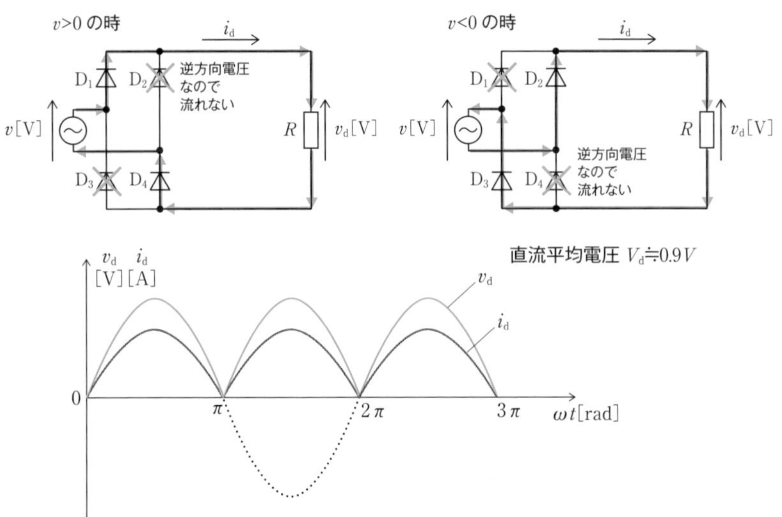

② サイリスタ整流

ダイオード整流と考え方は同じである。制御角α[rad]の分だけ，直流電圧の平均値V_d[V]と交流電圧の実効値V[V]の関係が変わる。

$$V_d = \frac{2\sqrt{2}}{\pi}V\frac{1+\cos\alpha}{2} \fallingdotseq 0.9V\frac{1+\cos\alpha}{2}$$

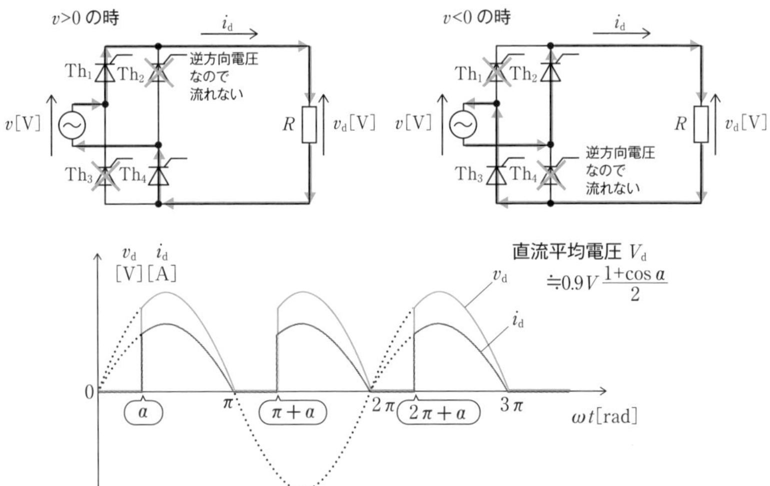

(3)　三相半波整流回路

三相においても単相と同様に考えられるが，出題可能性は低い。

$E_d \fallingdotseq 1.17E\cos\alpha$

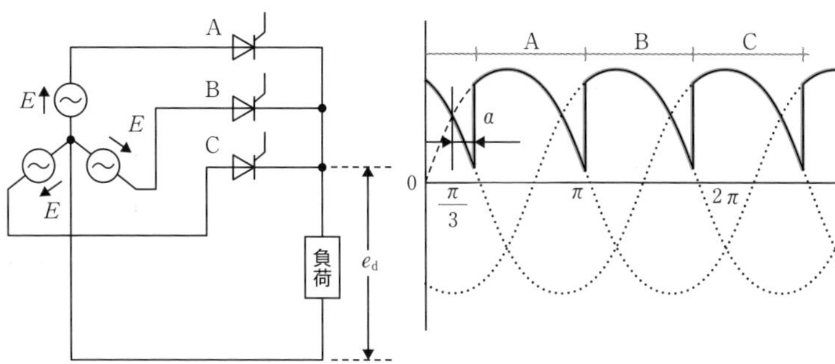

(4)　三相全波整流回路

三相半波整流回路同様，電験三種での出題可能性は低い。

$V_d \fallingdotseq 1.35V_l\cos\alpha$

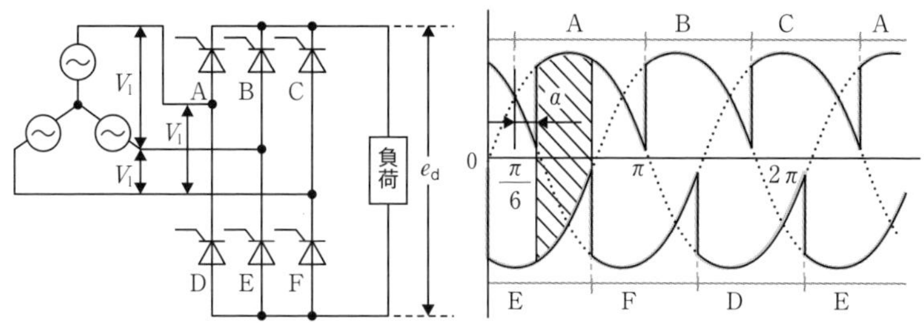

POINT 3　還流ダイオード（フリーホイーリングダイオード）

誘導性負荷を接続したとき，還流ダイオードを設けることで，電源電圧が負となったときに，コイルに蓄えられたエネルギーが還流ダイオードを通り，負荷に還ってくる。

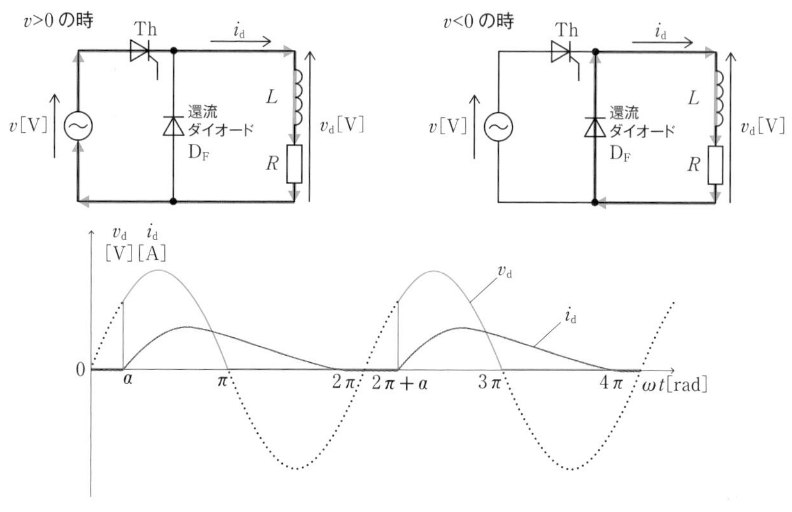

POINT 4　平滑回路

ダイオードのみの整流では出力波形に脈動がある状態となるが，平滑リアクトルと平滑コンデンサを用いることで，脈流を減らすことが可能となる。平滑リアクトルは電流を維持，平滑コンデンサは電圧を維持しようと作用する。

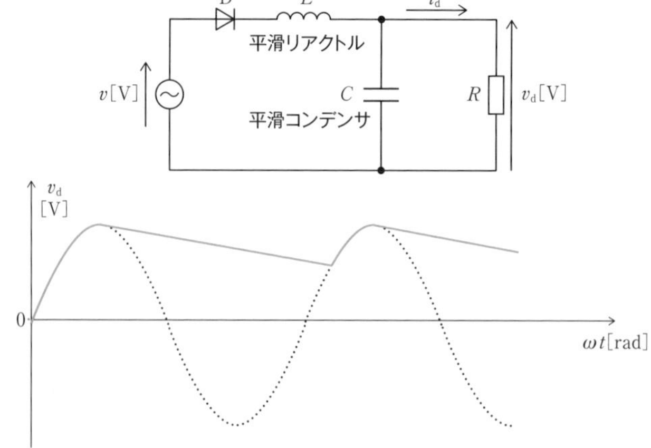

POINT 5　交流電力調整回路（交流→交流）

サイリスタを逆並列させ，制御角α[rad]をコントロールすることで，交流電圧を0Vから電源の出力まで調整することが可能となる。

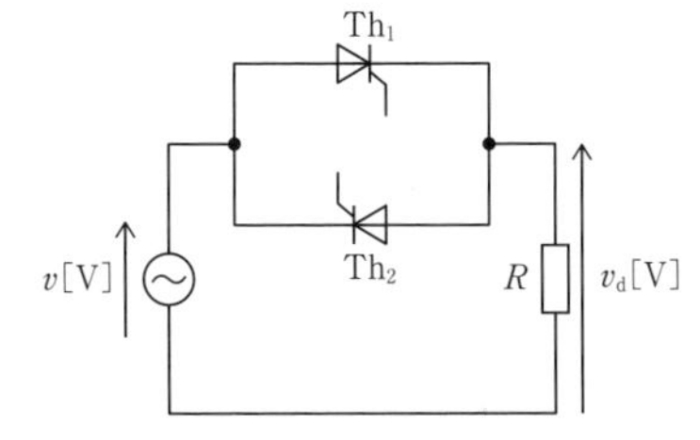

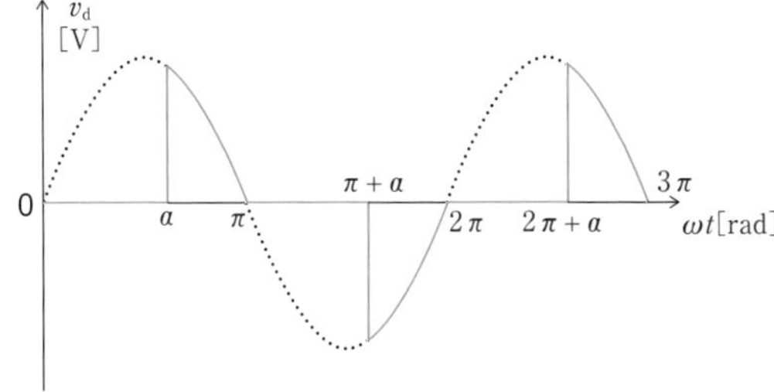

確認問題

❶ 次の文章は半導体素子に関する記述である。正しいものには○，誤っているものには×で答えよ。 P.134~136 POINT 1

(1) ダイオードはアノードとカソードの２端子素子であり，順方向であるカソードからアノードへは電流が流れるが，逆方向であるアノードからカソードへは電流は流れない。

(2) 逆阻止３端子サイリスタは４層構造で３端子からなる素子で，アノード－カソード間に順電圧をかけ，ゲート電流を流すとアノード－カソード間に電流が流れ，ゲート電流を止めるとアノード－カソード間の電流が流れなくなる素子である。

(3) サイリスタには逆阻止３端子サイリスタの他にGTOやトライアック，光トリガサイリスタ等がある。

(4) サイリスタには点弧角制御できる性質があるため，交流から直流への整流以外にも交流電圧の大きさを調整すること等も可能である。

(5) バイポーラトランジスタはコレクタ－エミッタ間に電圧をかけ，ベース電流を流すとコレクタ－エミッタ間に電流が流れる素子である。ベース電流はコレクタ電流に比べ，非常に小さいので無視することも多い。

(6) npn形バイポーラトランジスタにおいては，トランジスタがONした場合にはエミッタからコレクタに向かって順電流が流れ，トランジスタがOFFした場合には電流が流れない。

(7) MOSFETは電界効果トランジスタの一種で，ゲートに電圧を加えると動作する素子で，スイッチング作用がとても速いという特徴がある。

(8) IGBTはMOSFETとバイポーラトランジスタを組み合わせたような構造を持つ素子である。

(9) IGBTはMOSFETよりもさらに高速にスイッチング可能である。

(10) 自己消弧能力は，素子自体がオン状態からオフ状態に切り換えることができる機能であり，IGBT，MOSFET，トランジスタ等は自己消弧能力を持つが，ダイオード，逆阻止３端子サイリスタ，GTOは自己消弧能力を持たない。

❷ 次の(a)〜(f)の回路において，入力電圧 v［V］に正弦波（選択肢(1)のような波形）を加えたときの出力電圧 v_d［V］の波形を次の(1)〜(6)の中から一つ選べ。ただし，サイリスタは正の制御角で点弧する制御をしている。

P.136〜139, 141 POINT 2 5

(a)

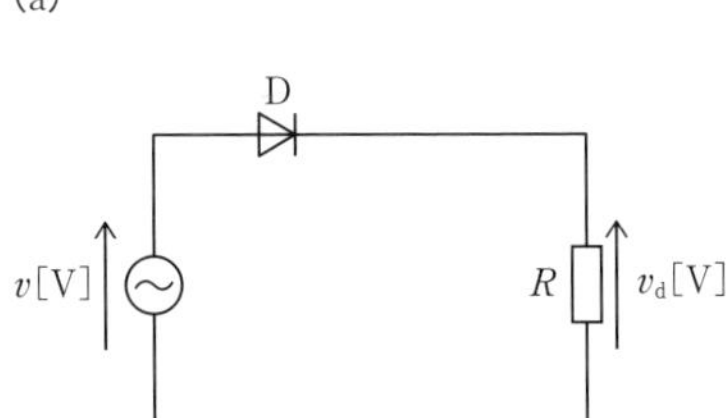

(b)

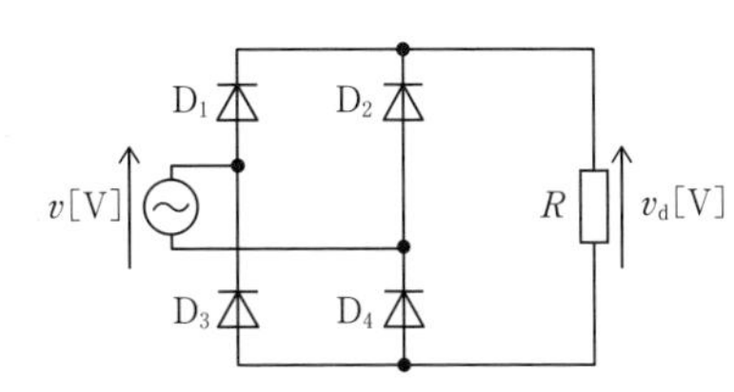

(c)

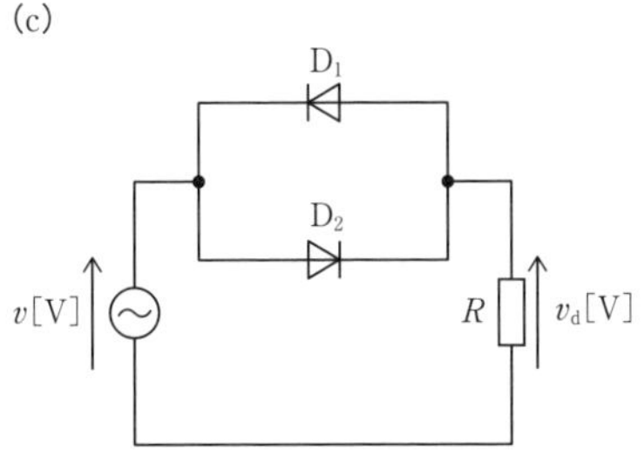

(d)

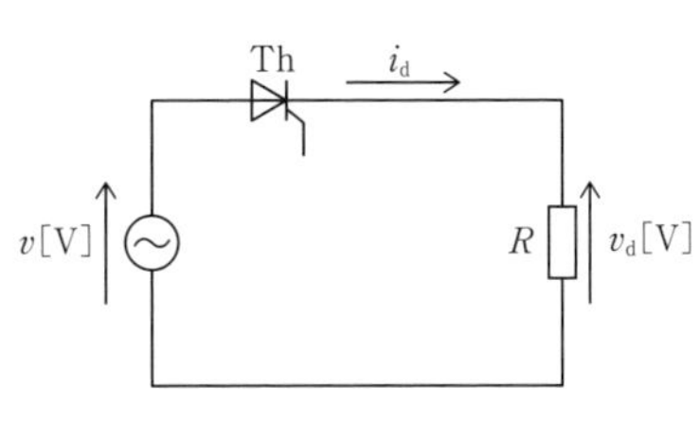

(e)

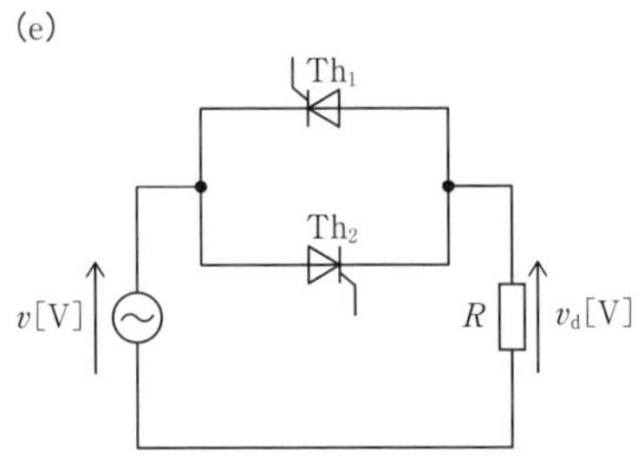

(f)

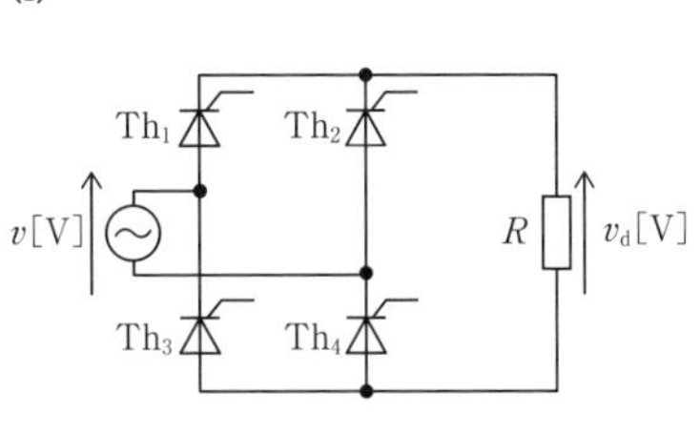

(1)

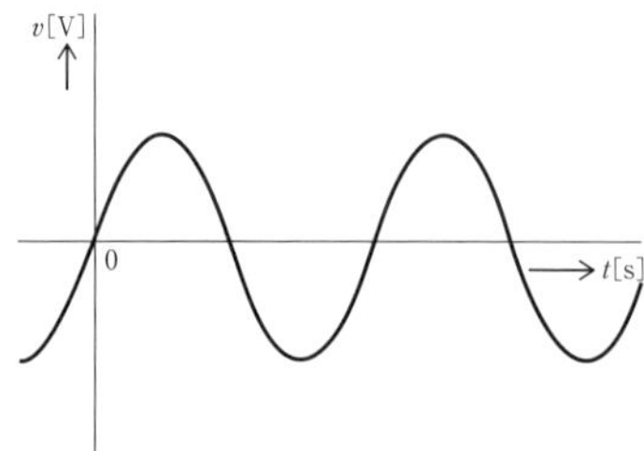

(2)

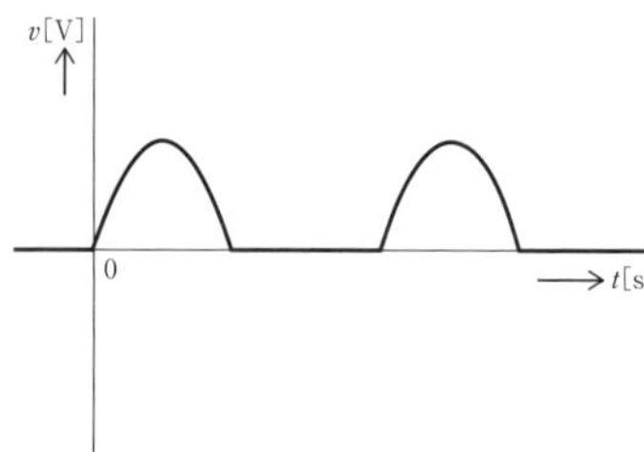

(3)

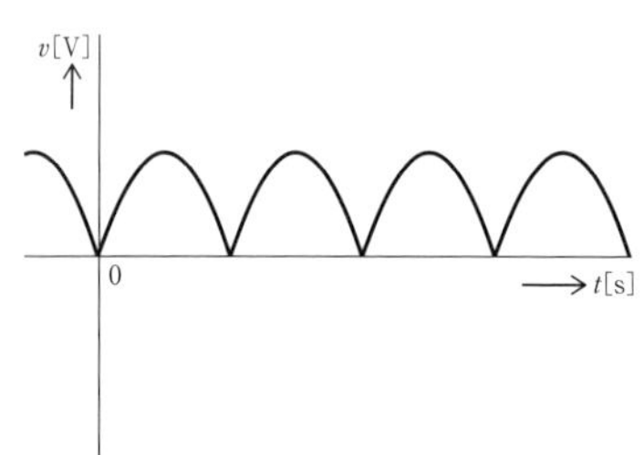

(4)

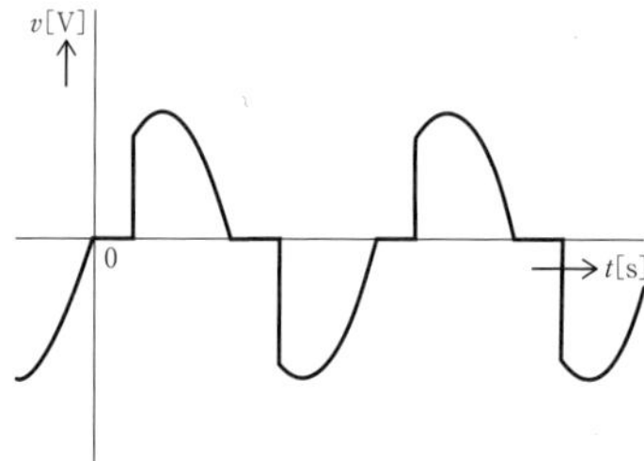

(5)

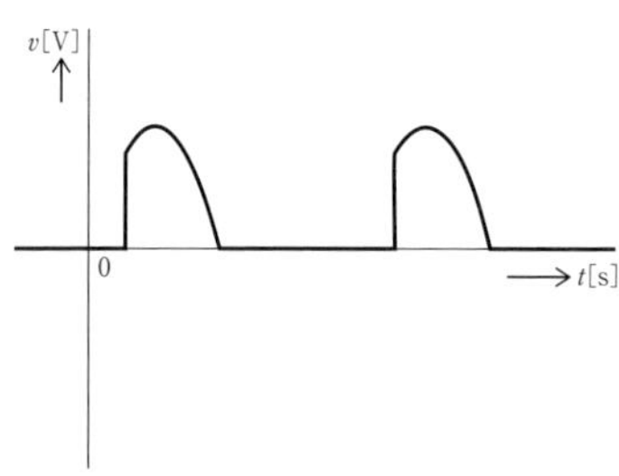

(6)

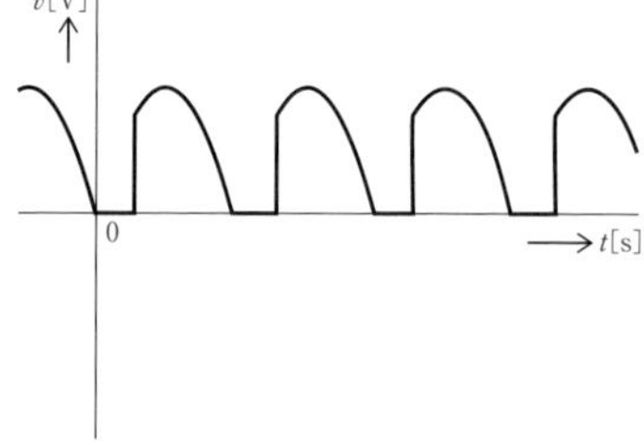

3 次の回路の入力電圧 v [V] の実効値が V [V] であるとき，出力電圧 v_d [V] の平均値 V_d [V] の値を求めよ。ただし，サイリスタの制御角は α [rad] として，パワーエレクトロニクス素子の電圧降下は無視するものとする。

P.136~139 POINT 2

(a)

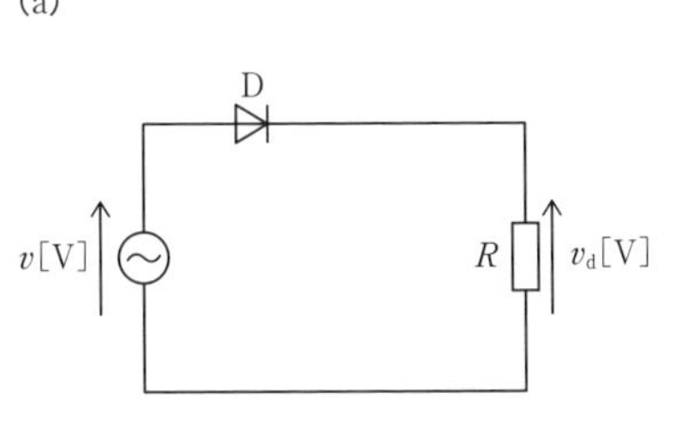

(b)

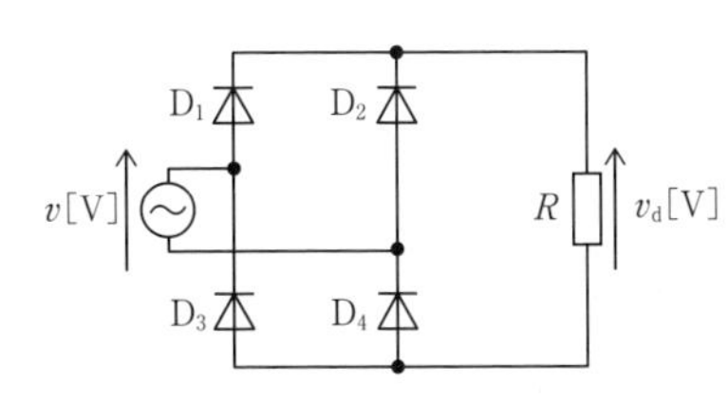

(c)

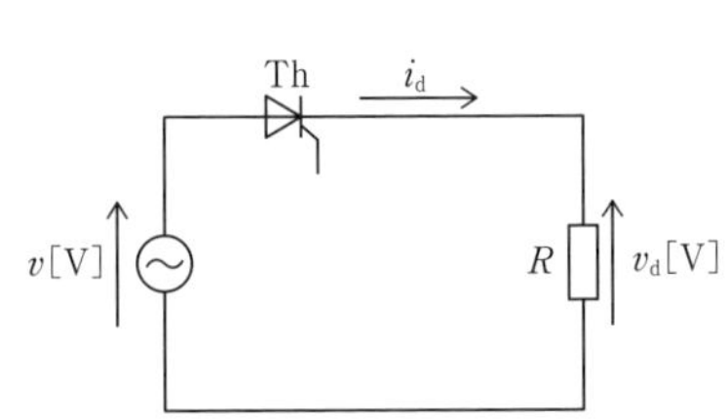

(d)

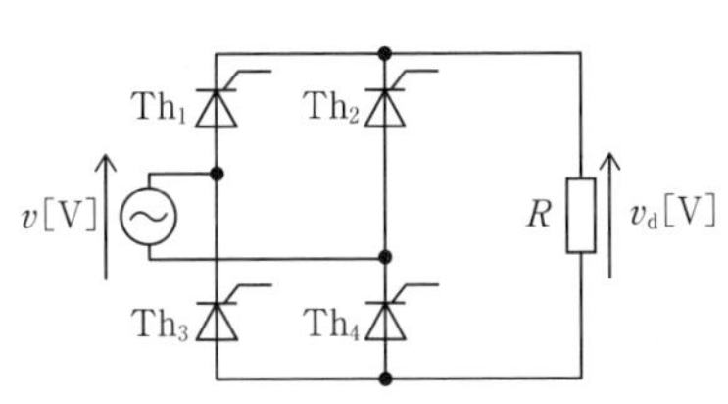

4 次の(a)及び(b)の回路はサイリスタ整流回路に誘導性負荷を接続した回路である。(a)及び(b)の出力電圧 v_d [V] の波形を(1)～(3)から，出力電流 i_d [A] の波形を(4)～(6)から一つ選べ。ただし，各図の点線は入力電圧 v [V] の波形であり，パワーエレクトロニクス素子の電圧降下は無視するものとする。

(a)

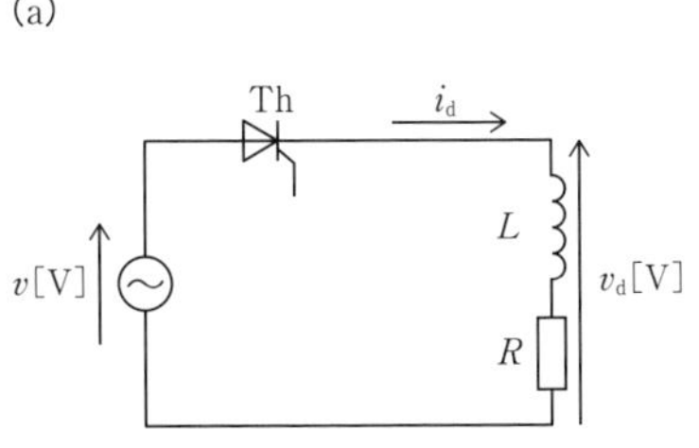

(b)

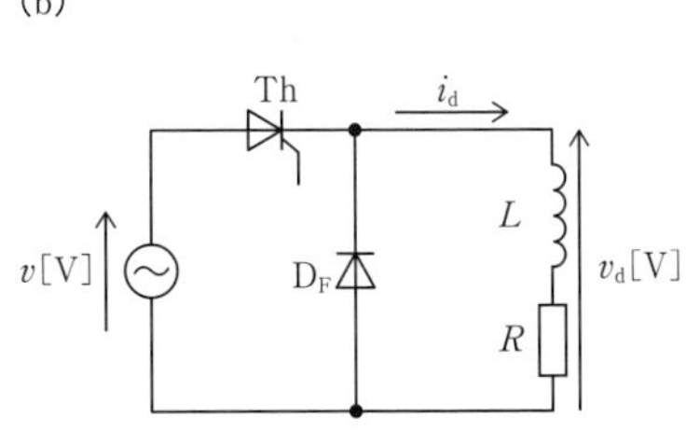

(1)

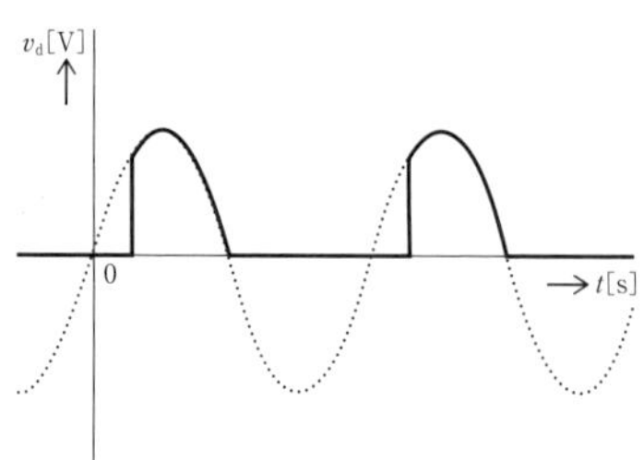

(2)

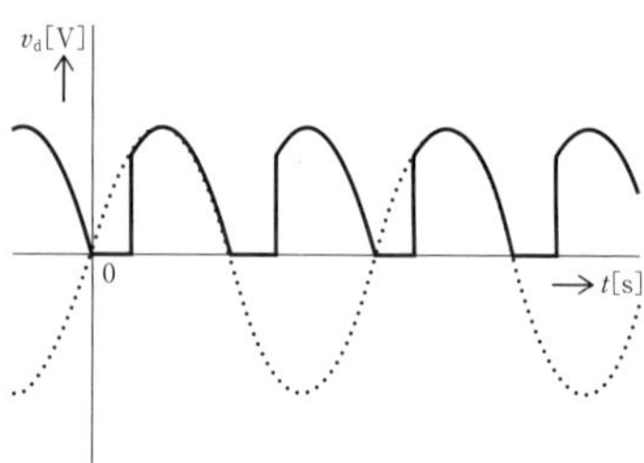

(3)

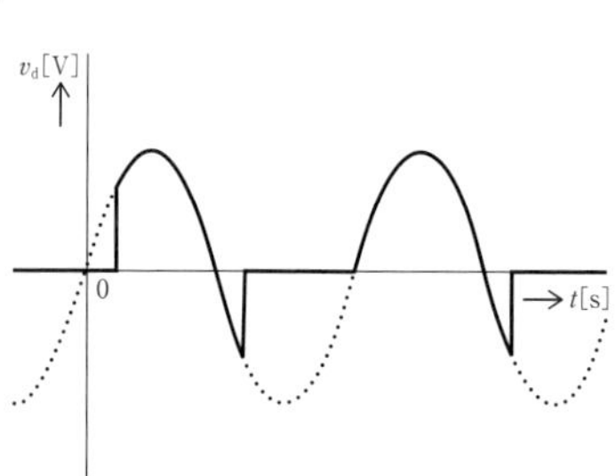

(4)

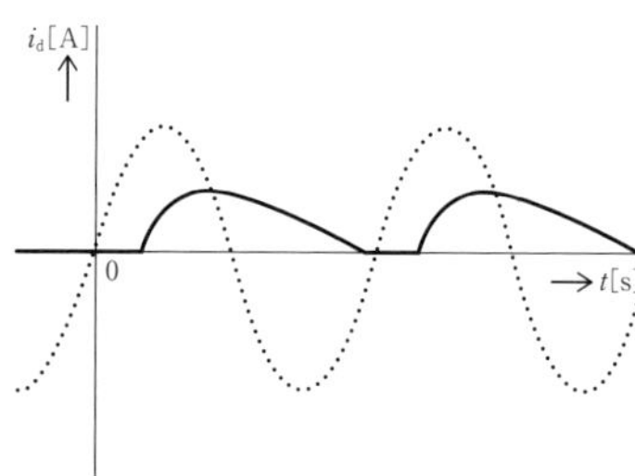

(5)

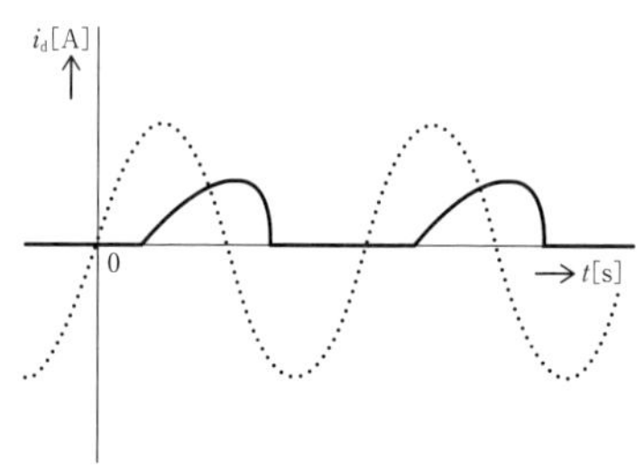

(6)

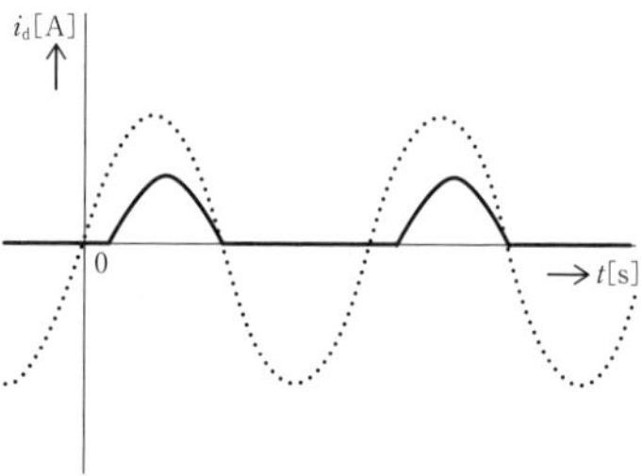

❺ 図の(a)はダイオード整流回路，(b)は平滑リアクトルL及び平滑コンデンサCを挿入した整流回路である。(a)及び(b)の出力電圧v_d[V]の波形を(1)〜(5)から一つ選べ。ただし，各図の点線は入力電圧v[V]の波形であり，パワーエレクトロニクス素子の電圧降下は無視するものとする。 P.140 **POINT 4**

(a)

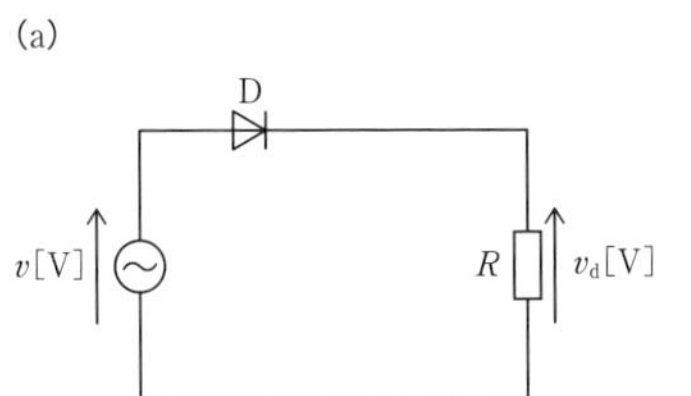

(b)

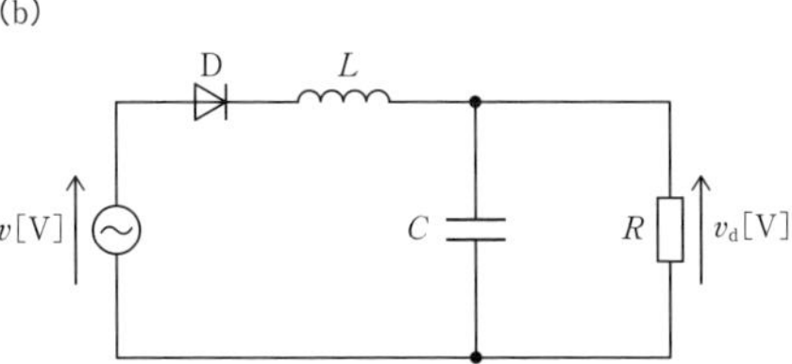

(1)

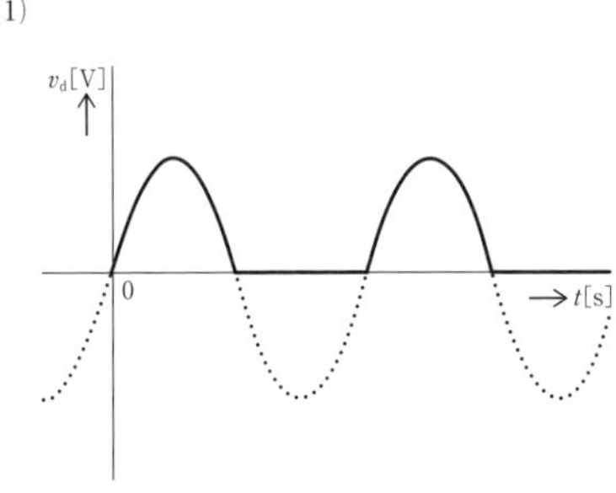

(2)

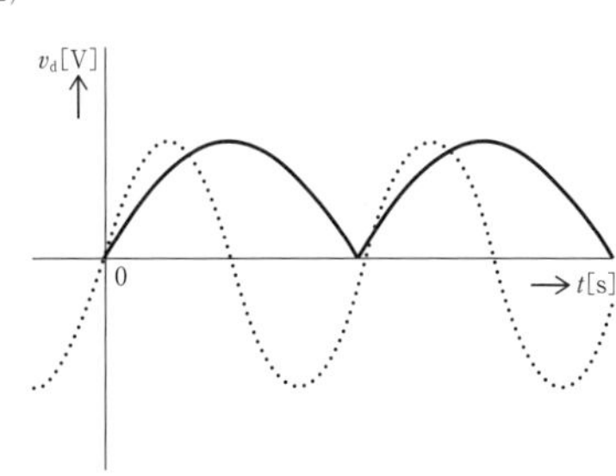

(3)

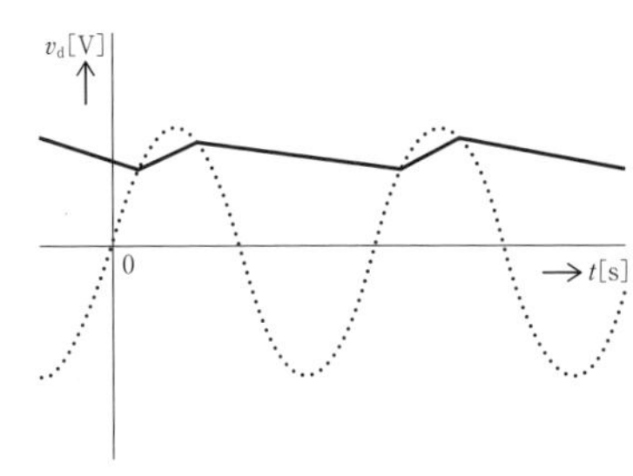

(4)

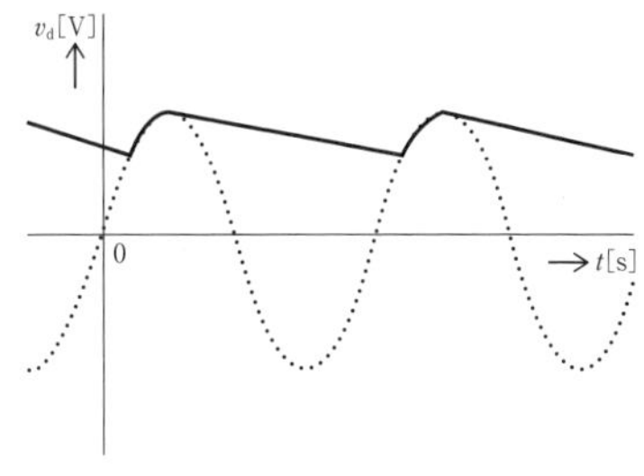

(5)

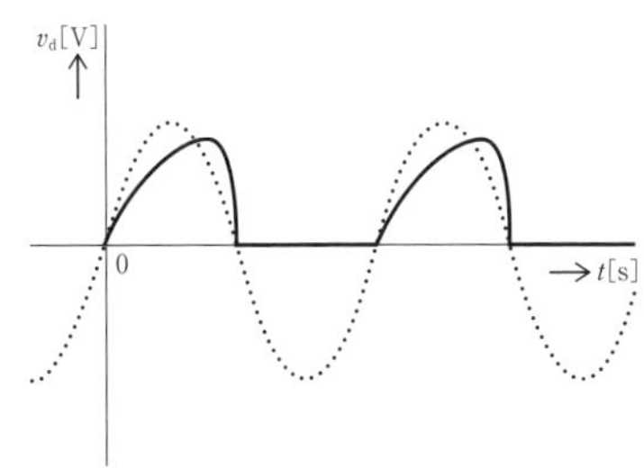

基本問題

1 電力変換装置に用いられるパワー半導体デバイスに関する記述として，誤っているものを次の(1)〜(5)のうちから一つ選べ。

(1) 整流ダイオードは，p形半導体とn形半導体をpn接合したもので，p形半導体の端子に正の電圧，n形半導体の端子に負の電圧をかけると導通する素子である。

(2) パワートランジスタは，ゲートでオンオフすることが可能な自己消弧能力を持つ素子である。

(3) 逆阻止３端子サイリスタはゲートでオフすることができないが，GTOはゲートでオフすることができる。

(4) パワーMOSFETは電子又は正孔の１種類のキャリヤで動作するので，ユニポーラトランジスタと呼ばれる。

(5) IGBTはMOSFETとバイポーラトランジスタを組み合わせた自己消弧形素子である。

---

2 図のような単相全波整流回路に関する記述として，誤っているものを次の(1)〜(5)のうちから一つ選べ。

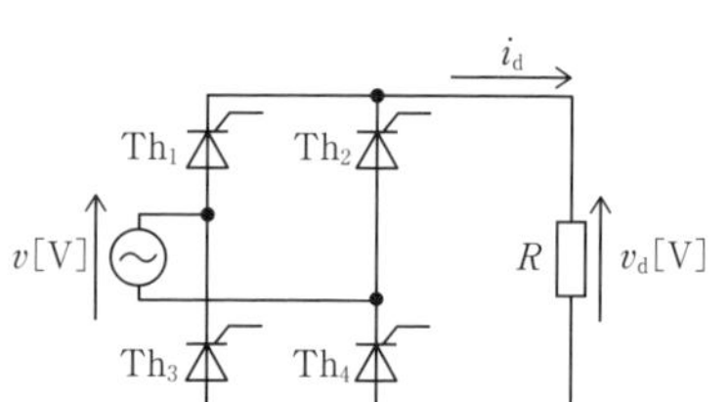

(1) i_dは０以上である。

(2) v_dは０以上である。

(3) サイリスタの制御角αを大きくすると，平均出力電圧は小さくなる。

(4) 制御角が零のとき，出力電圧の平均値は入力電圧の実効値と等しい。

(5) 同じ制御角αであれば，出力される電圧，電流とも単相半波整流回路の２倍の大きさとなる。

3 次の回路の入力電圧v[V]の実効値がV[V]であるとき，出力電圧v_d[V]の平均値V_d[V]の値として最も近いものを次の(1)～(5)のうちから一つ選べ。ただし，サイリスタの制御角はα[rad]とする。

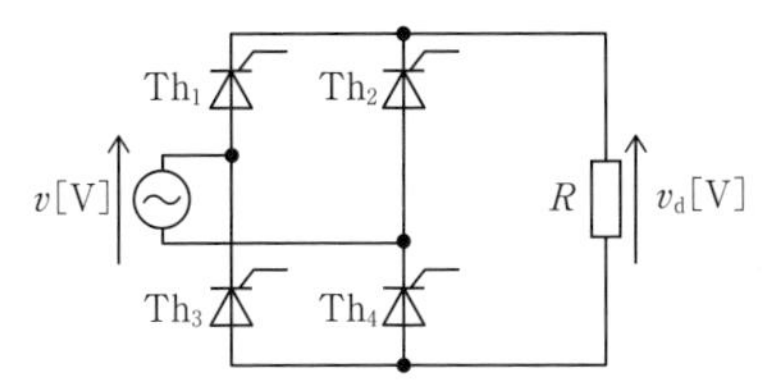

(1) $0.45V\dfrac{1+\sin\alpha}{2}$　(2) $0.45V\dfrac{1+\cos\alpha}{2}$　(3) $0.9V\dfrac{1+\sin\alpha}{2}$

(4) $0.9V\dfrac{1+\cos\alpha}{2}$　(5) $0.9V\dfrac{1+\tan\alpha}{2}$

---

4 ある電力変換装置に入力電圧v[V]の正弦波交流を加えたところ，図のような出力電圧の波形v_d[V]が得られた。このとき，電力変換装置の回路図として，正しいものを次の(1)～(5)のうちから一つ選べ。ただし，平滑リアクトル及び平滑コンデンサは理想的であるとし，グラフの点線は交流電源の入力電圧の波形を表す。

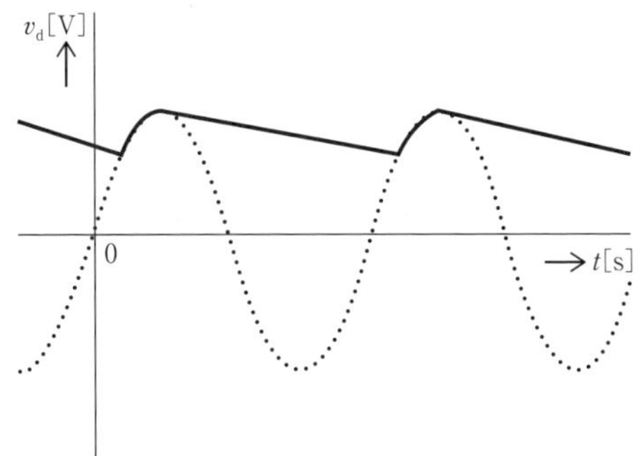

(1)

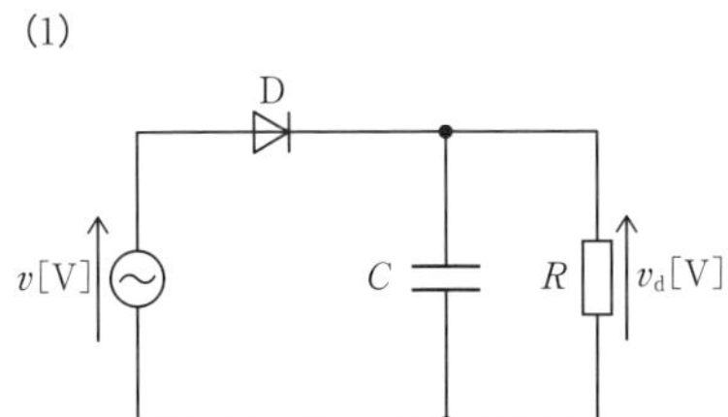

(2)

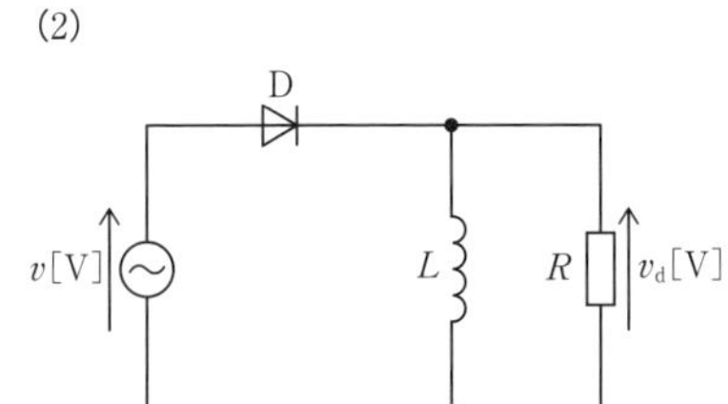

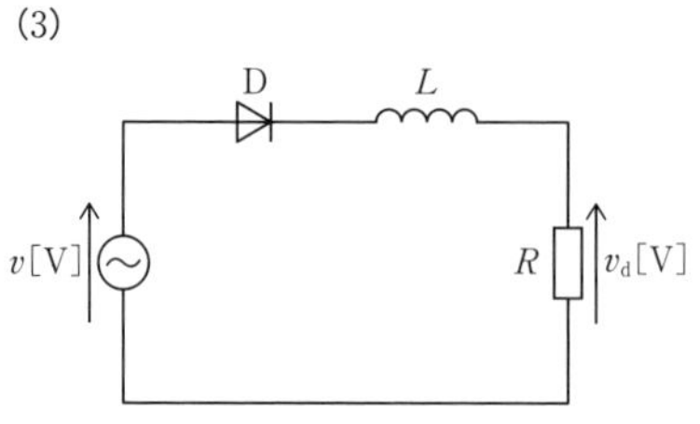
(3)
D
L
v[V]
R
vd[V]

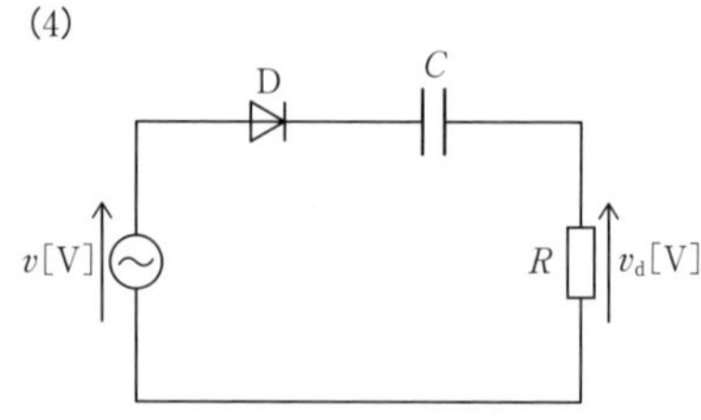
(4)
D
C
v[V]
R
vd[V]

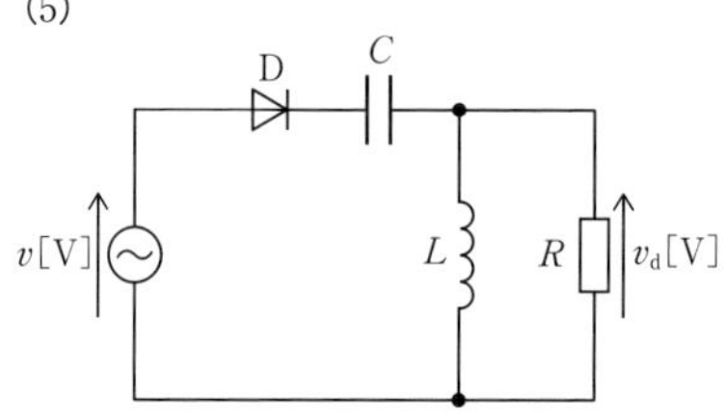
(5)
D
C
v[V]
L
R
vd[V]

応用問題

1 電力用半導体素子に関する記述として，誤っているものを次の(1)〜(5)のうちから一つ選べ。

(1) 逆阻止3端子サイリスタはpnpnの4層構造からなり，アノード，カソード，ゲートの端子を持つ3端子素子である。アノードからカソードに向かい順方向の電流が流れる。アノードはp形半導体，カソードはn形半導体，ゲートはp形半導体に端子を取り付ける。

(2) GTOは自己消弧能力を持たない逆阻止3端子サイリスタの特性を考慮し，正の電流が流れた場合にターンオン，負の電流が流れた場合にターンオフできるようにした素子で，自己消弧能力を持つ。

(3) 光トリガサイリスタは逆阻止3端子サイリスタのゲート電流を流す代わりに，光の照射によりオンオフすることを可能としたサイリスタであり，端子は2端子となる。ゲート回路の絶縁が可能であることから，直流送電等の用途に用いられる。

(4) トライアックはnpnpn 5層構造の素子であり，サイリスタを2個逆向きに接続したような働きをする素子である。アノードカソード間を双方向に電流を流すことが可能で，交流の電力調整回路として用いられる。

(5) IGBTはバイポーラトランジスタのベースにMOSFETを組み合わせた素子で，MOSFETの特性により高速動作が可能であり，バイポーラトランジスタの特性により大電力のスイッチングが可能となる。さらに自己消弧能力を持つため，現在のトランジスタの主流の素子となっている。

2 絶縁ゲートバイポーラトランジスタ（IGBT）に関する記述として，誤っているものを次の(1)～(5)のうちから一つ選べ。

(1) MOSFETのゲートとバイポーラトランジスタのコレクタ及びエミッタ端子を持つ３端子構造である。

(2) スイッチング動作はMOSFETに劣る。

(3) 適用可能な容量はMOSFETより大きい。

(4) 自己消弧能力を持つ。

(5) 電流制御形素子である。

---

3 図のような制御角α[rad]のサイリスタを用いた単相全波整流回路について，負荷が抵抗負荷であるとき，出力電圧の波形は［（ア）］となり，出力電圧V_d[V]は入力電圧V[V]とすると，V_d = ［（イ）］[V]となる。負荷が誘導性負荷である場合，出力電流の波形は［（ウ）］となり，出力電圧V_d[V]は入力電圧V[V]とすると，V_d = ［（エ）］[V]となる。なお，各グラフの点線は交流電源の入力電圧の波形を表す。

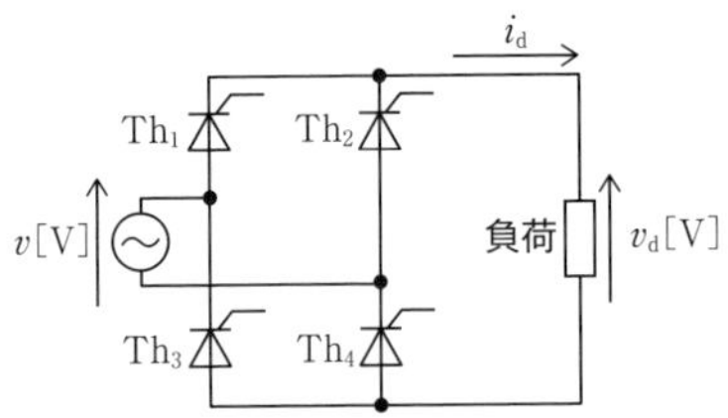

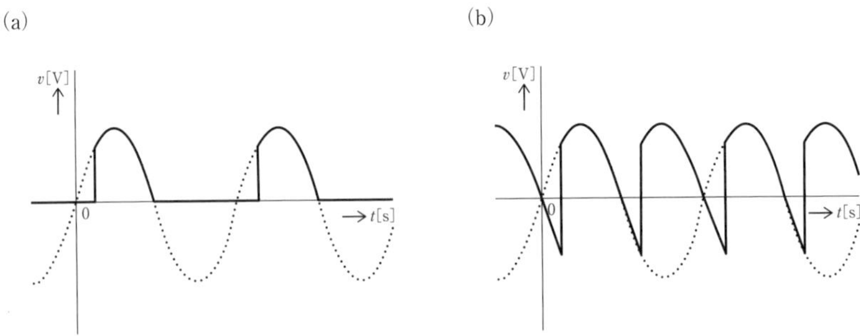

(c)

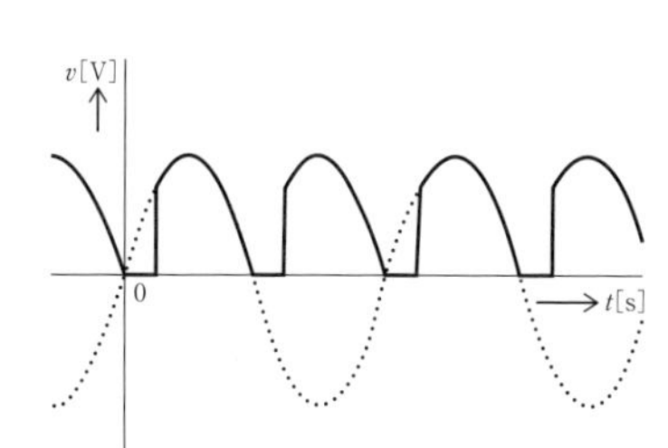

(d)

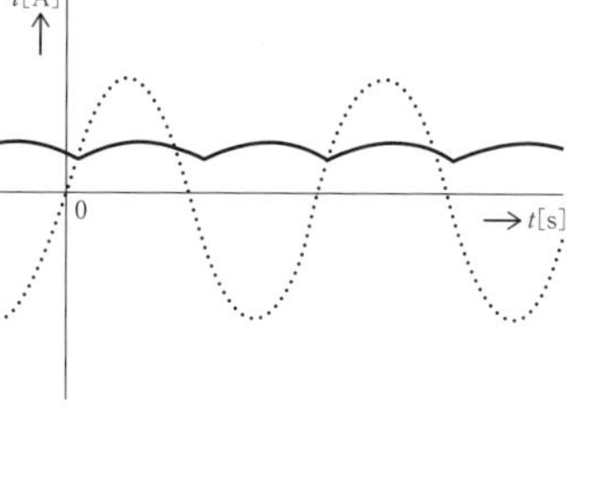

(e)

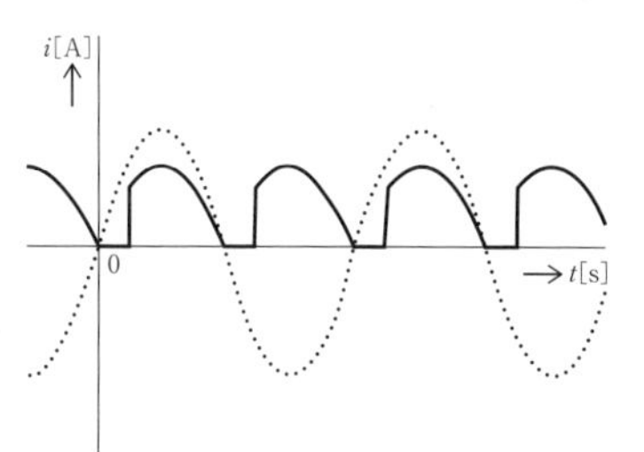

(f)

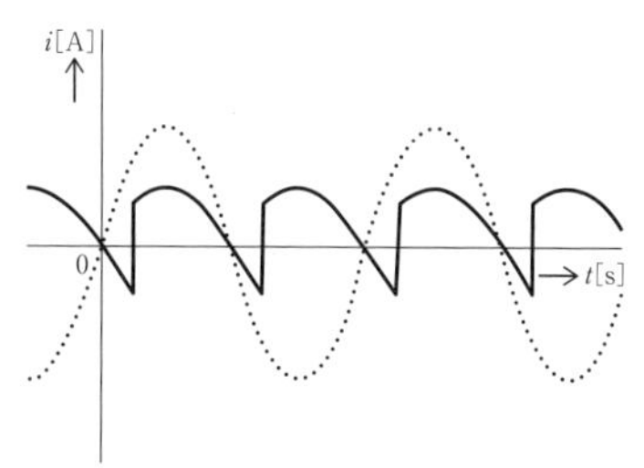

上記の記述中の空白箇所（ア），（イ），（ウ）及び（エ）に当てはまる組合せとして，正しいものを次の(1)～(5)のうちから一つ選べ。

	（ア）	（イ）	（ウ）	（エ）
(1)	c	$0.45V(1+\cos\alpha)$	d	$0.9V\cos\alpha$
(2)	c	$0.9V(1+\cos\alpha)$	d	$0.45V\cos\alpha$
(3)	b	$0.9V(1+\cos\alpha)$	e	$0.9V\cos\alpha$
(4)	b	$0.45V(1+\cos\alpha)$	f	$0.45V\cos\alpha$
(5)	a	$0.9V(1+\cos\alpha)$	f	$0.9V\cos\alpha$

4 図のようなサイリスタを用いた単相全波整流回路について，正弦波交流 v[V]を入力する。入力電流 i[A]の波形として，最も近いものを次の(1)〜(5)のうちから一つ選べ。ただし，平滑リアクトルのインダクタンスは非常に大きいとし，サイリスタの制御角は α[rad]とする。なお，各グラフの点線は交流電源の入力電圧の波形を表す。

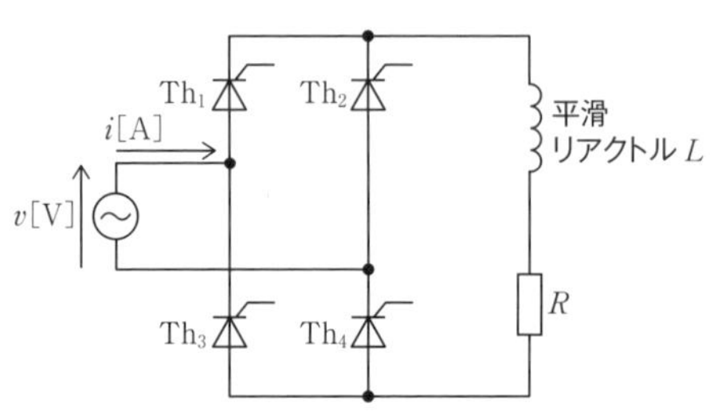

(1)

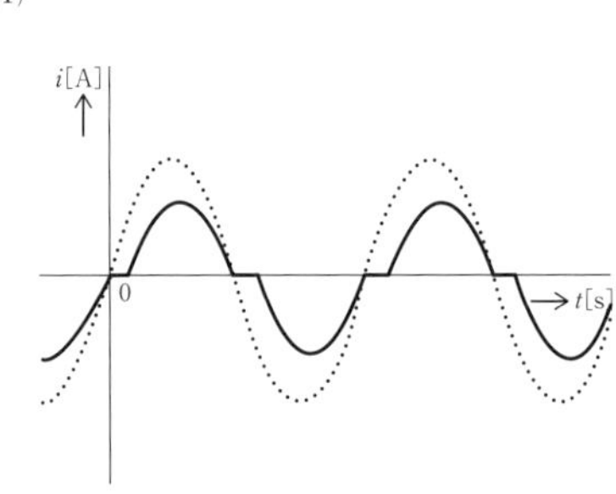

(2)

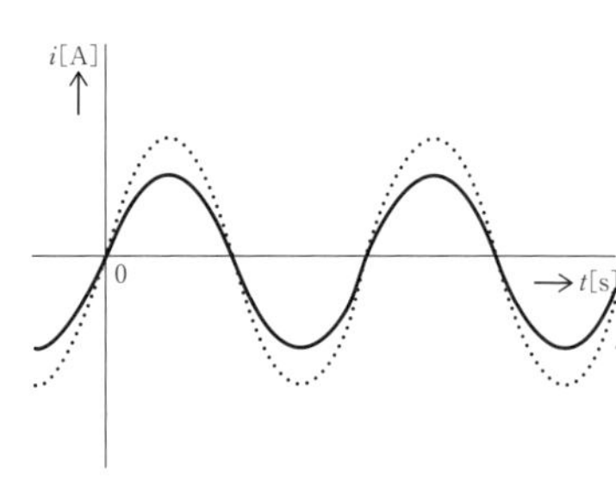

(3)

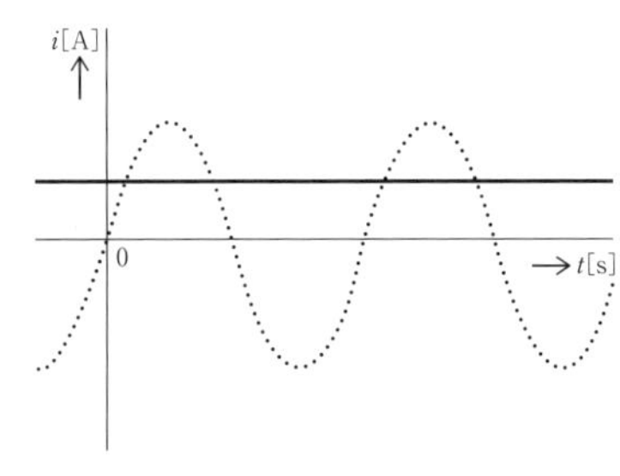

(4)

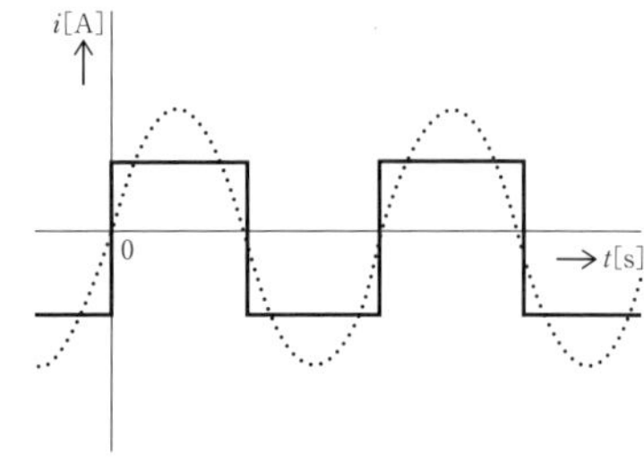

(5)

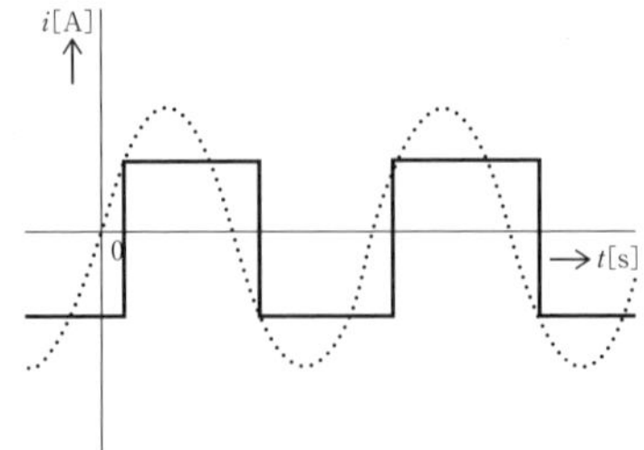

5 図のようなサイリスタを用いた交流電力調整回路に関し，サイリスタの電圧 v_{th} [V] の波形として，最も近いものを次の(1)～(5)のうちから一つ選べ。ただし，各図の点線は入力電圧 v [V] であり，サイリスタの制御角は α [rad] とする。

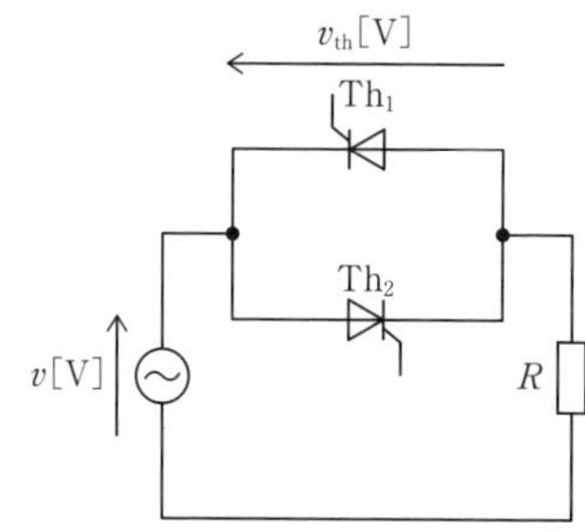

(1)

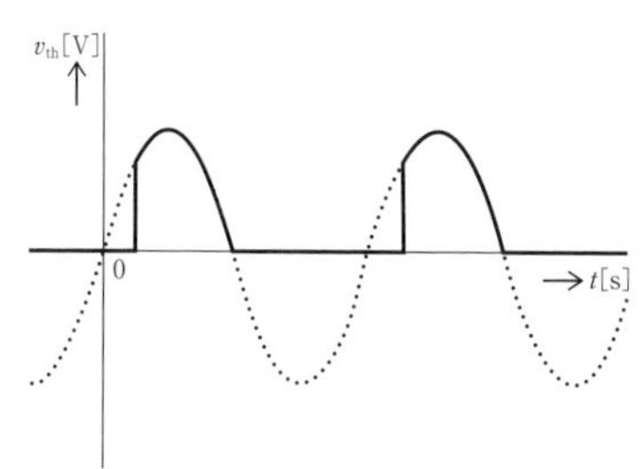

(2)

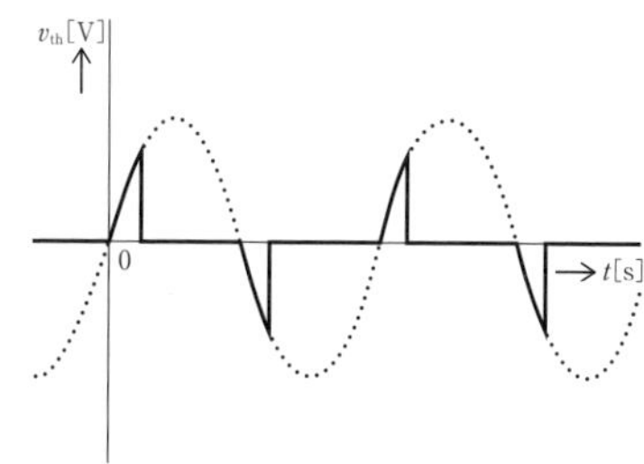

(3)

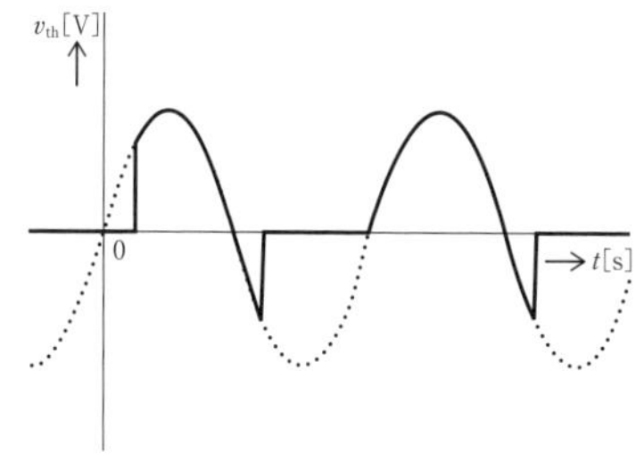

(4)

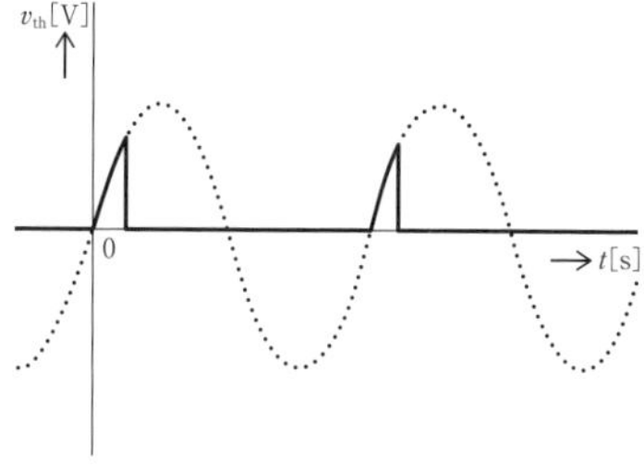

(5)

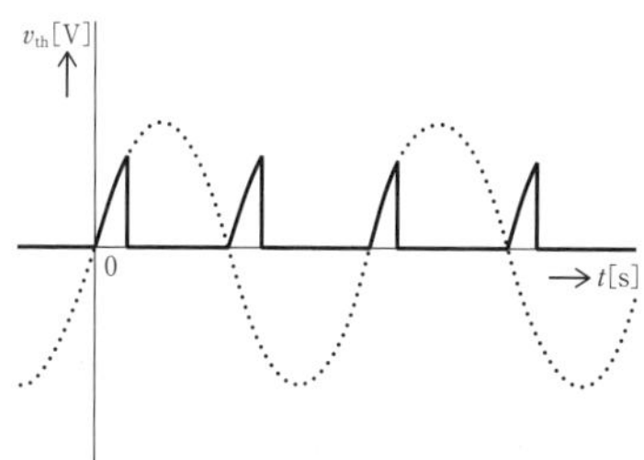

2 直流チョッパとインバータ

（教科書CHAPTER05 SEC03～04対応）

POINT 1　降圧チョッパ

スイッチング素子のオンオフにより，出力電圧の平均値を直流入力電圧より下げることができる回路。

図のような回路において，出力電圧の平均値をV_d[V]，入力電圧をE[V]とし，スイッチング素子のオン期間をT_{on}[s]，オフ期間をT_{off}[s]とすると，

$$V_d = \frac{T_{on}}{T_{on} + T_{off}} E = \frac{T_{on}}{T} E = \alpha E$$

$T = T_{on} + T_{off}$はスイッチング周期，$\alpha = \frac{T_{on}}{T}$は通流率と呼ぶ。

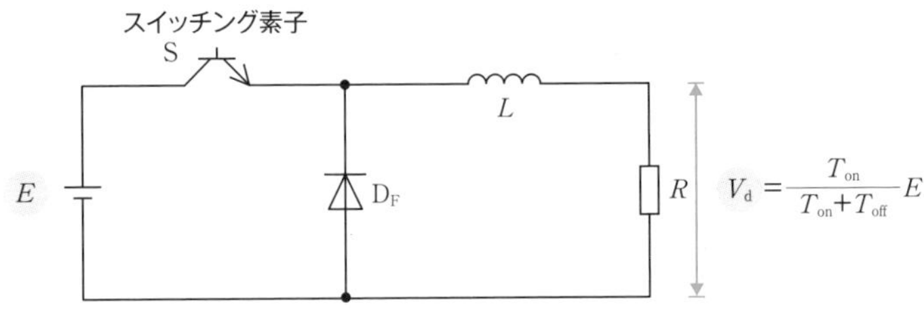

POINT 2 昇圧チョッパ

スイッチング素子のオンオフにより，出力電圧の平均値を直流入力電圧より上げることができる回路。

図のような回路において，出力電圧の平均値をV_d[V]，入力電圧をE[V]とし，スイッチング素子のオン期間をT_{on}[s]，オフ期間をT_{off}[s]とすると，

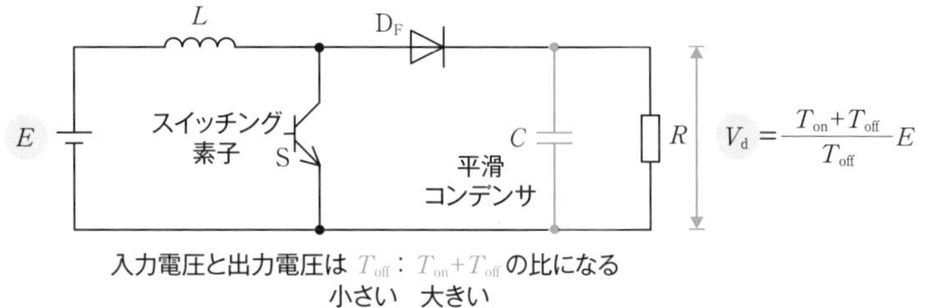

$$V_d = \frac{T_{on}+T_{off}}{T_{off}}E = \frac{T}{T_{off}}E = \frac{1}{1-\alpha}E$$

※$\dfrac{T}{T_{off}}E = \dfrac{1}{1-\alpha}E$の理由

$$\frac{T}{T_{off}}E = \frac{T}{T-T_{on}}E$$

$$= \frac{1}{1-\dfrac{T_{on}}{T}}E$$

$$= \frac{1}{1-\alpha}E$$

POINT 3　昇降圧チョッパ

スイッチング素子のオンオフにより，出力電圧の平均値を直流入力電圧より上げることも下げることもできる回路。

図のような回路において，出力電圧の平均値をV_d[V]，入力電圧をE[V]とし，スイッチング素子のオン期間をT_{on}[s]，オフ期間をT_{off}[s]とすると，

$$V_d = \frac{T_{on}}{T_{off}} E = \frac{\alpha}{1-\alpha} E$$

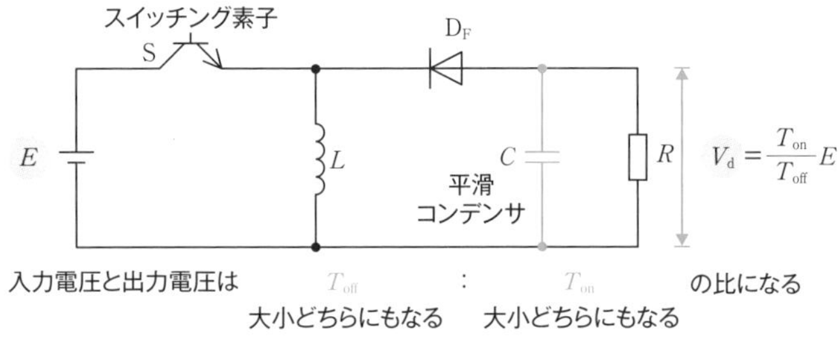

POINT 4　インバータ

直流を交流に変換できる装置。負荷に加わる電圧が正と負の交互に現れて交流波形となる。

波形は正弦波とは異なるが，正と負が交互に入れ替わるので交流波形となる。

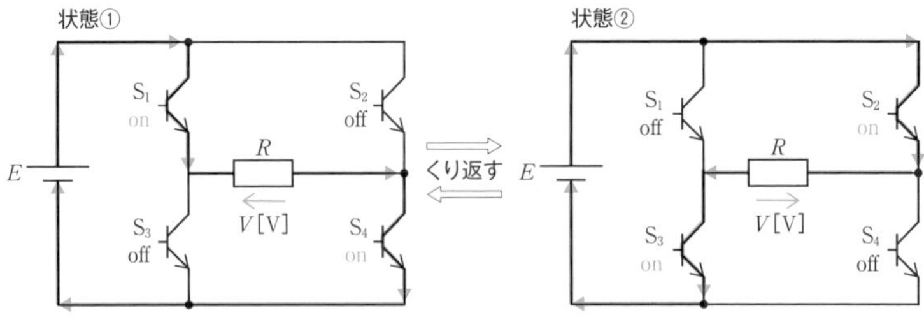

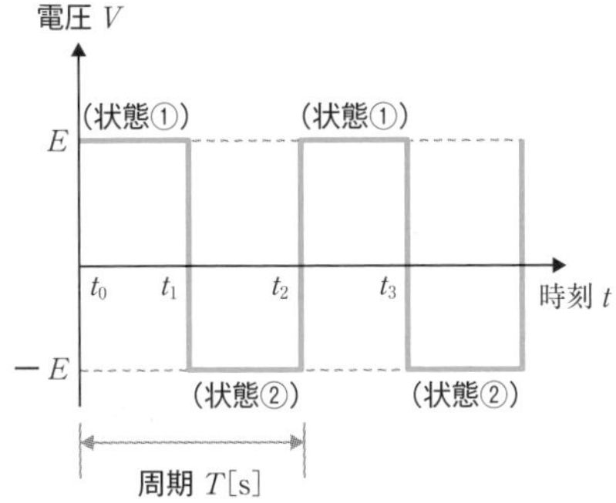

POINT 5　PWM制御

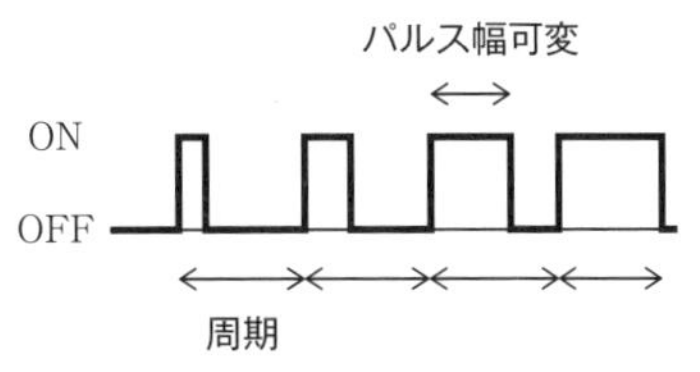

出力電圧を振幅ではなく，パルス幅を制御してオンの時間幅で電圧を制御する。オンの時間を長くすると，電圧の平均値は大きくなり，オンの時間を短くすると，電圧は低くなる。

POINT 6　無停電電源装置（UPS）

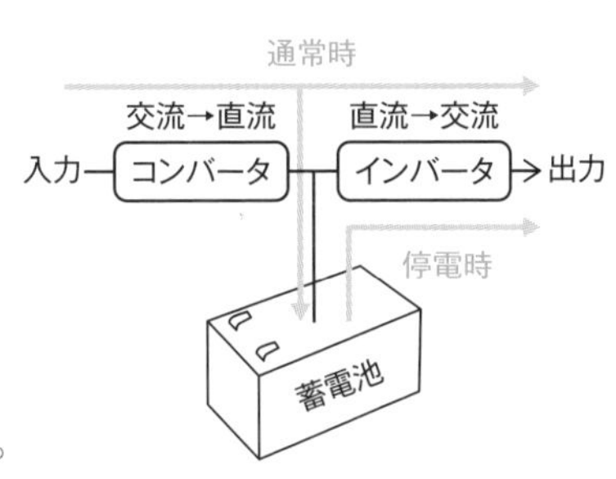

停電が起きたときでも通信用機器やパソコン，医療機器等を保護するために即時に電気を供給する装置。

コンバータとインバータを持ち，通常時は充電状態，非常時には蓄電池から電気が供給されるようになっている。

POINT 7　パワーコンディショナ

インバータと系統連系用保護装置とが一体になった装置。

太陽光発電装置で発電した直流電力を交流に変換するとともに，太陽光発電装置が単独運転になったときに系統から切り離す機能をもち，発電量を最大化するMPPT制御をする。

確認問題

❶ 次の図は直流チョッパの回路図である。それぞれのチョッパは降圧チョッパ，昇圧チョッパ，昇降圧チョッパのいずれか。また，各チョッパの出力電圧 V_d［V］を入力電圧 E［V］，オン期間 T_{on}［s］及びオフ期間 T_{off}［s］を用いて答えよ。

P.156~158 POINT 1 2 3

(1)

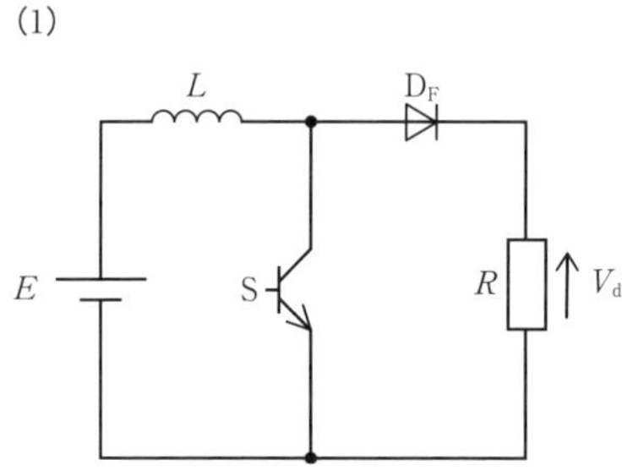

(2)

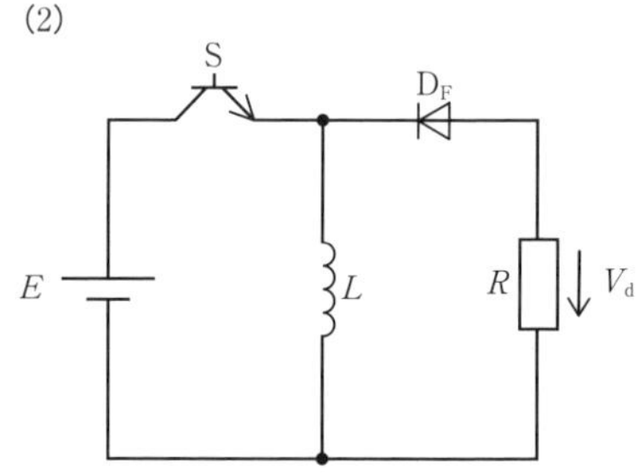

(3)

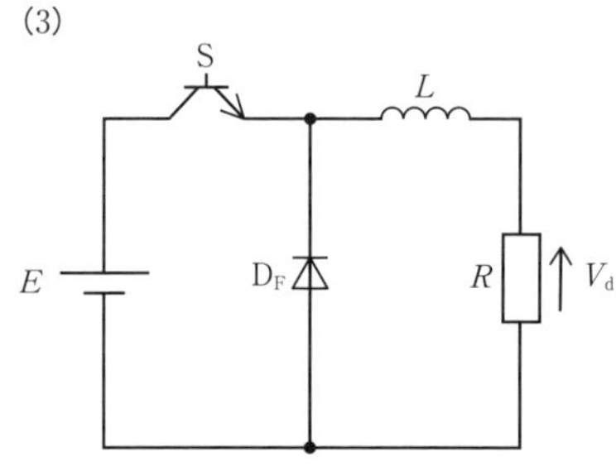

❷ 次の図は直流を交流に変換するインバータの回路図である。グラフの T_1 及び T_2 の区間において，ONしているスイッチング素子を S_1～S_4 のうちから選べ。ただし，ONしている素子は一つではない。

P.158~159 POINT 4

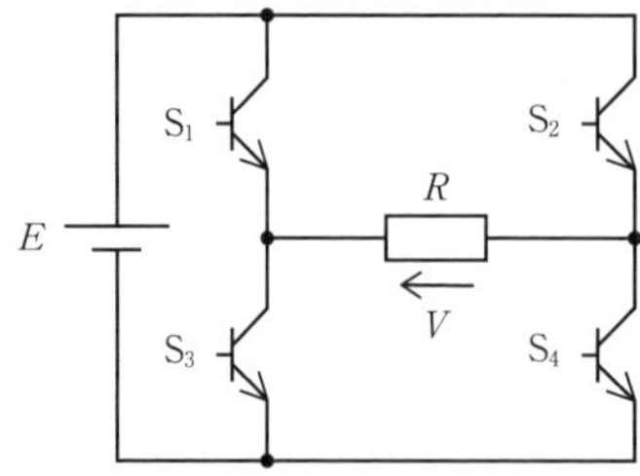

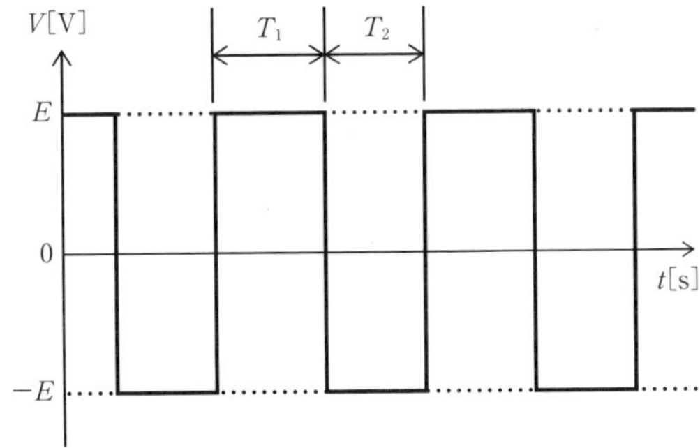

3 次の文章は無停電電源装置に関する記述である。文中の（ア）～（エ）にあてはまる語句を答えよ。 P.159 POINT 6

無停電電源装置は停電したときに瞬時に電源を供給し，機器を保護する装置で，直流電力を蓄える［（ア）］の一次側に［（イ）］，二次側に［（ウ）］を配置する。［（ウ）］によりノイズが発生する可能性があるので，通常［（ウ）］の後に［（エ）］を配置してノイズを取り除く。

4 次の文章は太陽光発電システムに関する記述である。文中の（ア）～（オ）にあてはまる語句を答えよ。 P.159 POINT 7

再生可能エネルギー固定買取制度（FIT）により，近年は太陽光発電システムの設置が進んでいる。太陽電池は発電電力が［（ア）］であるため，そのままでは系統に電力を送電できない。系統に送電するため，発電設備の二次側に［（イ）］を設ける。［（イ）］は，［（ア）］を［（ウ）］に変換する［（エ）］や，内部故障や単独運転等異常発生時に安全に保護する保護回路，太陽光による日射量が変化したとき，自動的に最大出力を出せるように制御する［（オ）］制御機能等を持つ。

基本問題

1 図のようなチョッパ回路があり，(a)，(b)とも直流電圧$E = 200$ V，抵抗$R = 10\ \Omega$，通流率$\alpha = 0.4$であるとき，出力電圧の平均値V_d[V]の値として，最も近いものを次の(1)～(5)のうちから一つ選べ。

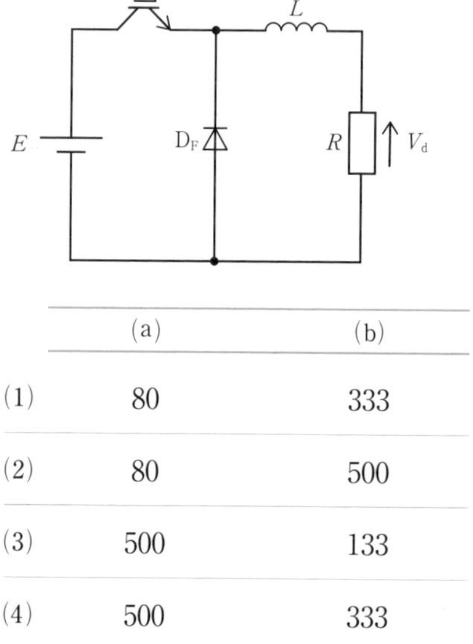

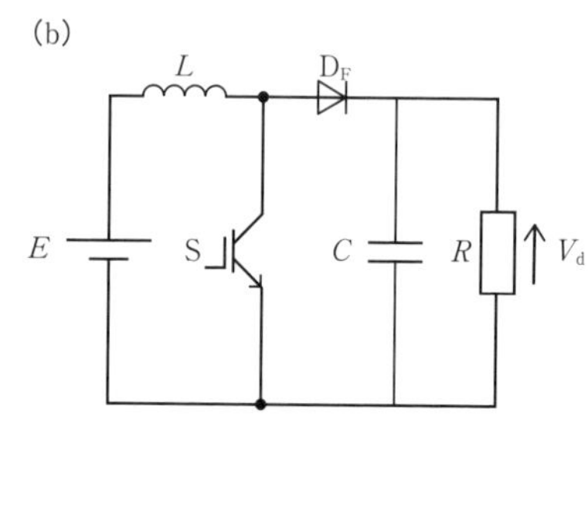

	(a)	(b)
(1)	80	333
(2)	80	500
(3)	500	133
(4)	500	333
(5)	80	133

2 次の図のような直流チョッパ回路に関する記述として，誤っているものを次の(1)〜(5)のうちから一つ選べ。

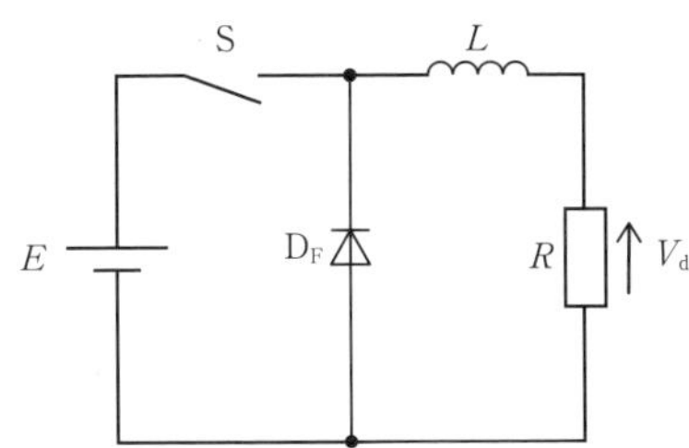

(1) 図のダイオードD_Fは，還流ダイオードと呼ばれ，スイッチがオフのときに電流が流れる。

(2) 図のスイッチSは，トランジスタやMOSFET，IGBT等の素子が使用されることも多い。

(3) 図のリアクトルLの作用により，抵抗Rにはスイッチがオフのときにも電流が流れる。Lのインダクタンスは小さい方が望ましい。

(4) 出力電圧V_dの平均値は入力電圧Eよりも低くなる。

(5) 通流率がαであるとき，$V_d = \alpha E$で求められる。

---

3 図1のようなインバータ回路について，$\dfrac{T}{2}$[s]ごとにオンオフを繰り返すと，図2のような出力電圧波形が得られた。このとき，出力電流Iの波形として，最も近い波形を次の(1)〜(5)のうちから一つ選べ。

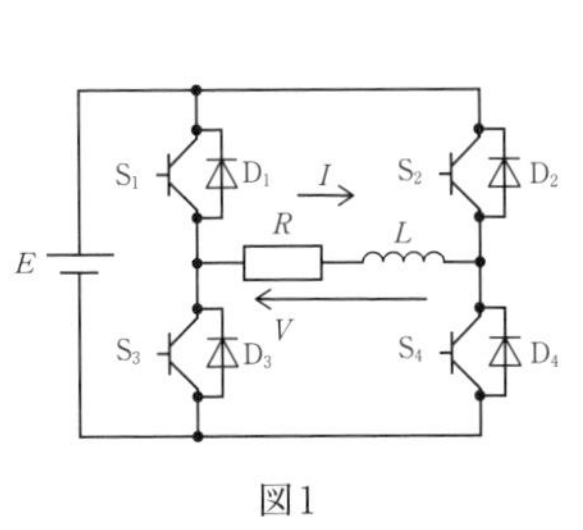

図1

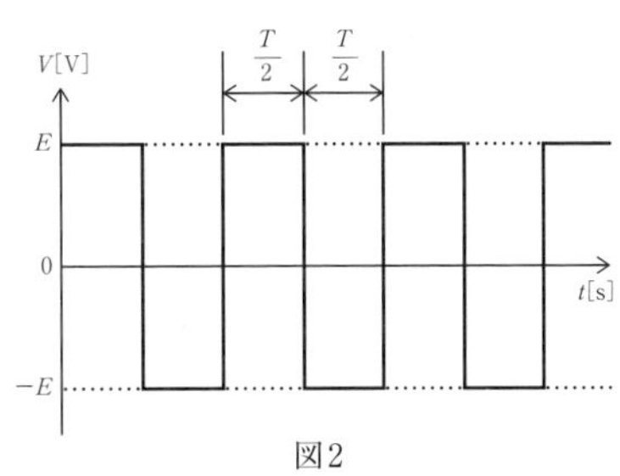

図2

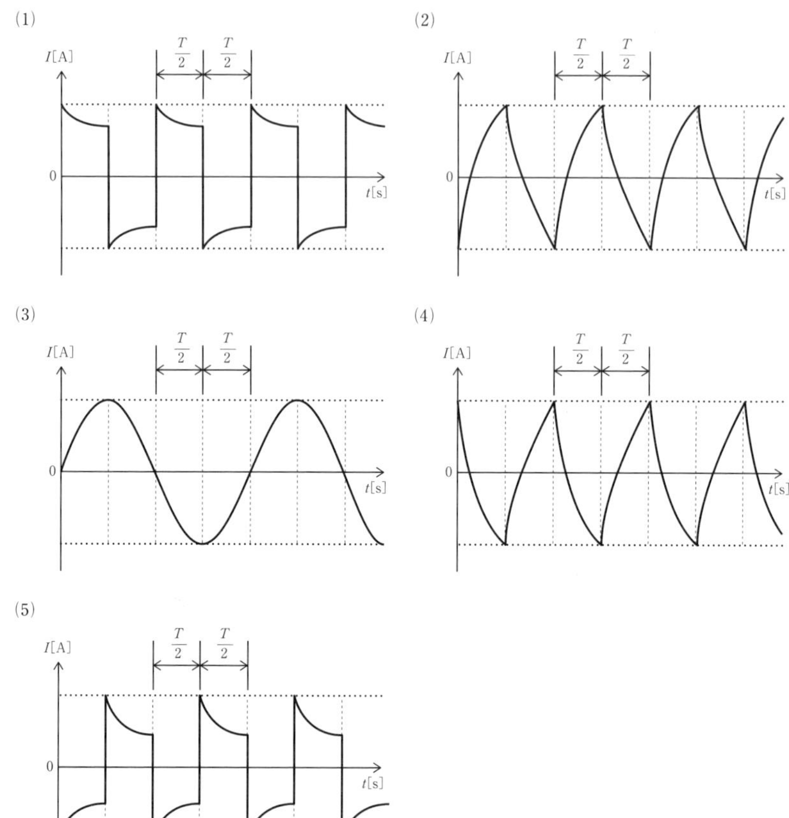

4 無停電電源装置に関する記述として，誤っているものを次の(1)～(5)のうちから一つ選べ。

(1) 瞬時電圧低下等が起きた際，蓄電池より即時に電気を供給する設備である。

(2) 保守用のバイパス回路を持つことが多い。

(3) 直流で電力を蓄えるため，コンバータとインバータを持つ。

(4) 一般に充電後は通電されておらず，非常時に自動的にスイッチが切り替わり電気を供給する。

(5) インバータではPWM制御を利用して，交流を得る。

5 次の文章は太陽光発電設備に用いられるパワーコンディショナに関する記述である。

太陽光発電設備が50 kW未満で連系される場合，一般に低圧配電線に連系されるが，太陽光発電設備の発電電力は直流であるため，太陽光発電設備と配電線の間にパワーコンディショナを設ける。パワーコンディショナは直流を交流に変換する［（ア）］や系統連系保護装置等で構成される。［（ア）］ではスイッチング素子として半導体素子である［（イ）］が用いられ，［（ウ）］制御が行われる。

上記の記述中の空白箇所（ア），（イ）及び（ウ）に当てはまる組合せとして，正しいものを次の(1)～(5)のうちから一つ選べ。

	（ア）	（イ）	（ウ）
(1)	直流チョッパ	サイリスタ	MPPT
(2)	インバータ	IGBT	MPPT
(3)	直流チョッパ	IGBT	MPPT
(4)	インバータ	サイリスタ	PWM
(5)	インバータ	IGBT	PWM

応用問題

1 図１及び図２の直流チョッパについて，図中の電圧vと電流iの波形の組合せとして，正しいものを次の(1)～(5)のうちから一つ選べ。

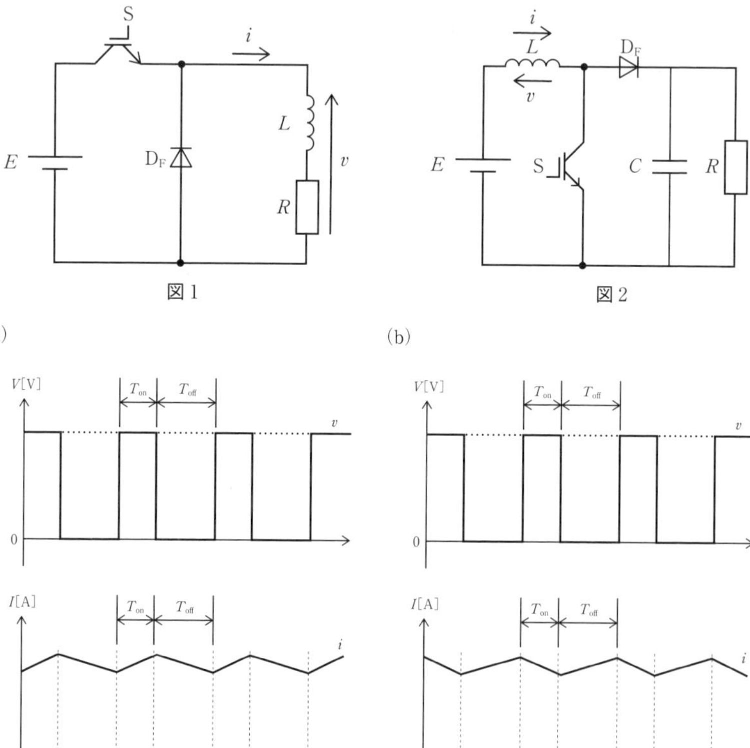

(c)

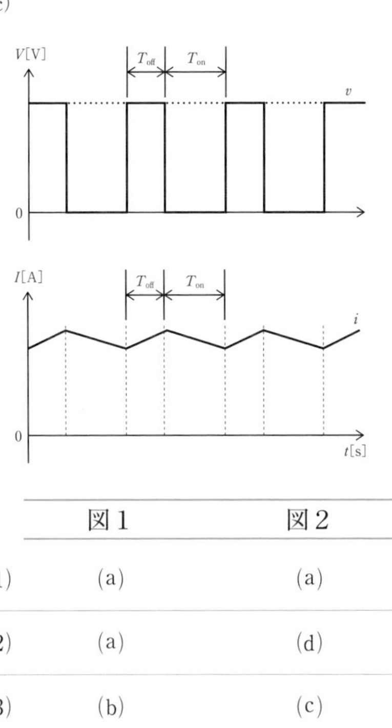

(d)

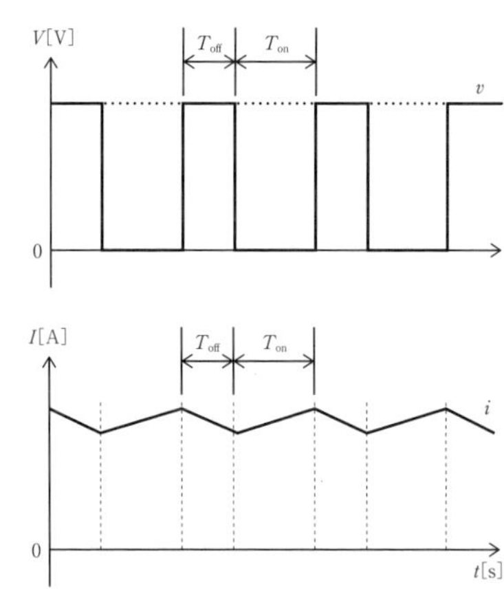

	図1	図2
(1)	(a)	(a)
(2)	(a)	(d)
(3)	(b)	(c)
(4)	(b)	(d)
(5)	(c)	(a)

2 図のようなスイッチング周波数が400 Hzである直流チョッパにおいて，$E = 100$ Vに接続したところ，出力電圧 V_d [V] の平均値が60 Vとなった。この直流チョッパのオンになっている時間 T_{on} [ms] として，最も近いものを次の(1)～(5)のうちから一つ選べ。

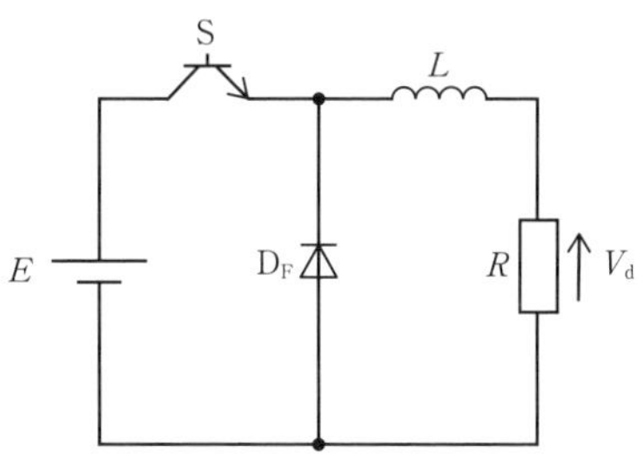

(1) 0.5　(2) 1.0　(3) 1.5　(4) 2.0　(5) 2.5

3 図1のようなインバータ回路の出力電圧は図2のようになる。このとき，還流ダイオードD_1に流れる電流i_{D1}の波形として，最も近いものを(1)～(5)のうちから一つ選べ。

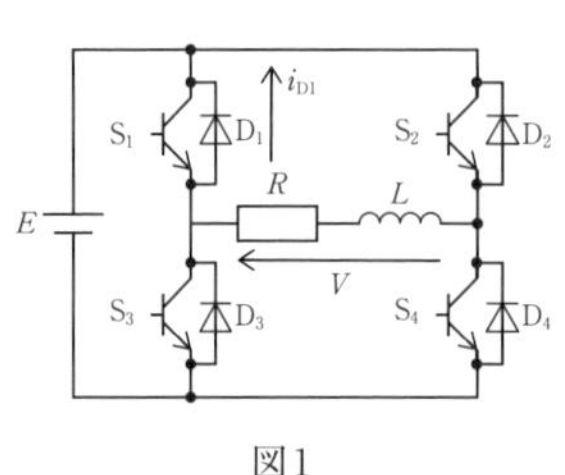

図1

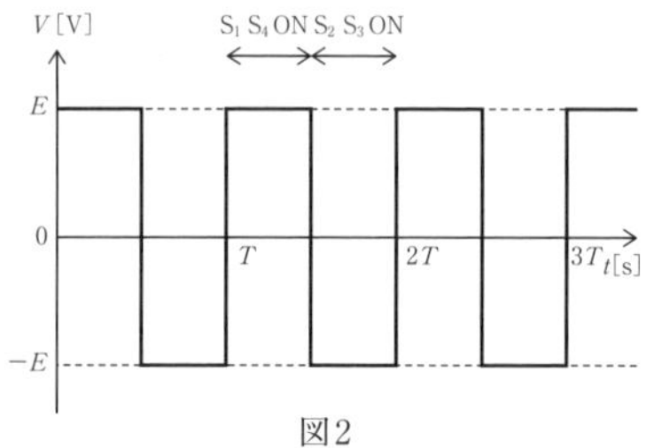

図2

(1)

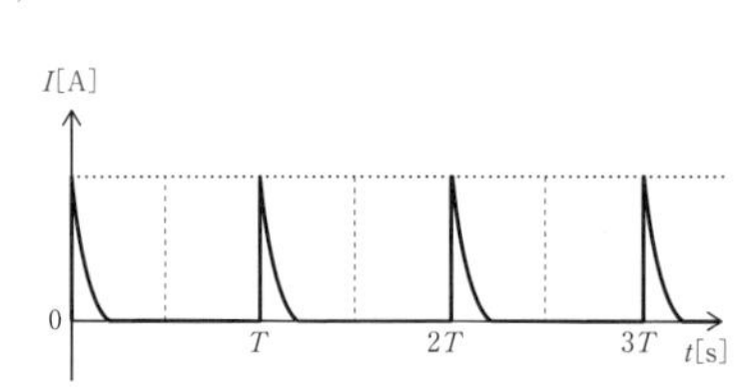

(2)

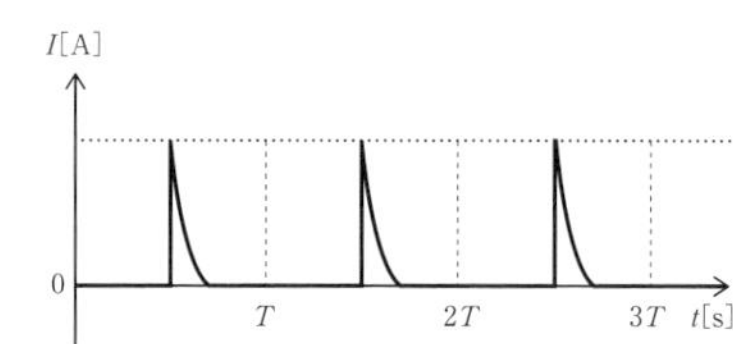

(3)

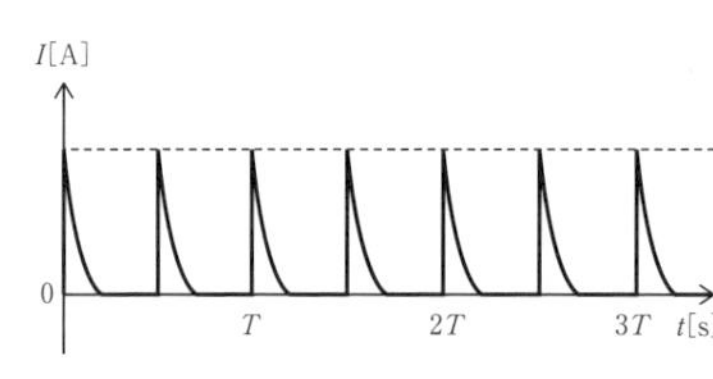

(4)

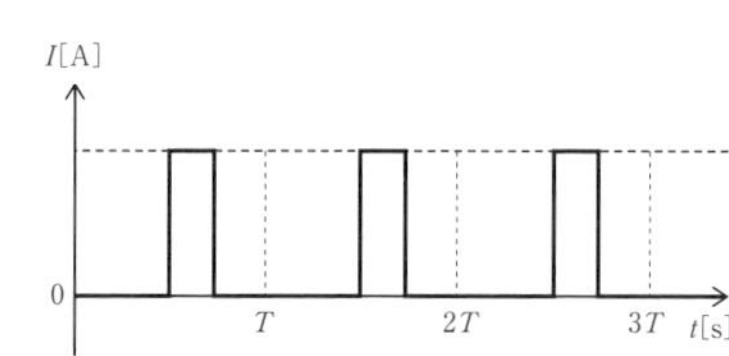

(5)

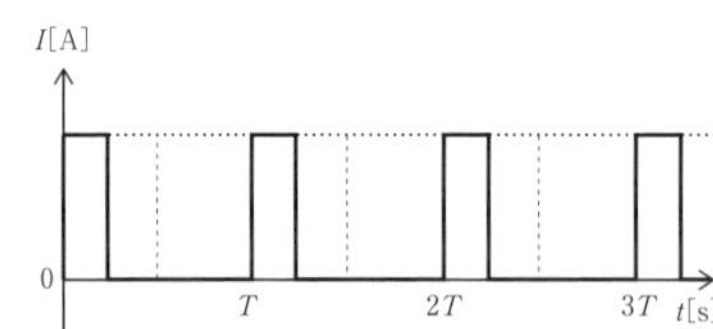

4 太陽光発電システムで用いられるパワーコンディショナに関する記述として，誤っているものを次の(1)〜(5)のうちから一つ選べ。

(1) パワーコンディショナには太陽光発電システムで発電された直流電力を交流電力に変換するインバータがある。インバータは一般にPWM制御によって交流を得る。

(2) 最大電力追従（MPPT）制御装置は，太陽光発電システムから得られる電圧及び電流から，最大電力を供給できるように自動的に電圧を調整する装置である。

(3) 系統連系保護装置には，単独運転状態になったときに解列する保護機能がある。

(4) 連系用リアクトルが備えられており，系統の力率に合わせ力率を調整する機能を持つ。

(5) 連系している配電系統で事故が発生した際には解列する機能を持つが，瞬時電圧低下が発生した際には解列しない。

CHAPTER 06

自動制御

計算問題を中心に毎年1問程度出題される分野です。
フィードバック制御のブロック線図の理解が最重要項目となり，それを土台にして他の計算や演算を理解することになります。ゲインの計算では対数の計算も必要となるので，高い数学の知識が求められる分野となります。

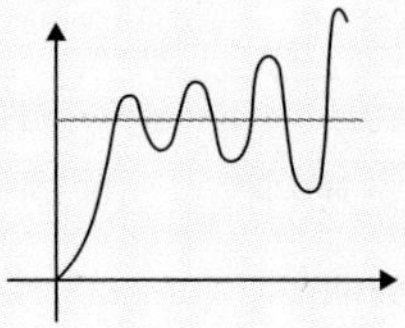

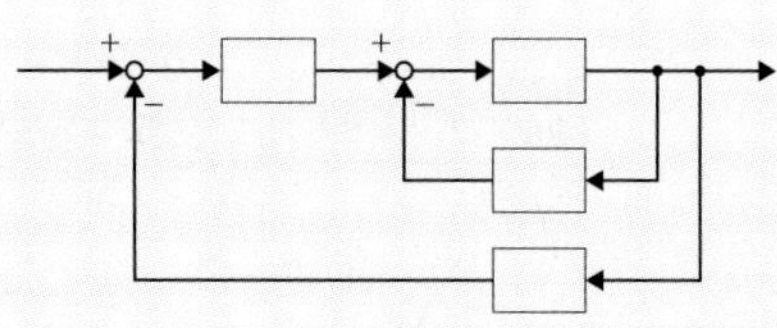

CHAPTER

06 自動制御

1 自動制御

（教科書CHAPTER06対応）

POINT 1　自動制御の種類

(1) シーケンス制御…あらかじめ定められた順序に従う制御

例 発電所の起動停止

(2) フィードバック制御…制御量を目標値と比較して，それらを一致させるように操作量を決定する制御

例 発電所の蒸気温度制御

(3) フィードフォワード制御…目標値，外乱等の情報から，操作量を決定する制御

例 発電所の水質管理（薬液量を水質の目標値から制御する）

POINT 2　フィードバック制御系のブロック線図

フィードバック制御系は，①設定部，②検出部，③比較器，④制御要素（＝調節部＋操作部），⑤制御対象等から構成され，目標値と外乱から制御量を調整する。

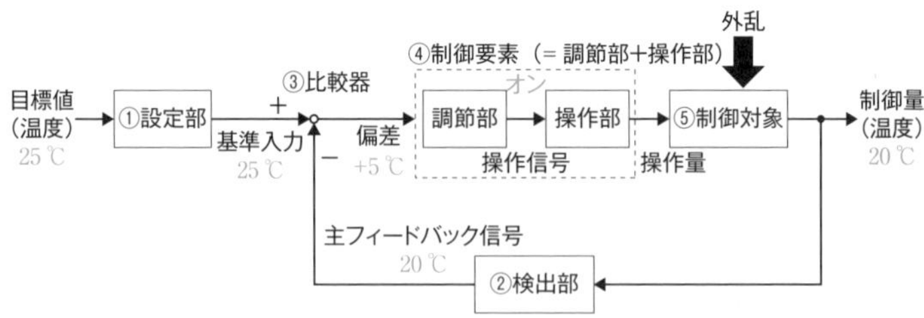

POINT 3　伝達関数とブロック線図

伝達関数 $G(s)$ は入力 $X(s)$ に対する出力 $Y(s)$ の比で定義

$$G(s) = \frac{Y(s)}{X(s)}$$

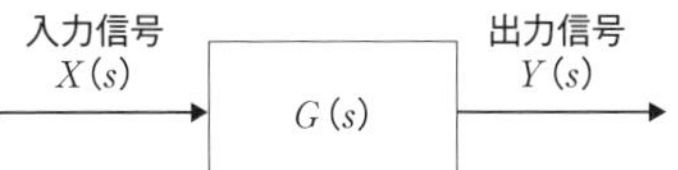

ブロック線図の等価変換は下表のとおりとなる。

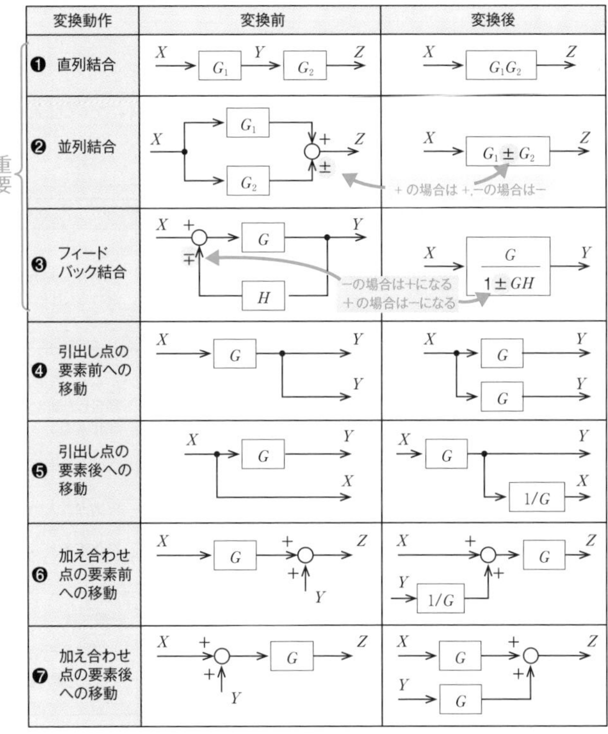

変換動作	変換前	変換後
❶ 直列結合	$X \to G_1 \to Y \to G_2 \to Z$	$X \to G_1G_2 \to Z$
❷ 並列結合	$X \to G_1$ (+), G_2 (±) $\to Z$	$X \to G_1 \pm G_2 \to Z$
❸ フィードバック結合	X (+), H (∓) $\to G \to Y$	$X \to \dfrac{G}{1 \pm GH} \to Y$
❹ 引出し点の要素前への移動	$X \to G \to Y$, Y	$X \to G \to Y$, $G \to Y$
❺ 引出し点の要素後への移動	$X \to G \to Y$, X	$X \to G \to Y$, $1/G \to X$
❻ 加え合わせ点の要素前への移動	$X \to G$ (+), Y (+) $\to Z$	X (+), $Y \to 1/G$ (+) $\to G \to Z$
❼ 加え合わせ点の要素後への移動	X (+), Y (+) $\to G \to Z$	$X \to G$ (+), $Y \to G$ (+) $\to Z$

POINT 4　周波数伝達関数

角周波数 ω[rad/s] の正弦波を入力した場合の入力 $X(\mathrm{s})$ に対する出力 $Y(\mathrm{s})$ の比を周波数伝達関数 $G(\mathrm{j}\omega)$ という。

$$G(\mathrm{j}\omega) = \frac{Y(\mathrm{j}\omega)}{X(\mathrm{j}\omega)}$$

$s \to \mathrm{j}\omega$ と置き換えた形となる。

POINT 5　ゲイン

入力信号と出力信号の振幅比をゲインと呼び，周波数伝達関数 $G(\mathrm{j}\omega)$ とすると，ゲイン g[dB] と位相 θ [rad] は以下の式で表される。

$$g = 20\log_{10}|G(\mathrm{j}\omega)|$$
$$\theta = \angle G(\mathrm{j}\omega)$$

POINT 6　基本回路の周波数伝達関数

基本回路の周波数伝達関数は以下の通り。特に一次遅れ要素と二次遅れ要素の式は出題されやすい。

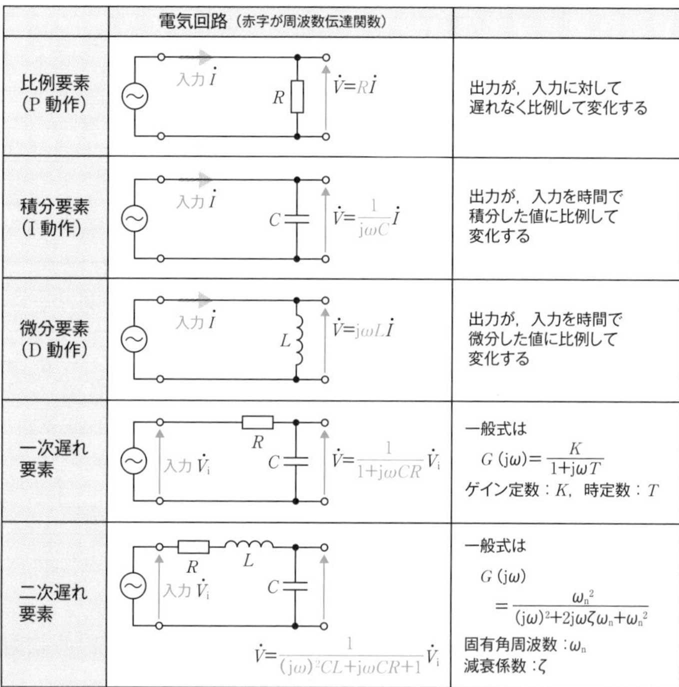

	電気回路（赤字が周波数伝達関数）	
比例要素（P 動作）	入力 $\dot{I}$，R，$\dot{V}=R\dot{I}$	出力が，入力に対して遅れなく比例して変化する
積分要素（I 動作）	入力 $\dot{I}$，C，$\dot{V}=\dfrac{1}{\mathrm{j}\omega C}\dot{I}$	出力が，入力を時間で積分した値に比例して変化する
微分要素（D 動作）	入力 $\dot{I}$，L，$\dot{V}=\mathrm{j}\omega L\dot{I}$	出力が，入力を時間で微分した値に比例して変化する
一次遅れ要素	R，C，入力 $\dot{V}_\mathrm{i}$，$\dot{V}=\dfrac{1}{1+\mathrm{j}\omega CR}\dot{V}_\mathrm{i}$	一般式は $G(\mathrm{j}\omega)=\dfrac{K}{1+\mathrm{j}\omega T}$ ゲイン定数：K，時定数：T
二次遅れ要素	R，L，C，入力 $\dot{V}_\mathrm{i}$，$\dot{V}=\dfrac{1}{(\mathrm{j}\omega)^2CL+\mathrm{j}\omega CR+1}\dot{V}_\mathrm{i}$	一般式は $G(\mathrm{j}\omega)=\dfrac{\omega_\mathrm{n}^2}{(\mathrm{j}\omega)^2+2\mathrm{j}\omega\zeta\omega_\mathrm{n}+\omega_\mathrm{n}^2}$ 固有角周波数：ω_n 減衰係数：ζ

POINT 7　制御システム安定性

(1)　安定な制御系

下図のように，目標値に向かい時間とともに収束する制御を安定な制御系という。

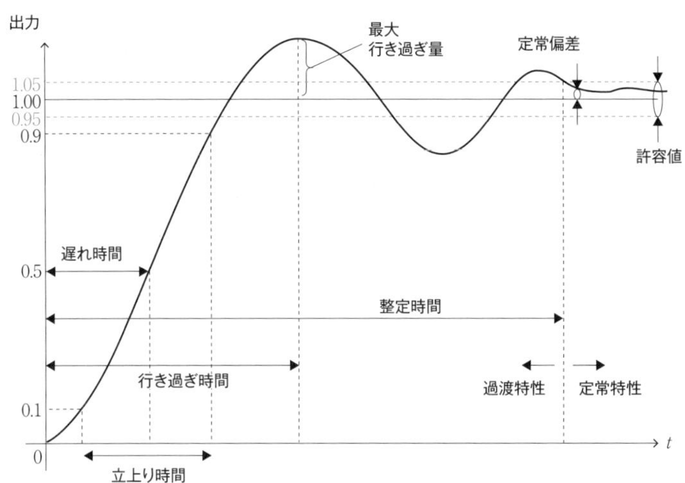

(2)　不安定な制御系

いつまでも目標値に安定せず，振動が大きくなって発散していく制御を不安定な制御といい，目標値の上下で振動する現象をハンチングという。

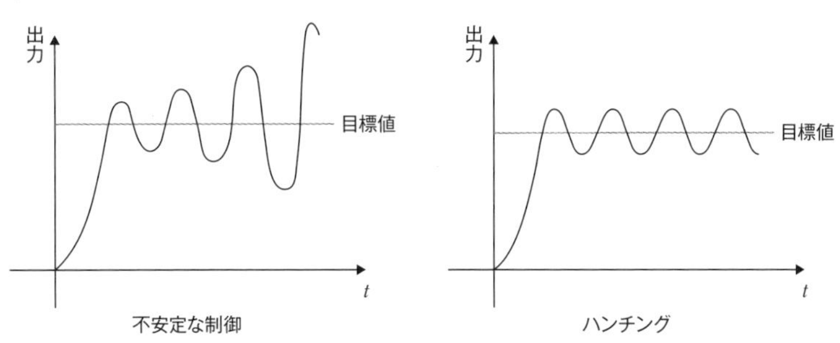

(3)　比例動作，積分動作，微分動作

目標値と出力値のずれを偏差と呼び，偏差をなくすため以下の動作を行う。

① 比例動作（P動作）…偏差に比例して操作量を変化させる動作。偏差が小さくなると操作量が小さくなるので，定常偏差が残る。

② 積分動作（I動作）…偏差の積分値に比例して操作量を変化させる動作。偏差が零になるまで動作するので，定常偏差がなくなる。

③ 微分動作（D動作）…偏差の微分値（変化量）に比例して操作量を変化させる動作。早い制御が可能となるが，タイミングによっては偏差が発散し不安定になる可能性もある。

POINT 8　ボード線図

一次遅れ要素の周波数伝達関数$G(\mathrm{j}\omega)=\dfrac{1}{1+\mathrm{j}\omega T}$のゲイン$g$［dB］及び位相$\theta$［rad］は以下のように計算され，ボード線図は図のように描くことができる。

$$g=20\log_{10}\left|\frac{1}{1+\mathrm{j}\omega T}\right|=20\log_{10}\frac{1}{\sqrt{1^2+(\omega T)^2}}=-20\log_{10}\sqrt{1+(\omega T)^2}$$

$$\theta=\angle\left(\frac{1}{1+\mathrm{j}\omega T}\right)=-\angle(1+\mathrm{j}\omega T)=-\tan^{-1}\left(\frac{\omega T}{1}\right)=-\tan^{-1}\omega T$$

一次遅れ要素のボード線図（T=0.5s）

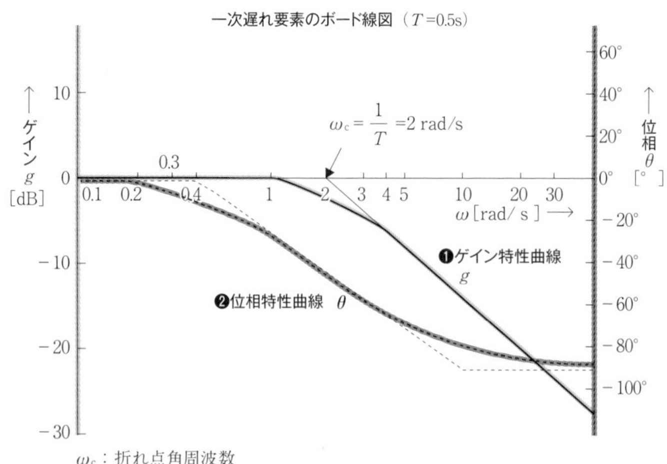

ωc：折れ点角周波数

確認問題

❶ 自動制御に関する記述として，正しいものには○，誤っているものには×をつけなさい。

P.172, 175~176 POINT 1 7

(1) あらかじめ定められた工程をスイッチや，リレー，タイマー等で制御する方法をシーケンス制御という。

(2) 変電所の遮断器において，過電流継電器が動作したときに遮断器が閉じる制御はフィードバック制御である。

(3) エレベータで目標階のボタンを押したらランプがつき，一定時間経過後ドアが閉じてから目標階に移動する制御はフィードフォワード制御である。

(4) 冷凍庫の庫内の温度を一定に保つ制御はフィードバック制御である。

(5) 歩行ロボットが目標物に向かい歩く制御はフィードフォワード制御である。

(6) 誘導電動機におけるY−Δ始動法はフィードバック制御である。

(7) ペルトン水車式の水力発電所において，回転数を一定にするためにニードル弁で水量を調整する制御はシーケンス制御である。

(8) 汽力発電所において，タービン入口蒸気温度を一定に保つ制御はフィードバック制御である。

(9) 積分動作（I動作）は定常偏差を改善する特長があるが，急変時には制御遅れが発生する可能性がある。

(10) 微分動作は偏差が大きくなると制御量が大きくなる動作で，D動作とも呼ばれる。

(11) P動作，I動作，D動作にはそれぞれ長所と短所があるため，三つの動作を組み合わせるPID制御がよく使用される。

2 次のフィードバックブロック線図について，空欄に当てはまる語句を答えよ。

P.172 POINT 2

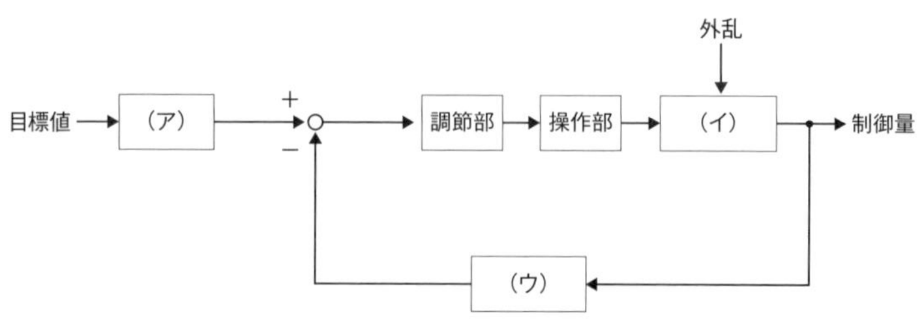

3 次の各ブロック線図について，入力$R(s)$に対する出力$C(s)$の伝達関数$G(s)=\dfrac{C(s)}{R(s)}$を求めよ。

P.173 POINT 3

(1)　　(2)

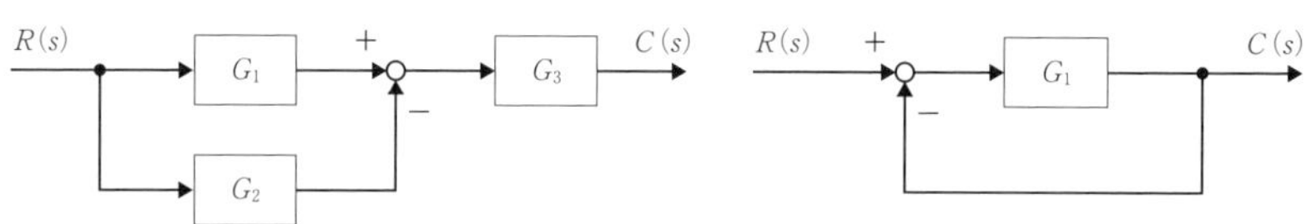

(3)

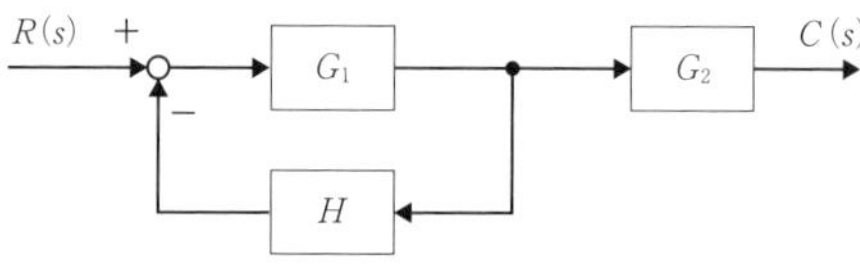

(4)

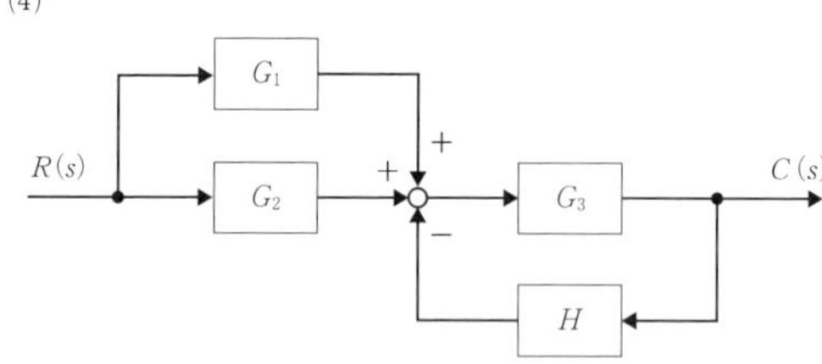

4 次の回路の周波数伝達関数$G(\mathrm{j}\omega) = \dfrac{\dot{V}_\mathrm{o}}{\dot{V}_\mathrm{i}}$を求めよ。 P.173 POINT 4

(1)

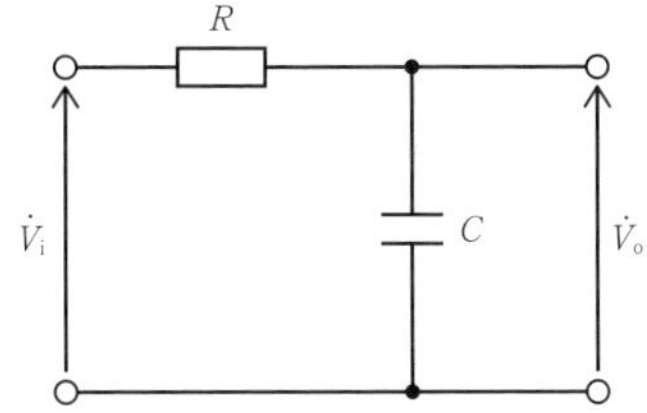

(2)

(3)

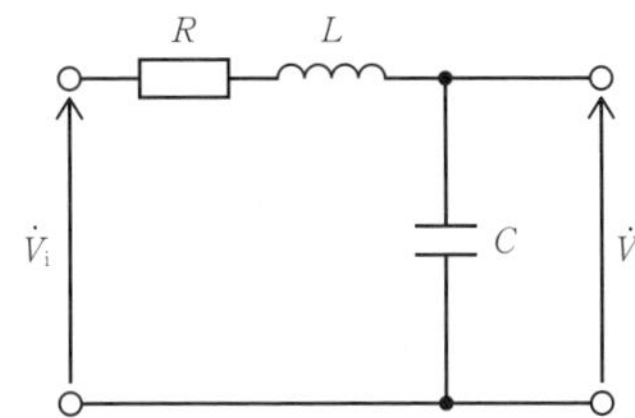

---

5 次の$G(\mathrm{j}\omega)$で与えられる周波数伝達関数のゲインg[dB]及び位相θ[rad]の大きさを求めよ。

P.174 POINT 5

(1) $G(\mathrm{j}\omega) = \dfrac{1}{100}$

(2) $G(\mathrm{j}\omega) = \dfrac{1}{5\sqrt{2} + \mathrm{j}5\sqrt{2}}$

(3) $G(\mathrm{j}\omega) = \dfrac{1}{50 + \mathrm{j}50\sqrt{3}}$

(4) $G(\mathrm{j}\omega) = \dfrac{1}{1 + \mathrm{j}\omega T}$

6 次の文章及び図は単位ステップ応答に関する記述及び波形である。(ア)～(オ)に当てはまる語句を答えよ。 P.175~176 POINT 7

図はフィードバック制御システムに，目標値として単位ステップ信号を入力したときの出力波形である。このシステムは安定か不安定かでいうと　(ア)　な制御システムである。このシステムの遅れ時間及び立ち上がり時間はt_1～t_5を用いてそれぞれ　(イ)　及び　(ウ)　で表される。この応答における最大行き過ぎ量は　(エ)　であり，最終的に残る偏差Aを　(オ)　という。

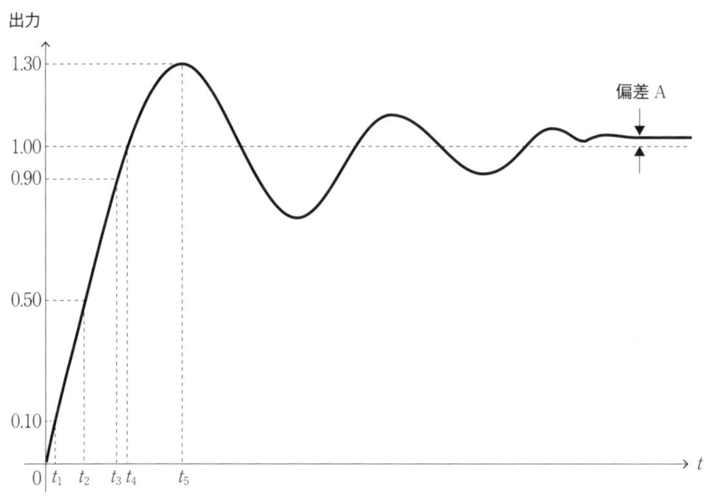

基本問題

1 フィードバック制御の各構成要素に関する記述として，誤っているものを次の(1)～(5)のうちから一つ選べ。

(1) 設定部では電気信号等で目標値を入力信号に変換する。

(2) 偏差とは入力信号と主フィードバック信号を比較器で比較して得られる値である。

(3) 検出部では外乱を検出し，主フィードバック信号として出力する。

(4) 調節部及び操作部では偏差の信号から操作量を変換して出力する。

(5) フィードバック制御全体として，制御量と目標値を比較して一致させるように制御している。

---

2 次の文章は車の運転における自動制御に関する記述である。

近年の自動車技術は飛躍的に向上し，高速道路等では自動運転が可能となってきている。例えば，一旦速度を50 km/hにすれば，その後上り坂下り坂関係なく一定速度に制御する技術は［（ア）］制御を用いた制御であり，前方に車両があった際にセンサーで検知して自動的にブレーキをかける技術は［（イ）］制御を用いている。

［（ア）］制御において，出力を入力と比較する制御を［（ウ）］ループ制御という。この制御において，例えば下り坂から上り坂に変わり速度が48 km/hまで変化したときの［（エ）］は2 km/hとなり，加速信号を出す。

上記の記述中の空白箇所（ア），（イ），（ウ）及び（エ）に当てはまる組合せとして，正しいものを次の(1)～(5)のうちから一つ選べ。

	(ア)	(イ)	(ウ)	(エ)
(1)	シーケンス	フィードバック	開	偏差
(2)	フィードバック	シーケンス	閉	偏差
(3)	フィードバック	シーケンス	開	入力信号
(4)	フィードバック	シーケンス	閉	入力信号
(5)	シーケンス	フィードバック	開	偏差

3 次のブロック線図で示される制御系について，入力信号$R(\mathrm{j}\omega)$とそのときの出力信号$C(\mathrm{j}\omega)$の間の周波数伝達関数$G(\mathrm{j}\omega)=\dfrac{C(\mathrm{j}\omega)}{R(\mathrm{j}\omega)}$として，正しいものを次の(1)～(5)のうちから一つ選べ。

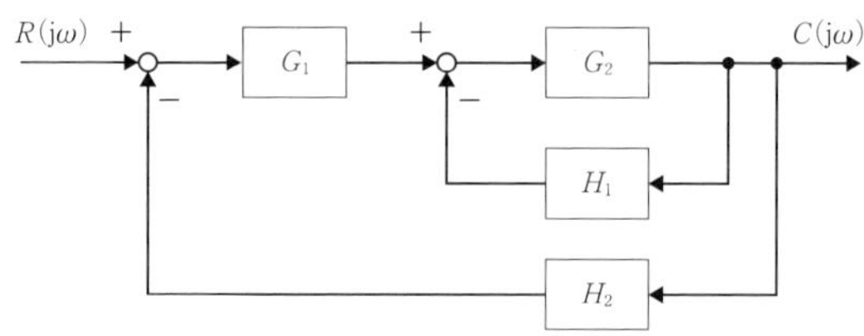

(1) $\dfrac{G_1 G_2}{1+G_2(G_1 H_2+H_1)}$　(2) $\dfrac{G_1 G_2}{1+G_1(G_2 H_1+H_2)}$

(3) $\dfrac{G_1 G_2}{1+G_1(H_1+G_2 H_2)}$　(4) $\dfrac{G_1 G_2}{1+G_2(H_2+G_1 H_1)}$

(5) $\dfrac{G_1 G_2}{1+G_1 G_2(H_1+H_2)}$

4 次のブロック線図で示される制御系について，入力信号$R(s)$とそのときの出力信号$C(s)$の間の伝達関数$G(s)=\dfrac{C(s)}{R(s)}$として，正しいものを次の(1)～(5)のうちから一つ選べ。

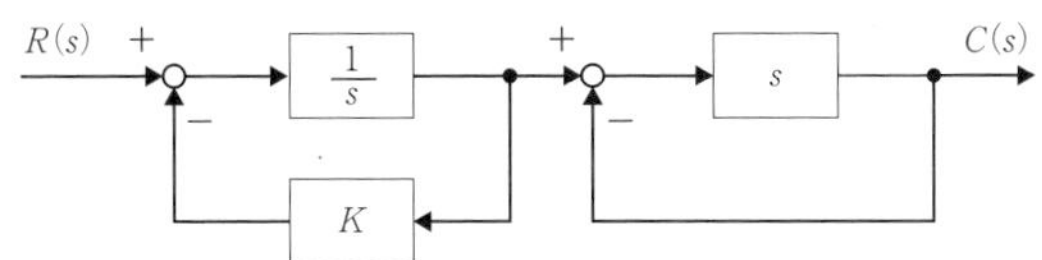

(1) $\dfrac{1}{s^2+s+K+1}$　(2) $\dfrac{1}{s^2+(K+1)s+K}$　(3) $\dfrac{s+1}{s^2+(K+1)s+K}$

(4) $\dfrac{s}{s^2+s+K+1}$　(5) $\dfrac{s}{s^2+(K+1)s+K}$

---

5 制御システムに関する記述として，誤っているものを次の(1)～(5)のうちから一つ選べ。

(1) 比例動作は偏差に比例して出力する動作である。

(2) 積分動作は単独で用いられることはなく，他の動作と組み合わせて用いる。

(3) 微分動作は単独で用いられることはなく，他の動作と組み合わせて用いる。

(4) 積分動作では，過渡状態において動作遅れが発生し安定度が低下しやすくなる。

(5) 比例動作では定常偏差が発生する可能性があるので，微分動作と組み合わせてオフセットをなくす。

応用問題

1 図1で示されるブロック線図のブロック$G(\mathrm{j}\omega)$が図2の回路の$\dfrac{\dot{V}_o(\mathrm{j}\omega)}{\dot{V}_i(\mathrm{j}\omega)}$で表されるとき，図1の周波数伝達関数$\dfrac{C(\mathrm{j}\omega)}{R(\mathrm{j}\omega)}$として，正しいものを次の(1)～(5)のうちから一つ選べ。

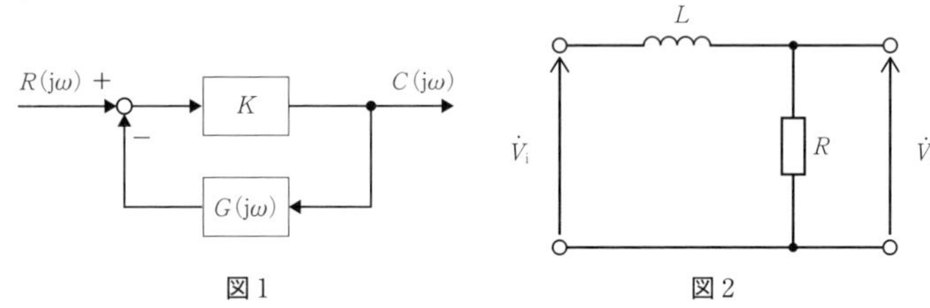

図1　　図2

(1) $\dfrac{K(R+\mathrm{j}\omega L)}{(K+1)R+\mathrm{j}\omega L}$　(2) $\dfrac{KR+\mathrm{j}\omega L}{(K+1)R+\mathrm{j}\omega L}$　(3) K

(4) $\dfrac{(K+1)R+\mathrm{j}\omega L}{K(R+\mathrm{j}\omega L)}$　(5) $\dfrac{KR+\mathrm{j}\omega L}{K(R+\mathrm{j}\omega L)}$

---

2 次の回路で示されるゲインg[dB]として，最も近いものを次の(1)～(5)のうちから一つ選べ。ただし，電源の周波数は50 Hzであり，$\log_{10}2 \fallingdotseq 0.301$，$\log_{10}3 \fallingdotseq 0.477$である。

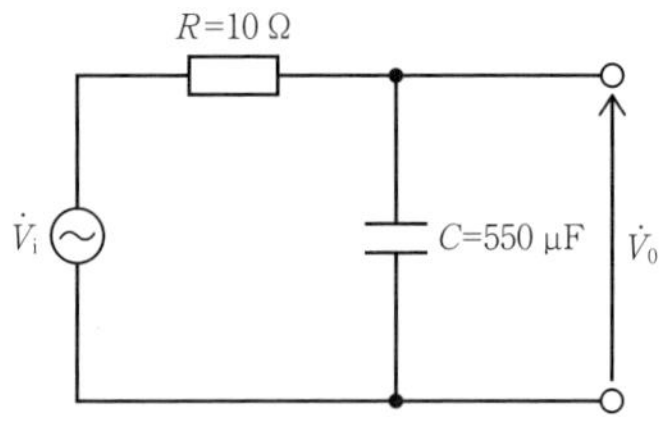

(1) −14　(2) −10　(3) −6　(4) 6　(5) 14

3 図の制御対象の伝達関数として，正しいものを次の(1)～(5)のうちから一つ選べ。

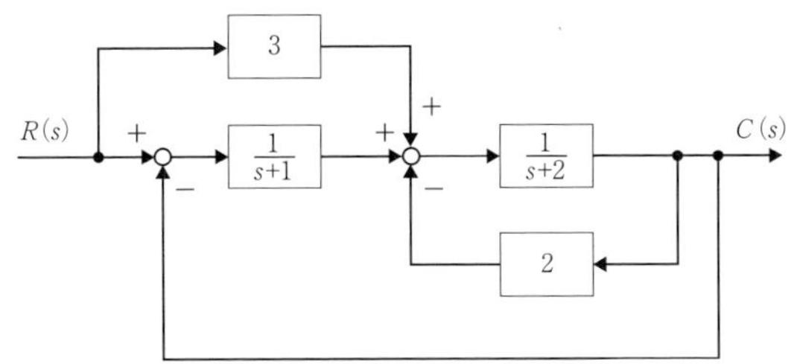

(1) $\dfrac{3s+2}{s^2+3s+2}$　(2) $\dfrac{3s+4}{s^2+3s+2}$　(3) $\dfrac{3s+2}{s^2+5s+4}$

(4) $\dfrac{3s+4}{s^2+5s+4}$　(5) $\dfrac{3s+4}{s^2+5s+5}$

---

4 次の図において，$R(s)$ は入力，$C(s)$ は出力，$D(s)$ は外乱である。$R(s)=0$ のとき，$D(s)$ から $C(s)$ の伝達関数として，正しいものを次の(1)～(5)のうちから一つ選べ。

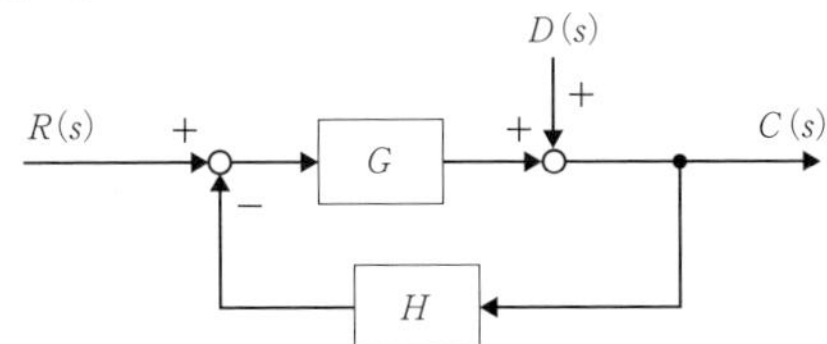

(1) $\dfrac{1}{1+G}$　(2) $\dfrac{1}{1+GH}$　(3) $\dfrac{G}{1+GH}$　(4) $\dfrac{H}{1+GH}$

(5) $\dfrac{GH}{1+GH}$

問題編　CHAPTER 06　自動制御 1

5 次のボード線図で示される周波数伝達関数$G(\mathrm{j}\omega)$として，正しいものを次の(1)～(5)のうちから一つ選べ。ただし，$\log_{10}2 \fallingdotseq 0.301$，$\log_{10}3 \fallingdotseq 0.477$である。

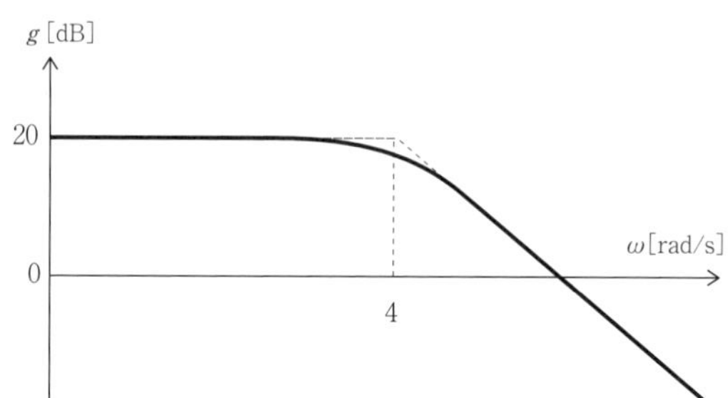

(1) $\dfrac{10}{1+\mathrm{j}0.25\omega}$　(2) $\dfrac{20}{1+\mathrm{j}0.25\omega}$　(3) $\dfrac{10}{1+\mathrm{j}\omega}$

(4) $\dfrac{10}{1+\mathrm{j}4\omega}$　(5) $\dfrac{20}{1+\mathrm{j}4\omega}$

CHAPTER 07

情報

毎年３問程度出題される分野です。特に論理回路はほぼ毎年出題されています。
難解な計算問題は出題されないので，基数変換や論理回路のメカニズムをしっかりと理解して，当日確実に点数を確保できるように準備しておきましょう。

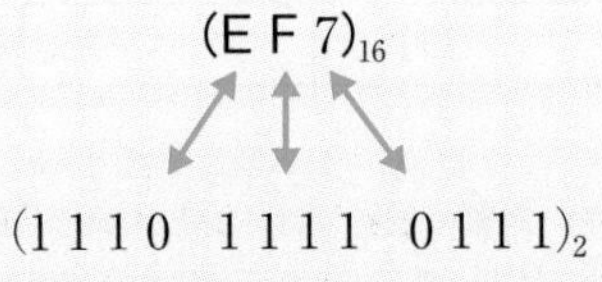

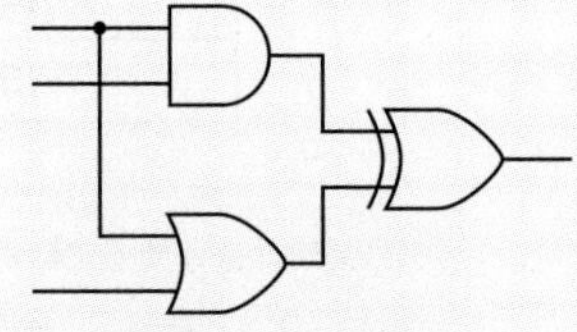

CHAPTER 07

情報

1 情報

（教科書CHAPTER07対応）

POINT 1 基数変換

10進数	2進数	16進数
0	0	0
1	1	1
2	10	2
3	11	3
4	100	4
5	101	5
6	110	6
7	111	7
8	1000	8
9	1001	9
10	1010	A
11	1011	B
12	1100	C
13	1101	D
14	1110	E
15	1111	F

16種類の記号を使って数字を表現する

10進数は普段使っている数字。電気の世界ではオンとオフの2種類の記号を使う2進数や，4ビット（2の4乗）で考える16進数が使われる。

(1)　10進数から2進数への変換

以下のような筆算で，商が0になるまで2で割り算を繰り返し，余りを下から順に書き直すと変換される。

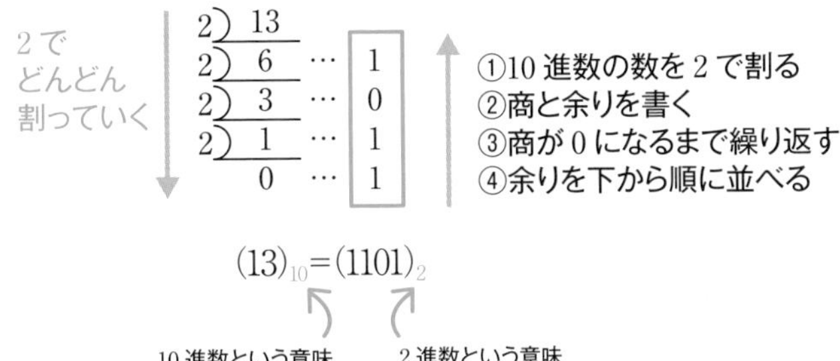

(2)　2進数から10進数への変換

以下のように各桁に2^0から順に掛けていき，合計を計算する。

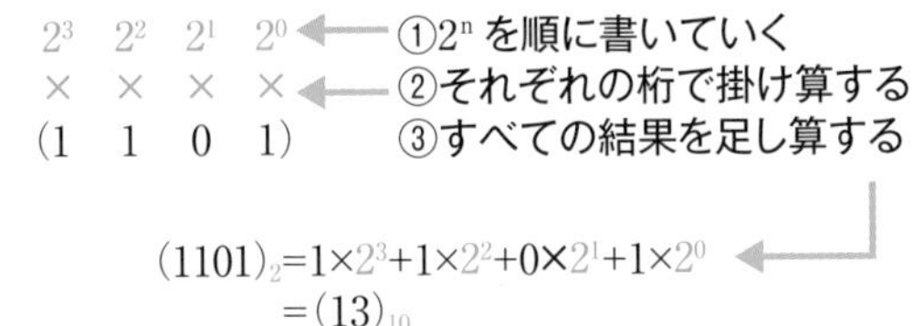

(3)　2進数から16進数への変換

以下のように2進数を4桁ごとに区切り，4桁ごとに16進数に変換する。

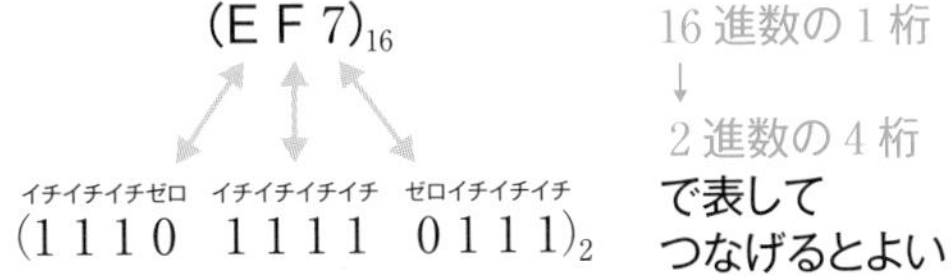

POINT 2　論理回路

(1)　AND回路

すべての入力が1のときのみ1を出力する。

● 図記号

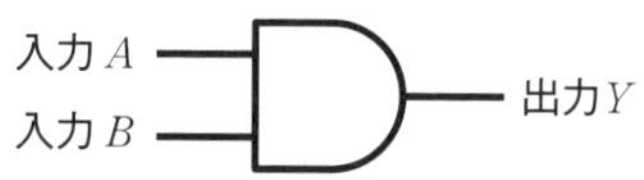

● 論理式

$Y=A\cdot B$

● 真理値表

入力		出力
A	B	Y
0	0	0
0	1	0
1	0	0
1	1	1

(2)　OR回路

どれか一つでも入力が1のとき，1を出力する。

● 図記号

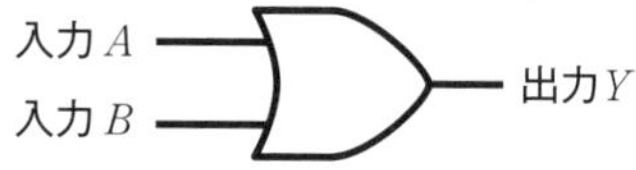

● 論理式

$Y=A+B$

● 真理値表

入力		出力
A	B	Y
0	0	0
0	1	1
1	0	1
1	1	1

(3)　NOT回路

入力が1のとき，0を出力し，入力が0のとき，1を出力する。

● 図記号

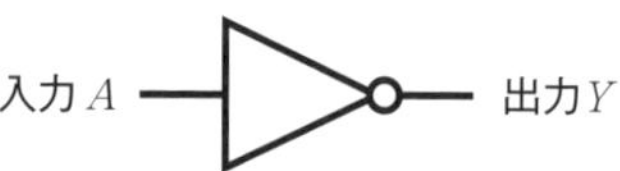

● 論理式

$Y=\overline{A}$

● 真理値表

入力	出力
A	Y
0	1
1	0

(4) NAND回路

すべての入力が1でないとき1を出力する。ANDの否定(NOT)なので，NAND(NOT + AND)という。

● 図記号

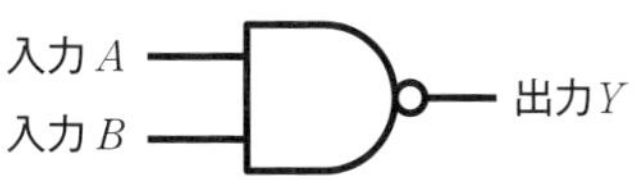

● 論理式

$Y=\overline{A \cdot B}$

● 真理値表

入力		出力
A	B	Y
0	0	1
0	1	1
1	0	1
1	1	0

(5) NOR回路

すべての入力が0のときのみ1を出力する。ORの否定(NOT)なので，NOR(NOT + OR)という。

● 図記号

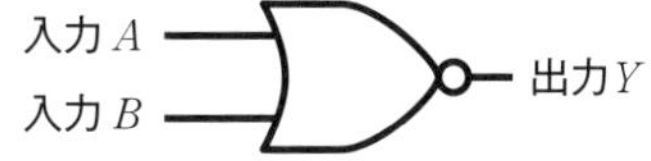

● 論理式

$Y=\overline{A+B}$

● 真理値表

入力		出力
A	B	Y
0	0	1
0	1	0
1	0	0
1	1	0

(6) XOR回路

入力信号が異符号のとき1を出力する。

● 図記号

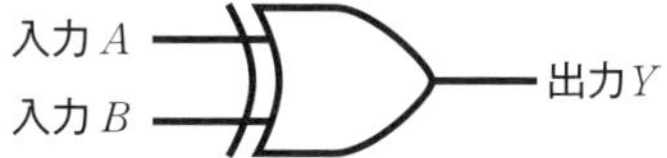

● 論理式

$Y=A \cdot \overline{B}+\overline{A} \cdot B$

$(Y=A \oplus B)$

● 真理値表

入力		出力
A	B	Y
0	0	0
0	1	1
1	0	1
1	1	0

POINT 3　ブール代数の計算

複雑な論理式をブール代数を使用することで変形できる。

法則	計算式
交換則	$A \cdot B = B \cdot A$ $A + B = B + A$
結合則	$(A \cdot B) \cdot C = A \cdot (B \cdot C)$ $(A + B) + C = A + (B + C)$
分配則	$A \cdot (B + C) = A \cdot B + A \cdot C$ $A + (B \cdot C) = (A + B) \cdot (A + C)$
恒等則	$A \cdot 1 = A$　,　$A + 0 = A$ $A \cdot 0 = 0$　,　$A + 1 = 1$
補元則	$A \cdot \overline{A} = 0$ $A + \overline{A} = 1$
べき等則	$A \cdot A = A$ $A + A = A$
吸収則	$A \cdot (A + B) = A$ $A + A \cdot B = A$
二重否定	$\overline{\overline{A}} = A$
ド・モルガンの定理	$\overline{A \cdot B} = \overline{A} + \overline{B}$ $\overline{A + B} = \overline{A} \cdot \overline{B}$

POINT 4　主加法標準形と主乗法標準形

(1)　主加法標準形

①　主加法標準形…最小項の論理和で表された論理式

②　主加法標準形の作成法

STEP1　出力が「1」の行をピックアップ。

入力			出力
A	B	C	Y
0	0	0	0
0	0	1	1
0	1	0	0
0	1	1	0
1	0	0	1
1	0	1	1
1	1	0	0
1	1	1	1

「1」の行をピックアップ

STEP2　入力が「0」の場合は論理変数に否定をつけ，「1」の場合はそのまま。

入力			出力	
A	B	C	Y	
0	0	0	0	
0	0	1	1	→ $\overline{A}\cdot\overline{B}\cdot C$
0	1	0	0	
0	1	1	0	
1	0	0	1	→ $A\cdot\overline{B}\cdot\overline{C}$
1	0	1	1	→ $A\cdot\overline{B}\cdot C$
1	1	0	0	
1	1	1	1	→ $A\cdot B\cdot C$

STEP3　作成した最小項の論理和でつなげる。

$\overline{A}\cdot\overline{B}\cdot C+A\cdot\overline{B}\cdot\overline{C}+A\cdot\overline{B}\cdot C+A\cdot B\cdot C$

問題編

CHAPTER 07

情報 1

(2) 主乗法標準形

① 主乗法標準形…最大項の論理積で表された論理式

② 主乗法標準形の作成法

STEP1 出力が「0」の行をピックアップ。

入力			出力
A	B	C	Y
0	0	0	0
0	0	1	1
0	1	0	0
0	1	1	0
1	0	0	1
1	0	1	1
1	1	0	0
1	1	1	1

「0」の行をピックアップ

STEP2 入力が「0」の場合はそのまま，「1」の場合は論理変数に否定をつける。

入力			出力	
A	B	C	Y	
0	0	0	0	→ $A+B+C$
0	0	1	1	
0	1	0	0	→ $A+\overline{B}+C$
0	1	1	0	→ $A+\overline{B}+\overline{C}$
1	0	0	1	
1	0	1	1	
1	1	0	0	→ $\overline{A}+\overline{B}+C$
1	1	1	1	

STEP3 作成した最大項の論理積でつなげる。

$$(A+B+C)\cdot(A+\overline{B}+C)\cdot(A+\overline{B}+\overline{C})\cdot(\overline{A}+\overline{B}+C)$$

POINT 5 カルノー図

右図のような図を描き，論理式を簡略化する方法。カルノー図の囲い方のルールは以下の通り。

AB＼CD	00	01	11	10
00	1			1
01		1	1	
11		1	1	
10			1	

・行及び列の入力は00,01,11,10の順に書く。
・論理式の１のみを書く。
・すべての１を囲う。
・2^n の数のセルを長方形で囲う。
・なるべく大きな長方形で囲う。
・囲う部分が重なってもよい。
・一番上の行と一番下の行はつながっていると考える。
・一番左の列と一番右の列はつながっていると考える。

確認問題

1 次の数を10進数から2進数に基数変換しなさい。 P.188~189 POINT 1

(1) 13　(2) 31　(3) 68　(4) 167　(5) 433

2 次の数を2進数から10進数に基数変換しなさい。 P.188~189 POINT 1

(1) 1011　(2) 10101　(3) 111010　(4) 101011　(5) 10011001

3 次の数を2進数から16進数に基数変換しなさい。 P.188~189 POINT 1

(1) 1001　(2) 1110　(3) 110101　(4) 10011010　(5) 10111100

4 次の16進数を2進数に基数変換しなさい。 P.188~189 POINT 1

(1) 9　(2) D　(3) 42　(4) 9C　(5) EF

5 次の論理回路の真理値表を描け。 P.190~191 POINT 2

(1)

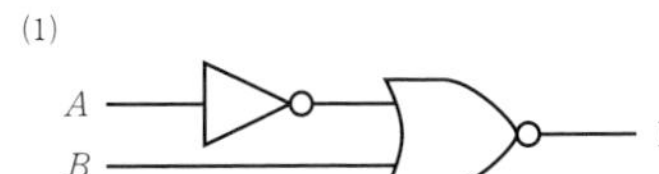

(2)

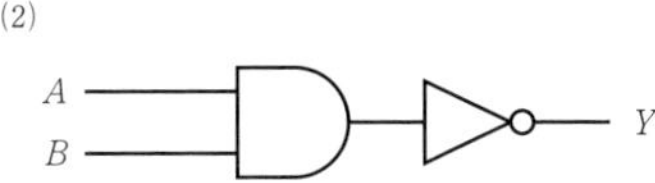

(3)

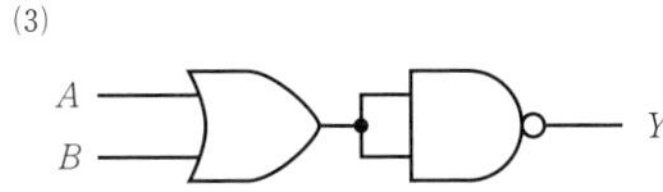

(4)

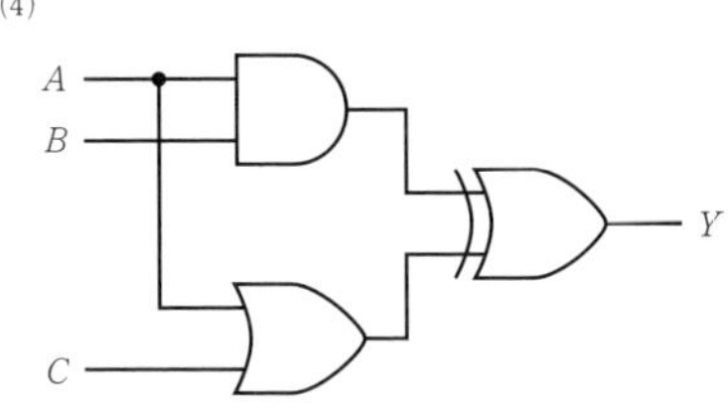

---

6 次のブール代数を簡略化しなさい。

(1) $\bar{A} \cdot B + \bar{A} \cdot \bar{B}$

(2) $A \cdot \bar{B} + \overline{\bar{A} + \bar{B}}$

(3) $A \cdot B \cdot C + \bar{A} \cdot B \cdot C$

(4) $\bar{A} \cdot B \cdot C + A \cdot \bar{B} \cdot \bar{C} + A \cdot \bar{B} \cdot C + A \cdot B \cdot C$

基本問題

1 基数変換に関する記述として，誤っているものを次の(1)～(5)のうちから一つ選べ。

(1) 10進数35を2進数に変換すると100011となる。

(2) 2進数10101を10進数に変換すると21となる。

(3) 2進数1101を16進数に変換するとDとなる。

(4) 10進数51を16進数に変換すると35となる。

(5) 16進数4Bを10進数に変換すると75となる。

---

2 図のように，入力信号がA，B及びC，出力信号がYの論理回路がある。この論理回路の真理値表として，正しいものを次の(1)～(5)のうちから一つ選べ。

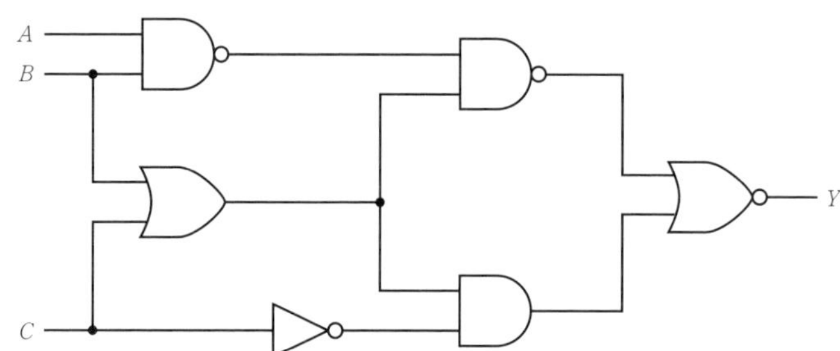

(1)

入力			出力
A	B	C	Y
0	0	0	1
0	0	1	0
0	1	0	1
0	1	1	1
1	0	0	0
1	0	1	0
1	1	0	0
1	1	1	0

(2)

入力			出力
A	B	C	Y
0	0	0	0
0	0	1	1
0	1	0	0
0	1	1	1
1	0	0	0
1	0	1	1
1	1	0	0
1	1	1	0

(3)

入力			出力
A	B	C	Y
0	0	0	1
0	0	1	1
0	1	0	0
0	1	1	1
1	0	0	1
1	0	1	0
1	1	0	0
1	1	1	0

(4)

入力			出力
A	B	C	Y
0	0	0	0
0	0	1	0
0	1	0	1
0	1	1	0
1	0	0	0
1	0	1	0
1	1	0	0
1	1	1	1

(5)

入力			出力
A	B	C	Y
0	0	0	0
0	0	1	0
0	1	0	0
0	1	1	0
1	0	0	1
1	0	1	0
1	1	0	0
1	1	1	1

---

3 論理式$\bar{A}\cdot\bar{B}\cdot\bar{C}\cdot\bar{D}+\bar{A}\cdot\bar{B}\cdot\bar{C}\cdot D+\bar{A}\cdot B\cdot\bar{C}\cdot\bar{D}+\bar{A}\cdot B\cdot\bar{C}\cdot D+\bar{A}\cdot B\cdot C\cdot\bar{D}+A\cdot B\cdot\bar{C}\cdot\bar{D}+A\cdot B\cdot C\cdot\bar{D}$を簡略化したものとして，正しいものを次の(1)～(5)のうちから一つ選べ。

(1) $\bar{A}\cdot\bar{C}+B\cdot\bar{D}$　(2) $A\cdot\bar{C}+B\cdot D$　(3) $\bar{A}\cdot C+\bar{B}\cdot D$

(4) $\bar{A}\cdot C+\bar{B}\cdot\bar{D}$　(5) $A\cdot C+B\cdot D$

応用問題

1 次の文章は基数変換に関する記述である。

10進数の145を2進数に変換すると［（ア）］であり，これに2進数の$(111001)_2$を加えると［（イ）］となる。さらに［（イ）］を16進数に変換すると［（ウ）］となり，さらに［（ウ）］を16進数$(2B)_{16}$で引くと8進数の［（エ）］となる。

上記の記述中の空白箇所（ア），（イ），（ウ）及び（エ）に当てはまる組合せとして，正しいものを次の(1)～(5)のうちから一つ選べ。

	（ア）	（イ）	（ウ）	（エ）
(1)	$(10001001)_2$	$(11001010)_2$	$(C2)_{16}$	$(227)_8$
(2)	$(10010001)_2$	$(11001010)_2$	$(CA)_{16}$	$(227)_8$
(3)	$(10001001)_2$	$(11000010)_2$	$(C2)_{16}$	$(227)_8$
(4)	$(10010001)_2$	$(11000010)_2$	$(C2)_{16}$	$(237)_8$
(5)	$(10010001)_2$	$(11001010)_2$	$(CA)_{16}$	$(237)_8$

2 図1で示される論理回路に図2のタイムチャートに示すような入力信号を加えたとき，出力信号Yとして正しいものを次の(1)～(5)のうちから一つ選べ。

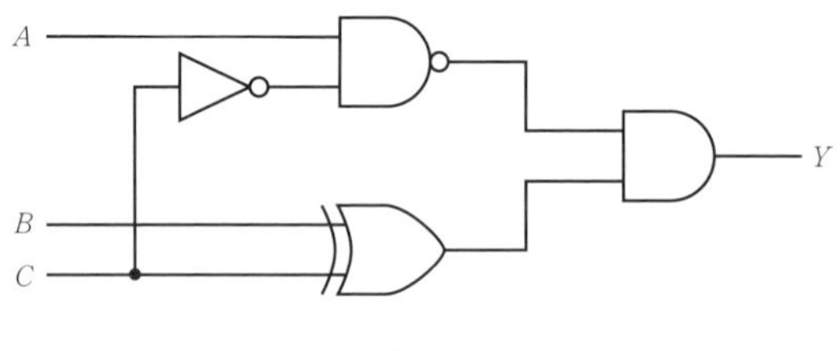

図1

【入力信号】

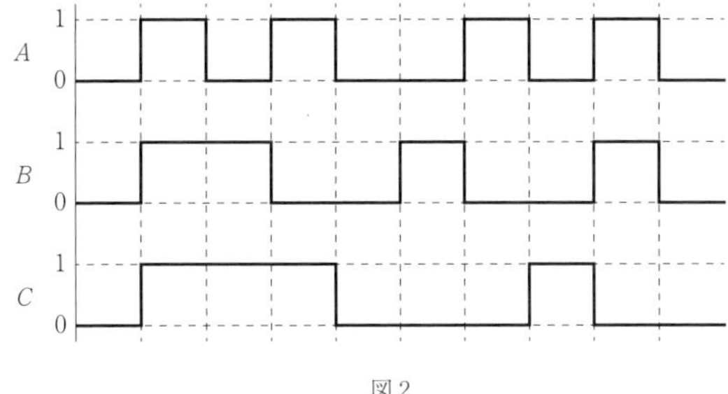

図2

【出力信号】

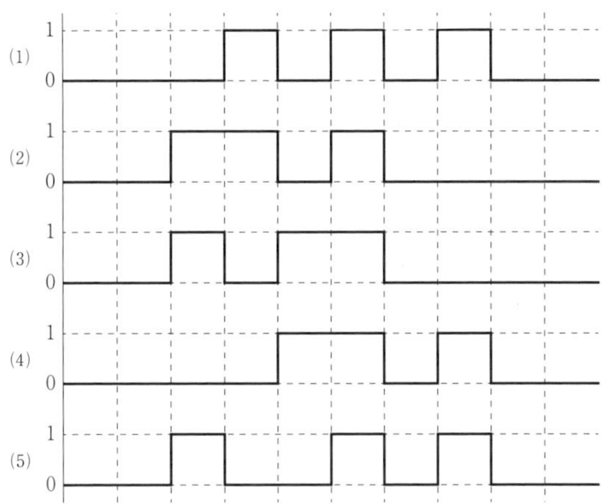

3 ある論理回路に入力A,B及びCを加えたときの出力Xとして，次のカルノー図が得られた。このとき，次の(a)及び(b)の問に答えよ。

A \ BC	00	01	11	10
0			1	1
1		1	1	

(a)　カルノー図を満たす論理回路として，正しいものを次の(1)～(5)のうちから一つ選べ。

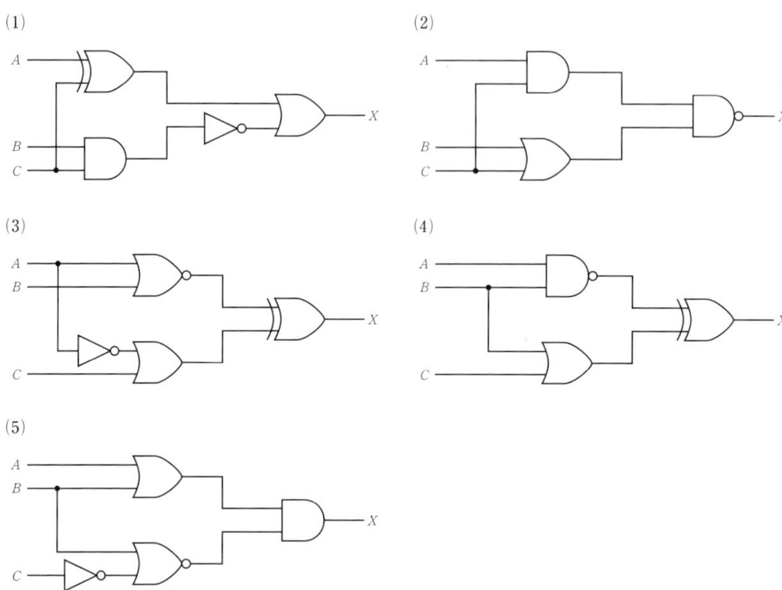

(b)　和積形式で表したものとして，正しいものを次の(1)～(5)のうちから一つ選べ。

(1)　$(A+B+C)\cdot(\bar{A}+B+C)\cdot(A+\bar{B}+C)\cdot(A+\bar{B}+\bar{C})$

(2)　$(A+B+C)\cdot(A+\bar{B}+C)\cdot(A+B+\bar{C})\cdot(\bar{A}+\bar{B}+C)$

(3)　$(A+B+C)\cdot(\bar{A}+B+C)\cdot(A+\bar{B}+C)\cdot(\bar{A}+B+\bar{C})$

(4)　$(A+B+C)\cdot(A+\bar{B}+C)\cdot(A+B+\bar{C})\cdot(A+\bar{B}+\bar{C})$

(5)　$(A+B+C)\cdot(\bar{A}+B+C)\cdot(A+B+\bar{C})\cdot(\bar{A}+\bar{B}+C)$

CHAPTER 08

照明

ほぼ毎年A問題かB問題で１問出題されます。

知識問題から計算問題まで範囲は幅広いですが，計算問題は難解な問題は出題されにくく，パターン化されている面もあるため，しっかりと問題演習をすれば，得点源になり得る分野です。

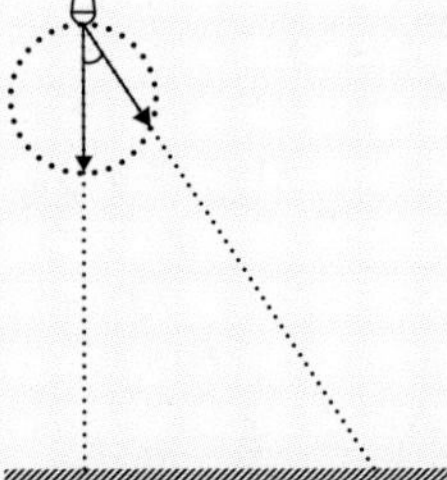

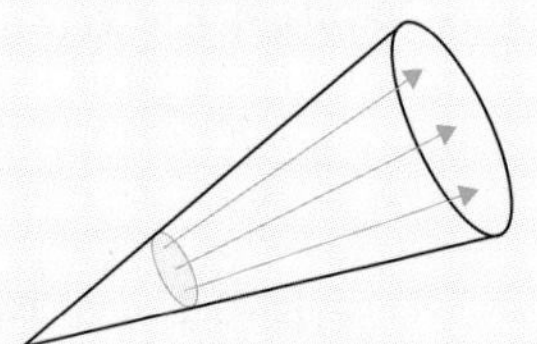

CHAPTER 08

照明

1 照明

（教科書CHAPTER08対応）

POINT 1　明るさを表す量

(1)　光束F[lm]

光源から可視光がどのくらい出ているかを表した量。静電界でいう電束と似たようなイメージ。

可視光とは図のように波長が380～770nm程度の光をいう。

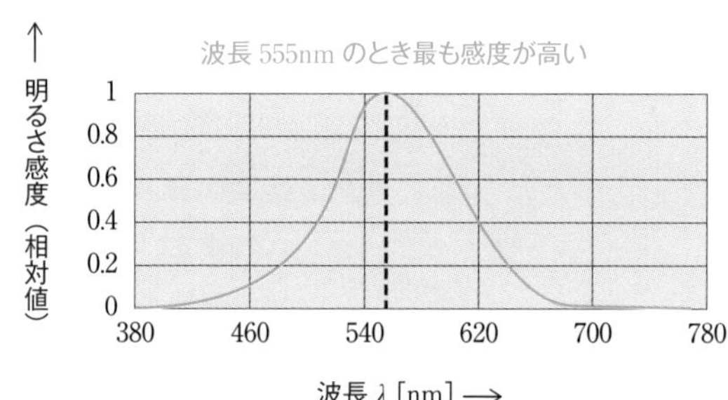

(2)　光度I[cd]

光度：単位立体角あたりの光束

単位立体角あたりの光束。光源の光束をF[lm]，立体角をω[sr]とすると，次の通り。

$$I=\frac{F}{\omega}$$

F[lm]
光度 $\frac{F}{\omega}$
立体角で割る
ω[sr]

右図のような半径rの球を考える際，球の一部の表面積Aがr^2と等しくなるときの立体角は，$\omega=\frac{A}{r^2}$[sr]であり，球の立体角は4πsrであるから，電験では$\omega=4\pi$srで計算するものが主に出題される。

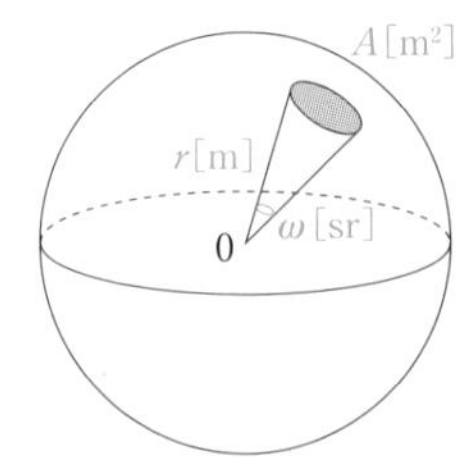

(3) 輝度 L [cd/m^2]

光源の見かけの単位面積あたりの光度。

$$L=\frac{I}{A'}$$

(4) 照度 E [lx]

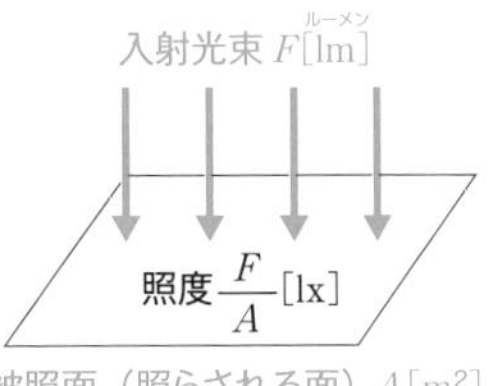

単位面積あたりに入射する光束。輝度は光源に着目しているのに対し，照度は照らされている被照面に着目している。

$$E=\frac{F}{A}$$

光源が電球のような球である場合，$I=\dfrac{F}{4\pi}$であり，半径がl[m]の球の表面積は$A=4\pi l^2$であるから，

$$E=\frac{4\pi I}{4\pi l^2}=\frac{I}{l^2}$$

となり，照度は光源からの距離の２乗に反比例する。これを**逆２乗の法則**という。

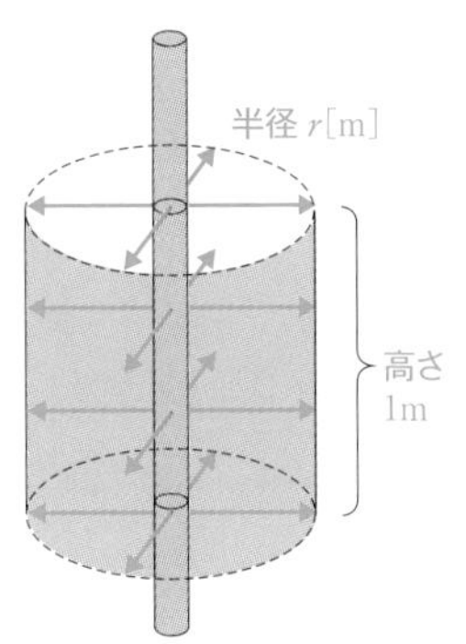

光源が蛍光灯のような直線光源である場合，単位長さあたりの表面積は$A=2\pi r$ [m^2] であるから，次の式で表せる。

$$E=\frac{F}{2\pi r}$$

問題編 CHAPTER 08 照明 1

POINT 2　法線照度，水平面照度，鉛直面照度

(1)　入射角余弦の法則

図のように，被照面に垂直に入射する場合と斜めから入射する場合では，被照面の面積が斜めに入射した場合の方が大きくなる。斜めから入射したときの入射角θ［rad］とすると，垂直に入射したときの照度E_1［lx］と斜めから入射したときの照度E_2［lx］の関係は，次の式となり，これを入射角余弦の法則という。

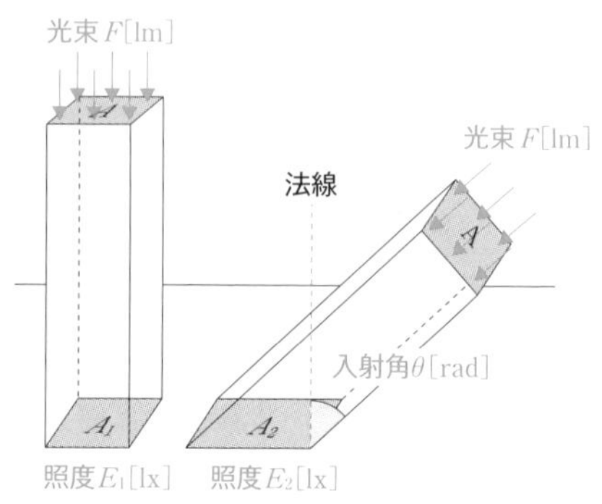

$$E_2 = E_1 \cos\theta$$

(2)　法線照度E_n［lx］

点光源から被照面に垂直に入射したときの照度。逆2乗の法則により，次の式で表せる。

$$E_n = \frac{I}{l^2}$$

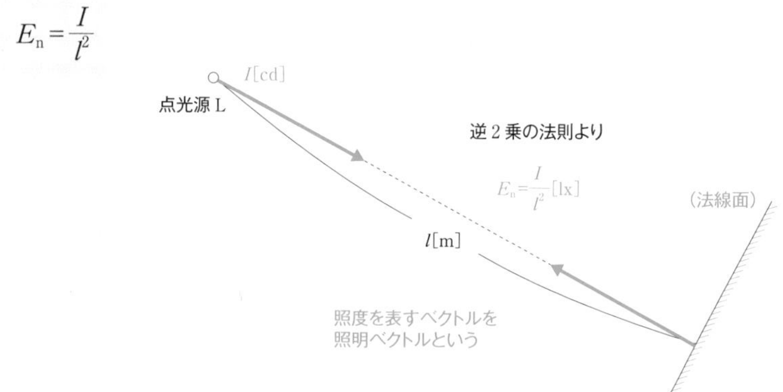

(3)　水平面照度E_h[lx]

点光源から被照面に入射角θ[rad]で入射したときの地面と垂直の向きの照度。入射角余弦の法則より，次の式で表せる。

$$E_h = E_n\cos\theta = \frac{I}{l^2}\cos\theta$$

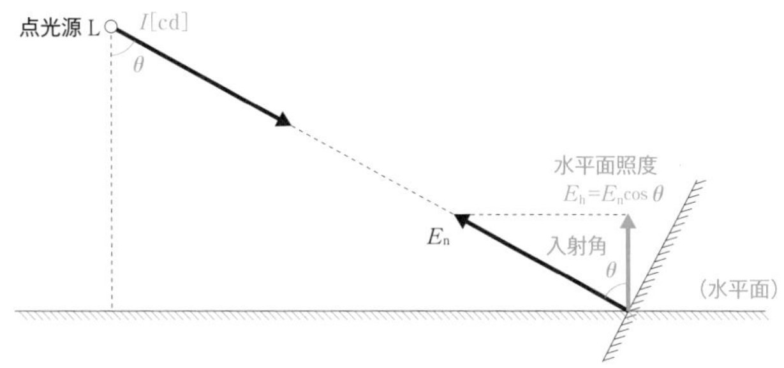

(4)　鉛直面照度E_v[lx]

点光源から被照面に入射角θ[rad]で入射したときの鉛直面と垂直の向きの照度。

$$E_v = E_n\sin\theta = \frac{I}{l^2}\sin\theta$$

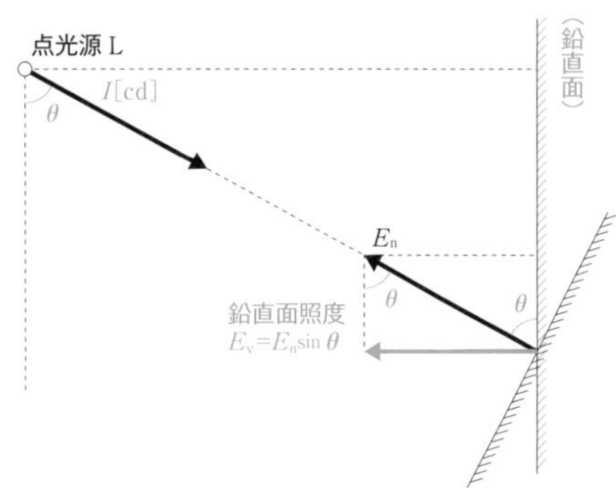

問題編

CHAPTER 08

照明 1

POINT 3　平均照度

(1)　屋内の平均照度

光束がF[lm]のランプがN個あるとき，面積A[m^2]の作業面の平均照度E[lx]は，作業面に到達する光束の割合（照明率）をU，ランプの劣化や汚れ等による光束の減少の割合（保守率）をMとすると，次の式で表せる。

$$E=\frac{NFUM}{A}$$

(2)　道路の平均照度

道路照明の光束がF[lm]，照明の間隔がS[m]，道幅の半分がB[m]であり，照明率をU，保守率をMとすると，道路の平均照度E[lx]は，次の式で表せる。

$$E=\frac{FUM}{A}=\frac{FUM}{BS}$$

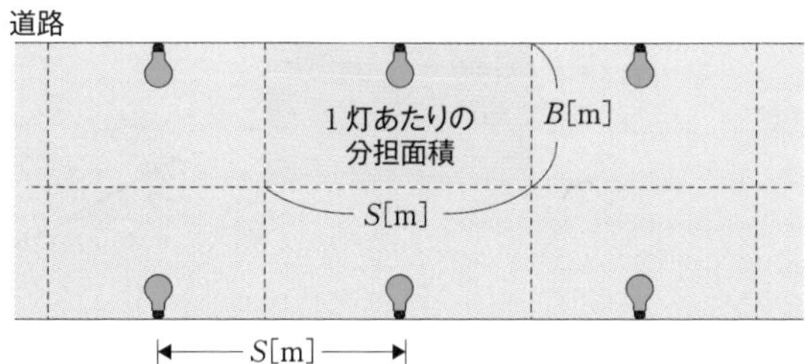

POINT 4　各種光源

(1)　蛍光灯

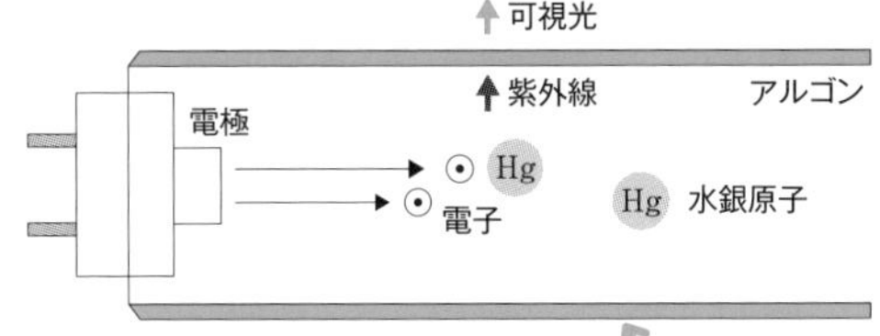

アルゴンガスで満たした蛍光灯管内にアーク放電をさせることで，あらかじめ管内に微量入れている水銀蒸気に電子を当て，発生した紫外線を蛍光体に当てることで可視光に変換し発光する。

○特徴
- 比較的高効率で比較的高寿命
- 安価
- 時間が経ち劣化すると，蛍光灯の管面に黒化が起こり，ちらつきも発生する

(2)　LED

pn接合した半導体に順電圧をかけ，順電流を流すと接合面で電子と正孔が再結合し発光する。用いる材料により，発光する色が変化する。

GaAs　→　赤

GaP　→　緑

GaN　→　青

○特徴
- 高効率で高寿命（10年以上）
- 青色LEDの光を蛍光体に当てると黄色の発光をさせることが可能なので疑似の白色光も発光できる
- 蛍光灯に比べると高価

確認問題

1 次の照明に関する記述のうち，正しいものには○，誤っているものには×をつけよ。 P.204~209 POINT 1 ～ 4

(1) 球体の表面積を半径で除したものを立体角という。

(2) 光束とは光の量のことであり，ここでいう光とは紫外光から赤外光までのすべての範囲の光である。

(3) 人間が最も光の強さを感じる波長は約555 nmである。

(4) 光度とは単位面積あたりの光束のことである。

(5) 輝度は光源を見る角度によって変わることがある。

(6) 照度と輝度はほぼ同じものと考えてよい。

(7) 照度とは単位面積あたりの光度のことである。

(8) 照度は光源からの距離に反比例する。

(9) 入射角θ [rad] で入射したときの水平面照度E_h [lx] は法線照度をE_n [lx] とすると，$E_h = E_n \cos\theta$で求められる。

(10) ある電球から出た光束が作業面に到達する割合を照明率という。

(11) 保守率は通常使用で照明の能力が低下する割合のことをいう。

(12) 蛍光灯内には水銀原子があり，蛍光灯端子に電界をかけると電子がこの水銀原子に当たり，可視光が発生することにより発光する。

(13) LEDランプは電子と正孔の再結合により発光し，省電力で発熱も少ない等のメリットがある。

---

2 光束が500 lmの電球があるとき，次の問に答えよ。ただし，電球は全方位に均一に光束を発するものとする。 P.204~207 POINT 1 2

(1) この電球の光度 [cd] を求めよ。

(2) この電球から距離2 m離れた作業場所での照度 [lx] を求めよ。

(3) この電球を作業場所から見たところ，見かけの面積が0.005 m^{2}であった。輝度 [cd/m^2] を求めよ。

(4) この電球の光束を1000 lmにしたときの照度 [lx] は何倍となるか。

(5) 光束を1000 lmのまま作業場所の距離を4 mにした。作業場所の照度は500 lm，距離2 mのときの何倍となるか。

---

❸ 図のように地面から高さ2 mの場所に点光源があり，点光源から2.5 m離れたP点での法線照度が400 lxであるとき，次の問に答えよ。ただし，点光源は各方向へ均等に光束が発散するとする。 P.206~207 POINT 2

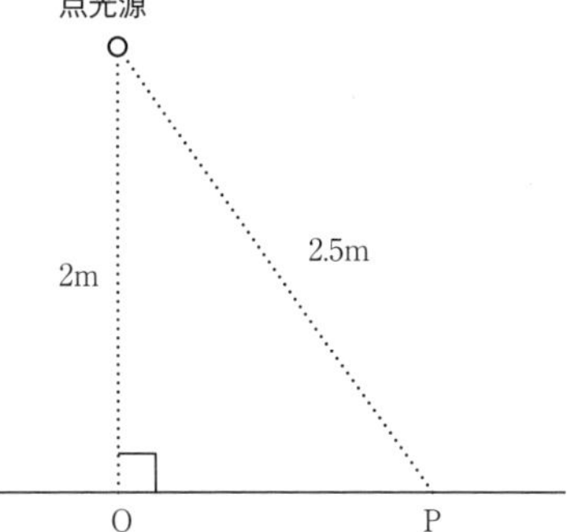

(1) 点光源の光度[cd]を求めよ。

(2) 点Oでの照度[lx]を求めよ。

(3) 点Pでの水平面照度[lx]を求めよ。

(4) 点Pでの鉛直面照度[lx]を求めよ。

---

❹ 図のような半径r[m]のテーブルがある。このテーブルから高さh[m]のところにテーブルに向かう光束がF[lm]の照明を置いたとき，次の問に答えよ。ただし，照明からテーブルを見た立体角はω[sr]とする。

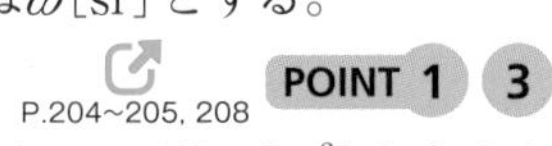
P.204~205, 208 POINT 1 3

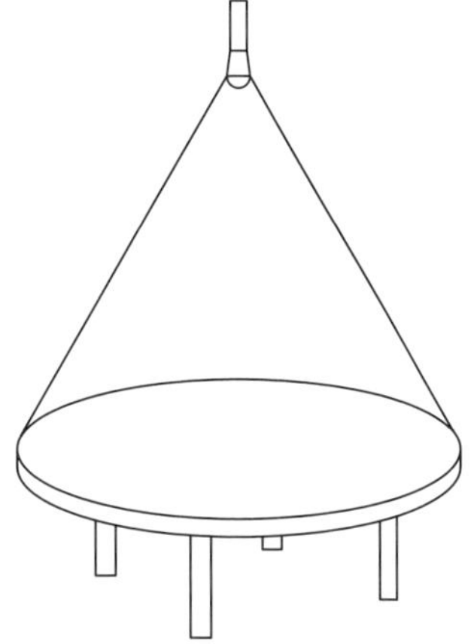

(1) テーブルの面積S[m^2]を求めよ。

(2) 点光源の光度I[cd]を求めよ。

(3) このテーブルの平均照度E[lx]を求めよ。ただし，照明率はU，保守率はMとする。

基本問題

1 次の文章は照明に用いられる数量に関する記述である。

光源から出ている可視光の量を［（ア）］といい，単位立体角あたりの［（ア）］を［（イ）］という。また，ある方向から照明を見たときの見かけの面積で［（イ）］を除したときの値を［（ウ）］という。さらに，［（ア）］がある面積に入射したときの単位面積あたりの明るさを［（エ）］という。

上記の記述中の空白箇所（ア），（イ），（ウ）及び（エ）に当てはまる組合せとして，正しいものを次の(1)～(5)のうちから一つ選べ。

	（ア）	（イ）	（ウ）	（エ）
(1)	光束	光度	輝度	照度
(2)	光束	輝度	照度	光度
(3)	光束	光度	照度	輝度
(4)	放射束	照度	輝度	光度
(5)	放射束	輝度	光度	照度

2 図のような地面と平行な方向に最大光度 $I = 1200$ cdで，なす角 θ [°] に対して $I_\theta = I\cos\theta$ [cd] となる配光特性を持つ光源を取り付けたときの現象について，次の(a)及び(b)の問に答えよ。

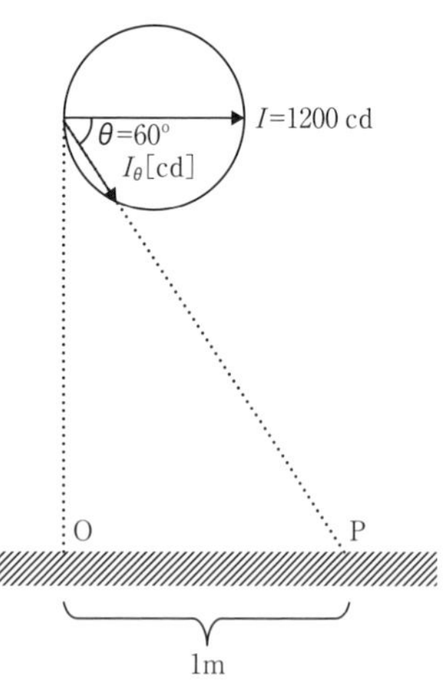

(a) なす角 $\theta = 60°$ のときの光度[cd]として，最も近いものを次の(1)～(5)のうちから一つ選べ。

(1) 100　(2) 300　(3) 600

(4) 1000　(5) 1200

(b) OP間の距離が1mであるとき，点Pの照度[lx]として最も近いものを次の(1)〜(5)のうちから一つ選べ。

(1) 75　(2) 130　(3) 150　(4) 260　(5) 520

---

3 間口10m，奥行き20m，天井高さが4mのオフィスがあり，天井に照明器具を取り付け，床面での平均照度を600lx以上としたい。このときの蛍光灯の必要本数として，最も近いものを次の(1)〜(5)のうちから一つ選べ。ただし，蛍光灯1本あたりの光束は3000lm，照明率は0.6，保守率は0.75とする。

(1) 30　(2) 40　(3) 50　(4) 70　(5) 90

---

4 次の文章は蛍光灯に関する記述である。

蛍光灯は蛍光管と呼ばれる管内に［（ア）］及び［（イ）］が入っており，放電により電子が［（イ）］に当たり，［（ウ）］を放出して，これを蛍光体に当てることで可視光に変換するフォトルミネッセンスを利用している。白熱灯と比べて，寿命は［（エ）］という特徴がある。

上記の記述中の空白箇所（ア），（イ），（ウ）及び（エ）に当てはまる組合せとして，正しいものを次の(1)〜(5)のうちから一つ選べ。

	（ア）	（イ）	（ウ）	（エ）
(1)	水銀	アルゴンガス	赤外線	短い
(2)	アルゴンガス	水銀	紫外線	長い
(3)	アルゴンガス	水銀	赤外線	長い
(4)	水銀	アルゴンガス	紫外線	短い
(5)	水銀	アルゴンガス	赤外線	長い

応用問題

1 図のように，高さ2.5 mに照明が下向きに設置されており，この照明の鉛直方向の光度I_0は800 cdである。このとき，次の(a)及び(b)の問に答えよ。ただし，鉛直方向となす角θ[rad]の光度I_θが$I_\theta = I_0 \cos\theta$で表せられるとする。

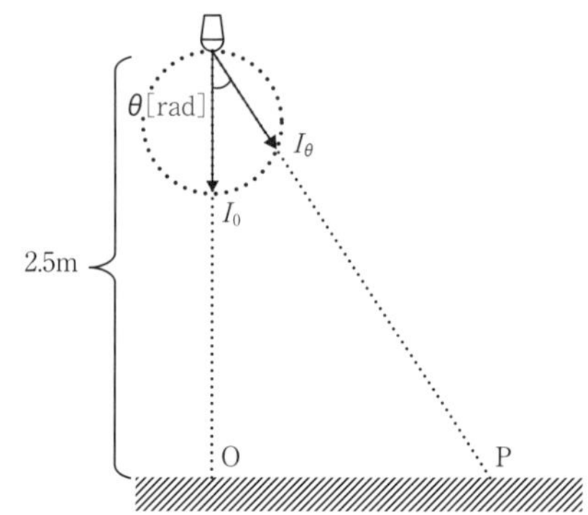

(a) 照明直下の点Oの照度として，最も近いものを次の(1)～(5)のうちから一つ選べ。

(1) 51　(2) 128　(3) 217　(4) 320　(5) 506

(b) 点Oから1.5 m離れた点Pでの照度として，最も近いものを次の(1)～(5)のうちから一つ選べ。

(1) 69　(2) 81　(3) 94　(4) 124　(5) 173

---

2 単位長さあたり2000 lmの直線光源を床面上4 mの高さに設置した。このとき，次の(a)及び(b)の問に答えよ。ただし，直線光源は十分に長いとし，完全拡散性であるとする。

(a) 光源直下の照度として，最も近いものを次の(1)～(5)のうちから一つ選べ。

(1) 40　(2) 80　(3) 120　(4) 160　(5) 200

(b) 光源直下から3 m離れた場所での照度として，最も近いものを次の(1)～(5)のうちから一つ選べ。

(1) 20　(2) 30　(3) 40　(4) 50　(5) 60

---

3 図のように，長さ400 mの道路上に街灯を道路を挟んで交互に設置した千鳥配列の設計を考える。街灯の道路へ入射する全光束を6000 lm，道路幅を12 m，照明の取付高さを8 m，間隔を30 mとするとき，次の(a)及び(b)の問に答えよ。ただし，照明率は0.6，保守率は0.7とする。

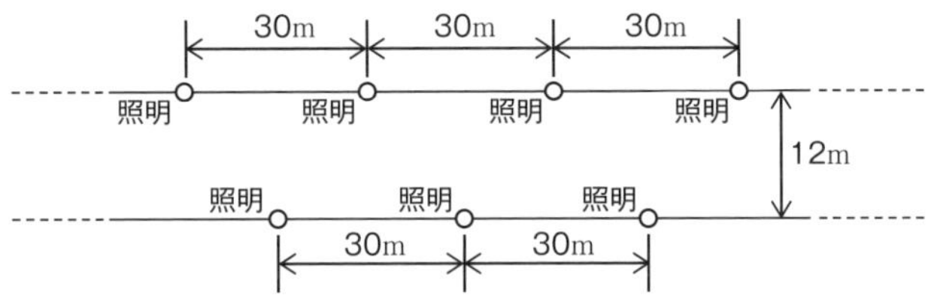

(a) 道路の平均照度[lx]として，最も近いものを次の(1)～(5)のうちから一つ選べ。

(1) 12　(2) 14　(3) 16　(4) 18　(5) 20

(b) 節電のため，街灯の取付間隔を変更し，道路の照度10 lxを確保するようにした。街灯を設置した本数として最も近いものを次の(1)～(5)のうちから一つ選べ。

(1) 16　(2) 18　(3) 20　(4) 22　(5) 24

4 次の文章は照明用LEDに関する記述である。

照明用LEDは青色発光ダイオードの誕生に伴い，高輝度・高効率・高寿命であり，省電力で保守性も良いことから，近年普及が非常に進んでいる。青色発光ダイオードの材料は［（ア）］系の元素であり，ダイオードからの発光は単色光なので，光の一部を蛍光体に照射し，そこから得られる［（イ）］色の光と青色の光を重ねることで疑似の白色光を得ている。また，蛍光灯では温度が［（ウ）］すると光束が低下するが，LEDではそれがほとんどないという特長も持っている。ただし，電源としてLEDは直流である必要があるため，［（エ）］が必要となる。

上記の記述中の空白箇所（ア），（イ），（ウ）及び（エ）に当てはまる組合せとして，正しいものを次の(1)～(5)のうちから一つ選べ。

	（ア）	（イ）	（ウ）	（エ）
(1)	GaP	緑	上昇	インバータ
(2)	GaN	緑	低下	インバータ
(3)	GaN	黄	上昇	コンバータ
(4)	GaN	黄	低下	コンバータ
(5)	GaP	黄	上昇	コンバータ

CHAPTER 09

電熱

ほぼ毎年1問，計算問題か論説問題が出題されます。
熱を取り扱うので，他の分野と少し毛色が違う面があるかもしれませんが，イメージのしやすさという点では機械科目で最もわかりやすい分野と言えると思います。

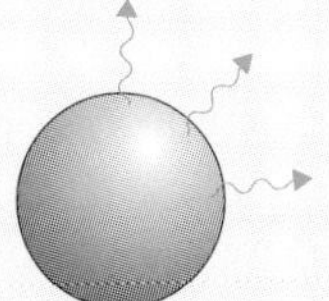

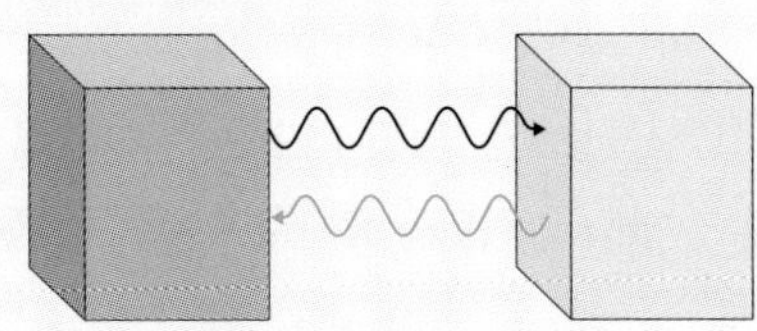

CHAPTER

09 電熱

1 電熱

（教科書CHAPTER09対応）

POINT 1　セルシウス温度［℃］と絶対温度［K］

セルシウス（摂氏）温度t［℃］と絶対温度T［K］には次の関係がある。

$$T = t + 273.15$$

POINT 2　熱量

(1)　熱運動

熱運動は，物質を構成している原子の物質内での運動量であり，温度は熱運動の激しさを示す物理量である。

(2)　熱量Q［J］，熱容量C［J/K］，比熱c［J/(kg・K)］

高温の物体と低温の物体があるとき，熱は高温の物体から低温の物体に移動するが，その移動量を熱量Q［J］という。

物質の温まりやすさや冷めやすさを示す指標を熱容量C［J/K］といい，1Kあたり上昇させるのに必要な熱量で定義される。したがって，物質をt_1［℃］からt_2［℃］まで上げるのに必要な熱量Q［J］は，

$$Q = C\Delta t = C(t_2 - t_1)$$

また，物質1kgあたりの温まりやすさや冷めやすさを示す指標を比熱c［J/(kg・K)］といい，物質がm［kg］あるとき，次の式で表せる。

$$C = mc$$

$$Q = mc\Delta t = mc(t_2 - t_1)$$

(3) 熱量の保存

高温の物体Aと低温の物体Bを隣合わせにおき，十分に時間が経過すると，物体Aから物体Bに熱が移動し，最終的に温度が等しくなる。

これを熱平衡状態といい，物質Aが失った熱量と物質Bが得た熱量は等しい。したがって，全体の熱量は熱の移動によらず変わらなく，これを熱量の保存という。

POINT 3 物質の三態

(1) 状態変化

物質を加熱すると固体→液体→気体と変化し，これを物質の三態という。また二酸化炭素のように液体を経由せず固体（ドライアイス）→気体（二酸化炭素）となる物質もある。

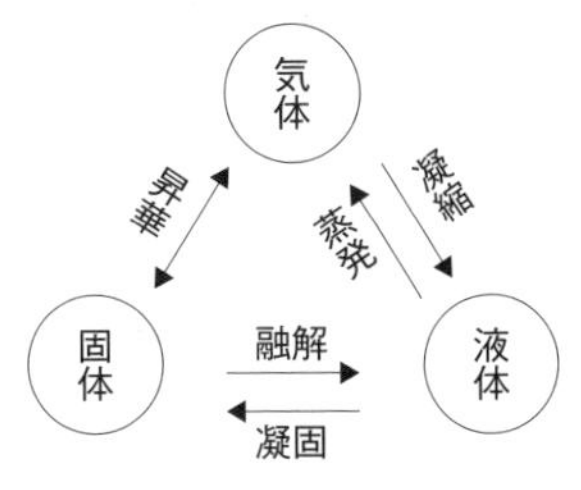

固体⇒液体を融解，液体⇒固体を凝固，液体⇒気体を蒸発，気体⇒液体を凝縮，固体⇔気体を昇華という。

(2) 顕熱と潜熱

図に示すように，水を加熱したときの温度変化は一定に上昇するのではなく，固体から液体，液体から気体への状態変化の為に熱量を必要とする。これを潜熱という。一方，物質の状態が変化しない場合の温度上昇時の熱を顕熱という。

また，固体が融解するときの温度を融点，潜熱を融解熱，液体が沸騰するときの温度を沸点，潜熱を蒸発熱という。

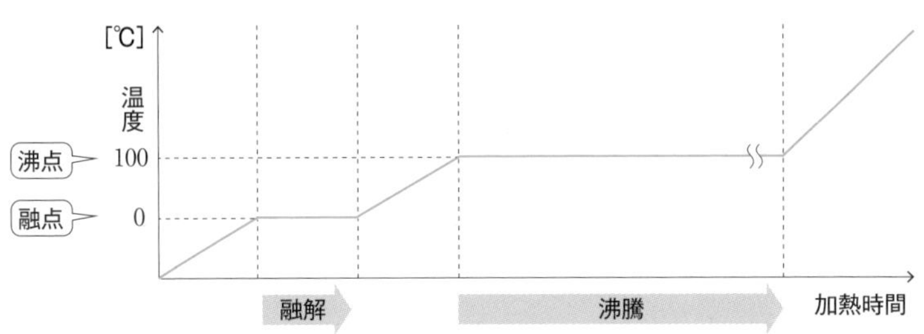

POINT 4 熱エネルギーの伝わり方

(1) 熱伝導

物体中の熱運動が順次伝わっていき，熱が移動する現象。熱流Φ[W]，温度差T[K]，熱抵抗R_t[K/W]とすると，次の式で表せ，これを熱回路のオームの法則という。

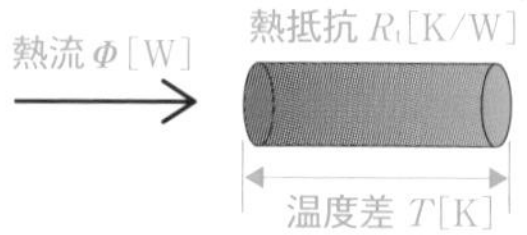

$$\Phi=\frac{T}{R_t}$$

熱抵抗R_t[K/W]は物質の熱伝導率をλ[W/(m・K)]，断面積をA[m^2]，長さをl[m]とすると，次の式で表せる。

$$R_t=\frac{l}{\lambda A}$$

(2) 熱対流

液体や気体の流動による熱の伝達。水の加熱は比重が小さく温かい水が上昇し，比重が大きく冷たい水が下降し，これを繰り返すため，熱対流の一つである。熱対流においても，

$$\Phi=\frac{T}{R_s}$$

の熱回路のオームの法則が成立する。熱対流における表面熱抵抗R_s[K/W]は流体の熱伝達率をh[W/(m^2・K)]，表面積をA[m^2]とすると，次の式で表せる。

$$R_s=\frac{1}{hA}$$

(3)　熱放射

電磁波の放射による熱の伝達。物質が放射するエネルギーE[W]は，ステファン・ボルツマン定数をσ[W/(m^2・K^4)]，表面積をA[m^2]，温度をT[K]，放射率ε($0<\varepsilon<1$)とすると，

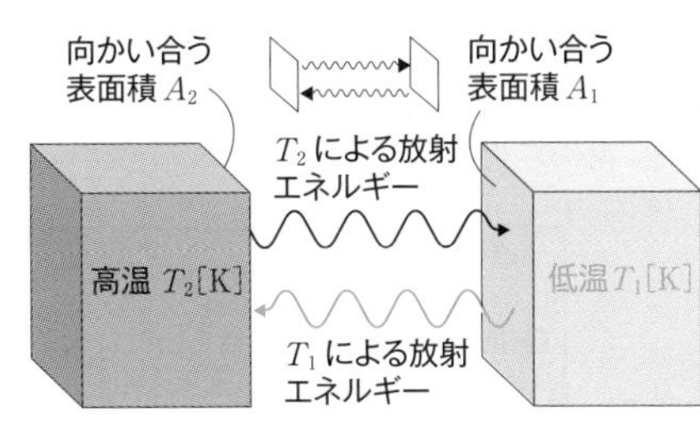

$$E=\varepsilon\sigma AT^4$$

となる。これをステファン・ボルツマンの法則という。

POINT 5　ヒートポンプ

ヒートポンプとは，熱を低温部から高温部へ移動させる装置であり，入力した電気エネルギー以上に熱エネルギーを得ることができる。消費電力に対し得られる熱エネルギーを成績係数(COP)といい，ヒートポンプの性能を示す。

ヒートポンプ機関を逆にすると冷房と暖房を切り換えることができる。

細かいメカニズムは暗記不要

①　冷房時の成績係数(COP_L)

$$COP_L=\frac{冷房能力}{消費電力}=\frac{Q}{W}$$

②　暖房時の成績係数(COP_H)

$$COP_H=\frac{暖房能力}{消費電力}=\frac{W+Q}{W}=1+COP_L$$

消費電力：W[W]
単位時間あたりの吸熱量：Q[W]

POINT 6 電気加熱の方式と原理

電気加熱には下表のような加熱方式がある。誘導加熱と誘電加熱は名称が似ているが原理が全く異なるので，出題されやすい。

加熱方式	原理	モデル図
❶ 抵抗加熱	ジュール熱を利用した加熱	RI^2
❷ アーク加熱	アーク熱による高温加熱	電極 電極 アーク放電
❸ 誘導加熱	交番磁界中におかれた導電性物質中の渦電流によって生じるジュール熱（渦電流損）による加熱	渦電流 交番磁界
❹ 誘電加熱	周波数によって，①高周波誘電加熱と②マイクロ波加熱（電子レンジで利用）に分かれる。	分極による摩擦熱
	絶縁体の交番電界中における，誘電損による発熱（誘電分極による分子間の摩擦熱）を利用した加熱。	
❺ 赤外線加熱	赤外線放射エネルギーが物質に吸収されると，ほとんどが熱エネルギーに変換されることを利用した加熱。	

確認問題

1 電気加熱に関する記述として，正しいものには○，誤っているものには×をつけよ。 P.218~222 POINT 1 ~ 6

(1) 摂氏30度の液体の絶対温度は303.15 Kである。

(2) 1 Ωの抵抗に1 Aの電流を1秒間流したときに発生する熱量は1 Jである。

(3) 1 gの水を1 ℃上昇させるのに必要なエネルギーは1 Jである。

(4) 熱容量C[J/K]の物体m[g]をΔt[℃]上昇させるのに必要な熱量Q[J]は，$Q = mC\Delta t$で求められる。

(5) 水を加熱して蒸気にするためには，100 ℃に上昇するために必要な熱エネルギーである潜熱と液体から気体にするために必要な熱エネルギーである顕熱を加える必要がある。

(6) 20 ℃の水1 kgを80 ℃まで上昇させるのに必要なエネルギーは約251 Jである。ただし，水の比熱は4.186 J/(g・K)とする。

(7) 火力発電所において，ボイラーで水が蒸気に変化することを蒸発，復水器で蒸気が水になることを凝縮という。

(8) 鉄の棒の一端を加熱したとき，鉄中を熱が伝わり，反対側の端まで熱くなる現象を熱流という。

(9) 高温の物質が熱放射により放射するエネルギーは温度の4乗に比例する。

(10) ヒートポンプは冷暖房に使用され，冷房時の成績係数は空気を温める熱量を必要としないため，暖房時の成績係数よりも大きい。

(11) 誘導加熱は導体を加熱するための加熱方法であり，導体の導電率が大きい方が加熱しやすい。

(12) 誘電加熱は誘電体の誘電損を利用した加熱方法なので，金属を加熱することができない。

❷ 次の文章は熱の伝達に関する記述である。(ア)～(エ)に当てはまる語句を答えよ。

P.220~221 POINT 4

熱は一般に高温部から低温部に伝わる。例えば，水をビーカーに入れガスバーナーで燃焼すると，最初ビーカー底面のガラスが熱くなるがこれは［(ア)］によりガスバーナーの火の熱がビーカーに伝わるからである。その後，底面に近い水が温まりビーカー内の水が流動することにより全体の水が温まるが，これは［(イ)］によるものである。しばらく熱するとビーカー上部においても手で持てないぐらい熱くなるが，これは［(ウ)］により，ビーカー底面の熱がビーカー上部まで伝わるからである。上記のうち，ステファン・ボルツマンの法則に従って伝わる熱の伝達は［(エ)］である。

---

❸ 次の文章はヒートポンプに関する記述である。(ア)～(エ)に当てはまる語句又は式を答えよ。

P.221 POINT 5

ヒートポンプは圧縮や膨張等の機械的な仕事により，熱を［(ア)］温部から［(イ)］温部へ移動することができる装置であり，電気的入力以上に熱エネルギーを得られる。［(ア)］温部から吸収する熱量がQ_1[J]，［(イ)］温部に加わる熱量がQ_2[J]であるとき，機械的な仕事W[J]は［(ウ)］で表され，機械的入力に対し得られる熱エネルギーの比を［(エ)］という。

基本問題

1 IHクッキングヒーターにより，500 gの水を20 ℃から100 ℃に温めるとき，次の(a)及び(b)の問に答えよ。ただし，水の比熱は4.186 J/g・Kとする。

(a) このとき必要な熱量[kJ]として，最も近いものを次の(1)～(5)のうちから一つ選べ。

(1) 41 (2) 84 (3) 126 (4) 167 (5) 209

(b) このとき使用した電力量が0.055 kW・hであるとき，IHクッキングヒーターの効率[%]として，最も近いものを次の(1)～(5)のうちから一つ選べ。ただし，IHクッキングヒーター以外の熱放射による損失や容器を温めるための熱量等は無視できるものとする。

(1) 63 (2) 72 (3) 79 (4) 85 (5) 92

---

2 断面積が0.05 m^2，長さが2 mである金属棒の左端が500 K，右端が300 Kであるとき，次の(a)及び(b)の問に答えよ。ただし，金属の熱伝達率λは50 W/m・Kとする。

(a) この金属の熱抵抗率R_t[K/W]を求めよ。

(1) 0.80 (2) 1.25 (3) 1.95 (4) 3.05 (5) 5.00

(b) この金属を伝わる熱流の大きさΦ[W]を求めよ。

(1) 40 (2) 80 (3) 100 (4) 160 (5) 250

3 次の文章は電気加熱に関する記述である。

平行板電極に高周波電源を繋ぎ，平行板電極間内に［（ア）］を挿入し，分子が内部で振動・回転等をすることにより加熱する方法を［（イ）］という。内部の振動により加熱するため，短い加熱時間で内部から加熱することができる等の特長がある。発熱量は周波数に比例し，電界の強さの［（ウ）］に比例する。

上記の記述中の空白箇所（ア），（イ）及び（ウ）に当てはまる組合せとして，正しいものを次の(1)〜(5)のうちから一つ選べ。

	（ア）	（イ）	（ウ）
(1)	導体	誘電加熱	2乗
(2)	導体	誘導加熱	4乗
(3)	導体	誘導加熱	2乗
(4)	誘電体	誘電加熱	4乗
(5)	誘電体	誘電加熱	2乗

応用問題

1 25℃で含水率80％の廃棄物4 tを回収し，乾燥機で強制的に水分がなくなるまで乾燥させるとき，次の(a)～(c)の問に答えよ。ただし，水分を除いた廃棄物の比熱は1.26 kJ/kg・K，水の比熱は4.19 kJ/kg・K，水の蒸発熱2260 kJ/kgとする。

(a) 25℃で1 kgの水を蒸発させるのに必要な熱量[kJ]として，最も近いものを次の(1)～(5)のうちから一つ選べ。

(1) 300　(2) 900　(3) 2600　(4) 3200　(5) 5400

(b) 廃棄物を乾燥させるのに必要な熱量[MJ]として，最も近いものを次の(1)～(5)のうちから一つ選べ。

(1) 1080　(2) 6780　(3) 7780　(4) 7860　(5) 8310

(c) 廃棄物を10 hで乾燥させたいとき，乾燥機で必要な容量[kW]として，最も近いものを次の(1)～(5)のうちから一つ選べ。ただし，乾燥機の効率は60％とする。

(1) 310　(2) 360　(3) 385　(4) 400　(5) 425

---

2 ある工場において，成績係数が5のヒートポンプを使用して水道水を15℃から90℃まで温めて，1日平均500 L使用する。このとき，次の(a)及び(b)の問に答えよ。ただし，水の比熱は4.186 J/g・Kとする。

(a) ヒートポンプでの消費電力[kW・h]として，最も近いものを次の(1)～(5)のうちから一つ選べ。

(1) 2.1　(2) 8.7　(3) 31.4　(4) 43.6　(5) 157

(b) 電気温水器を使用した場合と比較した年間削減額として，最も近いものを次の(1)〜(5)のうちから一つ選べ。ただし，電気温水器の効率は80%，1年は365日であり，電気料金は15円/kW・hとする。

(1) 150000　(2) 200000　(3) 250000　(4) 300000　(5) 350000

---

3 次の文章は誘導加熱に関する記述である。

誘導加熱は交番［（ア）］中に加熱する［（イ）］を置き，［（イ）］に生じる渦電流により加熱する方法である。被加熱物の電流分布は，表面が［（ウ）］，内部が［（エ）］という特徴がある。また，周波数が［（オ）］なると，電流分布の差は顕著となるため，内部まで加熱したい場合には周波数を［（カ）］する。

上記の記述中の空白箇所（ア），（イ），（ウ），（エ），（オ）及び（カ）に当てはまる組合せとして，正しいものを次の(1)〜(5)のうちから一つ選べ。

	（ア）	（イ）	（ウ）	（エ）	（オ）	（カ）
(1)	磁界	導電体	大きく	小さい	高く	低く
(2)	電界	導電体	大きく	小さい	低く	高く
(3)	磁界	誘電体	小さく	大きい	高く	低く
(4)	電界	誘電体	小さく	大きい	低く	高く
(5)	磁界	導電体	大きく	小さい	低く	高く

CHAPTER 10

電動機応用

電動機を使用した設備に関する問題が毎年１問程度出題されます。出題パターンは多岐にわたりますが，近年の傾向として，小形モータに関する知識を問う問題が増えています。力学的な知識も積み重ねて本番を迎えるようにしましょう。

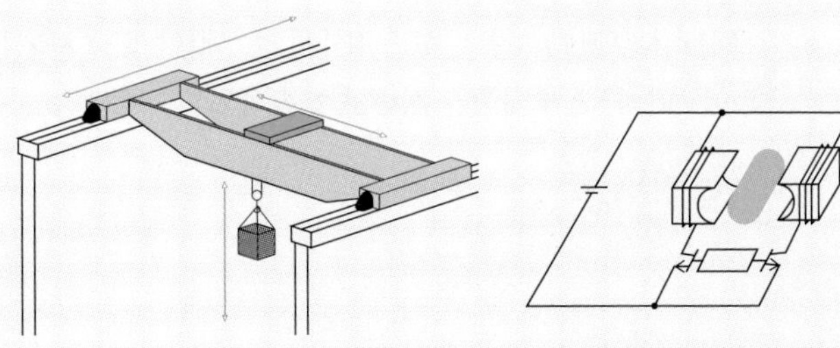

CHAPTER 10

電動機応用

1 電動機応用

（教科書CHAPTER10対応）

POINT 1　慣性モーメントJ[kg・m^2]とはずみ車効果GD^2[kg・m^2]

(1)　慣性モーメント

現在の回転の状態を維持しようとする能力（慣性）で，慣性モーメントが大きいほど「回転させにくく，回転を止めにくく」なる。

回転体の質量m[kg]，半径r[m]とすると，慣性モーメントJ[kg・m^2]は，次の式で表せる。

$$J=mr^2$$

また，回転体の質量G[kg]（＝m[kg]），直径D[m]（＝$2r$[m]）とすると，次の式で表せる。

$$J=\frac{GD^2}{4}$$

となり，GD^2をはずみ車効果という。

(2)　回転体の運動エネルギー

回転体の運動エネルギーW[J]は，慣性モーメントJ[kg・m^2]，角速度ω[rad/s]とすると，次の式で表せる。

$$W=\frac{1}{2}J\omega^2$$

POINT 2　天井クレーン

図のように各値が与えられているとするとそれぞれの所要出力は次の式で表せる。

①巻上用電動機の所要出力 P_1 [kW]

$$P_1 = \frac{F_1 v_1}{\eta_1} = \frac{9.8 M_1 v_1}{\eta_1}$$

②横行用電動機の所要出力 P_2 [kW]

$$P_2 = \frac{F_2 v_2}{\eta_2} = \frac{\mu_2 (M_1 + M_2) v_2}{\eta_2}$$

③走行用電動機の所要出力 P_3 [kW]

$$P_3 = \frac{F_3 v_3}{\eta_3} = \frac{\mu_3 (M_1 + M_2 + M_3) v_3}{\eta_3}$$

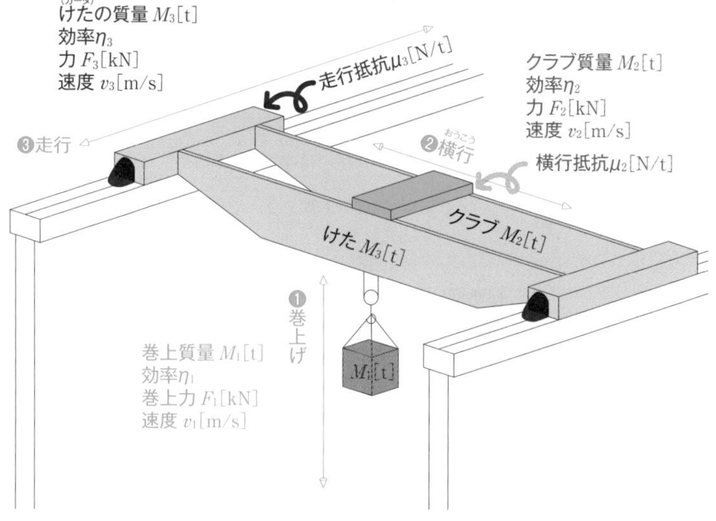

POINT 3　エレベータ

釣り合いおもりの質量M_B[kg]，かごの質量M_C[kg]，積載質量M_L[kg]，効率η，速度v[m/s]，巻上荷重F[N]とすると，エレベータの電動機の所要出力P[W]は，次の式で表せる。

$$P=\frac{Fv}{\eta}=\frac{9.8(M_C+M_L-M_B)v}{\eta}$$

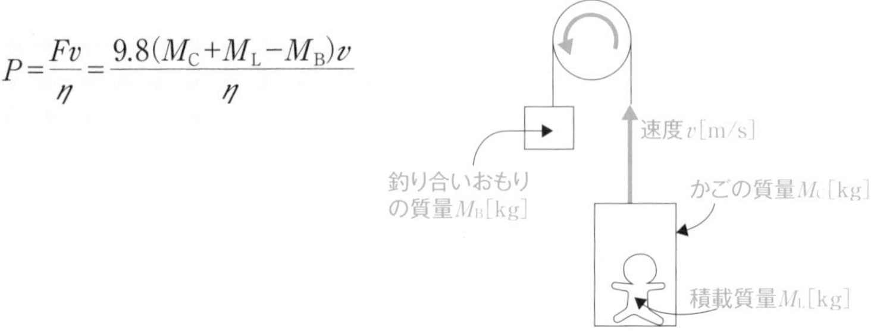

POINT 4　ポンプ（電力）

揚水量Q[m³/s]，全揚程H[m]，ポンプ及び電動機の総合効率η，余裕係数Kとすると，ポンプの電動機の出力P[kW]は，次の式で表せる。

$$P=K\frac{9.8QH}{\eta}$$

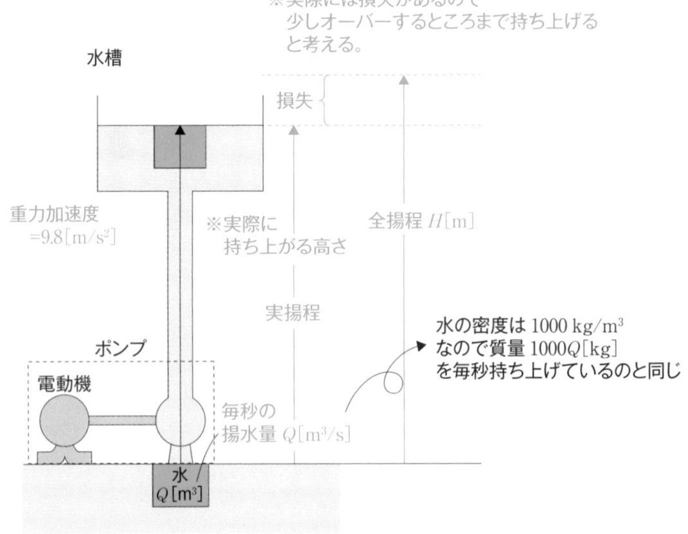

POINT 5　送風機

送風量q[m^3/s]，風圧H[Pa]，送風機の効率η，余裕係数Kとすると，送風機の電動機の出力P[kW]は，次の式で表せる。

$$P = K\frac{qH}{\eta} \times 10^{-3}$$

POINT 6　小形モータ

(1)　ステッピングモータ

駆動回路からパルス状の信号が送られた際に，回転子が一定の角度(ステップ角)だけ回転する。

パルス信号の数に比例して回転する角度が増加するので，ステッピングモータの回転速度はパルス周波数に比例する。

ステッピングモータの種類は下表の通り。

種類	回転子の構造
永久磁石形(ＰＭ形)	回転子に永久磁石を使用
可変リラクタンス形(ＶＲ形)	回転子に鉄心を使用
ハイブリッド形(ＨＢ形)	ＰＭ形とＶＲ形を組み合わせた構造

(2)　コアレスモータ

電機子に鉄心を持たず，永久磁石の界磁が内蔵される構造のモータ。

〔特徴〕

・鉄心を持たないので，重量が軽い

・慣性モーメントが小さく，応答性・加速特性に優れる

・鉄損を発生しないので高効率である

・騒音や振動が少ない

・磁束密度が小さく，トルクが小さい

(3) ブラシレスＤＣモータ

整流子及びブラシの代わりに回転位置を検出する半導体スイッチを用いて，電子的に整流作用を行う。永久磁石が回転子側に取り付けられており，電機子のつくる回転磁界に同期して回転する構造となっている。

ブラシを使用しないため，ブラシの摩耗による交換が不要となるため，メンテナンス性に優れている。

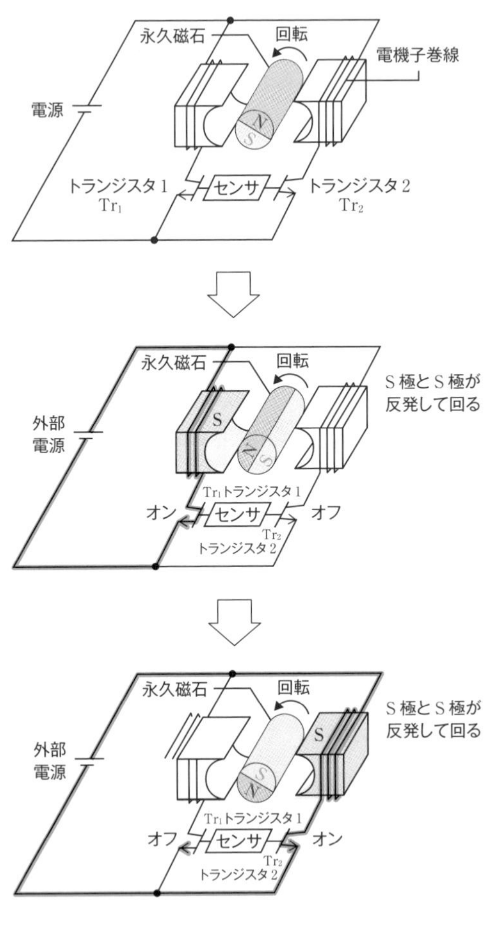

確認問題

❶ 質量$m = 20$ kg，直径$D = 0.2$ m，回転速度$N = 300$ min^{-1}のはずみ車があるとき，次の(a)〜(d)の問に答えよ。

P.230 POINT 1

(a) 角速度ω[rad/s]を求めよ。

(b) はずみ車効果[kg・m^2]を求めよ。

(c) 慣性モーメントJ[kg・m^2]を求めよ。

(d) 運動エネルギーW[J]を求めよ。

---

❷ 地上にある池から高さ15 mにあるタンクに水を汲み上げるポンプがある。900 m^{3}の水を2時間30分で汲み上げるとき，次の問に答えよ。ただし，重力加速度は9.8 m/s^{2}とする。

P.232 POINT 4

(a) 損失水頭が2 mであるとき，全揚程[m]を求めよ。

(b) 水を汲み上げるときの揚水量[m^3/s]を求めよ。

(c) ポンプと電動機の総合効率が70％であるとき，必要な電動機入力[kW]を求めよ。

(d) 電動機の消費電力量[kW・h]を求めよ。

---

❸ 毎分40 m^{3}供給できる作業場を換気するための送風機がある。ダクトの直径が30 cm，風圧は40 Paであるとき，次の(a)及び(b)の問に答えよ。

P.233 POINT 5

(a) この送風機から空気がダクトに流れこむときの風速[m/s]を求めよ。

(b) 送風機の電動機の必要出力[W]を求めよ。ただし，送風機の効率は75％とする。

4 次の文章は小形モータに関する記述である。正しいものには○，誤っているものには×で答えよ。

P.233~234 POINT 6

⑴ ステッピングモータは，パルス状の信号が送られる毎に回転子が決められた角度だけ回転するモータで，パルスモータとも呼ばれる。

⑵ ステッピングモータにはＰＭ形やＶＲ形等があり，ＶＲ形は回転子に永久磁石を用いた構造のモータである。

⑶ コアレスモータは鉄心がないので，トルクが小さく，効率は悪くなる。

⑷ ブラシレスＤＣモータは，永久磁石を固定子側に，電機子巻線を回転子側に取り付ける構造を持つ。

⑸ ブラシレスＤＣモータは，摺動部にブラシを用いず，機械的摩耗がないので，ブラシ交換等の作業が不要となる。

基本問題

1 次の文章ははずみ車に関する記述である。

電動機を用いて質量G[kg]，直径D[m]のはずみ車を加速し，回転速度をN[min^{-1}]で安定させた。このとき，角速度ω[rad/s]はω＝［（ア）］[rad/s]であり，慣性モーメントJ[kg・m^2]はJ＝［（イ）］[kg・m^2]であるため，はずみ車の運動エネルギーW[J]はW＝［（ウ）］[J]となる。はずみ車のブレーキをかけるとき，慣性モーメントが［（エ）］方が減速に時間がかかる。

上記の記述中の空白箇所（ア），（イ），（ウ）及び（エ）に当てはまる組合せとして，正しいものを次の(1)～(5)のうちから一つ選べ。

	（ア）	（イ）	（ウ）	（エ）
(1)	$\dfrac{\pi N}{60}$	$\dfrac{GD^2}{2}$	$\dfrac{\pi^2 GD^2 N^2}{14400}$	大きい
(2)	$\dfrac{2\pi N}{60}$	$\dfrac{GD^2}{4}$	$\dfrac{\pi^2 GD^2 N^2}{7200}$	大きい
(3)	$\dfrac{2\pi N}{60}$	$\dfrac{GD^2}{4}$	$\dfrac{\pi^2 GD^2 N^2}{7200}$	小さい
(4)	$\dfrac{\pi N}{60}$	$\dfrac{GD^2}{2}$	$\dfrac{\pi^2 GD^2 N^2}{14400}$	小さい
(5)	$\dfrac{2\pi N}{60}$	$\dfrac{GD^2}{2}$	$\dfrac{\pi^2 GD^2 N^2}{7200}$	小さい

2 図のような天井クレーンがある。巻上速度は15 m/min，クラブの質量は400 kgで横行速度は40 m/min，ガータの質量は1.6 tで走行速度は120 m/min，いずれも効率は0.9とし，質量3 tの荷物（ホイストの質量を含む）を運ぶとき，次の問に答えよ。

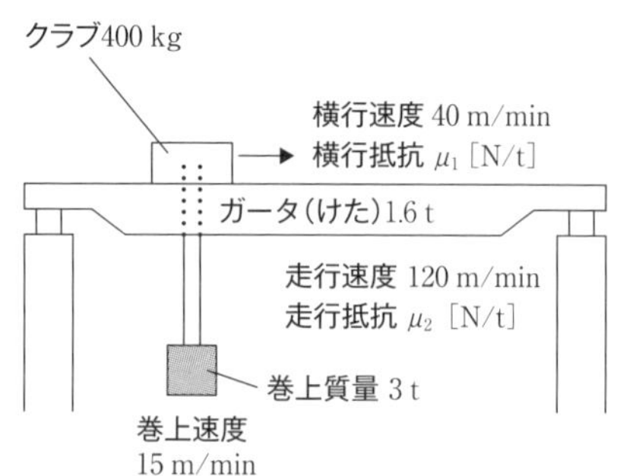

(a) 巻上用電動機の所要出力P_1[kW]として，最も近いものを次の(1)～(5)のうちから一つ選べ。ただし，重力加速度は9.8 m/s^{2}とする。

(1) 8　(2) 9　(3) 10　(4) 11　(5) 12

(b) 走行用電動機の所要出力P_2[kW]として，最も近いものを次の(1)～(5)のうちから一つ選べ。ただし，走行抵抗は120 N/tとする。

(1) 0.4　(2) 0.7　(3) 1.0　(4) 1.3　(5) 1.8

---

3 図のように，かごの質量が150 kg，釣り合いおもりの質量が450 kg，定格速度が90 m/minのエレベータがあるとき，次の(a)～(c)の問に答えよ。ただし，重力加速度は9.8 m/s^{2}とする。

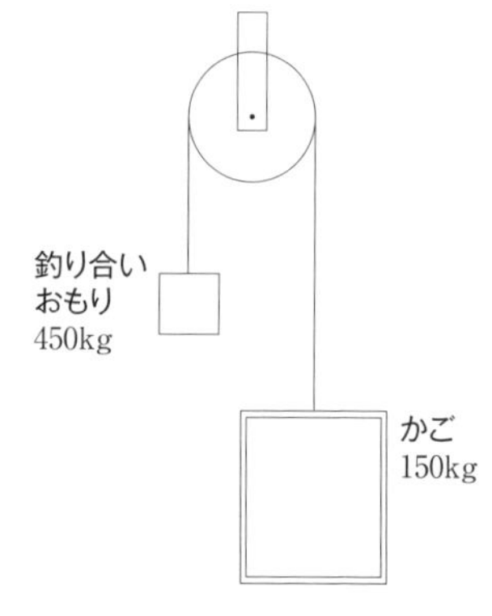

(a) 人が8人乗ったとき，巻上荷重の大きさ[N]として，最も近いものを次の(1)～(5)のうちから一つ選べ。ただし，人の平均体重は65 kgとする。

(1) 1900　(2) 2200　(3) 2500　(4) 2800　(5) 3100

(b) 人が8人乗ったとき，電動機の所要動力[kW]として，最も近いものを次の(1)〜(5)のうちから一つ選べ。ただし，エレベータの効率は70％とする。

(1) 3.2　(2) 3.9　(3) 4.6　(4) 5.4　(5) 6.6

---

4 次の文章はブラシレスＤＣモータに関する記述である。

ブラシレスＤＣモータは永久磁石を[(ア)]，コイルを[(イ)]に配置した構造で通常の直流モータと[(ウ)]である。回転する原理や電動機の特性等はほぼ同じであるが，ブラシを持たない代わりに，[(エ)]で回転位置を検出し，[(オ)]を用いて固定子に流れる電流を切り換える。

上記の記述中の空白箇所（ア），（イ），（ウ），（エ）及び（オ）に当てはまる組合せとして，正しいものを次の(1)〜(5)のうちから一つ選べ。

	（ア）	（イ）	（ウ）	（エ）	（オ）
(1)	回転子	固定子	逆	センサ	半導体素子
(2)	固定子	回転子	同じ	センサ	スイッチ
(3)	固定子	回転子	逆	センサ	スイッチ
(4)	固定子	回転子	同じ	電源電圧	半導体素子
(5)	回転子	固定子	逆	電源電圧	半導体素子

1 電動機の制動方法に関する記述として，誤っているものを次の(1)～(5)のうちから一つ選べ。

(1) 回生制動は，電動機の誘導起電力を電源電圧よりも高くし，電動機のエネルギーを電源に回生し制動する方法である。電車の制動に使用されることが多い。

(2) 発電制動は電源を切り離し，抵抗を接続することで，抵抗で電力を消費し制動する方法である。

(3) 逆転制動とは，電動機の電源の接続を切り換え，逆回転の磁束を発生させて停止させる方法である。三相電動機の場合は，三相とも入れ換える。

(4) 電気的な制動は速度低下とともに，制動トルクも減少するため，低速回転となったときには機械的制動（摩擦制動）を合わせることもある。

(5) 同じ回転速度の電動機を回生制動する際，慣性モーメントの大きい電動機を減速する方が，慣性モーメントの小さい電動機を減速するよりも多くの電力が電源に流れ込む。

2 図のような減速比が4，効率が0.95の減速機がある。この減速機と出力が10 kW，回転速度が1200 min^{-1}の電動機を組み合わせて負荷を駆動するとき，次の(a)及び(b)の問に答えよ。

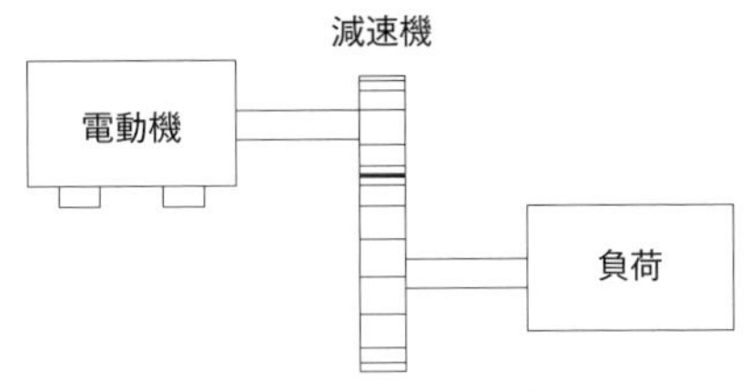

(a) 負荷の回転速度[min^{-1}]として，最も近いものを次の(1)〜(5)のうちから一つ選べ。

(1) 285　(2) 300　(3) 1200　(4) 4560　(5) 4800

(b) 負荷のトルク[N・m]として，最も近いものを次の(1)〜(5)のうちから一つ選べ。

(1) 76　(2) 80　(3) 300　(4) 320　(5) 1210

---

3 集中豪雨対策として，面積1 km^2に1時間あたり100 mmの降雨があった際にその水を貯水池に集め，全揚程8 m揚水し河川に流す設備を考える。このとき出力100 kWの電動機は何台所有すればよいか。最も近いものを次の(1)〜(5)より一つ選べ。ただし，ポンプの効率は0.84，設計上の余裕係数は1.3とする。

(1) 20　(2) 26　(3) 34　(4) 40　(5) 48

4 小形モータに関する記述として，誤っているものを次の(1)～(5)のうちから一つ選べ。

(1) ステッピングモータとは，パルス電圧を印加してステップ状に駆動するモータでありパルスモータとも呼ばれ，ロボットやアナログ時計等に使用される。

(2) 永久磁石形のステッピングモータは，磁極の間隔に一定以上の距離を保つ必要があるため，ステップ角を小さくするのには限界がある。

(3) 可変リラクタンス形のステッピングモータは，回転子に歯車形の鉄心を用い，ステップ角が小さくできトルクが大きいという特徴がある。

(4) コアレスモータは，鉄心を持たない電動機で，鉄損が発生しないので高効率であり，騒音や振動も少ないという特徴がある。

(5) ブラシレスＤＣモータは，回転子に永久磁石を用いる電動機で，回転子の表面に永久磁石を張り付けたSPM，永久磁石を回転子内部においたIPM等がある。

CHAPTER 11

電気化学

蓄電池の内容を中心に数年に１回程度出題されています。
電力の電気材料の分野とも絡んでくる分野です。近年の蓄電池の需要から，二種や一種でも出題数が増えてきている傾向があり，今後出題数が増えるかもしれません。

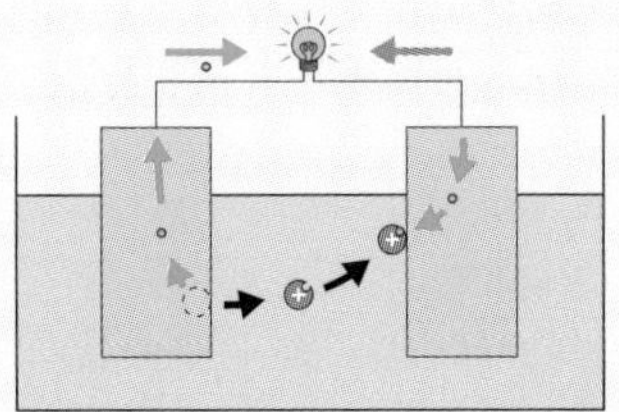

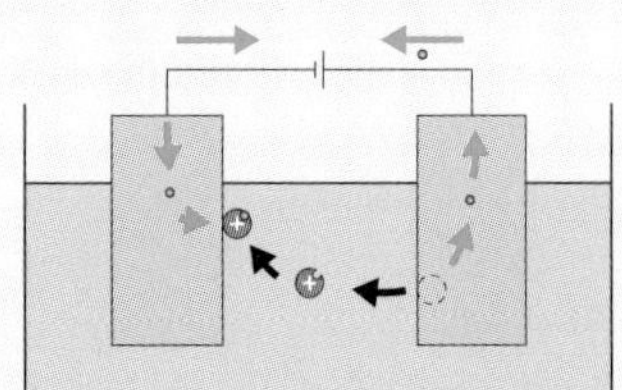

CHAPTER 11

電気化学

1 電気化学

（教科書CHAPTER11対応）

POINT 1　各種電池

(1) 一次電池と二次電池

① 一次電池…一度放電すると再度充電して使用できない電池。（マンガン乾電池，アルカリ乾電池等）

② 二次電池…充電と放電を繰り返して使用できる電池。蓄電池。

二次電池の種類	正極	負極	電解液	公称電圧
リチウムイオン蓄電池	リチウム系	黒鉛	有機電解液	3.7 V
鉛蓄電池	PbO_2	Pb	H_2SO_4	2.0 V
アルカリ蓄電池	NiOOH	Cd	アルカリ水溶液	1.2 V

(2) 蓄電池の原理

① 放電時

イオン化傾向の大きい金属→電子を失う酸化反応

イオン化傾向の小さい金属→電子を受け取る還元反応

② 充電時

イオン化傾向の大きい金属→電子を受け取る還元反応

イオン化傾向の小さい金属→電子を失う酸化反応

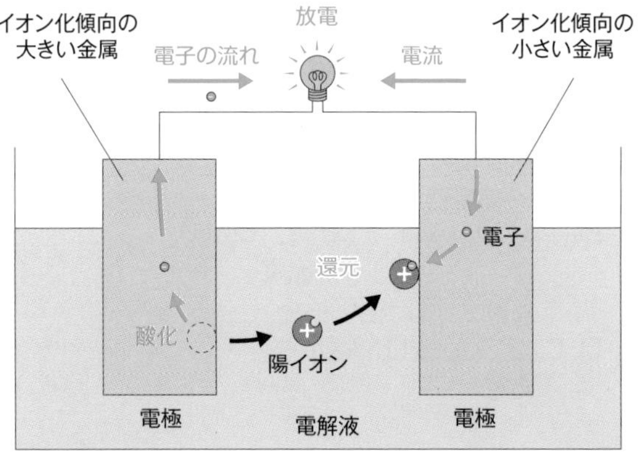

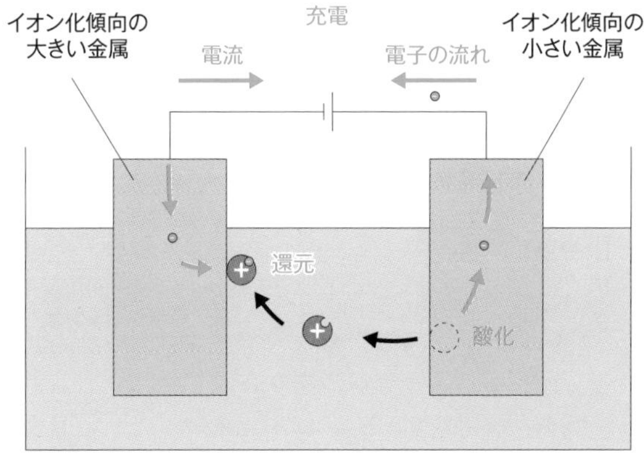

(3) 鉛蓄電池

工場の停電時の電力供給等，重要な用途に使用されている。放電時は，反応でH_2SO_4が反応し電解液の濃度が薄くなるため，比重が小さくなる。

〔反応式〕

正極：$PbO_2 + SO_4^{2-} + 4H^+ + 2e^- \underset{充電}{\overset{放電}{\rightleftarrows}} PbSO_4 + 2H_2O$

負極：$Pb + SO_4^{2-} \underset{充電}{\overset{放電}{\rightleftarrows}} PbSO_4 + 2e^-$

⑷　リチウムイオン蓄電池

エネルギー密度が高く，公称電圧が3.7 Vと高いため，パソコンや携帯電話等に使用され，近年の蓄電池の主流となっている。

〔反応式（例）〕

$$正極：Li_{(1-x)}CoO_2 + xLi^+ + xe^- \underset{充電}{\overset{放電}{\rightleftarrows}} LiCoO_2$$

$$負極：Li_xC_6 \underset{充電}{\overset{放電}{\rightleftarrows}} C_6 + xLi^+ + xe^-$$

⑸　燃料電池

外部からH_2やO_2を供給して，化学エネルギーから電気エネルギーを得ることができる。変換効率が高く，燃料を供給し続ければ電気を得ることが可能。また，騒音が少ないという特徴もある。

$$正極：\frac{1}{2}O_2 + 2H^+ + 2e^- \rightarrow H_2O$$

$$負極：H_2 \rightarrow 2H^+ + 2e^-$$

POINT 2 ファラデーの電気分解の法則

(1) 電気分解での反応

電気分解では，電気エネルギーを利用して化学エネルギーに変換する。蓄電池の充電反応や電解精錬等の用途がある。

陽極（アノード）：電子を失い，イオンとして溶け出す酸化反応

陰極（カソード）：電子を受け取り，結晶を析出する還元反応

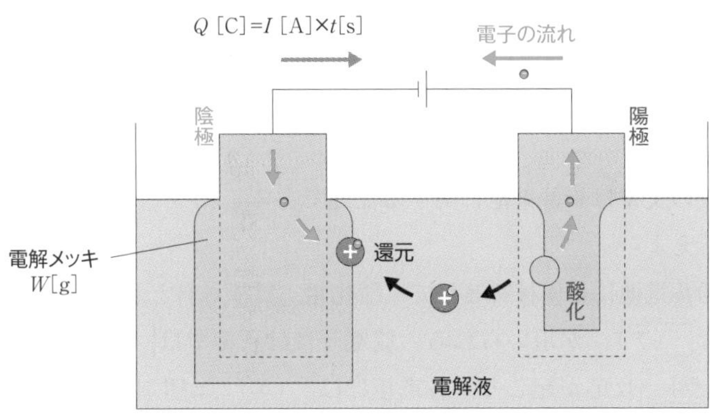

(3) ファラデーの電気分解の法則

① ファラデーの電気分解の第一法則…電気分解により各電極に発生・析出する物質の量は，通過した電気量に比例するという法則。

② ファラデーの電気分解の第二法則…同じ電気量で析出する物質の量は，物質の種類に関係なく，そのイオンの価数に反比例するという法則。

$$W=\frac{1}{96500}\times\frac{m}{n}\times Q[\mathrm{g}]$$

確認問題

1 次の文章は電池に関する記述である。（ア）～（エ）に当てはまる語句を答えよ。

P.244~246 POINT 1

電池には一度放電すると再度充電することができない［（ア）］電池と充電をして再度使用することができる［（イ）］電池がある。［（イ）］電池には鉛蓄電池，アルカリ蓄電池，［（ウ）］蓄電池等があり，［（ウ）］蓄電池は公称電圧が［（エ）］Vと高く，エネルギー密度も高いため，携帯電話等でも使用されている。

---

2 次の文章は鉛蓄電池に関する記述である。（ア）～（エ）に当てはまる語句を答えよ。

P.244~246 POINT 1

鉛蓄電池は正極材料として二酸化鉛，負極材料として鉛が用いられ，電解質は［（ア）］が用いられる。放電時には正極では［（イ）］反応，負極では［（ウ）］反応が起こり，各電極には［（エ）］が生成される。重量が重くなるが資源が豊富で比較的安価に生産が可能であるため，自動車用バッテリーや非常用電源として使用されている。

---

3 次の文章は燃料電池に関する記述である。（ア）～（エ）に当てはまる語句を答えよ。

P.244~246 POINT 1

燃料電池は正極に［（ア）］，負極に［（イ）］を供給し，生成物として水を得る反応により電気エネルギーを得る電池である。生成物1 molに対し，［（ア）］は［（ウ）］mol，［（イ）］は［（エ）］mol反応する。化石燃料の発電と異なり二酸化炭素を排出せず，大量の冷却水も使用しないため地球温暖化対策としても有効であり，窒素酸化物や硫黄酸化物の排出もないため，非常にクリーンな発電システムであるといえる。

❹ 二次電池である鉛蓄電池は，放電時各極において，次の化学反応をする。このとき，次の(a)～(d)の問に答えよ。ただし，鉛（Pb）の原子量は207，ファラデー定数は96500 C/molとする。

P.247 POINT 2

正極：$PbO_2 + SO_4^{2-} + 4H^+ + 2e^- \rightarrow PbSO_4 + 2H_2O$

負極：$Pb + SO_4^{2-} \rightarrow PbSO_4 + 2e^-$

(a) 負極で鉛（Pb）1 molが反応するとき，流れる電気量［C］を求めよ。

(b) 負極で鉛（Pb）1 molが反応するとき，鉛の減少量［g］を求めよ。

(c) この鉛蓄電池で3 A，30分間通電したときの通電した電気量［C］を求めよ。

(d) (c)の条件における，鉛の減少量［g］を求めよ。

基本問題

1 次の文章はアルカリ蓄電池に関する記述である。

アルカリ蓄電池のうち実用化されている代表的な電池としてニッケルカドミウム電池がある。ニッケルカドミウム電池は［（ア）］極にカドミウム，［（イ）］極にオキシ水酸化ニッケル，電解液に［（ウ）］を用いる。ニッケルカドミウム電池は電極材料としてカドミウムを使用するため，近年ではより環境負荷の小さい［（エ）］電池が実用化されている。ニッケルカドミウム電池及び［（エ）］電池共に公称電圧は［（オ）］Vである。

上記の記述中の空白箇所（ア），（イ），（ウ），（エ）及び（オ）に当てはまる組合せとして，正しいものを次の(1)～(5)のうちから一つ選べ。

	（ア）	（イ）	（ウ）	（エ）	（オ）
(1)	負	正	KOH	ニッケル水素	1.2
(2)	正	負	NaOH	ニッケル酸素	1.2
(3)	正	負	KOH	ニッケル酸素	1.5
(4)	負	正	KOH	ニッケル酸素	1.2
(5)	負	正	NaOH	ニッケル水素	1.5

2 次の文章は金属の特性に関する記述である。

酸性溶液である希硫酸に電極として亜鉛板と銅板を入れ，豆電球をつなぐと，豆電球が光る。これは亜鉛板と銅板が電池となり起電力が生じているからであり，亜鉛と銅は［（ア）］の方がイオン化傾向が大きいため，［（ア）］が［（イ）］極となる電池となる。

したがって，亜鉛板の極では［（ウ）］反応が起こり，銅板の極で［（エ）］反応が起こるため，時間が経過すると亜鉛と銅のうち［（オ）］が減少することになる。

上記の記述中の空白箇所（ア），（イ），（ウ），（エ）及び（オ）に当てはまる組合せとして，正しいものを次の(1)～(5)のうちから一つ選べ。

	（ア）	（イ）	（ウ）	（エ）	（オ）
(1)	亜鉛	正	還元	酸化	銅
(2)	銅	正	酸化	還元	銅
(3)	亜鉛	正	酸化	還元	亜鉛
(4)	亜鉛	負	酸化	還元	亜鉛
(5)	銅	負	還元	酸化	亜鉛

3 蓄電池に関する記述として，誤っているものを次の(1)～(5)のうちから一つ選べ。

(1) 蓄電池は充放電可能な電池で，二次電池とも呼ばれる。

(2) 鉛蓄電池に使用されている電解液は希硫酸であり，公称電圧は2.0 Vである。

(3) リチウムイオン電池では有機電解液が使用され，公称電圧は3.7 Vである。

(4) ニッケル水素電池は電解液として水酸化カリウム水溶液が用いられ，公称電圧は1.2 Vである。

(5) 蓄電池では充電時，正極で還元反応が起こり電子を受け取り，負極で酸化反応が起こり電子を失う。

4 粗銅から非常に純度の高い銅を得る方法として銅の電解精錬があり，陽極と陰極では以下の反応が起こる。次の(a)及び(b)の問に答えよ。ただし，銅の原子量は64，ファラデー定数は9.65×10^4 C/molとする。

陽極：$Cu \rightarrow Cu^{2+} + 2e^-$

陰極：$Cu^{2+} + 2e^- \rightarrow Cu$

(a) 陰極に銅が128 g析出したとき，使用した電気量[C]として最も近いものを次の(1)～(5)のうちから一つ選べ。

(1) 2.41×10^4　(2) 4.83×10^4　(3) 9.65×10^4
(4) 1.93×10^5　(5) 3.86×10^5

(b) 両電極に3 Aの電流を2時間連続して通電したとき，陰極に析出する銅の量[g]として，最も近いものを次の(1)～(5)のうちから一つ選べ。

(1) 1　(2) 3　(3) 5　(4) 7　(5) 9

❶ 鉛蓄電池に関する記述として，誤っているものを次の(1)〜(5)のうちから一つ選べ。

(1) 放電により，電解液と両極の物質が反応し，白色の生成物ができる。

(2) 鉛は灰色に近い金属であるが，二酸化鉛は黒色の物質である。

(3) 長期間使用により電解液の量が減った場合には，精製水を補給する。

(4) 放電終始電圧（約1.8 V）を超えて放電を続けると，電極が導電性の膜で覆われ急激に容量が小さくなるので注意を要する。

(5) 充電時，正極では鉛化合物は２価の物質から４価の物質に変化する。

---

❷ 燃料電池に関して，次の(a)及び(b)の問に答えよ。

(a) 燃料電池の電解質と動作温度，単体の発電容量の組合せとして正しいものを次の(1)〜(5)のうちから一つ選べ。

	電解質	動作温度	発電容量
(1)	りん酸	約200℃	100kW
(2)	固体高分子膜	約90℃	2000kW
(3)	安定化ジルコニア	約100℃	500kW
(4)	水酸化ナトリウム水溶液	約80℃	20kW
(5)	炭酸塩	約600℃	40kW

(b) 燃料電池の運転により酸素が33.6 m^3消費されたとき，燃料電池から得られた電気量［kA・h］として，最も近いものを次の(1)〜(5)のうちから一つ選べ。ただし，酸素のモル体積は22.4 m^3/kmol，ファラデー定数は27 A・h/molとする。

(1) 40　(2) 80　(3) 120　(4) 160　(5) 200

3 次の文章は金属めっきのうち，亜鉛めっきに関する記述である。

鉄はそのまま大気中に晒されると錆を生じるため，その錆止めに様々な金属めっきを施される。例えば，亜鉛めっきを施す場合，亜鉛は鉄よりもイオン化傾向が大きく，優先的に錆びさせることができるので，亜鉛めっきを施すことにより鉄を保護する役目を果たすことができる。

亜鉛めっきでは陽極に［（ア）］，陰極に［（イ）］を電解液である硫酸亜鉛の電解液に入れて通電する。通電ししばらく時間が経過すると，亜鉛が［（ウ）］イオンとなって溶け出し，鉄に薄く膜状にめっきされる。

例えば，2 Aで3時間通電すると，［（エ）］gめっきされる。ただし，亜鉛及び鉄の原子量はそれぞれ65及び56，電流効率は75 %，ファラデー定数は27 A・h/molとする。

上記の記述中の空白箇所（ア），（イ），（ウ）及び（エ）に当てはまる組合せとして，正しいものを次の(1)～(5)のうちから一つ選べ。

	（ア）	（イ）	（ウ）	（エ）
(1)	鉄	亜鉛	陽	5.4
(2)	亜鉛	鉄	陰	4.5
(3)	亜鉛	鉄	陽	5.4
(4)	亜鉛	鉄	陽	9
(5)	鉄	亜鉛	陰	4.5

［著者紹介］
尾上　建夫（おのえ　たけお）

名古屋大学大学院修了後，電力会社及び化学メーカーにて火力発電所の運転・保守等を経験し，2019年よりTAC電験三種講座講師。自身のブログ「電験王」では電験の過去問解説を無料で公開し，受験生から絶大な支持を得ている。保有資格は，第一種電気主任技術者，第一種電気工事士，エネルギー管理士，大気一種公害防止管理者，甲種危険物取扱者，一級ボイラー技士等。

● 装　　丁　エイブルデザイン
● イラスト　エイブルデザイン（酒井　智夏）
● 編集協力　TAC出版開発グループ

みんなが欲しかった！ 電験三種 機械の実践問題集

2021年 6 月25日　初　版　第 1 刷発行
2022年11月10日　　　　　第 2 刷発行

著　　者　尾上　建夫
発 行 者　多田　敏男
発 行 所　TAC株式会社　出版事業部
（TAC出版）

〒101-8383
東京都千代田区神田三崎町3-2-18
電 話 03(5276)9492(営業)
FAX 03(5276)9674
https://shuppan.tac-school.co.jp

組　　版　株式会社　エイブルデザイン
印　　刷　株式会社　ワコープラネット
製　　本　株式会社　常川製本

ISBN 978-4-8132-8868-8
N.D.C. 540.79

TAC電験三種講座のご案内

「みんなが欲しかった！ 電験三種 教科書&問題集」をお持ちの方は

「教科書&問題集なし」コースでお得に受講できます!!

TAC電験三種講座のカリキュラムでは、「みんなが欲しかった！電験三種 教科書&問題集」を教材として使用しておりますので、既にお持ちの方でも「教科書&問題集なし」コースでお得に受講する事ができます。独学ではわかりにくい問題も、TAC講師の解説で本質と基本の理解度が深まります。また、学習環境や手厚いフォロー制度で本試験合格に必要なアウトプット力が身につきますので、ぜひ体感してください。

こんな方にオススメ！

- 教科書に書き込んだ内容を活かしたい！
- ほかの解き方も知りたい！
- 本質的な理解をしたい！
- 講師に質問をしたい！

TACだからこそ提供できる合格ノウハウとサポート力！

TAC電験三種講座5つの特長

POINT 1 電験三種を知り尽くしたTAC講師陣！

「試験に強い講師」「実務に長けた講師」様々な色を持つ各科目の関連性を明示した講義を行います！

石田 聖人（いしだ まさと） 講師
電験は範囲が広く、たくさんの公式が出てきます。「基本から丁寧に」合格を目指して一緒に頑張りましょう！

尾上 建夫（おのえ たけお） 講師
合否の分け目は無駄な時間をかけず、計画的かつ効率的に学習できるかどうかです。共に頑張っていきましょう！

入江 弥憲（いりえ みつのり） 講師
電験三種を合格するための重要なポイントを絞って解説を行うので、初めて学ぶ方も全く問題ありません。一緒に合格を目指して頑張りましょう！

佐藤 祥太（さとう しょうた） 講師
講義では，問題文の読み方を丁寧に解説することより，今まで身に付いた知識から問題までを橋渡しできるようお手伝い致します。

POINT 2 新試験制度も対応！全科目も科目も狙えるカリキュラム

分析結果を基に効率よく学習する最強の学習方法！

- 十分な学習時間を用意し、学習範囲を基礎的なものに絞ったカリキュラム
- 過去問に対応できる知識の運用まで教えます！
- 1年で4科目を駆け抜けることも可能！

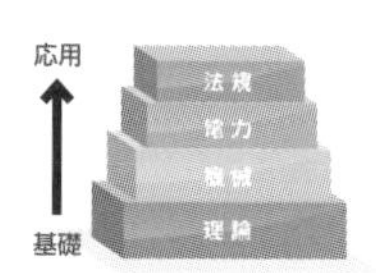

講義ボリューム

	理論	機械	電力	法規
TAC	18	19	17	9
他社例	4	4	4	2

丁寧な講義でしっかり理解！
※2022年合格目標4科目完全合格本科生の場合

はじめてでも安心！ 効率的に無理なく全科目合格を目指せる！

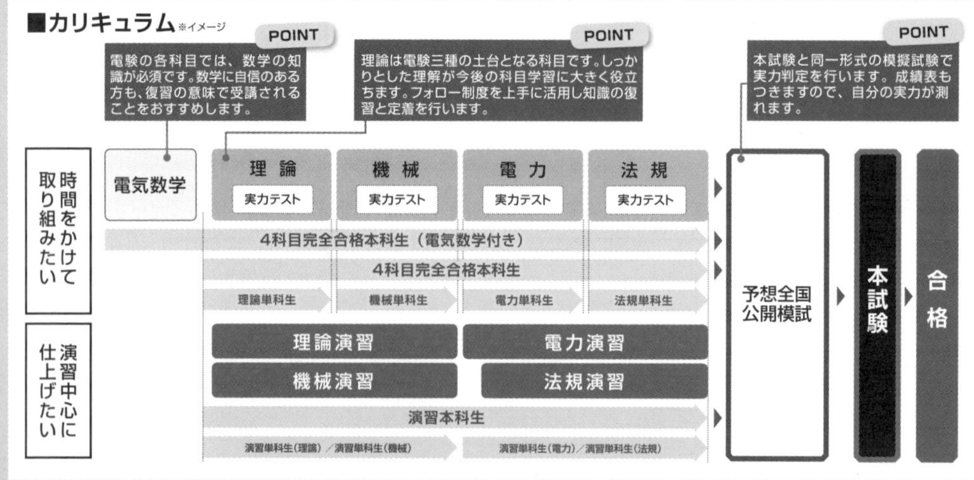

※コース名称等は変更となる場合がございます。※コース・料金、日程等の詳細はTAC電験三種講座のホームページをご覧ください。

売上No.1*の実績を持つわかりやすい教材!

「みんなが欲しかった!シリーズ」を使った講座なのでお手持ちの教材も使用可能!

TAC出版の大人気シリーズ教材を使って学習します。
教科書で学習したあとに、厳選した重要問題を解く。解けない問題があったら教科書で復習することで効率的に実力がつき、全科目の合格を目指せます。

*紀伊國屋PubLineデータ、M&J BA-PROD、三省堂 本 DAS-P、TSUTAYA DB WATCH の4社分合計を弊社で集計（2019.1～2021.7）
「みんなが欲しかった! 電験三種 はじめの一歩」、「みんなが欲しかった! 電験三種 理論の教科書 & 問題集」、
「みんなが欲しかった! 電験三種 電力の教科書 & 問題集」、「みんなが欲しかった! 電験三種 機械の教科書 & 問題集」、
「みんなが欲しかった! 電験三種 法規の教科書 & 問題集」、「みんなが欲しかった! 電験三種の10年過去問題集」

自分の環境で選べる学習スタイル!

無理なく学習できる! 通学講座だけでなくWeb通信・DVD通信講座も選べる!

教室講座
日程表に合わせてTACの教室で講義を受講する学習スタイルです。欠席フォロー制度なども充実していますので、安心して学習を進めていただけます。

ビデオブース講座
教室の講義を収録した講義映像をTAC各校舎のビデオブースで視聴する学習スタイルです。ご自宅で学習しにくい環境の方にオススメです。

Web通信講座
インターネットを利用していつでもどこでも教室講義と変わらぬ臨場感と情報量で集中学習が可能です。時間にとらわれず、学習したい方にオススメです。

DVD通信講座
教室講義を収録した講義DVDで学習を進めます。DVDプレーヤーがあれば、外出先でもどこでも学習可能です。

合格するための充実のサポート。安心の学習フォロー!

講義を休んだらどうなるの? そんな心配もTACなら不要! 下記以外にも多数ご用意!

質問制度

様々な学習環境にも対応できるよう質問制度が充実しています。

- 講義後に講師に直接質問
- 校舎での対面質問
- 質問メール
- 質問電話
- 質問カード
- オンライン質問

Webフォロー 標準装備
受講している同一コースの講義を、インターネットを通じて学習できるフォロー制度です。弱点補強等、講義の復習や欠席フォローとして、様々にご活用できます!

- いつでも好きな時間に何度でも繰り返し受講することができます。
- 講義を欠席してしまったときや復習用としてもオススメです。

自習室の利用 本科生のみ

家で集中して学習しにくい方向けに教室を自習室として開放しています。

i-support

インターネットでメールでの質問や最新試験情報など、役立つ情報満載!

最後の追い込みもTACがしっかりサポート!

予想全国公開模試

**全国順位も出る!
実力把握に最適!**

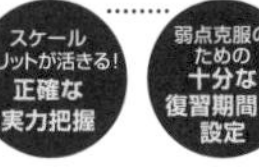

本試験さながらの緊張感の中で行われる予想全国公開模試は受験必須です！ 得点できなかった論点など、弱点をしっかり克服して本試験に挑むことができ、TAC新宿校、梅田校、名古屋校などの会場で実施予定です。またご自宅でも受験することができます。予想全国公開模試の詳細は、ホームページをご覧ください。

オプション講座・直前対策講義

直前期に必要な知識を総まとめ!

強化したいテーマのみの受講や、直前対策とポイントに絞った講義で総仕上げできます。
詳細は、ホームページをご覧ください。

※電験三種各種本科生には、「予想全国公開模試」が含まれておりますので、別途お申込みの必要はありません。

資料請求・お問い合わせ　通話無料 0120-509-117（ゴウカク イイナ）　受付時間 月～金／9:30～19:00 土・日・祝／9:30～18:00

TAC電験三種ホームページで最新情報をチェック!

TAC 電験三種

(2021年7月現在)

書籍のご購入は

1 全国の書店、大学生協、ネット書店で

2 TAC各校の書籍コーナーで

資格の学校TACの校舎は全国に展開!
校舎のご確認はホームページにて

資格の学校TAC ホームページ
https://www.tac-school.co.jp

3 TAC出版書籍販売サイトで

TAC 出版 で 検索

https://bookstore.tac-school.co.jp/

新刊情報をいち早くチェック!

たっぷり読める立ち読み機能

学習お役立ちの特設ページも充実!

TAC出版書籍販売サイト「サイバーブックストア」では、TAC出版および早稲田経営出版から刊行されている、すべての最新書籍をお取り扱いしています。
また、無料の会員登録をしていただくことで、会員様限定キャンペーンのほか、送料無料サービス、メールマガジン配信サービス、マイページのご利用など、うれしい特典がたくさん受けられます。

サイバーブックストア会員は、特典がいっぱい!(一部抜粋)

通常、1万円(税込)未満のご注文につきましては、送料・手数料として500円(全国一律・税込)頂戴しておりますが、1冊から無料となります。

専用の「マイページ」は、「購入履歴・配送状況の確認」のほか、「ほしいものリスト」や「マイフォルダ」など、便利な機能が満載です。

メールマガジンでは、キャンペーンやおすすめ書籍、新刊情報のほか、「電子ブック版TACNEWS(ダイジェスト版)」をお届けします。

書籍の発売を、販売開始当日にメールにてお知らせします。これなら買い忘れの心配もありません。

書籍の正誤に関するご確認とお問合せについて

書籍の記載内容に誤りではないかと思われる箇所がございましたら、以下の手順にてご確認とお問合せをしてくださいますよう、お願い申し上げます。

なお、正誤のお問合せ以外の**書籍内容に関する解説および受験指導などは、一切行っておりません**。

そのようなお問合せにつきましては、お答えいたしかねますので、あらかじめご了承ください。

1 「Cyber Book Store」にて正誤表を確認する

TAC出版書籍販売サイト「Cyber Book Store」のトップページ内「正誤表」コーナーにて、正誤表をご確認ください。

CYBER BOOK STORE TAC出版書籍販売サイト

URL:https://bookstore.tac-school.co.jp/

2 1の正誤表がない、あるいは正誤表に該当箇所の記載がない ⇒ 下記①、②のどちらかの方法で文書にて問合せをする

★ご注意ください★

お電話でのお問合せは、お受けいたしません。

①、②のどちらの方法でも、お問合せの際には、「お名前」とともに、

「対象の書籍名(○級・第○回対策も含む)およびその版数(第○版・○○年度版など)」

「お問合せ該当箇所の頁数と行数」

「誤りと思われる記載」

「正しいとお考えになる記載とその根拠」

を明記してください。

なお、回答までに1週間前後を要する場合もございます。あらかじめご了承ください。

① ウェブページ「Cyber Book Store」内の「お問合せフォーム」より問合せをする

【お問合せフォームアドレス】

https://bookstore.tac-school.co.jp/inquiry/

② メールにより問合せをする

【メール宛先 TAC出版】

syuppan-h@tac-school.co.jp

※土日祝日はお問合せ対応をおこなっておりません。

※正誤のお問合せ対応は、該当書籍の改訂版刊行月末日までといたします。

乱丁・落丁による交換は、該当書籍の改訂版刊行月末日までといたします。なお、書籍の在庫状況等により、お受けできない場合もございます。

また、各種本試験の実施の延期、中止を理由とした本書の返品はお受けいたしません。返金もいたしかねますので、あらかじめご了承くださいますようお願い申し上げます。

TACにおける個人情報の取り扱いについて

■お預かりした個人情報は、TAC(株)で管理させていただき、お問合せへの対応、当社の記録保管にのみ利用いたします。お客様の同意なしに業務委託先以外の第三者に開示、提供することはございません(法令等により開示を求められた場合を除く)。その他、個人情報保護管理者、お預かりした個人情報の開示等及びTAC(株)への個人情報の提供の任意性については、当社ホームページ(https://www.tac-school.co.jp)をご覧いただくか、個人情報に関するお問い合わせ窓口(E-mail:privacy@tac-school.co.jp)までお問合せください。

(2022年7月現在)

★セパレートBOOKの作りかた★

白い厚紙から，表紙のついた冊子を取り外します。

※解答編表紙と白い厚紙が，のりで接着されています。乱暴に扱いますと，破損する危険性がありますので，丁寧に抜きとるようにしてください。

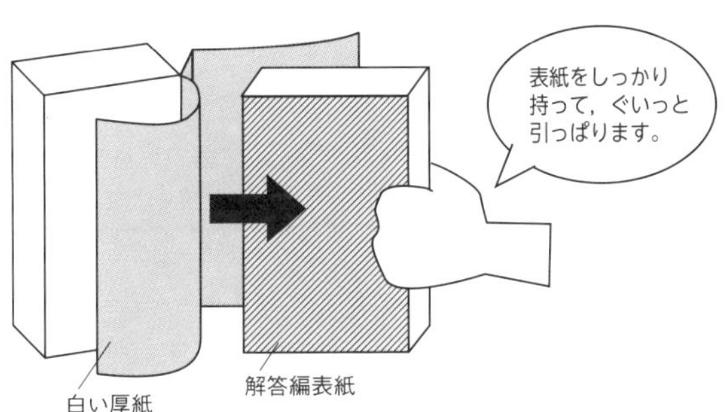

※抜きとるさいの損傷についてのお取替えはご遠慮願います。

みんなが欲しかった！

電験三種 機械の実践問題集

解答編

TAC出版
TAC PUBLISHING Group

機 械

Index

CHAPTER 01 直流機

CHAPTER 02 変圧器

CHAPTER 03 誘導機

CHAPTER 04 同期機

CHAPTER 05 パワーエレクトロニクス

CHAPTER 06 自動制御

CHAPTER 07 情報

CHAPTER 08 照明

CHAPTER 09 電熱

CHAPTER 10 電動機応用

CHAPTER 11 電気化学

解答

CHAPTER 01

直流機

1 直流発電機

確認問題

1 以下の文章の（ア）～（オ）にあてはまる語句又は式を答えよ。

直流発電機は，外からの力でコイルを回転させて直流の電気を作る発電機のことである。その誘導起電力Eは磁束ϕに［（ア）］し，回転速度Nに［（イ）］する。その他，磁極数p，電機子の全導体本数Z，並列回路の数aを用いて表すと，$E=$［（ウ）］となる。ただし，aは波巻のとき$a=$［（エ）］，重ね巻のとき$a=$［（オ）］となる。

POINT 1 直流発電機の誘導起電力

（ウ）の$E=\frac{pZ}{60a}\phi N$は専門書を見れば細かいメカニズムが説明されているが，電験対策としては覚えておくのが最も時間効率が良い。

解答 （ア）比例　（イ）比例　（ウ）$\frac{pZ}{60a}\phi N$
（エ）2　（オ）p

2 以下の文章の（ア）～（エ）にあてはまる語句を答えよ。

直流発電機では，界磁磁束と電機子電流による磁束が合成されることで，磁束の分布が偏る。これを［（ア）］と呼ぶ。また，界磁磁束の分布が乱れると，［（イ）］の減少，［（ウ）］中性軸の移動，整流子片間の電圧不均一等の悪影響が起こり，これを［（エ）］と呼ぶ。

POINT 2 電機子反作用

解答 （ア）偏磁作用　（イ）主磁束　（ウ）電気的
（エ）電機子反作用

3 以下の文章の（ア）～（エ）にあてはまる語句を答えよ。

電機子反作用の対策として用いられる方法は［（ア）］もしくは［（イ）］の方法がある。

［（ア）］は主磁極とは別に幾何学的中性軸上に磁極を設ける方法で，幾何学的中性軸上の磁束を打ち消し整流時の［（ウ）］電圧も打ち消す作用がある。

［（イ）］は磁極片に巻線を施し，［（エ）］方向の電流を近くに流すことで，電機子巻線が作る磁束を打ち消す。

POINT 3 電機子反作用の対策

解答　（ア）補極　（イ）補償巻線
（ウ）リアクタンス　（エ）逆

補償巻線は主に大容量機に採用される方式である。

4 以下の文章の（ア）～（エ）にあてはまる数値を答えよ。

・直流他励発電機が端子電圧100 V，電機子電流100 Aで運転しているとき，誘導起電力の大きさは［（ア）］Vとなる。ただし，電機子巻線抵抗は0.05 Ωとする。

・端子電圧が100 Vの直流分巻発電機の誘導起電力が110 V，電機子電流が60 Aであるとき，界磁電流が10Aであった。このとき，この発電機の電機子巻線抵抗の大きさは［（イ）］Ωであり，負荷電流は［（ウ）］Aであるので，このとき接続した外部抵抗は［（エ）］Ωと求められる。

POINT 4 他励発電機と等価回路

POINT 5 自励発電機

等価回路は覚えるしかないと考えてよい。覚えている前提で出題されることがほとんどである。

解答　（ア）105　（イ）0.167　（ウ）50　（エ）2

（ア）直流他励発電機の等価回路を描くと図1のようになる。

図１より，回路方程式は，

$$E_a = V + r_a I_a$$
$$= 100 + 0.05 \times 100 = 105\ \text{V}$$

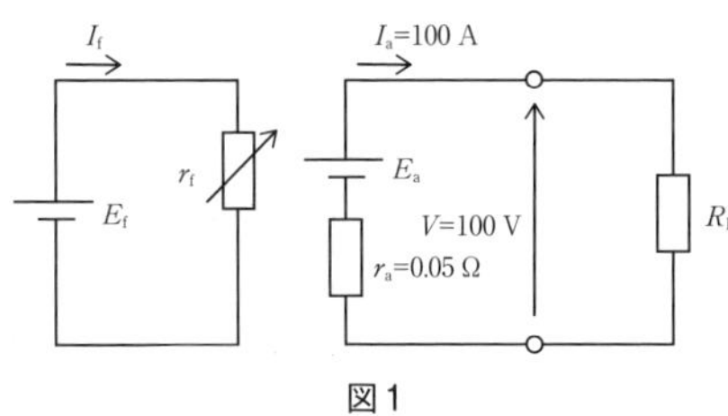

図1

電機子側の回路にキルヒホッフの法則を適用すると，

$E_a = R_L I_a + r_a I_a$

であり，$V = R_L I_a$の関係があるから，

$E_a = V + r_a I_a$

となる。

（イ）直流分巻発電機の等価回路を描くと図２のようになる。

図2より，誘導起電力E_aと端子電圧Vの関係は，

$$E_a = V + r_a I_a$$

これをr_aについて整理すると，

$$E_a - V = r_a I_a$$
$$r_a I_a = E_a - V$$
$$r_a = \frac{E_a - V}{I_a}$$

電機子側の回路のE_a→R_L→r_aを通る閉回路にキルヒホッフの法則を適用すると，

$E_a = R_L I_L + r_a I_a$

となり，$V = R_L I_L$の関係があるから，$E_a = V + r_a I_a$となる。

$$= \frac{110 - 100}{60}$$

$$\fallingdotseq 0.167\ \Omega$$

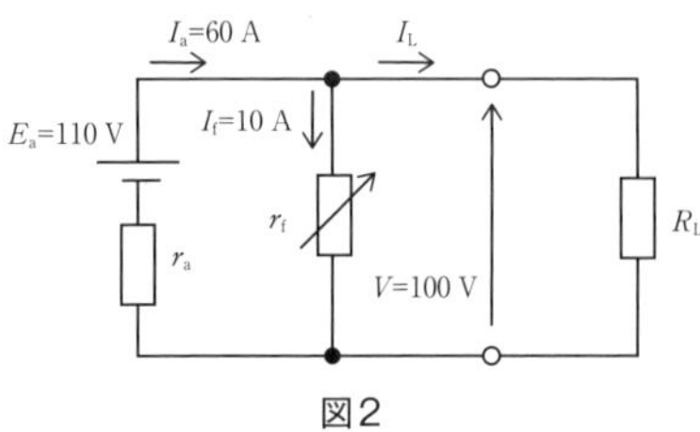

図2

（ウ）図2より負荷を流れる電流の大きさI_Lはキルヒホッフの法則より，

$$I_L = I_a - I_f$$

$$= 60 - 10 = 50\ \text{A}$$

この解答におけるキルヒホッフの法則は第1法則（電流則）である。

（エ）（ウ）より負荷を流れる電流の大きさは，I_L = 50 Aであるから，オームの法則より，

$$R_L = \frac{V}{I_L}$$

$$= \frac{100}{50} = 2\ \Omega$$

5 以下の文章の（ア）～（エ）にあてはまる語句を答えよ。

直流発電機のうち［（ア）］は，界磁のための電源として，発電機自身の電源を利用するもので［（イ）］と［（ウ）］があり，［（イ）］は電機子回路と界磁回路が並列接続されたもの，［（ウ）］は電機子回路と界磁回路が直列接続されたものである。

直流発電機のうち［（エ）］は，界磁回路と電機子回路が分離されている方式の発電機で，界磁回路用に別の電源を必要とする。

POINT 4 他励発電機と等価回路

POINT 5 自励発電機

解答 （ア）自励発電機　（イ）分巻発電機
（ウ）直巻発電機　（エ）他励発電機

基本問題

1 電機子巻線が波巻で極数が8の直流発電機がある。電機子の全導体数が576で回転速度が885 min^{-1}であるとき，誘導起電力の大きさ[kV]として最も近いものを次の(1)〜(5)のうちから一つ選べ。ただし，1極あたりの磁束は0.03 Wbとする。

POINT 1 直流発電機の誘導起電力

(1) 0.25　(2) 1.0　(3) 25　(4) 250　(5) 1000

解答 (2)

直流発電機の誘導起電力E[V]は，磁極数をp，電機子の全導体本数（コイル辺の数）をZ，1極あたりの磁束をϕ[Wb]，回転速度をN[min^{-1}]，並列回路数をaとすると，

$$E=\frac{pZ}{60a}\phi N$$

波巻においては$a=2$となるので，

$$E=\frac{8\times 576}{60\times 2}\times 0.03\times 885$$

$$\fallingdotseq 1020\ \mathrm{V}$$

よって，誘導起電力の大きさE[kV]は約1.0 kVと求められる。

2 上記 **1** の条件において電機子巻線が重ね巻であるとき，誘導起電力の大きさ[kV]として，最も近いものを次の(1)〜(5)のうちから一つ選べ。

POINT 1 直流発電機の誘導起電力

(1) 0.25　(2) 1.0　(3) 25　(4) 250　(5) 1000

解答 (1)

直流発電機の誘導起電力E[V]は，磁極数をp，電機子の全導体本数（コイル辺の数）をZ，1極あたりの磁束をϕ[Wb]，回転速度をN[min^{-1}]，並列回路数をaとすると，

$$E=\frac{pZ}{60a}\phi N$$

で求められ，重ね巻においては$a=p=8$となるので，

$$E=\frac{8\times576}{60\times8}\times0.03\times885$$

$$\fallingdotseq 254.9\ \text{V}$$

よって，誘導起電力の大きさE[kV]は約0.25 kVと求められる。

3 誘導起電力が110 Vの直流発電機がある。この発電機が1000 min^{-1}で回転しているとき，この発電機の磁極の1極あたりの磁束の大きさ[Wb]として，最も近いものを次の(1)～(5)のうちから一つ選べ。ただし定数$K=\frac{pZ}{60a}=10$とする。

(1) 0.011　(2) 0.11　(3) 1.1　(4) 1.2　(5) 11

POINT 1 直流発電機の誘導起電力

解答 (1)

直流発電機の誘導起電力E[V]は，磁極数をp，電機子の全導体本数（コイル辺の数）をZ，1極あたりの磁束をϕ[Wb]，回転速度をN[min^{-1}]，並列回路数をaとすると，

$$E=\frac{pZ}{60a}\phi N=K\phi N$$

ϕについて整理すると，

$$\phi=\frac{E}{KN}$$

$$=\frac{110}{10\times1000}$$

$$=0.011\ \text{Wb}$$

4 直流発電機では発電機で電気を作り，コイルに電流が流れると，その流れた電流により磁束が発生する。これにより，界磁磁束による磁界の向きに影響を与える現象を［（ア）］と呼ぶ。電機子電流による磁束を加味しない中性軸を［（イ）］，電機子電流による磁束を考慮した場合の中性軸を［（ウ）］と呼ぶ。［（イ）］と［（ウ）］の角度は電機子電流の大きさが大きくなるほど［（エ）］。［（ア）］の対策として［（オ）］

POINT 2 電機子反作用

POINT 3 電機子反作用の対策

は電機子に流れる電流と，逆方向の電流を近くに流すことで，電機子巻線が作る磁束を打ち消す方法である。

上記の記述中の空白箇所（ア），（イ），（ウ），（エ）及び（オ）に当てはまる組合せとして，正しいものを次の(1)～(5)のうちから一つ選べ。

	（ア）	（イ）	（ウ）	（エ）	（オ）
(1)	電機子反作用	電気的中性軸	幾何学的中性軸	大きくなる	補償巻線
(2)	電機子作用	電気的中性軸	幾何学的中性軸	大きくなる	補償巻線
(3)	電機子反作用	幾何学的中性軸	電気的中性軸	小さくなる	補極
(4)	電機子反作用	幾何学的中性軸	電気的中性軸	大きくなる	補償巻線
(5)	電機子作用	電気的中性軸	幾何学的中性軸	小さくなる	補極

解答 (4)

電機子反作用のメカニズムについての内容であり，図をイメージして解答できるようになるとよい。

5 直流発電機の電機子反作用の記述として，誤っているものを次の(1)～(5)のうちから一つ選べ。

POINT 2 電機子反作用

POINT 3 電機子反作用の対策

(1) 電機子反作用とは電機子電流による磁界により，界磁磁束の磁束分布に偏りが生じ，発電機に悪影響を及ぼす作用である。

(2) 電機子反作用による悪影響の一つとして，主磁束への影響が挙げられる。これは界磁磁束と電機子電流による磁束とが合成されることで磁束の強め合う部分と弱め合う部分が発生するからであるが全体としては，磁束の合計は変わらない。

(3) 電機子反作用の影響には電気的中性軸の移動があるが，これにより起電力が発生しているコイルを，ブラシで短絡すると火花を生じる可能性がある。

(4) 電機子反作用の対策として，補極を設けるという方法がある。これは，幾何学的中性軸上に磁極を設けることで，幾何学中性軸上の磁束を打ち消し，電気的中性軸の移動を抑える方法である。

(5) 電機子反作用の対策として，補償巻線を設ける方法がある。補償巻線は，磁極片に巻線を施し，電機子電流と逆方向に電流を流すことで，主磁極の外側で磁束を打ち消し合うようにする方法である。電機子巻線と補償巻線は直列に接続する。

解答 (2)

(1) 正しい。電機子反作用とは電機子電流による磁界により，界磁磁束の磁束分布に偏りが生じ，発電機に影響を及ぼす作用である。

(2) 誤り。電機子反作用による悪影響の一つとして，主磁束への影響が挙げられる。これは界磁磁束と電機子電流による磁束とが合成されることで磁束の強め合う部分と弱め合う部分が発生するからであるが，磁束の強め合う部分では磁気飽和により一定以上強くならないが，弱め合う部分では磁束が弱まり，全体として主磁束は減少する。

(3) 正しい。電機子反作用の影響には電気的中性軸の移動があるが，これにより起電力が発生しているコイルを，ブラシで短絡すると火花を生じる可能性がある。

電気的中性軸が移動することで，幾何学的中性軸にあるブラシでコイルが短絡され，コイルに大電流が流れ，整流子片の間で火花が生じる。

(4) 正しい。電機子反作用の対策として，補極を設けるという方法がある。これは，幾何学的中性軸上に磁極を設けることで，幾何学中性軸上の磁束を打ち消し，電気的中性軸の移動を抑える方法である。

(5) 正しい。電機子反作用の対策として，補償巻線を設ける方法がある。補償巻線は，磁極片に巻線を施し，電機子電流と逆方向に電流を流すことで，主磁極の外側で磁束を打ち消し合うようにする方法である。電機子巻線と補償巻線は直列に接続する。

6 出力4 kWである直流他励発電機があり，その電機子回路の抵抗が0.1 Ωである。この発電機を5 Ωの負荷に繋ぎ運転したところ，端子電圧が100 V，回転速度1600 min^{-1}となった。この発電機の運転時の誘導起電力の大きさ[V]として最も近いものを次の(1)～(5)のうちから一つ選べ。

(1) 98　(2) 99　(3) 100　(4) 101　(5) 102

POINT 4 他励発電機と等価回路

注目 1. 等価回路を描く。
2. 回路方程式を出す。
3. 回路方程式を解く。
この手順はどんなに難しい計算問題になっても同じである。

等価回路は他励だから電源は別になる等ある程度理解は必要であるが，暗記を要する項目である。

解答 (5)

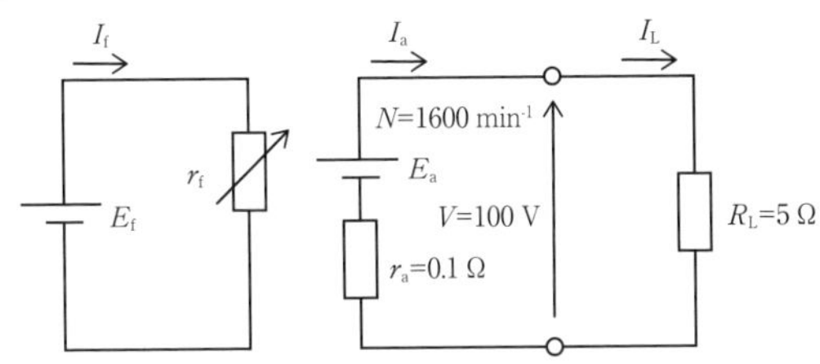

問題に沿って等価回路を描くと上図のようになる。

負荷に流れる電流I_Lはオームの法則より，

$$I_L = \frac{V}{R_L} = \frac{100}{5} = 20\ \mathrm{A}$$

他励発電機の場合電機子電流I_aと負荷に流れる電流I_Lは等しいので，

$$I_a = I_L = 20\ \mathrm{A}$$

よって，誘導起電力E_aは，

$$E_a = V + r_a I_a = 100 + 0.1 \times 20 = 102\ \mathrm{V}$$

7 直流自励発電機には［(ア)］と［(イ)］があるが，界磁回路が並列接続されているか，直列接続されているかの違いである。［(ア)］は電機子回路と界磁回路が［(ウ)］に接続されているため，接続する負荷によって端子電圧が大きく変化する。一方，［(イ)］は電機子回路と界磁回路が［(エ)］に接続されているため，［(ア)］に比べて接続す

POINT 4 他励発電機と等価回路

POINT 5 自励発電機

る負荷による影響が小さい。また，他励発電機に比べるとその影響は［（オ）］。

上記の記述中の空白箇所（ア），（イ），（ウ），（エ）及び（オ）に当てはまる組合せとして，正しいものを次の(1)～(5)のうちから一つ選べ。

	（ア）	（イ）	（ウ）	（エ）	（オ）
(1)	分巻発電機	直巻発電機	直列	並列	小さい
(2)	分巻発電機	直巻発電機	並列	直列	大きい
(3)	直巻発電機	分巻発電機	直列	並列	大きい
(4)	分巻発電機	直巻発電機	並列	直列	小さい
(5)	直巻発電機	分巻発電機	直列	並列	小さい

解答 (3)

直巻発電機は界磁巻線が直列に接続された発電機であり，その端子電圧Vは誘導起電力E_a，電機子電流I_a，電機子巻線抵抗r_a，界磁巻線抵抗r_fで表すと，

$$V=E_a-(r_a+r_f)I_a$$

一方，分巻発電機は界磁巻線が並列に接続された発電機であるため，その端子電圧Vは，

$$V=E_a-r_aI_a$$

したがって，直巻発電機の方が電圧降下がr_fI_aだけ大きくなることが分かる。

また，分巻発電機においては，接続する負荷により電機子電流が大きくなると，端子電圧が小さくなることから，励磁電圧が小さくなる，すなわち界磁電流が小さくなることにより磁束が小さくなり，誘導起電力が小さくなることがわかる。一方，他励発電機は負荷と切り離されているため，負荷が変化することによる誘導起電力の変化はない。したがって，分巻発電機は，他励発電機より負荷の変化することによる影響が大きい。

これらの関係式はすべて等価回路に基づくものである。電験では等価回路の知識は前提として扱われる。

8 出力10 kWである直流分巻発電機があり，端子電圧が200 V，回転速度600 min^{-1}で運転しているときの誘導起電力の大きさが220 Vであった。その電機子回路の抵抗が0.05 Ωであるとき，電機子電流の大きさ[A]として，最も近いものを次の(1)〜(5)のうちから一つ選べ。

(1) 200　(2) 250　(3) 300　(4) 350　(5) 400

POINT 5 自励発電機

注目 1. 等価回路を描く。
2. 回路方程式を出す。
3. 回路方程式を解く。

解答 (5)

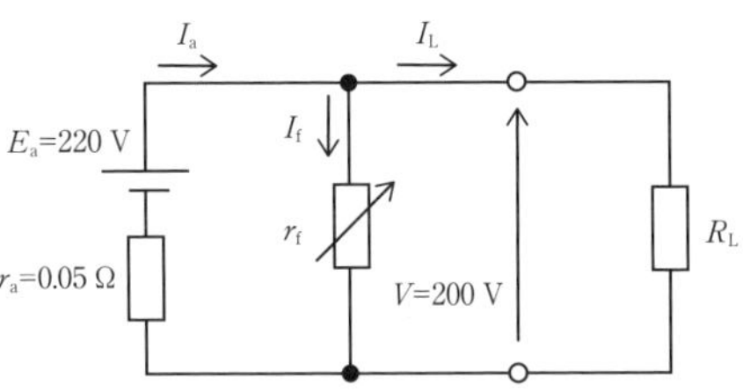

問題に沿って等価回路を描くと上図のようになる。

誘導起電力E_aと端子電圧Vの関係は，

$$E_a = V + r_a I_a$$

I_aについて整理すると，

$$r_a I_a = E_a - V$$

$$I_a = \frac{E_a - V}{r_a}$$

各値を代入すると，

$$I_a = \frac{220 - 200}{0.05}$$

$$= 400\ \mathrm{A}$$

このパターンをマスターすれば，かなり大きな得点源になり得る。

9 界磁巻線の抵抗が0.03 Ω，他の条件が上記 **8** と同条件において，直巻発電機であった場合の電機子電流の大きさ[A]として，最も近いものを次の(1)〜(5)のうちから一つ選べ。

(1) 200　(2) 250　(3) 300　(4) 350　(5) 400

POINT 5 自励発電機

解答 (2)

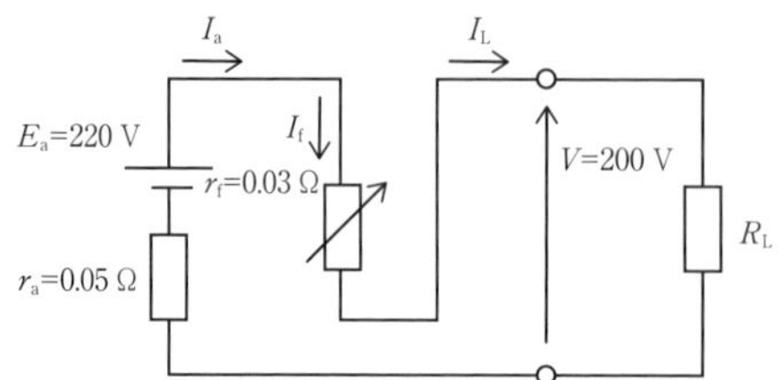

問題に沿って等価回路を描くと上図のようになる。

誘導起電力E_aと端子電圧Vの関係は,

$$E_a = V + (r_a + r_f) I_a$$

I_aについて整理すると,

$$(r_a + r_f) I_a = E_a - V$$

$$I_a = \frac{E_a - V}{r_a + r_f}$$

各値を代入すると,

$$I_a = \frac{220 - 200}{0.05 + 0.03}$$

$$= 250 \text{ A}$$

解法は問題 8 とほぼ同じである。

10 直流分巻発電機に4.0 Ωの外部抵抗が接続されている。端子電圧が200 V,誘導起電力が214 Vであるとき,界磁巻線に流れる電流の大きさとして,最も近いものを次の(1)～(5)のうちから一つ選べ。ただし,電機子巻線抵抗は0.2 Ωとする。

POINT 5 自励発電機

(1) 10　(2) 20　(3) 30　(4) 40　(5) 50

解答 (2)

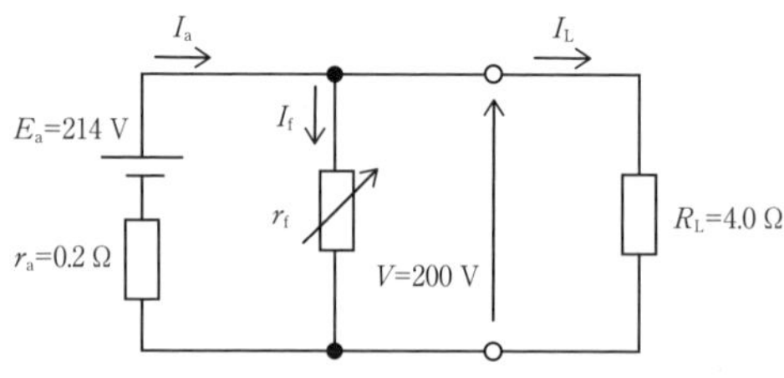

問題に沿って等価回路を描くと上図のようになる。

負荷を流れる電流I_Lはオームの法則より,

解法は問題 8 9 とほぼ同じである。

$$I_L = \frac{V}{R_L}$$

$$= \frac{200}{4.0}$$

$$= 50\ \mathrm{A}$$

一方，誘導起電力E_aと端子電圧Vの関係は，

$$E_a = V + r_a I_a$$

I_aについて整理すると，

$$r_a I_a = E_a - V$$

$$I_a = \frac{E_a - V}{r_a}$$

各値を代入すると，

$$I_a = \frac{214 - 200}{0.2}$$

$$= 70\ \mathrm{A}$$

キルヒホッフの法則より，界磁巻線に流れる電流I_fは，

$$I_a = I_f + I_L$$

$$I_f = I_a - I_L$$

$$= 70 - 50$$

$$= 20\ \mathrm{A}$$

応用問題

1 直流機に関する記述として，誤っているものを次の(1)～(5)のうちから一つ選べ。

(1) 直巻発電機は，電機子巻線と界磁巻線が直列に接続されている自励発電機で，出力電流が大きく界磁磁極が磁気飽和する場合の方が，出力電流が小さく界磁磁極が磁気飽和しない場合に比べて出力が安定する。

(2) 直流機は固定子と回転子から構成されている。一般的に固定子は界磁巻線，継鉄などによって，回転子は，電機子巻線，整流子などによって構成されている。

(3) 分巻発電機は，電機子巻線と界磁巻線が並列に接続されている発電機で，界磁抵抗を一定とすれば，電機子電流が増加すると，回転速度がわずかに上昇するが，ほぼ一定に制御できるという特徴がある。

(4) 電機子反作用は電機子電流がつくり出す磁束により発生するものであるため，発電機である場合でも電動機である場合でも発生する。しかし，電機子電流の向きが逆となるため，電機子反作用による偏磁作用も逆向きに働く。

(5) 電機子反作用の対策として，補極を設置すること，磁極片に補償巻線を設けること，という対策がある。一般的に補極はすべての直流機，補償巻線は大容量機にのみ設けることが多い。

注目 電験の誤答選択問題は非常に間違いが見つけにくく，本問の(3)のようにほとんどの内容は正しいのに一部間違っているという問題がある。
本試験では，一旦飛ばして，試験が全て解き終わってからでも良いので，再度見直すと間違いに気付くこともある。

解答 (3)

(1) 正しい。直巻発電機は，電機子巻線と界磁巻線が直列に接続されている自励発電機で，出力電流が大きく界磁磁極が磁気飽和する場合の方が，出力電流が小さく界磁磁極が磁気飽和しない場合に比べて出力が安定する。

出力電流は端子電圧に比例し，端子電圧は誘導起電力が安定すれば安定する。誘導起電力Eは定数K，磁束ϕ，回転速度Nとすると，「$E = K\phi N$」の関係があるため，磁気飽和しϕが一定となった方が出力電流が安定する。

(2) 正しい。直流機は固定子と回転子から構成されている。一般的に固定子は界磁巻線，継鉄などによって，回転子は，電機子巻線，整流子などによって構成されている。

(3) 誤り。分巻発電機は，電機子巻線と界磁巻線が並列に接続されている発電機で，界磁抵抗を一定とすれば，電機子電流が増加すると，回転速度がわずかに減少するが，ほぼ一定に制御できるという特徴がある。

(4) 正しい。電機子反作用は電機子電流がつくり出す磁束により発生するものであるため，発電機である場合でも電動機である場合でも発生する。しかし，電機子電流の向きが逆となるため，電機子反作用による偏磁作用も逆向きに働く。

(5) 正しい。電機子反作用の対策として，補極を設置すること，磁極片に補償巻線を設けること，という対策がある。一般的に補極はすべての直流機，補償巻線は大容量機にのみ設けることが多い。

2 極数6，全導体数432，回転速度950 min^{-1}で波巻の直流他励発電機に10 Ωの外部抵抗を接続し運転したところ，端子電圧が200 Vであった。これを未知の抵抗Rに置き換えたところ，抵抗Rに流れる電流の大きさが30 Aとなった。このときの抵抗Rの値［Ω］として最も近いものを次の(1)～(5)の中から一つ選べ。ただし，発電機の磁極の1極あたりの磁束の大きさは0.01 Wbとし，外部抵抗を繋ぎ変えたことによる発電機の回転速度の変化はないものとする。

(1) 6.4　(2) 6.5　(3) 6.6　(4) 6.7　(5) 6.8

電験の直流機に関して出題される計算問題は，本問のように問題文は文章のみで等価回路を描いて，解かせるパターンが多い。
出題可能性の高い分野なので，よく理解して本番に臨むこと。

解答 (3)

極数$p=6$，全導体数$Z=432$，回転数$N=950\ \mathrm{min}^{-1}$で波巻なので$a=2$，1極あたりの磁束の大きさ$\phi=0.01$ Wbなので，誘導起電力E_aは，

$$E_a=\frac{pZ}{60a}\phi N$$

$$= \frac{6 \times 432}{60 \times 2} \times 0.01 \times 950$$

$$= 205.2 \text{ V}$$

となり，等価回路を描くと下図のようになる。

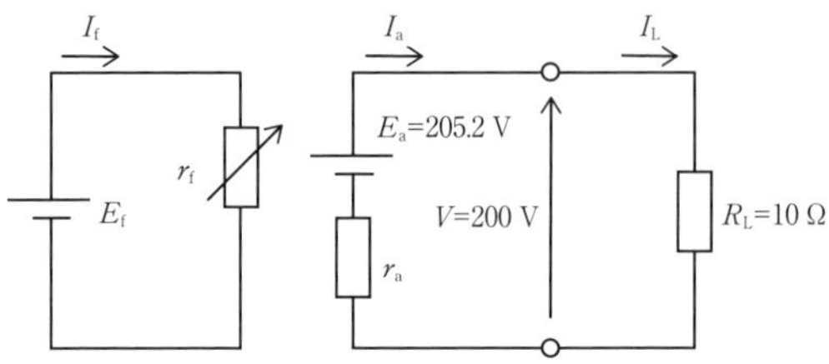

等価回路より，負荷R_Lを流れる電流I_Lは，オームの法則より，

$$I_L = \frac{V}{R_L}$$

$$= \frac{200}{10}$$

$$= 20 \text{ A}$$

誘導起電力E_aと端子電圧Vの関係は，

$$E_a = V + r_a I_a$$

であるので，これをr_aについて整理すると，

$$r_a I_a = E_a - V$$

$$r_a = \frac{E_a - V}{I_a}$$

$$= \frac{205.2 - 200}{20}$$

$$= 0.26 \ \Omega$$

次に，未知の抵抗Rに置き換えた場合について，外部抵抗を繋ぎ変えたことによる発電機の回転速度の変化はなく，他励発電機であるため，1極あたりの磁束の大きさも変化がない。したがって，抵抗を繋ぎ変えたことによる誘導起電力の変化はない。

よって，抵抗を置き換えた場合の等価回路は次図の通りとなる。

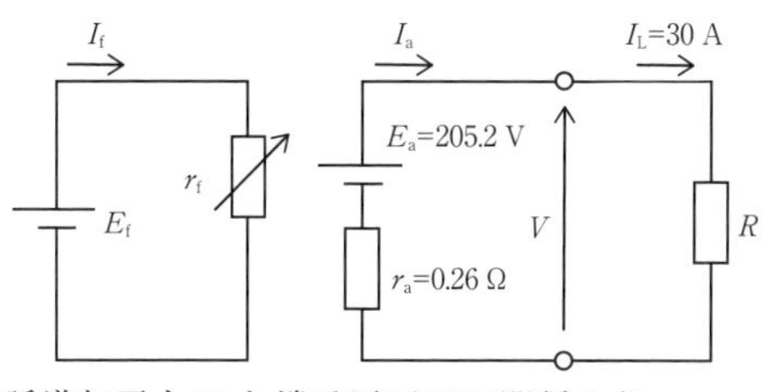

誘導起電力E_aと端子電圧Vの関係より，

$$E_a = V + r_a I_a$$

$$V = E_a - r_a I_a$$

$$= 205.2 - 0.26 \times 30$$

$$= 197.4 \text{ V}$$

よって，オームの法則より，外部抵抗Rの大きさは，

$$R = \frac{V}{I_L}$$

$$= \frac{197.4}{30}$$

$$= 6.58 \fallingdotseq 6.6 \ \Omega$$

3 端子電圧が100 V，電機子回路の全抵抗が0.1 Ωである直流他励発電機があり，ある負荷を接続し運転すると，回転速度は1440 min^{-1}であった。界磁磁束を一定に保ち，この発電機の同一端子電圧に同じ負荷を並列に接続したときの回転速度が1600 min^{-1}であったとき，負荷の大きさ[Ω]として最も近いものを次の(1)～(5)のうちから一つ選べ。

(1) 0.2　(2) 0.4　(3) 0.6　(4) 0.8　(5) 1.0

負荷を並列に接続する→負荷電流が増える→誘導起電力を大きくする必要がある→回転速度が増える
と感覚的に理解をして，具体的な計算を勉強すると理解が深まりやすい。
等価回路は暗記する必要があるが，公式は丸暗記しないことが重要。

解答 (4)

抵抗を並列に繋ぐ前後の等価回路は図1及び図2の通りとなる。

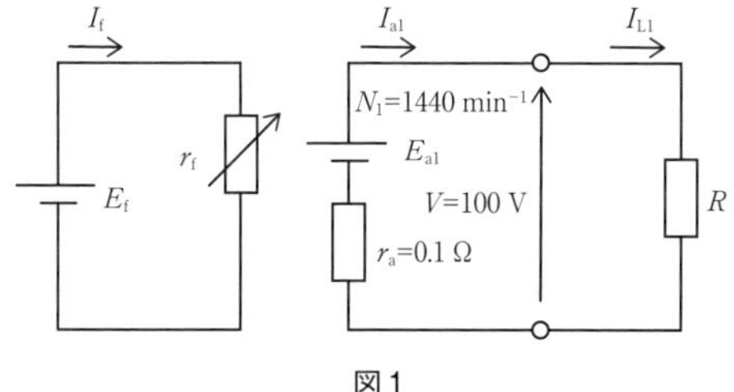

図1

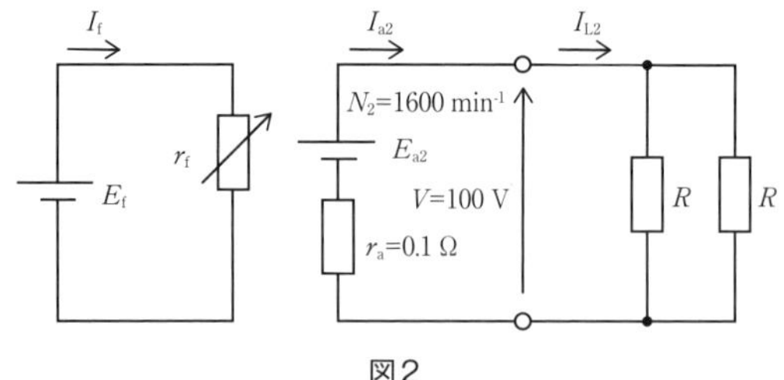

図2

図1より負荷Rを流れる電流I_{L1}は，オームの法則より，

$$I_{L1}=\frac{V}{R}$$
$$=\frac{100}{R}$$

誘導起電力E_{a1}と端子電圧Vの関係は，

$$E_{a1}=V+r_a I_{a1}$$

であるので，$I_{L1}=I_{a1}$に注意すると，

$$E_{a1}=100+0.1\times\frac{100}{R}$$
$$=100+\frac{10}{R}$$

次に図2より，負荷の合成抵抗が$\frac{R}{2}$であるから，負荷を流れる電流I_{L2}は，オームの法則より，

$$I_{L2}=\frac{V}{\frac{R}{2}}$$
$$=\frac{100}{\frac{R}{2}}$$
$$=\frac{200}{R}$$

誘導起電力E_{a2}と端子電圧Vの関係より，

$$E_{a2}=V+r_a I_{a2}$$
$$=100+0.1\times\frac{200}{R}$$
$$=100+\frac{20}{R}$$

ここで，誘導起電力Eと回転速度Nには，$E=K$

ϕNの関係があるので，ϕが一定の場合誘導起電力Eは回転速度Nに比例する。よって，

$$\frac{E_{a2}}{E_{a1}}=\frac{N_2}{N_1}$$

$$\frac{100+\dfrac{20}{R}}{100+\dfrac{10}{R}}=\frac{1600}{1440}$$

$$1600\left(100+\frac{10}{R}\right)=1440\left(100+\frac{20}{R}\right)$$

$$160000+\frac{16000}{R}=144000+\frac{28800}{R}$$

$$\frac{28800}{R}-\frac{16000}{R}=160000-144000$$

$$\frac{12800}{R}=16000$$

$$R=\frac{12800}{16000}$$

$$=0.8\ \Omega$$

2 直流電動機

確認問題

1 以下の文章の（ア）～（エ）にあてはまる語句又は式を答えよ。

直流電動機は，直流の電気で動く電動機である。電動機のトルクT[N・m]は（ア）と（イ）に比例する。（ア）と（イ）の記号及び磁極数p，電機子の全導体本数Z，並列回路の数aを用いて表すと，$T=$（ウ）[N・m]と表され，出力P_o[W]を回転速度N[min^{-1}]とトルクT[N・m]で表すと（エ）[W]となる。

POINT 1 直流電動機のトルクと出力

解答

（ア）電機子電流（または磁束）

（イ）磁束（または電機子電流）

（ウ）$\dfrac{pZ}{2\pi a}\phi I_a$　（エ）$\dfrac{2\pi N}{60}T$

（ウ）の$T=\dfrac{pZ}{2\pi a}\phi I_a$の式は必ず暗記しておくこと。（ア）と（イ）はそこから導ける。また，出力$P_o=\omega T$も他の電動機でも扱う重要公式なので，確実に覚えておく。

$\omega=\dfrac{2\pi N}{60}$について，回転速度$N$[min^{-1}]は1分間あたり何回転するか示すもの，ωは1秒あたり何rad回転するかを示すものなので，60s（=1min）で割って2π（=1回転）をかけると導くことができる。

2 以下の問に答えよ。

(1) 直流他励電動機を200 Vの電源に接続したところ，電機子電流は20 Aとなった。このとき，逆起電力の大きさ[V]を求めよ。ただし，電機子巻線抵抗は0.5 Ωとする。

(2) 直流分巻電動機に100 Vの電源を接続したところ，電機子電流は30 Aとなった。このとき，この分巻電動機の出力[kW]を求めよ。ただし，電機子巻線抵抗は0.2 Ωとする。

(3) 直流直巻電動機に220 Vの電源を接続したところ，電機子電流は25 Aであった。電機子巻線抵抗が0.5 Ω，界磁巻線抵抗が1.3 Ωであるとき，逆起電力の大きさ[V]を求めよ。

(4) 定格電圧が220 V，定格出力が4 kWの直流他励電動機がある。今，定格電圧，定格出力で運転したときの電機子電流が20 Aであったとき，この電動機の電機子巻線抵抗の大きさ[Ω]を求めよ。

(5) 逆起電力が90 V，電機子電流が15 A，回転速度が1200 min^{-1}で運転されている直流電動機のトルクの大きさ[N･m]を求めよ。

解答 (1) 190 V　(2) 2.82 kW　(3) 175 V

(4) 1.0 Ω　(5) 10.7 N･m

(1) 直流他励電動機の電機子側の等価回路を示すと下図の通りとなる。

POINT 2 直流電動機の等価回路

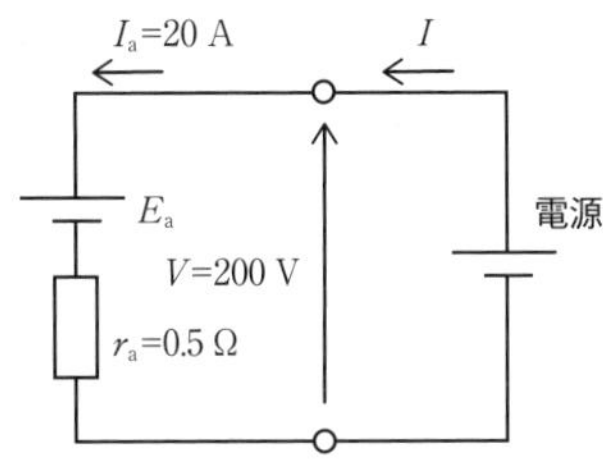

等価回路より，キルヒホッフの法則を適用すると，

$$V = E_a + r_a I_a$$

$$200 = E_a + 0.5 \times 20$$

$$200 = E_a + 10$$

$$E_a = 190\ \mathrm{V}$$

(2) 直流分巻電動機の等価回路を示すと下図の通りとなる。

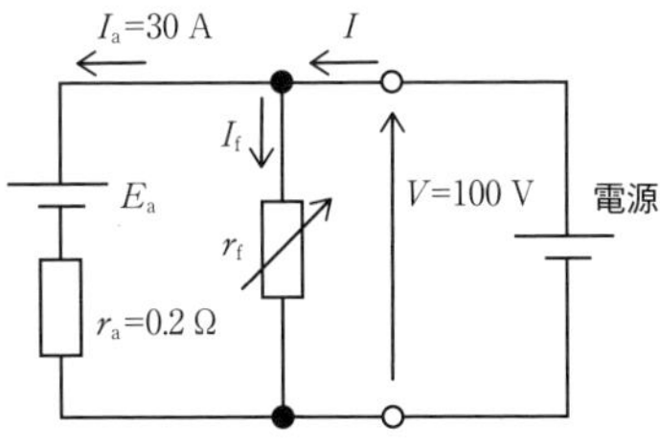

等価回路より，キルヒホッフの法則を適用すると，

$$V = E_a + r_a I_a$$

$$100 = E_a + 0.2 \times 30$$

$$100 = E_a + 6$$

$$E_a = 94\ \mathrm{V}$$

したがって，分巻電動機の出力P_o[W]は，

$$P_o = E_a I_a$$

$$= 94 \times 30$$

$$= 2820\ \mathrm{W} = 2.82\ \mathrm{kW}$$

(3) 直流直巻電動機の等価回路を示すと下図の通りとなる。

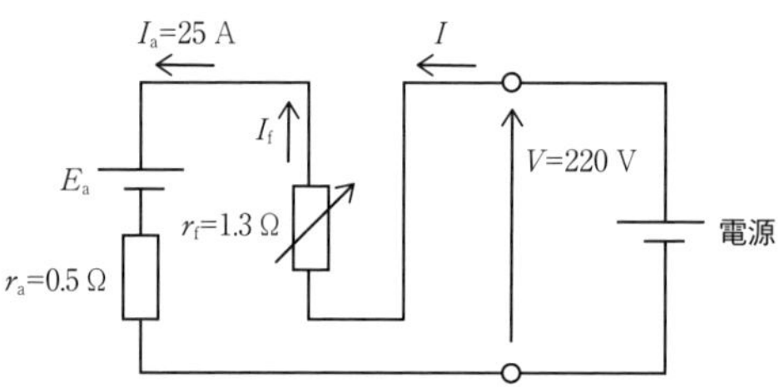

等価回路より，キルヒホッフの法則を適用すると，

$$V = E_a + (r_a + r_f) I_a$$

$$220 = E_a + (0.5 + 1.3) \times 25$$

$$220 = E_a + 45$$

$$E_a = 175\ \mathrm{V}$$

(4) 直流他励電動機の電機子側の等価回路を示すと下図の通りとなる。

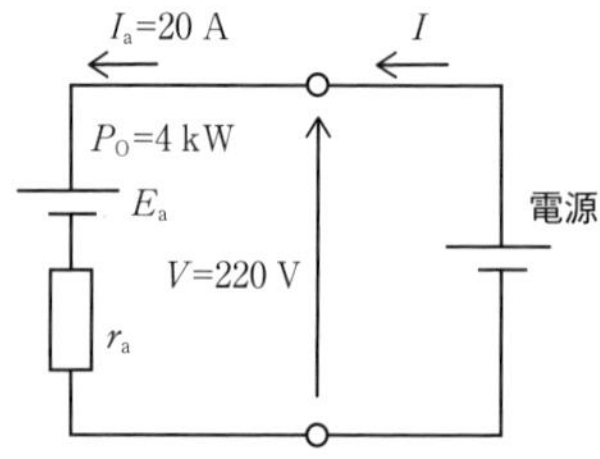

電動機の出力P_o[W]と逆起電力E_a，電機子電流I_aには，$P_o = E_a I_a$の関係があるから，逆起電力E_a[V]は，

$$E_a = \frac{P_o}{I_a}$$
$$= \frac{4 \times 10^3}{20}$$
$$= 200\ \text{V}$$

よって，電機子巻線抵抗にかかる電圧V_{ra}[V]は，

$$V_{ra} = V - E_a$$
$$= 220 - 200$$
$$= 20\ \text{V}$$

したがって，電機子巻線抵抗の大きさr_a[Ω]は，

$$r_a = \frac{V_{ra}}{I_a}$$
$$= \frac{20}{20}$$
$$= 1.0\ \Omega$$

(5) 直流電動機において，$P_o = \omega T = \frac{2\pi N}{60} T = E_a I_a$の関係があるから，

$$\frac{2\pi N}{60} T = E_a I_a$$
$$T = E_a I_a \times \frac{60}{2\pi N}$$
$$= 90 \times 15 \times \frac{60}{2 \times 3.1416 \times 1200}$$
$$\fallingdotseq 10.74 \rightarrow 10.7\ \text{N}\cdot\text{m}$$

3 以下の直流電動機に関する文章の（ア）～（エ）にあてはまる語句を「大きくなる」「小さくなる」「変わらない」で答えよ。

界磁磁束を一定に保った他励電動機において負荷電流を大きくすると回転速度は［（ア）］が，トルクは［（イ）］。直巻電動機において負荷電流を大きくすると，トルクは［（ウ）］が，回転速度は［（エ）］。

POINT 3 直流電動機の特性

解答 (ア) 変わらない　(イ) 大きくなる
(ウ) 大きくなる　(エ) 小さくなる

(ア) 他励電動機における回転速度Nは,

$$N = \frac{V - r_a I}{K\phi}$$

で与えられ, 負荷電流Iが大きくなると, わずかに回転速度が減少するが, r_aが小さいと考えれば, ほとんど変わらないがより適当。

(イ) 他励電動機におけるトルクTは,

$$T = K'\phi I$$

で与えられ, 負荷電流Iにほぼ比例して大きくなる。

(ウ) 直巻電動機におけるトルクTは,

$$T = K'\phi I_a = K'(K''I)I = K'K''I^2$$

となり, 負荷電流Iが大きくなると, トルクTは2乗に比例して大きくなることがわかる。

(エ) 直巻電動機における回転速度Nは,

$$N = \frac{V - (r_a + r_f)I}{KK''I} = \frac{V}{KK''I} - \frac{(r_a + r_f)}{KK''}$$

で与えられるので, 負荷電流Iが大きくなると, 回転速度Nは小さくなる。

4 次のグラフのうち, (a)〜(d)の関係を示したグラフを(1)〜(5)のうちから選べ。

(a) 分巻電動機のトルクと負荷電流
(b) 分巻電動機の回転速度と負荷電流
(c) 直巻電動機のトルクと負荷電流
(d) 直巻電動機の回転速度と負荷電流

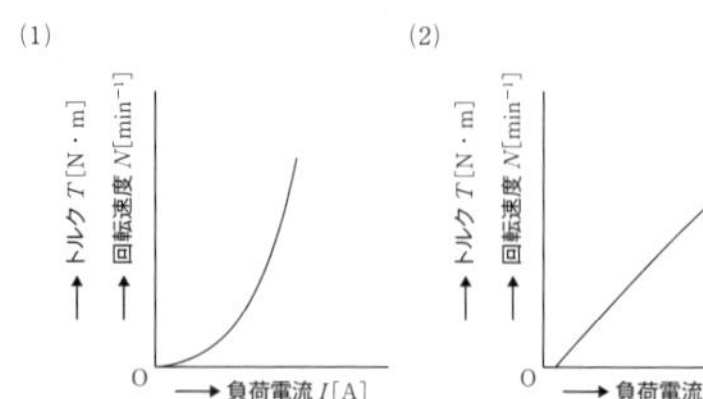

(3)

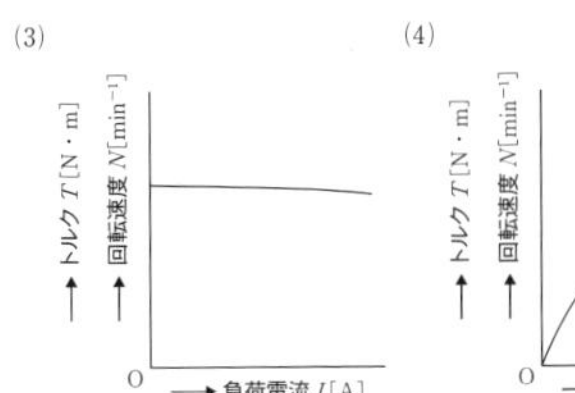

(4)

→トルク T[N・m] →回転速度 N[min⁻¹]
O →負荷電流 I[A]

(5)

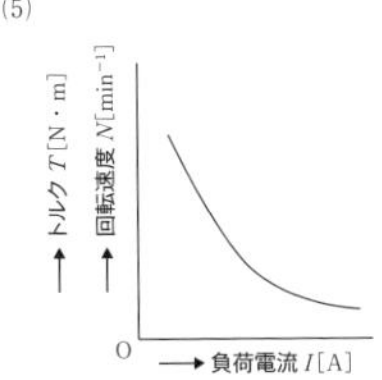

解答 (a)(2)　(b)(3)　(c)(1)　(d)(5)

(a)　分巻電動機におけるトルクTと負荷電流Iには，

$$T = K'\phi I$$

の関係があり，トルクTは負荷電流Iにほぼ比例することがわかる。よって，(2)が適当。

(b)　分巻電動機における回転速度Nと負荷電流Iには，

$$N = \frac{V - r_a I}{K\phi}$$

の関係があり，回転速度Nは負荷電流Iが大きくなると，わずかに減少するがほぼ一定であることがわかる。よって，(3)が適当。

(c)　直巻電動機におけるトルクTと負荷電流Iには，

$$T = K'\phi I_a = K'(K''I)I = K'K''I^2$$

の関係があり，トルクは負荷電流の２乗に比例して大きくなることがわかる。よって，(1)が適当。

(d)　直巻電動機における回転速度Nと負荷電流Iには，

$$N = \frac{V}{KK''I} - \frac{r_a + r_f}{KK''}$$

の関係があり，負荷電流Iが大きくなると，回転速度Nは小さくなることがわかる。よって，(5)が適当。

注目 この問題は答えを覚えるよりも，等価回路や関係式から導き出すことが重要。

5 以下の文章の（ア）～（エ）にあてはまる語句を答えよ。

直流電動機は始動時の逆起電力が［（ア）］であるため，起動時に非常に大きな電機子電流が流れる。この非常に大きな電機子電流を［（イ）］といい，［（イ）］を低減するために電機子抵抗に［（ウ）］に挿入する抵抗を［（エ）］と呼ぶ。

POINT 4 直流電動機の始動

解答 （ア）零　（イ）始動電流
（ウ）直列　（エ）始動抵抗

直流電動機の逆起電力E_aは，

$$E_a = K\phi N$$

で表されるため，始動時（回転速度$N=0$）のとき，逆起電力E_aは零となり，そのまま起動するとすべての電圧が電機子抵抗に加わり，非常に大きな始動電流が流れる。したがって，下図のように始動抵抗Rを電機子抵抗r_aに直列に接続し，始動電流を低減させる方法がとられる。

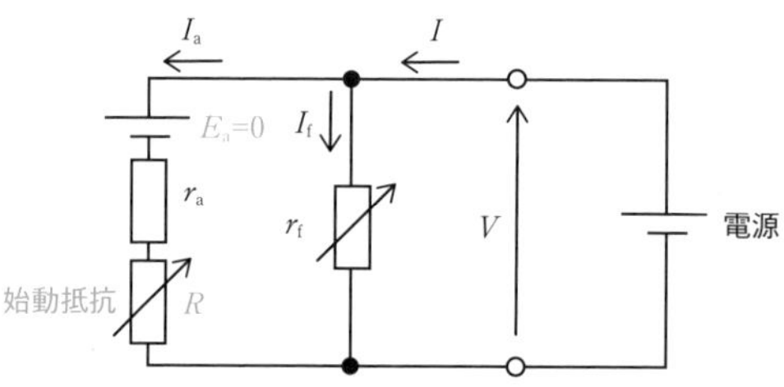

6 以下の文章の（ア）～（ウ）にあてはまる語句を上昇又は減少で答えよ。

直流電動機は速度制御を電圧，抵抗，界磁で制御できる。電圧を上げると電動機の回転速度は［（ア）］し，電機子巻線の抵抗値を大きくすると電動機の回転速度は［（イ）］し，界磁磁束を増加させると電動機の回転速度は［（ウ）］する。

POINT 5 直流電動機の速度制御

解答 （ア）上昇　（イ）減少　（ウ）減少

直流電動機（他励及び分巻）の回転速度Nは，

$$N=\frac{V-r_a I}{K\phi}$$

の関係があるから，電圧Vを上げると電動機の回転速度はほぼ比例して上昇し，電機子巻線の抵抗値r_aを上げると電動機の回転速度は一次関数的に減少し，界磁磁束を増加させると，電動機の回転速度は反比例して減少する。

7 以下の直流電動機の制動に関する文章の（ア）～（ウ）にあてはまる語句を答えよ。

①［（ア）］制動
電動機を発電機として運転し，電力を電源に送り制動する方法。

②［（イ）］制動
電源から切り離して抵抗を接続し，電動機を発電機として運転させ制動する方法。

③［（ウ）］制動
電機子の端子を逆に接続して制動する方法。

POINT 6 直流電動機の制動法

解答　（ア）回生　（イ）発電　（ウ）逆転

それぞれの制動法の名称と概要をしっかりと理解しておくこと。

基本問題

1 電機子巻線が重ね巻で極数が6の直流電動機がある。この電動機を100 Vの電源につないだところ，電機子電流が25 Aになり安定運転した。この電動機のトルクの大きさ[N・m]として，最も近いものを次の(1)〜(5)のうちから一つ選べ。ただし，電機子の全導体本数は128，1極あたりの磁束は0.04 Wbとする。

POINT 1 直流電動機のトルクと出力

(1) 6.8　(2) 13.6　(3) 20.4　(4) 30.6　(5) 61.1

解答 (3)

直流電動機のトルクT[N・m]は，磁極数をp，電機子の全導体本数（コイル辺の数）をZ，1極あたりの磁束をϕ[Wb]，電機子電流の大きさをI_a[A]，並列回路数をaとすると，

$$T=\frac{pZ}{2\pi a}\phi I_a$$

で求められ，重ね巻においては$a=p=6$となり，各値を代入すると，

$$T=\frac{6\times 128}{2\times 3.1416\times 6}\times 0.04\times 25$$

$$\fallingdotseq 20.4\ \mathrm{N\cdot m}$$

2 ある負荷が接続されている定格出力6 kWの他励直流電動機に200 Vの電源をつないだら，電機子電流が30 A，回転速度が900 $\mathrm{min^{-1}}$で安定運転した。電機子巻線抵抗が0.4 Ωであるとき，この電動機のトルクの大きさ[N・m]として，最も近いものを次の(1)〜(5)のうちから一つ選べ。

POINT 1 直流電動機のトルクと出力

POINT 2 直流電動機の等価回路

(1) 48　(2) 51　(3) 56　(4) 60　(5) 64

解答　(4)

直流他励電動機の電機子巻線側の等価回路は下図の通り。

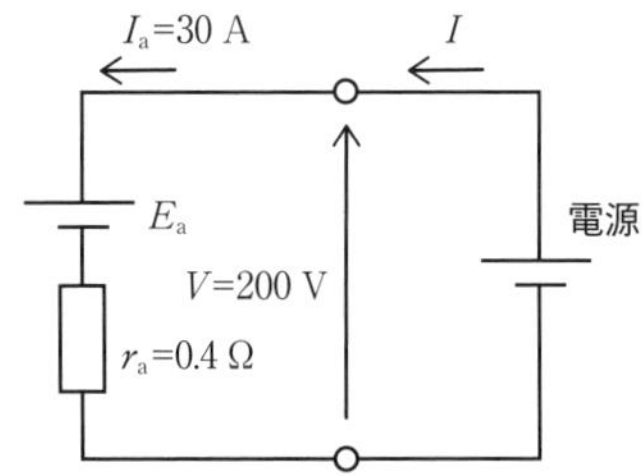

等価回路より，逆起電力の大きさE_a[V]は，

$$E_a = V - r_a I_a$$
$$= 200 - 0.4\times30$$
$$= 188\ \text{V}$$

であるから，直流電動機の出力を求める公式 $P_o = \omega T = \dfrac{2\pi N}{60} T = E_a I_a$ を利用してトルクの大きさを求めると，

$$\frac{2\pi N}{60}T = E_a I_a$$

$$T = E_a I_a \times \frac{60}{2\pi N}$$

$$= 188\times30\times\frac{60}{2\times3.1416\times900}$$

$$\fallingdotseq 59.8 \rightarrow 60\ \text{N}\cdot\text{m}$$

3　定格出力が3.7 kW，定格電圧が200 V，定格運転時の回転速度が925 min^{-1}の直流他励電動機がある。次の(a)及び(b)の問に答えよ。

(a)　定格出力，定格電圧で運転したときの電機子電流が20 Aであったとき，電機子巻線抵抗の大きさ[Ω]として，最も近いものを次の(1)～(5)のうちから一つ選べ。

(1)　0.75　(2)　1.0　(3)　1.25　(4)　1.5　(5)　1.75

(b)　界磁磁束が一定であるとして，入力電圧が190 V及び入力電流が16 Aに低下したときの回転速度の大きさ

POINT 1　直流電動機のトルクと出力

POINT 2　直流電動機の等価回路

[min^{-1}]として，最も近いものを次の(1)〜(5)のうちから一つ選べ。

(1) 850　(2) 890　(3) 925　(4) 960　(5) 990

解答 (a)(1) (b)(2)

(a) $P_o = E_a I_a$の関係より，逆起電力E_a[V]は，

$$E_a = \frac{P_o}{I_a}$$

$$= \frac{3.7 \times 1000}{20}$$

$$= 185 \text{ V}$$

他励直流電動機の電機子巻線側の等価回路は下図の通り。

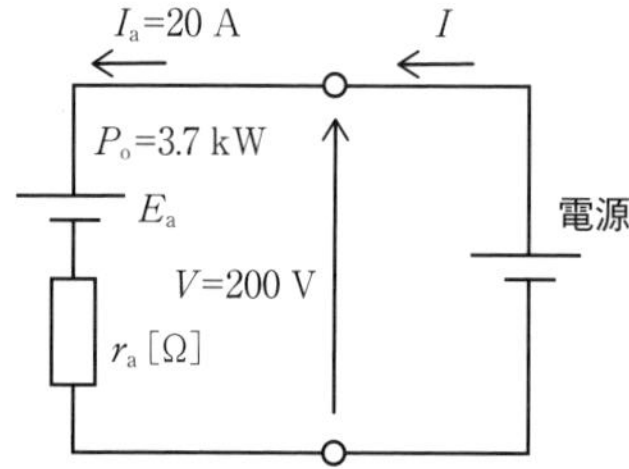

回路方程式より電機子巻線抵抗r_a[Ω]の大きさを求めると，

$$V - E_a = r_a I_a$$

$$200 - 185 = r_a \times 20$$

$$r_a = 0.75 \ \Omega$$

(b) 電圧及び電流が低下したときの等価回路は下図の通り。

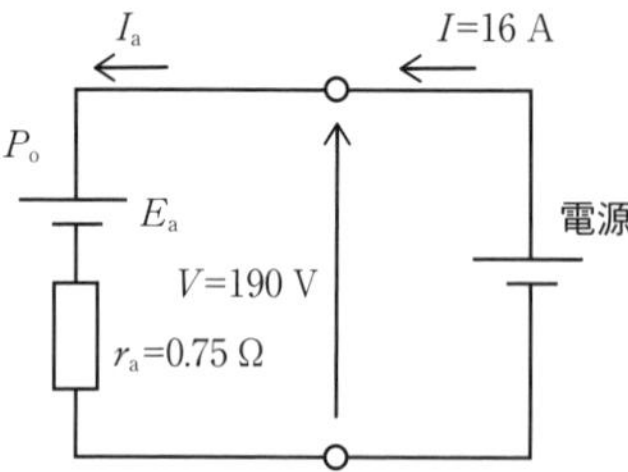

等価回路より逆起電力E_a[V]は,

$$E_a = V - r_a I_a$$
$$= V - r_a I$$
$$= 190 - 0.75 \times 16$$
$$= 178 \text{ V}$$

となり,$E_a = K\phi N$の関係があり,問題文より磁束ϕは一定であるため,E_aとNは比例するので,

$$\frac{178}{185} = \frac{N}{925}$$

$$N = \frac{925 \times 178}{185}$$
$$= 890 \text{ min}^{-1}$$

4 界磁巻線の抵抗が20 Ωの直流直巻電動機を入力電圧200 Vで始動したところ始動電流が9.75 Aとなった。このとき,次の(a)及び(b)の問に答えよ。

POINT 2 直流電動機の等価回路

POINT 4 直流電動機の始動

(a) 電機子巻線抵抗の大きさ[Ω]として,最も近いものを次の(1)~(5)のうちから一つ選べ。

(1) 0.2 (2) 0.3 (3) 0.4 (4) 0.5 (5) 0.6

(b) しばらく時間が経過し,電源の電流値を測定したところ,2.0 Aで安定していた。このとき,逆起電力の大きさ[V]として,最も近いものを次の(1)~(5)のうちから一つ選べ。

(1) 160 (2) 170 (3) 180 (4) 190 (5) 200

解答 (a)(4) (b)(1)

(a) 始動時の逆起電力$E_a = 0\,\mathrm{V}$であるから，等価回路は下図のようになる。

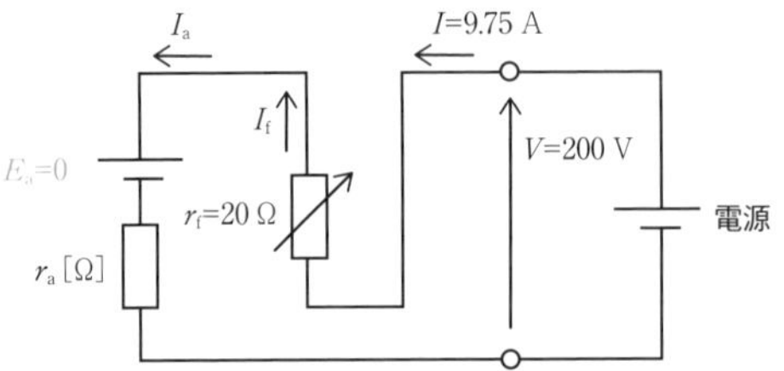

回路方程式より，電機子巻線抵抗r_a[Ω]の大きさを求めると，

$$V = (r_a + r_f)I$$

$$200 = (r_a + 20) \times 9.75$$

$$r_a + 20 = \frac{200}{9.75}$$

$$r_a = \frac{200}{9.75} - 20$$

$$\fallingdotseq 0.5128\ \Omega$$

となり，最も近いのは(4)。

(b) 電流が安定した後の等価回路を描くと下図のようになる。

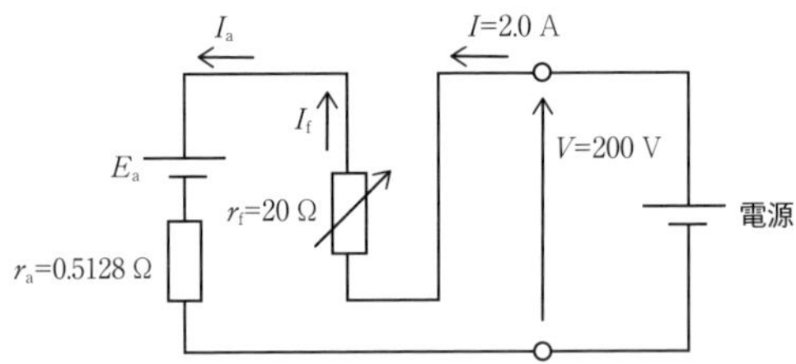

回路方程式より，逆起電力E_a[V]の大きさを求めると，

$$V = E_a + (r_a + r_f)I$$

$$200 = E_a + (0.5128 + 20) \times 2.0$$

$$\fallingdotseq E_a + 41.03$$

$$E_a \fallingdotseq 159\ \mathrm{V}$$

となり，最も近いのは(1)。

5 直流直巻電動機の速度とトルク制御について考える。

POINT 3 直流電動機の特性

電機子反作用を無視した場合，回転速度は入力電流にほぼ ［(ア)］ する。したがって，負荷が ［(イ)］ になると回転速度は非常に大きくなり大変危険であるので注意を要する。

一方，電機子電流が小さい領域では，トルクは負荷電流 ［(ウ)］ するが，電機子電流が非常に大きくなると，磁気飽和により磁束ϕがほぼ一定となるため，トルクは負荷電流に ［(エ)］。

上記の記述中の空白箇所(ア)，(イ)，(ウ)及び(エ)に当てはまる組合せとして，正しいものを次の(1)〜(5)のうちから一つ選べ。

	(ア)	(イ)	(ウ)	(エ)
(1)	反比例	無負荷	の２乗に比例	ほぼ比例する
(2)	比例	重負荷	に比例	関係なく一定となる
(3)	比例	無負荷	の２乗に比例	ほぼ比例する
(4)	比例	重負荷	に比例	ほぼ比例する
(5)	反比例	無負荷	に比例	関係なく一定となる

解答 (1)

直巻直流電動機において，回転速度Nは，

$$N=\frac{V-(r_a+r_f)I}{KK''I}=\frac{V}{KK''I}-\frac{r_a+r_f}{KK''}$$

で表され，負荷電流Iにほぼ反比例する。

したがって，無負荷で運転した場合，負荷電流Iがとても小さい値となり，回転速度が過大となり危険である。

また，トルクTは

$$T=K'\phi I_a=K'(K''I)I=K'K''I^2$$

で表されるので負荷電流Iの２乗に比例するが，電機子電流が大きくなってくると，ϕの磁気飽和が発生するため，ϕは電流Iに比例せずほぼ一定となり，トルクTは

$$T=K'\phi I_a=K'\phi I$$

で表せられるようになるため，負荷電流Iにほぼ比例するようになる。

6 次の図のうち直流電動機の名称と特性を示したグラフとして，正しい組合せを次の(1)～(5)のうちから一つ選べ。

POINT 3 直流電動機の特性

(1) **分巻電動機**

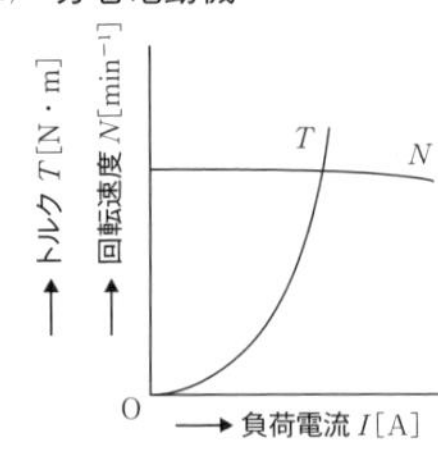

(2) **他励電動機**

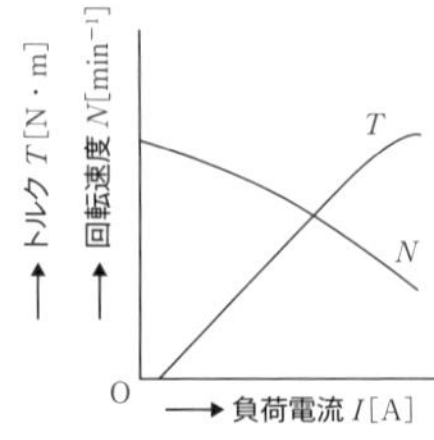

(3) **直巻電動機**

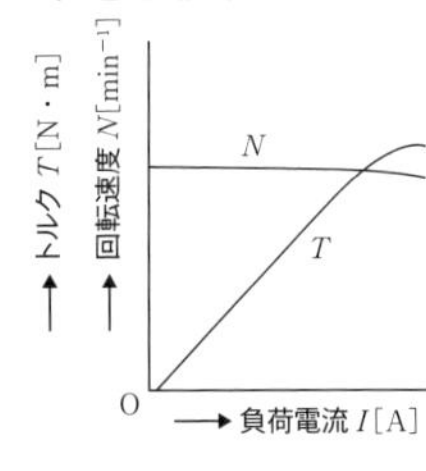

(4) **分巻電動機**

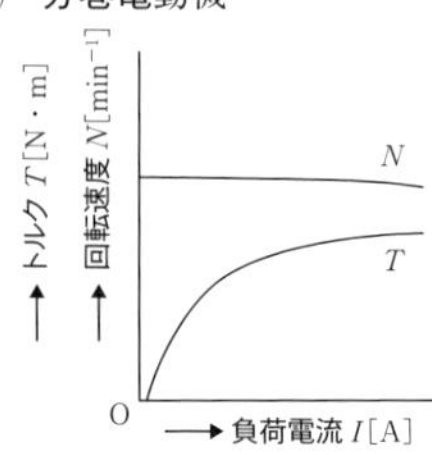

(5) **直巻電動機**

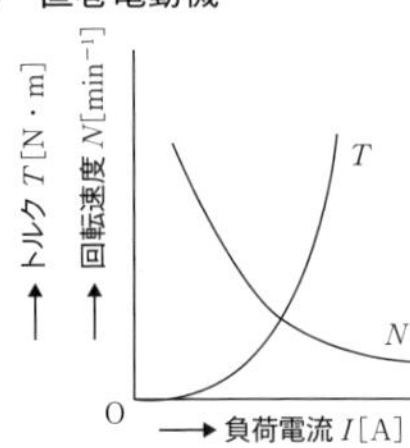

解答 (5)

他励電動機及び分巻電動機の特性曲線は図1，直巻電動機の特性曲線は図2となる。したがって，適当なのは(5)となる。

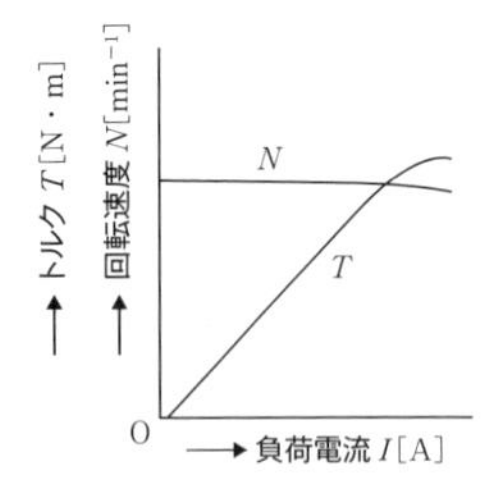

図1　他励・分巻電動機

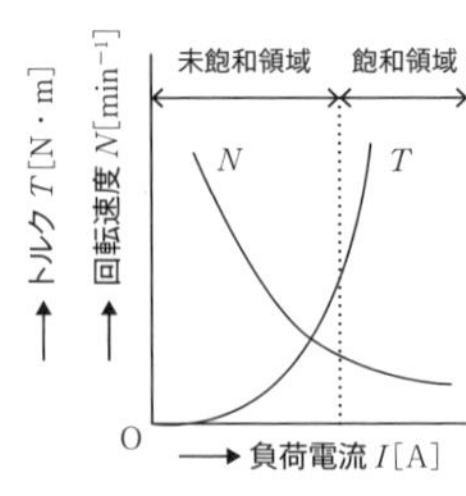

図2　直巻電動機

応用問題

1 定格出力が4 kW，電機子巻線が波巻で極数が8の直流分巻電動機がある。この電動機を200 Vの電源につなぎ定格運転したところ，電機子電流が22 Aになり安定運転した。この電動機の定格運転時の回転速度[min^{-1}]として，最も近いものを次の(1)～(5)のうちから一つ選べ。ただし，電機子の全導体本数は576，1極あたりの磁束は0.02 Wbとする。

(1) 240　(2) 350　(3) 590　(4) 780　(5) 950

解答 (1)

直流電動機のトルクT[N・m]は，磁極数をp，電機子の全導体本数（コイル辺の数）をZ，1極あたりの磁束をϕ[Wb]，電機子電流の大きさをI_a[A]，並列回路数をaとすると，

$$T=\frac{pZ}{2\pi a}\phi I_a$$

波巻においては$a=2$となるので，

$$T\fallingdotseq\frac{8\times576}{2\times3.1416\times2}\times0.02\times22$$

$$\fallingdotseq161.3\ \text{N·m}$$

また，定格運転時の逆起電力の大きさE_a[V]は，

$$E_a=\frac{P_o}{I_a}$$

$$=\frac{4\times10^3}{22}$$

$$\fallingdotseq181.8\ \text{V}$$

よって，この電動機の定格運転時の回転速度N[min^{-1}]は，

$$\frac{2\pi N}{60}T=E_aI_a$$

$$N=E_aI_a\times\frac{60}{2\pi T}$$

$$\fallingdotseq181.8\times22\times\frac{60}{2\times3.1416\times161.3}$$

波巻$a=2$及び重ね巻$a=p$はよく理解しておくこと。

前項の公式

$$E_a=\frac{pZ}{60a}\phi N$$

より，

$$N=E_a\times\frac{60a}{pZ\phi}$$

で求めてもよい。

$\fallingdotseq 237\ \mathrm{min}^{-1}$

以上より，最も近いのは(1)。

2 直流他励電動機を200 Vの電源に接続して，3Ωの外部抵抗を挿入して起動したところ，起動直後の電機子電流は60 Aとなった。その後，外部抵抗を取り外し，安定したときの電機子電流の値が30 Aとなった。この電動機の定格出力の値[kW]として，最も近いものを次の(1)〜(5)のうちから一つ選べ。

(1) 5.2　(2) 5.7　(3) 6.0　(4) 6.3　(5) 6.7

注目 本問のように等価回路を描き,回路方程式を立てて導出する問題は,電験では頻出問題である。できるだけ速く解けるように準備しておくこと。

解答 (2)

始動時の他励電動機の電機子巻線側の等価回路を示すと図1の通り。

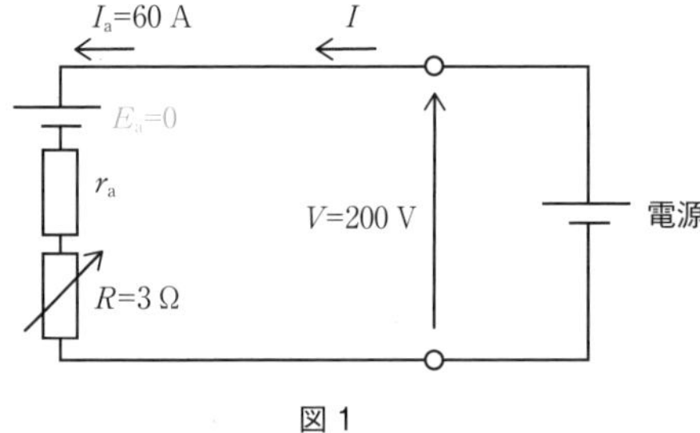

図 1

始動時は回転速度$N=0$なので，

$$E_a = K\phi N = 0$$

回路方程式から電機子巻線抵抗r_a[Ω]の値を求めると，

$$V = (r_a + R)I_a$$

$$200 = (r_a + 3)\times 60$$

$$\frac{200}{60} = r_a + 3$$

$$r_a = \frac{200}{60} - 3$$

$$\fallingdotseq 0.3333\ \Omega$$

次に，外部抵抗を取り外し，安定したときの等価回路は図2のようになる。

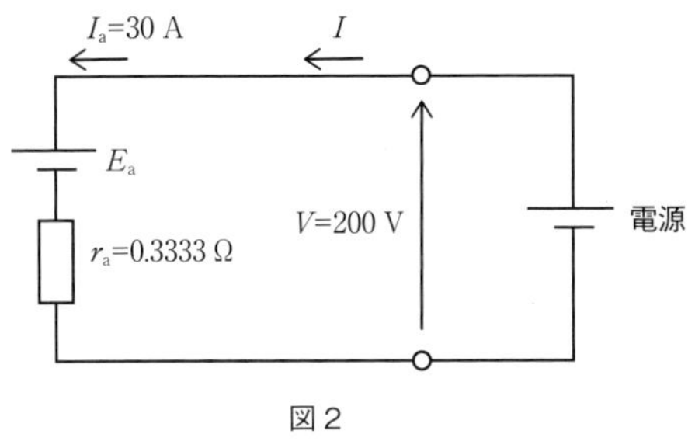

図2

図2の等価回路において，回路方程式より逆起電力E_a[V]を求めると，

$$V = E_a + r_a I_a$$

$$E_a = V - r_a I_a$$

$$= 200 - 0.3333 \times 30$$

$$\fallingdotseq 190.0 \text{ V}$$

よって，定格出力P_o[kW]は，

$$P_o = E_a I_a$$

$$= 190.0 \times 30$$

$$= 5700 \text{ W} = 5.7 \text{ kW}$$

3 電機子巻線の抵抗が0.1 Ω，界磁巻線の抵抗が10 Ωの直流分巻電動機がある。次の(a)及び(b)の問に答えよ。

(a) この電動機を入力電圧200 Vで運転したところ，入力電流が150 A，回転速度が1000 min^{-1}であった。このとき，誘導起電力の大きさ[V]として，最も近いものを次の(1)〜(5)のうちから一つ選べ。

(1) 179　(2) 181　(3) 183　(4) 185　(5) 187

(b) この電動機をトルク一定の状態で入力電圧を180 Vにしたときの回転速度[min^{-1}]として，最も近いものを次の(1)〜(5)のうちから一つ選べ。ただし，界磁磁束は界磁電流の大きさに比例するものとする。

(1) 860　(2) 890　(3) 920　(4) 950　(5) 980

(a)は標準的な問題，(b)が難易度高めの問題となる。
電験では関係式を使いこなせる能力が求められる。

解答 (a) (5)　(b) (5)

(a) 直流分巻電動機の等価回路は図1のようになる。

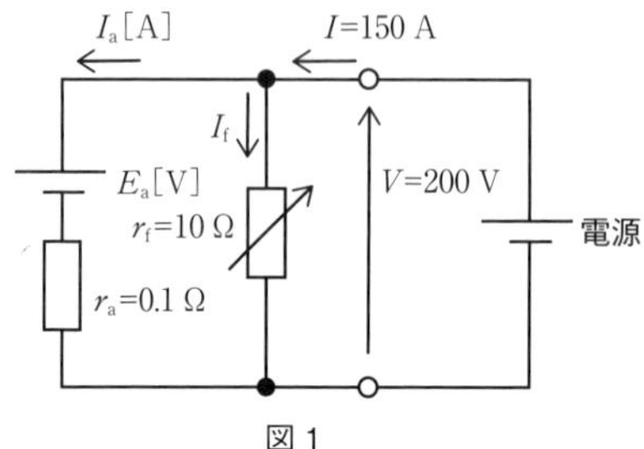

図1

等価回路より，界磁巻線に流れる電流の大きさI_f[A]は，

$$I_f = \frac{V}{r_f} = \frac{200}{10} = 20\ \text{A}$$

となるので，電機子巻線に流れる電流の大きさI_a[A]は，

$$I_a = I - I_f = 150 - 20 = 130\ \text{A}$$

よって，誘導起電力の大きさE_a[V]は，

$$E_a = V - r_a I_a = 200 - 0.1 \times 130 = 187\ \text{V}$$

(b) 入力電圧を180 Vにしたときの等価回路は図2の通り。

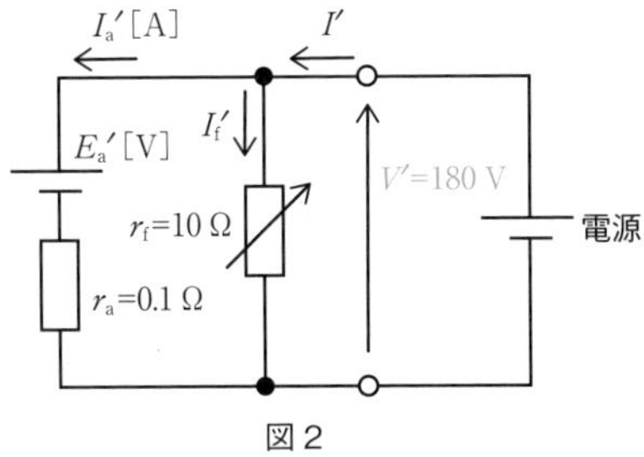

図2

図2より，界磁巻線に流れる電流I_f'[A]は，

$$I_f' = \frac{V'}{r_f}$$
$$= \frac{180}{10}$$
$$= 18 \text{ A}$$

界磁磁束は界磁電流に比例するので，入力電圧を180 Vにしたときの界磁磁束ϕ'[Wb]を入力電圧200 Vのときの界磁磁束ϕ[Wb]を用いて表すと，

$$\frac{\phi'}{\phi} = \frac{I_f'}{I_f}$$
$$\phi' = \frac{I_f'}{I_f}\phi$$
$$= \frac{18}{20}\phi$$
$$= 0.9\ \phi$$

ここで，トルクは一定であるから，この条件より界磁巻線に流れる電流I_a'[A]を求めると，

$$T = K'\phi I_a = K'\phi' I_a'$$
$$\phi I_a = \phi' I_a'$$
$$I_a' = \frac{\phi}{\phi'} I_a$$
$$= \frac{\phi}{0.9\phi} I_a$$
$$= \frac{1}{0.9} \times 130$$

$\fallingdotseq 144.4\ \mathrm{A}$

したがって，誘導起電力の大きさE_a'[V]は，

$$E_a' = V' - r_a I_a'$$
$$= 180 - 0.1 \times 144.4$$
$$\fallingdotseq 165.6\ \mathrm{V}$$

よって，$\dfrac{2\pi N}{60}T = E_a I_a$より，トルクが一定のとき$N \propto E_a I_a$であるから，図2における回転速度$N'$[min^{-1}]は，

$$\frac{N'}{N} = \frac{E_a' I_a'}{E_a I_a}$$
$$N' = \frac{E_a' I_a'}{E_a I_a} N$$
$$= \frac{165.6 \times 144.4}{187 \times 130} \times 1000$$
$$\fallingdotseq 984\ \mathrm{min}^{-1}$$

4 直流電動機に関する記述として，誤っているものを次の(1)～(5)のうちから一つ選べ。

(1) 直流電動機は始動時に非常に大きな電機子電流が流れるため，始動抵抗を電機子回路に直列に挿入する方法がとられる。

(2) 直流電動機の回転速度は電圧や抵抗，界磁によって変化する。電圧制御法は一般に他励電動機や直巻電動機に用いられる方法である。

(3) 直流他励電動機において，励磁電圧が低下すると，回転速度は低下する。

(4) 直流機の制動法のうち，電源から切り離して抵抗を接続し，抵抗で電力消費しジュール熱にする制動法を発電制動という。

(5) 直流機の制動法のうち，電機子の端子を逆にして，逆向きのトルクを発生させ停止する方法を逆転制動という。

一般に励磁電圧が低下すると，回転速度は低下すると考えがちであるが，電動機においてはトルクが小さくなるので，回転がしやすくなる，すなわち回転が上昇するようになる。
定量的に解いても良いが，定性的な理解も深めることが重要。

解答 (3)

(1) 正しい。始動時は直流電動機の逆起電力が0 Vなので，そのまま全電圧始動すると，電機子抵抗に過大な電圧がかかり非常に大きな電機子電流が

流れる。したがって，始動抵抗を電機子回路の電機子抵抗に直列に挿入する方法がとられる。以下の図の通り。

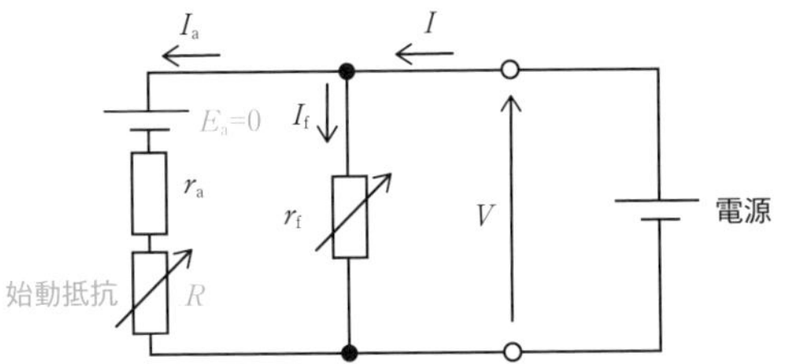

(2) 正しい。直流電動機の回転速度N[min^{-1}]は他励式や分巻式では，

$$N=\frac{V-r_a I_a}{K\phi}=\frac{V-r_a I}{K\phi}$$

直巻式では，

$$N=\frac{V-(r_a+r_f)I_a}{K\phi}=\frac{V-(r_a+r_f)I}{K\phi}$$

であるので，回転速度は電圧や抵抗，界磁によって変化する。

また，電圧制御法は分巻電動機では界磁電流が変化してしまうので一般に用いられず，他励電動機や直巻電動機に用いられる方法である。

(3) 誤り。他励直流電動機において，回転速度N[min^{-1}]は，

$$N=\frac{V-r_a I_a}{K\phi}=\frac{V-r_a I}{K\phi}$$

で与えられるので，界磁磁束ϕが低下すると，回転数は上昇する。界磁磁束は界磁電流に比例し，界磁電流は励磁電圧に比例するので，励磁電圧が低下すると，界磁磁束が低下し，回転速度は上昇する。

(4) 正しい。直流機の制動法のうち，電源から切り離して抵抗を接続し，電動機を発電機として運転させ，抵抗で電力消費しジュール熱にする制動法を発電制動という。

(5) 正しい。直流機の制動法のうち，電機子の端子を逆にして，逆向きのトルクを発生させ停止する方法を逆転制動という。

5 分巻電動機及び直巻電動機のトルクと回転速度の関係を表すグラフとして，最も近いものを次の(1)～(5)のうちから一つ選べ。

(1)

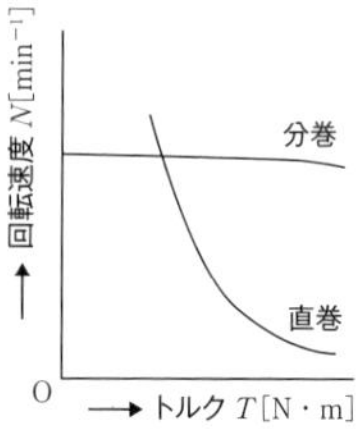

(2)

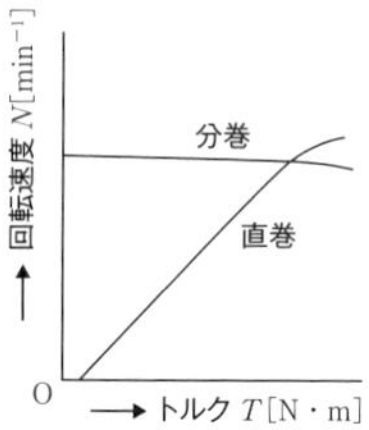

(3)

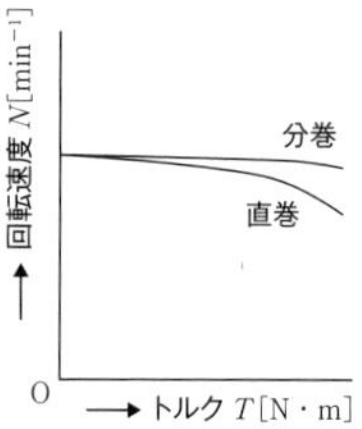

(4)

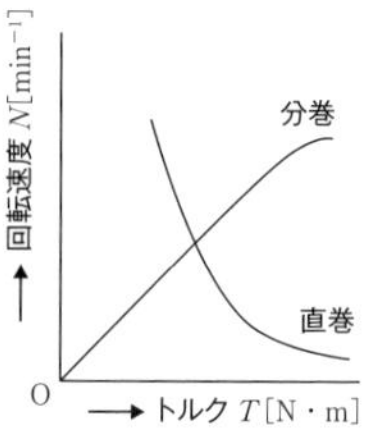

(5)

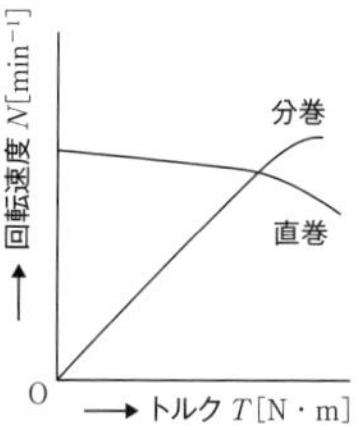

解答のように式変形で問いても良いが，特性曲線から，トルクが大きくなると，回転速度がどうなるかを読み取る方法もある。

負荷電流大 → トルクが大 → 回転速度が減少

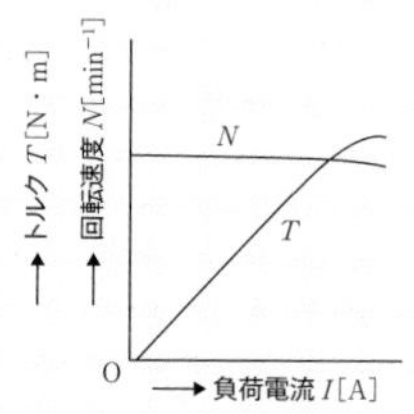

図1 他励・分巻電動機

負荷電流大 → トルクが大 → 回転速度が減少

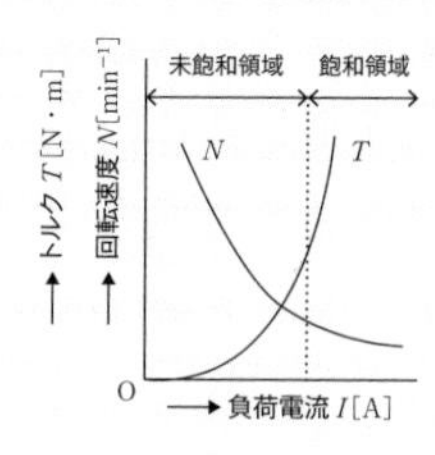

図2 直巻電動機

解答 (1)

直流他励電動機において，回転速度 N[min^{-1}]は，

$$N=\frac{V-r_a I_a}{K\phi}=\frac{V-r_a I}{K\phi} \quad \cdots\cdots ①$$

で表され，トルク T[N・m]は，

$$T=K'\phi I_a=K'\phi I \cdots\cdots ②$$

で表される。②より，

$$I=\frac{T}{K'\phi}$$

となるので，これを①に代入すると，

$$N=\frac{V-r_a\dfrac{T}{K'\phi}}{K\phi}$$

$$=\frac{V-\dfrac{r_a}{K'\phi}T}{K\phi}$$

で表され，回転速度NはトルクTが大きくなると，一次関数のような形でわずかに減少していくことがわかる。

直巻直流電動機において，回転速度N[min^{-1}]は，

$$N=\frac{V-(r_a+r_f)I}{KK''I}=\frac{V}{KK''I}-\frac{r_a+r_f}{KK''} \cdots\cdots ③$$

で表され，トルクTは，

$$T=K'\phi I_a=K'(K''I)I=K'K''I^2 \cdots\cdots ④$$

で表される。

④より，

$$I=\sqrt{\frac{T}{K'K''}}$$

となるので，これを③に代入すると，

$$N=\frac{V}{KK''\sqrt{\dfrac{T}{K'K''}}}-\frac{r_a+r_f}{KK''}$$

$$=\frac{V}{\sqrt{KK''T}}-\frac{r_a+r_f}{KK''}$$

で表され，回転速度NはトルクTが大きくなると，徐々に減少していくことがわかる。

上記を満たすグラフは，(1)となる。

解答

CHAPTER 02

変圧器

1 変圧器の構造,損失と効率

確認問題

1 次の各問に答えよ。

(1) 一次側の巻数$N_1 = 600$，二次側の巻数$N_2 = 10$で，一次誘導起電力E_1が6600 V，一次電流I_1が10 Aであるとき，二次誘導起電力E_2[V]と二次電流I_2[A]の大きさを求めよ。

(2) 巻数比$a = 10$の変圧器があり，二次誘導起電力E_2が100 V，二次電流I_2が50 Aであるとき，一次誘導起電力E_1[V]と一次電流I_1[A]の大きさを求めよ。

(3) 一次誘導起電力E_1が600 V，二次誘導起電力E_2が100 Vであるとき，巻数比aを求めよ。

(4) 一次電流I_1が5 A，二次電流I_2が40 Aであるとき，巻数比aを求めよ。

(5) 巻数比$a = 5$の変圧器において，二次側電圧E_2が100 V，二次側電流I_2が10 A，二次側の抵抗r_2が0.8 Ω，二次側のリアクタンスx_2が1.2 Ωであるとき，各値を一次側に換算した値E_2'，I_2'，r_2'，x_2'をそれぞれ求めよ。

(6) 巻数比$a = 3$の変圧器において，一次側電圧E_1が600 V，一次側電流I_1が10 A，一次側の抵抗r_1が1.8 Ω，一次側のリアクタンスx_1が2.7 Ωであるとき，各値を二次側に換算した値E_1'，I_1'，r_1'，x_1'をそれぞれ求めよ。

解答 (1) $E_2 = 110$ V, $I_2 = 600$ A

(2) $E_1 = 1000$ V, $I_1 = 5$ A　(3) $a = 6$　(4) $a = 8$

(5) $E_2' = 500$ V, $I_2' = 2$ A, $r_2' = 20$ Ω, $x_2' = 30$ Ω

(6) $E_1' = 200$ V, $I_1' = 30$ A, $r_1' = 0.2$ Ω, $x_1' = 0.3$ Ω

(1) 巻数比と電圧及び電流の関係は，

$$\frac{N_1}{N_2} = \frac{E_1}{E_2} = \frac{I_2}{I_1}$$

POINT 1 変圧器の巻数比と電圧比と電流比

なので，二次誘導起電力E_2[V]は，

$$\frac{N_1}{N_2}=\frac{E_1}{E_2}$$

$$E_2=\frac{N_2}{N_1}E_1$$

$$=\frac{10}{600}\times 6600$$

$$=110\ \text{V}$$

また，二次電流I_2[A]は，

$$\frac{N_1}{N_2}=\frac{I_2}{I_1}$$

$$I_2=\frac{N_1}{N_2}I_1$$

$$=\frac{600}{10}\times 10$$

$$=600\ \text{A}$$

$\frac{E_1}{E_2}$のことを変圧比，$\frac{I_1}{I_2}$のことを変流比と呼ぶこともある。

(2) 巻数比と電圧及び電流の関係は，

$$a=\frac{N_1}{N_2}=\frac{E_1}{E_2}=\frac{I_2}{I_1}$$

なので，一次誘導起電力E_1[V]は，

$$a=\frac{E_1}{E_2}$$

$$E_1=aE_2$$

$$=10\times 100$$

$$=1000\ \text{V}$$

また，一次電流I_1[A]は，

$$a=\frac{I_2}{I_1}$$

$$I_1=\frac{I_2}{a}$$

$$=\frac{50}{10}$$

$$=5\ \text{A}$$

POINT 1 変圧器の巻数比と電圧比と電流比

(3) 巻数比と電圧の関係より，

POINT 1 変圧器の巻数比と電圧比と電流比

$$a=\frac{N_1}{N_2}=\frac{E_1}{E_2}$$

$$=\frac{600}{100}$$

$$=6$$

(4) 巻数比と電流の関係より，

POINT 1 変圧器の巻数比と電圧比と電流比

$$a=\frac{N_1}{N_2}=\frac{I_2}{I_1}$$

$$=\frac{40}{5}$$

$$=8$$

(5) $E_2'=aE_2$, $I_2'=\frac{1}{a}I_2$, $Z_2'=a^2Z_2$であるから，

POINT 2 変圧器の等価回路

$$E_2'=aE_2$$

$$=5\times100$$

$$=500\ \mathrm{V}$$

$$I_2'=\frac{1}{a}I_2$$

$$=\frac{1}{5}\times10$$

$$=2\ \mathrm{A}$$

$$r_2'=a^2r_2$$

$$=5^2\times0.8$$

$$=20\ \Omega$$

$$x_2'=a^2x_2$$

$$=5^2\times1.2$$

$$=30\ \Omega$$

(6) $E_1'=\frac{1}{a}E_1$, $I_1'=aI_1$, $Z_1'=\frac{1}{a^2}Z_1$であるから，

POINT 2 変圧器の等価回路

$$E_1'=\frac{1}{a}E_1$$

$$=\frac{1}{3}\times600$$

$= 200\ \mathrm{V}$

$I_1{}' = aI_1$

$= 3 \times 10$

$= 30\ \mathrm{A}$

$r_1{}' = \dfrac{1}{a^2} r_1$

$= \dfrac{1}{3^2} \times 1.8$

$= 0.2\ \Omega$

$x_1{}' = \dfrac{1}{a^2} x_1$

$= \dfrac{1}{3^2} \times 2.7$

$= 0.3\ \Omega$

2 次の文章は変圧器の等価回路に関する記述である。（ア）～（オ）にあてはまる式を答えよ。

POINT 2 変圧器の等価回路

一次側と二次側の巻数比を$a = \dfrac{N_1}{N_2}$とするとき，変圧器の二次側の電圧E_2を一次側に換算した値を$E_2{}'$とすると，$E_2{}' =$ （ア） E_2，二次側の電流I_2を一次側に換算した値を$I_2{}'$とすると，$I_2{}' =$ （イ） I_2，二次側の巻線抵抗r_2を一次側に換算した値を$r_2{}'$とすると，$r_2{}' =$ （ウ） r_2，二次側の漏れリアクタンスx_2を一次側に換算した値を$x_2{}'$とすると，$x_2{}' =$ （エ） x_2，負荷のインピーダンスをZ_Lを一次側に換算した値を$Z_L{}'$とすると，$Z_L{}' =$ （オ） Z_Lとなる。これらより，変圧器の一次側に換算した簡易等価回路は図のように描くことができる。ただし，励磁電流は十分に小さいものとする。

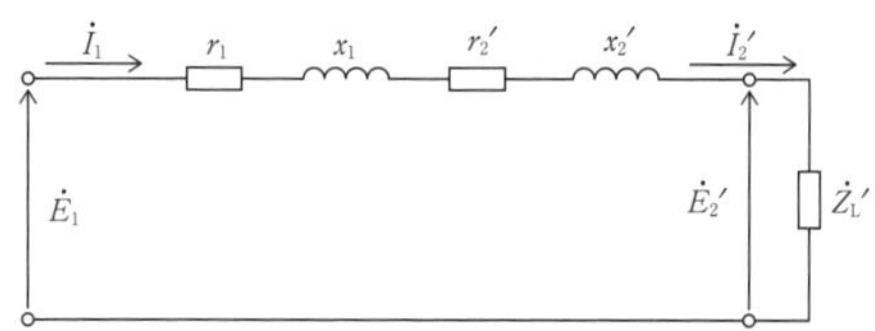

二次側を一次側に換算した簡易等価回路（L形等価回路）

解答 （ア）a （イ）$\dfrac{1}{a}$ （ウ）a^2 （エ）a^2 （オ）a^2

3 次の文章の（ア）～（エ）にあてはまる式を答えよ。

変圧器の無負荷時の二次端子電圧をV_{20}[V]，定格運転時の二次端子電圧をV_{2n}[V]とすると電圧変動率ε[%]は，ε＝［（ア）］で定義される。V_{20}[V]とV_{2n}[V]の位相差が十分小さいとし，百分率抵抗降下をp[%]，百分率リアクタンス降下をq[%]，力率角をθ[rad]とすると，電圧変動率ε[%]は，ε≒［（イ）］となる。

ただし，百分率抵抗降下p[%]及び百分率リアクタンス降下q[%]は，二次側電流をI_{2n}[A]，一次側（二次側換算）と二次側の抵抗を合算した抵抗値をr[Ω]，一次側（二次側換算）と二次側の漏れリアクタンスを合算したリアクタンス値をx[Ω]として，p＝［（ウ）］，q＝［（エ）］となる。

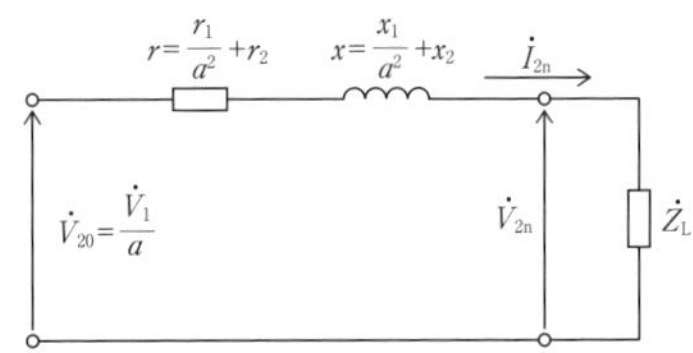

一次側を二次側に換算した簡易等価回路

POINT 3 電圧変動率

解答 （ア）$\dfrac{V_{20}-V_{2n}}{V_{2n}}\times 100$ （イ）$p\cos\theta+q\sin\theta$

（ウ）$\dfrac{rI_{2n}}{V_{2n}}\times 100$ （エ）$\dfrac{xI_{2n}}{V_{2n}}\times 100$

百分率抵抗降下p[%]は定格運転時の二次端子電圧V_{2n}[V]を基準とする抵抗での電圧降下の割合で定義され，

$$p=\frac{rI_{2n}}{V_{2n}}\times 100$$

百分率リアクタンス降下q[%]は定格運転時の二次端子電圧V_{2n}[V]を基準とするリアクタンスでの電圧降下の割合で定義され，

$$q=\frac{xI_{2n}}{V_{2n}}\times 100$$

各電圧と電流を表すベクトル図において，V_{20}[V]とV_{2n}[V]の位相差が小さいとすると，

$$V_{20}=V_{2n}+rI_{2n}\cos\theta+xI_{2n}\sin\theta$$

これを変形すると，

百分率抵抗降下pや百分率リアクタンス降下qは，百分率インピーダンスと考え方は同じなので公式を丸暗記するのではなく，理解して覚えること。

$$V_{20} - V_{2n} = rI_{2n}\cos\theta + xI_{2n}\sin\theta$$

$$\frac{V_{20} - V_{2n}}{V_{2n}} = \frac{rI_{2n}}{V_{2n}}\cos\theta + \frac{xI_{2n}}{V_{2n}}\sin\theta$$

$$\varepsilon = p\cos\theta + q\sin\theta$$

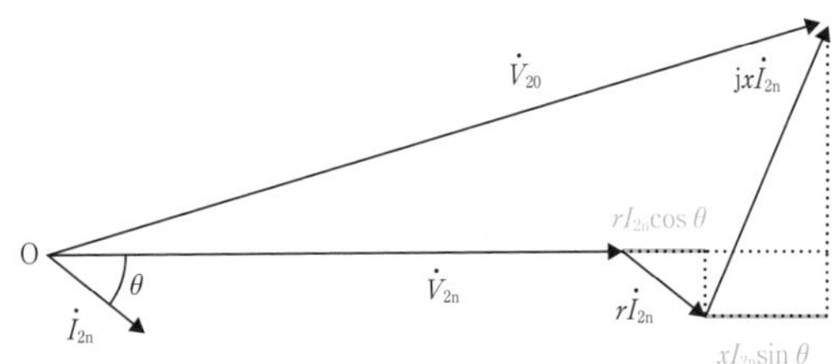

4 次の文章の（ア）～（エ）にあてはまる語句を答えよ。

変圧器の損失には無負荷損と負荷損がある。

無負荷損のうち，交番磁界により，磁界が周期的に変化することによって発生する損失を［（ア）］損，鉄心中の磁界の変化により，起電力が発生し電流が流れる損失を［（イ）］損と呼ぶ。

また，負荷損のうち，変圧器の巻線抵抗により生じる損失を［（ウ）］損，変圧器の漏れ磁束によって生じる損失を［（エ）］損と呼ぶ。

POINT 4 変圧器の損失

無負荷損と負荷損について厳密にいうと，鉄損の中にヒステリシス損と渦電流損が含まれるので無負荷損≒鉄損で良いが，銅損と漂遊負荷損は別の損失なので負荷損≒銅損＋漂遊負荷損となる。

解答　（ア）ヒステリシス　（イ）渦電流
（ウ）銅　（エ）漂遊負荷

5 次の各問に答えよ。ただし，変圧器の損失は鉄損と銅損のみで，他の損失は無視できるものとする。

(1) 変圧器の出力がP_0[W]，合計損失がP_1[W]であるとき，この変圧器の効率η[%]を求めよ。

(2) 変圧器の出力が15 kWのとき，鉄損が380 W，銅損が720 Wであった。この変圧器の効率η[%]を求めよ。

(3) 定格出力時の鉄損が800 W，銅損が1200 Wの変圧器がある。この変圧器の効率を最大とする利用率[%]を求めよ。

(4) 出力4 kWのときの鉄損が200 W，銅損が320 Wの変圧器がある。この変圧器を出力1 kWにしたときの鉄損と銅損の値[W]を求めよ。ただし，鉄損は電圧の2乗に比例するものとし，出力電圧や負荷の力率は一定とする。

(5) 定格容量が10 kV・Aの変圧器があり，定格時の鉄損

POINT 5 変圧器の効率

注目　変圧器の効率に関する問題は電験では非常によく出題される。

が300 W，銅損が1200 Wである。力率が1の抵抗負荷を接続したとき，この変圧器の効率が最大となる負荷の大きさ[kW]及び最大効率η[%]を求めよ。

解答 (1) $\dfrac{P_o}{P_o+P_l}\times 100$ (2) 93.2 % (3) 81.6 %

(4) 鉄損200 W　銅損20 W

(5) 最大となる負荷の大きさ5 kW，最大効率89.3 %

(1) 変圧器の効率η[%]は，

$$\eta=\frac{出力}{入力}\times 100=\frac{出力}{出力+損失}\times 100$$

で表されるので，変圧器の出力がP_o[W]，損失がP_l[W]であるとき，

$$\eta=\frac{P_o}{P_o+P_l}\times 100$$

(2) 変圧器の効率η[%]は，

$$\eta=\frac{出力}{入力}\times 100=\frac{出力}{出力+損失}\times 100$$

で表されるので，

$$\eta=\frac{15\times 10^3}{15\times 10^3+380+720}\times 100$$

$$\fallingdotseq 93.2\ \%$$

(3) 利用率をαとすると，銅損はαの２乗に比例する。変圧器の効率が最大になるのは，鉄損と銅損が等しいときなので，

$$800=\alpha^2\times 1200$$

$$\alpha^2=\frac{800}{1200}$$

$$=\frac{2}{3}$$

$$\alpha=\sqrt{\frac{2}{3}}$$

$$\fallingdotseq 0.816\rightarrow 81.6\ \%$$

(4)　鉄損は負荷の大きさによって変化がないので，200 Wとなる。

銅損は負荷の大きさの２乗に比例するので，

$$320\times\left(\frac{1}{4}\right)^2=320\times\frac{1}{16}$$

$$=20\ \mathrm{W}$$

(5)　変圧器の効率が最大となるのは，鉄損P_i［W］と銅損P_c［W］が等しいときである。利用率をaとすると，銅損P_c［W］はaの２乗に比例するので，変圧器の効率が最大となる条件は，

$$300=a^2\times1200$$

$$a^2=\frac{300}{1200}$$

$$=\frac{1}{4}$$

$$a=0.5$$

したがって，最大となる抵抗負荷の大きさP_m［kW］は，

$$P_m=0.5\times10$$

$$=5\ \mathrm{kW}$$

また，最大効率η［%］は，

$$\eta=\frac{P_m}{P_m+P_i+P_c}\times100$$

$$=\frac{5\times10^3}{5\times10^3+300+0.5^2\times1200}\times100$$

$$\fallingdotseq89.3\ \%$$

本問は抵抗負荷なので，$\cos\theta=1$となる。

基本問題

1 変圧器に関する記述として，誤っているものを次の(1)~(5)のうちから一つ選べ。

(1) 一次側よりも二次側の巻線の方が巻数が大きいとき，一次誘導起電力E_1[V]，二次誘導起電力E_2[V]，一次電流I_1[A]，二次電流I_2[A]の関係は$E_1<E_2$，$I_1>I_2$であり，$E_1 I_1 = E_2 I_2$である。

(2) 一次側と二次側の巻数比がaであるとき，二次側の負荷抵抗Z_Lを一次側に換算すると，$a^2 Z_L$となる。

(3) 変圧器の等価回路における励磁回路は，負荷と並列に接続されている。

(4) 変圧器の損失には無負荷損と負荷損がある。無負荷損にはヒステリシス損や誘電損，負荷損には銅損や渦電流損が存在する。

(5) 変圧器の等価回路には励磁回路を一次回路と二次回路の間に配置したT形等価回路，励磁回路を一次側の上位に配置して簡略化したL形等価回路がある。

解答 (4)

(1) 正しい。一次側の巻数をN_1，一次誘導起電力をE_1[V]，一次電流をI_1[A]，二次側の巻数をN_2，二次誘導起電力をE_2[V]，二次電流をI_2[A]とすると，巻数比aは，

$$a=\frac{N_1}{N_2}=\frac{E_1}{E_2}=\frac{I_2}{I_1}$$

となるので，$N_1<N_2$のとき，$E_1<E_2$，$I_1>I_2$であり，

$$\frac{E_1}{E_2}=\frac{I_2}{I_1}$$

式を変形すると，

$$E_1 I_1=E_2 I_2$$

POINT 1 変圧器の巻数比と電圧比と電流比

(2) 正しい。変圧器の二次側負荷抵抗を一次側に変換すると，

$$Z_L'=a^2 Z_L$$

POINT 2 変圧器の等価回路

(3) 正しい。変圧器の等価回路における励磁回路は，図の通り負荷と並列に接続されている。

POINT 2 変圧器の等価回路

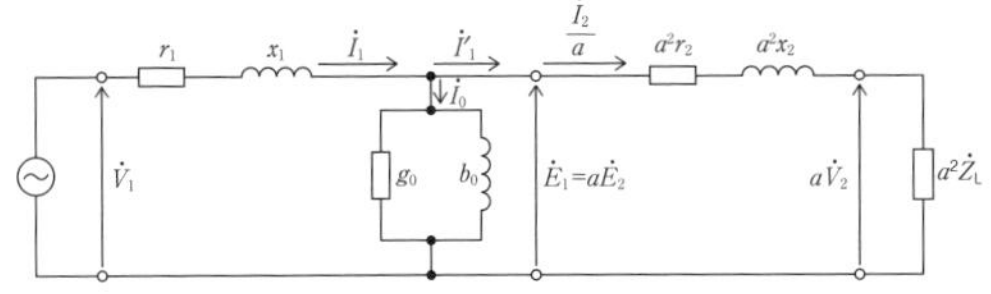

二次側を一次側に換算した等価回路（T形等価回路）

(4) 誤り。変圧器の損失には無負荷損と負荷損がある。無負荷損にはヒステリシス損や過電流損，負荷損には銅損や漂遊負荷損が存在する。過電流損は無負荷損に分類される。

(5) 正しい。下図の通り変圧器の等価回路には励磁回路を一次回路と二次回路の中央に配置したT形等価回路，励磁回路を一次側の上位に配置して簡略化したL形等価回路がある。

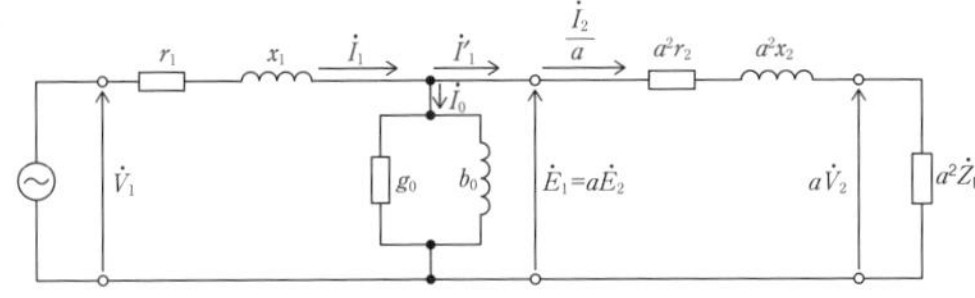

二次側を一次側に換算した等価回路（T形等価回路）

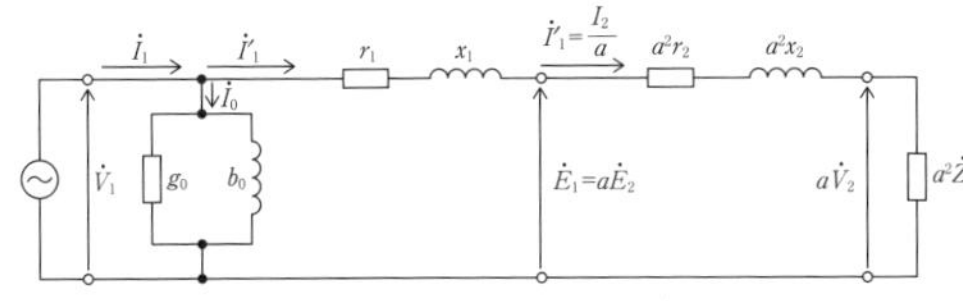

二次側を一次側に換算した簡易等価回路（L形等価回路）

POINT 4 変圧器の損失

漂遊負荷損の計算問題はまず出題されないが，名称だけでも覚えておく。

POINT 2 変圧器の等価回路

2 定格容量が66 kV・A，定格一次電圧が22 kV，定格二次電圧が220 Vの単相変圧器がある。このとき，次の(a)～(c)の問に答えよ。

(a) この変圧器の巻数比として，最も近いものを次の(1)～(5)のうちから一つ選べ。

(1) 10　(2) 30　(3) 100　(4) 300　(5) 1000

(b) この変圧器の定格一次電流の値[A]として，最も近いものを次の(1)～(5)のうちから一つ選べ。

(1) 1.0　(2) 1.7　(3) 2.4　(4) 3.0　(5) 3.5

(c) この変圧器の一次側に定格電圧をかけ，二次側に力率が0.9で大きさが3 Ωの負荷を接続したときの変圧器の一次電流の値として，最も近いものを次の(1)～(5)のうちから一つ選べ。

(1) 0.5　(2) 0.7　(3) 1.0　(4) 1.5　(5) 2.0

解答 (a)(3) (b)(4) (c)(2)

(a) 一次側の巻数をN_1，一次誘導起電力をE_1[V]，一次電流をI_1[A]，二次側の巻数をN_2，二次誘導起電力をE_2[V]，二次電流をI_2[A]とすると，巻数比aは，

$$a=\frac{N_1}{N_2}=\frac{E_1}{E_2}=\frac{I_2}{I_1}$$

よって，

$$a=\frac{E_1}{E_2}$$
$$=\frac{22\times10^3}{220}$$
$$=100$$

POINT 1 変圧器の巻数比と電圧比と電流比

(b) 定格容量P_n[V・A]は，定格一次電圧V_{1n}[V]，定格一次電流I_{1n}[A]とすると，

$$I_{1n}=\frac{P_n}{V_{1n}}$$

よって，

$$I_{1n}=\frac{66\times10^3}{22\times10^3}$$
$$=3.0\ \text{A}$$

定格電流の導出は基本式として覚えておく。
本問は単相変圧器であるが，三相変圧器の場合は，
$P_n=\sqrt{3}V_{1n}I_{1n}$
なので，
$I_{1n}=\frac{P_n}{\sqrt{3}V_{1n}}$
となる。

(c) 二次側の負荷Z_L[Ω]を一次側換算すると，

$$Z_L{}'=a^2Z_L$$
$$=100^2\times3$$
$$=30000\ \Omega$$

よって，一次電流の大きさI_1[A]は，

POINT 2 変圧器の等価回路

$$I_1 = \frac{V_{1n}}{Z_L{}'}$$

$$= \frac{22 \times 10^3}{30000}$$

$$\fallingdotseq 0.733\ \mathrm{A}$$

3 変圧器の利用率と効率及び損失の関係を表したグラフとして，正しいものを次の(1)〜(5)のうちから一つ選べ。

POINT 5 変圧器の効率

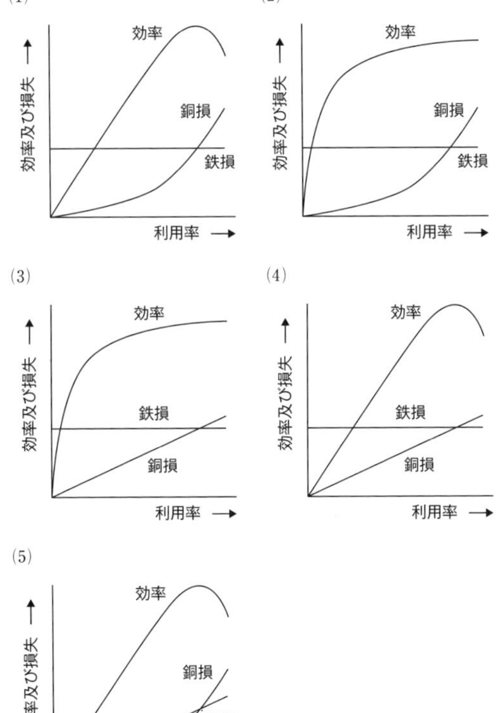

解答 (1)

鉄損→利用率に関係なく一定

銅損→利用率の２乗に比例

効率→鉄損と銅損が等しいとき最大

上記の条件を満たすグラフは(1)となる。

4 下図のような変圧器の一次側と二次側を合わせた等価回路がある。次の(a)〜(c)の問に答えよ。ただし $\dot{V}_{20}$ は無負荷時の二次端子電圧[V]，$\dot{V}_{2n}$ は定格運転時の二次端子電圧[V]，$\dot{I}_{2n}$ は定格運転時の負荷電流[A]，$r = r_1' + r_2$ は一次・二次の巻線抵抗の合算値（二次換算），$x = x_1' + x_2$ は一次・二次巻線の漏れリアクタンスの合算値（二次換算）とする。

POINT 3 電圧変動率

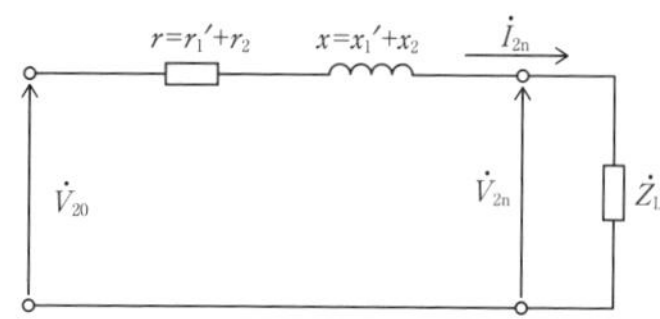

一次側を二次側に換算した簡易等価回路

(a) この変圧器の電圧変動率 ε として，正しいものを次の(1)〜(5)のうちから一つ選べ。

(1) $\dfrac{V_{20}-V_{2n}}{V_{2n}}\times 100$　(2) $\dfrac{V_{20}-V_{2n}}{V_{20}}\times 100$

(3) $\dfrac{V_{2n}-V_{20}}{V_{2n}}\times 100$　(4) $\dfrac{V_{2n}+V_{20}}{V_{20}}\times 100$

(5) $\dfrac{V_{20}+V_{2n}}{V_{2n}}\times 100$

(b) この変圧器の電圧降下の近似式として，正しいものを次の(1)〜(5)のうちから一つ選べ。

(1) $I_{2n}(r\sin\theta+x\cos\theta)$　(2) $I_{2n}(r\cos\theta+x\sin\theta)$

(3) $I_{2n}(r\sin\theta-x\cos\theta)$　(4) $V_{2n}(\sin\theta+\cos\theta)$

(5) $V_{2n}\left(\dfrac{r}{x}\cos\theta+\dfrac{x}{r}\sin\theta\right)$

(c) この変圧器の電圧変動率の近似式 ε として，正しいものを次の(1)〜(5)のうちから一つ選べ。

(1) $100(\sin\theta+\cos\theta)$

(2) $100(r\cos\theta+x\sin\theta)$

(3) $\dfrac{100\,I_{2n}}{V_{2n}}(r\sin\theta+x\cos\theta)$

(4) $\dfrac{100\,I_{2n}}{V_{2n}}(r\cos\theta+x\sin\theta)$

(5) $\dfrac{100\,I_{2n}}{V_{2n}}\cos\theta(r+x)$

解答 (a)(1) (b)(2) (c)(4)

(a) 問題文の図のように，無負荷時の二次端子電圧をV_{20}[V]，定格運転時の二次端子電圧をV_{2n}[V]とすると，電圧変動率εは，

$$\varepsilon = \frac{V_{20} - V_{2n}}{V_{2n}} \times 100 [\%]$$

(b) 問題文に沿って，ベクトル図を描くと下図のようになる。

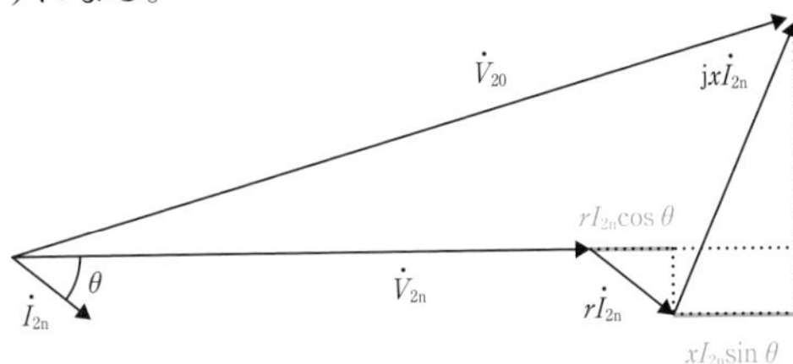

ベクトル図において，二次端子電圧V_{20}[V]，定格運転時の二次端子電圧V_{2n}[V]の位相差が十分に小さいとすると，

$$V_{20} = V_{2n} + rI_{2n}\cos\theta + xI_{2n}\sin\theta$$

電圧降下$v = V_{20} - V_{2n}$は，

$$v = rI_{2n}\cos\theta + xI_{2n}\sin\theta$$
$$= I_{2n}(r\cos\theta + x\sin\theta)$$

(c) 電圧変動率εは，

$$\varepsilon = \frac{v}{V_{2n}} \times 100$$

よって，

$$\varepsilon = \frac{I_{2n}(r\cos\theta + x\sin\theta)}{V_{2n}} \times 100$$
$$= \frac{100 I_{2n}}{V_{2n}}(r\cos\theta + x\sin\theta)$$

5 出力10 kWで運転しているとき，鉄損が300 W，銅損が500 Wの変圧器がある。ただし，その他の損失は無視するものとし，出力電圧や負荷の力率は一定とする。次の(a)及び(b)の問に答えよ。

(a) 出力を5 kWに減じたときの効率η[%]の値として，最も近いものを次の(1)～(5)のうちから一つ選べ。

(1) 88　(2) 90　(3) 92　(4) 94　(5) 96

(b) 変圧器の効率を最大とする出力[kW]及び最大効率[%]の組合せとして，最も近いものを次の(1)～(5)のうちから一つ選べ。

	出力	最大効率
(1)	6.00	93
(2)	6.00	96
(3)	7.75	96
(4)	7.10	93
(5)	7.75	93

解答 (a)(3)　(b)(5)

POINT 4 変圧器の損失

(a) 出力を5 kWに減じたとき，鉄損P_i[W]は変わらず，$P_i = 300$ Wであり，銅損P_c[W]は出力の2乗に比例するので，

$$P_c = \left(\frac{5}{10}\right)^2 \times 500$$

$$= \left(\frac{1}{2}\right)^2 \times 500$$

$$= \frac{1}{4} \times 500$$

$$= 125 \text{ W}$$

よって，効率η[%]は，

$$\eta = \frac{P_o}{P_o + P_i + P_c} \times 100$$

$$= \frac{5 \times 10^3}{5 \times 10^3 + 300 + 125} \times 100$$

$$\fallingdotseq 92.2 \rightarrow 92 \text{ \%}$$

(b) 変圧器の効率が最大となるのは，鉄損と銅損が等しいときであるから，出力10 kWに対する利用率をaとすると，

POINT 5 変圧器の効率

$$P_i = a^2 P_c$$
$$300 = a^2 \times 500$$
$$a^2 = \frac{300}{500}$$
$$= 0.6$$
$$a \fallingdotseq 0.7746$$

したがって，最大となる出力P_m[kW]は，

$$P_m = a \times 10$$
$$= 0.7746 \times 10$$
$$= 7.746 \rightarrow 7.75\ \text{kW}$$

また，そのときの最大効率η_m[%]は，

$$\eta_m = \frac{P_m}{P_m + P_i + a^2 P_c} \times 100$$
$$= \frac{7.746 \times 10^3}{7.746 \times 10^3 + 300 + 0.7746^2 \times 500} \times 100$$
$$\fallingdotseq \frac{7746}{7746 + 300 + 300} \times 100$$
$$\fallingdotseq 93\ \%$$

6 定格容量50 kV・Aの変圧器に40 kWで力率1の負荷を接続したところ，97%の最大効率が得られた。このとき，次の(a)及び(b)の問に答えよ。

POINT 5 変圧器の効率

(a) 無負荷損の大きさ[W]として，最も近いものを次の(1)〜(5)のうちから一つ選べ。

(1) 380 (2) 450 (3) 510 (4) 580 (5) 620

(b) 50 kWで力率1の負荷を接続したときの負荷損の大きさ[W]として，最も近いものを次の(1)〜(5)のうちから一つ選べ。

(1) 650 (2) 720 (3) 810 (4) 880 (5) 970

解答 (a)(5) (b)(5)

(a) 効率が最大となるとき，無負荷損P_i[W]と負荷損P_c[W]は等しいから，

$$\eta=\frac{P_o}{P_o+P_i+P_c}\times 100$$

$$=\frac{P_o}{P_o+2P_i}\times 100$$

$$97=\frac{40\times 10^3}{40\times 10^3+2P_i}\times 100$$

$$40\times 10^3+2P_i=40\times 10^3\times\frac{100}{97}$$

$$2P_i=40\times 10^3\times\frac{100}{97}-40\times 10^3$$

$$\fallingdotseq 1237$$

$$P_i\fallingdotseq 618.5\rightarrow 620\ \mathrm{W}$$

(b) 負荷損の大きさは出力の2乗に比例するので，出力50 kWのときの負荷損の大きさP_c'[W]は，

$$P_c'=\left(\frac{50}{40}\right)^2 P_c$$

$$=\frac{25}{16}\times 618.5$$

$$\fallingdotseq 966\rightarrow 970\ \mathrm{W}$$

7 定格容量100 kV・Aの変圧器に力率1の負荷を接続した。この変圧器の鉄損は1500 Wである。このとき，次の(a)及び(b)の問に答えよ。ただし，損失は鉄損及び銅損のみとする。

POINT 5 変圧器の効率

(a) 80%負荷において最大効率が得られたとき，最大効率の値[%]として，最も近いものを次の(1)~(5)のうちから一つ選べ。

(1) 87　(2) 90　(3) 93　(4) 96　(5) 99

(b) この変圧器を30%負荷で運転したときの効率の値[%]として，最も近いものを次の(1)~(5)のうちから一つ選べ。

(1) 87　(2) 89　(3) 91　(4) 93　(5) 95

解答 (a)(4) (b)(5)

(a) 80%負荷のとき出力P_o[kW]は,

$$P_o = \frac{80}{100} \times 100 \times 1$$
$$= 80\ \mathrm{kW}$$

このとき,鉄損P_i[W]と銅損P_c[W]は等しいので,

$$P_i = P_c = 1500\ \mathrm{W}$$

その効率η_m[%]は,

$$\eta_m = \frac{P_o}{P_o + P_i + P_c} \times 100$$
$$= \frac{80 \times 10^3}{80 \times 10^3 + 1500 + 1500} \times 100$$
$$\fallingdotseq 96.38 \rightarrow 96\ \%$$

(b) 30%負荷のとき出力P_o'[kW]は,

$$P_o' = \frac{30}{100} \times 100 \times 1$$
$$= 30\ \mathrm{kW}$$

負荷損は負荷の2乗に比例するので,30%負荷時の銅損P_c'[W]は,

$$P_c' = \left(\frac{30}{80}\right)^2 \times 1500$$
$$\fallingdotseq 210.9\ \mathrm{W}$$

そのときの効率η'[%]は,

$$\eta' = \frac{P_o'}{P_o' + P_i + P_c'} \times 100$$
$$= \frac{30 \times 10^3}{30 \times 10^3 + 1500 + 210.9} \times 100$$
$$\fallingdotseq 94.60 \rightarrow 95\ \%$$

応用問題

1 変圧器の損失に関する記述として，誤っているものを一つ選べ。

(1) 変圧器の無負荷損は鉄心で生じるヒステリシス損及び渦電流損がある。渦電流損を低減するため，けい素鋼板の厚さを薄くし，磁束の向きと平行に重ね合わせる積層鉄心を用いる方法がとられる。

(2) 変圧器の無負荷損であるヒステリシス損と渦電流損は，いずれも電源電圧の２乗に比例して大きくなる。

(3) 変圧器の負荷損である銅損は変圧器の利用率によって変化し，利用率の２乗に比例して大きくなる。

(4) 変圧器の負荷損である漂遊負荷損は，銅損と比較してはるかに小さい。

(5) 変圧器の損失の割合が最小となる最大効率の出力は定格出力であるとは限らない。

解答 (1)

(1) 誤り。変圧器の無負荷損は鉄心で生じるヒステリシス損及び渦電流損がある。渦電流損を低減するため，けい素鋼板の厚さを薄くし，磁束の向きと垂直に重ね合わせる積層鉄心を用いる方法がとられる。

電力科目と内容が重なる内容。積層鉄心に関する誤答のパターンは非常に多い。どういうとき，渦電流損が大きくなるかよく理解しておくこと。

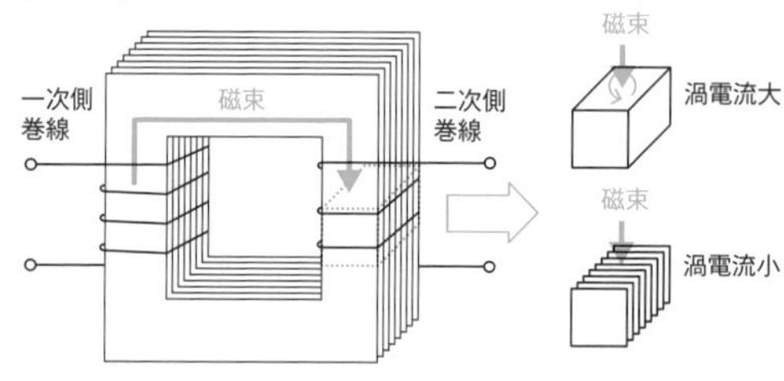

(2) 正しい。変圧器の無負荷損であるヒステリシス損P_hと渦電流損P_eは，それぞれの定数をK_h及びK_eとすると，

無負荷損は出力が変化しても影響はないが，電圧が変動すると影響がある。

$$P_h = K_h \frac{V^2}{f}$$

$$P_e = K_e V^2$$

となるので，いずれも電源電圧の２乗に比例して大きくなる。

(3)　正しい。変圧器の負荷損である銅損は変圧器の利用率によって変化し，利用率の２乗に比例して大きくなる。

(4)　正しい。変圧器の負荷損である漂遊負荷損は，銅損と比較してはるかに小さく，銅損の数％以下である。

(5)　正しい。下図の通り，変圧器の損失の割合が最小となる最大効率の出力は鉄損と銅損が等しいときであり，定格出力であるとは限らない。

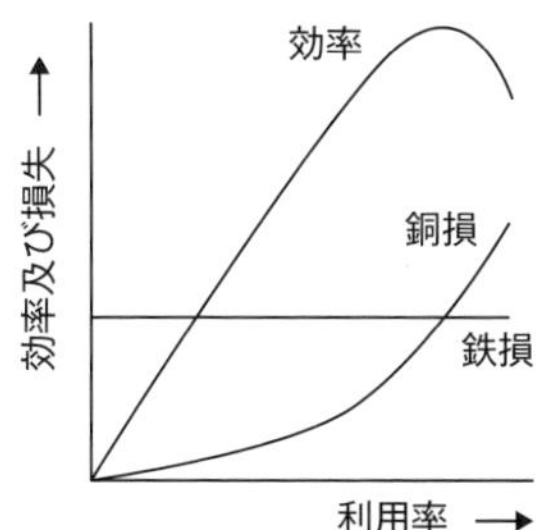

2　定格一次電圧が1100 V，定格二次電圧が220 Vの単相変圧器がある。一次巻線抵抗が0.5 Ω，一次漏れリアクタンスが2.5 Ω，二次巻線抵抗が0.3 Ω，二次漏れリアクタンスが0.5 Ωのとき，次の(a)及び(b)の問に答えよ。ただし，励磁アドミタンスは無視できるものとし，変圧器の等価回路は図のようなL形簡易等価回路を用いることとする。

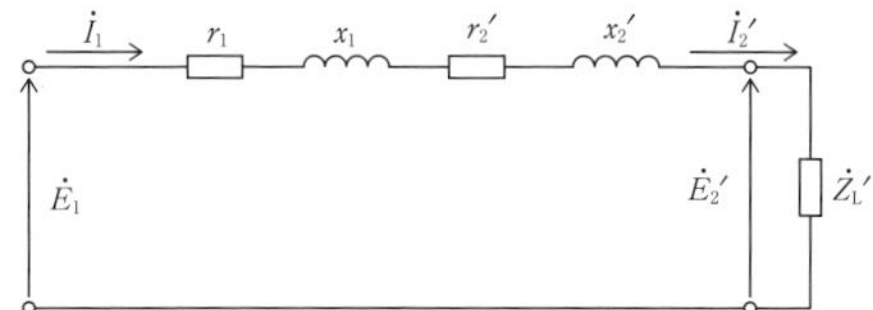

二次側を一次側に換算した簡易等価回路（L形等価回路）

(a)　一次側に換算したときの変圧器の合成インピーダンスの大きさ[Ω]として，最も近いものを次の(1)～(5)のうちから一つ選べ。

(1)　8　　(2)　12　　(3)　15　　(4)　17　　(5)　20

(b) 一次側電圧を1100 Vとし，力率が0.8（遅れ）の負荷を二次側に接続したとき，負荷を流れる電流の大きさが100 Aであった。このとき，負荷のインピーダンスの大きさ[Ω]として，最も近いものを次の(1)〜(5)のうちから一つ選べ。

(1) 0.4　(2) 1.6　(3) 6.4　(4) 15　(5) 39

解答 (a)(4)　(b)(2)

仮に等価回路が与えられてなくても解けるようにしておくこと。

(a) 一次側の巻数をN_1，一次誘導起電力をE_1[V]，二次側の巻数をN_2，二次誘導起電力をE_2[V]とすると，巻数比aは，

$$a=\frac{N_1}{N_2}=\frac{E_1}{E_2}$$
$$=\frac{1100}{220}=5$$

二次側のインピーダンスを一次側に換算すると，$Z_2'=a^2Z_2$となるので，二次巻線抵抗$r_2=0.3$ Ωの一次側換算r_2'[Ω]及び二次漏れリアクタンス$x_2=0.5$ Ωの一次側換算x_2'[Ω]は，

$$r_2'=a^2r_2$$
$$=5^2\times0.3=7.5\ \Omega$$
$$x_2'=a^2x_2$$
$$=5^2\times0.5=12.5\ \Omega$$

よって，合成インピーダンスZ[Ω]は，

$$Z=\sqrt{(r_1+r_2')^2+(x_1+x_2')^2}$$
$$=\sqrt{(0.5+7.5)^2+(2.5+12.5)^2}$$
$$=\sqrt{8^2+15^2}$$
$$=17\ \Omega$$

(b) 負荷を流れる電流の大きさI_2を一次側に変換すると，

電験三種としては，これぐらいの計算レベルが最も高いレベルと考えられる。
きっちりと順を追って理解すること。

$$I_2'=\frac{I_2}{a}$$

$$=\frac{100}{5}=20\text{ A}$$

(a)より，変圧器の合成インピーダンス$\dot{Z}[\Omega]$は，

$$\dot{Z}=8+\text{j}15[\Omega]$$

負荷の力率$\cos\theta$が0.8であるので，$\sin\theta$は，

$$\sin\theta=\sqrt{1-\cos^2\theta}$$
$$=\sqrt{1-0.8^2}$$
$$=0.6$$

よって，負荷のインピーダンスの一次側換算$\dot{Z}_L'[\Omega]$は，

$$\dot{Z}_L'=Z_L'(\cos\theta+\text{j}\sin\theta)$$
$$=Z_L'(0.8+\text{j}0.6)$$
$$=0.8Z_L'+\text{j}0.6Z_L'$$

とおけるので，全体の合成インピーダンス$\dot{Z}_0[\Omega]$は，

$$\dot{Z}_0=\dot{Z}+\dot{Z}_L'$$
$$=(0.8Z_L'+8)+\text{j}(0.6Z_L'+15)$$

その大きさ$Z_0[\Omega]$は，

$$Z_0=\sqrt{(0.8Z_L'+8)^2+(0.6Z_L'+15)^2}$$

ここで，$Z_0[\Omega]$の大きさは，

$$Z_0=\frac{E_1}{I_2'}$$
$$=\frac{1100}{20}=55\ \Omega$$

よって，負荷のインピーダンス一次側換算$Z_L'[\Omega]$の値を求めると，

$$Z_0=\sqrt{(0.8Z_L'+8)^2+(0.6Z_L'+15)^2}$$
$$55=\sqrt{(0.8Z_L'+8)^2+(0.6Z_L'+15)^2}$$
$$(0.8Z_L'+8)^2+(0.6Z_L'+15)^2=3025$$
$$0.64Z_L'^2+12.8Z_L'+64+0.36Z_L'^2+18Z_L'+225=3025$$
$$Z_L'^2+30.8Z_L'-2736=0$$
$$Z_L'=-15.4\pm\sqrt{15.4^2+2736}$$
$$\fallingdotseq-15.4\pm54.53$$
$$=39.13,\ -69.93(\text{不適})$$

$\cos\theta=0.8$のとき$\sin\theta=0.6$となることは覚えておいた方がよい。

〔二次方程式の解の公式〕

$ax^2+bx+c=0$のとき，

$$x=\frac{-b\pm\sqrt{b^2-4ac}}{2a}$$

または，

$ax^2+2bx+c=0$のとき，

$$x=\frac{-b\pm\sqrt{b^2-ac}}{a}$$

となり，負荷のインピーダンスの大きさZ_L[Ω]は，

$$Z_L = \frac{Z_L'}{a^2}$$
$$= \frac{39.13}{5^2}$$
$$= 1.5652 \rightarrow 1.6\ \Omega$$

3 定格一次電圧が2000 V，定格二次電圧が400 V，定格二次電流が200 Aの単相変圧器がある。一次巻線抵抗が0.1 Ω，一次漏れリアクタンスが0.3 Ω，二次巻線抵抗が0.02 Ω，二次漏れリアクタンスが0.04 Ωのとき，次の(a)～(c)の問に答えよ。

比較的オーソドックスな問題であるが，様々な公式が組み合わされ，電圧変動率を理解するという意味では非常に良い問題である。

(a) 一次巻線抵抗を二次側に換算したときの換算値[Ω]として，最も近いものを次の(1)～(5)のうちから一つ選べ。

(1) 0.004　(2) 0.02　(3) 0.1　(4) 0.5　(5) 2.5

(b) 百分率抵抗降下p[%]，百分率リアクタンス降下q[%]の組合せとして，最も近いものを次の(1)～(5)のうちから一つ選べ。

	p	q
(1)	1.2	5.2
(2)	2.4	5.2
(3)	0.6	2.6
(4)	2.4	2.6
(5)	1.2	2.6

(c) この変圧器において，力率が0.9（遅れ）の負荷に定格電流を流して運転したときの電圧変動率ε[%]として，最も近いものを次の(1)～(5)のうちから一つ選べ。ただし，電圧変動率の近似式を用いてよい。

(1) 1.1　(2) 1.7　(3) 2.2　(4) 3.3　(5) 4.4

解答 (a)(1)　(b)(5)　(c)(3)

(a) 一次側の巻数をN_1，一次誘導起電力をE_1[V]，二次側の巻数をN_2，二次誘導起電力をE_2[V]と

すると，巻数比aは，

$$a=\frac{N_1}{N_2}=\frac{E_1}{E_2}$$
$$=\frac{2000}{400}$$
$$=5$$

よって，一次巻線抵抗$r_1 = 0.1\ \Omega$を二次側換算した抵抗値$r_1'[\Omega]$は，

$$r_1'=\frac{r_1}{a^2}$$
$$=\frac{0.1}{5^2}=0.004\ \Omega$$

(b)　一次漏れリアクタンス$x_1 = 0.3\ \Omega$を二次側換算したリアクタンス値$x_1'[\Omega]$は，

$$x_1'=\frac{x_1}{a^2}$$
$$=\frac{0.3}{5^2}=0.012\ \Omega$$

定格二次電圧V_{2n}［V］が400 V，定格二次電流I_{2n}［A］が200 Aなので，百分率抵抗降下p［%］及び百分率リアクタンス降下q［%］は，

$$p=\frac{(r_1'+r_2)I_{2n}}{V_{2n}}\times 100$$
$$=\frac{(0.004+0.02)\times 200}{400}\times 100$$
$$=1.2\ \%$$
$$q=\frac{(x_1'+x_2)I_{2n}}{V_{2n}}\times 100$$
$$=\frac{(0.012+0.04)\times 200}{400}\times 100$$
$$=2.6\ \%$$

(c) 力率$\cos\theta$が0.9なので,

$$\sin\theta = \sqrt{1-\cos^2\theta}$$
$$= \sqrt{1-0.9^2}$$
$$\fallingdotseq 0.4359$$

百分率抵抗降下をp[%], 百分率リアクタンス降下をq[%]とすると, 電圧変動率の近似式は,

$$\varepsilon \fallingdotseq p\cos\theta + q\sin\theta$$

よって,

$$\varepsilon \fallingdotseq 1.2\times 0.9 + 2.6\times 0.4359$$
$$\fallingdotseq 2.2\ \%$$

4 出力20 kWで運転している単相変圧器がある。この運転状態において, 鉄損が500 W, 銅損が800 Wであり, その他の損失は無視するものとする。次の(a)及び(b)の問に答えよ。

(a) 出力の電圧を一定として, 出力を10 kWに減じたときの効率η[%]の値として, 最も近いものを次の(1)~(5)のうちから一つ選べ。

(1) 87　(2) 89　(3) 91　(4) 93　(5) 95

(b) 出力は20 kWのまま, 電圧が20%低下したときの効率η'[%]の値として, 最も近いものを次の(1)~(5)のうちから一つ選べ。ただし, 鉄損は電圧の2乗に比例するものとする。

(1) 89　(2) 91　(3) 93　(4) 95　(5) 97

解答 (a) (4)　(b) (3)

(a) 鉄損P_i[W]は出力が変化しても変わらず, 銅損P_c[W]は出力の2乗に比例するので, 出力をP_{10} = 10 kWに減じたときの銅損P_{c10}[W]は,

$$P_{c10} = \left(\frac{10}{20}\right)^2 P_{c20}$$
$$= \left(\frac{10}{20}\right)^2 \times 800$$

$= 200$ W

そのときの効率η_{10}[%]は,

$$\eta_{10} = \frac{P_{10}}{P_{10} + P_i + P_{c10}} \times 100$$

$$= \frac{10 \times 10^3}{10 \times 10^3 + 500 + 200} \times 100$$

$$\fallingdotseq 93.46\ \% \rightarrow 93\ \%$$

(b) 鉄損は電圧の2乗に比例するので,電圧低下後の鉄損P_i'[W]は,

$$P_i' = 0.8^2 P_i$$

$$= 0.64 \times 500$$

$$= 320\ \mathrm{W}$$

また,出力は変化していないので,電圧低下後の電流I'[A]は,

$$I' = \frac{P}{V'}$$

$$= \frac{P}{0.8V}$$

$$= 1.25\frac{P}{V}$$

$$= 1.25I$$

よって,負荷電流が1.25倍となるので,銅損P_c'[W]は,

$$P_c' = 1.25^2 P_{c20}$$

$$= 1.25^2 \times 800$$

$$= 1250\ \mathrm{W}$$

したがって,電圧が20%低下したときの効率η'[%]は,

$$\eta' = \frac{P_{20}}{P_{20} + P_i' + P_c'} \times 100$$

$$= \frac{20 \times 10^3}{20 \times 10^3 + 320 + 1250} \times 100$$

$$\fallingdotseq 92.7\ \% \rightarrow 93\ \%$$

銅損→負荷電流の2乗に比例,
鉄損→電圧の2乗に比例

2 変圧器の並行運転

確認問題

1 次の各文は変圧器の並行運転に関する記述である。正しいものには○，正しくないものには×をつけよ。

(1) 並行運転の必要条件として，極性が合っていることがある。極性が合っていないと大きな循環電流が流れる。

(2) 単相変圧器について，下図の(a)及び(b)のような接続をしたとき，(a)は加極性，(b)は減極性である。

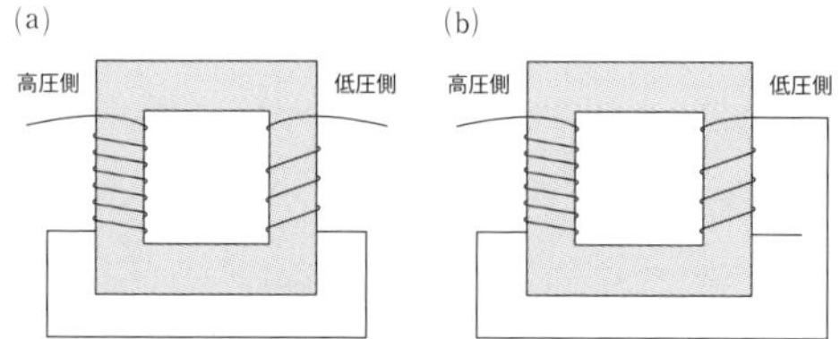

(3) 並行運転の必要条件として，巻数比が等しいことが求められる。巻数比が合っていないと，各変圧器の二次側に位相差が生じ，循環電流が流れる。

(4) 単相変圧器の並行運転の必要条件として，相回転が等しいことが求められる。

(5) Δ－Y結線の変圧器とY－Y結線の変圧器は並行運転ができない。

(6) Δ－Δ結線の変圧器とY－Y－Δ結線の変圧器は並行運転ができない。

(7) Δ－Y結線のΔ側を一次巻線，Y側を二次巻線とすると，二次電圧は一次電圧に対して位相が30°進みとなる。

(8) Δ－Δ結線同士の並行運転であれば，巻数比が合っていなくても，Δ結線で循環電流が流れるので問題はない。

(9) 変圧器容量が異なっていても，条件を満たせば変圧器の並行運転は可能である。

(10) 並行運転の必要条件として，百分率抵抗降下とリアクタンス降下の比が等しいことが求められる。等しくないと電圧に位相差を生じ循環電流が流れる。

POINT 1 変圧器の並行運転の条件

POINT 2 変圧器の極性，角変位，百分率インピーダンス

POINT 3 並行運転時の分担電流

POINT 4 変圧器の三相結線

解答　(1) ○　(2) ×　(3) ×　(4) ×　(5) ○
(6) ×　(7) ○　(8) ×　(9) ○　(10) ○

(1)　○。並行運転の条件として極性が合っている必要がある。

(2)　×。(a)が減極性で，(b)が加極性。下図のように仮に一方から電流を流したとすると，(a)では高圧側及び低圧側から出た磁束が弱め合い，(b)では強め合うことが分かる。

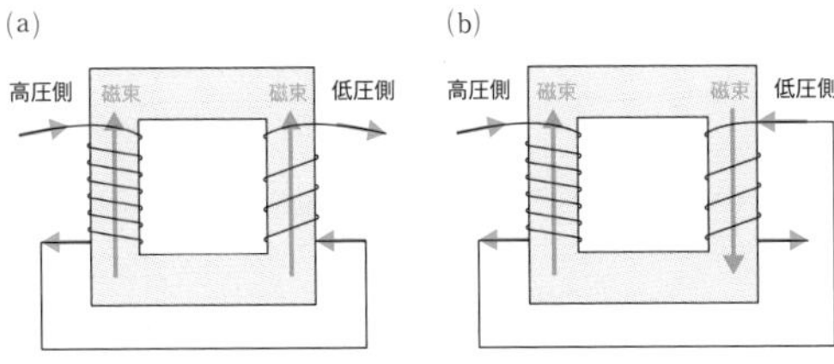

(3)　×。並行運転の必要条件として，巻数比が等しいことが求められる。ただし，巻数比が合っていなくても，各変圧器の二次電圧に位相差は生じない。

(4)　×。三相変圧器では相回転が等しいことが並行運転の条件となるが，単相変圧器ではそもそも相回転という概念はない。

(5)　○。Δ－Y結線の変圧器とY－Y結線は角変位が異なるので並行運転はできない。

(6)　×。Δ－Δ結線の変圧器とY－Y－Δ結線の変圧器はともに一次電圧と二次電圧に位相差がないので，並行運転が可能。

(7)　○。二次側はY結線なので線間電圧が相電圧よりも30°進みとなり，一次側の線間電圧と相電圧及び二次側の相電圧の位相は同じである。したがって，二次電圧は一次電圧に対して位相が30°進みとなる。

(8)　×。Δ－Δ結線の閉回路で流れるのは第3調波電流であり，循環電流ではない。巻数比は合っている必要がある。

(9)　○。変圧器の容量が異なっていても分担負荷の

極性には下図のような記号もある。

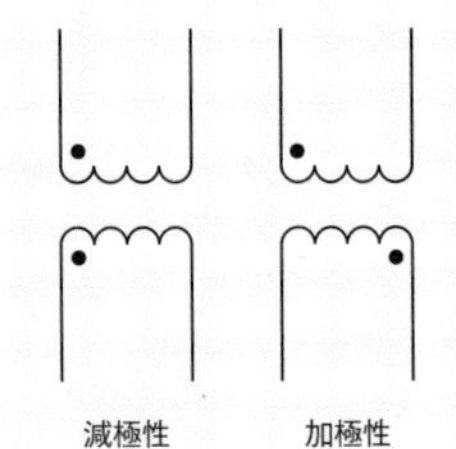

同位相でも電圧差が生じるので循環電流が流れる。

相回転が合っていないと二相短絡状態となる。

Δ−Y結線及びY−Δ結線は他の結線とは並行運転はできない。

Y−Y−Δ結線はY−Y結線の欠点を補うため，Δ巻線を加えたものと考えるのがよい。

面倒かもしれないが，確実に間違えないためにはベクトル図を描くのが良い。

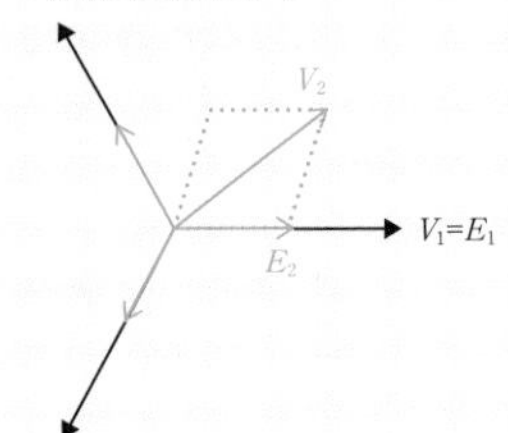

容量が変わるだけなので，並行運転は可能となる。

(10)　○。並行運転の必要条件として，百分率抵抗降下とリアクタンス降下の比が等しいことが求められる。

2　次の変圧器の並行運転の図において，それぞれの変圧器が分担する電流の大きさI_A［A］及びI_B［A］，分担する負荷の大きさP_A［kV・A］及びP_B［kV・A］をそれぞれ求めよ。

POINT 3 並行運転時の分担電流

(1)

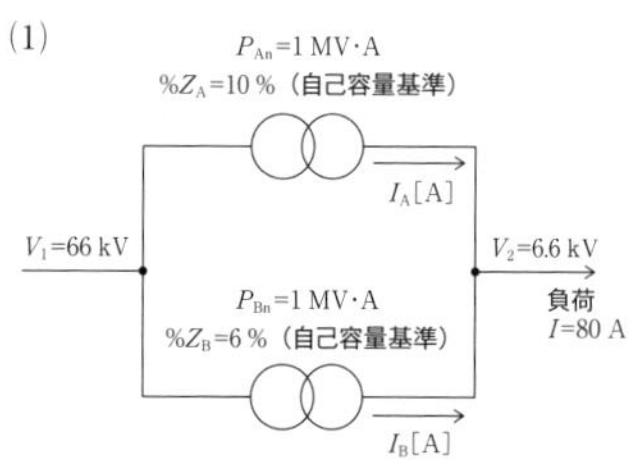

(2)

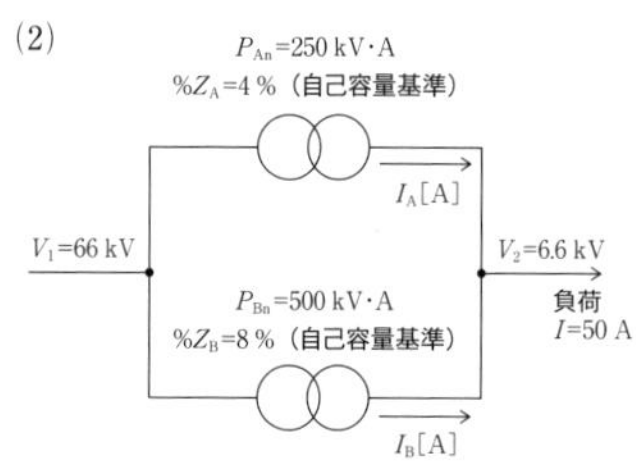

(3)

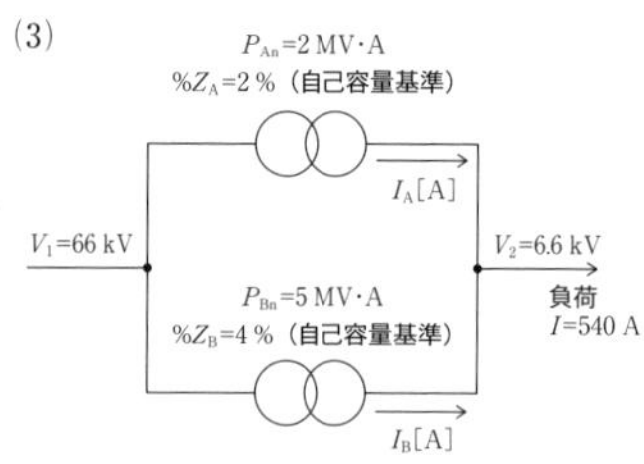

(4)

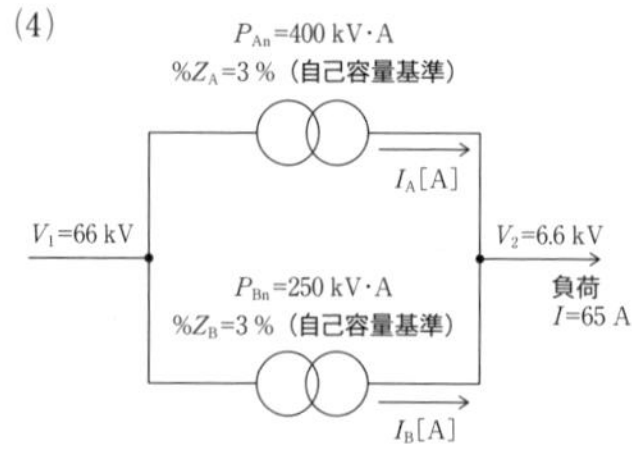

解答 (1) $I_A = 30$ A, $I_B = 50$ A, $P_A = 198$ kV・A, $P_B = 330$ kV・A

(2) $I_A = 25$ A, $I_B = 25$ A, $P_A = 165$ kV・A, $P_B = 165$ kV・A

(3) $I_A = 240$ A, $I_B = 300$ A, $P_A = 1584$ kV・A, $P_B = 1980$ kV・A

(4) $I_A = 40$ A, $I_B = 25$ A, $P_A = 264$ kV・A, $P_B = 165$ kV・A

(1) 各変圧器の分担電流は，分流の法則より，

$$I_A = \frac{\%Z_B}{\%Z_A + \%Z_B} \times I = \frac{6}{10+6} \times 80 = 30 \text{ A}$$

$$I_B = \frac{\%Z_A}{\%Z_A + \%Z_B} \times I = \frac{10}{10+6} \times 80 = 50 \text{ A}$$

また，それぞれの分担する負荷の大きさは，

$$P_A = V_2 I_A = 6.6 \times 30 = 198 \text{ kV・A}$$

$$P_B = V_2 I_B = 6.6 \times 50 = 330 \text{ kV・A}$$

分担負荷の大きさは

$$P_A = \frac{\%Z_B'}{\%Z_A + \%Z_B'} P$$

$$P_B = \frac{\%Z_A}{\%Z_A + \%Z_B'} P$$

でも導出可能。本問の場合，

$$P = V_2 I = 6.6 \times 80 = 528 \text{ kV・A}$$

なので

$$P_A = \frac{6}{10+6} \times 528 = 198 \text{ kV・A}$$

$$P_B = \frac{10}{10+6} \times 528 = 330 \text{ kV・A}$$

となる。

(2) $\%Z_A$ を $\%Z_B$ と同じ $P_{Bn} = 500$ kV・A基準に換算すると，

$$\%Z_A' = \frac{P_{Bn}}{P_{An}} \times \%Z_A = \frac{500}{250} \times 4 = 8 \text{ \%}$$

各変圧器の分担電流は，分流の法則より，

基本は容量の大きい方に合わせる方が計算がしやすいことが多い。

$$I_A = \frac{\%Z_B}{\%Z_A' + \%Z_B} \times I$$

$$= \frac{8}{8+8} \times 50$$

$$= 25\ \mathrm{A}$$

$$I_B = \frac{\%Z_A'}{\%Z_A' + \%Z_B} \times I$$

$$= \frac{8}{8+8} \times 50$$

$$= 25\ \mathrm{A}$$

また，それぞれの分担する負荷の大きさは，

$$P_A = V_2 I_A$$

$$= 6.6 \times 25$$

$$= 165\ \mathrm{kV \cdot A}$$

$$P_B = V_2 I_B$$

$$= 6.6 \times 25$$

$$= 165\ \mathrm{kV \cdot A}$$

(3) $\%Z_A$ 及び $\%Z_B$ を 10 MV・A 基準に換算すると，

整数倍してどちらかに合わせることができない場合は本解答のように最小公倍数の基準にすると良い。
本問では2と5の最小公倍数である10を使用。

$$\%Z_A' = \frac{10}{P_{An}} \times \%Z_A$$

$$= \frac{10}{2} \times 2$$

$$= 10\ \%$$

$$\%Z_B' = \frac{10}{P_{Bn}} \times \%Z_B$$

$$= \frac{10}{5} \times 4$$

$$= 8\ \%$$

各変圧器の分担電流は，分流の法則より，

$$I_A = \frac{\%Z_B'}{\%Z_A' + \%Z_B'} \times I$$

$$= \frac{8}{10+8} \times 540$$

$$= 240\ \mathrm{A}$$

$$I_B=\frac{\%Z_A{}'}{\%Z_A{}'+\%Z_B{}'}\times I$$

$$=\frac{10}{10+8}\times 540$$

$$=300\ \mathrm{A}$$

また，それぞれの分担する負荷の大きさは，

$$P_A=V_2 I_A$$

$$=6.6\times 240$$

$$=1584\ \mathrm{kV\cdot A}$$

$$P_B=V_2 I_B$$

$$=6.6\times 300$$

$$=1980\ \mathrm{kV\cdot A}$$

(4) $\%Z_A$ 及び $\%Z_B$ を 2000 kV・A 基準に換算すると，

$$\%Z_A{}'=\frac{2000}{P_{An}}\times\%Z_A$$

$$=\frac{2000}{400}\times 3$$

$$=15\ \%$$

$$\%Z_B{}'=\frac{2000}{P_{Bn}}\times\%Z_B$$

$$=\frac{2000}{250}\times 3$$

$$=24\ \%$$

各変圧器の分担電流は，分流の法則より，

$$I_A=\frac{\%Z_B{}'}{\%Z_A{}'+\%Z_B{}'}\times I$$

$$=\frac{24}{15+24}\times 65$$

$$=40\ \mathrm{A}$$

$$I_B=\frac{\%Z_A{}'}{\%Z_A{}'+\%Z_B{}'}\times I$$

$$=\frac{15}{15+24}\times 65$$

$$=25\ \mathrm{A}$$

また，それぞれの分担する負荷の大きさは，

$$P_{\mathrm{A}} = V_2 I_{\mathrm{A}}$$
$$= 6.6 \times 40$$
$$= 264\ \mathrm{kV \cdot A}$$
$$P_{\mathrm{B}} = V_2 I_{\mathrm{B}}$$
$$= 6.6 \times 25$$
$$= 165\ \mathrm{kV \cdot A}$$

3 次の各図における一次電圧に対する二次電圧の位相差[rad]を遅れか進みかも含め答えよ。

POINT 4 変圧器の三相結線

(1)

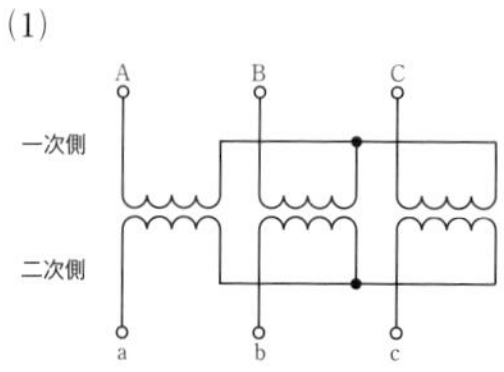

(2)

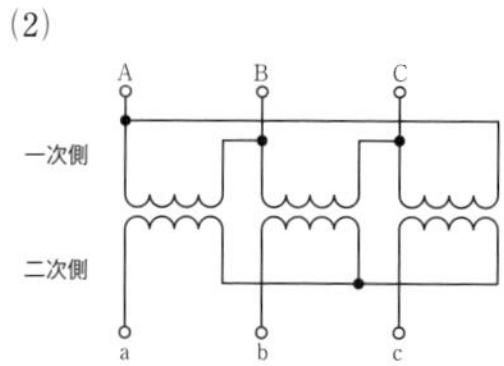

(3)

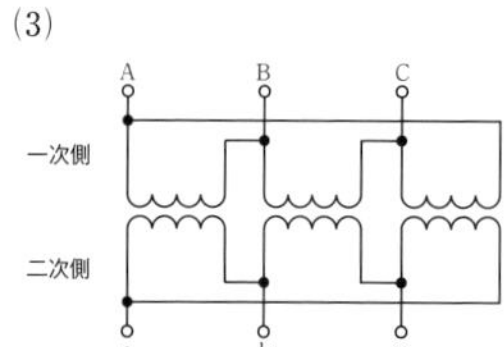

(4)

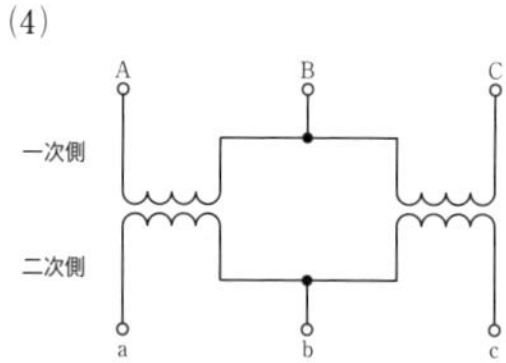

(5)

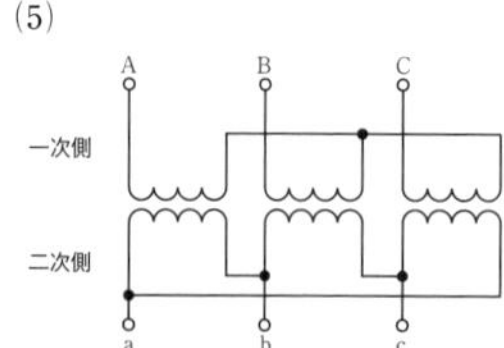

解答 (1) 0 rad (2) $\frac{\pi}{6}$ rad 進み (3) 0 rad

(4) 0 rad (5) $\frac{\pi}{6}$ rad 遅れ

(1) 一次側二次側ともY結線なので，Y－Y接続である。Y－Y接続において，一次電圧と二次電圧に位相差はないので，0 radとなる。

(2) 一次側がΔ結線，二次側がY結線なので，Δ－Y接続である。二次側は線間電圧が相電圧よりも$\frac{\pi}{6}$ rad進みとなり，一次側の線間電圧と相電圧及び二次側の相電圧は同相である。したがって，二次電圧は一次電圧に対して位相が$\frac{\pi}{6}$ rad進みとなる。

(3) 一次側二次側ともΔ結線なので，Δ－Δ接続である。Δ－Δ接続において，一次電圧と二次電圧に位相差はないので，0 radとなる。

(4) 一次側二次側ともV結線なので，V－V接続である。V－V接続において，一次電圧と二次電圧に位相差はないので，0 radとなる。

(5) 一次側がY結線，二次側がΔ結線なので，Y－Δ接続である。一次側は線間電圧が相電圧よりも$\frac{\pi}{6}$ rad進みとなり，一次側の相電圧及び二次側の線間電圧と相電圧は同相である。したがって，二次電圧は一次電圧に対して位相が$\frac{\pi}{6}$ rad遅れとなる。

4 次の各問に答えよ。

(1) 3台の単相変圧器をY－Y－Δ結線して一次側に33 kVを加えたところ，二次側の電圧が6.6 kVとなった。このとき，単相変圧器の巻数比を求めよ。

(2) 3台の単相変圧器を一次側，二次側ともΔ結線にして，一次側に線間電圧6.6 kVを加えたところ，二次側の線間電圧が110 Vとなった。この変圧器の一次電流が2 Aであるとき，二次電流の大きさ[A]を求めよ。

(3) 3台の単相変圧器の一次側をΔ結線，二次側をY結線して，一次側に22 kVをかけた。各変圧器の巻数比が300であるとき，二次側の電圧の大きさ[V]を求めよ。

(4) 3台の単相変圧器の一次側をY結線，二次側をΔ結線して，一次側の電圧を15 kVにして，二次側の電圧を154 kVに調整した。このときの巻数比を求めよ。また，一次電圧に対する二次電圧の位相差を進みか遅れかも含めて答えよ。

解答 (1) 5 (2) 120 A (3) 127 V (4) $a = 0.0562$,
二次電圧が一次電圧より $\frac{\pi}{6}$ rad 遅れ

POINT 4 変圧器の三相結線

(1) 一次側二次側ともY結線なので，それぞれの相電圧E_1[kV]及びE_2[kV]は，線間電圧V_1[kV]及びV_2[kV]の$\frac{1}{\sqrt{3}}$倍となるので，

$$E_1 = \frac{V_1}{\sqrt{3}}$$
$$= \frac{33}{\sqrt{3}}\text{ kV}$$
$$E_2 = \frac{V_2}{\sqrt{3}}$$
$$= \frac{6.6}{\sqrt{3}}\text{ kV}$$

したがって，その巻数比aは，

$$a = \frac{E_1}{E_2}$$
$$= \frac{\frac{33}{\sqrt{3}}}{\frac{6.6}{\sqrt{3}}}$$
$$= \frac{33}{6.6}$$
$$= 5$$

解説では巻数比の定義から相電圧を求めているが，試験本番では，$\frac{1}{\sqrt{3}}$の計算は余分になるので，そのまま計算できるようにしておくこと。

(2) 一次側二次側ともΔ結線なので，それぞれの相電圧 E_1［kV］及び E_2［kV］は，線間電圧 V_1［kV］及び V_2［kV］と等しいので，

$$E_1 = V_1 = 6.6\ \mathrm{kV}$$

$$E_2 = V_2 = 110\ \mathrm{V}$$

巻数比と電圧及び電流の関係は，$\dfrac{N_1}{N_2} = \dfrac{E_1}{E_2} = \dfrac{I_2}{I_1}$ である。

以上から，二次電流 I_2［A］は，

$$\frac{E_1}{E_2} = \frac{I_2}{I_1}$$

$$\frac{6600}{110} = \frac{I_2}{2}$$

$$I_2 = \frac{6600 \times 2}{110} = 120\ \mathrm{A}$$

POINT 4 変圧器の三相結線

6.6kVがよく出題される電圧であるが，これは公称電圧の一つであるからである。電験では実務に合わせて公称電圧を使用する問題が多い。

前項の巻数比の公式
$a = \dfrac{N_1}{N_2} = \dfrac{E_1}{E_2} = \dfrac{I_2}{I_1}$
を使用する。

(3) 一次側はΔ結線なので，相電圧 E_1［kV］と線間電圧 V_1［kV］は等しい。また，二次側はY結線なので，相電圧 E_2［kV］は，線間電圧 V_2［kV］の $\dfrac{1}{\sqrt{3}}$ 倍となる。巻数比 $a = \dfrac{E_1}{E_2} = 300$ なので，

$$\frac{E_1}{E_2} = 300$$

$$\frac{V_1}{\frac{V_2}{\sqrt{3}}} = 300$$

$$\frac{\sqrt{3}V_1}{V_2} = 300$$

$$\frac{\sqrt{3} \times 22 \times 10^3}{V_2} = 300$$

$$V_2 = \frac{\sqrt{3} \times 22 \times 10^3}{300} \fallingdotseq 127\ \mathrm{V}$$

POINT 4 変圧器の三相結線

(4) 一次側はY結線なので，相電圧 E_1［kV］は，線

間電圧 V_1 [kV] の $\frac{1}{\sqrt{3}}$ 倍となる。また，二次側はΔ結線なので，相電圧 E_2 [kV] と線間電圧 V_2 [kV] は等しい。したがって，巻数比 a は，

$$a=\frac{E_1}{E_2}$$

$$=\frac{\frac{V_1}{\sqrt{3}}}{V_2}$$

$$=\frac{\frac{15}{\sqrt{3}}}{154}$$

$$\fallingdotseq 0.0562$$

また，Y－Δ結線なので，二次電圧は一次電圧より $\frac{\pi}{6}$ rad 遅れとなる。

POINT 4 変圧器の三相結線

少し不安になるかもしれないが，a<1は一次側より二次側の方が巻数が大きいということ。一般家庭向けの電圧は降圧されることが多いが，発電所では昇圧して送電する。

5 次の文章は単巻変圧器に関する内容である。（ア）～（オ）にあてはまる語句又は式を答えよ。

単巻変圧器は１つの巻線を一次巻線と二次巻線にして電圧を変える変圧器である。下図において共用部分でない巻線を［（ア）］巻線，共用部分の巻線を［（イ）］巻線と呼ぶ。巻数比 a は一次電圧 V_1 及び二次電圧 V_2 を用いて $a=$［（ウ）］となり，自己容量と負荷容量はそれぞれ一次電圧 V_1 及び二次電圧 V_2 または二次電流 I_2 を用いて［（エ）］及び［（オ）］となる。

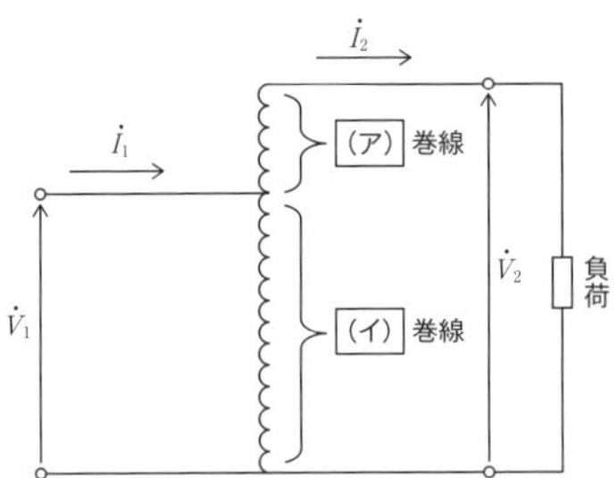

POINT 5 単巻変圧器

注目 直列巻線，分路巻線，自己容量，負荷容量などは非常に忘れやすいので，試験直前に必ず見直すこと。

解答 （ア）直列　（イ）分路　（ウ）$\frac{V_1}{V_2}$
（エ）$(V_2-V_1)I_2$　（オ）V_2I_2

自己容量は直列巻線の容量であり，一次巻線と二次巻線の電位差 V_2-V_1 [V] と直列巻線を流れる電流の大きさ I_2 [A] の積となる。また，負荷容量は，

負荷に供給される容量なので，負荷にかかる電圧 V_2［V］と負荷を流れる電流 I_2［A］の積となる。また，理想的な変圧器において一次側と二次側の容量は等しいので，

$$V_1 I_1 = V_2 I_2$$

である。

基本問題

1 変圧器の並行運転の条件に関する項目として，誤っているものを次の(1)~(5)のうちから一つ選べ。

(1) 相回転の一致
(2) 角変位の一致
(3) 定格容量の一致
(4) 変圧比の一致
(5) 極性の一致

POINT 1 変圧器の並行運転の条件

解答 (3)

(1) 正しい。変圧器の並行運転の条件として，相回転の一致がある。相回転が等しくないと，短絡電流が流れる。

(2) 正しい。角変位が等しくないと，変圧器間の電位差が生じ，循環電流が流れる。

(3) 誤り。定格容量が一致していなくても，流れる電流の割合が変わるだけなので，特に問題はない。

(4) 正しい。変圧比が等しくないと，変圧器間の電位差が生じ，循環電流が流れる。

(5) 正しい。極性が一致していないと，大きな循環電流が流れ，変圧器の巻線が焼損する可能性がある。

分担負荷の大きさの公式

$$P_A = \frac{\%Z_B'}{\%Z_A + \%Z_B'} P$$

$$P_B = \frac{\%Z_A}{\%Z_A + \%Z_B'} P$$

を理解していれば，容易に正答と導き出せる。

2 次の(a)~(d)の変圧器の接続方法のうち，並行運転可能な組合せとして正しいものを次の(1)~(5)のうちから一つ選べ。

POINT 4 変圧器の三相結線

(a)

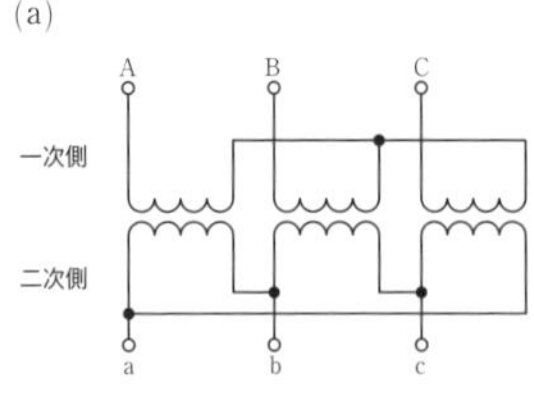

(b)

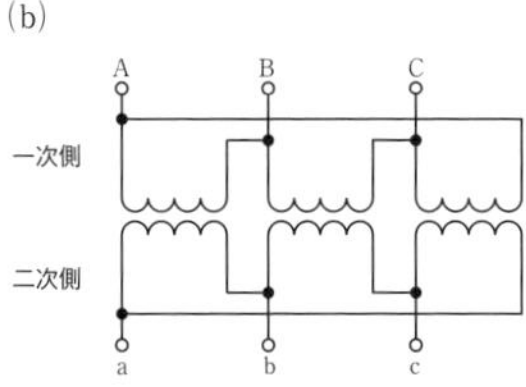

(c)

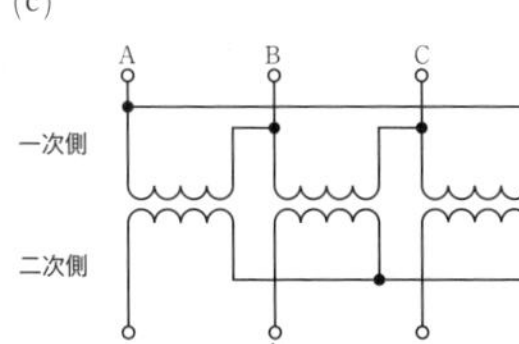

(d)

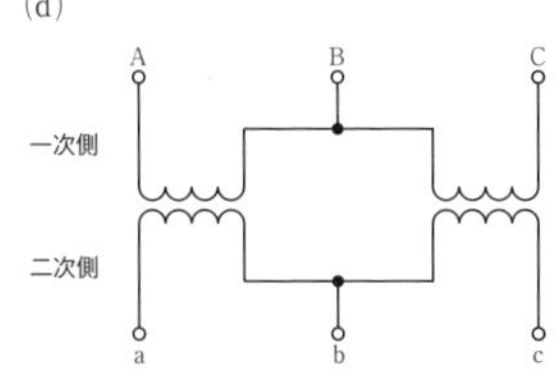

(1)　(a)と(b)　　(2)　(a)と(c)　　(3)　(a)と(d)

(4)　(b)と(c)　　(5)　(b)と(d)

解答　(5)

(a)Y－Δ結線。二次電圧が一次電圧より$\dfrac{\pi}{6}$ rad遅れる。

(b)Δ－Δ結線。一次電圧と二次電圧は同位相。

(c)Δ－Y結線。二次電圧が一次電圧より$\dfrac{\pi}{6}$ rad進む。

(d)V－V結線。一次電圧と二次電圧は同位相

以上より，位相が一致するのは(b)と(d)となるので，解答は(5)。

Y－Δ結線とΔ－Y結線が出てきたら，他の結線と並行運転はできないので，除外する。

3　図のように，ともに一次定格電圧が33 kV，二次定格電圧が6.6 kVで巻数比が等しい三相変圧器A，Bがある。変圧器Aの定格容量が100 kV・A，変圧器Bの定格容量が20 kV・Aであり，それぞれの百分率インピーダンスが変圧器Aが3%，変圧器Bが4%であるとき，二次側に供給可能な電流の大きさの最大値I_2[A]として，最も近いものを次の(1)～(5)のうちから一つ選べ。

POINT 3　並行運転時の分担電流

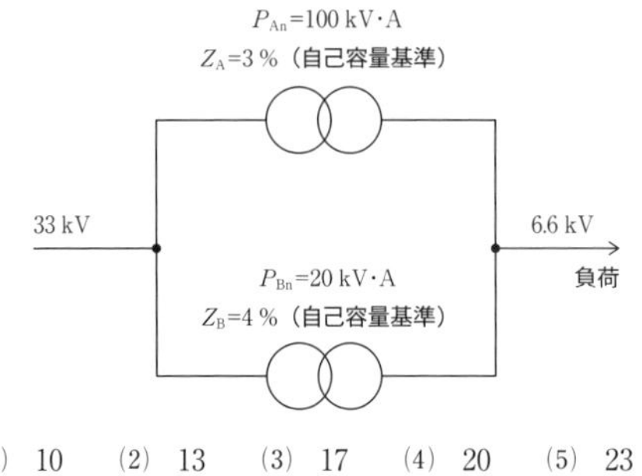

(1) 10　(2) 13　(3) 17　(4) 20　(5) 23

解答 (1)

$\%Z_{\mathrm{B}}$を$\%Z_{\mathrm{A}}$と同じ$P_{\mathrm{An}} = 100$ MV・A基準に換算すると，

$$\%Z_{\mathrm{B}}{}' = \frac{P_{\mathrm{An}}}{P_{\mathrm{Bn}}} \times \%Z_{\mathrm{B}}$$

$$= \frac{100}{20} \times 4$$

$$= 20\ \%$$

また，各変圧器の分担電流は，分流の法則より，

$$I_{\mathrm{A}} = \frac{\%Z_{\mathrm{B}}{}'}{\%Z_{\mathrm{A}} + \%Z_{\mathrm{B}}{}'} \times I$$

$$= \frac{20}{3+20} I$$

$$= \frac{20}{23} I$$

$$I_{\mathrm{B}} = \frac{\%Z_{\mathrm{A}}}{\%Z_{\mathrm{A}} + \%Z_{\mathrm{B}}{}'} \times I$$

$$= \frac{3}{3+20} \times I$$

$$= \frac{3}{23} I$$

変圧器A及びBに流すことができる最大電流I_{mA}［A］及びI_{mB}［A］は，

$$I_{\mathrm{mA}} = \frac{P_{\mathrm{An}}}{\sqrt{3} V_{\mathrm{n}}}$$

$$= \frac{100 \times 10^3}{\sqrt{3} \times 6.6 \times 10^3}$$

本問では三相変圧器となっているので，$\sqrt{3}$を忘れないように十分に注意すること。
$\sqrt{3}$を忘れたときの誤答選択肢がほぼある。

$$\fallingdotseq 8.748\text{ A}$$

$$I_{\mathrm{mB}}=\frac{P_{\mathrm{B}}}{\sqrt{3}V_{\mathrm{n}}}$$

$$=\frac{20\times10^{3}}{\sqrt{3}\times6.6\times10^{3}}$$

$$\fallingdotseq 1.750\text{ A}$$

変圧器Aに最大電流I_{mA}が流れるときIは，

$$I=\frac{23}{20}\times I_{\mathrm{mA}}$$

$$=\frac{23}{20}\times8.748$$

$$\fallingdotseq 10.1\text{ A}$$

変圧器Bに最大電流I_{mB}が流れるときIは，

$$I=\frac{23}{3}\times I_{\mathrm{mB}}$$

$$=\frac{23}{3}\times1.750$$

$$\fallingdotseq 13.4\text{ A}$$

よって，負荷に流せる最大電流は変圧器Aに最大電流I_{mA}が流れる10.1 Aと求められる。

変圧器Bが最大電流流れるとき，変圧器Aに流れる電流は，

$$I_{\mathrm{A}}=\frac{20}{3}\times I_{\mathrm{mB}}$$

$$=\frac{20}{3}\times1.75\fallingdotseq 11.7\text{ A}$$

となり，容量オーバーとなってしまう。

4 変圧器の三相結線に関する記述として，誤っているものを次の(1)～(5)のうちから一つ選べ。

(1) Y－Y結線の変圧器は，第3調波を還流する回路がないため，二次側の相電圧の波形にひずみが生じる。

(2) Δ－Y結線の変圧器は，一次電圧と二次電圧の間に角変位と呼ばれる$\frac{\pi}{6}$ radの位相差を生じる。

(3) Δ－Δ結線の変圧器は，中性点を接地することができず，保護が難しい面もある。

(4) 同一電圧において，Δ結線の変圧器には，Y結線の約$\sqrt{2}$倍の電圧がかかるので，絶縁に費用がかかる。

(5) Y－Y－Δ結線の三次巻線には，調相設備を設けるものもある。

POINT 4 変圧器の三相結線

解答 (4)

(1) 正しい。Y－Y結線の変圧器は，Δ巻線を持っていないため，第3調波を還流する回路がなく，その

ままでは二次側の相電圧の波形にひずみが生じる。

(2) 正しい。Δ－Y結線の変圧器は，一次電圧と二次電圧の間に角変位と呼ばれる$\frac{\pi}{6}$ radの位相差を生じる。Δ－Y結線場合二次電圧は一次電圧よりも$\frac{\pi}{6}$ rad進みとなる。

(3) 正しい。中性点を接地することができず，保護が難しい面もある。通常は電圧が低い配電用変圧器として用いられる。

(4) 誤り。同一電圧において，Δ結線の変圧器には，Y結線の約$\sqrt{3}$倍の電圧がかかるので，絶縁に費用がかかる。

(3) 正しい。Y－Y－Δ結線の三次巻線には，調相設備を設けたり，所内用電源に供給したりするものがある。

$\sqrt{2}$倍の電圧は交流電圧の実効値と最大値の関係である。

5 次の文章は単巻変圧器に関する記述である。

POINT 5 単巻変圧器

単巻変圧器は1つの巻線で一次巻線と二次巻線を共用する変圧器で，巻線の共用部分を［（ア）］，巻線の共用でない部分を［（イ）］と呼ぶ。一次電圧が4000 V，二次電圧が5000 V，二次電流が20 Aであるとき，この単巻変圧器の負荷容量は［（ウ）］[kV・A]，自己容量は［（エ）］[kV・A]となる。

上記の記述中の空白箇所（ア），（イ），（ウ）及び（エ）に当てはまる組合せとして，正しいものを次の(1)～(5)のうちから一つ選べ。

	（ア）	（イ）	（ウ）	（エ）
(1)	直列巻線	分路巻線	100	20
(2)	分路巻線	直列巻線	80	100
(3)	直列巻線	分路巻線	80	20
(4)	分路巻線	直列巻線	100	20
(5)	直列巻線	分路巻線	80	100

解答 (4)

単相変圧器は1つの巻線で一次巻線と二次巻線を共有する変圧器で，巻線の共用部分を分路巻線，巻線の共用でない部分を直列巻線と呼ぶ。また，単巻変圧器のうち，負荷に供給可能な容量を負荷容量，直列巻線の容量を自己容量と呼ぶ。負荷には二次電圧 V_2［V］がかかり，二次電流 I_2［A］が流れるので，負荷容量 P_L［kV・A］は，

$$P_L = V_2 I_2$$
$$= 5000 \times 20$$
$$= 100000\ \mathrm{V \cdot A} = 100\ \mathrm{kV \cdot A}$$

直列巻線には二次電圧 V_2［V］と一次電圧 V_1［V］の差 $V_2 - V_1$［V］がかかり，二次電流 I_2［A］が流れるので，自己容量 P_S［kV・A］は，

$$P_S = (V_2 - V_1) I_2$$
$$= (5000 - 4000) \times 20$$
$$= 20000\ \mathrm{V \cdot A} = 20\ \mathrm{kV \cdot A}$$

応用問題

1 変圧器の並行運転に関する記述として，誤っているものを次の(1)～(5)のうちから一つ選べ。

(1) 変圧器の並行運転を行うことで，出力の増減に合わせて，運転台数を変更することにより，変圧器の無負荷損を低減させることが可能となる。

(2) 変圧比が異なる２台の変圧器で並行運転を行うと，二次側電圧の電圧差に比例した循環電流が変圧器間に流れる。

(3) 極性が一致しない変圧器を用いると，大きな循環電流が流れる。したがって，日本では減極性を基本として統一している。

(4) Y－Δ結線は二次側の電圧が一次側の電圧に対して$\frac{\pi}{6}$ rad遅れとなるので，並行運転を行う際は，Δ－Δ結線の変圧器と一緒に使用してはならない。

(5) 並行運転を行う条件として，巻線抵抗と漏れリアクタンスの大きさが変圧器間で等しいという条件がある。

解答 (5)

注目 難易度の高い電験の正誤問題と同等のレベルの問題と言える。少し時間がかかるかもしれないが，細部まで注意して解くようにする。

(1) 正しい。変圧器の無負荷損は運転出力に関係なく発生する損失である。仮に並行運転している変圧器があり，負荷が減少した場合，１台変圧器を停止することで，その停止した変圧器の無負荷損を低減させることが可能となる。

(2) 正しい。変圧比が異なる２台の変圧器で並行運転を行うと，二次側電圧の電圧差に比例した循環電流が変圧器間に流れる。

変圧器A及びBの誘導起電力をそれぞれ$\dot{E}_a$[V]，$\dot{E}_b$[V]とし，それぞれのインピーダンスを$\dot{Z}_a$[Ω]，$\dot{Z}_b$[Ω]とすると，循環電流$\dot{I}_c$[A]は，

$$\dot{I}_c=\frac{\dot{E}_a-\dot{E}_b}{\dot{Z}_a+\dot{Z}_b}$$

となる。

(3) 正しい。極性が一致していない変圧器を用いる

と，大きな循環電流が流れる。日本では減極性を基本として統一している。

(4) 正しい。Y－Δ結線は二次側の電圧が一次側の電圧に対して$\frac{\pi}{6}$ rad遅れとなるので，並行運転を行う際は，Δ－Δ結線をはじめ角変位の異なる変圧器と一緒に使用してはならない。

(5) **誤り**。並行運転を行う条件として，巻線抵抗と漏れリアクタンスの大きさ**の比**が変圧器間で等しいという条件がある。それぞれの大きさは一致している必要はない。

2 容量がP_1[kV・A]の単相変圧器３台を使用してΔ－Δ結線で運転している変圧器がある。変圧器の一台が故障して，V－V結線として同じ電力を供給することにした。変圧器全体の銅損はΔ－Δ結線の何倍となるか。最も近いものを次の(1)～(5)のうちから一つ選べ。

(1) 1　(2) 2　(3) 3　(4) 4　(5) 6

解答 (2)

Δ結線で負荷に電力を供給しているときの電圧をV[V]，電流をI_Δ[V]とすると，供給する電力P[V・A]は，

$$P = 3VI_\Delta \quad ・・・①$$

V結線で負荷に電力を供給しているときの電圧をV[V]，電流をI_V[V]とすると，供給する電力P[V・A]は，

$$P = \sqrt{3}VI_V \quad ・・・②$$

①，②より同じ電力を供給する場合の電流の大きさは，

$$3VI_\Delta = \sqrt{3}VI_V$$

$$\sqrt{3}I_\Delta = I_V$$

Δ結線での銅損$P_{c\Delta}$[W]は，各変圧器の巻線抵抗をR[Ω]とすると，

$$P_{c\Delta} = 3RI_\Delta{}^2$$

注目 どのような条件においても2倍になるので，結果を暗記しても良いかもしれないが，供給電力から導出できるようにしておくこと。

V結線での銅損P_{cV}[W]は,

$$P_{cV} = 2RI_V{}^2$$
$$= 2R(\sqrt{3}I_\Delta)^2$$
$$= 6RI_\Delta{}^2$$

よって，銅損の比は,

$$\frac{P_{cV}}{P_{c\Delta}} = \frac{6RI_\Delta{}^2}{3RI_\Delta{}^2}$$
$$= 2$$

3 単相変圧器を3台使用して三相結線の変圧器として利用することを考える。次の各結線方法と一次線間電圧$\dot{V}_1$[V]に対する二次線間電圧$\dot{V}_2$[V]の位相及びその大きさの組合せとして，正しいものを次の(1)～(5)のうちから一つ選べ。ただし，各変圧器の巻数比はa，極性はいずれも減極性とする。

(1)

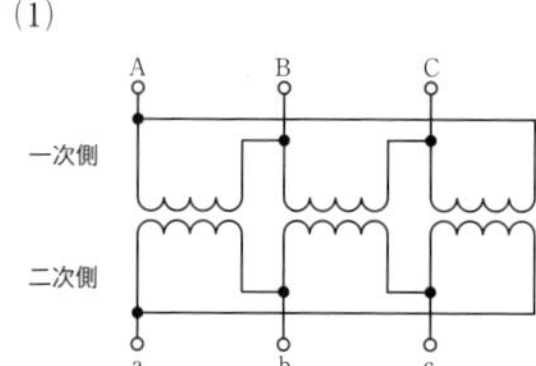

(2)

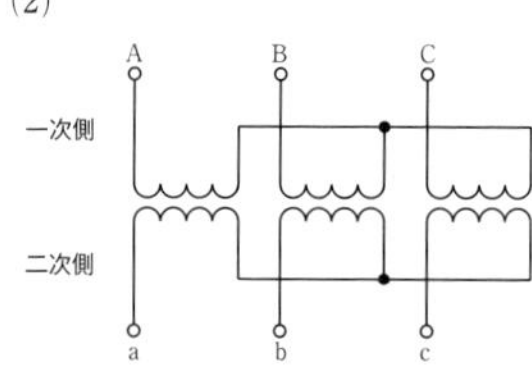

(3)

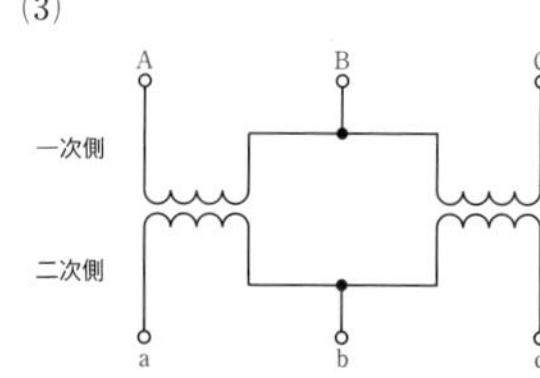

(4)

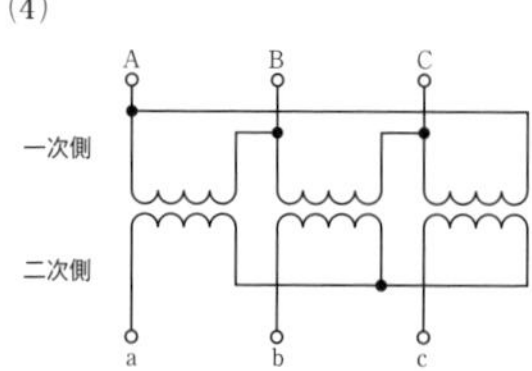

(5)

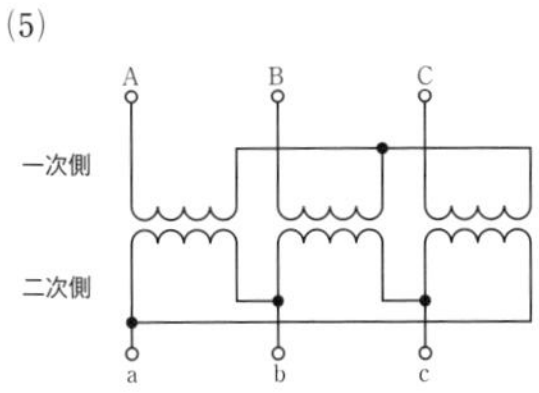

	一次線間電圧に対する二次電圧の位相	二次線間電圧の大きさ
(1)	同相	aV_1
(2)	30° 遅れ	$\dfrac{V_1}{a}$
(3)	同相	$\dfrac{V_1}{\sqrt{3}a}$
(4)	30° 進み	$\dfrac{\sqrt{3}V_1}{a}$
(5)	30° 進み	$\dfrac{V_1}{\sqrt{3}a}$

解答 (4)

(1) 誤り。

変圧器の一次側二次側ともΔ結線なので，線間電圧は同相となる。

また，それぞれの相電圧 E_1 [V] 及び E_2 [V] は，線間電圧 V_1 [V] 及び V_2 [V] と等しいので，

$$E_1 = V_1$$
$$E_2 = V_2$$

巻数比は a なので，

$$V_2 = E_2 = \frac{E_1}{a} = \frac{V_1}{a}$$

(2) 誤り。

変圧器の一次側二次側ともY結線なので，同相である。それぞれの相電圧 E_1 [V] 及び E_2 [V] は，線間電圧 V_1 [V] 及び V_2 [V] の $\dfrac{1}{\sqrt{3}}$ 倍となるので，

注目 じっくりと解きたい問題ではあるが，電験ではスピードも要求される。相電圧と線間電圧の関係はよく理解しておくようにすること。

$$E_1 = \frac{V_1}{\sqrt{3}}$$

$$E_2 = \frac{V_2}{\sqrt{3}}$$

巻数比はaなので，

$$V_2 = \sqrt{3}E_2$$
$$= \frac{\sqrt{3}E_1}{a}$$
$$= \frac{V_1}{a}$$

(3) 誤り。

変圧器の一次側二次側ともV結線なので，Δ結線と同様に考えればよい。したがって，線間電圧は同相となり，

$$V_2 = \frac{V_1}{a}$$

(4) 正しい。

一次側はΔ結線，二次側はY結線なので，一次線間電圧に対する二次線間電圧の位相は，30°進みである。

また，一次側はΔ結線なので，相電圧E_1[V]と線間電圧V_1[V]は等しい。また，二次側はY結線なので，相電圧E_2[V]は，線間電圧V_2[V]の$\frac{1}{\sqrt{3}}$倍となる。巻数比$a = \frac{E_1}{E_2}$なので，

$$V_2 = \sqrt{3}E_2$$
$$= \frac{\sqrt{3}E_1}{a}$$
$$= \frac{\sqrt{3}V_1}{a}$$

(5) 誤り。

一次側はY結線，二次側はΔ結線なので，一次線間電圧に対する二次線間電圧の位相は，30°遅

れである。

また，一次側はY結線なので，相電圧E_1[V]は線間電圧V_1[V]の$\dfrac{1}{\sqrt{3}}$倍となる。また，二次側はΔ結線なので，相電圧E_2[V]と線間電圧V_2[V]は等しい。巻数比$a=\dfrac{E_1}{E_2}$なので，

$$
\begin{aligned}
V_2 &= E_2 \\
&= \frac{E_1}{a} \\
&= \frac{V_1}{\sqrt{3}a}
\end{aligned}
$$

4 変圧器の三相結線に関する記述として，誤っているものを次の(1)～(5)のうちから一つ選べ。

(1) Δ－Δ結線の変圧器は，そのままでは中性点を接地することができないので，中性点を接地するときは接地変圧器が必要となる。したがって，非接地方式を採用する配電用変圧器として用いられることが多い。

(2) Y－Y結線の変圧器は，Δ結線を持たないので第3調波励磁電流を還流することができない。したがって，一般にΔ結線を三次巻線に設け，Y－Y－Δ結線として使用することが多い。

(3) Y－Δ結線の変圧器は，一次と二次の電圧に位相差が生じる。したがって，他の変圧器との角変位をなくすため，直列に巻数比1のΔ－Y結線を接続することが多い。

(4) Y－Δ結線においては一次側の中性点を接地でき，二次側で第3調波を還流できるので，広く使用されている。

(5) V－V結線は単相変圧器で構成されたΔ－Δ結線の1台が故障しても運転継続が可能な方法で，Δ－Δ結線と比較して，利用率が86.6％，出力が57.7％となる。

解答 (3)

(1) 正しい。Δ－Δ結線の変圧器は，そのままでは中性点を接地することができないので，中性点を接地するときは接地変圧器が必要となる。したがって，電圧階級の低い非接地方式を採用する配電用変圧器として用いられることが多い。

(2) 正しい。Y－Y結線の変圧器は，Δ結線を持た

ないので第３調波励磁電流を還流することができない。そのままだと二次電圧にひずみが生じるので，Δ結線を三次巻線に設け，Y－Y－Δ結線として使用することが多い。

(3) 誤り。Y－Δ結線の変圧器は，二次電圧が一次電圧に対して$\dfrac{\pi}{6}$ rad遅れとなる。したがって，並列運転する際にはY－Δ結線の変圧器を用いる。直列に巻数比１のΔ－Y結線を接続する方法は一般に用いられない。

実際にΔ−Δ結線と並列運転する場合にはこの方法で接続することは可能であるが，現実的にもう一つの変圧器を設けることは経済的ではない。

(4) 正しい。Y－Δ結線においては一次側の中性点を接地でき，二次側で第3調波を還流できるという，Y接続とΔ接続の両方のメリットが活かされるので，広く使用されている。

(5) 正しい。V－V結線は単相変圧器で構成されたΔ－Δ結線の１台が故障しても運転継続が可能な方法である。Δ－Δ結線と比較して，利用率が$\dfrac{\sqrt{3}}{2} \fallingdotseq 0.866(86.6\%)$，出力が$\dfrac{\sqrt{3}}{3} \fallingdotseq 0.577(57.7\%)$となる。

5 図のように，定格一次電圧が400 V，定格二次電圧が440 Vの単巻変圧器がある。最初スイッチSを開放した状態で一次側に定格電圧を加えたところ，電流I_1[A]の大きさは0.7 Aとなった。次にスイッチSを投入し一次側に定格電圧を加えたところ，電流I_2[A]の大きさが24 Aとなった。このとき，分路巻線に流れる電流の大きさとして，最も近いものを次の(1)〜(5)のうちから一つ選べ。ただし，巻線は純リアクタンスと考えることができ，巻線抵抗は無視できるものとする。

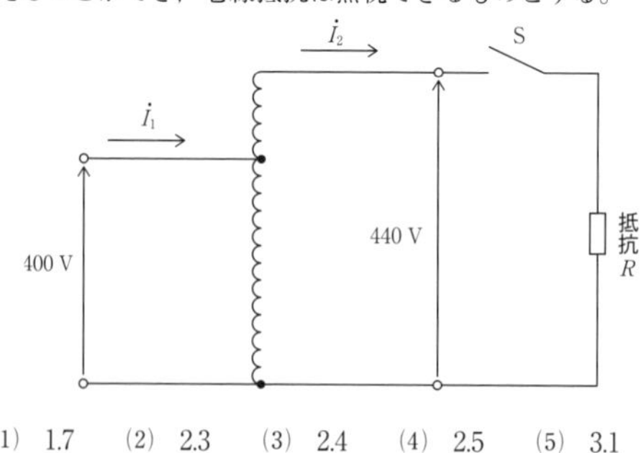

(1) 1.7　(2) 2.3　(3) 2.4　(4) 2.5　(5) 3.1

解答 (4)

スイッチSを開放しているとき，電流は全て分路巻線を流れ，その位相は電圧から90°遅れとなる。したがって，電圧ベクトルを基準にすると，分路巻線を流れる電流は－j0.7 Aとなる。

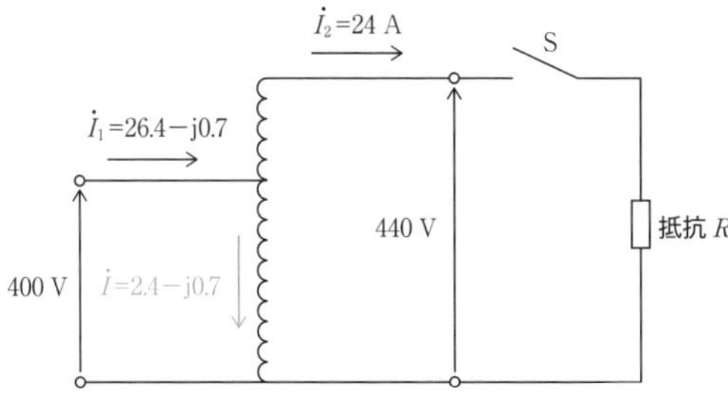

スイッチSを投入して二次側に流れる電流は，負荷が抵抗負荷なので電圧と同相になる。したがって，電圧ベクトルを基準とすると，24 Aとなる。

したがって，24 Aの電流を負荷に流すために必要な一次電流I_2'[A]は，

$$I_2' = \frac{E_2}{E_1} I_2$$

$$= \frac{440}{400} \times 24$$

$$= 26.4 \text{ A}$$

一次側の巻線には負荷電流と，分路巻線の抵抗分の電流が流れるので，

$$\dot{I}_1 = 26.4 - \text{j}0.7 \text{ A}$$

そのうち24 Aが二次側に流れるので，分路巻線に流れる電流$\dot{I}$[A]は，

$$\dot{I} = 2.4 - \text{j}0.7 \text{ A}$$

よって，その大きさI[A]は，

$$I = \sqrt{2.4^2 + 0.7^2}$$

$$= 2.5 \text{ A}$$

変圧器は一次側，二次側とも巻線で構成されているので，インピーダンスとしては純コイルとして考える。
電気回路で，コイルの場合電流は電圧より位相が90°遅れとなることを学んだのでそれを活かす。

解答

CHAPTER 03

誘導機

1 誘導電動機の原理と構造

確認問題

1 次の文章は誘導電動機に関する記述である。(ア)～(エ)にあてはまる語句を答えよ。

誘導電動機は三相交流電源により，回転磁界を作り出し，回転磁界によるフレミングの［ (ア) ］の法則により，［ (イ) ］指の方向に誘導起電力が発生し，これによって渦電流が発生する。その渦電流が磁界中を流れることにより，フレミングの［ (ウ) ］の法則に沿って［ (エ) ］指の方向に電磁力を発生させ，電動機を回転させる。

解答 (ア) 右手　(イ) 中　(ウ) 左手　(エ) 親

POINT 1 誘導電動機の原理

注目 この原理の内容が電験で出題される可能性は低いが，理論科目の復習，また誘導電動機の基本として理解しておくことは重要。

2 次の文章は三相誘導電動機の構造に関する記述である。(ア)～(エ)にあてはまる語句を答えよ。

三相誘導電動機は三相交流電源を巻線に接続し，回転磁界を作る［ (ア) ］と，［ (ア) ］が作った回転磁界により回転してトルクを発生させる［ (イ) ］で構成されている。［ (イ) ］は，鉄心と端絡環と導体棒から構成される比較的構造が単純な［ (ウ) ］形と鉄心の外側に設けられたスロットに絶縁電線を挿入した［ (エ) ］形がある。

解答 (ア) 固定子　(イ) 回転子
(ウ) かご　(エ) 巻線

誘導機は図のように固定子と回転子によって構成され，さらに回転子はその構造によってかご形と巻線形に分類される。**2** でかご形はさらに分類できることを説明する。

POINT 3 三相誘導電動機の構造

誘導機の構成

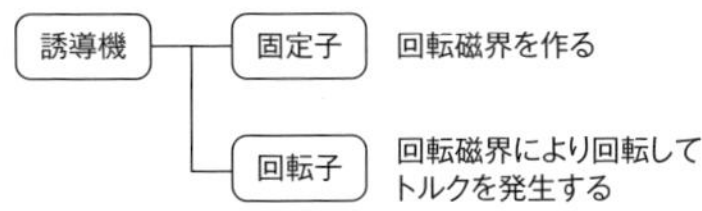

回転子の分類

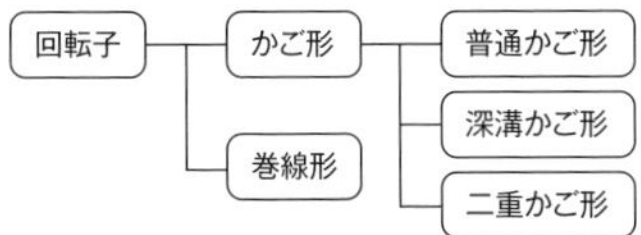

3 次の文章のうち，正しいものには○を，誤っているものには×をつけよ。

(1) 三相誘導電動機の同期速度N_s[min^{-1}]は，電源の周波数f[Hz]，極数pとすると，$N_s = \frac{120f}{p}$で求められる。

(2) 三相誘導電動機の同期角速度ω_s[rad/s]は，電源の周波数f[Hz]，極数pとすると，$\omega_s = \frac{2\pi f}{p}$で求められる。

(3) 運転中の誘導電動機の角速度ω[rad/s]と回転速度N[min^{-1}]には，$\omega = \frac{\pi N}{30}$の関係がある。

(4) 同期速度（回転磁界の回転速度）をN_s[min^{-1}]，回転子の回転速度をN[min^{-1}]とすると，滑りsは，$s = \frac{N_s - N}{N}$で定義される。

(5) 誘導電動機の回転子にはかご形と巻線形があり，巻線形回転子は外部抵抗を接続することができる。

(6) 三相誘導電動機の等価回路は直流機や変圧器の等価回路と非常に似ている。

(7) 三相誘導電動機の等価回路における一次側とは電機子回路のことであり，二次側とは界磁回路のことである。

(8) 三相誘導電動機の等価回路のうち，二次側の二次抵抗や二次側の漏れリアクタンスを一次側に換算し，さらに励磁回路を左端に寄せた簡易等価回路をL形等価回路という。

(9) 三相誘導電動機における二次入力P_2[W]，二次銅損P_{c2}[W]，機械的出力P_m[W]には，$P_2 : P_{c2} : P_m = 1 : (1 - s) : s$の関係がある。

(10) 機械的出力P_m[W]と電動機のトルクT[N・m]には，角速度をω[rad/s]とすると，$T = \omega P_m$の関係がある。

(11) 滑り$s = 1$のとき，トルクは発生しない。

(12) 誘導電動機の最大トルクを生じる滑りs_mを基準として，滑りsが$s < s_m$のとき，誘導電動機は安定となる。

(13) 巻線形三相誘導電動機において，トルクを一定として安定運転した場合，外部抵抗の値と滑りは比例する。

解答 (1)○ (2)× (3)○ (4)× (5)○ (6)× (7)×
(8)○ (9)× (10)× (11)× (12)○ (13)×

(1) ○。三相誘導電動機の同期速度N_s[min^{-1}]は，電源の周波数f[Hz]，極数pとすると，$N_s=\dfrac{120f}{p}$で求められる。

POINT 2 回転磁界

(2) ×。三相誘導電動機の同期角速度ω_s[rad/s]は，電源の周波数f[Hz]，極数pとすると，$\omega_s=\dfrac{2\pi N_s}{60}$なので，

$$\omega_s=\frac{2\pi}{60}\times\frac{120f}{p}$$
$$=\frac{4\pi f}{p}$$

で求められる。

POINT 2 回転磁界

POINT 6 三相誘導電動機の機械的出力とトルクの関係

(3) ○。角速度ω[rad/s]は回転速度N[min^{-1}]とすると，$\omega=\dfrac{2\pi N}{60}$で求められるので，分母分子とも2で割れば，$\omega=\dfrac{\pi N}{30}$となる。

POINT 6 三相誘導電動機の機械的出力とトルクの関係

(4) ×。同期速度(回転磁界の回転速度)をN_s[min^{-1}]，回転子の回転速度をN[min^{-1}]とすると，滑りsは，$s=\dfrac{N_s-N}{N_s}$で定義される。

POINT 4 電動機の滑り

(5) ○。誘導電動機の回転子にはかご形と巻線形があり，かご形回転子は外部抵抗を接続することはできないが，巻線形回転子はスリップリングを介して外部抵抗を接続することができる。

POINT 3 三相誘導電動機の構造

(6) ×。三相誘導電動機の等価回路は変圧器の等価回路と形が似ているが，直流機とは形が異なる。

POINT 5 三相誘導電動機の等価回路

(7) ×。三相誘導電動機の等価回路における一次側とは界磁回路のことであり，二次側とは電機子回路のことである。

POINT 5 三相誘導電動機の等価回路

(8) ○。三相誘導電動機の等価回路のうち，二次側の二次抵抗や二次側の漏れリアクタンスを一次側に換算した回路をT形等価回路といい，さらに励磁回路を左端に寄せた簡易等価回路をL形等価回

POINT 5 三相誘導電動機の等価回路

路という。

(9)　×。三相誘導電動機における二次入力P_2[W]，二次銅損P_{c2}[W]，機械的出力P_m[W]には，$P_2:P_{c2}:P_m=1:s:(1-s)$の関係がある。

POINT 5 三相誘導電動機の等価回路

(10)　×。機械的出力P_m[W]と電動機のトルクT[N·m]には，角速度をω[rad/s]とすると，$T=\dfrac{P_m}{\omega}$の関係がある。

POINT 6 三相誘導電動機の機械的出力とトルクの関係

(11)　×。$s=1$のとき，$T=\dfrac{1}{\omega_s}\times\dfrac{3r_2'V_r^2}{(r_1+r_2')^2+(x_1+x_2')^2}$となり零とならない。

POINT 6 三相誘導電動機の機械的出力とトルクの関係

(12)　○。誘導電動機は最大トルクを生じる滑りs_mを基準として，滑りsが$s<s_m$のとき安定となる。

POINT 7 三相誘導電動機の滑りとトルクの関係

(13)　×。巻線形三相誘導電動機において，トルクを一定として安定運転した場合，比例推移の関係により二次抵抗と外部抵抗の和と滑りは比例する。

POINT 8 トルクの比例推移

4 定格出力が4 kWで極数が12の三相誘導電動機を周波数が60 Hzで200 Vの電源に接続した。定格出力で運転したときの電動機の回転速度が480 min^{-1}であるとき，次の各値を求めよ。

(1)　同期速度[min^{-1}]
(2)　滑り
(3)　二次入力[kW]
(4)　二次銅損[W]
(5)　同期角速度[rad/s]
(6)　角速度[rad/s]
(7)　トルク[N・m]

解答　(1) 600 min^{-1}　(2) 0.2　(3) 5.0 kW
(4) 1000 W　(5) 62.8 rad/s
(6) 50.3 rad/s　(7) 79.6 N・m

(1)　電源の周波数f[Hz]，極数pとすると，同期速度N_s[min^{-1}]は，

POINT 2 回転磁界

$$N_s=\frac{120f}{p}$$
$$=\frac{120\times60}{12}$$

解答編
CHAPTER 03
誘導機 1

$=600\ \mathrm{min}^{-1}$

(2) 同期速度をN_s [min^{-1}], 回転子の回転速度をN [min^{-1}] とすると, 滑りsは,

$$s=\frac{N_s-N}{N_s}$$
$$=\frac{600-480}{600}$$
$$=0.2$$

POINT 4 電動機の滑り

(3) $P_2:P_{c2}:P_m=1:s:(1-s)$ の関係より, 二次入力P_2 [kW] は,

$$P_2=\frac{P_m}{1-s}$$
$$=\frac{4\times10^3}{1-0.2}$$
$$=5000\ \mathrm{W}=5.0\ \mathrm{kW}$$

POINT 5 三相誘導電動機の等価回路

(4) $P_2:P_{c2}:P_m=1:s:(1-s)$ の関係より, 二次銅損P_{c2} [W] は,

$$P_{c2}=sP_2$$
$$=0.2\times5000$$
$$=1000\ \mathrm{W}$$

POINT 5 三相誘導電動機の等価回路

(5) 同期角速度ω_s [rad/s] は$\omega_s=\dfrac{2\pi N_s}{60}$であるから,

$$\omega_s=\frac{2\pi N_s}{60}$$
$$\fallingdotseq\frac{2\times3.1416\times600}{60}$$
$$=62.832\rightarrow62.8\ \mathrm{rad/s}$$

POINT 6 三相誘導電動機の機械的出力とトルクの関係

(6) 角速度ω [rad/s] は$\omega=\dfrac{2\pi N}{60}$であるから,

$$\omega=\frac{2\pi N}{60}$$
$$=\frac{2\times3.1416\times480}{60}$$

POINT 6 三相誘導電動機の機械的出力とトルクの関係

$\omega=\omega_s(1-s)$の関係を用いても導出可能。

$\omega=\omega_s(1-s)$

$\omega=62.832\times(1-0.2)$

$\fallingdotseq50.266\ \mathrm{rad/s}$

$\fallingdotseq 50.266 \rightarrow 50.3$ rad/s

(7)　トルクT[N・m]は，$T=\dfrac{P_m}{\omega}$の関係より，

$$T=\frac{P_m}{\omega}$$
$$=\frac{4000}{50.266}$$
$$\fallingdotseq 79.6\ \mathrm{N \cdot m}$$

POINT 6 三相誘導電動機の機械的出力とトルクの関係

$$T=\frac{P_2}{\omega_s}$$
$$=\frac{5000}{62.832}$$
$$\fallingdotseq 79.6\ \mathrm{N \cdot m}$$

でも計算可能。

5 定格出力が10 kWで定格電圧が440 V，定格周波数が50 Hz，4極の三相誘導電動機があり，定格運転しているとする。二次抵抗が0.02 Ω，二次漏れリアクタンスが0.2 Ωのとき，次の各値を求めよ。ただし，励磁電流，一次抵抗及び一次漏れリアクタンスは無視できるものとする。

(1)　同期速度[$\mathrm{min^{-1}}$]
(2)　同期角速度[rad/s]
(3)　$s=0.04$で安定運転したときの回転速度[$\mathrm{min^{-1}}$]
(4)　$s=0.04$で安定運転したときのトルク[N・m]
(5)　$s=0.04$で安定運転したときの二次入力[kW]
(6)　停動トルク発生時の滑り
(7)　停動トルク発生時の回転速度[$\mathrm{min^{-1}}$]
(8)　停動トルク発生時の二次入力[kW]
(9)　停動トルクの大きさ[N・m]

解答　(1) 1500 $\mathrm{min^{-1}}$　(2) 157 rad/s　(3) 1440 $\mathrm{min^{-1}}$
(4) 66.3 N・m　(5) 10.4 kW　(6) 0.1
(7) 1350 $\mathrm{min^{-1}}$　(8) 11.1 kW　(9) 70.7 N・m

(1)　電源の周波数$f=50$ Hz，極数$p=4$であるから，同期速度N_s[$\mathrm{min^{-1}}$]は，

$$N_s=\frac{120f}{p}$$
$$=\frac{120\times 50}{4}$$
$$=1500\ \mathrm{min^{-1}}$$

POINT 2 回転磁界

解答編　CHAPTER 03　誘導機 1

(2) 同期角速度ω_s[rad/s]は$\omega_s = \frac{2\pi N_s}{60}$であるから,

$$\omega_s = \frac{2\pi N_s}{60}$$
$$\fallingdotseq \frac{2 \times 3.1416 \times 1500}{60}$$
$$= 157.08 \rightarrow 157 \text{ rad/s}$$

POINT 6 三相誘導電動機の機械的出力とトルクの関係

(3) 同期速度N_s[min^{-1}]と回転速度N[min^{-1}]には,$N = N_s(1 - s)$の関係があるから,

$$N = N_s(1 - s)$$
$$= 1500 \times (1 - 0.04)$$
$$= 1440 \text{ min}^{-1}$$

POINT 4 電動機の滑り

(4) 角速度ω[rad/s]は$\omega = \frac{2\pi N}{60}$であるから,

$$\omega = \frac{2\pi N}{60}$$
$$\fallingdotseq \frac{2 \times 3.1416 \times 1440}{60}$$
$$= 150.80 \text{ rad/s}$$

したがって,トルクT[N・m]は,$T = \frac{P_m}{\omega}$の関係より,

$$T = \frac{P_m}{\omega}$$
$$= \frac{10 \times 10^3}{150.80}$$
$$\fallingdotseq 66.313 \rightarrow 66.3 \text{ N}\cdot\text{m}$$

POINT 6 三相誘導電動機の機械的出力とトルクの関係

(5) $P_2 : P_{c2} : P_m = 1 : s : (1 - s)$の関係より,二次入力$P_2$[W]は,

$$P_2 = \frac{P_m}{1 - s}$$
$$= \frac{10 \times 10^3}{1 - 0.04}$$
$$\fallingdotseq 10417 \text{ W} \rightarrow 10.4 \text{ kW}$$

POINT 5 三相誘導電動機の等価回路

同期角速度ω_sを使用して,

$$P_2 = \omega_s T$$
$$= 157.08 \times 66.313$$
$$\fallingdotseq 10416 \text{ W} \rightarrow 10.4 \text{ kW}$$

と計算してもよい。

(6) 停動トルク（最大トルク）T_{m}[N・m]となる滑りs_{m}は，

$$s_{\mathrm{m}} = \frac{r_2}{x_2} = \frac{0.02}{0.2} = 0.1$$

POINT 7 三相誘導電動機の滑りとトルクの関係

停動トルクとは誘導電動機が出しうるトルクの最大値のことである。

(7) 同期速度N_{s}[min^{-1}]と回転速度N[min^{-1}]には，$N = N_{\mathrm{s}}(1 - s)$の関係があるから，停動トルク発生時の回転速度$N_{\mathrm{m}}$[min^{-1}]は，

$$N_{\mathrm{m}} = N_{\mathrm{s}}(1 - s_{\mathrm{m}}) = 1500 \times (1 - 0.1) = 1350\ \mathrm{min}^{-1}$$

POINT 4 電動機の滑り

(8) $P_2 : P_{\mathrm{c2}} : P_{\mathrm{m}} = 1 : s : (1 - s)$の関係より，停動トルク発生時の二次入力$P_{2\mathrm{m}}$は，

$$P_{2\mathrm{m}} = \frac{P_{\mathrm{m}}}{1 - s_{\mathrm{m}}} = \frac{10 \times 10^3}{1 - 0.1} \fallingdotseq 11111\ \mathrm{W} \rightarrow 11.1\ \mathrm{kW}$$

POINT 5 三相誘導電動機の等価回路

(9) 角速度ω[rad/s]は$\omega = \dfrac{2\pi N}{60}$であるから，停動トルク発生時の角速度$\omega_{\mathrm{m}}$[min^{-1}]は，

$$\omega_{\mathrm{m}} = \frac{2\pi N_{\mathrm{m}}}{60} = \frac{2 \times 3.1416 \times 1350}{60} \fallingdotseq 141.37\ \mathrm{rad/s}$$

したがって，$T = \dfrac{P_{\mathrm{m}}}{\omega}$の関係より，停動トルク発生時のトルク$T_{\mathrm{m}}$[N・m]は，

$$T_{\mathrm{m}} = \frac{P_{\mathrm{m}}}{\omega_{\mathrm{m}}} = \frac{10 \times 10^3}{141.37} \fallingdotseq 70.7\ \mathrm{N \cdot m}$$

POINT 6 三相誘導電動機の機械的出力とトルクの関係

同期角速度ω_{s}を使用して，

$$T_{\mathrm{m}} = \frac{P_{2\mathrm{m}}}{\omega_{\mathrm{s}}} = \frac{11111}{157.08} \fallingdotseq 70.7\ \mathrm{N \cdot m}$$

と計算してもよい。

6 次の文章は誘導電動機の特性に関する記述である。(ア)～(オ)にあてはまる語句又は式を答えよ。

三相誘導電動機の滑りとトルクの特性について考える。

仮に同期速度で運転したとすると，その滑りの大きさは［(ア)］であり，安定領域で運転するとそのトルクは滑りにほぼ［(イ)］し，不安定領域で運転するとトルクは滑りにほぼ［(ウ)］する。安定限界であり，最もトルクが大きくなる滑りs_mは，一次抵抗r_1[Ω]，一次漏れリアクタンスx_1[Ω]，二次抵抗r_2[Ω]，二次漏れリアクタンスx_2[Ω]とすると，$s_m=$［(エ)］であり，そのときのトルクを［(オ)］という。

POINT 7 三相誘導電動機の滑りとトルクの関係

解答 (ア) 0　(イ) 比例　(ウ) 反比例　(エ) $\dfrac{r_2}{x_2}$
(オ) 最大トルク (停動トルク)

仮に同期速度N_sで運転したとすると，その滑りの大きさsは，

$$s=\frac{N_s-N}{N_s}$$
$$=0$$

となる。また，$0<s<s_m$のとき，トルクTは滑りsにほぼ比例し，$s_m<s<1$のとき，トルクTは滑りsにほぼ反比例する。

7 次の文章は誘導電動機のトルク特性に関する記述である。(ア)～(エ)にあてはまる語句又は数値を答えよ。

誘導電動機が定トルク運転している場合に，［(ア)］を通して二次側に外部抵抗を接続したとき，滑りと抵抗値の関係が比例することをトルクの［(イ)］という。

いま，三相誘導電動機がトルク$T=100$ N・m，滑り$s=0.02$で運転しているとする。スリップリングを介して，二次側に15 Ωの外部抵抗を接続した。二次抵抗$r_2=10$ Ωであるとき，外部抵抗を接続した後の滑りs'の大きさは［(ウ)］となる。この［(イ)］の性質を利用すれば，始動時のトルクを大きくすることができるが，二次側に外部抵抗を接続できるのはかご形もしくは巻線形のうち［(エ)］誘導電動機のみである。

POINT 8 トルクの比例推移

解答 （ア）スリップリング　（イ）比例推移
（ウ）0.05　（エ）巻線形

（ウ）トルク一定の条件では，二次抵抗r_2，外部抵抗Rとすると，

$$\frac{r_2}{s}=\frac{r_2+R}{s'}$$

したがって，滑りs'の大きさは，

$$\frac{10}{0.02}=\frac{10+15}{s'}$$

$$s'=(10+15)\times\frac{0.02}{10}$$

$$=0.05$$

基本問題

1 次の文章は誘導電動機に関する記述である。

一次周波数をf_1[Hz]，回転子が停止しているときの二次側誘導起電力の大きさをE_2[V]，二次巻線抵抗をr_2[Ω]，二次漏れリアクタンスをx_2[Ω]とし，電動機を滑りsで運転したとき，二次周波数f_2＝ (ア) [Hz]，二次側誘導起電力E_2'＝ (イ) [V]，二次巻線抵抗r_2'＝ (ウ) [Ω]，二次漏れリアクタンスx_2'＝ (エ) [Ω]となる。

上記の記述中の空白箇所（ア），（イ），（ウ）及び（エ）に当てはまる組合せとして，正しいものを次の(1)～(5)のうちから一つ選べ。

	（ア）	（イ）	（ウ）	（エ）
(1)	sf_1	sE_2	r_2	x_2
(2)	sf_1	sE_2	r_2	sx_2
(3)	f_1	E_2	$\frac{r_2}{s}$	x_2
(4)	f_1	sE_2	r_2	x_2
(5)	sf_1	E_2	$\frac{r_2}{s}$	sx_2

POINT 4 電動機の滑り

POINT 5 三相誘導電動機の等価回路

解答 (2)

回転子が滑りsで運転しているとき，回転子の回転速度をN[min^{-1}]とすると，固定子が作る回転磁界(同期速度)N_s[min^{-1}]と回転子の相対速度N_s-Nは，

$$s=\frac{N_s-N}{N_s}$$

$$N_s-N=sN_s$$

であり，$N_s=\frac{120f}{p}$で周波数と回転速度は比例するので，二次周波数f_2は，sf_1となる。また，回転子の誘導起電力E_2と周波数f_2には比例の関係があるので，$E_2'=sE_2$となる。抵抗値は周波数に関係しないので，滑りの値が変わっても変化せず$r_2'=r_2$であるが，リアクタンスは周波数が変わると変化するので，$x_2'=sx_2$となる。

二次側をすべて$\frac{1}{s}$倍にして，一次側と二次側を一つにまとめたものが等価回路となる。メカニズムを理解した上で等価回路を暗記すること。

2 誘導電動機に関する記述として，誤っているものを次の(1)〜(5)のうちから一つ選べ。

(1) 誘導電動機の回転する原理は，アラゴの円板が回転する原理とほぼ同じである。

(2) 同期速度N_s[min^{-1}]は極数p，周波数がf[Hz]であるとき，$N_s = \frac{120f}{p}$で表される。

(3) 同期速度N_s[min^{-1}]，回転速度をN[min^{-1}]のときの滑りをsとしたとき，$N_s = N(1-s)$の関係がある。

(4) 誘導電動機の等価回路は，変圧器の等価回路と形が似ている。

(5) 滑りsで運転しているときの，二次入力P_2[W]，二次銅損P_{c2}[W]，機械的出力P_m[W]とすると，P_2:P_{c2}:P_m = 1:s:(1 − s)の関係がある。

POINT 2 回転磁界

POINT 4 電動機の滑り

POINT 5 三相誘導電動機の等価回路

解答 (3)

(1) 正しい。誘導電動機の回転する原理は，アラゴの円板が回転する原理とほぼ同じである。

(2) 正しい。同期速度N_s[min^{-1}]は極数p，周波数がf[Hz]であるとき，$N_s = \frac{120f}{p}$で表される。

(3) 誤り。同期速度N_s[min^{-1}]，回転速度をN[min^{-1}]のときの滑りをsとしたとき，$N = N_s(1-s)$の関係がある。

(4) 正しい。誘導電動機の等価回路は，変圧器の等価回路と形が似ている。

(5) 正しい。滑りsで運転しているときの，二次入力P_2[W]，二次銅損P_{c2}[W]，機械的出力P_m[W]とすると，P_2:P_{c2}:P_m = 1:s:(1 − s)の関係がある。

アラゴの円板は，金属性の円板の表面に沿って磁石を動かすと，その円板が回転するというものである。

すべり$s=\frac{N_s-N}{N_s}$からの変形$N=N_s(1-s)$も非常によく使用する公式なので使いこなせるようにしておくこと。

3 次の文章は誘導電動機の等価回路に関する記述である。

三相誘導電動機において，ある負荷を接続し，滑り4％で運転している。1相あたりの二次抵抗の大きさが0.05 Ω，一次銅損は二次銅損と同じ大きさ，鉄損が20 Wで，1相当たりの二次電流が20 Aであるとき，1相あたりの二次銅損は (ア) [W]，1相あたりの二次入力は (イ) [W]となるので，1相あたりの一次入力は (ウ) [W]となる。

POINT 5 三相誘導電動機の等価回路

上記の記述中の空白箇所（ア），（イ）及び（ウ）に当てはまる組合せとして，正しいものを次の(1)～(5)のうちから一つ選べ。

	（ア）	（イ）	（ウ）
(1)	20	500	540
(2)	60	480	540
(3)	20	480	540
(4)	60	500	560
(5)	20	500	560

注目 本問はすべて「1相あたり」となっていることに注意すること。

解答 (1)

（ア）1相あたりの二次銅損P_{c2}［W］は二次抵抗r_2［Ω］で消費する電力の大きさであるから，二次電流$I_2 = 20$ Aとおくと，

$$P_{c2} = r_2 I_2^2$$
$$= 0.05 \times 20^2$$
$$= 20\ \mathrm{W}$$

（イ）二次入力P_2［W］，二次銅損P_{c2}［W］，機械的出力P_m［W］には，$P_2 : P_{c2} : P_m = 1 : s : (1 - s)$の関係があるので，

$$P_2 = \frac{P_{c2}}{s}$$
$$= \frac{20}{0.04}$$
$$= 500\ \mathrm{W}$$

（ウ）鉄損P_i［W］，一次銅損P_{c1}［W］とすると，一次入力P_1［W］と二次入力P_2［W］の関係は，

$$P_1 = P_2 + P_i + P_{c1}$$

したがって，問題文より，一次銅損P_{c1}［W］と二次銅損P_{c2}［W］は等しいので，一次入力P_1［W］は，

$$P_1 = P_2 + P_i + P_{c1}$$
$$= 500 + 20 + 20$$
$$= 540\ \mathrm{W}$$

三相誘導電動機の入力，損失，出力の関係は次の通り。

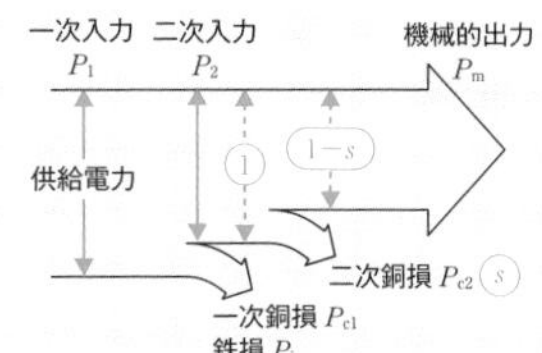

4 極数6の三相巻線形誘導電動機を周波数60 Hzの電源に接続して運転したところ，回転速度が1140 min^{-1}，機械的出力が8 kW，固定子の銅損が400 W，鉄損が300 Wであった。このとき，次の(a)及び(b)に答えよ。ただし，損失は銅損及び鉄損のみで他の損失は無視する。

(a) 二次銅損の大きさ[W]として，最も近いものを次の(1)～(5)のうちから一つ選べ。

(1) 400　(2) 420　(3) 800　(4) 1200　(5) 1260

(b) 一次入力の大きさ[kW]として，最も近いものを次の(1)～(5)のうちから一つ選べ。

(1) 8.3　(2) 8.7　(3) 9.1　(4) 9.5　(5) 9.9

POINT 2 回転磁界
POINT 4 電動機の滑り
POINT 5 三相誘導電動機の等価回路

解答 (a)(2)　(b)(3)

(a) 電源の周波数$f = 60$ Hz，極数$p = 6$であるから，同期速度N_s[min^{-1}]は，

$$N_s = \frac{120f}{p} = \frac{120 \times 60}{6} = 1200\ \mathrm{min}^{-1}$$

電動機の回転速度$N = 1140\ \mathrm{min}^{-1}$であるから，滑り$s$は，

$$s = \frac{N_s - N}{N_s} = \frac{1200 - 1140}{1200} = 0.05$$

したがって，二次入力P_2[W]，二次銅損P_{c2}[W]，機械的出力P_m[W]とすると，$P_2 : P_{c2} : P_m = 1 : s : (1 - s)$の関係があるから，

$$P_{c2} = \frac{s}{1-s} P_m = \frac{0.05}{1-0.05} \times 8 \times 10^3$$

注目 誘導機としては，かなりパターン化された問題の一つ。

$\fallingdotseq 421.1 \to 420$ W

(b) 鉄損P_i[W]，一次銅損（固定子の銅損）P_{c1}[W]，二次銅損P_{c2}[W]とすると，一次入力P_1[W]と機械的出力P_m[W]には，

$$P_1 = P_m + P_i + P_{c1} + P_{c2}$$

の関係があるから，一次入力P_1[W]は，

$$P_1 = 8000 + 300 + 400 + 421.1$$
$$= 9121.1 \text{ W} \fallingdotseq 9.1 \text{ kW}$$

「固定子の銅損」とは一次銅損のことである。

3と異なり，機械的出力が与えられているので，すべての損失を加える必要がある。

5 定格出力が24 kW，定格電圧が220 V，定格周波数が50 Hz，8極のかご形三相誘導電動機があり，滑りが6 %で定格運転している。このとき，次の(a)及び(b)に答えよ。

(a) 定格運転時の角速度[rad/s]として，最も近いものを次の(1)〜(5)のうちから一つ選べ。

(1) 67　(2) 74　(3) 79　(4) 89　(5) 94

(b) 電動機のトルクの大きさ[N・m]として，最も近いものを次の(1)〜(5)のうちから一つ選べ。

(1) 255　(2) 271　(3) 306　(4) 325　(5) 358

注目 公式を駆使する総合問題。本問を順調に解けるようになったら，理解度が深まっていると考えて良い。

解答 (a)(2)　(b)(4)

(a) 電源の周波数$f = 50$ Hz，極数$p = 8$であるから，同期速度N_s[min^{-1}]は，

$$N_s = \frac{120f}{p}$$
$$= \frac{120 \times 50}{8}$$
$$= 750 \text{ min}^{-1}$$

滑り$s = 0.06$なので，回転速度N[min^{-1}]は，

$$N = N_s(1 - s)$$
$$= 750 \times (1 - 0.06)$$
$$= 705 \text{ min}^{-1}$$

よって，そのときの角速度ω[rad/s]は，

POINT 2 回転磁界

POINT 4 電動機の滑り

POINT 5 三相誘導電動機の等価回路

POINT 6 三相誘導電動機の機械的出力とトルクの関係

$$\omega = \frac{2\pi N}{60}$$

$$= \frac{2 \times 3.1416 \times 705}{60}$$

$$\fallingdotseq 73.83 \rightarrow 74\ \mathrm{rad/s}$$

(b) トルクT[N・m]は，

$$T = \frac{P_m}{\omega}$$

であるから，

$$T = \frac{24 \times 10^3}{73.83}$$

$$\fallingdotseq 325\ \mathrm{N \cdot m}$$

6 極数が6，定格周波数が50 Hzで定格運転時の滑りが4％の巻線形三相誘導電動機がある。この誘導電動機をトルクは一定のまま，外部抵抗を挿入して滑りを6％としたい。次の(a)及び(b)に答えよ。ただし，一次巻線抵抗の大きさは0.2 Ω，二次巻線抵抗の大きさは0.4 Ωとする。

(a) 外部抵抗挿入後の回転速度[min^{-1}]として，最も近いものを次の(1)～(5)のうちから一つ選べ。

(1) 920　(2) 940　(3) 960　(4) 980　(5) 1000

(b) このときに挿入する外部抵抗の大きさ[Ω]として，最も近いものを次の(1)～(5)のうちから一つ選べ。

(1) 0.1　(2) 0.2　(3) 0.3　(4) 0.4　(5) 0.6

POINT 7 三相誘導電動機の滑りとトルクの関係

POINT 8 トルクの比例推移

解答 (a)(2)　(b)(2)

(a) 電動機の周波数f = 50 Hz，極数p = 6であるから，同期速度N_s[min^{-1}]は，

$$N_s = \frac{120f}{p}$$

$$= \frac{120 \times 50}{6}$$

$$= 1000\ \mathrm{min}^{-1}$$

よって，滑り$s=0.06$なので，回転速度N[min^{-1}]は，

$$N=N_s(1-s)$$
$$=1000\times(1-0.06)$$
$$=940\ \mathrm{min}^{-1}$$

(b) 外部抵抗の大きさをR[Ω]とすると，比例推移より，二次抵抗r_2[Ω]，及び外部抵抗挿入前後の滑りs及びs'の関係は，

$$\frac{r_2}{s}=\frac{r_2+R}{s'}$$

となるので，

$$\frac{0.4}{0.04}=\frac{0.4+R}{0.06}$$

$$0.4+R=\frac{0.4}{0.04}\times0.06$$

$$R=0.6-0.4$$
$$=0.2\ \Omega$$

応用問題

1 誘導電動機に関する記述として，誤っているものを次の(1)～(5)のうちから一つ選べ。

(1) 誘導電動機の損失には鉄損，機械損，一次銅損，二次銅損等があり，機械損には軸受の摩擦損失や風損等があるが，他の損失に比べて非常に小さい。

(2) 誘導電動機の固定子における回転磁界は，三つの巻線を互いに$\frac{2}{3}\pi$radずつずらして配置し，そこに三相交流電流を流すと発生する。

(3) かご形誘導電動機の回転子は，導体と鉄心に分かれており，鉄心には導体が収まるスロットが切られている。通常けい素鋼板を積層し鉄損を抑えるようにしている。

(4) 巻線形誘導電動機は回転子と同軸上にスリップリングとブラシが取付けられ，そこから端子を引き出している。外部抵抗を挿入することができ，これにより始動特性を改善したり速度制御を行うことができる。

(5) 誘導電動機のトルクは，最大トルクとなる停動トルクを境に回転速度が大きくなると速度にほぼ反比例して減少し，回転速度が小さくなると速度にほぼ比例して減少する。

解答 (5)

(1) 正しい。誘導電動機の損失には鉄損，機械損，一次銅損，二次銅損があり，機械損には軸受の摩擦損失や風損等があるが，他の損失に比べて非常に小さい。

> 機械損は非常に小さいので，電験ではまず無視すると考えて良い。

(2) 正しい。誘導電動機の固定子における磁界は，三つの巻線を互いに$\frac{2}{3}\pi$ radずつずらして配置し，そこに三相交流電流を流すと，磁極が回転するような磁界となる。これを回転磁界と呼ぶ。

(3) 正しい。かご形誘導電動機の回転子は，導体と鉄心に分かれており，鉄心には導体が収まるスロットが切られている。通常けい素鋼板を積層し鉄損を抑えるようにしている。

> 変圧器の積層鉄心と同様な考え方で良い。

(4) 正しい。巻線形誘導電動機は回転子と同軸上にスリップリングとブラシが取付けられ，そこから端子を引き出している。外部抵抗を挿入することができ，これにより始動特性を改善したり速度制御を行うことができる。

(5) 誤り。誘導電動機のトルクは，最大トルクとなる停動トルクを境に回転速度が大きくなると速度にほぼ比例して減少し，回転速度が小さくなると速度にほぼ反比例して減少する。

回転速度大→滑り小
回転速度小→滑り大
の関係がある。

2 次の文章は誘導電動機の入力，出力，損失に関する記述である。

誘導電動機の二次回路における二次入力P_2[W]，機械的出力P_m[W]，二次銅損P_{c2}[W]には滑りをsとすると，$P_2:P_m:P_{c2}=$ (ア) の関係があるが，始動時は (イ) が零であるため，入力はすべて (ウ) になる。したがって，始動時には大きな (エ) が発生するため，三相誘導電動機の始動時には何らかの工夫が必要である。

上記の記述中の空白箇所（ア），（イ），（ウ）及び（エ）に当てはまる組合せとして，正しいものを次の(1)～(5)のうちから一つ選べ。

	（ア）	（イ）	（ウ）	（エ）
(1)	$1:(1-s):s$	機械的出力	二次銅損	始動電流
(2)	$1:s:(1-s)$	二次銅損	機械的出力	始動電圧
(3)	$1:(1-s):s$	機械的出力	二次銅損	始動電圧
(4)	$1:s:(1-s)$	二次銅損	機械的出力	始動電流
(5)	$1:(1-s):s$	二次銅損	機械的出力	始動電圧

解答 (1)

二次入力P_2[W]，機械的出力P_m[W]，二次銅損P_{c2}[W]には，$P_2:P_m:P_{c2}=1:(1-s):s$の関係があり，始動時の滑りsは1なので，$P_2:P_m:P_{c2}=1:0:1$，すなわち機械的出力は0となり，入力はすべて二次銅損となるため，大きな始動電流が発生する。

詳しくは次節（CH03 2 ）で記載。一般にそのまま起動する全電圧始動は3.7 kW未満の小容量に用いられ，通常は始動方法を工夫することが多い。

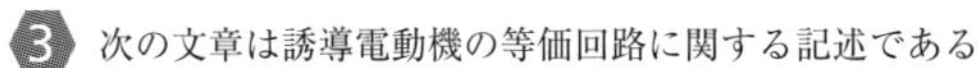

3 次の文章は誘導電動機の等価回路に関する記述である。

図のような励磁回路を無視した三相誘導電動機の星形1相分L形等価回路において，一次側の抵抗をr_1[Ω]，一次側に換算した二次側の抵抗をr_2'[Ω]，一次漏れリアクタンスをx_1[Ω]，二次側に変換した二次漏れリアクタンスをx_2'[Ω]，滑りをsとする。

このとき，一次側に換算した二次電流の大きさI_2'[A]は，I_2' = （ア） [A]となるので，電動機の二次入力P_2[W]は，P_2 = （イ） [W]となる。したがって，同期速度で運転したときの出力（同期ワット）は （ウ） [W]となる。

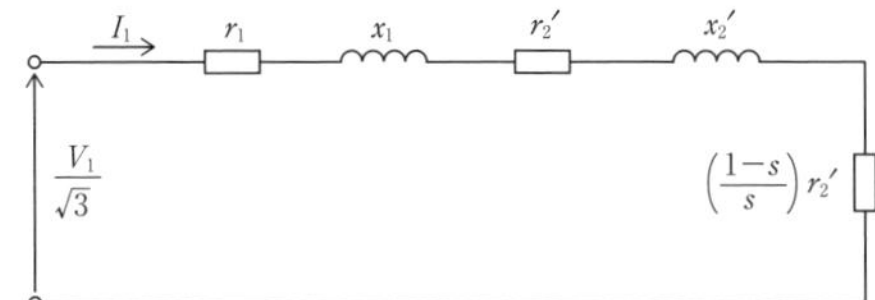

上記の記述中の空白箇所（ア），（イ）及び（ウ）に当てはまる組合せとして，正しいものを次の(1)～(5)のうちから一つ選べ。

	（ア）	（イ）	（ウ）
(1)	$\dfrac{\frac{V_1}{\sqrt{3}}}{\sqrt{\left(r_1+\frac{r_2'}{s}\right)^2+(x_1+x_2')^2}}$	$\dfrac{3r_2'I_2'^2}{s}$	$\dfrac{1}{s}\cdot\dfrac{r_2'V_1^2}{\left(r_1+\frac{r_2'}{s}\right)^2+(x_1+x_2')^2}$
(2)	$\dfrac{\sqrt{3}V_1}{\sqrt{\left(r_1+\frac{r_2'}{s}\right)^2+(x_1+x_2')^2}}$	$\dfrac{3r_2'I_2'^2}{s}(1-s)$	$\dfrac{1}{s}\cdot\dfrac{r_2'V_1^2}{\left(r_1+\frac{r_2'}{s}\right)^2+(x_1+x_2')^2}$
(3)	$\dfrac{\frac{V_1}{\sqrt{3}}}{\sqrt{\left(r_1+\frac{r_2'}{s}\right)^2+(x_1+x_2')^2}}$	$\dfrac{3r_2'I_2'^2}{s}$	$\dfrac{1}{1-s}\cdot\dfrac{r_2'V_1^2}{\left(r_1+\frac{r_2'}{s}\right)^2+(x_1+x_2')^2}$
(4)	$\dfrac{\sqrt{3}V_1}{\sqrt{\left(r_1+\frac{r_2'}{s}\right)^2+(x_1+x_2')^2}}$	$\dfrac{3r_2'I_2'^2}{s}$	$\dfrac{1}{s}\cdot\dfrac{r_2'V_1^2}{\left(r_1+\frac{r_2'}{s}\right)^2+(x_1+x_2')^2}$
(5)	$\dfrac{\frac{V_1}{\sqrt{3}}}{\sqrt{\left(r_1+\frac{r_2'}{s}\right)^2+(x_1+x_2')^2}}$	$\dfrac{3r_2'I_2'^2}{s}(1-s)$	$\dfrac{1}{1-s}\cdot\dfrac{r_2'V_1^2}{\left(r_1+\frac{r_2'}{s}\right)^2+(x_1+x_2')^2}$

解答 (1)

（ア）回路の合成インピーダンス$\dot{Z}$[Ω]は，

$$\dot{Z}=\left\{r_1+r_2'+\left(\frac{1-s}{s}\right)r_2'\right\}+\mathrm{j}(x_1+x_2')$$

$$=\left(r_1+\frac{r_2'}{s}\right)+\mathrm{j}(x_1+x_2')$$

となるから，その大きさZ[Ω]は，

$$Z=\sqrt{\left(r_1+\frac{r_2'}{s}\right)^2+(x_1+x_2')^2}$$

励磁回路は無視できるので，一次電流I_1[A]と一次側に換算した二次電流I_2'[A]の大きさは等しく，その大きさは，

$$I_2'=\frac{\frac{V_1}{\sqrt{3}}}{Z}$$

$$=\frac{\frac{V_1}{\sqrt{3}}}{\sqrt{\left(r_1+\frac{r_2'}{s}\right)^2+(x_1+x_2')^2}}$$

下図の通り，三平方の定理にて導出される。

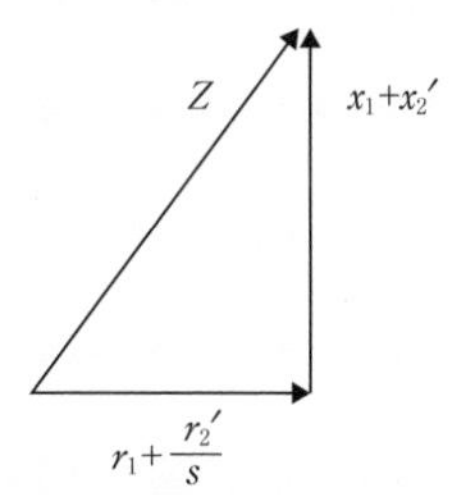

（イ）電動機の二次入力P_2[W]は機械的出力P_m[W]，二次銅損P_{c2}[W]の合計であり，問題図における$\left(\frac{1-s}{s}\right)r_2'$[Ω]での消費電力が機械的出力，$r_2'$[Ω]での消費電力が二次銅損になるので，二次入力$P_2$[W]は，三相分であることを考慮すると，

$$P_2=P_m+P_{c2}$$

$$=3\left\{\left(\frac{1-s}{s}\right)r_2'I_2'^2+r_2'I_2'^2\right\}$$

$$=3\left\{\left(\frac{1-s}{s}\right)+1\right\}r_2'I_2'^2$$

$$=3\cdot\frac{1}{s}\cdot r_2'I_2'^2$$

$$=\frac{3r_2'I_2'^2}{s}$$

$$\frac{1-s}{s}+1=\frac{1-s}{s}+\frac{s}{s}$$

$$=\frac{1-s+s}{s}$$

$$=\frac{1}{s}$$

は即座に変換できるようにしておくこと。

（ウ）同期ワットとは，誘導電動機があるトルクで運転しているとき，トルクを変更せず回転速度を同期速度にしたときの出力であり，二次入力P_2[W]の大きさに等しい。

したがって，同期ワットの大きさP_2[W]は，

同期ワットの定義は左記の通りであるが，問題で「同期ワットは?」と出題されたら「二次入力は?」と解釈して良い。

$$P_2=\frac{3r_2' I_2'^2}{s}$$

$$=\frac{3r_2'}{s}\cdot\left(\frac{\dfrac{V_1}{\sqrt{3}}}{\sqrt{\left(r_1+\dfrac{r_2'}{s}\right)^2+(x_1+x_2')^2}}\right)^2$$

$$=\frac{3r_2'}{s}\cdot\frac{\dfrac{V_1^2}{3}}{\left(r_1+\dfrac{r_2'}{s}\right)^2+(x_1+x_2')^2}$$

$$=\frac{1}{s}\cdot\frac{r_2' V_1^2}{\left(r_1+\dfrac{r_2'}{s}\right)^2+(x_1+x_2')^2}$$

最初二次入力の結果式を覚えるのは大変かもしれないが，本問の導出を何度も演習すれば，自然と覚えることが可能となる。

4 極数が4で定格運転中の巻線形三相誘導電動機がある。負荷に接続し，周波数が60 Hzの電源に接続して定格運転したところ，回転速度が1710 min^{-1}であった。この誘導電動機をトルクは一定のまま，外部抵抗を挿入して回転速度を1440 min^{-1}としたい。挿入する1相あたりの外部抵抗の大きさ[Ω]として，最も適当なものを次の(1)～(5)のうちから一つ選べ。ただし，二次抵抗の大きさは0.4 Ωとする。

(1) 0.4　(2) 0.8　(3) 1.2　(4) 1.6　(5) 2.0

注目 トルクの比例推移を用いた計算問題は，電験では非常によく出題される。
必ずマスターしておくこと。

解答 (3)

電源の周波数$f=60$ Hz，極数$p=4$であるから，同期速度N_s[min^{-1}]は，

$$N_s=\frac{120f}{p}=\frac{120\times 60}{4}=1800\ \text{min}^{-1}$$

また，回転速度$N=1710$ min^{-1}なので，滑りsは，

$$s=\frac{N_s-N}{N_s}=\frac{1800-1710}{1800}=0.05$$

外部抵抗を挿入した後の回転速度$N'=1440$ min^{-1}

解答編

CHAPTER 03

誘導機 1

なので，そのときの滑りs'は，

$$s'=\frac{N_s-N'}{N_s}$$

$$=\frac{1800-1440}{1800}$$

$$=0.2$$

よって，外部抵抗をR[Ω]とすると，二次抵抗r_2 = 0.4 Ωと滑りの比例推移の関係より，

$$\frac{r_2}{s}=\frac{r_2+R}{s'}$$

$$\frac{0.4}{0.05}=\frac{0.4+R}{0.2}$$

$$0.4+R=\frac{0.4}{0.05}\times0.2$$

$$R=\frac{0.4}{0.05}\times0.2-0.4$$

$$=1.2\ \Omega$$

5 巻線形三相誘導電動機のトルクT[N・m]は，一次電圧をV_1[V]，一次巻線抵抗をr_1[Ω]，二次巻線抵抗の一次側換算値をr_2'[Ω]，一次漏れリアクタンスをx_1[Ω]，二次漏れリアクタンスの一次側換算値をx_2'[Ω]，滑りをs，同期角速度をω_s[rad/s]とすると，

$$T=\frac{1}{\omega_s}\cdot\frac{3\left(\frac{r_2'}{s}\right)V_1^2}{\left(r_1+\frac{r_2'}{s}\right)^2+(x_1+x_2')^2}$$

で求められる。次の(a)及び(b)の問に答えよ。

(a) 滑りが1より非常に小さく$\frac{r_2'}{s}$以外のインピーダンスは無視できるとする。同期速度が1000 min^{-1}で回転速度が970 min^{-1}，r_2' = 0.6 Ωであるとき，トルクを一定としてスリップリングを介して外部抵抗R = 1 Ωを接続したときの回転速度[min^{-1}]として，最も近いものを次の(1)～(5)のうちから一つ選べ。

(1) 900　(2) 920　(3) 935　(4) 950　(5) 970

(b) (a)の外部抵抗挿入後と同じ条件で電源の電圧は200 V

であったとする。トルクが一定のまま，電動機の電源電圧が180 Vに低下したときの回転速度の大きさとして，最も近いものを次の(1)～(5)のうちから一つ選べ。

(1) 900　(2) 910　(3) 920　(4) 930　(5) 940

解答 (a) (2)　(b) (1)

(a) $\dfrac{r_2'}{s}$ 以外のインピーダンスは無視できるので，トルクT[N・m]は，

$$T=\frac{1}{\omega_s}\cdot\frac{3\left(\dfrac{r_2'}{s}\right)V_1^2}{\left(\dfrac{r_2'}{s}\right)^2}$$

$$=\frac{1}{\omega_s}\cdot\frac{3V_1^2}{\left(\dfrac{r_2'}{s}\right)}$$

$$=\frac{1}{\omega_s}\cdot\frac{3V_1^2 s}{r_2'}$$

T，V_1及び$\omega_s\left(=\dfrac{4\pi f}{p}\right)$は一定であるから，

$$\frac{s}{r_2'}=一定$$

となり，比例推移が成立する。

同期速度$N_s=1000\ \mathrm{min}^{-1}$，回転速度$N=970\ \mathrm{min}^{-1}$であるから滑り$s$は，

$$s=\frac{N_s-N}{N_s}$$

$$=\frac{1000-970}{1000}$$

$$=0.03$$

したがって，外部抵抗$R=1\ \Omega$を接続したときの滑りs'は，

$$\frac{s'}{r_2'+R}=\frac{s}{r_2'}$$

$$s'=\frac{s}{r_2'}(r_2'+R)$$

三相誘導電動機で出題されるので，トルクは一相の3倍となることを忘れないように注意。

滑りが十分に低いとき，トルクは，電圧の2乗に比例，滑りに比例，二次抵抗（外部抵抗を含む）に反比例することを理解しておくこと。

$$s' = \frac{0.03}{0.6} \times (0.6 + 1)$$

$$= 0.08$$

よって，外部抵抗$R = 1\,\Omega$を接続したときの回転速度N'[min^{-1}]は，

$$N' = N_s(1 - s')$$

$$= 1000 \times (1 - 0.08)$$

$$= 920\ \text{min}^{-1}$$

(b)

$$T \fallingdotseq \frac{1}{\omega_s} \cdot \frac{3V_1^2 s}{r_2'}$$

であり，二次抵抗r_2が一定のとき$T \propto V_1^2 s$ = 一定となる。

したがって，電動機の電源電圧が$V_1' = 180$ Vになったときの滑りs''は，

$$V_1^2 s' = V_1'^2 s''$$

$$s'' = \frac{V_1^2}{V_1'^2} s'$$

$$= \frac{200^2}{180^2} \times 0.08$$

$$\fallingdotseq 0.098765$$

となり，回転速度N''[min^{-1}]は，

$$N'' = N_s(1 - s'')$$

$$= 1000 \times (1 - 0.098765)$$

$$\fallingdotseq 901.24 \rightarrow 900\ \text{min}^{-1}$$

注目 試験本番にこの問題が出題された場合，多くの受験生は(a)は解けるが(b)が解けない場合が多い。
トルクの式の導出ができれば電圧の2乗に比例することを覚えていなくても，解くことができる。
したがって，丸暗記よりも等価回路からの導出方法の理解が重要。

2 誘導電動機の始動法と速度制御

確認問題

1 次の文章は誘導電動機の始動に関する記述である。(ア)～(エ)にあてはまる語句を答えよ。

三相誘導電動機は，始動時の始動電流が［(ア)］，始動トルクが［(イ)］ため，そのまま起動すると，過大な負担がかかり，電動機の寿命を縮めることになる。それを改善するため，Y－Δ始動法では，始動時の一次巻線を［(ウ)］結線として始動する。これにより，始動電流が全電圧始動時と比べて約［(エ)］倍になる。

POINT 1 誘導電動機の始動法

解答 (ア)大きく (イ)小さい (ウ)Y (エ)$\frac{1}{3}$

(エ) Y結線で始動電流が$\frac{1}{3}$倍になる理由

図1のようなY結線での始動を考えると，負荷一相当たりに流れる電流の大きさI[A]は，相電圧が$\frac{V}{\sqrt{3}}$[V]となるので，

$$I=\frac{\frac{V}{\sqrt{3}}}{Z}=\frac{V}{\sqrt{3}Z}$$

線電流I_{Y}[A]は負荷を流れる電流と等しいので，

$$I_{\mathrm{Y}}=I=\frac{V}{\sqrt{3}Z}$$

また，図2のようなΔ結線での始動を考えると，負荷一相当たりに流れる電流の大きさI[A]は，

$$I=\frac{V}{Z}$$

Δ結線において，線電流I_{Δ}[A]は負荷を流れる電流の$\sqrt{3}$倍となるから，

$$I_{\Delta}=\sqrt{3}I=\frac{\sqrt{3}V}{Z}$$

したがって，Δ結線に対するY結線の線電流の大きさは，

注目 Y結線での始動電流がΔ結線での始動電流に比べ$\frac{1}{3}$になることを理解できると，Y結線やΔ結線の特徴を同時に理解できるようになる。
ほとんどの参考書は結果のみが掲載されているが，丸暗記ではなく導出できるようにすると理解が深まるので，導出できるようになることをオススメする。

$$\frac{I_{\mathrm{Y}}}{I_{\Delta}}=\frac{\dfrac{V}{\sqrt{3}Z}}{\dfrac{\sqrt{3}V}{Z}}=\frac{1}{3}$$

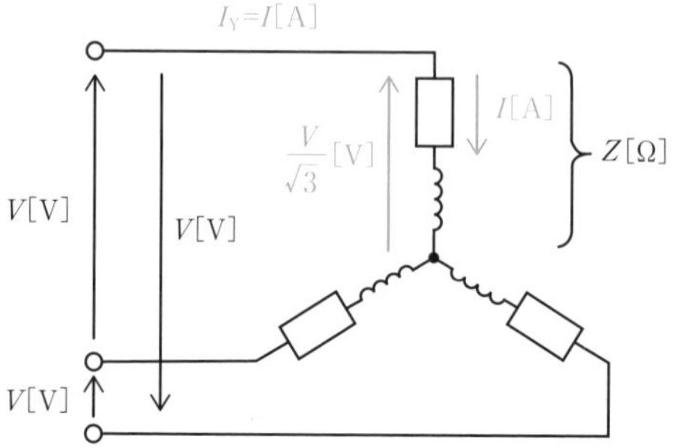

図１　Y始動

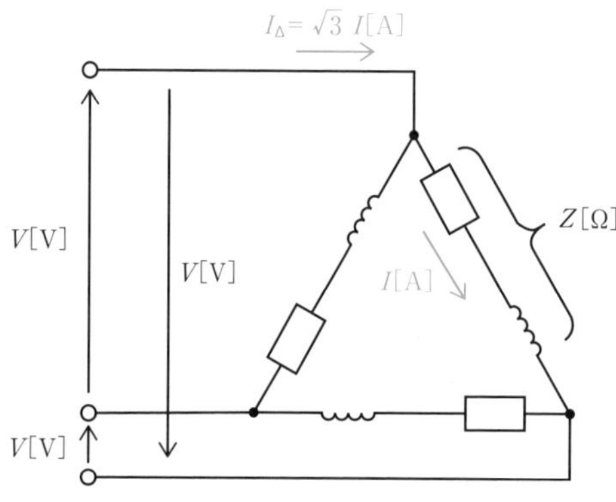

図２　Δ始動

2 次の文章は三相かご形誘導電動機の始動法に関する記述である。(ア)～(エ)にあてはまる語句を答えよ。

三相かご形誘導電動機の始動法として，［(ア)］始動法や始動［(イ)］法がある。［(ア)］始動法は，誘導電動機の一次側回路に［(ウ)］にリアクトルを接続し，始動する方法である。始動［(イ)］法は誘導電動機の一次側に三相単巻変圧器を接続して始動する方法であり，巻数比がaであるとき，始動電流は［(エ)］倍となる。

POINT 1 誘導電動機の始動法

解答 (ア) リアクトル　(イ) 補償器

(ウ) 直列　(エ) $\frac{1}{a^2}$

(エ) リアクトル始動法→始動電流 $\frac{1}{n}$ 倍，始動トルク $\frac{1}{n^2}$ 倍

始動補償器法→始動電流 $\frac{1}{a^2}$ 倍，始動トルク $\frac{1}{a^2}$ 倍

リアクトル始動法と始動補償器法では始動電流の倍率が異なることに注意。

3 次の文章は三相誘導電動機の始動法に関する記述である。(ア)～(エ)にあてはまる語句を答えよ。

POINT 1 誘導電動機の始動法

三相 (ア) 形誘導電動機は二次巻線に (イ) を介し，外部抵抗を接続することができるため，外部抵抗を接続して始動することが多い。この方法を (ウ) 始動法という。この始動法はトルクの (エ) の性質を利用している。

解答 (ア) 巻線　(イ) スリップリング

(ウ) 二次抵抗　(エ) 比例推移

4 次の文章は誘導電動機の速度制御に関する記述である。(ア)～(エ)にあてはまる語句又は式を答えよ。

POINT 2 誘導電動機の速度制御法

誘導電動機の回転速度 N[min^{-1}]は，電源の周波数 f[Hz]，極数 p，滑り s とすると，$N =$ (ア) となるため，周波数 f[Hz]を増加させると回転速度 N[min^{-1}]は (イ) なり，極数 p を減少させると回転速度 N[min^{-1}]は (ウ) なり，滑り s を大きくすると回転速度 N[min^{-1}]は (エ) なる。

解答 (ア) $\frac{120f}{p}(1-s)$　(イ) 大きく

(ウ) 大きく　(エ) 小さく

(ア) 誘導電動機の同期速度 N_s[min^{-1}]は，

$$N_s = \frac{120f}{p}$$

であり，回転速度と同期速度の関係は，

$$N = N_s(1-s)$$

の関係があるので，

$$N = \frac{120f}{p}(1-s)$$

と求められる。

(イ)～(エ)は覚えるのではなく，(ア)の式から導き出せるようにしておく。

解答編

CHAPTER 03

誘導機 2

（ア）式から（イ）〜（エ）各値の関係を求めることができる。

5 次の誘導電動機の速度制御に関する記述として，正しいものには○，誤っているものには×をつけよ。

(1) 一次周波数制御とは，ＶＶＶＦインバータによる制御で，磁束密度を一定とするため，周波数とともに電圧も制御する方法がある。

(2) 極数切換法とは，極数を変更し，電動機の速度を変える方法である。一般に極数を減らすと，回転速度も減少する。

(3) 二次抵抗制御法は，巻線形誘導電動機に用いられる方法である。

(4) 一次電圧制御法は，巻線形誘導電動機には用いられない。

(5) 二次励磁制御法にはクレーマ方式とセルビウス方式があるが，いずれも巻線形誘導電動機に適用される方式である。

(6) インバータにより電圧や周波数を変化させる方法にＰＷＭ制御がある。

(7) 誘導電動機の速度制御を滑りでコントロールする場合，滑りに反比例して回転速度は変化する。

POINT 2 誘導電動機の速度制御法

解答 (1) ○ (2) × (3) ○ (4) ×
(5) ○ (6) ○ (7) ×

(1) ○。一次周波数制御のうち，V/f 制御は $V \propto f\phi$ の関係より，$\dfrac{V}{f}$ を一定とすれば磁束密度を一定とすることができるという制御である。

(2) ×。$N = \dfrac{120f}{p}(1 - s)$ の関係から，極数 p を減らすと回転速度が上昇することが分かる。

(3) ○。二次抵抗制御法は，巻線形誘導電動機に用いられ，かご形誘導電動機には適用できない方法である。

磁束密度を一定とする理由は，磁束密度が増加すると，鉄心の磁気飽和で過励磁となることから，鉄心が過熱することを防ぐことと，磁束密度が低下すると，トルクが減少することを防ぐためである。

極数は2極ずつしか変更できないので，回転速度も段階的になる。

基本的に巻線形誘導電動機の方が始動法の点では有利であるが，かご形誘導電動機は構造が簡単で保守が容易，安価である等の特徴があるので，現実的にはコストも考え検討する必要がある。

(4)　×。一次電圧制御法は，かご形誘導電動機にも巻線形誘導電動機にも適用することができる方法である。

かご形誘導電動機のみ適用できるものはない。と覚えておく。

(5)　○。二次励磁制御法にはクレーマ方式とセルビウス方式があるが，いずれも巻線形誘導電動機に適用される方式で，かご形誘導電動機には適用できない。

クレーマ方式及びセルビウス方式は速度制御としては出題されやすい内容。違いも含め理解しておくこと。

(6)　○。PWM制御は振幅の大きさではなく，パルス幅で平均電圧をコントロールする方法である。

PWM制御はパワーエレクトロニクス分野で詳しく説明するので，ここでは概要を理解しておけば良い。

(7)　×。$N = \dfrac{120f}{p}(1 - s)$の関係から，滑り$s$でコントロールする場合，回転速度は滑りに反比例するのではなく，一次関数の形で変化する。

回転速度の式は誘導電動機の基本となるので，即時に導出できるように準備しておくこと。

6 次の文章は特殊かご形誘導電動機に関する記述である。(ア)～(エ)にあてはまる語句を答えよ。

普通かご形誘導電動機は，始動電流が大きく，始動トルクが小さいため，回転子の構造を工夫しそれらを改善した特殊かご形誘導電動機がある。特殊かご形誘導電動機のうち［(ア)］は，回転子の溝を深くして始動時の漏れ磁束が［(イ)］に集中する特性を利用した電動機で，［(ウ)］は回転子の溝を二重構造とし，二つの導体を内側と外側に配置し外側の導体を内側よりも［(エ)］した構造を持つ電動機である。

POINT 3 特殊かご形誘導電動機

解答　(ア) 深溝かご形誘導電動機　(イ) 内側
(ウ) 二重かご形誘導電動機　(エ) 小さく

深溝かご形誘導電動機は，回転子の溝を深くして導体を入れると，漏れ磁束が内側に集中し，リアクタンス値が大きくなり，外側に電流が集中する特性を利用した電動機である。漏れ磁束は内側，電流は外側に集中することに注意。

注目　深溝かご形誘導電動機や二重かご形誘導電動機の構造は絵で覚えておくと良い。電験では概要が出題されるので，あまり深追いはしないこと。

二重かご形誘導電動機は二つの導体を内側と外側

に配置し，外側の導体の方が内側の導体よりも小さい。始動時は外側の導体に電流が集中し，回転速度が大きくなると内側中心に電流が流れる。

7 次の文章は単相誘導電動機に関する記述である。(ア)～(エ)にあてはまる語句を答えよ。

単相誘導電動機は始動トルクが［(ア)］となるため，そのままでは始動できないので，回転方向に向け移動磁界を発生させる始動装置を持つ。［(イ)］は磁極の鉄心の端部に溝を設け，そこにコイルを巻くことで主磁束とは別に磁束を発生させ回転する力を発生させる。［(ウ)］は，主巻線より巻数の少ない補助巻線を配置し，それにより回転磁界を発生させる。［(エ)］は，補助巻線に直列に始動用コンデンサを配置して［(ウ)］よりも理想的な回転磁界を生じるようにした方法である。

POINT 4 単相誘導電動機における交番磁界の特徴

POINT 5 単相誘導電動機の始動法

解答 (ア) 0　(イ) くま取りコイル形
(ウ) 分相始動形　(エ) コンデンサ始動形

(ア) 単相誘導電動機のトルクの特性は下図のようになり，始動時($s = 1$)のトルクは0となるため，このままでは始動できない。

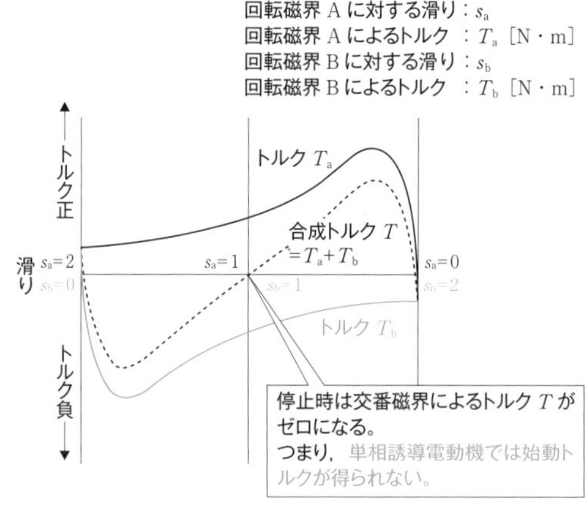

図の通り，正方向と逆方向のトルクの差し引きにより，一度安定運転してしまえば，回転方向と同じ方向にトルクがかかるということを理解しておくこと。

基本問題

1 次の文章は誘導電動機の始動に関する記述である。

三相巻線形誘導電動機の始動は，スリップリングにより引き出した回路に抵抗を接続して，定格運転時よりも抵抗を大きくして始動する［（ア）］が用いられる。抵抗を挿入することで，トルクの比例推移により滑りが［（イ）］付近でトルクが最大となるように調整する。

三相かご形誘導電動機の始動方法として，Y－Δ始動法がある。具体的には，Y巻線の相電圧がΔ巻線の［（ウ）］倍となることを利用し，始動電流を小さくする方法であるが，トルクが［（エ）］倍となってしまうという欠点もある。

上記の記述中の空白箇所（ア），（イ），（ウ）及び（エ）に当てはまる組合せとして，正しいものを次の(1)～(5)のうちから一つ選べ。

	（ア）	（イ）	（ウ）	（エ）
(1)	一次抵抗始動法	1	$\frac{1}{\sqrt{3}}$	$\frac{1}{3}$
(2)	一次抵抗始動法	0	$\sqrt{3}$	$\frac{1}{\sqrt{3}}$
(3)	二次抵抗始動法	1	$\sqrt{3}$	$\frac{1}{\sqrt{3}}$
(4)	二次抵抗始動法	0	$\frac{1}{\sqrt{3}}$	$\frac{1}{3}$
(5)	二次抵抗始動法	1	$\frac{1}{\sqrt{3}}$	$\frac{1}{3}$

解答 (5)

巻線形誘導電動機は，スリップリングを介して二次側に外部抵抗を接続することができるので，定格運転時よりも抵抗を大きくしてトルクを大きくする二次抵抗始動法が用いられる。

比例推移の特徴により，滑りが1となるときにトルクが最大となるように調整すると，最も良い始動となる。

かご形誘導電動機は，外部抵抗を接続することができないので，別の形で始動電流を抑える方法が用

POINT 1 誘導電動機の始動法

トルク導出式

$$T=\frac{1}{\omega_s}\cdot\frac{3\left(\frac{r_2'}{s}\right)V_1^2}{\left(r_1+\frac{r_2'}{s}\right)^2+(x_1+x_2')^2}$$

より，トルクは電圧の2乗に比例することが分かる。

いられる。Y－Δ始動法は，Y結線の相電圧がΔ結線の$\frac{1}{\sqrt{3}}$倍となり，始動電流が$\frac{1}{3}$倍となることを利用した始動法である。しかしながら，トルクは電圧の２乗に比例するため，始動トルクも$\frac{1}{3}$倍となってしまう。

2 次の文章は三相巻線形誘導電動機の速度制御に関する記述である。

POINT 2 誘導電動機の速度制御法

（ア）法は外部抵抗の値を変化させると，滑りとトルクが比例推移により変化する仕組みを利用した速度制御であるが，抵抗を接続することによる抵抗損を生じるという欠点がある。（イ）法は，外部抵抗で消費される二次銅損を回収することで速度調整する方法であり，（ウ）方式と（エ）方式がある。

（ウ）方式は，半導体電力変換装置により電力を電源に返還する方式で，（エ）方式は主軸と同軸上に設置した直流電動機を運転し，その軸出力を主軸に加える方式である。

上記の記述中の空白箇所（ア），（イ），（ウ）及び（エ）に当てはまる組合せとして，正しいものを次の(1)～(5)のうちから一つ選べ。

	（ア）	（イ）	（ウ）	（エ）
(1)	二次抵抗制御	二次励磁制御	クレーマ	セルビウス
(2)	二次励磁制御	二次電圧制御	セルビウス	クレーマ
(3)	二次電圧制御	二次抵抗制御	クレーマ	セルビウス
(4)	二次抵抗制御	二次励磁制御	セルビウス	クレーマ
(5)	二次励磁制御	二次電圧制御	クレーマ	セルビウス

解答 (4)

二次抵抗制御法は巻線形誘導電動機の外部抵抗を接続できるという特徴を生かした速度制御である。トルクが一定のとき，二次抵抗と外部抵抗の和と滑りの大きさが比例するので，二次抵抗を調整すれば，トルクを決定する滑りを調整することができる。

二次抵抗制御法は有用ではあるが，外部抵抗に電流を流すことで，抵抗での消費電力が増え，効率が悪くなってしまう。したがって，二次励磁制御法は二次抵抗で消費される電力を回収しようとする方法であり，軸出力とするクレーマ方式と電力を電源に返還するセルビウス方式がある。

3 特殊かご形誘導電動機に関する記述として，誤っているものを次の(1)～(5)のうちから一つ選べ。

(1) かご形誘導電動機は，構造が簡単で保守が容易であり，かつ価格も安価である。しかしながら，始動電流が大きく，始動トルクが小さいという特性があるため，容量が小さい場合を除き，回転子の構造を工夫する必要がある。

(2) 二重かご形誘導電動機は，回転子に大きさの異なる二重の溝を作り，そこに鉄心を配置する。内側には断面積が大きい金属，外側には断面積が小さい金属を採用する。

(3) 二重かご形誘導電動機は始動時は外側の導体を中心に電流が流れ，通常運転時は内側の導体を中心に電流が流れる。

(4) 深溝かご形誘導電動機は二次周波数が高い始動時は表皮効果によって電流が表面に集中する現象を利用して始動する方法である。

(5) 特殊かご形誘導電動機のうち，深溝かご形誘導電動機の始動トルクは二重かご形誘導電動機よりも大きなトルクを得ることができる。

POINT 3 特殊かご形誘導電動機

解答 (5)

(1) 正しい。かご形誘導電動機に限らず，誘導電動機はそのまま始動すると始動電流が過大となってしまう。したがって，小容量機を除き，回転子を深溝形や二重かご形にする等の必要がある。

(2) 正しい。

(3) 正しい。二重かご形誘導電動機は，回転子に大きさの異なる二重の溝を作り，そこに鉄心を配置する。内側には断面積が大きい金属，外側には断面積が小さい金属を採用する。始動時は内側の漏れリアクタンスが大きいため，電流が外部に集中し，大きなトルクを発生させることができる。また，通常運転時は内側の漏れリアクタンスが小さ

二重かご形で内側と外側の大きさを逆とするような誤答も出題される可能性もあるので注意すること。

くなるので，電流は全体に分布するようになる。電流は内側の方が断面積が大きいため，内側を中心に流れると考えることもできる。

(4) 正しい。深溝かご形誘導電動機は二次周波数が高い始動時は表皮効果によって，電流が表面に集中する現象を利用して始動する方法である。

(5) 誤り。下図の通り，深溝かご形誘導電動機の始動トルクは普通かご形誘導電動機よりは大きいが，二重かご形誘導電動機よりは小さくなる。

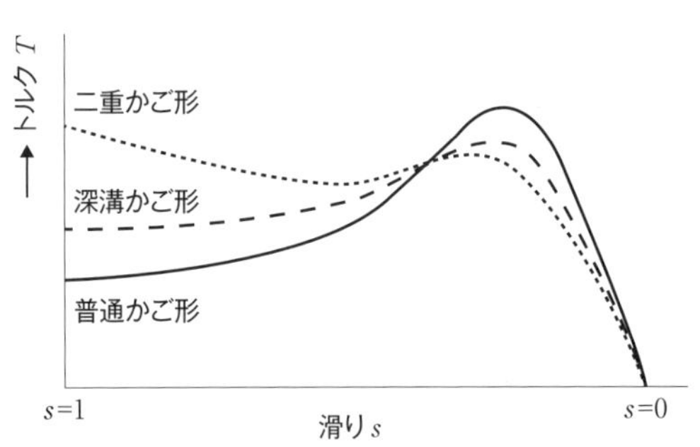

左図の特性は参考書にはあまり掲載されていない内容であるが，内容を理解する上では非常に良い曲線。
停動トルクは普通かご形が最も大きくなることも知っておく。

4 次の文章は単相誘導電動機に関する記述である。

単相誘導電動機は単相交流電源が作る磁界で回転する電動機である。通常運転時は同回転方向にトルクが発生するため問題ないが，始動時は［（ア）］ため始動装置が必要である。代表的な始動装置として，主巻線よりも巻数の少ない補助巻線を接続し，主巻線よりも［（イ）］電流を流すことにより，位相差を生み回転磁界を得る［（ウ）］形始動装置がある。さらに，［（ウ）］形始動装置の回転磁界が不均一であることを改善した［（エ）］形始動装置がある。

上記の記述中の空白箇所（ア），（イ），（ウ）及び（エ）に当てはまる組合せとして，正しいものを次の(1)～(5)のうちから一つ選べ。

POINT 4 単相誘導電動機における交番磁界の特徴

POINT 5 単相誘導電動機の始動法

	(ア)	(イ)	(ウ)	(エ)
(1)	トルクが零である	進んだ	分相始動	コンデンサ始動
(2)	磁束が零である	遅れた	くま取りコイル	コンデンサ始動
(3)	トルクが零である	遅れた	分相始動	くま取りコイル
(4)	磁束が零である	進んだ	分相始動	くま取りコイル
(5)	トルクが零である	遅れた	くま取りコイル	コンデンサ始動

解答 (1)

(ア) 始動時のトルクは零であるため，単相誘導電動機は始動装置が必要である。

(イ) 一般に補助巻線には抵抗を直列に接続し，主巻線より電流の位相が進んだ電流を流す。電流の位相差により，始動トルクを発生させる。

(ウ) 主巻線より巻き数が少ない補助巻線を電気的に$\frac{\pi}{2}$ radずれた位置に配置し，回転磁界を得るのは分相始動形始動装置である。

(エ) 分相始動形始動装置の回転磁界が不均一であることを改善し，より円形に近い回転磁界を得るのはコンデンサ始動形始動装置である。

応用問題

1 誘導電動機に関する記述として，誤っているものを次の(1)～(5)のうちから一つ選べ。

(1) かご形誘導電動機の回転子の鉄心には導体が収まるようにスロットが切られているが，回転子のスロットを深くしたかご形誘導電動機を深溝かご形誘導電動機と言い，普通のかご形誘導電動機よりも始動トルクが大きくなり，始動電流が小さくなるという特徴がある。

(2) トルクの比例推移は誘導電動機の特徴の一つであるが，一般に停動トルクよりも回転速度が大きいときに成立する。特殊かご形誘導電動機においても，回転速度が大きい領域に関しては同様な特性が得られる。

(3) 誘導電動機の速度制御の方法として，クレーマ方式とセルビウス方式があるが，いずれも巻線形誘導電動機を速度制御する方法であり，かご形誘導電動機には採用できない。

(4) 単相誘導電動機は単相交流電源が作る交番磁界の平均トルクが零であり，始動トルクを発生できないため，始動装置を採用する。くま取りコイル形始動装置は主磁極の端部にコイルを巻き，その部分の磁束を遅らせることで，主磁極のくま取りコイルのある向きとは逆向きのトルクを与える方法である。

(5) 誘導電動機において，同じトルクを発生して同期速度で運転したときの仮想的出力を同期ワットと呼ぶが，実際には誘導電動機は回転子が同期速度になるとトルクを発生しない。

解答 (4)

(1) 正しい。深溝かご形誘導電動機は，普通のかご形誘導電動機よりも始動トルクが大きくなり，始動電流が小さくなるという特徴がある。

(2) 正しい。トルクの比例推移は誘導電動機の特徴の一つであるが，図のように，停動トルクよりも回転速度が大きい（滑りが小さい）ときに成立する。特殊かご形誘導電動機においても，回転速度が大きい領域に関しては同様の特性が得られる。

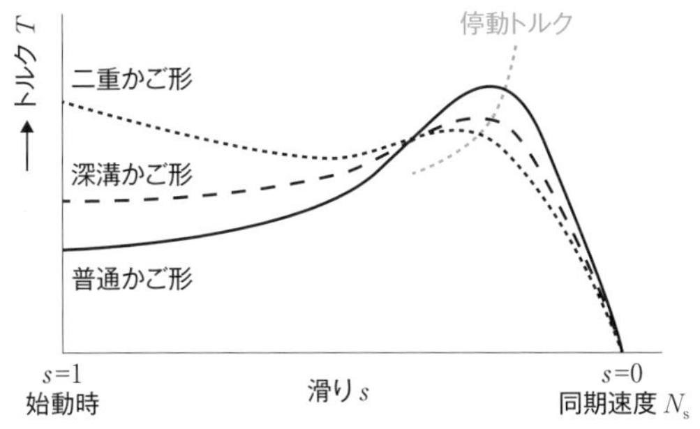

(3) 正しい。誘導電動機の速度制御の方法として，クレーマ方式とセルビウス方式があるが，いずれも二次励磁制御法に分類され，巻線形誘導電動機を速度制御する方法であり，かご形誘導電動機には採用できない。

(4) 誤り。単相誘導電動機は単相交流電源が作る交番磁界の平均トルクが零であり，始動トルクを発生できないため，始動装置を採用する。くま取りコイル形始動装置は主磁極の端部にコイルを巻き，その部分の磁束を遅らせることで，主磁極のくま取りコイルのある向きと同じ向きのトルクを与える方法である。

くま取りコイル形ではくま取りコイルがある方の磁束が弱くなり，力としてはくま取りコイルのある方に回転することになる。

(5) 正しい。誘導電動機において，同じトルクを発生して同期速度で運転したときの仮想的出力を同期ワットと呼ぶ。実際にはトルクの特性曲線の通り，誘導電動機は回転子が同期速度になるとトルクを発生しない。

同期ワットは二次入力と等しいことを覚えておくこと。

2 次の図は誘導電動機のトルク特性のグラフである。誘導電動機のトルク特性に関する記述として，正しいものの組合せを次の(1)～(5)のうちから一つ選べ。

注目 始動トルクはインピーダンスがどれだけ大きいかで変わると覚えておく。
二重かご形は内側と外側の導体の大きさを変えているので，内側と外側の導体の大きさを変えていない深溝形よりさらにインピーダンスが大きくなる。

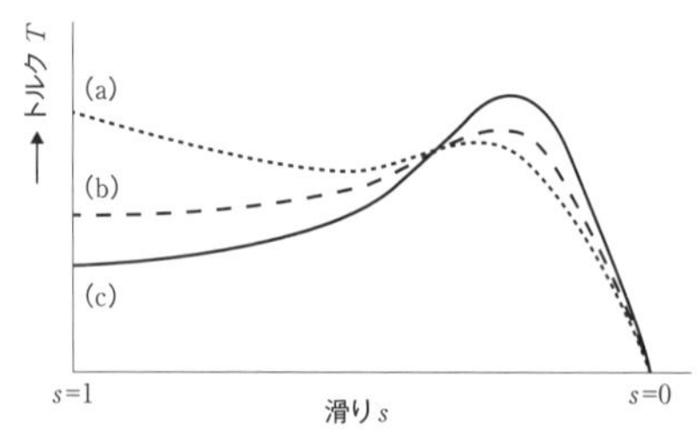

a. 普通かご形誘導電動機は始動時のトルクが小さいため，図の(c)のような特性となる。

b. 深溝かご形誘導電動機は回転子のスロットを深くした構造であり，始動時のトルクを改善したものである。図の(b)のような特性となる。

c. 二重かご形誘導電動機は内側導体よりも外側導体を小さくした回転子の構造を持つ。図の(a)のような特性となる

(1) a　(2) c　(3) a,b　(4) b,c　(5) a,b,c

解答 (5)

a. 正しい。普通かご形誘導電動機は始動時のトルクが小さく，３つの曲線のうち，$s=1$のトルクが最も小さい曲線である(c)が該当する。

b. 正しい。深溝かご形誘導電動機は回転子のスロット（溝）を深くした構造であり，始動時のトルクを改善したものである。二重かご形誘導電動機よりは始動トルクは小さいので，$s=1$のトルクが普通かご形よりも大きく，二重かご形よりは小さい(b)が該当する。

c. 正しい。二重かご形誘導電動機は内側導体よりも外側導体を小さくした回転子の構造を持つ。始動時のトルクを最も得られ(a)のような特性となる。

3 誘導電動機の周波数低下による影響について，正しいものを次の(1)〜(5)のうちから一つ選べ。

(1) 周波数が低下すると回転速度は増加する。回転速度が大きくなるので風損も増加する。

(2) 巻線抵抗は周波数に反比例するので，巻線抵抗が増加する。

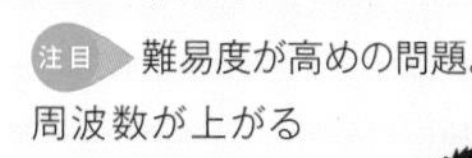

難易度が高めの問題。周波数が上がると逆の特性を示すことを理解しておくこと。

(3) 漏れリアクタンスが減少するので始動電流が増加する。

(4) ヒステリシス損が減少するので，鉄損が減少する。

(5) 電圧が一定である場合，ギャップ磁束は低下する。

解答 (3)

(1) 誤り。誘導電動機の回転速度N[min^{-1}]は，電源の周波数f[Hz]，極数p，滑りsとすると，

$$N=\frac{120f}{p}(1-s)$$

の関係があるから，周波数が低下すると回転速度も低下する。回転速度が低下すると風損も小さくなる。

(2) 誤り。巻線抵抗は周波数に関係がなく一定である。

(3) 正しい。漏れリアクタンスはX_L[Ω]は，電源の周波数f[Hz]，インダクタンスをL[H]とすると，

$$X_L=2\pi fL$$

となるので，周波数に比例する。したがって，周波数が低下すると漏れリアクタンスは減少する。漏れリアクタンスが減少すると，始動電流は増加する。

(4) 誤り。ヒステリシス損W_h[W]は電源電圧V[V]，周波数f[Hz]，比例定数をKとすると，

$$W_h=K\frac{V^2}{f}$$

となるので，周波数に反比例して増加する。渦電流損は電源電圧の2乗に比例するが，周波数にあまり影響しないので，全体として鉄損も増加する。

(5) 誤り。誘導機の誘導起電力E[V]は，

$$E=4.44\,kf\phi N$$

で与えられ，電圧Eが一定であるとき，周波数fが低下すると，回転速度Nが小さくなるので，ギャップ磁束は増加する。

4 誘導機は滑りの値をコントロールすることにより，そのまま発電機として使用したり，動力を電源に回生する制動機として動作させることが可能である。次の文章は，滑りと誘導機の関係についての記述である。

①滑り$s<0$のとき
滑りがマイナスの値となることで，トルクがマイナスの値となる。したがって，誘導機は［（ア）］として動作する。

②滑り$0<s<1$のとき
誘導機は［（イ）］として動作する。sの値が［（ウ）］とき，安定運転する。

③滑り$s>1$のとき
$s>1$なので，回転子の回転の向きは固定子巻線の回転磁界の向き［（エ）］であり，誘導機は［（オ）］として動作する。

上記の記述中の空白箇所（ア），（イ），（ウ）及び（エ）に当てはまる組合せとして，正しいものを次の(1)～(5)のうちから一つ選べ。

	（ア）	（イ）	（ウ）	（エ）	（オ）
(1)	発電機	電動機	小さい	の逆向き	制動機
(2)	制動機	発電機	大きい	と同じ向き	電動機
(3)	制動機	電動機	小さい	と同じ向き	発電機
(4)	発電機	制動機	大きい	の逆向き	電動機
(5)	発電機	電動機	大きい	の逆向き	制動機

解答 (1)

滑りsは，同期速度N_s[min^{-1}]，回転速度N[min^{-1}]とすると，

$$s=\frac{N_s-N}{N_s}$$

で与えられ，$s<0$のとき，$N>N_s$であるため，固定子の回転磁界よりも，回転子の回転速度の方が大きい。したがって，エネルギーは回転子から固定子側

回転速度がどうなるかを考えると分かりやすくなる。
同期速度より回転速度が大きければ発電機，同期速度より回転速度が小さければ電動機，逆回転であれば逆方向の力がかかり制動（ブレーキ）することがわかる。

に与えられ，電動機は発電機として働く。

また，滑り$0<s<1$のとき，誘導機は電動機として動作する。この条件下では，sの値が小さいとき安定運転する。

さらに，$s>1$のときは，$N<0$である必要がある。したがって，回転子の回転の向きは回転磁界の向きの逆向きである。このとき，誘導機は制動機として働く。

以上をまとめると，誘導機のトルク特性は下図のようになる。

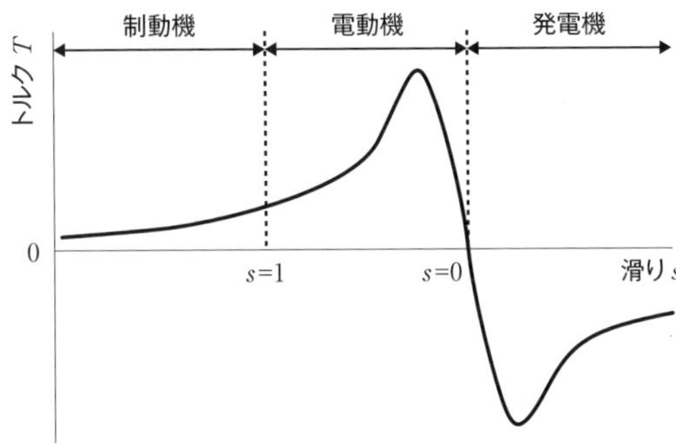

解答

CHAPTER

04 同期機

1 三相同期発電機

確認問題

1 次の文章は三相同期発電機に関する記述である。(ア)～(ウ)にあてはまる語句又は数値を答えよ。

三相同期発電機は系統連系されている多くの発電所で採用されている発電機である。同期発電機の同期速度は周波数f [Hz]に (ア) し，極数pに (イ) する。したがって，系統の周波数が50 Hz，極数が2である同期発電機の同期速度は (ウ) [min^{-1}]である。

解答 (ア)比例　(イ)反比例　(ウ)3000

同期発電機の同期速度N_s[min^{-1}]は，電源の周波数f[Hz]，極数pとすると，

$$N_s=\frac{120f}{p}$$

となり，周波数f[Hz]に比例し，極数pに反比例する。系統の周波数が$f=50$ Hz，極数が$p=2$である同期発電機の同期速度N_s[min^{-1}]は，

$$N_s=\frac{120f}{p}$$
$$=\frac{120\times 50}{2}$$
$$=3000\ \text{min}^{-1}$$

と求められる。

POINT 1 三相同期発電機の原理

極数，周波数と同期速度の関係は下表のようになる。覚える必要はないが，2極や4極がタービン発電機，10極以上が水車発電機としてよく使われることを知っておくとよい。

	50Hz	60Hz
2極	3000min^{-1}	3600min^{-1}
4極	1500min^{-1}	1800min^{-1}
6極	1000min^{-1}	1200min^{-1}
8極	750min^{-1}	900min^{-1}
10極	600min^{-1}	720min^{-1}
12極	500min^{-1}	600min^{-1}

2 次の文章は三相同期発電機の電機子反作用に関する記述である。(ア)～(カ)にあてはまる語句を答えよ。

三相同期発電機は電機子巻線に流れる電流の位相によって，界磁磁束に与える影響が異なる。抵抗負荷を接続した場合，

POINT 3 電機子反作用

[（ア）] 作用により，主磁束は全体としてわずかに [（イ）] する。誘導性負荷を接続した場合，[（ウ）] 作用により主磁束は [（エ）] する。容量性負荷を接続した場合，[（オ）] 作用により主磁束は [（カ）] する。

解答 （ア）交さ磁化　（イ）減少　（ウ）減磁
（エ）減少　（オ）増磁　（カ）増加

電機子反作用は，その力率によって以下のように主磁束に与える影響が異なる。

・交さ磁化作用（抵抗負荷）…磁極を挟んで一方は磁束が増加，もう一方は磁束が減少する。磁束の増加は磁気飽和により少し制限されるため，全体として主磁束は減少する。

・減磁作用（誘導性負荷）…減磁作用により磁束は減少する。

・増磁作用（容量性負荷）…増磁作用により磁束は増加する。

3 次の各図において，空欄に当てはまる数値を求めよ。ただし，巻線抵抗は十分に小さいとして無視するものとする。

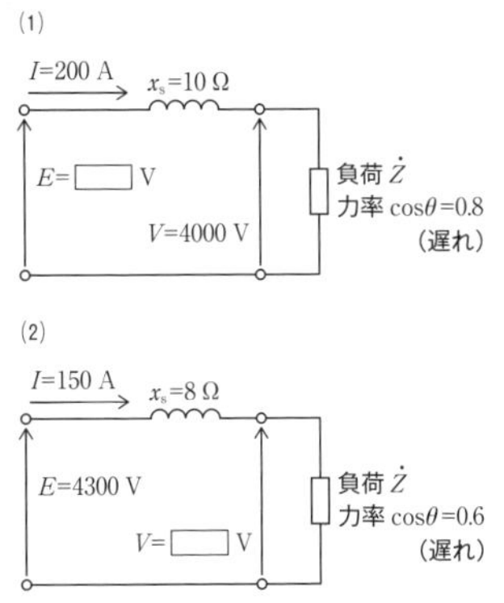

解答 (1) 5440 V　(2) 3280 V

(1)　電機子電流が$I = 200$ A，同期リアクタンスが$x_s = 10\ \Omega$であるから，同期リアクタンスでの電圧降下は，

POINT 4 同期発電機の等価回路

注目 この問題は，電験で実際に出題されるレベルで，確認問題としてはハイレベルな内容となる。まずは解き方を理解し，何回か演習を繰り返して計算をマスターすること。

$x_s I = 10 \times 200$

$= 2000$ V

となるので，ベクトル図は下図のように描くことができる。

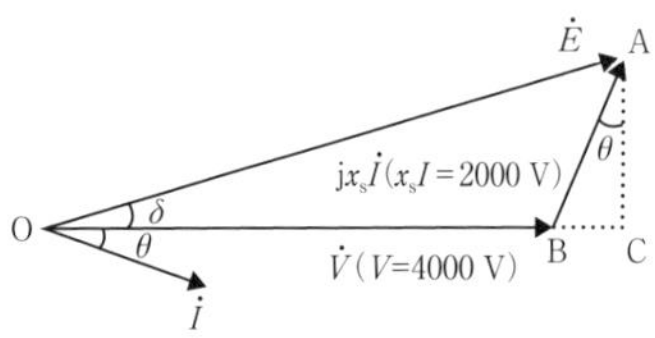

力率$\cos\theta = 0.8$であるから，$\sin\theta$は，

$\sin\theta = \sqrt{1 - \cos^2\theta}$

$= \sqrt{1 - 0.8^2}$

$= 0.6$

ベクトル図より，線分BC及びACの大きさは，

$\overline{\mathrm{BC}} = x_s I \sin\theta$

$= 2000 \times 0.6$

$= 1200$ V

$\overline{\mathrm{AC}} = x_s I \cos\theta$

$= 2000 \times 0.8$

$= 1600$ V

よって，三角形OCAに対し，三平方の定理を適用すると，誘導起電力E[V]の大きさは，

$E = \sqrt{(V + \overline{\mathrm{BC}})^2 + \overline{\mathrm{AC}}^2}$

$= \sqrt{(4000 + 1200)^2 + 1600^2}$

$= \sqrt{5200^2 + 1600^2}$

$= \sqrt{29600000}$

$\fallingdotseq$ **5440 V**

力率$\cos\theta$=0.8であるとき，

$\sin\theta$=0.6

となることは，3:4:5の三角形から覚えておくと良い。

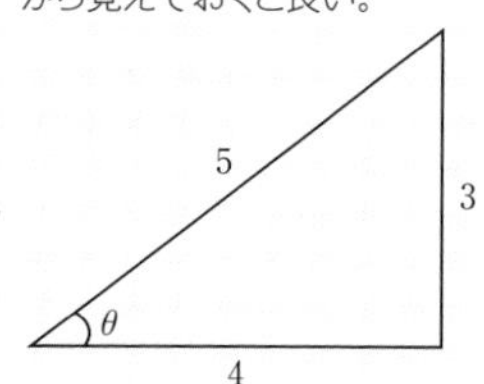

三角形OCAの三平方の定理

$\overline{\mathrm{OC}}^2+\overline{\mathrm{AC}}^2=\overline{\mathrm{OA}}^2$

$(\overline{\mathrm{OB}}+\overline{\mathrm{BC}})^2+\overline{\mathrm{AC}}^2=\overline{\mathrm{OA}}^2$

$(V+\overline{\mathrm{BC}})^2+\overline{\mathrm{AC}}^2=E^2$

(2) 電機子電流が$I = 150$ A，同期リアクタンスが$x_s = 8\ \Omega$であるから，同期リアクタンスでの電圧降下は，

$x_s I = 8 \times 150$

$= 1200$ V

となるので，ベクトル図は次の図のように描く

ことができる。

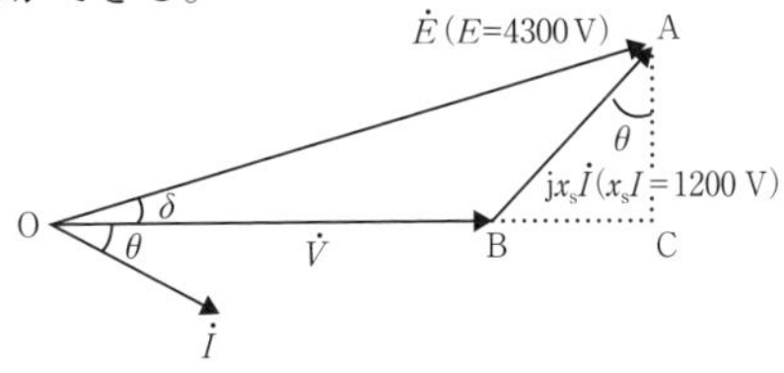

力率$\cos\theta=0.6$であるから，$\sin\theta$は，

$$\sin\theta=\sqrt{1-\cos^2\theta}$$
$$=\sqrt{1-0.6^2}$$
$$=0.8$$

ベクトル図より，線分BC及びACの大きさは，

$$\overline{\mathrm{BC}}=x_s I\sin\theta$$
$$=1200\times0.8$$
$$=960\text{ V}$$
$$\overline{\mathrm{AC}}=x_s I\cos\theta$$
$$=1200\times0.6$$
$$=720\text{ V}$$

よって，三角形OCAに対し，三平方の定理を適用すると，電圧V[V]の大きさは，

$$E^2=(V+\overline{\mathrm{BC}})^2+\overline{\mathrm{AC}}^2$$
$$4300^2=(V+960)^2+720^2$$
$$(V+960)^2=4300^2-720^2$$
$$V+960=\sqrt{4300^2-720^2}$$
$$V+960\fallingdotseq4239$$
$$V\fallingdotseq3280\text{ V}$$

4 次の文章は三相同期発電機の特性曲線に関する記述である。(ア)～(エ)にあてはまる語句を答えよ。

図はある三相同期発電機の特性曲線を示したグラフである。図の(1)線は[(ア)]曲線といい，(2)線は[(イ)]曲線という。(3)はこの発電機における[(ウ)]を表し，I_sは[(ウ)]運転時の三相短絡電流の大きさである。

この同期発電機の短絡比K_sは，I_s及びI_nを用いて，K_s = [(エ)]で求められる。

POINT 5 三相同期発電機の特性曲線

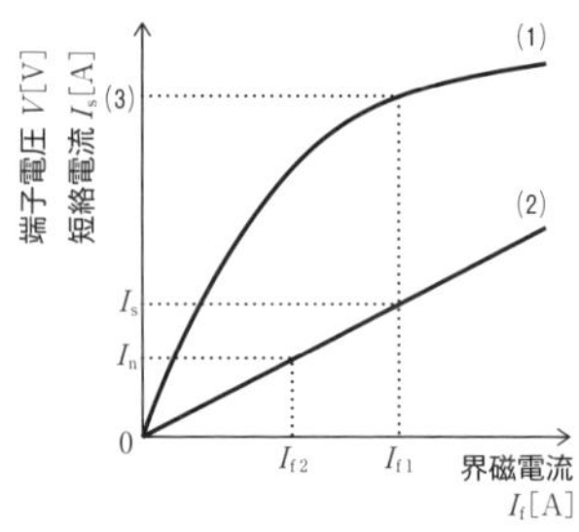

解答 （ア）無負荷飽和　（イ）三相短絡

（ウ）定格電圧　（エ）$\dfrac{I_s}{I_n}$

5 次の文章は短絡比と百分率インピーダンスの関係に関する記述である。（ア）～（ウ）にあてはまる語句を答えよ。

POINT 5 三相同期発電機の特性曲線

図は，電機子巻線抵抗を無視した三相同期発電機の一相分等価回路である。同期リアクタンスx_s[Ω]，定格電圧V_n[V]，定格電流I_n[A]とすると，x_s[Ω]の百分率同期リアクタンス$\%x_s$[%]は，$\%x_s$＝［（ア）］となる。定格電圧をかけたときの三相短絡電流の大きさI_s[A]は，I_s＝［（イ）］となるので，これより，短絡比K_sは$\%x_s$を用いて，K_s＝［（ウ）］と求められる。

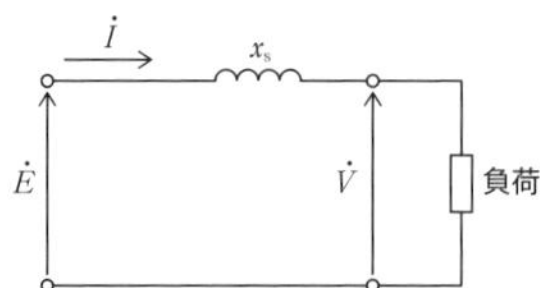

解答 （ア）$\dfrac{\sqrt{3}x_s I_n}{V_n}\times 100$　（イ）$\dfrac{V_n}{\sqrt{3}x_s}$　（ウ）$\dfrac{100}{\%x_s}$

（ア）百分率同期リアクタンスの定義より，

$$\%x_s=\frac{\sqrt{3}x_s I_n}{V_n}\times 100$$

（イ）三相短絡電流の大きさI_s[A]は，問題図の負荷を短絡したときの電流の大きさであるから，

$$I_s=\frac{V_n}{\sqrt{3}x_s}$$

(ウ)(ア)の式を定格電流I_nについて整理すると,

$$I_n = \frac{V_n \% x_s}{\sqrt{3} x_s \times 100}$$

であるから,短絡比の定義より,

$$K_s = \frac{I_s}{I_n}$$

$$= \frac{\dfrac{V_n}{\sqrt{3} x_s}}{\dfrac{V_n \% x_s}{\sqrt{3} x_s \times 100}}$$

$$= \frac{V_n}{\sqrt{3} x_s} \times \frac{\sqrt{3} x_s \times 100}{V_n \% x_s}$$

$$= \frac{100}{\% x_s}$$

短絡比と百分率同期インピーダンスの関係は覚えておく。

6 次の文章は,送電線の静電容量による同期発電機への影響に関する記述である。(ア)~(エ)にあてはまる語句を答えよ。

POINT 6 自己励磁現象

同期発電機が停止している状態で容量性負荷が接続されているとき,線路の［(ア)］により,進み電流が流れ,電機子反作用による［(イ)］作用で,発電機の電圧が上昇し,さらに進み電流が流れ,電圧上昇を繰り返す現象を［(ウ)］現象という。線路の充電特性直線と無負荷飽和曲線との交点まで電圧は上昇するので,充電容量に比べ,発電機容量を十分に［(エ)］すれば,［(ウ)］現象による悪影響を防止することができる。

解答 (ア) 残留磁気　(イ) 増磁
(ウ) 自己励磁　(エ) 大きく

図のように自己励磁現象により,充電特性直線と無負荷飽和曲線の交点であるM点まで増加する。発電機の容量が十分に大きくM点での電圧がかかっても問題がなければ良いが,容量が小さい場合には,巻線の絶縁を脅かす可能性がある。

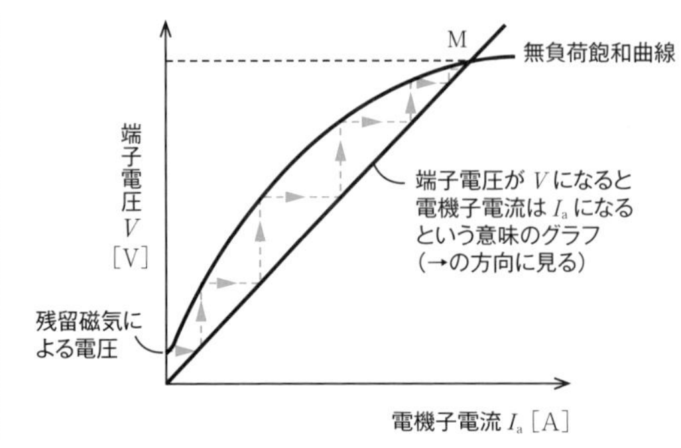

7 次の文章は，同期発電機の出力に関する記述である。(ア)～(エ)にあてはまる語句を答えよ。

POINT 7 同期発電機の出力

図は三相同期発電機の一相分等価回路と電圧及び電流のベクトル図である。電機子巻線抵抗 r_a [Ω] は十分小さいとする。

回路図より，誘導起電力（相電圧）$\dot{E}$ [V] は端子電圧（相電圧）$\dot{V}$ [V]，同期リアクタンス x_s [Ω]，負荷電流 $\dot{I}$ [A] を用いて，$\dot{E}$ = （ア） となる。

ベクトル図において，ACの長さは，x_s [Ω]，I [A]，力率 $\cos\theta$ を用いて表すと，AC = （イ） となる。同様に，ACの長さを，E [V]，負荷角 δ を用いて求めると，AC = （ウ） となる。（イ） と （ウ） が等しいことと，$P = VI\cos\theta$ より，同期発電機一相分の出力 P [W] は，E [V]，V [V]，δ，x_s [Ω] を用いて表すと，P = （エ） となる。

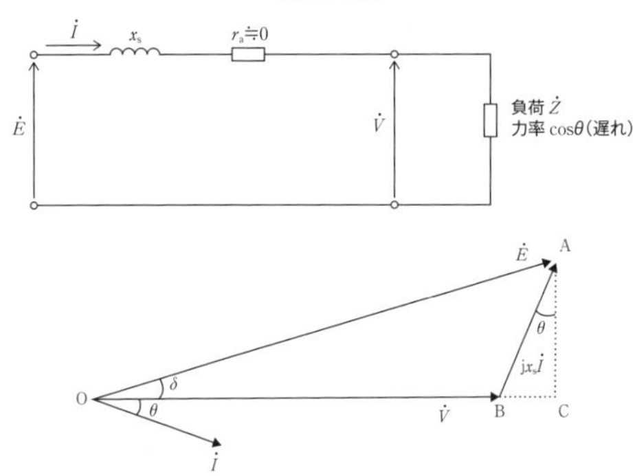

解答 (ア) $\dot{V} + jx_s\dot{I}$ (イ) $x_s I\cos\theta$

(ウ) $E\sin\delta$ (エ) $\dfrac{VE}{x_s}\sin\delta$

一相分の出力の公式は2通りとも覚えておくこと。

$P = VI\cos\theta$

$P = \dfrac{VE}{x_s}\sin\delta$

（ア）ベクトル図より，端子電圧$\dot{V}$[V]及び同期リアクタンスでのリアクタンス降下$\mathrm{j}x_s\dot{I}$[V]のベクトル和が誘導起電力$\dot{E}$[V]となるから，

$$\dot{E} = \dot{V} + \mathrm{j}x_s\dot{I}$$

（イ）三角形ABCについて，ABの長さは，$\mathrm{AB} = x_s I$であるから，ACの長さは，

$$\overline{\mathrm{AC}} = \overline{\mathrm{AB}}\cos\theta$$
$$= x_s I\cos\theta$$

（ウ）三角形AOCについて，AOの長さは，$\overline{\mathrm{AO}} = E$であるから，ACの長さは，

$$\overline{\mathrm{AC}} = \overline{\mathrm{AO}}\sin\delta$$
$$= E\sin\delta$$

（エ）ACの長さが等しい条件から，

$$x_s I\cos\theta = E\sin\delta$$

であり，$P = VI\cos\theta$より，

$$I\cos\theta = \frac{P}{V}$$

であるから，

$$x_s I\cos\theta = E\sin\delta$$
$$x_s \times \frac{P}{V} = E\sin\delta$$
$$P = \frac{VE}{x_s}\sin\delta$$

8 同期発電機の並行運転の条件として，誤っているものを次の(1)〜(5)のうちから一つ選べ。

(1) 起電力の位相が一致していること
(2) 起電力の周波数が一致していること
(3) 起電力の極性が一致していること
(4) 起電力の大きさが等しいこと
(5) 起電力の波形が等しいこと

POINT 8 同期発電機の並行運転の条件

解答 (3)

(1) 正しい。

(2) 正しい。

(3) 誤り。同期発電機の並行運転の条件として，起電力の極性が一致しているという条件はない。極性の一致は，変圧器の並行運転の条件である。

(4) 正しい。

(5) 正しい。

基本問題

1 次の文章は三相同期発電機に関する記述である。

POINT 1 三相同期発電機の原理

三相同期発電機は電磁石を回転させることで誘導起電力を取り出す［（ア）］形と，電磁石を固定して誘導起電力を取り出す［（イ）］形があり，一般的に発電所等では［（ア）］形が使用される。

電源の周波数をf[Hz]，極数をp，一相の巻数をw，1極あたりの磁束をϕ[Wb]，巻線係数をKとすると，同期速度N_sは$N_s=$［（ウ）］[min^{-1}]，同期角速度ω_sは$\omega_s=$［（エ）］[rad/s]，一相分の誘導起電力の大きさEは，$E=$［（オ）］[V]となる。

上記の記述中の空白箇所（ア），（イ），（ウ），（エ）及び（オ）に当てはまる組合せとして，正しいものを次の(1)～(5)のうちから一つ選べ。

	（ア）	（イ）	（ウ）	（エ）	（オ）
(1)	回転界磁形	回転電機子形	$\frac{120f}{p}$	$\frac{4\pi f}{p}$	$4.44Kfw\phi$
(2)	回転界磁形	回転電機子形	$\frac{60f}{p}$	$\frac{2\pi f}{p}$	$4.44Kf\phi$
(3)	回転界磁形	回転電機子形	$\frac{120f}{p}$	$\frac{4\pi f}{p}$	$4.44Kf\phi$
(4)	回転電機子形	回転界磁形	$\frac{120f}{p}$	$\frac{4\pi f}{p}$	$4.44Kfw\phi$
(5)	回転電機子形	回転界磁形	$\frac{60f}{p}$	$\frac{2\pi f}{p}$	$4.44Kf\phi$

解答 (1)

同期発電機は回転界磁形と回転電機子形があるが，回転電機子形は，界磁に供給する電力が多くなり，構造面でも不利であるから，小容量のものを除き採用されない。したがって，発電所等で使用される大容量のものは回転界磁形が採用される。

同期速度N_s[min^{-1}]は，

$$N_s=\frac{120f}{p}$$

同期角速度ω_s[rad/s]は，

$$\omega_s = \frac{2\pi N_s}{60}$$

$$= \frac{2\pi}{60} \times \frac{120f}{p}$$

$$= \frac{4\pi f}{p}$$

一相分の誘導起電力の大きさE[V]は，

$$E = \frac{2\pi}{\sqrt{2}} Kfw\phi$$

$$\fallingdotseq 4.44\ Kfw\phi$$

同期角速度は公式として覚えておいてもよい。

$$\omega_s = \frac{4\pi f}{p}$$

2 同期発電機の電機子反作用に関する記述として，誤っているものを次の(1)～(5)のうちから一つ選べ。

POINT 3 電機子反作用

(1) 同期発電機に遅れ力率0の負荷が接続されたときに発生する電機子反作用は，減磁作用である。

(2) 電機子反作用は電機子巻線により発生する磁束が，界磁巻線による磁束を乱す現象である。

(3) 交さ磁化作用には，界磁磁束を増加させる作用がある一方，同様に減少させる作用があるため，相殺され，誘導起電力は変化がない。

(4) 同期発電機に進み力率0の負荷が接続されたときに発生する電機子反作用は，増磁作用である。

(5) 増磁作用により，自己励磁現象が発生することがある。

解答 (3)

(1) 正しい。同期発電機に遅れ力率0の負荷（すなわちコイル）が接続されたときに発生する電機子反作用は，減磁作用である。

(2) 正しい。電機子反作用は電機子巻線により発生する磁束が，界磁巻線による磁束を乱す現象である。

(3) 誤り。交さ磁化作用には，界磁磁束を増加させる作用がある一方，同様に減少させる作用がある。全体としては増磁作用は磁気飽和のため減磁作用より大きく影響せず，全体としては主磁束の大きさは小さくなり，$E = 4.44\ Kf\omega\phi$の関係から，誘導起電力は小さくなる。

(4) 正しい。同期発電機に進み力率0の負荷（すなわちコンデンサ）が接続されたときに発生する電機子反作用は，増磁作用である。

(5) 正しい。容量性負荷が接続されている場合，増磁作用により，励磁電流が零になっても起電力が増大する自己励磁現象が発生することがある。

3 図1は，三相同期発電機に遅れ力率の負荷を接続したときの電機子巻線一相分のベクトル図及び図2は等価回路である。力率角をθ[rad]，負荷角をδ[rad]としたとき，図1の（ア），（イ）及び（ウ）が表すベクトルは図2の(a)，(b)，(c)及び(d)のうちのどの大きさを示したものであるか。正しい組合せを次の(1)〜(5)のうちから一つ選べ。

POINT 4 同期発電機の等価回路

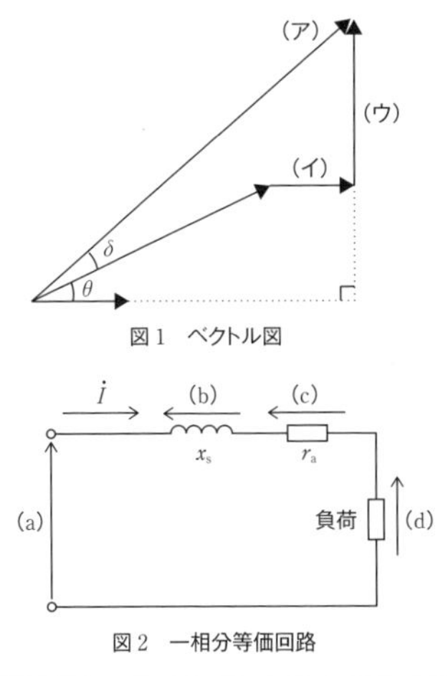

図1 ベクトル図

図2 一相分等価回路

	（ア）	（イ）	（ウ）
(1)	(a)	(d)	(c)
(2)	(d)	(c)	(a)
(3)	(d)	(a)	(c)
(4)	(a)	(c)	(b)
(5)	(b)	(d)	(b)

解答　(4)

図より（ア）は誘導起電力$\dot{E}$，（イ）は巻線抵抗での電圧降下$r_a\dot{I}$，（ウ）は同期リアクタンスでの電圧降下$x_s\dot{I}$とわかる。

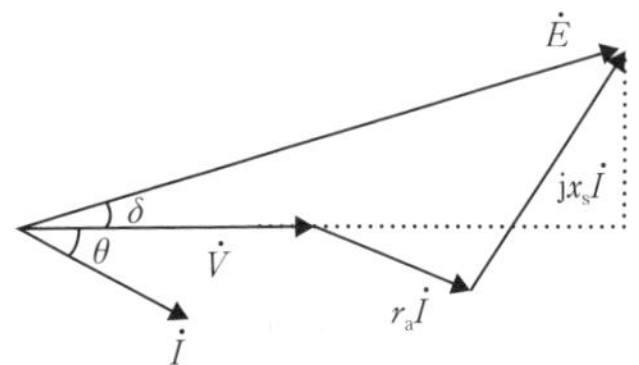

$\dot{V}$を基準としたベクトル図

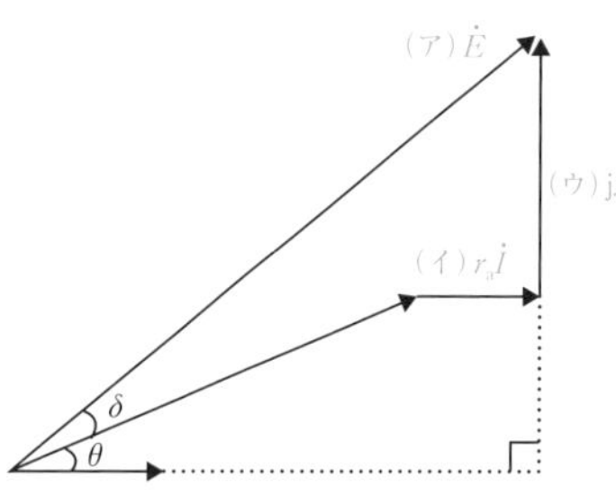

$\dot{I}$を基準としたベクトル図

注目　一般に同期発電機のベクトル図は端子電圧$\dot{V}$[V]を基準に描くことが多いが，本問のように電機子電流$\dot{I}$[A]を基準に描くこともある。位置関係をよく考えて解くようにすれば，さほど難しい問題とはならない。

注目　電験ではどちらの等価回路も出題される可能性があり，等価回路は非常に重要であるので，確実に理解しておくこと。

4　定格容量865 kV・A，定格電圧5 kVの三相同期発電機がある。発電機の同期リアクタンスが15 Ωであり，抵抗負荷に接続し定格運転したときの，一相あたりの内部誘導起電力の大きさ[kV]として，最も近いものを次の(1)～(5)のうちから一つ選べ。ただし，巻線抵抗は十分に小さいとし，$\sqrt{3}\fallingdotseq 1.73$として計算すること。

(1)　2.5　　(2)　3.3　　(3)　5.2　　(4)　5.7　　(5)　9.0

POINT 4　同期発電機の等価回路

注目　三相交流回路で一般的に電圧と言ったら線間電圧を表す。したがって，一相分等価回路を描くときは端子電圧は相電圧にすることに注意する。
誤答も$\sqrt{3}$倍をしなかったときの誤答が設けられていることが多い。（本問の場合(3)5.2）

解答　(2)

定格電流I_n[A]は，定格容量$P_n = 865$ kV・A，定格電圧$V_n = 5$ kVであるから，

$$P_n = \sqrt{3}V_n I_n$$

$$I_n = \frac{P_n}{\sqrt{3}V_n}$$

$$= \frac{865 \times 10^3}{1.73 \times 5 \times 10^3}$$

$$= 100\ \text{A}$$

巻線抵抗は無視できるので，等価回路及びベクトル図を描くと下図のようになる。ただし，図の$\dot{V}$は端子電圧（相電圧，$V = \dfrac{V_n}{\sqrt{3}}$）である。

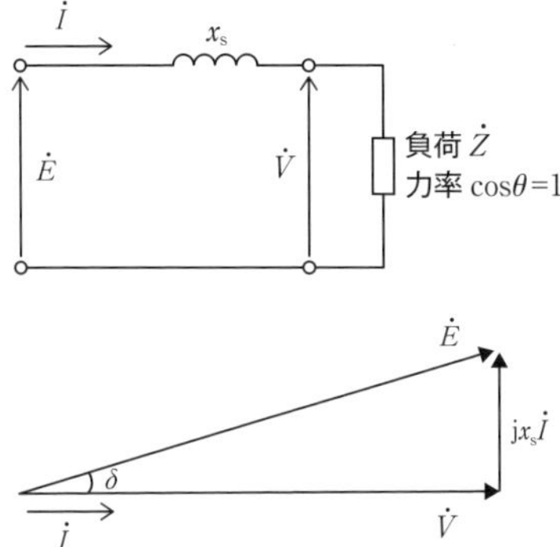

定格電流を流したときの同期リアクタンスでの電圧降下[V]の大きさは，

$$x_s I = 15 \times 100$$

$$= 1500\ \text{V}$$

誘導起電力E[V]の大きさは，三平方の定理より，

$$E = \sqrt{V^2 + (x_s I)^2}$$

$$= \sqrt{\left(\frac{5000}{1.73}\right)^2 + (1500)^2}$$

$$\fallingdotseq 3256\ \text{V} = 3.3\ \text{kV}$$

5 Y結線の三相同期発電機があり，各相の同期リアクタンスが5 Ωで，無負荷時の出力端子の電圧は650 V（相電圧）であった。この三相同期発電機に，12 Ωの抵抗負荷を接続したときの端子電圧（線間電圧）の大きさ[V]として，最も近いものを次の(1)～(5)のうちから一つ選べ。

(1) 430　　(2) 600　　(3) 650　　(4) 860　　(5) 1040

POINT 4 同期発電機の等価回路

解答 (5)

無負荷時の出力端子の電圧は誘導起電力E[V]の大きさと等しいので,

$$E = 650\ \text{V}$$

したがって,一相分の等価回路は下図のようになる。

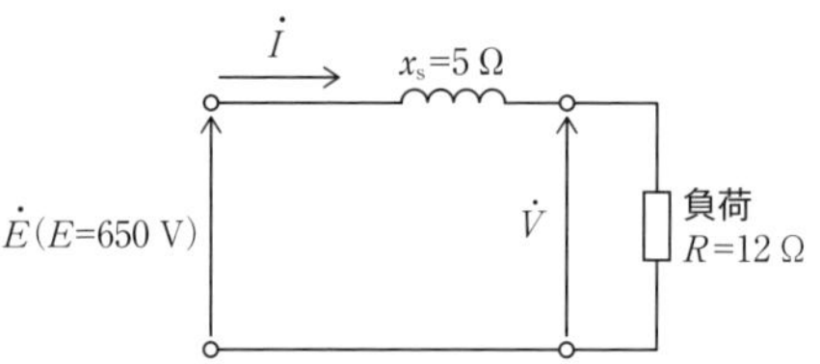

等価回路より,電機子電流I[A]の大きさは,

$$I = \frac{E}{\sqrt{R^2 + x_s^2}}$$
$$= \frac{650}{\sqrt{12^2 + 5^2}}$$
$$= \frac{650}{13}$$
$$= 50\ \text{A}$$

よって,このときの端子電圧(線間電圧)$\sqrt{3}V$[V]の大きさは,

$$V = RI$$

$$\sqrt{3}V = \sqrt{3}RI$$
$$= 1.7321 \times 12 \times 50$$
$$\fallingdotseq 1040\ \text{V}$$

左の等価回路において無負荷の状態では電機子電流は流れないので,誘導起電力の大きさと端子電圧の大きさが等しくなる。

6 三相同期発電機を無負荷で運転して励磁電流を上げたところ,励磁電流が200 Aとなったところで,定格電圧10000 Vが得られた。次に,三相を短絡して励磁電流を上げたところ,励磁電流が15 Aとなったところで定格電流400 Aが得られた。この三相同期電動機の三相短絡電流の大きさ[A]として,最も近いものを次の(1)~(5)のうちから一つ選べ。

POINT 5 三相同期発電機の特性曲線

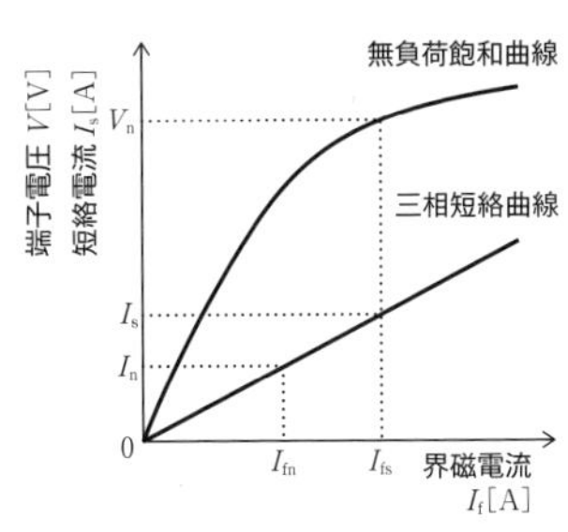

(1) 385　(2) 670　(3) 1255　(4) 3080　(5) 5330

解答 (5)

問題文に沿って，各数値をグラフに特性曲線のグラフに書き込むと次のようになる。

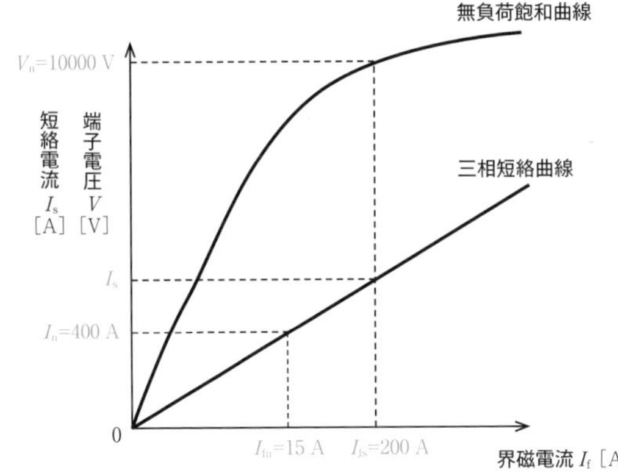

よって，三相短絡曲線より，$\dfrac{I_s}{I_n}=\dfrac{I_{fs}}{I_{fn}}$の関係があるから，

$$\frac{I_s}{I_n}=\frac{I_{fs}}{I_{fn}}$$

$$I_s=\frac{I_{fs}}{I_{fn}}\times I_n$$

$$=\frac{200}{15}\times 400$$

$$\fallingdotseq 5330\ \text{A}$$

7 定格出力が4000 kV・A，定格電圧が6.6 kVの三相同期発電機がある。この発電機の短絡比が2.5であるとき，この三相同期電動機の三相短絡電流の大きさ[A]として，最も近いものを次の(1)～(5)のうちから一つ選べ。

(1) 350　(2) 606　(3) 875　(4) 1050　(5) 1515

解答 (3)

POINT 5 三相同期発電機の特性曲線

定格電流I_n[A]は，定格容量$P_n = 4000$ kV・A，定格電圧$V_n = 6.6$ kVであるから，

$$P_n = \sqrt{3} V_n I_n$$

$$I_n = \frac{P_n}{\sqrt{3} V_n}$$

$$= \frac{4000 \times 10^3}{\sqrt{3} \times 6.6 \times 10^3}$$

$$\fallingdotseq 349.91 \text{ A}$$

短絡比K_sが2.5であるから，短絡比の定義より，

$$K_s = \frac{I_s}{I_n}$$

$$I_s = K_s I_n$$

$$= 2.5 \times 349.91$$

$$\fallingdotseq 875 \text{ A}$$

8 定格出力が 2.5 MV・A，定格電圧が6.6 kVの三相同期発電機がある。この発電機の短絡比が1.25であるとき，次の(a)及び(b)の問に答えよ。

POINT 5 三相同期発電機の特性曲線

(a) この三相同期電動機の百分率同期インピーダンス[%]の値として，最も近いものを次の(1)～(5)のうちから一つ選べ。

(1) 0.8　(2) 1.4　(3) 8　(4) 46　(5) 80

(b) この三相同期電動機の同期インピーダンス[Ω]の値として，最も近いものを次の(1)～(5)のうちから一つ選べ。

(1) 3.5　(2) 8.0　(3) 10.5　(4) 13.9　(5) 24.1

解答 (a)(5) (b)(4)

(a) 百分率同期インピーダンス$\%Z_s$[%]と短絡比K_sには，次のような関係がある。

$$K_s = \frac{100}{\%Z_s}$$

したがって，

$$\%Z_s = \frac{100}{K_s} = \frac{100}{1.25} = 80\ \%$$

(b) 百分率同期インピーダンス$\%Z_s$[%]と同期インピーダンスZ_s[Ω]には，次のような関係がある。

$$\%Z_s = \frac{Z_s P_n}{V_n^2} \times 100$$

したがって，

$$Z_s = \frac{\%Z_s V_n^2}{P_n \times 100} = \frac{80 \times 6600^2}{2.5 \times 10^6 \times 100} \fallingdotseq 13.9\ \Omega$$

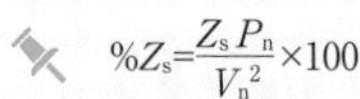

$$\%Z_s = \frac{Z_s P_n}{V_n^2} \times 100$$

の公式は電力科目でも使用する式であるので，覚えておくのが理想であるが，百分率インピーダンスの公式からも導出できるようにしておくと良い。

$$\%Z_s = \frac{\sqrt{3} Z_s I_n}{V_n} \times 100 = \frac{\sqrt{3} Z_s V_n I_n}{V_n^2} \times 100 = \frac{Z_s P_n}{V_n^2} \times 100$$

$(\because P_n = \sqrt{3} V_n I_n)$

9 同期リアクタンスが20 ΩのY結線三相同期発電機を相電圧が4000 Vの系統に接続する。発電機の回転速度は一定で，励磁電流も一定とし，このときの誘導起電力の相電圧は7000 Vであった。次の(a)及び(b)の問に答えよ。ただし，三相同期発電機の巻線抵抗は十分に小さいとする。

POINT 7 同期発電機の出力

(a) 内部相差角が30°となったときの出力[kW]として最も近いものを次の(1)~(5)のうちから一つ選べ。

(1) 230 (2) 700 (3) 1050 (4) 2100 (5) 4200

(b) この三相同期発電機を系統から切り離し抵抗に接続したところ，内部相差角が45°となり，誘導起電力の大きさを7000 V（相電圧）とすると，出力が(a)のときの2倍となった。このときの端子電圧[V]として，最も近いものを次の(1)〜(5)のうちから一つ選べ。ただし，誘導起電力の大きさは変わらないものとする。

(1) 2800 (2) 4900 (3) 5600 (4) 6800 (5) 8500

解答 (a)(4) (b)(3)

(a) 同期リアクタンスが$x_s = 20\ \Omega$，系統の相電圧$V = 4000$ V，誘導起電力の相電圧$E = 7000$ V，内部相差角$\delta = 30°$であるとすると，三相出力P[kW]は，

$$P = \frac{3VE}{x_s}\sin\delta$$

$$= \frac{3\times4000\times7000}{20}\times\sin 30°$$

$$= 4200000\times\frac{1}{2}$$

$$= 2100000\ \text{W} = 2100\ \text{kW}$$

相電圧同士のかけ算なので，「3」を忘れないように。

(b) 出力をP'，端子電圧をV'とすると，
$P' = \dfrac{3V'E}{x_s}\sin\delta$の関係より，
V'について整理し，各値を代入すると，

$$V' = \frac{P'x_s}{3E\sin\delta}$$

$$= \frac{4200\times10^3\times20}{3\times7000\times\sin 45°}$$

$$= \frac{4200\times10^3\times20}{3\times7000\times\frac{1}{\sqrt{2}}}$$

$$\fallingdotseq 5660\ \text{V}$$

となり，最も値が近いのは(3)となる。

10 次の文章は，同期発電機の自己励磁現象に関する記述である。

POINT 6 自己励磁現象

同期発電機を進み力率の負荷に接続していると，励磁電流を零にしても，残留磁気により小さな電圧が発生し，進み力率の負荷による［（ア）］作用により，発電機の［（イ）］が上昇する。端子電圧が上昇すると電機子電流が上昇するため，以後これを繰り返すことで，［（ウ）］と無負荷飽和曲線の交点まで，端子電圧が上昇する。この現象を同期発電機の自己励磁現象と呼ぶ。

上記の記述中の空白箇所（ア），（イ）及び（ウ）に当てはまる組合せとして，正しいものを次の(1)～(5)のうちから一つ選べ。

	（ア）	（イ）	（ウ）
(1)	増磁	誘導起電力	充電特性曲線
(2)	交さ磁化	誘導起電力	充電特性曲線
(3)	交さ磁化	励磁電圧	三相短絡曲線
(4)	増磁	励磁電圧	充電特性曲線
(5)	減磁	誘導起電力	三相短絡曲線

解答 (1)

進み力率の負荷による電機子反作用は，増磁作用であり，これにより主磁束ϕが強められ，$E \propto \phi$の関係があるから，発電機の誘導起電力Eが上昇する。誘導起電力が上昇すれば，端子電圧Vも上昇し，以後これを繰り返すことで，充電特性曲線と無負荷飽和曲線の交点まで，電圧が上昇する。

応用問題

1 次の文章は三相同期発電機の並行運転に関する記述である。

三相同期発電機を並行運転する際は，［（ア）］の大きさが等しいこと，位相が一致していること，［（イ）］が等しいこと等が求められる。たとえば，出力4000 kV・A，電圧6.6 kV，極数16，回転速度450 $\mathrm{min^{-1}}$の発電機Aと出力5000 kV・A，電圧6.6 kV，極数4の発電機Bを並行運転する場合には，発電機Bの回転速度は［（ウ）］$\mathrm{min^{-1}}$とする必要がある。

上記の記述中の空白箇所（ア），（イ）及び（ウ）に当てはまる組合せとして，正しいものを次の(1)～(5)のうちから一つ選べ。

	（ア）	（イ）	（ウ）
(1)	電圧	周波数	1800
(2)	電流	角速度	1500
(3)	電圧	周波数	1500
(4)	電流	周波数	1800
(5)	電流	角速度	1800

注目 極数から考えると発電機Aが水車発電機，発電機Bがタービン発電機であると予想できる。このように，さまざまな知識を複合的にマスターすると，電験本番でも活用できる知識が身につく。

解答 (1)

同期発電機の並行運転条件は以下の５つがある。

①起電力の大きさが等しい

②起電力の位相が一致している

③起電力の周波数が等しい

④起電力の波形が等しい

⑤起電力の相順が等しい

したがって，条件を満たすのは（ア）電圧，（イ）周波数となる。

同期速度N_s［$\mathrm{min^{-1}}$］は，電源の周波数f［Hz］，極数pとすると，

$$N_s = \frac{120f}{p}$$

発電機Aについて，各値を代入すると，

$$450=\frac{120f}{16}$$

$$f=60\ \mathrm{Hz}$$

したがって，発電機Bの回転速度$N\,[\mathrm{min}^{-1}]$は，

$$N=\frac{120f}{p}$$

$$=\frac{120\times 60}{4}$$

$$=1800\ \mathrm{min}^{-1}$$

2 次の文章は三相同期発電機の電機子反作用に関する記述である。

電機子反作用は，電機子電流の作る磁束が，主磁束である界磁電流の磁束を乱すことによる影響であり，（ア）によりその影響は異なる。一般にその位相特性により，重負荷時等においては（イ）作用により，主磁束は（ウ），夜間・軽負荷時には（エ）作用により，その逆の影響を受ける場合がある。

注目 電機子反作用と負荷状態における力率の変化を複合した問題である。

上記の記述中の空白箇所（ア），（イ），（ウ）及び（エ）に当てはまる組合せとして，正しいものを次の(1)～(5)のうちから一つ選べ。

	（ア）	（イ）	（ウ）	（エ）
(1)	力率	増磁	弱められ	減磁
(2)	出力	減磁	弱められ	増磁
(3)	力率	増磁	強められ	減磁
(4)	力率	減磁	弱められ	増磁
(5)	出力	増磁	強められ	減磁

解答 (4)

電機子反作用はその力率により，界磁磁束へ与える影響が異なる。一般に負荷が重負荷になると，遅れ力率となる。遅れ力率となった場合は，減磁作用により，主磁束は弱められる。

また，夜間・軽負荷時にはケーブル等の静電容量により，進み力率となる場合があり，その場合には

増磁作用により，磁束は強められることになる。

3 定格容量6000 kV・A，定格電圧6.6 kV，Y結線三相同期発電機がある。この発電機の電機子巻線抵抗が0.1 Ω，同期リアクタンスが10 Ωであるとき，次の(a)及び(b)の問に答えよ。

(a) 力率1で定格運転をしたときの内部誘導起電力[kV]（相電圧）の大きさとして，最も近いものを次の(1)～(5)のうちから一つ選べ。

(1) 6.5　(2) 7.0　(3) 7.5　(4) 8.0　(5) 8.5

(b) 力率0.9で定格運転をしたときの内部誘導起電力[kV]（相電圧）の大きさとして，最も近いものを次の(1)～(5)のうちから一つ選べ。

(1) 6.5　(2) 7.1　(3) 7.7　(4) 8.5　(5) 9.0

解答 (a)(1)　(2)(3)

(a) 発電機の定格電流I_n[A]は，定格容量$P_n = 6000$ kV・A，定格電圧$V_n = 6.6$ kVであるから，

$$P_n = \sqrt{3} V_n I_n$$

$$I_n = \frac{P_n}{\sqrt{3} V_n} = \frac{6000\times10^3}{\sqrt{3}\times6.6\times10^3} \fallingdotseq 524.9 \text{ A}$$

電機子巻線抵抗$r_a = 0.1$ Ω及び同期リアクタンス$x_s = 10$ Ωでの電圧降下の大きさは，

$$r_a I_n = 0.1\times524.9 = 52.49 \text{ V}$$

$$x_s I_n = 10\times524.9 = 5249 \text{ V}$$

よって，誘導起電力E[V]の大きさは，

$$E = \sqrt{\left(\frac{V_n}{\sqrt{3}} + r_a I_n\right)^2 + (x_s I_n)^2}$$

定格容量は[kV·A]すなわち皮相電力であるため，$\cos\theta$を考えないことは変圧器同様理解しておく。

試験本番では$x_s \gg r_a$と判断し，計算しても良い。

$$E \fallingdotseq \sqrt{\left(\frac{V_n}{\sqrt{3}}\right)^2 + (x_s I_n)^2} = \sqrt{\left(\frac{6.6\times10^3}{\sqrt{3}}\right)^2 + 5249^2} \fallingdotseq 6490 \text{ V}$$

となり，ほぼ同値となる。

$$= \sqrt{\left(\frac{6.6 \times 10^3}{\sqrt{3}} + 52.49\right)^2 + 5249^2}$$

$$\fallingdotseq 6517\ \text{V} \fallingdotseq 6.5\ \text{kV}$$

と求められる。

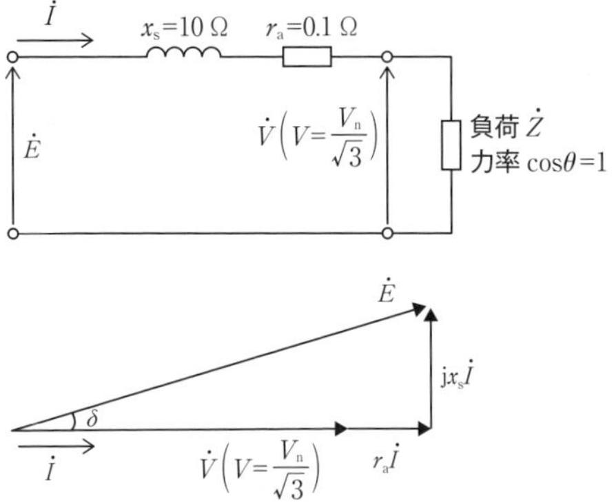

(b) 発電機の定格電流 I_n [A] は，定格容量 $P_n = 6000$ kV・A，定格電圧 $V_n = 6.6$ kV であるから，

$$P_n = \sqrt{3} V_n I_n$$

$$I_n = \frac{P_n}{\sqrt{3} V_n}$$

$$= \frac{6000 \times 10^3}{\sqrt{3} \times 6.6 \times 10^3}$$

$$\fallingdotseq 524.9\ \text{A}$$

定格容量は[kV·A]すなわち皮相電力であるため，$\cos\theta$ を考えないことは変圧器同様理解しておく。

電機子巻線抵抗 $r_a = 0.1\ \Omega$ 及び同期リアクタンス $x_s = 10\ \Omega$ での電圧降下の大きさは，

$$r_a I_n = 0.1 \times 524.9$$

$$= 52.49\ \text{V}$$

$$x_s I_n = 10 \times 524.9$$

$$= 5249\ \text{V}$$

力率 $\cos\theta = 0.9$ であるから，

$$\sin\theta = \sqrt{1 - \cos^2\theta}$$

$$= \sqrt{1 - 0.9^2}$$

$$\fallingdotseq 0.4359$$

よって，誘導起電力 E [V] の大きさは，三平方の定理より，

$$E=\sqrt{\left(\frac{V_n}{\sqrt{3}}+r_a I_n \cos\theta+x_s I_n \sin\theta\right)^2+(x_s I_n \cos\theta-r_a I_n \sin\theta)^2}$$

$$=\sqrt{\left(\frac{6.6\times10^3}{\sqrt{3}}+52.49\times0.9+5249\times0.4359\right)^2+(5249\times0.9-52.49\times0.4359)^2}$$

$$\fallingdotseq\sqrt{37770000+22100000}$$

$$\fallingdotseq 7740\ \mathrm{V}\rightarrow \mathbf{7.7\ kV}$$

(a)同様，試験本番では$x_s \gg r_a$と判断し，計算しても良い。

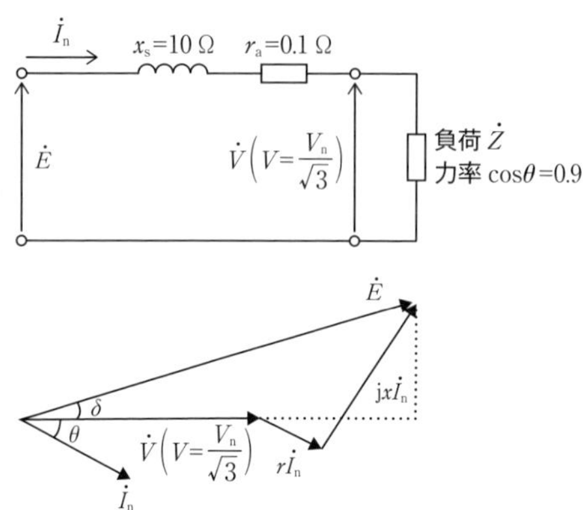

4 Y結線の三相同期発電機があり，各相の同期リアクタンスが18 Ωで，無負荷時の出力端子の対地電圧は6800 Vであった。この三相同期発電機に，20 Ωで力率0.8の誘導性負荷を接続したとき，この発電機が負荷に供給する電力[kW]として，最も近いものを次の(1)～(5)のうちから一つ選べ。ただし，巻線抵抗は無視するものとする。

(1) 370　(2) 640　(3) 1100　(4) 1490　(5) 1920

解答 (5)

無負荷時の出力端子の対地電圧は6800 Vであるから，誘導起電力E[V]の大きさは，E = 6800 Vとなる。

よって，一相分等価回路及びベクトル図を描くと図のようになる。

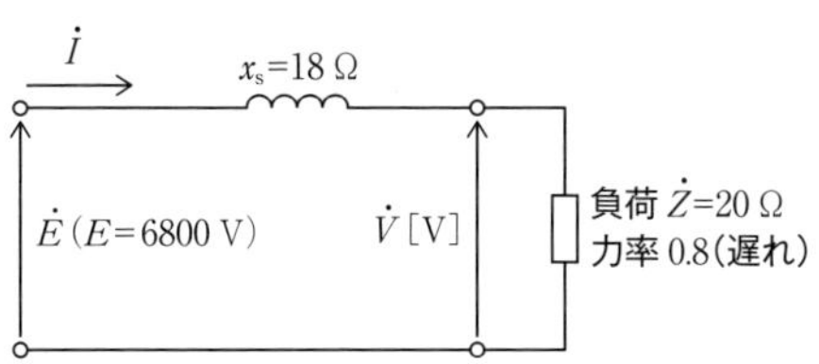

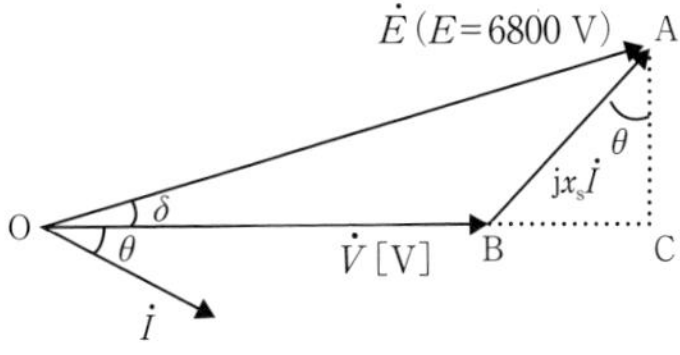

負荷の力率 $\cos\theta=0.8$ であるから,

$$\sin\theta=\sqrt{1-\cos^2\theta}$$
$$=\sqrt{1-0.8^2}$$
$$=0.6$$

負荷 $\dot{Z}$ の抵抗成分 R [Ω] 及びリアクタンス成分 X [Ω] は,

$$R=Z\cos\theta$$
$$=20\times0.8$$
$$=16\ \Omega$$
$$X=Z\sin\theta$$
$$=20\times0.6$$
$$=12\ \Omega$$

したがって,等価回路より,電機子回路に流れる電流 I [A] は,

$$I=\frac{E}{\sqrt{R^2+(X+x_s)^2}}$$
$$=\frac{6800}{\sqrt{16^2+(12+18)^2}}$$
$$=\frac{6800}{\sqrt{1156}}$$
$$=200\ \mathrm{A}$$

同期リアクタンスに負荷のインピーダンスを加えた合成インピーダンス $\dot{Z}_0$ は,

$$\dot{Z}_0=(R+\mathrm{j}X)+\mathrm{j}x_s$$
$$=R+\mathrm{j}(X+x_s)$$

となるのでその大きさ Z_0 は,

$$Z_0=\sqrt{R^2+(X+x_s)^2}$$

となる。

端子電圧の相電圧 V [V] の大きさは,

$$V=ZI$$
$$=20\times200$$

$= 4000\ \mathrm{V}$

よって，発電機が負荷に供給する電力P[kW]は，

$$P = 3VI\cos\theta$$

$$= 3 \times 4000 \times 200 \times 0.8$$

$$= 1920000\ \mathrm{W} = 1920\ \mathrm{kW}$$

三相電力なので3倍するのを忘れないこと。

5 次の文章は，三相同期発電機の電機子反作用に関する記述である。

電機子反作用は電機子巻線に流れる電流により発生する磁束が，界磁巻線の主磁束に影響を及ぼす現象をいう。

例えば，回転子の極数が２極である突極形同期発電機において，図１のような位置関係で運転しているとき，この負荷の力率は (ア) であり，図２のような位置関係で運転しているとき，この負荷の力率は (イ) である。図３のような位置関係で運転しているときの電機子反作用は (ウ) 作用となる。

注目 電機子反作用のメカニズムを理解する上で非常に良い問題である。よく理解しておくこと。

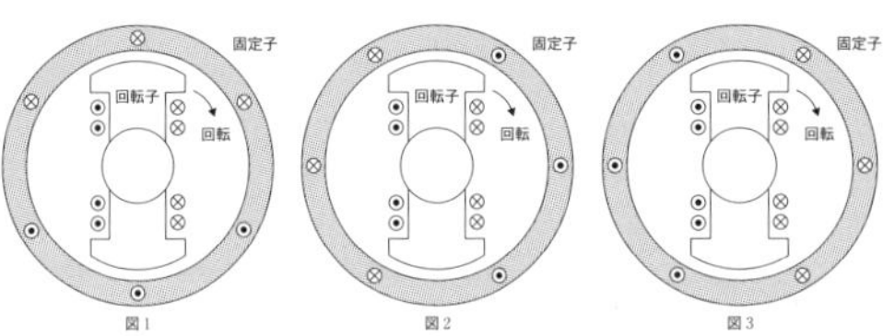

図1　図2　図3

上記の記述中の空白箇所（ア），（イ）及び（ウ）に当てはまる組合せとして，正しいものを次の(1)～(5)のうちから一つ選べ。

	（ア）	（イ）	（ウ）
(1)	1	0	交さ磁化
(2)	1	0	増磁
(3)	0	1	減磁
(4)	1	0	減磁
(5)	0	1	増磁

解答 (2)

（ア）界磁（回転子）による磁極は右ねじの法則より図の上側がN極，図の下側がS極となる。

磁極の周りの固定子の磁束を描くと図のように

なるため，磁極の左側では強め合い，右側では弱め合う。

よって，この位置関係における電機子反作用は交さ磁化作用で，力率は1となる。

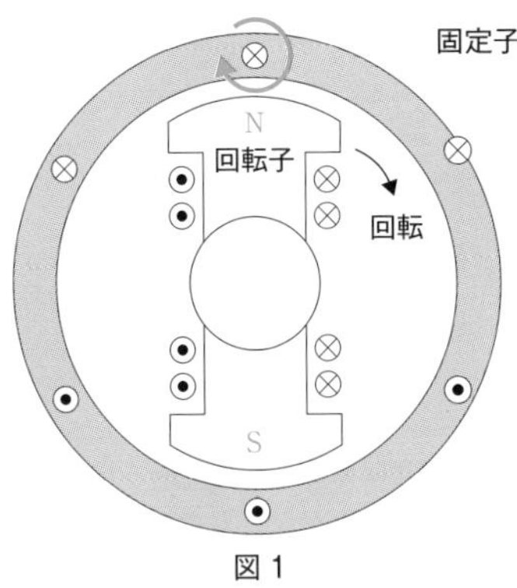

図1

（イ）（ア）と同様，磁極の周りの固定子の磁束を描くと下図のようになるため，磁極の両側において，磁束は弱め合う。

よって，この位置関係における電機子反作用は減磁作用で，力率は0となる。

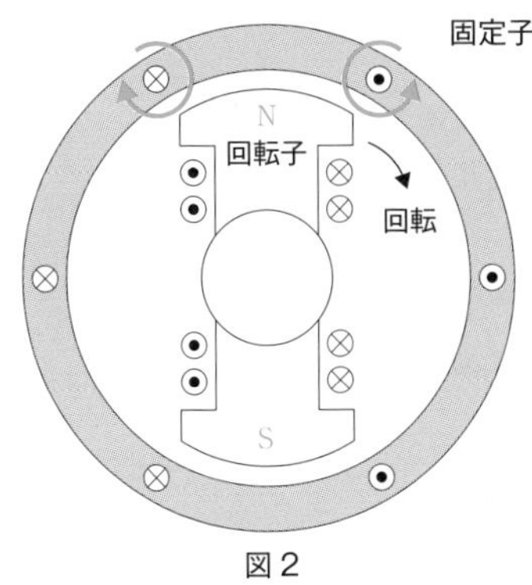

図2

（ウ）（ア）及び（イ）と同様，磁極の周りの固定子の磁束を描くと図のようになるため，磁極の両側において，磁束は強め合う。

よって，この位置関係における電機子反作用は増磁作用となる。

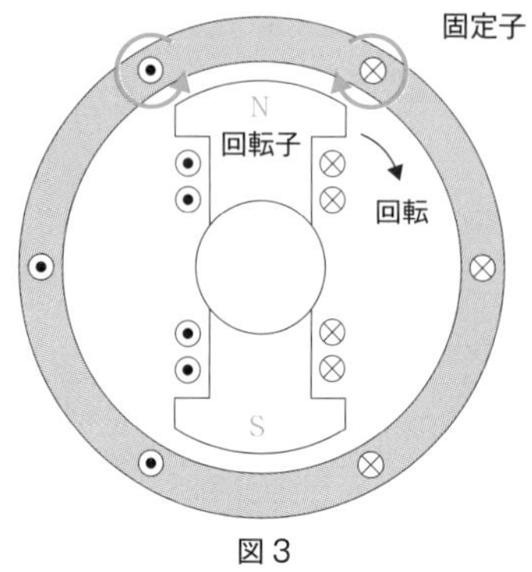

図3

6 定格容量5000 kV・A，定格電圧が6.6 kVの三相同期発電機を無負荷で運転して励磁電流を上げたところ，励磁電流が300 Aとなったところで定格電圧が得られた。次に，三相を短絡し，励磁電流を15 Aまで上げたところ，電機子電流が70 Aとなった。この三相同期電動機の百分率同期インピーダンスの大きさ[%]として，最も近いものを次の(1)～(5)のうちから一つ選べ。

(1) 30　(2) 40　(3) 50　(4) 60　(5) 70

注目 本問のように，電験では特性曲線が与えられない問題が出題されることもある。何も見ずに特性曲線は描けるようにしておくこと。

解答 (1)

無負荷で運転して，励磁電流がI_{fs} = 300 Aとなったところで定格電圧6.6 kVが得られ，三相を短絡し励磁電流をI_{f1} = 15 Aまで上げたところ，電機子電流がI_1 = 70 Aとなったので，これらをもとに無負荷飽和曲線及び三相短絡曲線のグラフに描くと図のようになる。

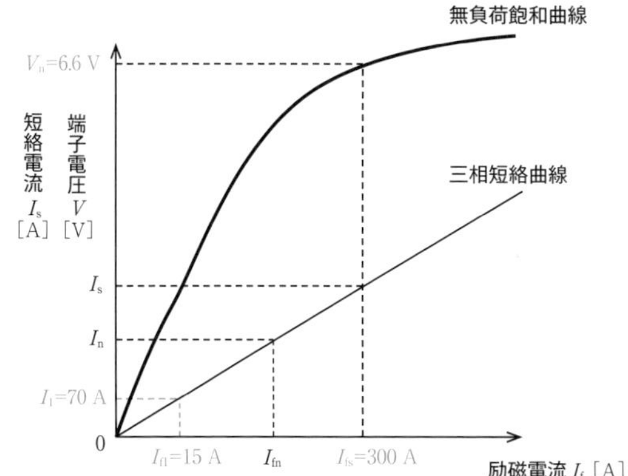

三相短絡曲線より，定格出力時の三相短絡電流I_s［A］は，

$$\frac{I_s}{I_1}=\frac{I_{fs}}{I_{f1}}$$

$$\frac{I_s}{70}=\frac{300}{15}$$

$$I_s=\frac{300}{15}\times 70$$

$$=1400\ \mathrm{A}$$

また，定格電流I_n［A］は，定格容量$P_n=5000$ kV·A，定格電圧$V_n=6.6$ kVであるから，

$$P_n=\sqrt{3}V_n I_n$$

$$I_n=\frac{P_n}{\sqrt{3}V_n}$$

$$=\frac{5000\times 10^3}{\sqrt{3}\times 6.6\times 10^3}$$

$$\fallingdotseq 437.4\ \mathrm{A}$$

したがって，短絡比K_sは，

$$K_s=\frac{I_s}{I_n}$$

$$=\frac{1400}{437.4}$$

$$\fallingdotseq 3.201$$

百分率同期リアクタンス$\%Z_s=\dfrac{100}{K_s}$であるから，

短絡比の式は定義なので覚える。また，短絡比と同期インピーダンスの関係も易しい式なので覚える。

$$\%Z_s = \frac{100}{K_s}$$

$$= \frac{100}{3.201}$$

$$\fallingdotseq 31.2 \fallingdotseq 30\ \%$$

7 定格容量5000 kV・A，電圧が6.6 kVの三相同期発電機の短絡比が1.2であるとき，この同期発電機の同期インピーダンスの大きさ[Ω]として，最も近いものを次の(1)～(5)のうちから一つ選べ。

(1) 4.2　(2) 6.0　(3) 7.3　(4) 8.7　(5) 12.6

注目 この問題の類題は過去問においても複数回出題されている。種々の公式を使いこなせるようにしておくこと。

解答 (3)

定格電流I_n[A]は，定格容量P_n = 5000 kV・A，定格電圧V_n = 6.6 kVであるから，

$$P_n = \sqrt{3} V_n I_n$$

$$I_n = \frac{P_n}{\sqrt{3} V_n}$$

$$= \frac{5000 \times 10^3}{\sqrt{3} \times 6.6 \times 10^3}$$

$$\fallingdotseq 437.4\ \text{A}$$

短絡比K_s = 1.2であるから，定格電圧時の三相短絡電流I_s[A]は，

$$K_s = \frac{I_s}{I_n}$$

$$1.2 = \frac{I_s}{437.4}$$

$$I_s = 1.2 \times 437.4$$

$$\fallingdotseq 524.9\ \text{A}$$

よって，同期インピーダンスZ_s[Ω]の大きさは，

$$Z_s = \frac{\frac{V_n}{\sqrt{3}}}{I_s}$$

$$= \frac{V_n}{\sqrt{3} I_s}$$

$$=\frac{6.6\times10^3}{\sqrt{3}\times524.9}$$

$$\fallingdotseq 7.3\ \Omega$$

8 Y結線三相同期発電機A及びBを6600 Vで並列接続する。各発電機の諸元は表の通りとする。次の(a)及び(b)の問に答えよ。ただし，三相同期発電機の巻線抵抗は十分に小さいとし，端子電圧は常に定格電圧であるとする。

	発電機A	発電機B
定格容量	7000 kV·A	4000 kV·A
定格電圧	6600 V	6600 V
百分率同期リアクタンス	15 %（自己容量基準）	10 %（自己容量基準）

(a) 発電機Aのみを接続し，消費電力4000 kWで力率0.8（遅れ）の負荷を接続したときの発電機Aの誘導起電力の大きさ[V]（相電圧）として，最も近いものを次の(1)～(5)のうちから一つ選べ。

(1) 4100　(2) 5200　(3) 5800　(4) 6300　(5) 6900

(b) この2台の同期発電機を消費電力7000 kWで力率0.8（遅れ）の負荷に接続し，発電機Bが力率0.8で運転すると，発電機Bは定格容量を超過してしまうので，発電機Bの力率を1.0で定格運転し，発電機Aの力率を調整した。このときの発電機Aの力率として，最も近いものを次の(1)～(5)のうちから一つ選べ。

(1) 0.2　(2) 0.3　(3) 0.4　(4) 0.5　(5) 0.6

注目　本問は同期機がB問題で出題された場合を想定したやや発展的な問題である。
本問が解けた場合は，同期機に関してはかなり理解が進んでいると考えて良い。

解答　(a)(1)　(b)(4)

(a) 負荷の消費電力P_L = 4000 kW，定格電圧V_n = 6600 V，力率$\cos\theta$ = 0.8であるから，負荷を流れる負荷電流の大きさI[A]は，

$$P_L=\sqrt{3}V_n I\cos\theta$$

$$I=\frac{P_L}{\sqrt{3}V_n\cos\theta}$$

解答編　CHAPTER 04　同期機 1

$$=\frac{4000\times10^3}{\sqrt{3}\times6600\times0.8}$$

$$\fallingdotseq 437.4\ \text{A}$$

百分率同期リアクタンス$\%x_s=15\%$であるから，同期リアクタンス$x_s[\Omega]$は，百分率インピーダンスの定義より，

$$\%x_s=\frac{x_s P_n}{V_n^{\ 2}}\times100$$

$$x_s=\frac{\%x_s V_n^{\ 2}}{P_n\times100}$$

$$=\frac{15\times6600^2}{7000\times10^3\times100}$$

$$\fallingdotseq 0.9334\ \Omega$$

よって，同期リアクタンス$x_s[\Omega]$での電圧降下は，

$$x_s I=0.9334\times437.4$$

$$\fallingdotseq 408.3\ \text{V}$$

ベクトル図は下図のように描くことができる。

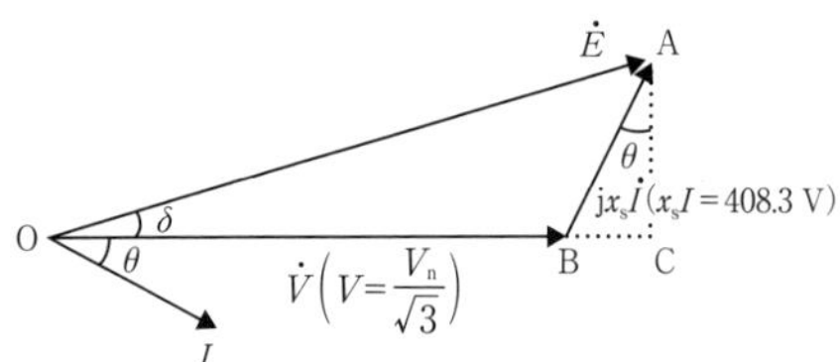

力率$\cos\theta=0.8$であるから，

$$\sin\theta=\sqrt{1-\cos^2\theta}$$

$$=\sqrt{1-0.8^2}$$

$$=0.6$$

よって，誘導起電力E[V]の大きさは，

$$E=\sqrt{(V+x_s I\sin\theta)^2+(x_s I\cos\theta)^2}$$

$$=\sqrt{\left(\frac{6600}{\sqrt{3}}+408.3\times0.6\right)^2+(408.3\times0.8)^2}$$

$$\fallingdotseq 4069\rightarrow 4100\ \text{V}$$

(b) 負荷の無効電力の大きさQ[kvar]は，

$$Q=P\tan\theta$$

$$=P\frac{\sin\theta}{\cos\theta}$$

$$=7000\times\frac{0.6}{0.8}$$

$$=5250\ \text{kvar}$$

発電機Bは定格運転して$P_B = 4000$ kWを出力するので，発電機Aが分担する有効電力の大きさP_A［kW］は，

$$P_A = P - P_B$$

$$=7000-4000$$

$$=3000\ \text{kW}$$

したがって，発電機Aの力率$\cos\theta_A$は，

$$\cos\theta_A=\frac{P_A}{\sqrt{{P_A}^2+Q^2}}$$

$$=\frac{3000}{\sqrt{3000^2+5250^2}}$$

$$\fallingdotseq\frac{3000}{6047}$$

$$\fallingdotseq 0.5$$

解答編 CHAPTER 04 同期機 1

2 三相同期電動機

確認問題

1 次の文章は三相同期電動機に関する記述である。正しいものには○，誤っているものには×で答えよ。

(1) 三相同期電動機は回転子に三相交流を流すことで，回転磁界が発生し，回転子が回転する電動機である。

(2) 同期電動機は始動時のトルクが小さいので，全電圧始動は小容量機に限られる。

(3) 同期電動機のトルクを確保するため，始動電動機法では特殊かご形誘導電動機で始動する方法がある。

(4) 誘導電動機を始動電動機として利用する場合には，同期電動機よりも多い極数の電動機を利用して加速する。

(5) 同期電動機の始動時のトルクはほぼ零であるため，電源の周波数を変化させても始動トルクは発生しない。

(6) 同期電動機の等価回路は同期発電機の等価回路とほぼ同じ形である。

(7) 同期電動機にも電機子反作用があり，発電機と同じく遅れ力率では減磁作用，進み力率では増磁作用となる。

(8) 同期電動機には界磁電流を変化させると力率が変化する特性があり，界磁電流が増加すると遅れ力率，界磁電流が減少すると進み力率となる。

(9) 同期電動機を無負荷で運転したものを同期調相機といい，力率の調整を連続的に行うことが可能となる。

解答 (1) ×　(2) ×　(3) ○　(4) ×　(5) ×
(6) ○　(7) ×　(8) ×　(9) ○

(1) ×。三相同期電動機は固定子に三相交流を流すことで，回転磁界が発生し，回転子が回転する電動機である。

POINT 1 三相同期電動機の原理

(2) ×。同期電動機は始動時のトルクが零であるため，全電圧始動は基本的にできない。

POINT 2 同期電動機の始動法

(3) ○。始動電動機法では誘導電動機や直流電動機により加速する方法がある。同期電動機において，始動トルクを確保するために，特殊かご形誘導電

POINT 2 同期電動機の始動法

動機を用いる方法がある。

(4)　×。誘導電動機を始動電動機として利用する場合には，同期電動機よりも少ない極数の電動機を利用して加速する。

(5)　×。同期電動機は始動時，順回転と逆回転のトルクが交互に発生するために平均トルクが零となる。周波数を十分に低くすれば始動トルクを発生させることが可能である。

(6)　○。同期電動機と同期発電機は電機子電流の向きが異なるが，等価回路の形としてはほぼ同じである。

(7)　×。同期電動機にも電機子反作用はあるが，発電機とは異なり遅れ力率では増磁作用，進み力率では減磁作用となる。

(8)　×。同期電動機には界磁電流を変化させると力率が変化する特性があり，界磁電流が増加すると進み力率，界磁電流が減少すると遅れ力率となる。

(9)　○。同期電動機を無負荷で運転したものを同期調相機といい，力率の調整を連続的に行うことが可能となる。

POINT 2 同期電動機の始動法

POINT 2 同期電動機の始動法

POINT 3 三相同期電動機の等価回路

POINT 5 同期電動機の電機子反作用

POINT 7 同期電動機の位相特性曲線(V曲線)

電力科目で出てくる同期調相機の原理は一般的に機械科目の範囲となるが，どちらの科目に出題されてもおかしくない。科目にとらわれず幅広く学習すること。

2 次の文章は三相同期電動機の始動に関する記述である。(ア)～(オ)にあてはまる語句を答えよ。

三相同期電動機の始動方法の一つに[(ア)]法がある。この方法は回転子の磁極にある[(イ)]を利用して始動させる方法であり，かご形誘導電動機と同様，大きな始動電流が流れるので，[(ウ)]器を用いたり，二重かご形や深溝かご形誘導電動機として始動する。そのほかにも，半導体素子である[(エ)]を利用して，電動機の周波数を[(オ)]て始動する方法もある。

POINT 2 同期電動機の始動法

注目 始動法の原理も細かく掘り下げていくとかなり深い内容ではあるが，電験の学習としては概要程度で十分である。

解答　(ア) 自己始動　(イ) 制動巻線
(ウ) 始動補償　(エ) サイリスタ
(オ) 低下させ

3 6極の三相同期電動機を周波数50 Hz，電圧300 Vの電源に接続した。このとき，電機子電流が100 A，力率が1で運転していた。ただし，電機子巻線抵抗は無視できるとし，1相の同期リアクタンスが1 Ωであるとする。

このとき，次の値を求めよ。

(1) 同期速度[min^{-1}]
(2) 同期角速度[rad/s]
(3) 逆起電力（相電圧）[V]
(4) 出力[kW]
(5) 内部相差角[rad]
(6) トルク[N・m]

POINT 4 同期電動機の出力，トルク

注目 同期速度，同期角速度は発電機でも電動機でも同じである。忘れた場合は前章の同期発電機の範囲を復習すること。

解答 (1) 1000 min^{-1} (2) 105 rad/s (3) 200 V (4) 52.0 kW (5) $\dfrac{\pi}{6}$ rad (6) 496 N・m

(1) 電源の周波数が$f = 50$ Hz，極数が$p = 6$である同期電動機の同期速度N_s[min^{-1}]は，

$$N_s = \frac{120f}{p} = \frac{120 \times 50}{6} = 1000\ \mathrm{min}^{-1}$$

(2) 同期角速度ω_s[rad/s]は同期速度$N_s = 1000$ min^{-1}であるから，

$$\omega_s = \frac{2\pi N_s}{60} = \frac{2 \times \pi \times 1000}{60} \fallingdotseq 104.72 \rightarrow 105\ \mathrm{rad/s}$$

(3) 同期リアクタンス$x_s = 1\ \Omega$での電圧降下は，電機子電流$I = 100$ Aであるから，

$$x_s I = 1 \times 100 = 100\ \mathrm{V}$$

力率が1であるため，電源電圧（相電圧）$\dot{V}$[V]

と電機子電流$\dot{I}$[A]は同相であるから，電流$\dot{I}$を位相の基準としたときの一相分のベクトル図は下図のようになる。

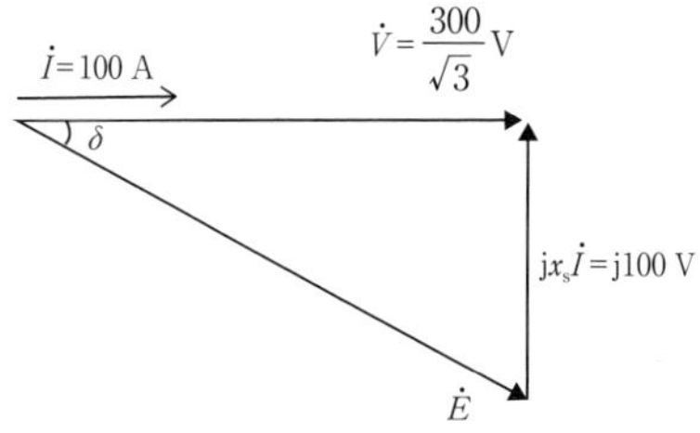

よって，ベクトル図に三平方の定理を適用し，逆起電力E[V]の大きさを求めると，

$$E=\sqrt{V^2+(x_sI)^2}$$
$$=\sqrt{\left(\frac{300}{\sqrt{3}}\right)^2+100^2}$$
$$=\sqrt{30000+10000}$$
$$=200\text{ V}$$

(4) 三相分の出力P[kW]は，力率が1 ($\theta=0$) であるから，

$$P=3EI\cos(\delta-\theta)$$
$$=3EI\cos\delta$$
$$=3EI\frac{V}{E}$$
$$=3VI$$
$$=3\times\frac{300}{\sqrt{3}}\times100$$
$$\fallingdotseq 51962\text{ W}=52.0\text{ kW}$$

$x_sI:E:V=1:2:\sqrt{3}$なので，

$$P=\frac{3VE}{x_s}\sin\delta$$
$$=\frac{3\left(\frac{300}{\sqrt{3}}\right)\times200}{1}\sin\frac{\pi}{6}$$
$$\fallingdotseq 51962\text{ W}$$

と導出可能であるが，本問においては解答の方法の方が計算が単純となる。

(5) ベクトル図より，

$$x_sI:E:V=1:2:\sqrt{3}$$

の関係があるので，内部相差角δ[rad]は，

$$\delta=\frac{\pi}{6}\text{ rad}$$

(6) 同期電動機のトルク T[N・m]と出力 P[W]には,

$$T=\frac{P}{\omega_s}$$

の関係があるので,

$$T=\frac{51962}{104.72}$$

$$\fallingdotseq 496\ \text{N}\cdot\text{m}$$

4 次の文章は，同期電動機のトルク－負荷角特性に関する記述である。(ア)～(エ)にあてはまる語句を答えよ。

三相同期電動機のトルク T[N・m]は，電源電圧（相電圧）V[V]，逆起電力（相電圧）E[V]，同期リアクタンス x_s[Ω]，内部相差角 δ[rad]，同期角速度 ω_s[rad/s]を用いて，

$T=\frac{3VE}{x_s\omega_s}$ [(ア)]

で求められ，$\delta=$ [(イ)] [rad]のとき最大トルクとなる。一般に δ が [(イ)] より大きい場合は [(ウ)]，小さい場合は [(エ)] となる。

POINT 4 同期電動機の出力，トルク

$P_3=\frac{3VE}{x_s}\sin\delta$ 及び $T=\frac{P_3}{\omega_s}$ は非常に重要な公式となるので，暗記しておくこと。

解答 (ア) $\sin\delta$　(イ) $\frac{\pi}{2}$

(ウ) 不安定　(エ) 安定

5 次の文章は，位相特性曲線に関する記述である。(ア)～(ウ)にあてはまる語句を答えよ。

三相同期電動機では，励磁電流を変化させると，力率を変化させることができる。力率が [(ア)] のとき，電機子電流は最小となり，その励磁電流よりも大きくした場合には力率は [(イ)] となり，小さくした場合には力率は [(ウ)] となる。

POINT 7 同期電動機の位相特性曲線(V曲線)

注目 発電機の場合は逆となるので注意すること。

解答 (ア) 1　(イ) 進み　(ウ) 遅れ

基本問題

1 三相同期電動機の始動法として用いられないものを次の(1)～(5)のうちから一つ選べ。

(1) Y－Δ始動法は，始動時のみ相電圧の小さいY結線に切替え，始動する方法である。

(2) 始動電動機法において誘導電動機で始動する際，誘導電動機の極数は三相同期電動機よりも極数が少ないものを選定する。

(3) 低周波始動法とは，周波数を変化させることが可能な電源を利用して，始動時の周波数を低くして始動する方法である。

(4) 自己始動法は，回転子の磁極にある制動巻線を利用して始動する方法である。

(5) サイリスタ始動法は，半導体素子であるサイリスタの特性を利用した始動方法である。

POINT 2 同期電動機の始動法

注目 セクション毎にわかれているため，本問は難なく解けるかもしれないが，試験本番にて出題された場合，全体の記憶がバラバラになり，正しいかどうか判別がつかなくなる。整理して覚えておくこと。

解答 (1)

(1) 誤り。Y－Δ始動法は，誘導電動機の始動法であり，始動電流を小さくするための方法である。

(2) 正しい。始動電動機法において誘導電動機で始動する際，誘導電動機の極数は三相同期電動機よりも極数が少ないものを選定する。

(3) 正しい。低周波始動法とは，周波数を変化させることが可能な電源を利用して，始動時の周波数を低くして始動する方法である。

(4) 正しい。自己始動法は，回転子の磁極にある制動巻線を利用して始動する方法である。

(5) 正しい。サイリスタ始動法は，半導体素子であるサイリスタの特性を利用した始動方法である。

2 次の文章は三相同期電動機に関する記述である。

三相同期電動機は，その極数がp，電源の周波数がf[Hz]である場合，常に，[（ア）] [min^{-1}]で回転し運転する。Y形一相分等価回路において，電源電圧（相電圧）をV[V]，1

POINT 4 同期電動機の出力，トルク相分の誘導起電力（相電圧）をE[V]とすれば，安定運転した状態ではVとEの角度である［（イ）］は常に一定であり，その大きさをδ[rad]とすると，この同期電動機の出力Pは，$P =$［（ウ）］[W]，トルクTは$T =$［（エ）］[N・m]となる。ただし，電機子巻線抵抗は十分に小さく無視できるものとし，同期リアクタンスはx_s[Ω]とする。

上記の記述中の空白箇所（ア），（イ），（ウ）及び（エ）に当てはまる組合せとして，正しいものを次の(1)～(5)のうちから一つ選べ。

	（ア）	（イ）	（ウ）	（エ）
(1)	$\frac{4\pi f}{p}$	力率角	$\frac{VE}{x_s}\sin\delta$	$\frac{pVE}{2\pi f x_s}\sin\delta$
(2)	$\frac{120f}{p}$	負荷角	$\frac{3VE}{x_s}\sin\delta$	$\frac{3pVE}{4\pi f x_s}\sin\delta$
(3)	$\frac{4\pi f}{p}$	負荷角	$\frac{3VE}{x_s}\sin\delta$	$\frac{3pVE}{4\pi f x_s}\sin\delta$
(4)	$\frac{120f}{p}$	力率角	$\frac{VE}{x_s}\sin\delta$	$\frac{pVE}{2\pi f x_s}\sin\delta$
(5)	$\frac{120f}{p}$	負荷角	$\frac{3VE}{x_s}\sin\delta$	$\frac{pVE}{2\pi f x_s}\sin\delta$

解答 (2)

（ア）周波数がf[Hz]，極数がpである同期電動機の同期速度N_s[min^{-1}]及び同期角速度ω_s[rad/s]は，

$$N_s = \frac{120f}{p}$$

$$\omega_s = \frac{2\pi N_s}{60} = \frac{4\pi f}{p}$$

となる。同期電動機は同期速度で回転する。

同期速度の公式と合わせて同期角速度も公式として覚えておいてもよい。

$$\omega_s = \frac{4\pi f}{p}$$

（イ）次のベクトル図の通り，$\dot{V}$[V]と$\dot{E}$[V]の角度δ[rad]を負荷角，$\dot{V}$[V]と$\dot{I}$[A]の角度θ[rad]を力率角という。

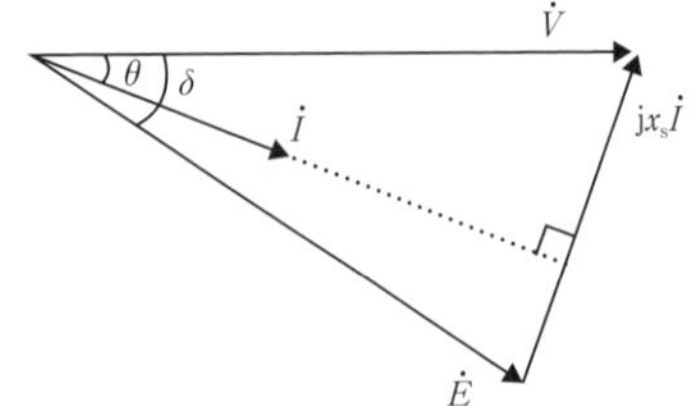

なぜか電動機の場合，力率角を$\dot{E}$[V]と$\dot{I}$[A]の角度と勘違いする受験生が多い。
発電機でも電動機でも$\dot{V}$[V]と$\dot{I}$[A]の角度である。

（ウ）三相同期電動機の１相分の出力P_1[W]は，

$$P_1 = \frac{VE}{x_s}\sin\delta$$

となり，３相分の出力P[W]は，

$$P = \frac{3VE}{x_s}\sin\delta$$

（エ）出力P[W]とトルクT[N・m]の関係は，

$$T = \frac{P}{\omega_s}$$

よって，（ア）（ウ）で求めたω_sおよびPの式を代入すると，

$$T = \frac{3VE}{x_s}\sin\delta \times \frac{p}{4\pi f}$$

$$= \frac{3pVE}{4\pi f x_s}\sin\delta$$

3 次の文章は同期電動機のトルクに関する記述である。

同期電動機のトルクT[N・m]はその負荷角δ[rad]によって変動し，双方には［（ア）］の関係がある。［（イ）］のとき，同期電動機は安定運転するため，運転中は常に負荷角δ[rad]がこの範囲内にあるように注意する。一般に負荷角が$\frac{\pi}{6}$のときのトルクは最大トルクの［（ウ）］倍である。

上記の記述中の空白箇所（ア），（イ）及び（ウ）に当てはまる組合せとして，正しいものを次の(1)〜(5)のうちから一つ選べ。

	（ア）	（イ）	（ウ）
(1)	サインカーブ	$0<\delta<\frac{\pi}{2}$	$\frac{\sqrt{3}}{2}$
(2)	V字カーブ	$0<\delta<\frac{\pi}{4}$	$\frac{\sqrt{3}}{2}$
(3)	サインカーブ	$0<\delta<\frac{\pi}{4}$	$\frac{\sqrt{3}}{2}$
(4)	V字カーブ	$0<\delta<\frac{\pi}{2}$	$\frac{1}{2}$
(5)	サインカーブ	$0<\delta<\frac{\pi}{2}$	$\frac{1}{2}$

POINT 6 同期電動機のトルク−負荷角特性

解答 (5)

(ア) 誘導起電力 (相電圧) をE[V], 端子電圧 (相電圧) をV[V], 同期速度をN_s[min^{-1}], 同期リアクタンスをx_s[Ω]とすると, 同期電動機のトルクT[N・m]と負荷角δ[rad]には,

$$T=\frac{60}{2\pi N_s}\cdot\frac{3VE}{x_s}\sin\delta$$

の関係があり, 下図のようにサインカーブとなる。

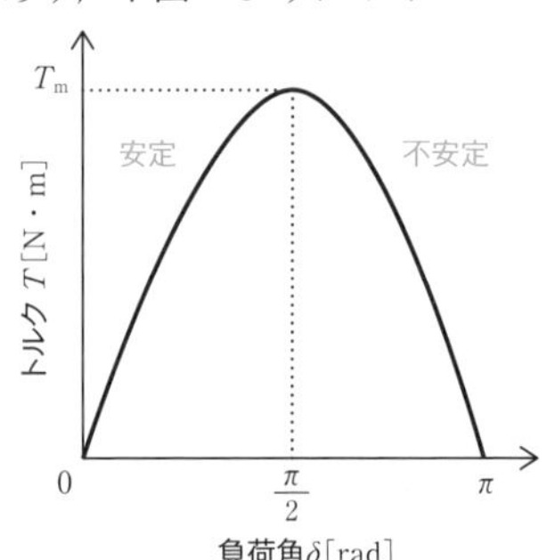

注目 同じ同期電動機の範囲で, トルクのサインカーブと位相特性曲線のV字形カーブの2つの特性があるので, 誤答に絡めてくる可能性は高い。
特性は全く異なるものなので, 必ず違いを理解しておくこと。

(イ) トルクT[N・m]と負荷角δ[rad]の特性曲線の通り, 負荷角δ[rad]が$0<\delta<\frac{\pi}{2}$ (0°<δ<90°) のとき安定となる。

(ウ) $\sin\frac{\pi}{2}=1$, $\sin\frac{\pi}{6}=\frac{1}{2}$であるため, 負荷角が$\frac{\pi}{6}$radのときのトルクは負荷角が$\frac{\pi}{2}$radのときのトルク (最大トルク) の$\frac{1}{2}$倍となる。

4 次の文章は同期電動機の位相特性曲線に関する記述である。

同期電動機の励磁電流と電機子電流には, 図のような特性があり, これをV曲線という。図の横軸は (ア) , 縦軸は (イ) であり, 電動機の場合, (ア) を大きくすると, 力率は (ウ) となる。電力系統において, 無負荷で運転する同期電動機を (エ) と呼び, 遅れから進みまで連続的に力率を調整することが可能である。

POINT 7 同期電動機の位相特性曲線(V曲線)

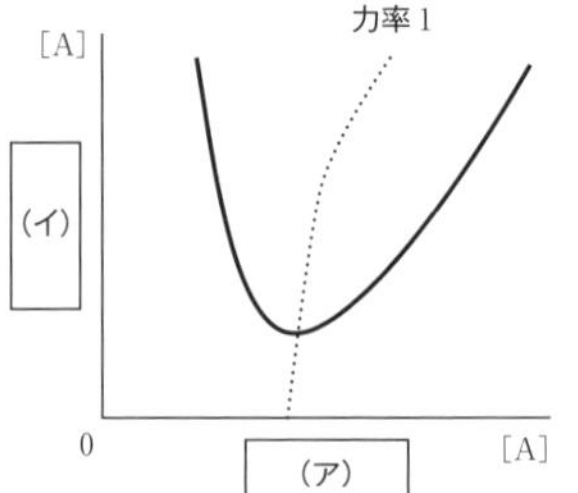

上記の記述中の空白箇所（ア），（イ），（ウ）及び（エ）に当てはまる組合せとして，正しいものを次の(1)～(5)のうちから一つ選べ。

	（ア）	（イ）	（ウ）	（エ）
(1)	界磁電流	電機子電流	進み	同期調相機
(2)	界磁電流	電機子電流	遅れ	同期調相機
(3)	界磁電流	電機子電流	遅れ	同期発電機
(4)	電機子電流	界磁電流	遅れ	同期調相機
(5)	電機子電流	界磁電流	進み	同期発電機

解答 (1)

（ア）下図のように，同期電動機には界磁電流を変化させると力率が変化する特性があり，これを位相特性曲線（V曲線）という。したがって，横軸は界磁電流となる。

同期電動機のV曲線はなぜそうなるかというよりはそういうものだと暗記してしまった方が良い。

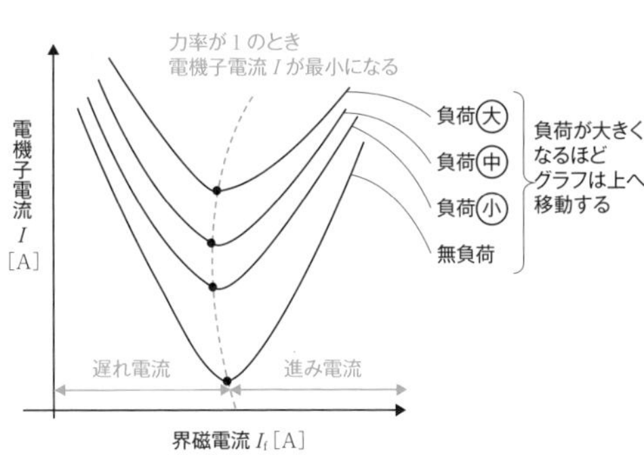

（イ）位相特性曲線より，縦軸は電機子電流となる。

（ウ）同期電動機において，界磁電流を大きくすると力率は進みとなる。

（エ）無負荷で運転する同期電動機を同期調相機といい，系統の力率調整をすることが可能となる。

応用問題

1 次の文章は三相同期電動機の始動に関する記述である。

回転界磁形の三相同期電動機は，始動時に固定子巻線に三相交流を流すと回転磁界を生じるため，トルクを発生するが，回転磁界が［（ア）］回転する毎にトルクの向きが反転するため，平均トルクが零となり，始動トルクが発生しない。

したがって，始動トルクを発生させるため，始動電動機法では磁極数が［（イ）］誘導電動機を使用し，同期速度まで回転速度を上昇させられるようにし，始動電動機の容量を抑えるために電動機を［（ウ）］始動する。

上記の記述中の空白箇所（ア），（イ）及び（ウ）に当てはまる組合せとして，正しいものを次の(1)～(5)のうちから一つ選べ。

	（ア）	（イ）	（ウ）
(1)	1	少ない	抵抗に切り替えて
(2)	0.5	少ない	無負荷にして
(3)	0.5	多い	抵抗に切り替えて
(4)	1	多い	抵抗に切り替えて
(5)	0.5	多い	無負荷にして

解答 (2)

（ア）下図の通り，三相同期電動機においては，回転磁界が0.5回転する毎にトルクの向きが逆となり，始動トルクが発生しない。したがって，何らかの形で始動トルクを与える必要がある。

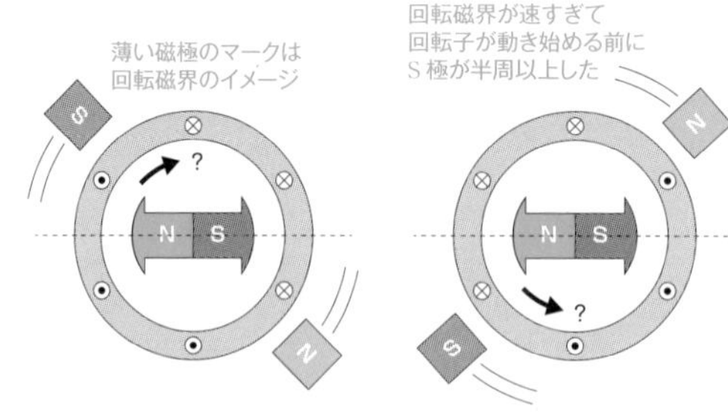

（イ）始動電動機法で誘導電動機を使用する場合，同期速度以上に回転させるため，通常磁極数が2極少ない電動機を用いて始動させる。

（ウ）始動電動機の容量を抑えるため，始動時は同期電動機を無負荷にして始動するのが一般的である。

2 制動巻線の設置目的として，正しいものを次の(1)〜(5)のうちから一つ選べ。

(1) 制動巻線は負荷変化により発生した乱調を防止するために制動トルクを発生するためのものであるが，自己始動法による始動時の始動トルクを発生させる役割も担う。

(2) 制動巻線は同期電動機を停止するために逆向きのトルクを発生させるためのものである。

(3) 制動巻線は同期電動機の回転速度が異常上昇した際に安全に停止するためのものであるが，自己始動法による始動時の始動トルクを発生させる役割も持つ。

(4) 制動巻線は力率を一定に保つために，力率が規定値からズレた際に規定値に戻す役割を持つ巻線である。

(5) 制動巻線は主として電機子反作用による電気的中性軸の移動を補正する役割を担うが，自己始動法による始動時の始動トルクを発生させる役割も持つ。

注目 制動巻線はその名称の通り，本来の目的は始動時ではなく通常運転時の動作である。

解答 (1)

(1) 正しい。制動巻線の本来の目的は負荷変化により発生した乱調を防止するために制動トルクを発生するためのものである。一方，自己始動法を採用する場合は，自己始動法による始動時の始動トルクを発生させる役割も担う。

(2) 誤り。制動巻線は同期電動機を停止するためのものではない。

(3) 誤り。制動巻線は同期電動機の回転速度が異常上昇した際に安全に停止するためのものではない。同期発電機において，回転数が異常上昇した際に安全に停止するのは，非常調速機である。

(4) 誤り。制動巻線は力率を一定に保つために，力率が規定値からズレた際に規定値に戻す役割を持つ巻線ではない。

(5) 誤り。制動巻線は主として電機子反作用による電気的中性軸の移動を補正する役割はない。電気的中性軸の移動を補正する役割があるのは，補償巻線である。

3 定格電圧440 Vの三相同期電動機を運転しているとき，次の(a)及び(b)の問に答えよ。ただし，同期リアクタンスは5 Ω，電機子巻線抵抗やその他損失は無視できるものとする。

(a) 界磁電流が30 A，電機子電流が40 Aで力率が1で運転しているとき，1相あたりの誘導起電力[V]の大きさとして，最も近いものを次の(1)〜(5)のうちから一つ選べ。

(1) 320　(2) 480　(3) 560　(4) 690　(5) 840

(b) (a)の条件において負荷角をδとしたとき，$\sin\delta$の値として，最も近いものを次の(1)〜(5)のうちから一つ選べ。

(1) 0.2　(2) 0.4　(3) 0.6　(4) 0.8　(5) 1.0

解答 (a)(1)　(b)(3)

(a) 電流$\dot{I}$を位相の基準として，問題文に沿ってベクトル図を描くと，下図のようになる。

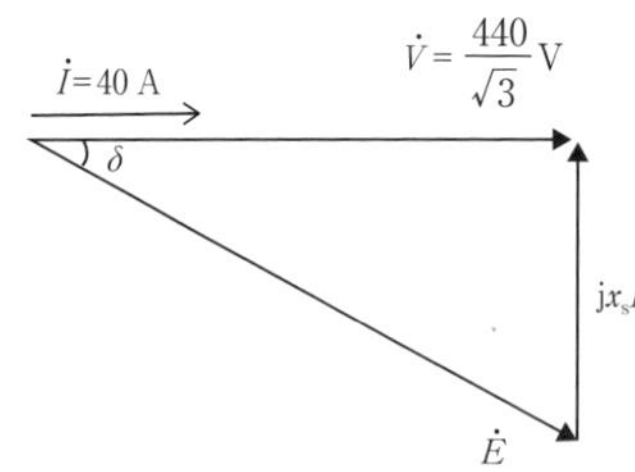

同期リアクタンス$x_s = 5\ \Omega$での電圧降下は，電機子電流$I = 40$ Aであるから，

注目 一相分等価回路はY巻線の相電圧を基本とする。逆起電力は相電圧として出題される場合がほとんどであることを理解しておくこと。

$$x_s I = 5\times40$$
$$= 200\ \text{V}$$

したがって，三平方の定理を適用すると逆起電力E[V]の大きさは，

$$E = \sqrt{V^2 + (x_s I)^2}$$
$$= \sqrt{\left(\frac{440}{\sqrt{3}}\right)^2 + 200^2}$$
$$\fallingdotseq \sqrt{64533 + 40000}$$
$$\fallingdotseq 323.32 \rightarrow 320\ \text{V}$$

(b) 同期電動機の１相分の出力P_1[W]は，

$$P_1 = EI\cos(\delta - \theta) = \frac{VE}{x_s}\sin\delta$$

問題文より力率が１なので，$\theta = 0$であるから，

$$EI\cos\delta = \frac{VE}{x_s}\sin\delta$$

ベクトル図より，$V = E\cos\delta$であるから，

$$VI = \frac{VE}{x_s}\sin\delta$$
$$I = \frac{E}{x_s}\sin\delta$$
$$\sin\delta = \frac{x_s I}{E}$$
$$= \frac{5\times40}{323.32}$$
$$\fallingdotseq 0.619 \rightarrow 0.6$$

ベクトル図を使って，
$\sin\delta = \frac{x_s I}{E}$
と求めても良い。

4 定格出力3000 kW，定格電圧6600 V，極数12，短絡比が1.25の三相同期電動機を周波数60 Hz，力率1.0で運転しているとき，次の(a)及び(b)の問に答えよ。ただし，電機子巻線抵抗は無視できるものとする。

(a) 同期リアクタンスの大きさ[Ω]として，最も近いものを次の(1)～(5)のうちから一つ選べ。

(1) 6　(2) 9　(3) 12　(4) 15　(5) 18

(b) この電動機の最大トルクの大きさ[N・m]として，最も近いものを次の(1)〜(5)のうちから一つ選べ。

(1) 44100　(2) 76400　(3) 95500
(4) 102000　(5) 132000

解答 (a)(3)　(b)(2)

(a) 力率$\cos\theta = 1$のときの同期電動機の電機子電流の定格電流I_n[A]の大きさは，定格出力P_n = 3000 kW，定格電圧V_n = 6600 Vであるから，

$$P_n = \sqrt{3} V_n I_n \cos\theta$$

$$I_n = \frac{P_n}{\sqrt{3} V_n \cos\theta} = \frac{3000 \times 1000}{\sqrt{3} \times 6600 \times 1} \fallingdotseq 262.43 \text{ A}$$

よって，三相短絡電流をI_s[A]とすると，短絡比$K_s = \frac{I_s}{I_n}$であり，同期リアクタンスx_s[Ω]は，

$$x_s = \frac{V_n}{\sqrt{3} I_s} = \frac{V_n}{\sqrt{3} K_s I_n} = \frac{6600}{\sqrt{3} \times 1.25 \times 262.43} \fallingdotseq 11.616 \rightarrow 11.6\ \Omega$$

短絡比，短絡電流の内容を忘れた場合は前章の同期発電機の内容を復習しておくこと。

(b) 同期リアクタンスx_s = 11.616Ωでの電圧降下は，電機子電流I = 262.43 Aであるから，

$$x_s I = 11.616 \times 262.43 \fallingdotseq 3048.4 \text{ V}$$

したがって，三平方の定理を適用し，逆起電力E[V]の大きさを求めると，

$$E = \sqrt{\left(\frac{V_n}{\sqrt{3}}\right)^2 + (x_s I)^2}$$

$$= \sqrt{\left(\frac{6600}{\sqrt{3}}\right)^2 + 3048.4^2}$$

$$\fallingdotseq \sqrt{14520000 + 9292700}$$

$$\fallingdotseq 4879.8\ \mathrm{V}$$

トルクの大きさT[N・m]は，

$$T = \frac{P_\mathrm{n}}{\omega_\mathrm{s}}$$

$$= \frac{60}{2\pi N_\mathrm{s}} \cdot \frac{3\left(\frac{V_\mathrm{n}}{\sqrt{3}}\right)E}{x_\mathrm{s}} \sin\delta$$

$$= \frac{p}{4\pi f} \cdot \frac{\sqrt{3}V_\mathrm{n}E}{x_\mathrm{s}} \sin\delta$$

最大トルクT_m[N・m]は$\sin\delta = 1$のときのトルクであるから，

$$T_\mathrm{m} = \frac{p}{4\pi f} \cdot \frac{\sqrt{3}V_\mathrm{n}E}{x_\mathrm{s}}$$

$$= \frac{12}{4\pi \times 60} \times \frac{\sqrt{3} \times 6600 \times 4879.8}{11.616}$$

$$\fallingdotseq 76400\ \mathrm{N \cdot m}$$

最大トルクと問題で出題されたら，$\sin\delta$=1であることと同じ意味であると理解しておくこと。

解答

CHAPTER 05

パワーエレクトロニクス

1 パワー半導体デバイスと整流回路

確認問題

1 次の文章は半導体素子に関する記述である。正しいものには○，誤っているものには×で答えよ。

(1) ダイオードはアノードとカソードの2端子素子であり，順方向であるカソードからアノードへは電流が流れるが，逆方向であるアノードからカソードへは電流は流れない。

(2) 逆阻止3端子サイリスタは4層構造で3端子からなる素子で，アノード－カソード間に順電圧をかけ，ゲート電流を流すとアノード－カソード間に電流が流れ，ゲート電流を止めるとアノード－カソード間の電流が流れなくなる素子である。

(3) サイリスタには逆阻止3端子サイリスタの他にGTOやトライアック，光トリガサイリスタ等がある。

(4) サイリスタには点弧角制御できる性質があるため，交流から直流への整流以外にも交流電圧の大きさを調整すること等も可能である。

(5) バイポーラトランジスタはコレクタ－エミッタ間に電圧をかけ，ベース電流を流すとコレクタ－エミッタ間に電流が流れる素子である。ベース電流はコレクタ電流に比べ，非常に小さいので無視することも多い。

(6) npn形バイポーラトランジスタにおいては，トランジスタがONした場合にはエミッタからコレクタに向かって順電流が流れ，トランジスタがOFFした場合には電流が流れない。

(7) MOSFETは電界効果トランジスタの一種で，ゲートに電圧を加えると動作する素子で，スイッチング作用がとても速いという特徴がある。

(8) IGBTはMOSFETとダイオードを組み合わせたような構造を持つ素子である。

(9) IGBTはMOSFETよりもさらに高速にスイッチング可

POINT 1 パワー半導体デバイス

能である。

(10) 自己消弧能力は，素子自体がオン状態からオフ状態に切り換えることができる機能であり，IGBT，MOSFET，トランジスタ等は自己消弧能力を持つが，ダイオード，逆阻止３端子サイリスタ，GTOは自己消弧能力を持たない。

解答 (1) × (2) × (3) ○ (4) ○ (5) ○
(6) × (7) ○ (8) ○ (9) × (10) ×

(1) ×。ダイオードはアノードとカソードの２端子素子であり，順方向であるアノードからカソードへは電流が流れるが，逆方向であるカソードからアノードへは電流は流れない。

D
A ——▷|—— K

(2) ×。逆阻止３端子サイリスタは４層構造で３端子からなる素子で，アノード－カソード間に順電圧をかけ，ゲート電流を流すとアノード－カソード間に電流が流れ，ゲート電流を止めても，アノード－カソード間の電流は流れ続ける。アノード－カソード間の電流をゼロにするか，逆電圧をかけるとターンオフする。

(3) ○。サイリスタには逆阻止３端子サイリスタの他にゲートの電流の向きでオンオフできるGTOや５層構造のトライアック，光信号でオンすることができる光トリガサイリスタ等がある。

(4) ○。サイリスタには点弧角制御できる性質があるため，交流から直流への整流以外にも交流電圧の大きさを調整すること等も可能である。トライアックはその性質を利用したサイリスタの一種である。

(5) ○。バイポーラトランジスタはコレクタ－エミッタ間に電圧をかけ，ベース電流を流すとコレクタ－エミッタ間に電流が流れる素子である。ベース電流の単位は通常μAであり，コレクタ電

バイポーラトランジスタのメカニズムがわからない場合は理論科目の電子理論を復習すること。

流に比べ非常に小さいので無視することも多い。

(6) ×。npn形バイポーラトランジスタにおいては，トランジスタがONした場合にはコレクタからエミッタに向かって順電流が流れ，トランジスタがOFFした場合には電流が流れない。

トランジスタの図記号の矢印が電流の向きである。

(7) ○。MOSFETは電界効果トランジスタの一種で，ゲートに電圧を加えると動作する素子で，スイッチング作用がとても速いという特徴がある。また，流れる電流の大きさをゲート電圧により調整することが可能である。

(8) ○。IGBTはMOSFETとバイポーラトランジスタを組み合わせたような構造を持つ素子であり，図記号は下のようになる。ベースに代わり，ゲートでオンオフする電圧駆動形の素子となる。

IGBTは電力用半導体デバイスの中でも最も出題されやすい素子である。よく理解しておくこと。

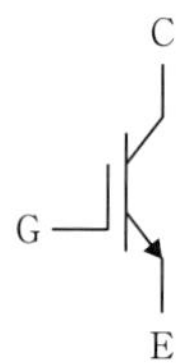

(9) ×。IGBTよりもMOSFETの方が高速にスイッチング可能である。

(10) ×。自己消弧能力は，素子自体がオン状態からオフ状態に切り換えることができる機能であり，IGBT，MOSFET，トランジスタ，GTO等は自己消弧能力を持つが，ダイオード，逆阻止3端子サイリスタは自己消弧能力を持たない。GTOはゲート電流の向きでオンオフすることが可能である。

サイリスタの中でもGTOはゲートターンオフサイリスタと呼ばれ，その名の通り，ゲートでターンオフできる素子である。

2 次の(a)～(f)の回路において，入力電圧 v [V] に正弦波（選択肢(1)のような波形）を加えたときの出力電圧 v_d [V] の波形を次の(1)～(6)の中から一つ選べ。ただし，サイリスタは正の制御角で点弧する制御をしている。

(a)

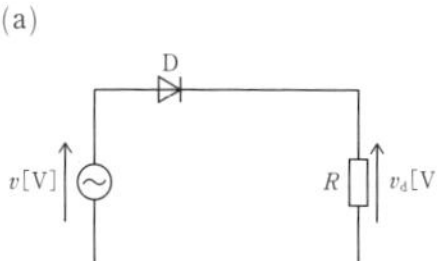

(b)

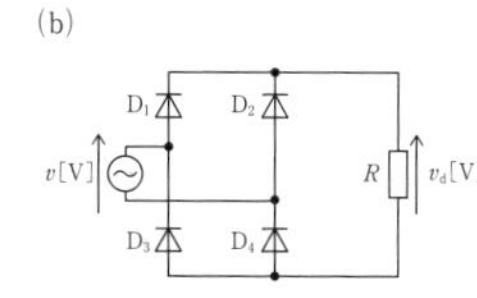

(c)

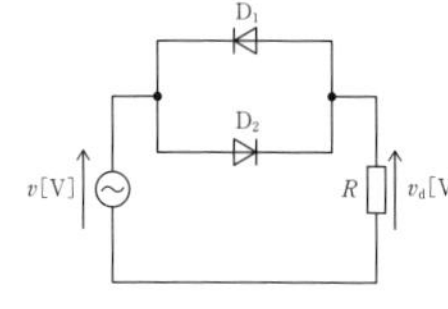

(d)

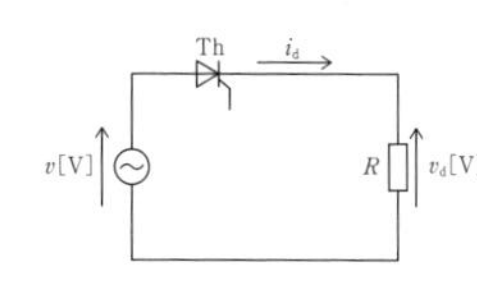

(e)

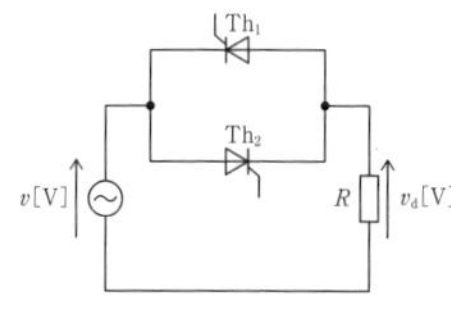

(f)

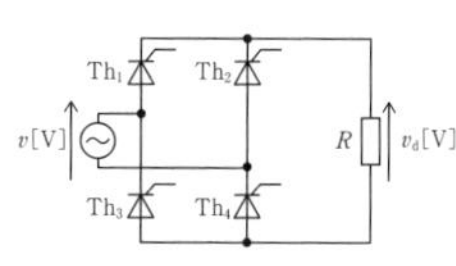

(1)

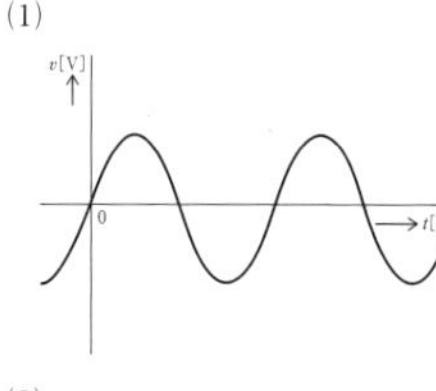

(2)

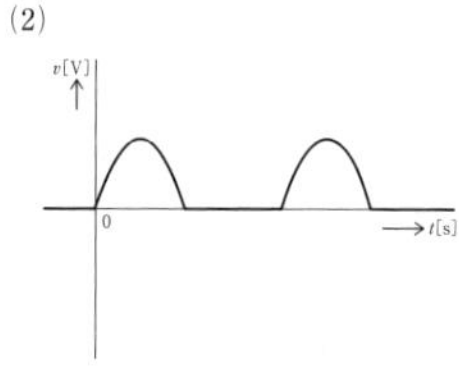

(3)

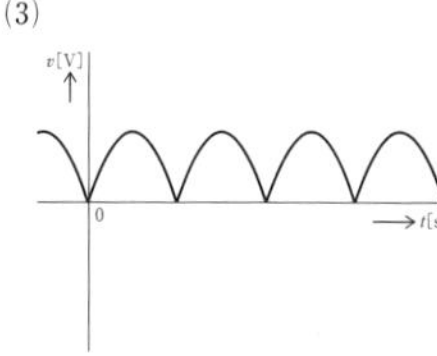

(4)

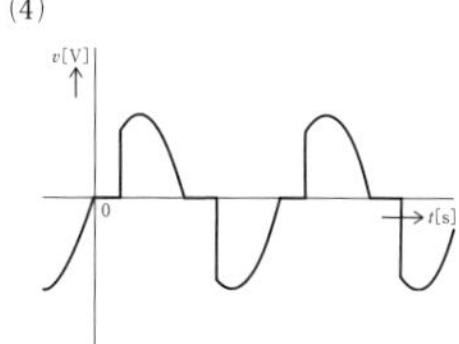

(5)

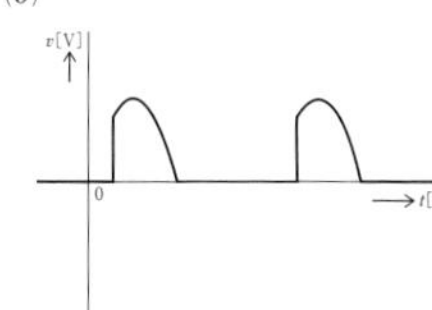

(6)

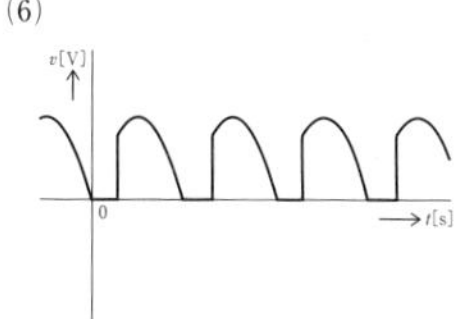

解答　(a)(2)　(b)(3)　(c)(1)　(d)(5)　(e)(4)　(f)(6)

(a)　$v>0$のときダイオードは順方向となるため，電流が流れ，$v<0$のときダイオードは逆方向となるため，電流が流れない。したがって，出力電圧は$v>0$のとき，電源電圧がかかり，$v<0$のとき，電源電圧はない。

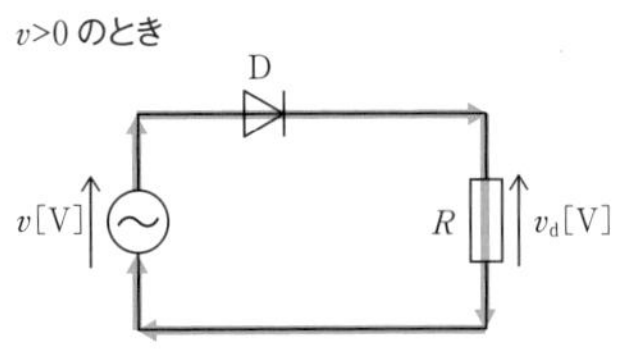

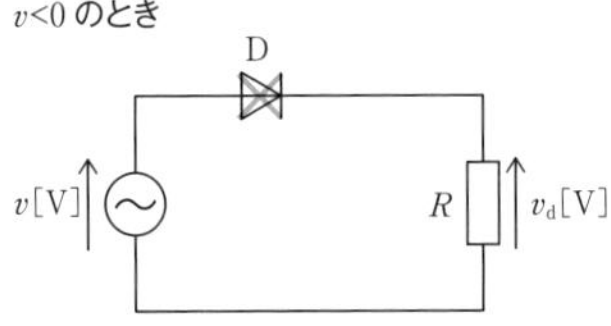

よって，波形は(2)となる。

(b)　下図の通り，$v>0$のとき，順方向となるダイオードD_1及びD_4に電流が流れ，$v<0$のとき，順方向となるダイオードD_2及びD_3に電流が流れる。抵抗に流れる電流の向きは$v>0$の場合も$v<0$の場合も同じ向きとなる。

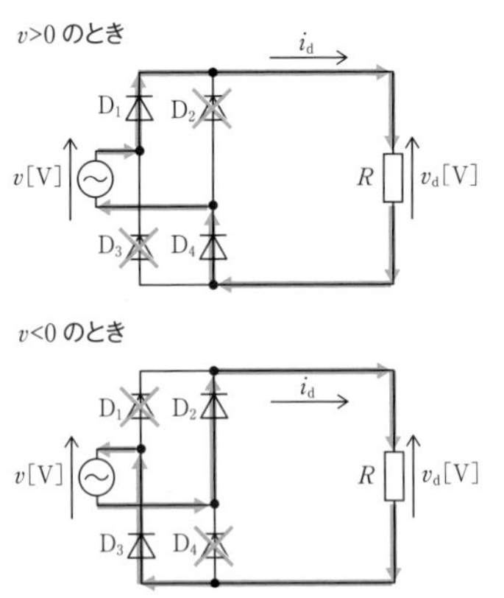

よって，波形は(3)となる。

POINT 2 整流回路

ダイオード整流を基本として，電流の流れがどうなるかイメージして解くと解きやすい。

POINT 2 整流回路

全波整流回路において，交流電圧が入れ替わっても出力電流の向きが変わらないことが重要。波形は脈流があっても向きが同じ向きなので，出力は直流となる。

(c)　下図の通り，$v>0$のとき，順方向となるダイオードD_2に電流が流れ，$v<0$のとき，順方向となるダイオードD_1に電流が流れる。したがって，交流電源電圧がそのまま出力される。

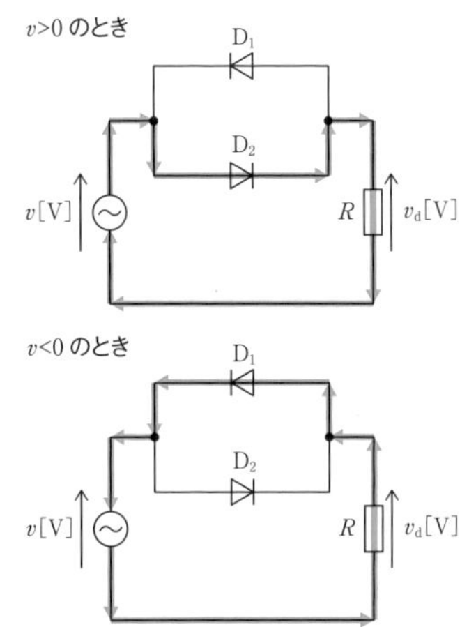

よって，波形は(1)となる。

(d)　$v>0$のときサイリスタは順方向となるため，ターンオンすると電流が流れ，$v<0$のときサイリスタは逆方向となるためターンオフし，電流が流れない。したがって，出力電圧は$v>0$のとき，制御角の後，電源電圧が現れ，$v<0$のとき，電圧はかからない。

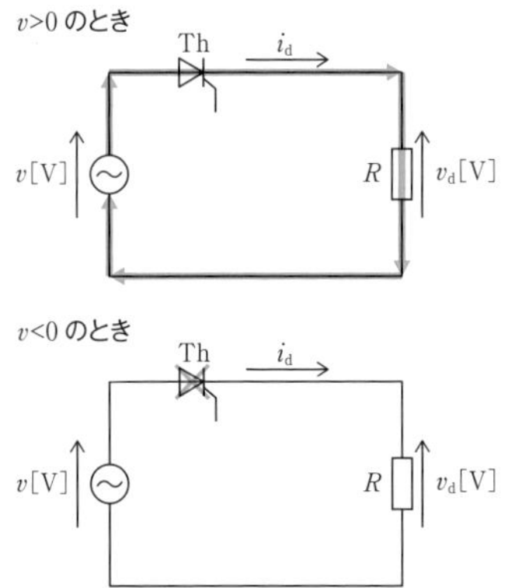

よって，波形は(5)となる。

POINT 5 交流電力調整回路

ダイオードでトライアックの回路を組んでも制御角が0 radであれば全く意味をなさず，ダイオードでの電力消費や高調波の発生等弊害が起こるのみである。

POINT 2 整流回路

サイリスタの場合でも，基本的にはダイオードと考え方は同じである。
制御角のみ考慮すれば良い。

(e) 図の通り，$v>0$ のとき，順方向となるサイリスタ Th_2 をターンオン後に電流が流れ，$v<0$ のとき，順方向となるサイリスタ Th_1 に電流が流れる。この働きは，交流電力調整装置であるトライアックのメカニズムそのものである。

POINT 5 交流電力調整回路

$v>0$ のとき

Th_1　Th_2　v[V]　R　v_d[V]

$v<0$ のとき

Th_1　Th_2　v[V]　R　v_d[V]

よって，波形は(4)となる。

(f) 図の通り，$v>0$ のとき，順方向となるサイリスタ Th_1 及び Th_4 をターンオン後に電流が流れ，$v<0$ のとき，順方向となるサイリスタ Th_2 及び Th_3 をターンオン後に電流が流れる。抵抗に流れる電流の向きは $v>0$ の場合も $v<0$ の場合も同じ向きとなる。

POINT 2 整流回路

制御角だけ，ダイオード整流よりも出力電圧は低くなる。

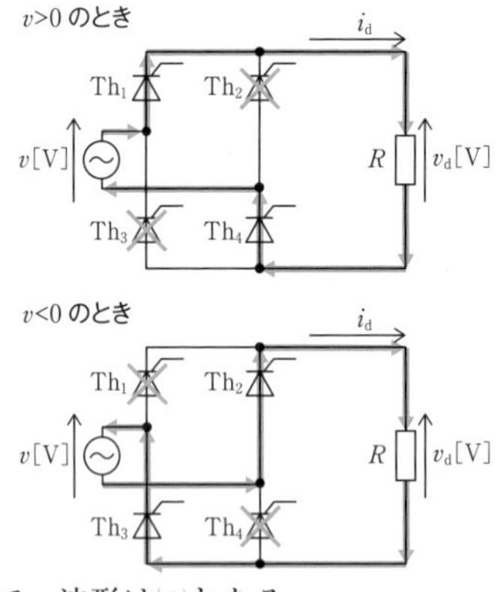

よって，波形は(6)となる。

3 次の回路の入力電圧 v[V] の実効値が V[V] であるとき，出力電圧 v_d[V] の平均値 V_d[V] の値を求めよ。ただし，サイリスタの制御角は α[rad] として，パワーエレクトロニクス素子の電圧降下は無視するものとする。

(a) (b)

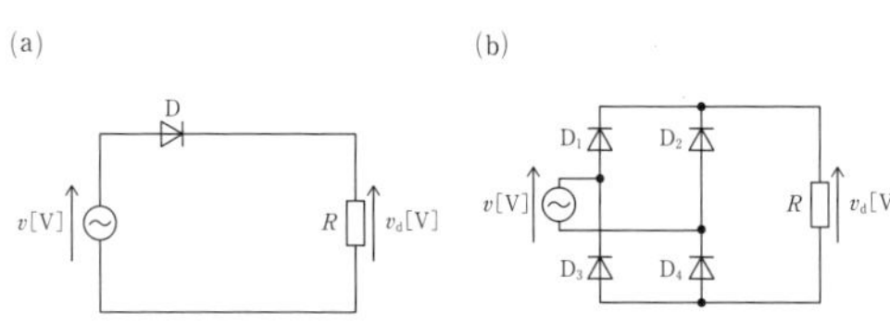

(c) (d)

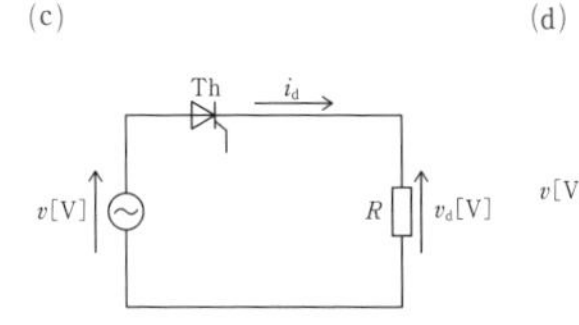

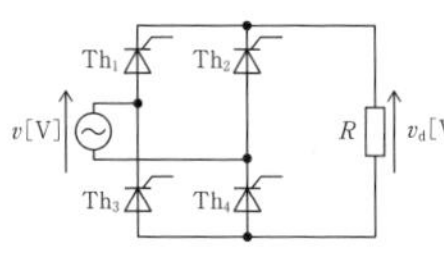

解答 (a) $V_d=\dfrac{\sqrt{2}}{\pi}V$ または $V_d\fallingdotseq 0.45V$

(b) $V_d=\dfrac{2\sqrt{2}}{\pi}V$ または $V_d\fallingdotseq 0.9V$

(c) $V_d=\dfrac{\sqrt{2}}{\pi}V\dfrac{1+\cos\alpha}{2}$ または $V_d\fallingdotseq 0.45V\dfrac{1+\cos\alpha}{2}$

(d) $V_d=\dfrac{2\sqrt{2}}{\pi}V\dfrac{1+\cos\alpha}{2}$ または $V_d\fallingdotseq 0.9V\dfrac{1+\cos\alpha}{2}$

(a) 図はダイオードによる単相半波整流回路なので，

$$V_d=\frac{\sqrt{2}}{\pi}V\fallingdotseq 0.45V$$

(b) 図はダイオードによる単相全波整流回路なので，

$$V_d=\frac{2\sqrt{2}}{\pi}V\fallingdotseq 0.9V$$

(c) 図はサイリスタによる単相半波整流回路なので，

$$V_d=\frac{\sqrt{2}}{\pi}V\frac{1+\cos\alpha}{2}\fallingdotseq 0.45V\frac{1+\cos\alpha}{2}$$

(d) 図はサイリスタによる単相全波整流回路なので，

$$V_d=\frac{2\sqrt{2}}{\pi}V\frac{1+\cos\alpha}{2}\fallingdotseq 0.9V\frac{1+\cos\alpha}{2}$$

POINT 2 整流回路

電圧値の導出は積分計算をともなうので，電験三種においては暗記するしかない。

平均値が最大値の $\dfrac{2}{\pi}$ 倍，実効値が最大値の $\dfrac{1}{\sqrt{2}}$ 倍であることを知っていれば，ダイオード全波整流回路が

$$\frac{平均値}{実効値}=\frac{\frac{2}{\pi}}{\frac{1}{\sqrt{2}}}=\frac{2\sqrt{2}}{\pi}$$

であることが導かれる。

4 次の(a)及び(b)の回路はサイリスタ整流回路に誘導性負荷を接続した回路である。(a)及び(b)の出力電圧 v_d [V] の波形を(1)～(3)から，出力電流 i_d [A] の波形を(4)～(6)から一つ選べ。ただし，各図の点線は入力電圧 v [V] の波形であり，パワーエレクトロニクス素子の電圧降下は無視するものとする。

POINT 3 還流ダイオード（フリーホイーリングダイオード）

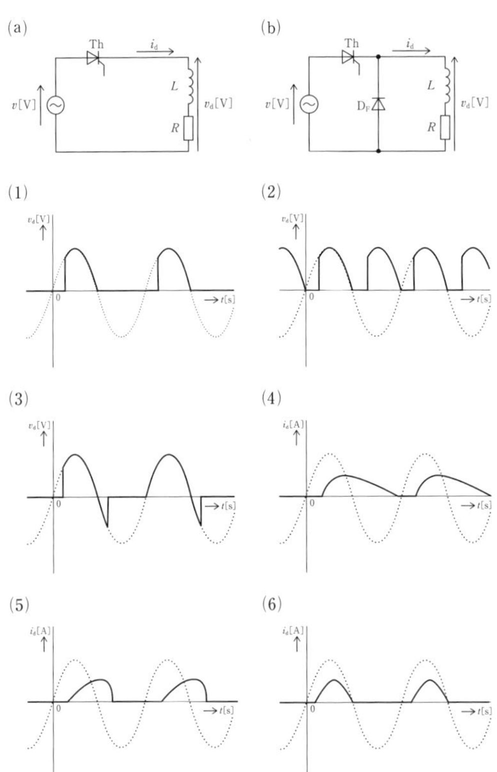

解答 (a) 出力電圧(3)，出力電流(5)

(b) 出力電圧(1)，出力電流(4)

(a) 定性的なメカニズムは以下の通り。

① 電源から正の電圧が加わると，制御角の後サイリスタがターンオンし，正の電流が流れる。

本問の(a)及び(b)の違いにより，還流ダイオードがあるなしで電圧電流波形がどう違うのかよく理解しておく。
暗記するのではなく，電流の流れを考えることが重要。

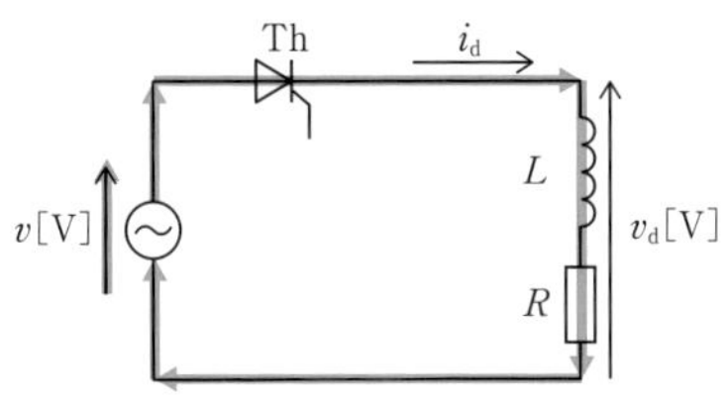

② リアクトルがあるため，電流の値は抵抗単独の場合よりも緩やかに上昇する。

③ 逆電圧が加わっても，リアクトルに蓄えられたエネルギーがあるため暫くの間はi_dは流れ続ける。

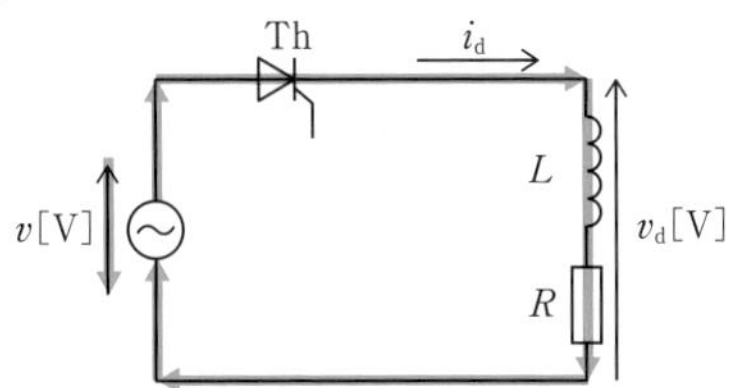

④ リアクトルのエネルギーがなくなると電流が流れなくなり，サイリスタがターンオフする。

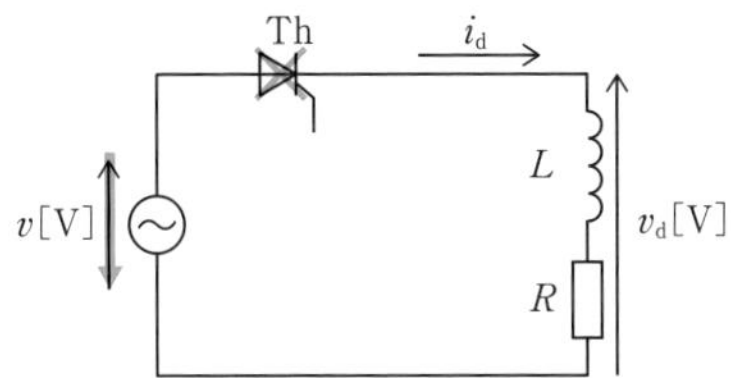

⑤ 出力電圧はサイリスタがONの間に発生する。

以上より，出力電圧が(3)，出力電流が(5)となる。

(b) 定性的なメカニズムは以下の通り。

① 電源から正の電圧が加わると，制御角αの後サイリスタがターンオンし，負荷側に正の電流が流れ，還流ダイオードには逆方向なので電流は流れない。

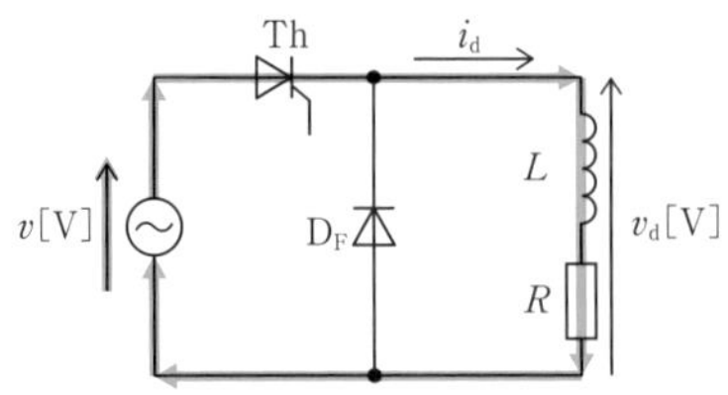

② リアクトルがあるため，電流の値は抵抗単独の場合よりも緩やかに上昇する。

③ 逆電圧が加わっても，リアクトルに蓄えられたエネルギーがあるため暫くの間は電流は流れ続ける。電流は逆電圧のかかっていない還流ダイオードを流れる。サイリスタは順方向の電流が流れなくなるのでターンオフする。逆電圧が加わらない分，(a)の場合よりも長い時間電流が流れ続ける。

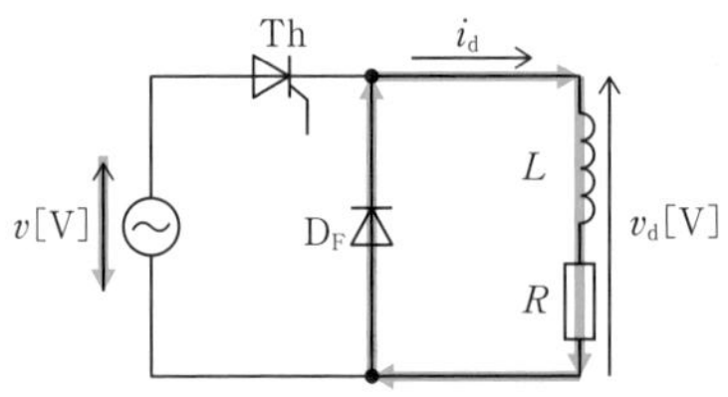

④ 出力電圧はサイリスタがONの間に加わる。
以上より，出力電圧が(1)，出力電流が(4)となる。

5 図の(a)はダイオード整流回路，(b)は平滑リアクトルL及び平滑コンデンサCを挿入した整流回路である。(a)及び(b)の出力電圧v_d[V]の波形を(1)～(5)から一つ選べ。ただし，各図の点線は入力電圧v[V]の波形であり，パワーエレクトロニクス素子の電圧降下は無視するものとする。

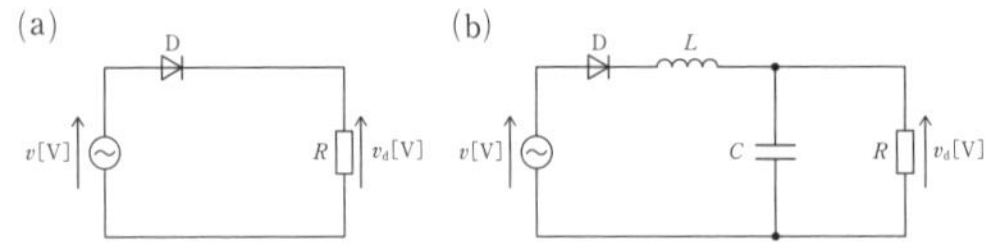

POINT 4 平滑回路

注目 出力電圧の違いにより平滑回路の効果を理解すること。
(b)の方がより，一定の直流に近い波形となることが分かる。

(1)

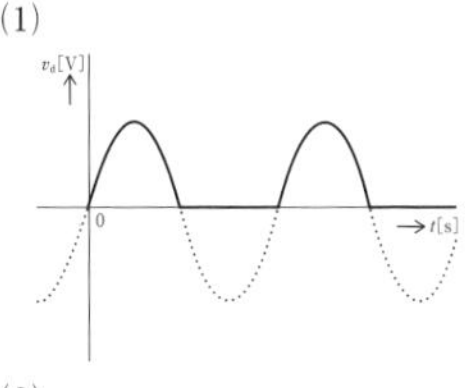

(2)

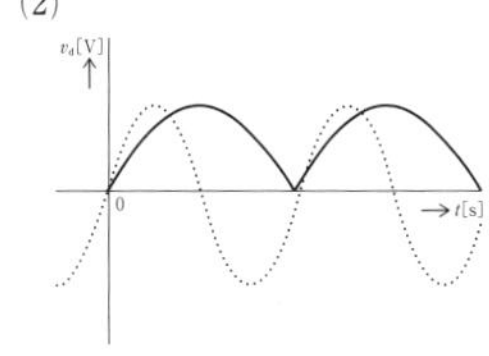

(3)

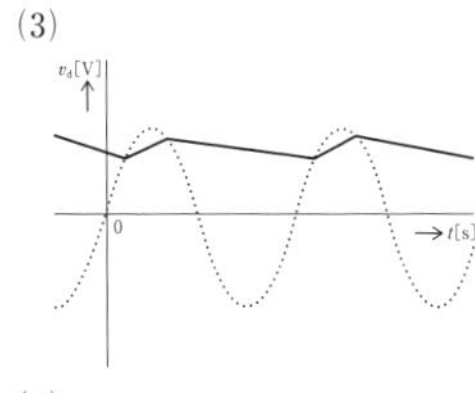

(4)

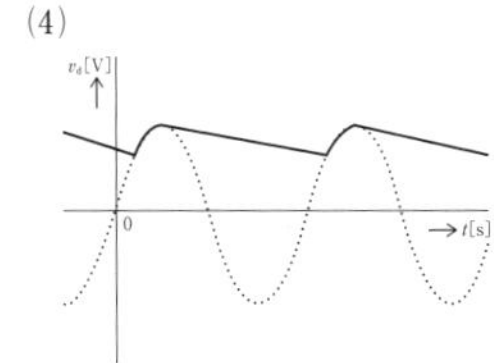

(5)

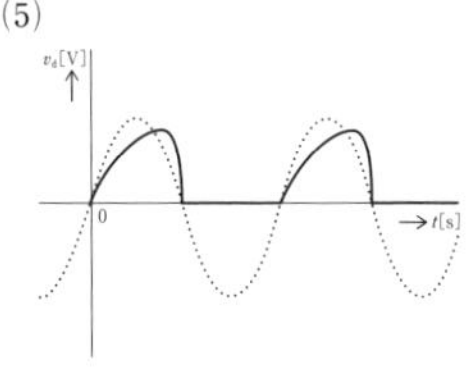

解 答 (a) (1)　(b) (4)

(a)　回路図はダイオードによる単相半波整流回路である。$v>0$のときダイオードは順方向となるため，電流が流れ，$v<0$のときダイオードは逆方向となるため，電流が流れない。したがって，出力電圧には$v>0$のとき，電源電圧がかかり，$v<0$のとき，電流電圧がない(1)となる。

$v>0$ のとき

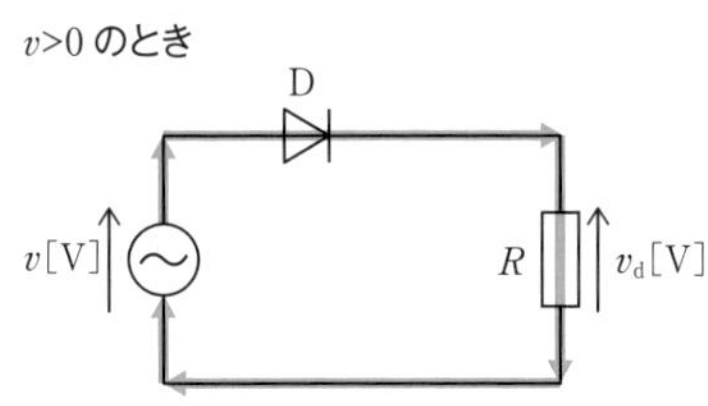

$v<0$ のとき

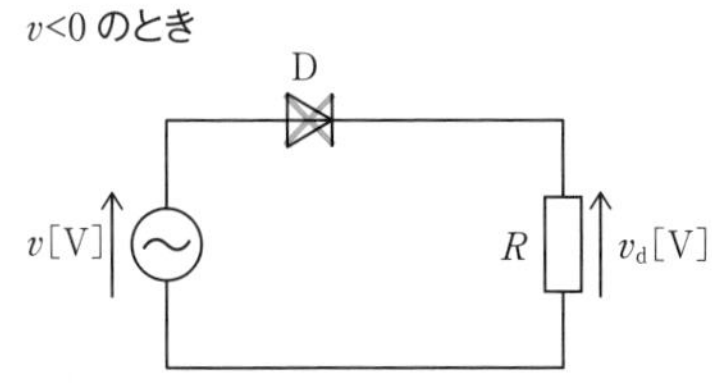

(b)　回路図はダイオードによる単相半波整流回路に平滑リアクトル及び平滑コンデンサが組み合わされた平滑回路である。

$v>0$のときダイオードは順方向となるため電流が流れ，抵抗に電流が流れると同時に，コンデンサに電荷が蓄えられる。

その後，$v<0$になっても平滑リアクトルにより電流の流れが継続され，平滑コンデンサより電荷が加えられることで電圧も下がりにくい状態となる。

その後$v>0$になり，再びコンデンサに電荷が蓄えられ，以後それを繰り返す。したがって，出力電圧は(4)となる。

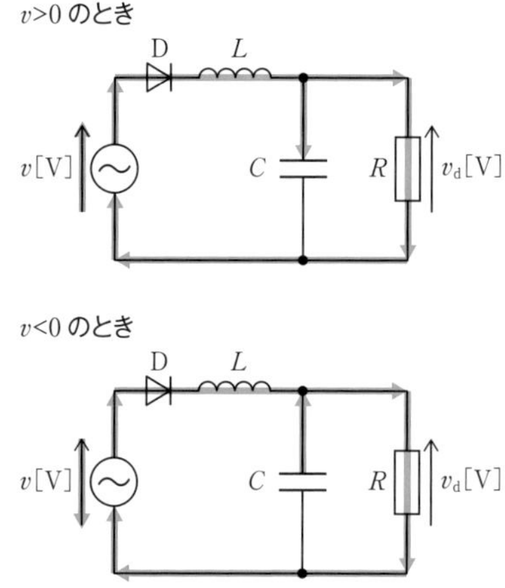

基本問題

1 電力変換装置に用いられるパワー半導体デバイスに関する記述として，誤っているものを次の(1)〜(5)のうちから一つ選べ。

(1) 整流ダイオードは，p形半導体とn形半導体をpn接合したもので，p形半導体の端子に正の電圧，n形半導体の端子に負の電圧をかけると導通する素子である。

(2) パワートランジスタは，ゲートでオンオフすることが可能な自己消弧能力を持つ素子である。

(3) 逆阻止3端子サイリスタはゲートでオフすることができないが，GTOはゲートでオフすることができる。

(4) パワーMOSFETは電子又は正孔の1種類のキャリヤで動作するので，ユニポーラトランジスタと呼ばれる。

(5) IGBTはMOSFETとバイポーラトランジスタを組み合わせた自己消弧形素子である。

POINT 1 パワー半導体デバイス

解答 (2)

(1) 正しい。整流ダイオードは，図のようにp形半導体とn形半導体をpn接合したもので，p形半導体の端子に正の電圧，n形半導体の端子に負の電圧をかけると導通する素子である。

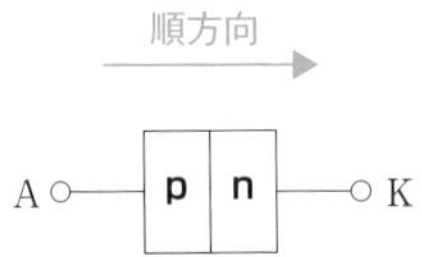

(2) 誤り。パワートランジスタは，ベースに流すベース電流でオンオフすることが可能で，ベース電流が流れている間はオンし，ベース電流が流れないとオフする自己消弧能力を持つ素子である。

電験で出題される素子ではバイポーラトランジスタのみベースとなる。

(3) 正しい。逆阻止3端子サイリスタは，一度アノード−カソード間に電流が流れるとゲート電圧をゼロにしても流れ続けオフすることができないが，GTOはゲートに逆電圧をかけることでオフすることができる。

(4) 正しい。パワーMOSFETは電子又は正孔の1種類のキャリヤで動作する。一方，バイポーラトランジスタは両方のキャリヤが導通に作用するので，パワーMOSFETはバイポーラトランジスタと比較して，ユニポーラトランジスタと呼ばれることがある。

(5) 正しい。IGBTはMOSFETとバイポーラトランジスタを組み合わせた自己消弧形素子である。

2 図のような単相全波整流回路に関する記述として，誤っているものを次の(1)～(5)のうちから一つ選べ。

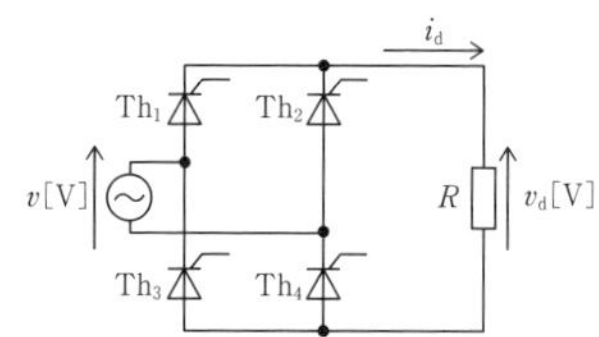

(1) i_dは0以上である。

(2) v_dは0以上である。

(3) サイリスタの制御角αを大きくすると，平均出力電圧は小さくなる。

(4) 制御角が零のとき，出力電圧の平均値は入力電圧の実効値と等しい。

(5) 同じ制御角αであれば，電圧，電流とも単相半波整流回路の2倍の大きさとなる。

POINT 2 整流回路

注目 出力電圧の平均値は覚える必要があるが，波形は電流の流れをイメージしながら考えると良い。

解答 (4)

問題の回路図はサイリスタを用いた単相全波整流回路であり，その出力波形は図のようになり，直流電圧の平均値V_d[V]は交流電圧の実効値V[V]を用いて，以下の式で表される。

$$V_d = \frac{2\sqrt{2}}{\pi} V \frac{1+\cos\alpha}{2} \fallingdotseq 0.9V \frac{1+\cos\alpha}{2}$$

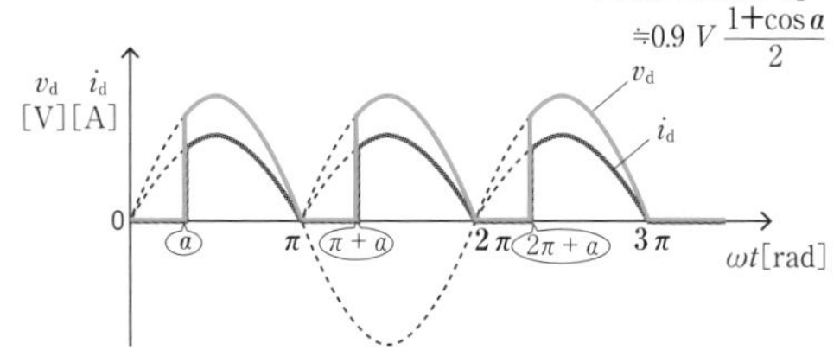

(1) 正しい。出力波形の通り，直流電流 i_d はつねに0以上である。

(2) 正しい。出力波形の通り，直流電圧 v_d はつねに0以上である。

(3) 正しい。制御角 α が大きくなると，電圧がオンの時間が減少するため，出力電圧の平均値は小さくなる。

(4) 誤り。制御角 $\alpha=0$ が零のとき，出力電圧 V_d は，

$$V_d \fallingdotseq 0.9V\frac{1+\cos\alpha}{2}$$
$$=0.9V\frac{1+\cos 0}{2}$$
$$=0.9V$$

となり，入力電圧よりも平均値は小さくなる。

(5) 正しい。同じ制御角 α であれば，電圧，電流とも負の入力が正で出力される分，単相半波整流回路の2倍となる。

3 次の回路の入力電圧 v[V] の実効値が V[V] であるとき，出力電圧 v_d[V] の平均値 V_d[V] の値として最も近いものを次の(1)～(5)のうちから一つ選べ。ただし，サイリスタの制御遅れ角は α[rad] とする。

POINT 2 整流回路

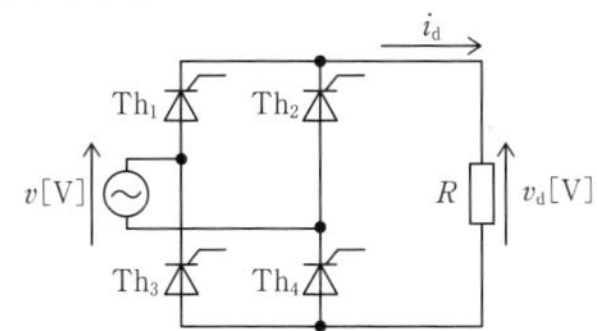

(1) $0.45V\dfrac{1+\sin\alpha}{2}$　(2) $0.45V\dfrac{1+\cos\alpha}{2}$

(3)　$0.9V\dfrac{1+\sin\alpha}{2}$　　(4)　$0.9V\dfrac{1+\cos\alpha}{2}$

(5)　$0.9V\dfrac{1+\tan\alpha}{2}$

解答　(4)

問題図はサイリスタを用いた単相全波整流回路である。したがって，出力電圧 V_d [V] は，

$$V_d \fallingdotseq 0.9V\frac{1+\cos\alpha}{2}$$

となる。

4　ある電力変換装置に入力電圧 v [V] の正弦波交流を加えたところ，図のような出力電圧の波形 v_d [V] が得られた。このとき，電力変換装置の回路図として，正しいものを次の(1)～(5)のうちから一つ選べ。ただし，平滑リアクトル及び平滑コンデンサは理想的であるとし，グラフの点線は交流電源の入力電圧の波形を表す。

POINT 4　平滑回路

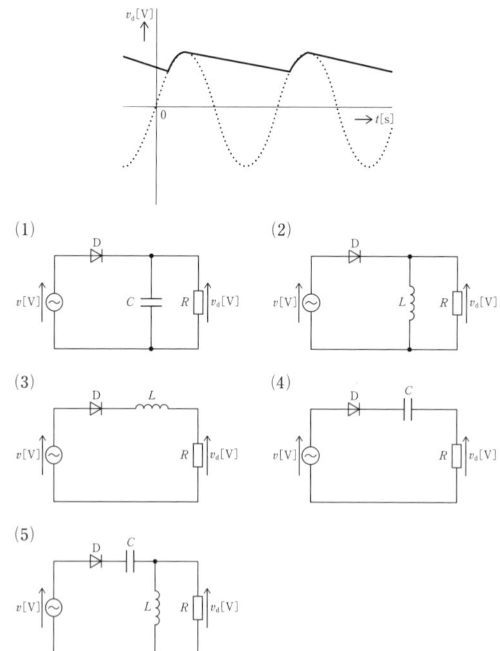

解答 (1)

問題のグラフより，回路は平滑回路であることがわかる。平滑回路において，平滑リアクトルは負荷に対し直列に，平滑コンデンサは並列に接続する必要がある。この条件により(2)，(4)，(5)は除外される。

平滑リアクトルのみである場合，電圧はリアクトルLと抵抗Rで分圧されるため，電圧は電源電圧まで上昇せず，下図のような波形となる。

したがって，(3)は誤り。

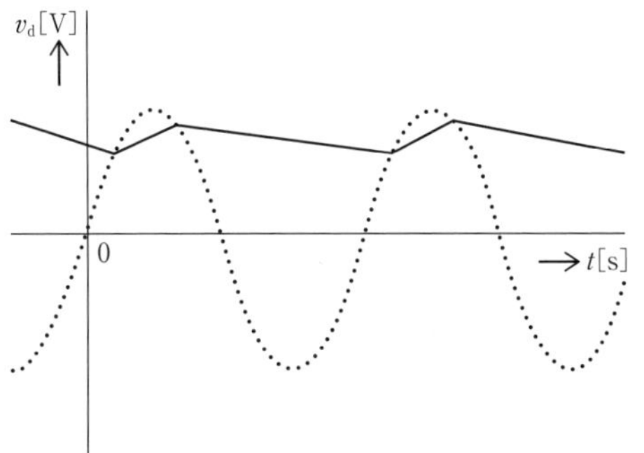

平滑コンデンサのみである場合，入力電圧がv<0になると，コンデンサから電荷が供給される。題意より，平滑コンデンサは理想的であるから，その容量は十分に大きく，電荷は供給され続ける。

したがって，正しいものは(1)となる。

リアクトルのみの電圧波形も重要な内容となる。
平滑リアクトルの容量が非常に大きい場合は出力の波形は一定となる。

応用問題

1 電力用半導体素子に関する記述として，誤っているものを次の(1)〜(5)のうちから一つ選べ。

(1) 逆阻止３端子サイリスタはpnpnの４層構造からなり，アノード，カソード，ゲートの端子を持つ３端子素子である。アノードからカソードに向かい順方向の電流が流れる。アノードはｐ形半導体，カソードはｎ形半導体，ゲートはｐ形半導体に端子を取り付ける。

(2) GTOは自己消弧能力を持たない逆阻止３端子サイリスタの特性を考慮し，正の電流が流れた場合にターンオン，負の電流が流れた場合にターンオフできるようにした素子で，自己消弧能力を持つ。

(3) 光トリガサイリスタは逆阻止３端子サイリスタのゲート電流を流す代わりに，光の照射によりオンオフすることを可能としたサイリスタであり，端子は２端子となる。ゲート回路の絶縁が可能であることから，直流送電等の用途に用いられる。

(4) トライアックはnpnpn５層構造の素子であり，サイリスタを２個逆向きに接続したような働きをする素子である。アノードカソード間を双方向に電流を流すことが可能で，交流の電力調整回路として用いられる。

(5) IGBTはバイポーラトランジスタのベースにMOSFETを組み合わせた素子で，MOSFETの特性により高速動作が可能であり，バイポーラトランジスタの特性により大電力のスイッチングが可能となる。さらに自己消弧能力を持つため，現在のトランジスタの主流の素子となっている。

注目 ゲートがp形半導体であることが忘れやすいので注意すること。

解答 (3)

(1) 正しい。逆阻止３端子サイリスタはpnpnの４層構造からなり，アノード，カソード，ゲートの端子を持つ３端子素子である。アノードからカソードに向かい順方向の電流が流れる。アノードはｐ形半導体，カソードはｎ形半導体，ゲートはｐ形半導体に端子を取り付ける。

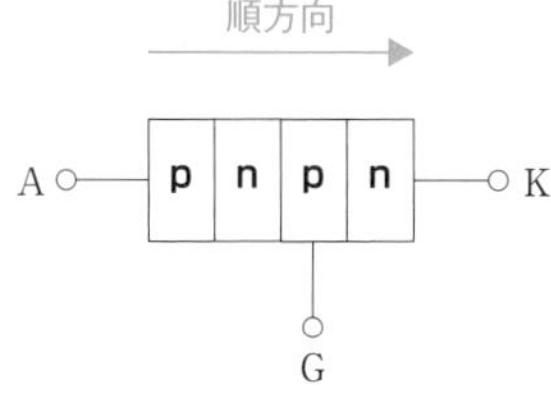

(2) 正しい。GTOは自己消弧能力を持たない逆阻止3端子サイリスタの特性を考慮し，正の電流が流れた場合にターンオン，負の電流が流れた場合にターンオフできるようにした素子で，ゲート電流でターンオフできるので，自己消弧能力を持つ。

サイリスタでターンオフできるのはGTOのみである。

(3) 誤り。光トリガサイリスタは逆阻止3端子サイリスタのゲート電流を流す代わりに，光の照射によりオンすることを可能としたサイリスタであり，端子は2端子となる。ゲート回路の絶縁が可能であることから，直流送電等の用途に用いられる。ターンオンすることはできるがターンオフすることはできない。

(4) 正しい。トライアックはnpnpn 5層構造の素子であり，サイリスタを2個逆向きに接続したような働きをする素子である。アノードカソード間を双方向に電流を流すことが可能で，交流の電力調整回路として用いられる。

注目 (4)の説明の内容は非常に重要な内容であるので理解しておく。

(5) 正しい。IGBTはバイポーラトランジスタのベースにMOSFETを組み合わせた素子で，MOSFETの特性により高速動作が可能であり，バイポーラトランジスタの特性により大電力のスイッチングが可能となる。さらに自己消弧能力を持つため，現在のトランジスタの主流の素子となっている。

2 絶縁ゲートバイポーラトランジスタ（IGBT）に関する記述として，誤っているものを次の(1)～(5)のうちから一つ選べ。

(1) MOSFETのゲートとバイポーラトランジスタのコレクタ及びエミッタ端子を持つ３端子構造である。

(2) スイッチング動作はMOSFETに劣る。

(3) 適用可能な容量はMOSFETより大きい。

(4) 自己消弧能力を持つ。

(5) 電流制御形素子である。

注目 専門書ではかなり詳しく記載してあるのもあるが，電験では細かな構造は出題されない。MOSFETとバイポーラトランジスタの組合せであることを理解しておけば良い。

解答 (5)

(1) 正しい。IGBTの図記号は下図のようになり，MOSFETのゲートとバイポーラトランジスタのコレクタ及びエミッタ端子を持つ３端子構造を持つ素子である。

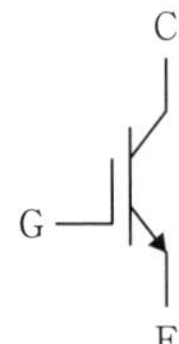

(2) 正しい。IGBTはMOSFETとバイポーラトランジスタの中間的な性質を持つ素子であり，スイッチング動作はバイポーラトランジスタより速いが，MOSFETには劣る。

(3) 正しい。IGBTはMOSFETよりも適用可能な容量は大きい。

(4) 正しい。IGBTはゲート電圧でオンオフ動作することが可能な自己消弧能力を持つ素子である。

(5) 誤り。IGBTはゲート電圧で制御する電圧制御形の素子である。

3 図のような制御角α[rad]のサイリスタを用いた単相全波整流回路について，負荷が抵抗負荷であるとき，出力電圧の波形は［（ア）］となり，出力電圧V_d[V]は入力電圧V[V]とすると，V_d＝［（イ）］[V]となる。負荷が誘導性負荷である場合，出力電流の波形は［（ウ）］となり，出力電圧V_d[V]は入力電圧V[V]とすると，V_d＝［（エ）］[V]となる。なお，各グラフの点線は交流電源の入力電圧の波形を表す。

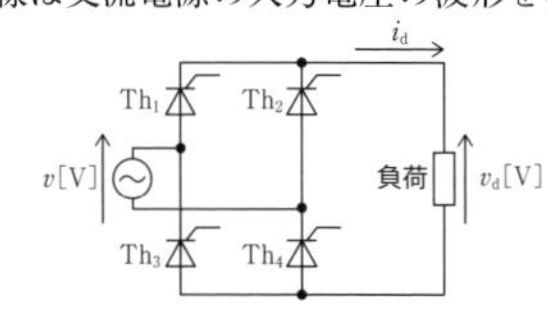

(a)

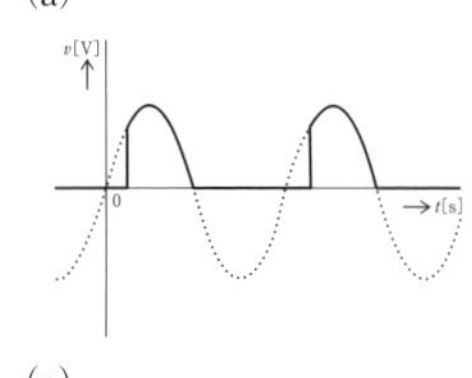

(b)

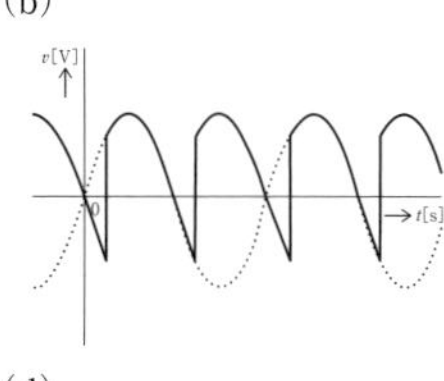

(c)

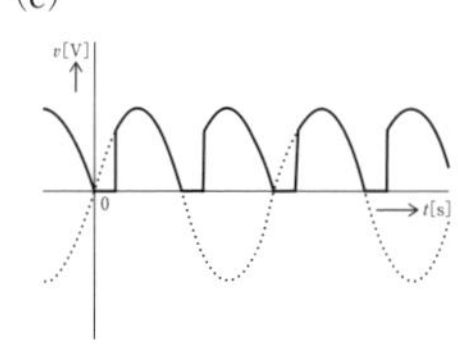

(d)

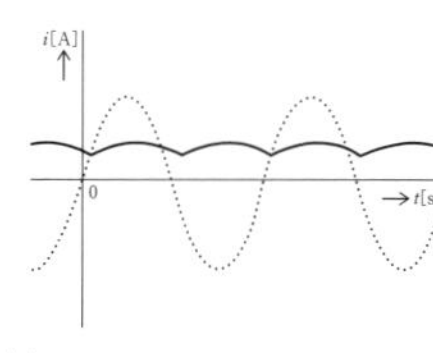

(e)

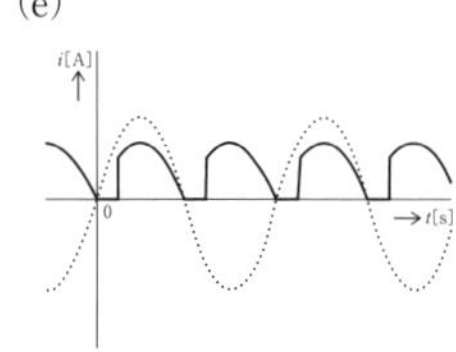

(f)

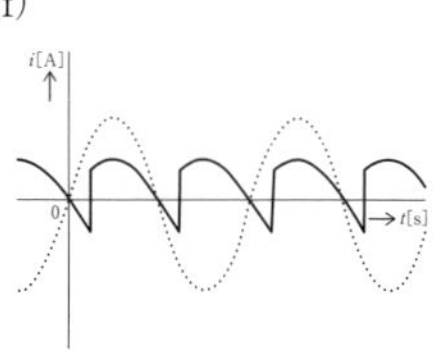

上記の記述中の空白箇所（ア），（イ），（ウ）及び（エ）に当てはまる組合せとして，正しいものを次の(1)～(5)のうちから一つ選べ。

	（ア）	（イ）	（ウ）	（エ）
(1)	c	$0.45V(1+\cos\alpha)$	d	$0.9V\cos\alpha$
(2)	c	$0.9V(1+\cos\alpha)$	d	$0.45V\cos\alpha$
(3)	b	$0.9V(1+\cos\alpha)$	e	$0.9V\cos\alpha$
(4)	b	$0.45V(1+\cos\alpha)$	f	$0.45V\cos\alpha$
(5)	a	$0.9V(1+\cos\alpha)$	f	$0.9V\cos\alpha$

解答 (1)

（ア）負荷が抵抗負荷であるとき，v>0のとき，順方向となるサイリスタTh_1及びTh_4が制御角の後に電流が流れ，v<0のとき，順方向となるサイリスタTh_2及びTh_3が制御角の後に電流が流れる。抵抗に流れる電流の向きはv>0の場合もv<0の場合も同じ向きとなる。したがって，電圧波形は(c)となる。(電流波形は(e))

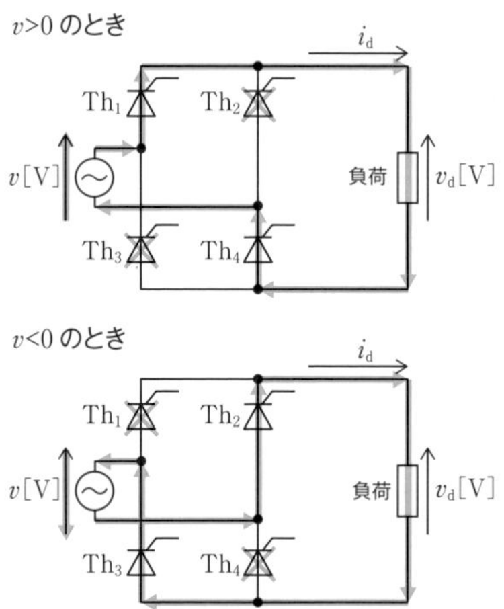

（イ）単相全波整流回路の出力電圧 V_d [V] は，

$$V_d \fallingdotseq 0.9V\frac{1+\cos\alpha}{2}$$

$$= 0.45V(1+\cos\alpha)$$

0.90V(1+cosα)は引っ掛けの選択肢となっている。0.90だけでなく，数式をきちんと理解しておくこと。

（ウ）負荷が誘導性負荷の場合，リアクトルの影響により，電流の上昇及び低下が抵抗負荷の場合よりも遅れる。したがって，電流波形は図(d)のようになる。(電圧波形は(b))

（エ）誘導性負荷での単相全波整流回路の出力電圧 V_d [V] は，

$$V_d \fallingdotseq 0.9V\cos\alpha$$

誘導性負荷の単相全波整流回路の出力電圧V_d[V]も式が似ているので余裕があれば覚えておく。

4 図のようなサイリスタを用いた単相全波整流回路について，正弦波交流v[V]を入力する。入力電流i[A]の波形として，最も近いものを次の(1)～(5)のうちから一つ選べ。ただし，平滑リアクトルのインダクタンスは非常に大きいとし，サイリスタの制御角はα[rad]とする。なお，各グラフの点線は交流電源の入力電圧の波形を表す。

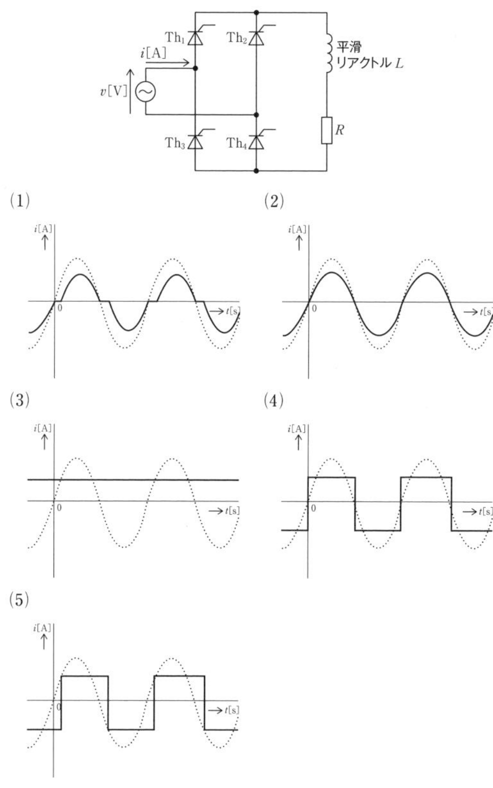

解答 (5)

$v>0$のとき，順方向となるサイリスタTh_1及びTh_4が制御角α[rad]の後にオンとなり電流が流れ，$v<0$のとき，順方向となるサイリスタTh_2及びTh_3が制御角α[rad]の後にオンとなり電流が流れる。

したがって，入力電流i[A]は制御遅れ角α[rad]のタイミングで向きが変わる。また，平滑リアクトルのインダクタンスは非常に大きいため，出力電流

注目 本問の場合，まずはサイリスタをダイオードに置き換えて電流の流れを考えるとわかりやすい。サイリスタはダイオードから制御遅れ角を合わせたものに過ぎないので，分けて考えると正答が導き出せることが多い。

はほぼ一定となる。

以上から，入力電流i[A]の波形はα[rad]のタイミングで切り替わり，方形波のような形となる。

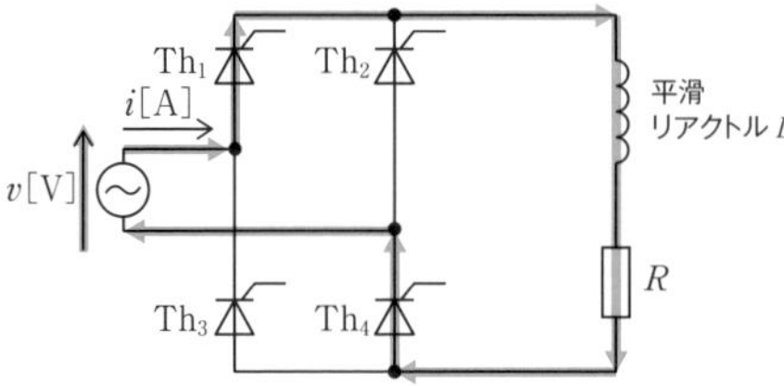

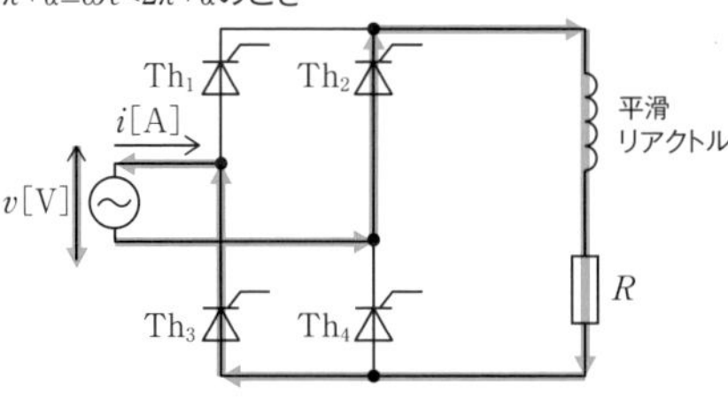

5 図のようなサイリスタを用いた交流電力調整回路に関し，サイリスタの電圧v_{th}[V]の波形として，最も近いものを次の(1)～(5)のうちから一つ選べ。ただし，各図の点線は入力電圧v[V]であり，サイリスタの制御角はα[rad]とする。

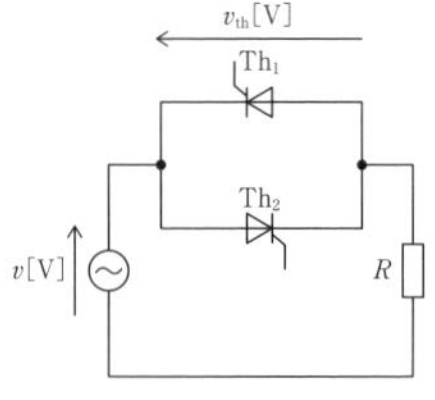

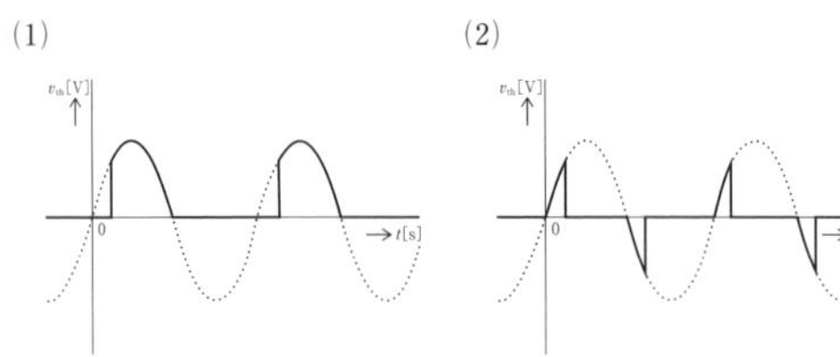

注目 電験三種においては，素子の電圧降下は考えないことがほとんどである。したがって，導通する場合は素子の電圧は零となる。

(3)

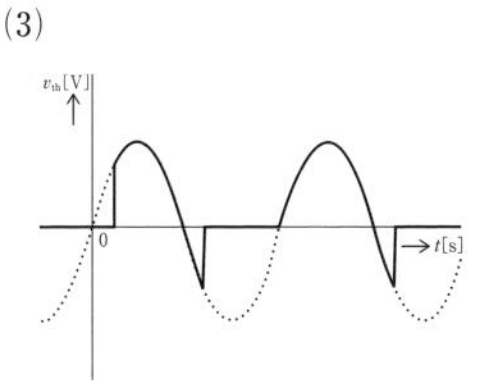

(4)

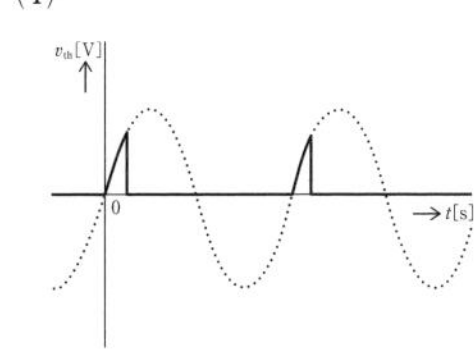

(5)

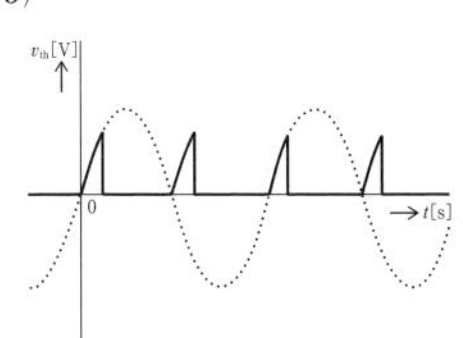

解答 (2)

サイリスタは導通すると電圧降下はほぼ零となるため，導通していないときに電圧がかかる。

本問のトライアックは制御角α[rad]であるから，0 radからα[rad]までは電源の電圧がかかり，それ以降は電圧が零となる。したがって，波形は(2)のような波形となる。

確認問題

1 次の図は直流チョッパの回路図である。それぞれのチョッパは降圧チョッパ，昇圧チョッパ，昇降圧チョッパのいずれか。また，各チョッパの出力電圧 V_d[V] を入力電圧 E[V]，オン期間 T_{on}[s] 及びオフ期間 T_{off}[s] を用いて答えよ。

(1)

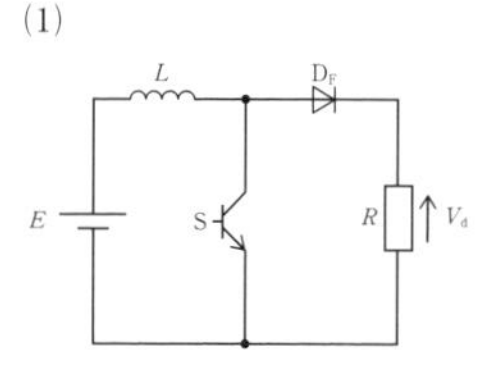

(2)

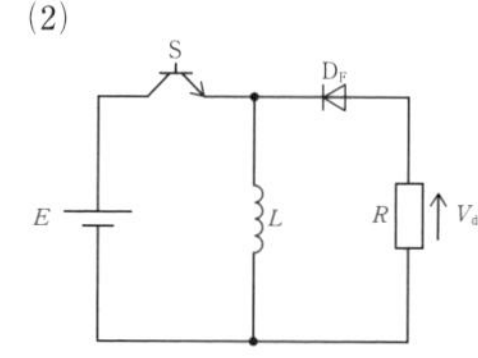

(3)

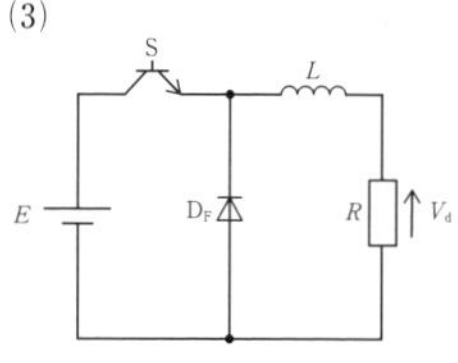

解答 (1) 昇圧チョッパ，$V_d=\dfrac{T_{on}+T_{off}}{T_{off}}E$

(2) 昇降圧チョッパ，$V_d=\dfrac{T_{on}}{T_{off}}E$

(3) 降圧チョッパ，$V_d=\dfrac{T_{on}}{T}E$

(1) スイッチON時及びOFF時の電流の流れは下図のようになる。

POINT 2 昇圧チョッパ

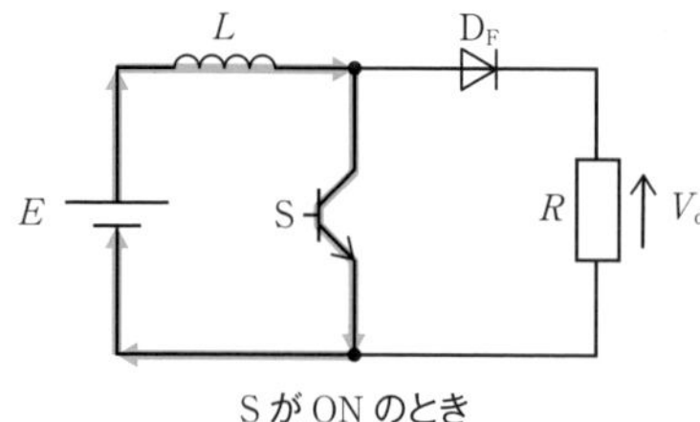

SがONのとき

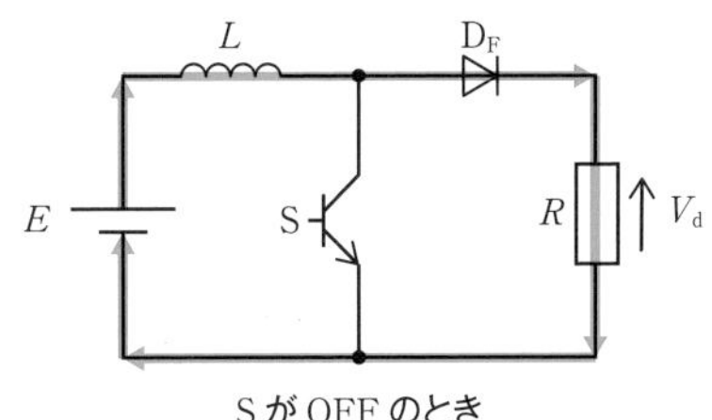

SがOFFのとき

スイッチをオンにすると，回路はコイルLしかないため，抵抗はほとんどなく非常に大きな電流が流れる。

スイッチをオフにすると，コイルに蓄えられたエネルギーが放出され電源電流と合わさることで大きな出力となる。

これを繰り返すことで昇圧する。

POINT 3 昇降圧チョッパ

(2) スイッチON時及びOFF時の電流の流れは下図のようになる。

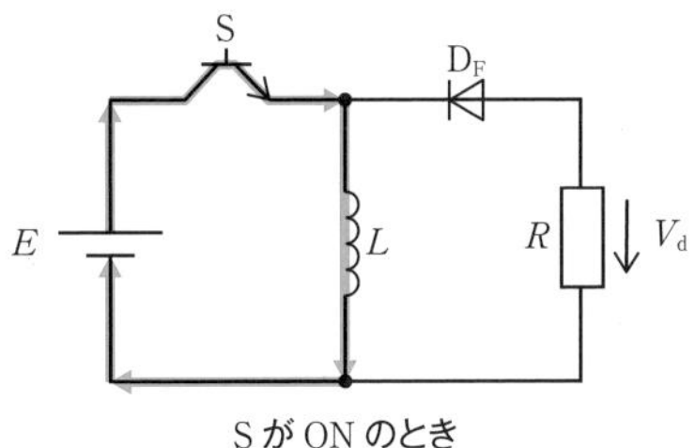

SがONのとき

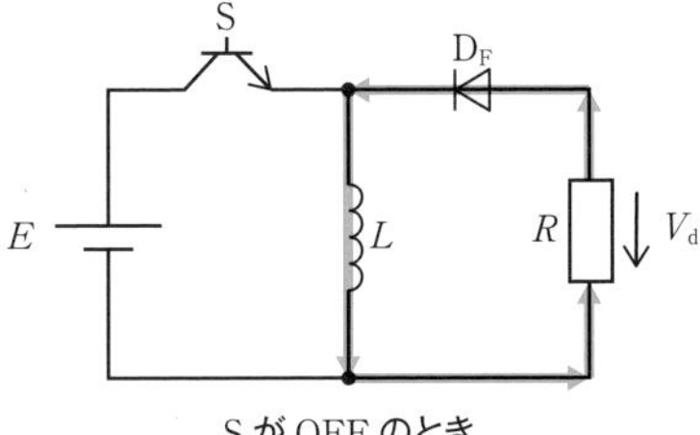

SがOFFのとき

スイッチをオンにすると，回路はコイルしかないため，抵抗はほとんどなく非常に大きな電流が流れる。

スイッチをオフにすると，コイルに蓄えられたエネルギーが放出され，出力端子に電流が流れる。スイッチのオンオフのバランスで，電圧が昇圧にも降圧にもできるようになる。

(3)　スイッチON時及びOFF時の電流の流れは下図のようになる。

POINT 1 降圧チョッパ

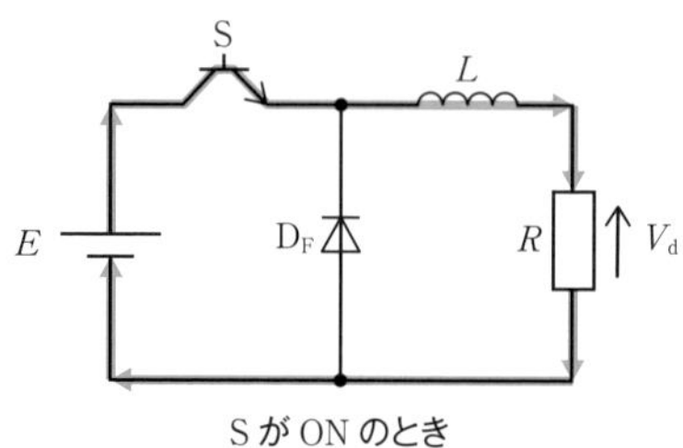

SがONのとき

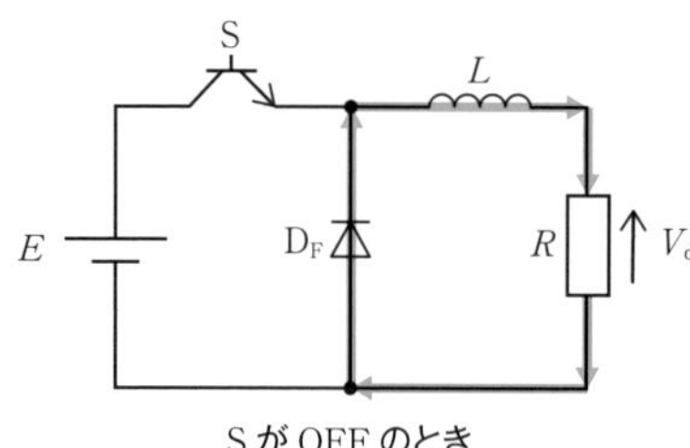

SがOFFのとき

スイッチをオンにすると，電源から電流が供給される。

スイッチをオフにすると，コイルに蓄えられたエネルギーが放出され，出力端子に電流が流れる。全体としてスイッチがオンのときのエネルギーが出力されるので降圧となる。

2 次の図は直流を交流に変換するインバータの回路図である。グラフのT_1及びT_2の区間において，ONしているスイッチング素子をS_1～S_4のうちから選べ。ただし，ONしている素子は一つではない。

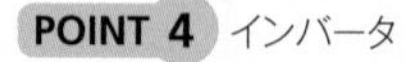

S_1　S_2　E　R　V　S_3　S_4

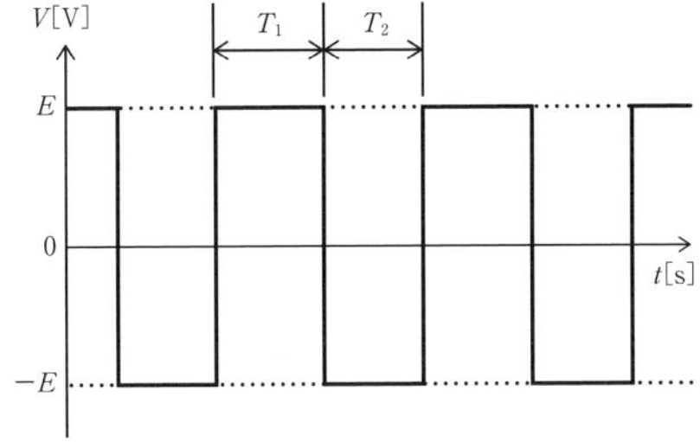

解答 T_1の区間：S_1，S_4，T_2の区間：S_2，S_3

インバータは下図のようにS_1及びS_4がONしているときとS_2及びS_3がONしているときを繰り返して，交流を出力する。

回路図よりS_1及びS_4がONのとき$V=E$となり，S_2及びS_3がONのとき$V=-E$となる。したがって，T_1の区間はS_1とS_4がON，T_2の区間はS_2とS_3がONとなる。

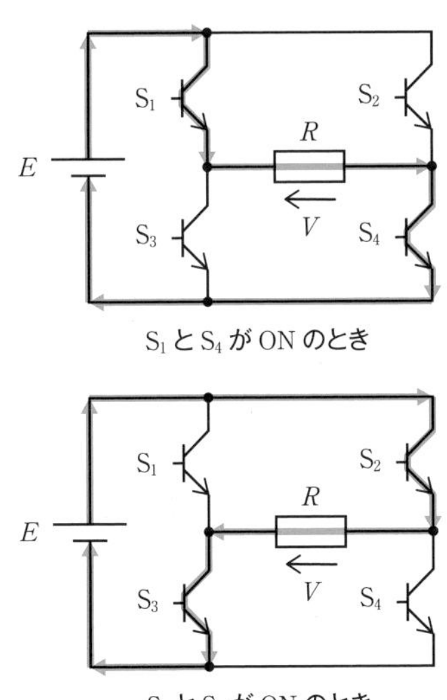

S_1とS_4がONのとき

S_2とS_3がONのとき

3 次の文章は無停電電源装置に関する記述である。文中の(ア)～(エ)にあてはまる語句を答えよ。

無停電電源装置は停電したときに瞬時に電源を供給し，機器を保護する装置で，直流電力を蓄える［(ア)］の一次側に［(イ)］，二次側に［(ウ)］を配置する。［(ウ)］によりノイズが発生する可能性があるので，通常［(ウ)］の後に［(エ)］を配置してノイズを取り除く。

POINT 6 無停電電源装置(UPS)

解答 (ア) 蓄電池　(イ) コンバータ
(ウ) インバータ　(エ) フィルタ

無停電電源装置は蓄電池を使用して停電時に電力を供給する装置である。交流を直流に変換することを順変換，直流を交流に変換することを逆変換といい，交流を直流に変換する装置をコンバータ，直流を交流に変換する装置をインバータという。

インバータでは素子のオンとオフの切り換えのタイミングでノイズが発生しやすいため，フィルタを設置する。

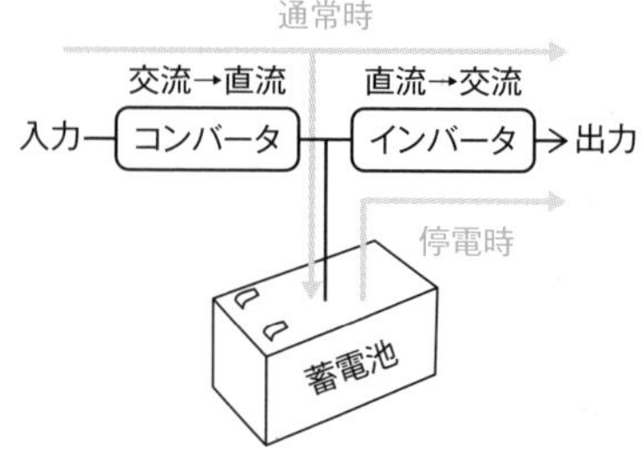

4 次の文章は太陽光発電システムに関する記述である。文中の(ア)～(オ)にあてはまる語句を答えよ。

再生可能エネルギー固定買取制度(FIT)により，近年は太陽光発電システムの設置が進んでいる。太陽電池は発電電力が［(ア)］であるため，そのままでは系統に電力を送電できない。系統に送電するため，発電設備の二次側に［(イ)］を設ける。［(イ)］は，［(ア)］を［(ウ)］に変換する［(エ)］や，内部故障や単独運転等異常発生時に安全に保護する保護回路，太陽光による日射量が変化したとき，自動的に最大出力を出せるように制御する［(オ)］制御機能等を持つ。

POINT 7 パワーコンディショナ

注目 電力科目の内容も含まれている。どちらも重複する内容となるため，電力テキストも復習しておくと良い。

解答 (ア) 直流　(イ) パワーコンディショナ
(ウ) 交流　(エ) インバータ
(オ) 最大電力追従 (MPPT)

太陽光発電設備は下図のように太陽電池アレイとパワーコンディショナ，電力量計等で構成されている。太陽光の日射は天候や雲等により随時変化するため，太陽光発電ではそれに合わせて自動的に最大電力が出せるように電圧を調整する最大電力追従(MPPT) 制御を行う。

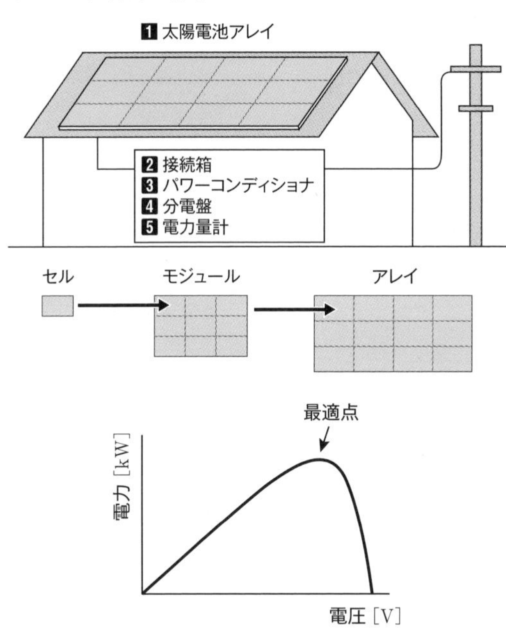

基本問題

1 図のようなチョッパ回路があり，(a)，(b)とも直流電圧$E = 200$ V，抵抗$R = 10\ \Omega$，通流率$\alpha = 0.4$であるとき，出力電圧の平均値V_d［V］の値として，最も近いものを次の(1)～(5)のうちから一つ選べ。

POINT 1 降圧チョッパ
POINT 2 昇圧チョッパ

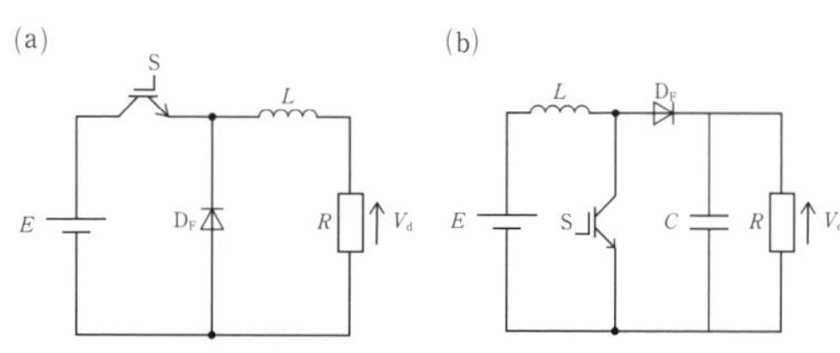

	(a)	(b)
(1)	80	333
(2)	80	500
(3)	500	133
(4)	500	333
(5)	80	133

解答 (1)

(a) 降圧チョッパなので，出力電圧の平均値V_d［V］は，

$$V_d = \alpha E = 0.4 \times 200 = 80\ \text{V}$$

(b) 昇圧チョッパなので，出力電圧の平均値V_d［V］は，

$$V_d = \frac{1}{1-\alpha}E = \frac{1}{1-0.4} \times 200 \fallingdotseq 333\ \text{V}$$

2 次の図のような直流チョッパ回路に関する記述として，誤っているものを次の(1)～(5)のうちから一つ選べ。

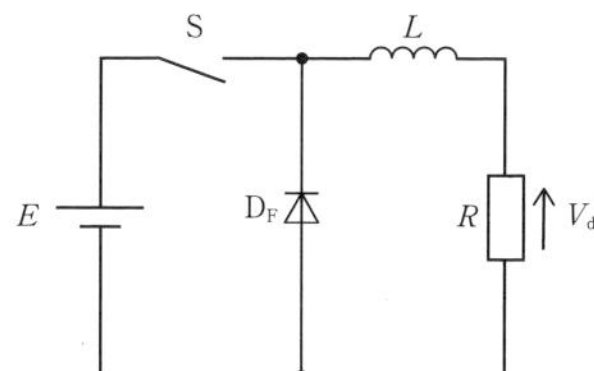

(1) 図のダイオードD_Fは，還流ダイオードと呼ばれ，スイッチがオフのときに電流が流れる。

(2) 図のスイッチSは，トランジスタやMOSFET，IGBT等の素子が使用されることも多い。

(3) 図のリアクトルLの作用により，抵抗Rにはスイッチがオフのときにも電流が流れる。Lのインダクタンスは小さい方が望ましい。

(4) 出力電圧V_dの平均値は入力電圧Eよりも低くなる。

(5) 通流率がαであるとき，$V_d = \alpha E$で求められる。

解答 (3)

(1) 正しい。下図のように，スイッチがONのとき，ダイオードには電流が流れないが，スイッチがOFFのとき電流が流れる。

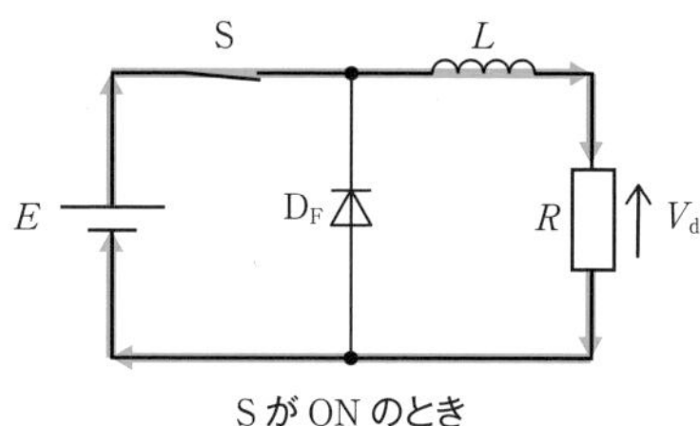

SがONのとき

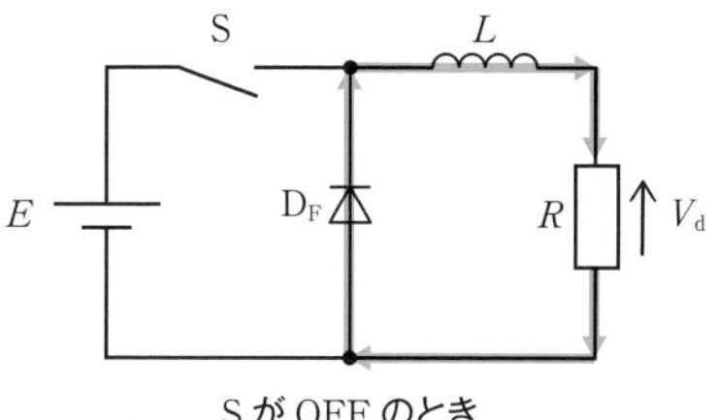

SがOFFのとき

POINT 1 降圧チョッパ

注目 電験では比較的出題されやすい直流チョッパの中でも，特に降圧チョッパの内容が出題されやすい。内容をよく理解しておくこと。

(2)　正しい。図のスイッチSは，トランジスタやMOSFET，IGBT等の自己消弧素子が使用されることも多い。

(3)　誤り。図のリアクトルLの作用により，抵抗Rにはスイッチがオフのときにも電流が流れる。そのため，Lのインダクタンスは十分にエネルギーが蓄えられるよう，大きい方が望ましい。

(4)　正しい。

(5)　正しい。本問の直流チョッパは降圧チョッパなので，通流率が$\alpha = \dfrac{T_{\mathrm{on}}}{T}$であるとき，$V_{\mathrm{d}} = \alpha E$で求められる。

3　図1のようなインバータ回路について，$\dfrac{T}{2}$[s]ごとにオンオフを繰り返すと，図2のような出力電圧波形が得られた。このとき，出力電流Iの波形として，最も近い波形を次の(1)〜(5)のうちから一つ選べ。

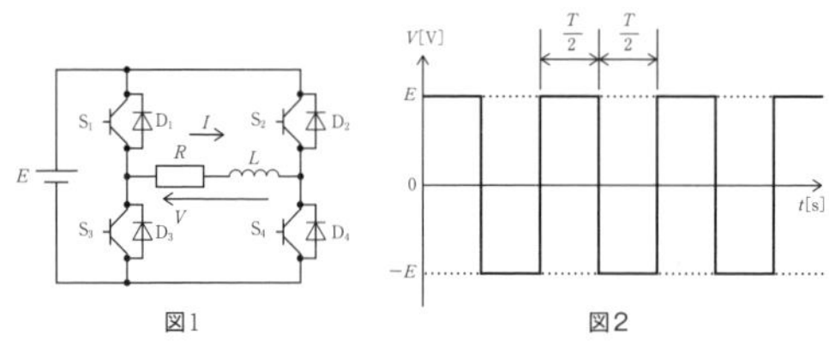

図1　　図2

(1)

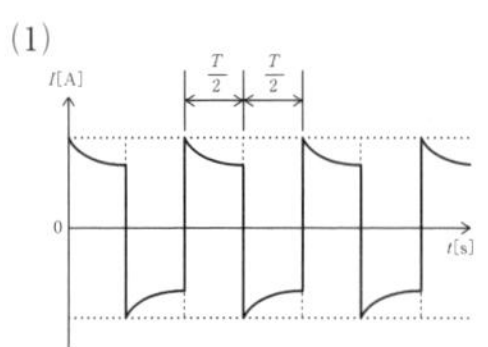

(2)

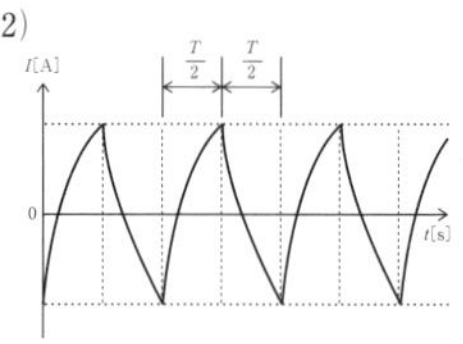

(3)

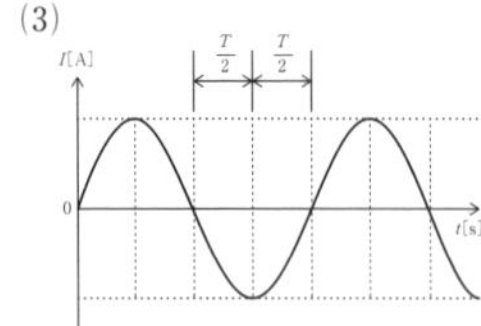

(4)

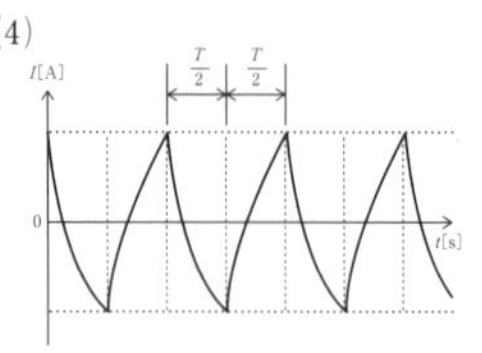

POINT 4　インバータ

注目　インバータにおいてリアクトルが直列に接続されることで過渡現象により電流が遅れる。
したがって，スイッチがオフのときに電流が電源に帰還するための還流ダイオードが必要となることをよく理解しておく。

(5)

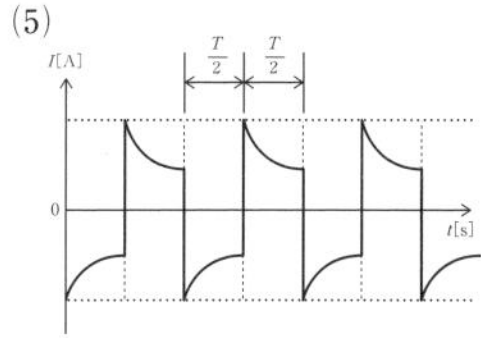

解答 (2)

スイッチの切り換えによる電流の流れは下図のようになる。

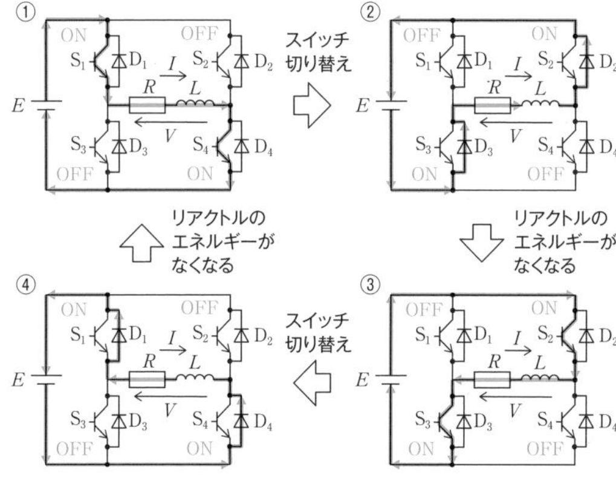

① スイッチS_1とS_4がONであるとき，電流はS_1とS_4を流れ，電流Iの向きは正，電圧Vの向きも正となる。

② スイッチが切り替わり，スイッチS_2とS_3がONになった直後，リアクトルに蓄えられているエネルギーがあるため，電流Iはしばらく正の向きに流れる。電圧Vの向きは負である。

③ スイッチS_2とS_3がONになり，十分に時間が経過すると，リアクトルのエネルギーがなくなるため，電流Iの向きが変わり，電流Iの向きは負となる。電圧Vの向きは変わらず負である。

④ スイッチが切り替わり，スイッチS_1とS_4がONになった直後，リアクトルに蓄えられているエネルギーがあるため，電流Iはしばらく負の向きに流れる。電圧Vの向きは正である。

以後①〜④を繰り返す。

以上のメカニズムにより波形は(2)となる。

4 無停電電源装置に関する記述として，誤っているものを次の(1)〜(5)のうちから一つ選べ。

(1) 瞬時電圧低下等が起きた際，蓄電池より即時に電気を供給する設備である。

(2) 保守用のバイパス回路を持つことが多い。

(3) 直流で電力を蓄えるため，コンバータとインバータを持つ。

(4) 一般に充電後は通電されておらず，非常時に自動的にスイッチが切り替わり電気を供給する。

(5) インバータではPWM制御を利用して，交流を得る。

POINT 6 無停電電源装置(UPS)

解答 (4)

(1) 正しい。瞬時電圧低下が起きた際には，通信機器等の故障を防止するため，蓄電池より電力を供給する。

(2) 正しい。無停電電源装置は定期的に点検する必要があるため，下図のように保守バイパス回路を設ける。

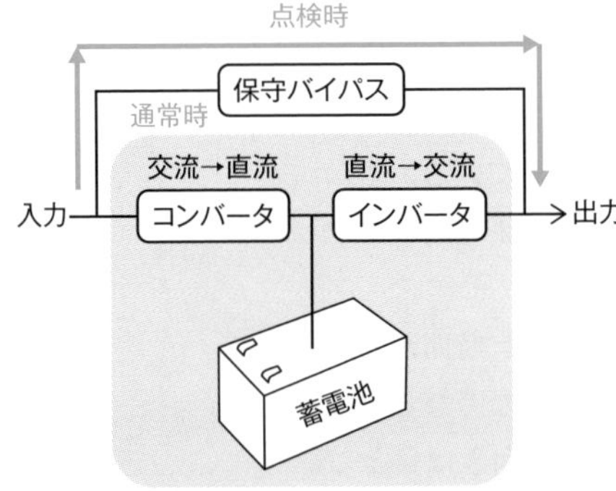

(3) 正しい。蓄電池は直流で蓄電するため，交流を直流に変換するコンバータと，直流を交流に変換するインバータがある。

(4) 誤り。蓄電池は常時通電され，非常時にはスイッチ等を介さず自動的に電気を供給するように

基本的に停電するとスイッチを切り換える電力もなくなると考えれば，UPSの目的が理解できる。

なる。

(5) 正しい。インバータではPWM制御を利用して，交流を得る。

5 次の文章は太陽光発電設備に用いられるパワーコンディショナに関する記述である。

POINT 7 パワーコンディショナ

太陽光発電設備が50 kW未満で連系される場合，一般に低圧配電線に連系されるが，太陽光発電設備の発電電力は直流であるため，太陽光発電設備と配電線の間にパワーコンディショナを設ける。パワーコンディショナは直流を交流に変換する［（ア）］や系統連系保護装置等で構成される。［（ア）］ではスイッチング素子として半導体素子である［（イ）］が用いられ，［（ウ）］制御が行われる。

上記の記述中の空白箇所（ア），（イ）及び（ウ）に当てはまる組合せとして，正しいものを次の(1)～(5)のうちから一つ選べ。

	（ア）	（イ）	（ウ）
(1)	直流チョッパ	サイリスタ	MPPT
(2)	インバータ	IGBT	MPPT
(3)	直流チョッパ	IGBT	MPPT
(4)	インバータ	サイリスタ	PWM
(5)	インバータ	IGBT	PWM

解答 (5)

（ア）パワーコンディショナは，インバータ，制御回路，保護回路，連系用リアクトル，絶縁変圧器等で構成される。

（イ）インバータではスイッチング素子としてIGBTが用いられる。サイリスタは用いられない。

（ウ）インバータではPWM制御が行われる。なお，MPPT制御は発電量を最大化するためにパワーコンディショナに設けられている制御である。

太陽光発電システム=MPPT制御と丸暗記していると間違える。
それぞれの制御の目的と役割を理解しておくこと。

応用問題

1 図１及び図２の直流チョッパについて，図中の電圧vと電流iの波形の組合せとして，正しいものを次の(1)～(5)のうちから一つ選べ。

注目 パワーエレクトロニクスの分野では，計算問題以上に波形の形が問われる問題が出題される。電流の流れを理解し，出力波形を導き出すことができるようにしておく。

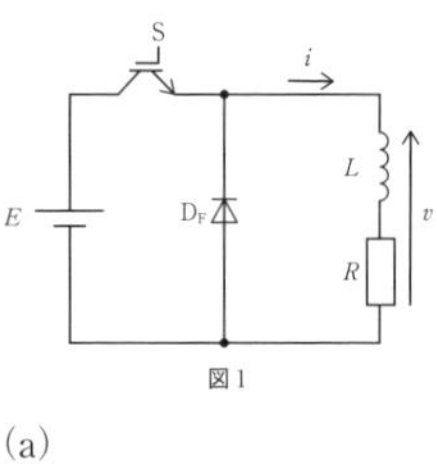

図1

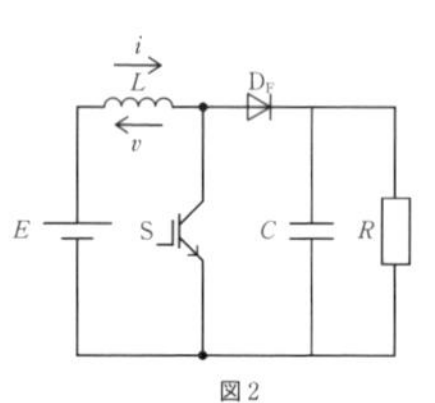

図2

(a)

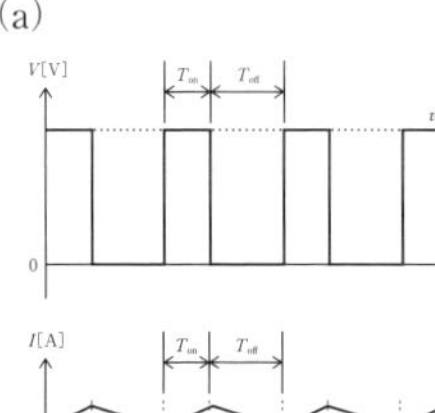

(b)

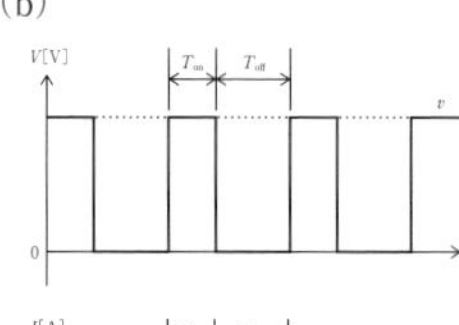

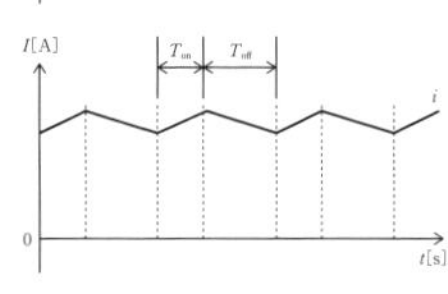

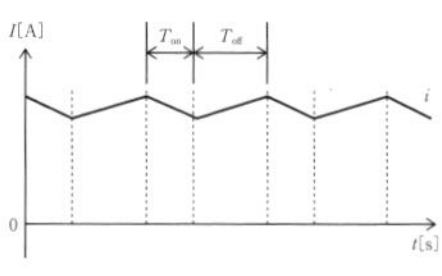

(c)

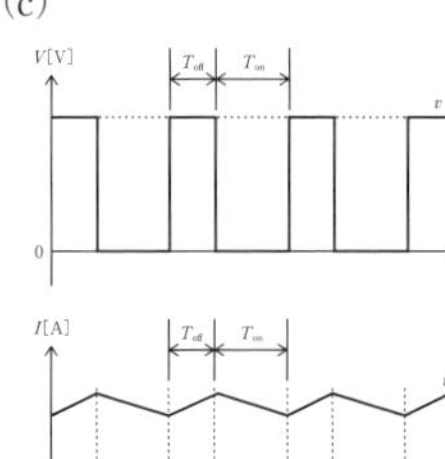

(d)

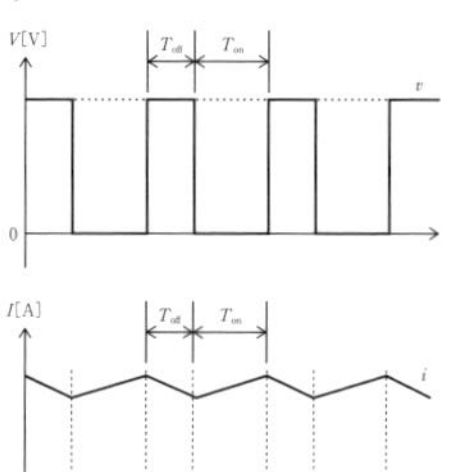

	図1	図2
(1)	(a)	(a)
(2)	(a)	(d)
(3)	(b)	(c)
(4)	(b)	(d)
(5)	(c)	(a)

解答 (1)

図1は降圧チョッパであり，スイッチSがONのときとOFFのときの電流の流れは下図の通りとなる。

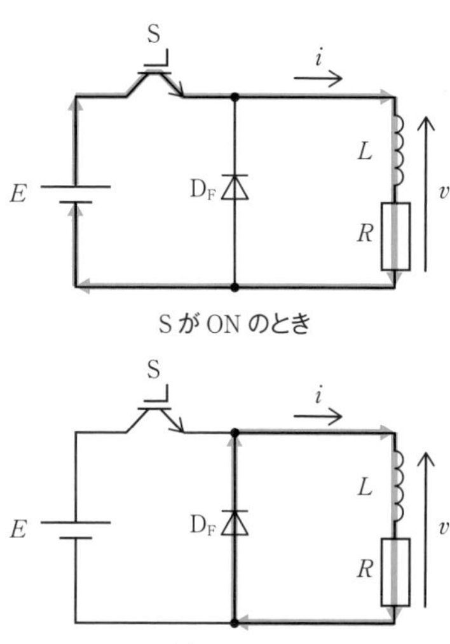

SがONのとき

SがOFFのとき

電流はスイッチSがターンオンした直後はリアクトルにエネルギーが蓄えられるので電流が小さく，徐々に大きくなる。

スイッチSがターンオフすると，直後は電流が流れ続けるが，リアクトルのエネルギーが小さくなってくると電流が小さくなる。

電圧vはスイッチがONのときE，スイッチがOFFのとき0となる。

したがって，正しい波形は(a)となる。

図2は昇圧チョッパであり，スイッチSがONのときとOFFのときの電流の流れは下図の通りとなる。

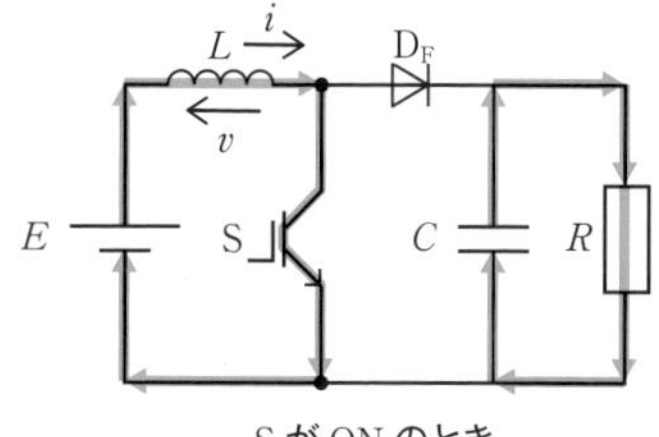

SがONのとき

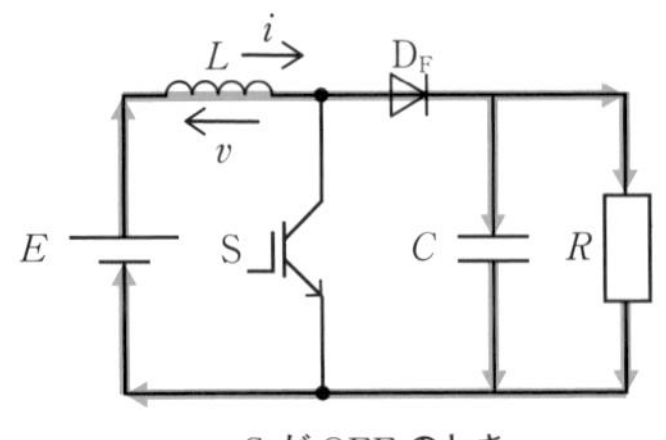

SがOFFのとき

スイッチSがOFF→ONのときは，電源電圧がそのままリアクトルにかかるようになるので電圧vはE，電流iは徐々に大きくなる。

スイッチSがON→OFFのとき，電圧vはリアクトルからエネルギーが供給されるため負の値となり電流iもRの分インピーダンスが増加するので徐々に小さくなる。

したがって，正しい波形は(a)となる。

2 図のようなスイッチング周波数が400 Hzである直流チョッパにおいて，$E = 100$ Vに接続したところ，出力電圧V_d[V]の平均値が60 Vとなった。この直流チョッパのオンになっている時間T_{on}[ms]として，最も近いものを次の(1)～(5)のうちから一つ選べ。

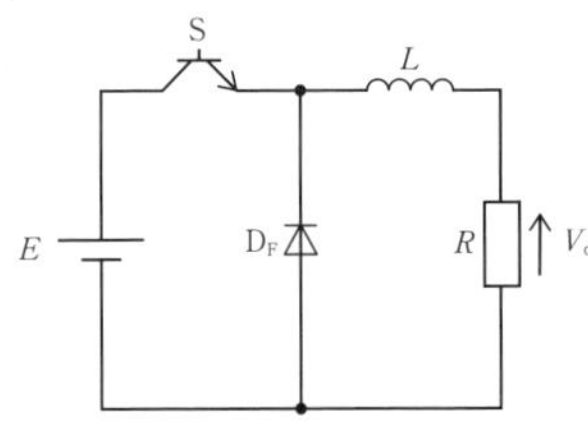

(1)　0.5　　(2)　1.0　　(3)　1.5　　(4)　2.0　　(5)　2.5

解答　(3)

スイッチング周波数$f = 400$ Hzであるから，周期T[ms]は，

$$T = \frac{1}{f}$$

$$= \frac{1}{400} = 0.0025\ \text{s} \rightarrow 2.5\ \text{ms}$$

$T = \frac{1}{f}$は基本公式として理解しておくこと。

問題文の図のチョッパは降圧チョッパであるから，出力電圧 V_{d}［V］と入力電圧 E［V］には，

$$V_{\mathrm{d}}=\frac{T_{\mathrm{on}}}{T}E$$

の関係があるので，T_{on} について整理すると，

$$T_{\mathrm{on}}=\frac{V_{\mathrm{d}}}{E}T$$

$$=\frac{60}{100}\times 2.5=1.5\ \mathrm{ms}$$

3 図１のようなインバータ回路の出力電圧は図２のようになる。このとき，還流ダイオード $\mathrm{D_1}$ に流れる電流 i_{D1} の波形として，最も近いものを(1)～(5)のうちから一つ選べ。

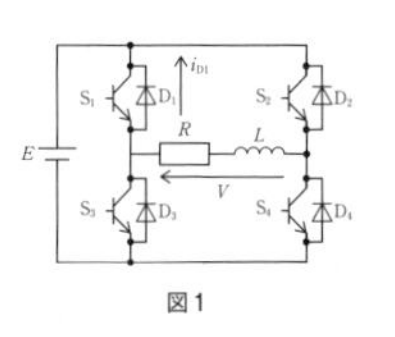

図1

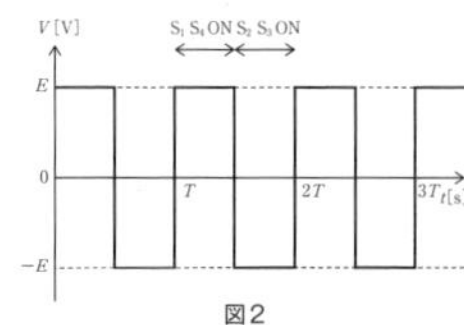

図2

(1)

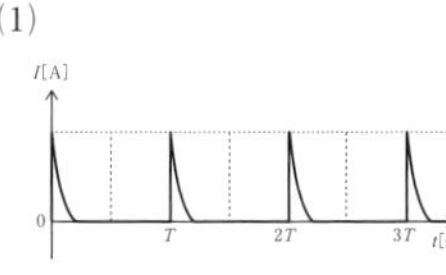

(2)

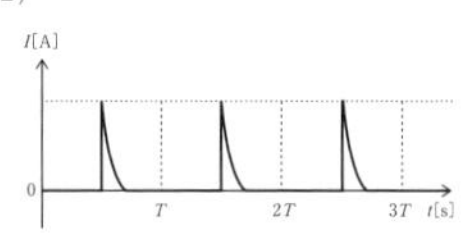

(3)

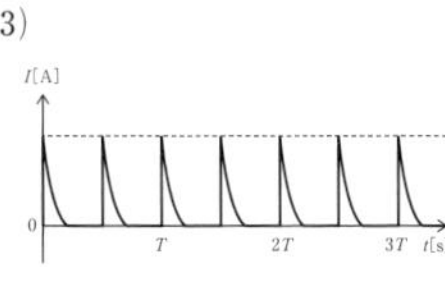

(4)

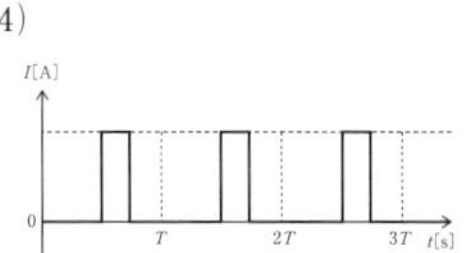

(5)

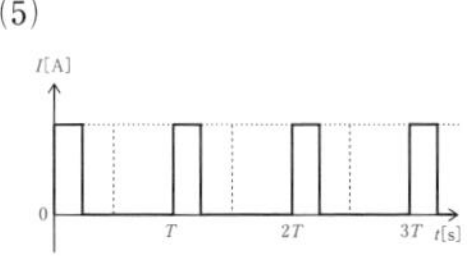

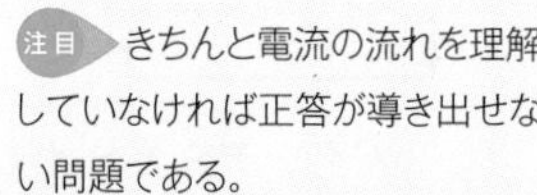

注目 きちんと電流の流れを理解していなければ正答が導き出せない問題である。
解答を丸暗記するのではなく，論理的に回路の変化を理解するようにする。

解答 (1)

スイッチの切り換えによる電流の流れは下図のようになる。

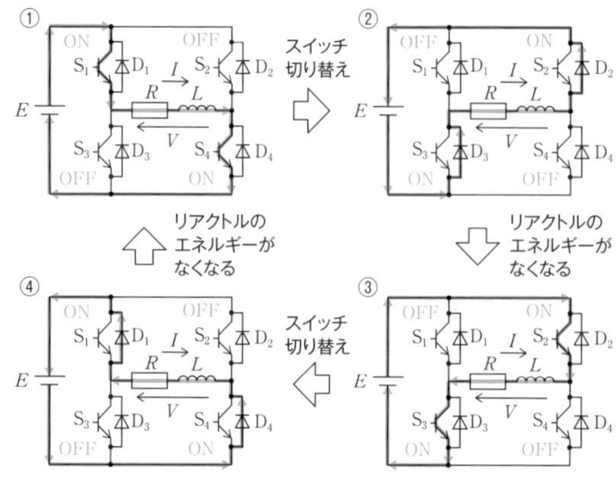

① スイッチS_1とS_4がONのとき，電流はS_1とS_4を流れ，電流Iの向きは正，電圧Vの向きも正。

② スイッチが切り替わり，スイッチS_2とS_3がONになった直後，リアクトルに蓄えられているエネルギーがあるため，電流Iはしばらく正の向きに流れ，徐々に減少していく。電圧Vの向きは負。

③ スイッチS_2とS_3がONになり，十分に時間が経過すると，リアクトルのエネルギーがなくなるため，電流Iの向きが変わり，電流Iの向きは負となる。電圧Vの向きは変わらず負。

④ スイッチが切り替わり，スイッチS_1とS_4がONになった直後，リアクトルに蓄えられているエネルギーがあるため，電流Iはしばらく負の向きに流れ，徐々に減少していく。電圧Vの向きは正。

以後①～④を繰り返す。

以上のメカニズムにより，還流ダイオードD_1が導通するのは，上記④のタイミングでスイッチS_1とS_4がONになった直後，すなわち電圧が$-E$[V]からE[V]に切り替わったタイミングの直後である。

4 太陽光発電システムで用いられるパワーコンディショナに関する記述として，誤っているものを次の(1)～(5)のうちから一つ選べ。

(1) パワーコンディショナには太陽光発電システムで発電された直流電力を交流電力に変換するインバータがある。インバータは一般にPWM制御によって交流を得る。

(2) 最大電力追従（MPPT）制御装置は，太陽光発電システムから得られる電圧及び電流から，最大電力を供給できるように自動的に電圧を調整する装置である。

(3) 系統連系保護装置には，単独運転状態になったときに解列する保護機能がある。

(4) 連系用リアクトルが備えられており，系統の力率に合わせ力率を調整する機能を持つ。

(5) 連系している配電系統で事故が発生した際には解列する機能を持つが，瞬時電圧低下が発生した際には解列しない。

注目 PWM制御やMPPT制御の内容は特に重要。よく理解しておく。

解答 (4)

(1) 正しい。パワーコンディショナにはインバータがあり，インバータは一般にPWM制御によって交流を得る。

(2) 正しい。最大電力追従（MPPT）制御装置は，太陽光発電システムから得られる電圧及び電流から，最大電力を供給できるように自動的に電圧を調整する装置である。

(3) 正しい。系統連系保護装置には，単独運転状態になったときに解列する保護機能がある。

(4) 誤り。連系用リアクトルはインバータの出力回路に直列に接続するもので，インバータの出力電圧や位相を制御して出力電流を制御するが，系統の力率に合わせて力率は調整しない。太陽光発電では一般にインバータの小型化等の観点から力率は1で運転する。

(5) 正しい。系統連系保護装置では，連系している配電系統で事故が発生した際には，単独運転を防止するため解列する機能を持つが，瞬時電圧低下が発生した際には不用意に解列しない。

解答

CHAPTER

06 自動制御

1 自動制御

確認問題

1 自動制御に関する記述として，正しいものには○，誤っているものには×をつけなさい。

(1) あらかじめ定められた工程をスイッチや，リレー，タイマー等で制御する方法をシーケンス制御という。

(2) 変電所の遮断器において，過電流継電器が動作したときに遮断器が閉じる制御はフィードバック制御である。

(3) エレベータで目標階のボタンを押したらランプがつき，一定時間経過後ドアが閉じてから目標階に移動する制御はフィードフォワード制御である。

(4) 冷凍庫の庫内の温度を一定に保つ制御はフィードバック制御である。

(5) 歩行ロボットが目標物に向かい歩く制御はフィードフォワード制御である。

(6) 誘導電動機におけるY－Δ始動法はフィードバック制御である。

(7) ペルトン水車式の水力発電所において，回転数を一定にするためにニードル弁で水量を調整する制御はシーケンス制御である。

(8) 汽力発電所において，タービン入口蒸気温度を一定に保つ制御はフィードバック制御である。

(9) 積分動作（I動作）は定常偏差を改善する特長があるが，急変時には制御遅れが発生する可能性がある。

(10) 微分動作は偏差が大きくなると制御量が大きくなる動作で，D動作とも呼ばれる。

(11) P動作，I動作，D動作にはそれぞれ長所と短所があるため，三つの動作を組み合わせるPID制御がよく使用される。

解答 (1) ○ (2) × (3) × (4) ○ (5) ○ (6) ×
(7) × (8) ○ (9) ○ (10) × (11) ○

POINT 1 自動制御の種類

(1) ○。シーケンス制御の説明である。

(2) ×。変電所の遮断器において，過電流継電器が動作したときに遮断器が閉じる制御はシーケンス制御である。

(3) ×。エレベータで目標階のボタンを押したらランプがつき，一定時間経過後ドアが閉じてから目標階に移動する制御はシーケンス制御である。

(4) ○。庫内の温度（制御量）を目標値に一致させるようにするので，フィードバック制御である。

(5) ○。目標物があるところがポイントとなる。

(6) ×。誘導電動機におけるY－Δ始動法は，始動電流を抑えるために始動時のみY結線にする方法で，回転速度が上がるとΔ結線にするので，シーケンス制御である。

(7) ×。一般にペルトン水車式の水力発電所において，周波数を一定にするため，水車の回転速度を定速度で運転する。回転速度を一定にするためにニードル弁で水量を調整するが，この制御はフィードバック制御である。

(8) ○。汽力発電所ではタービンの入口蒸気温度を一定とするため，ボイラの燃料や空気，給水等を制御する。複雑な制御ではあるが，タービンの入口蒸気温度からフィードバックするフィードバック制御である。

POINT 7 制御システム安定性

(9) ○。積分動作（I動作）は偏差の積分値に比例して操作量を変化させるので，定常偏差を改善する特長がある。しかしながら，急変時には制御遅れが発生する可能性がある。

(10) ×。微分動作は偏差の微分値（変化量）に比例して操作量を変化させる動作で，D動作とも呼ばれる。

(11) ○。制御システムを安定させるためP動作，I

動作，D動作を組み合わせたPID制御がよく使用される。

2 次のフィードバックブロック線図について，空欄に当てはまる語句を答えよ。

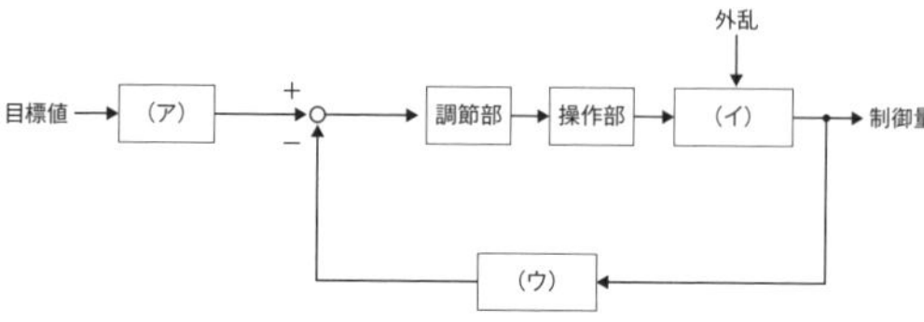

POINT 2 フィードバック制御系のブロック線図

注目 名称なので覚えておくこと。

解答 (ア) 設定部 (イ) 制御対象 (ウ) 検出部

3 次の各ブロック線図について，入力$R(s)$に対する出力$C(s)$の伝達関数$G(s)=\dfrac{C(s)}{R(s)}$を求めよ。

POINT 3 伝達関数$G(s)$とブロック線図

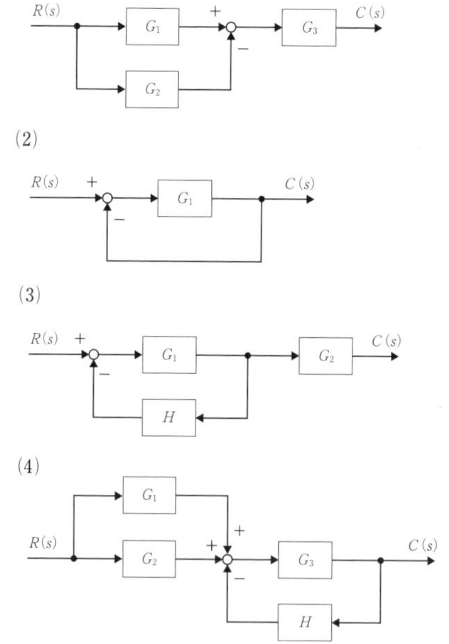

解 答 (1) $G(s)=(G_1-G_2)G_3$ (2) $G(s)=\dfrac{G_1}{1+G_1}$

(3) $G(s)=\dfrac{G_1G_2}{1+G_1H}$ (4) $G(s)=\dfrac{(G_1+G_2)G_3}{1+G_3H}$

(1) G_1とG_2は並列結合なので，符号に注意して等価変換するとG_1-G_2となる。したがって，ブロック線図を書き換えると，下図のようになる。

$R(s)$ G_1-G_2 G_3 $C(s)$

上図において，G_1-G_2とG_3は直列結合なので，伝達関数はそれぞれの伝達関数の積となるから，

$$G(s)=(G_1-G_2)G_3$$

G_1とG_2は並列結合であり，フィードバック結合ではない。形が似ているので注意し，符号も間違えないようにすること。

(2) 下図に示す通り，フィードバック結合のG_1には$R(s)$と$C(s)$の偏差が入力される。したがって，G_1からは$G_1(R(s)-C(s))$が出力され，これが$C(s)$と等しいので，

$$G_1(R(s)-C(s))=C(s)$$

となり，これを整理すると，

$$G_1R(s)-G_1C(s)=C(s)$$
$$G_1R(s)=C(s)+G_1C(s)$$
$$G_1R(s)=(1+G_1)C(s)$$
$$G(s)=\frac{C(s)}{R(s)}=\frac{G_1}{1+G_1}$$

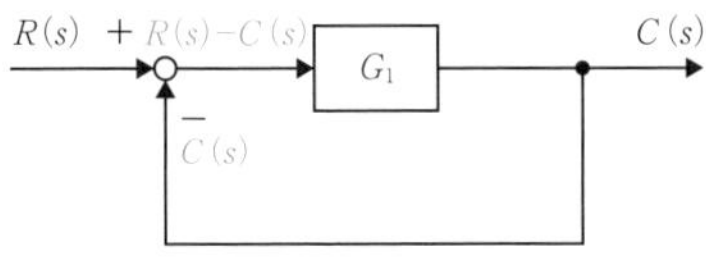

この結果は公式として覚えておいてもよい。
フィードバック結合の伝達関数$\dfrac{G}{1+GH}$のHが1になったものである。

(3) 図に示す通り，中間部引き出し点の信号を$X(s)$とする。フィードバック結合のHには$X(s)$が入力されるのでHからは$HX(s)$が出力され，G_1には$R(s)$と$HX(s)$の偏差が入力される。したがって，G_1からは$G_1(R(s)-HX(s))$が出力され，これが$X(s)$と等しいので，

フィードバック結合の公式$\dfrac{G}{1+GH}$は覚えておいてもよい。本問はフィードバック結合$\dfrac{G_1}{1+G_1H}$とG_2の並列結合なので，公式を暗記していれば瞬時に$G(s)=\dfrac{G_1G_2}{1+G_1H}$を導き出すことができる。

$$G_1(R(s) - HX(s)) = X(s)$$

これを整理すると，

$$G_1 R(s) - G_1 HX(s) = X(s)$$

$$G_1 R(s) = X(s) + G_1 HX(s)$$

$$G_1 R(s) = (1 + G_1 H) X(s)$$

$$X(s) = \frac{G_1}{1 + G_1 H} R(s)$$

よって，$C(s) = G_2 X(s)$ となるので，

$$C(s) = G_2 \cdot \frac{G_1}{1 + G_1 H} R(s)$$

$$G(s) = \frac{C(s)}{R(s)} = \frac{G_1 G_2}{1 + G_1 H}$$

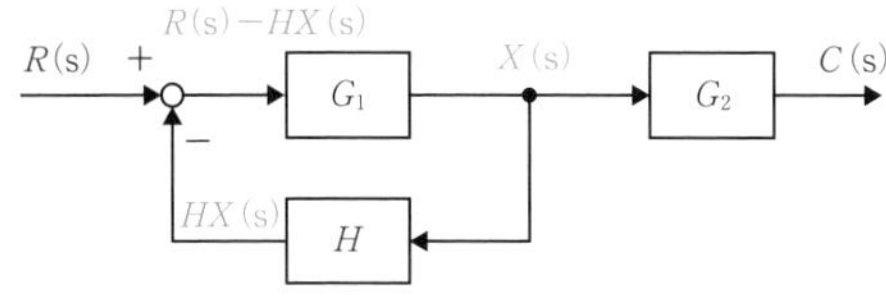

(4)　G_1 と G_2 は並列結合なので，等価変換すると $G_1 + G_2$ となる。また，(3)と同様に，G_3 と H のフィードバック結合の伝達関数は $\frac{G_3}{1 + G_3 H}$ となるので，ブロック線図を書き換えると，下図のようになる。

複雑に見える図は比較器の所で分けて考えるのがコツ。

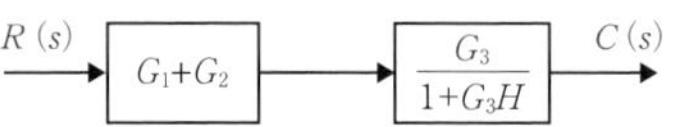

$G_1 + G_2$ と $\frac{G_3}{1 + G_3 H}$ は直列結合なので，伝達関数はそれぞれの伝達関数の積となるから，

$$G(s) = \frac{(G_1 + G_2) G_3}{1 + G_3 H}$$

4 次の回路の周波数伝達関数 $G(j\omega) = \frac{\dot{V}_o}{\dot{V}_i}$ を求めよ。

POINT 4 周波数伝達関数

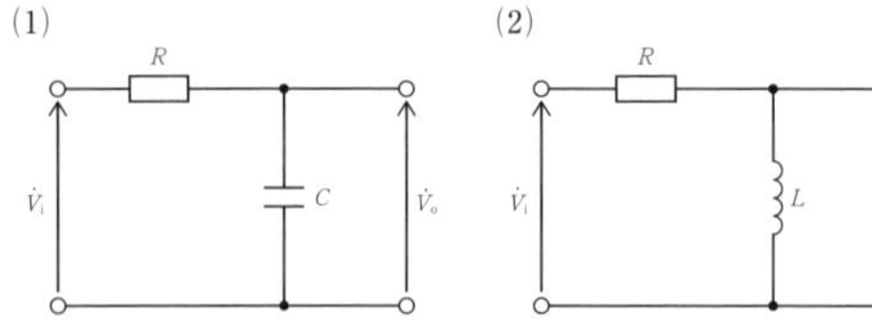

(3)

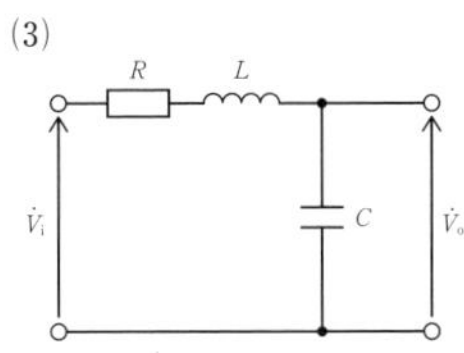

解答 (1) $G(j\omega)=\dfrac{1}{1+j\omega CR}$ (2) $G(j\omega)=\dfrac{j\omega L}{R+j\omega L}$

(3) $G(j\omega)=\dfrac{1}{(1-\omega^2 LC)+j\omega CR}$

(1) 出力$\dot{V}_o$[V]はコンデンサCに加わる電圧であるから，分圧の法則より，

$$\dot{V}_o=\frac{\dfrac{1}{j\omega C}}{R+\dfrac{1}{j\omega C}}\dot{V}_i$$

$$=\frac{\dfrac{1}{j\omega C}}{R+\dfrac{1}{j\omega C}}\dot{V}_i\times\frac{j\omega C}{j\omega C}$$

$$=\frac{1}{1+j\omega CR}\dot{V}_i$$

よって，周波数伝達関数$G(j\omega)=\dfrac{\dot{V}_o}{\dot{V}_i}$は，

$$G(j\omega)=\frac{1}{1+j\omega CR}$$

インピーダンスや途中の計算がわからない場合は，理論の交流回路を復習すること。
静電容量C[F]のコンデンサのインピーダンスは角周波数をω[rad/s]とすると，$\dfrac{1}{j\omega C}$となる。

(2) 出力$\dot{V}_o$[V]はコイルLに加わる電圧であるから，分圧の法則より，

$$\dot{V}_o=\frac{j\omega L}{R+j\omega L}\dot{V}_i$$

よって，周波数伝達関数$G(j\omega)=\dfrac{\dot{V}_o}{\dot{V}_i}$は，

$$G(j\omega)=\frac{j\omega L}{R+j\omega L}$$

コイルL[H]のインピーダンスは角周波数をω[rad/s]とすると，$j\omega L$となる。

(3) 出力$\dot{V}_o$[V]はコンデンサCに加わる電圧であるから，分圧の法則より，

虚数の定義$j\times j=-1$は覚えておくこと。

$$\dot{V}_o = \frac{\frac{1}{j\omega C}}{R + j\omega L + \frac{1}{j\omega C}} \dot{V}_i$$

$$= \frac{\frac{1}{j\omega C}}{R + j\omega L + \frac{1}{j\omega C}} \dot{V}_i \times \frac{j\omega C}{j\omega C}$$

$$= \frac{1}{j\omega CR + j\omega L \cdot j\omega C + \frac{1}{j\omega C} \cdot j\omega C} \dot{V}_i$$

$$= \frac{1}{j\omega CR - \omega^2 LC + 1} \dot{V}_i$$

$$= \frac{1}{(1 - \omega^2 LC) + j\omega CR} \dot{V}_i$$

POINT 5 ゲイン

よって，周波数伝達関数$G(j\omega) = \frac{\dot{V}_o}{\dot{V}_i}$は，

$$G(j\omega) = \frac{1}{(1 - \omega^2 LC) + j\omega CR}$$

5 次の$G(j\omega)$で与えられる周波数伝達関数のゲインg[dB]及び位相θ[rad]の大きさを求めよ。

(1) $G(j\omega) = \frac{1}{100}$

(2) $G(j\omega) = \frac{1}{5\sqrt{2} + j5\sqrt{2}}$

(3) $G(j\omega) = \frac{1}{50 + j50\sqrt{3}}$

(4) $G(j\omega) = \frac{1}{1 + j\omega T}$

解答 (1) $g = -40$ dB, $\theta = 0$ rad

(2) $g = -20$ dB, $\theta = -\frac{\pi}{4}$ rad

(3) $g = -40$ dB, $\theta = -\frac{\pi}{3}$ rad

(4) $g = -10 \log_{10}\{1 + (\omega T)^2\}$

$\theta = -\tan^{-1} \omega T$ rad

(1) ゲインg[dB]と位相θ[rad]は，

$g = 20 \log_{10}|G(j\omega)|$

$\theta = \angle G(j\omega)$

$y=10^x \Leftrightarrow x=\log_{10}y$の関係はよく理解しておく。
また，ゲインg[dB]を求める式では，対数の公式
$\log_{10}\frac{A}{B}=\log_{10}A-\log_{10}B$
を利用している。
位相θ[rad]は虚数部が零なので，0 radとなる。

よって，$G(\mathrm{j}\omega)=\dfrac{1}{100}$のゲイン$g$[dB]及び位相$\theta$[rad]は，

$$g=20\log_{10}|G(\mathrm{j}\omega)|$$
$$=20\log_{10}\frac{1}{100}$$
$$=20\log_{10}1-20\log_{10}100$$
$$=20\times0-20\times2$$
$$=-40\ \mathrm{dB}$$

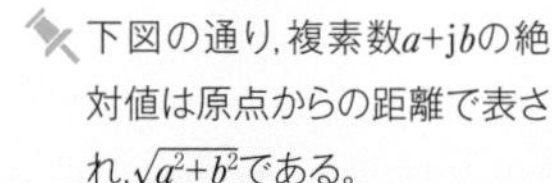
$\log_{10}100$は10の2乗が100となるので$\log_{10}100=2$となる。

$$\theta=\angle\frac{1}{100}$$
$$=0\ \mathrm{rad}$$

(2)　$G(\mathrm{j}\omega)=\dfrac{1}{5\sqrt{2}+\mathrm{j}5\sqrt{2}}$のゲイン$g$[dB]は，

下図の通り，複素数$a+\mathrm{j}b$の絶対値は原点からの距離で表され，$\sqrt{a^2+b^2}$である。

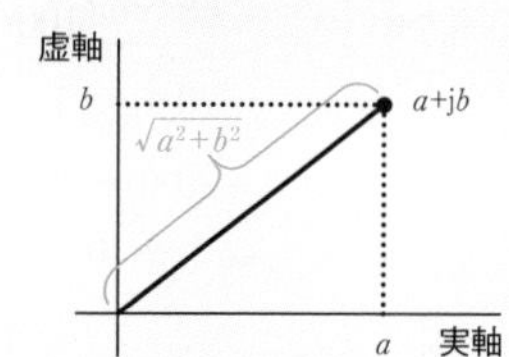

$$g=20\log_{10}|G(\mathrm{j}\omega)|$$
$$=20\log_{10}\left|\frac{1}{5\sqrt{2}+\mathrm{j}5\sqrt{2}}\right|$$
$$=20\log_{10}\frac{1}{\sqrt{(5\sqrt{2})^2+(5\sqrt{2})^2}}$$
$$=20\log_{10}\frac{1}{\sqrt{50+50}}$$
$$=20\log_{10}\frac{1}{10}$$
$$=20\log_{10}1-20\log_{10}10$$
$$=20\times0-20\times1$$
$$=-20\ \mathrm{dB}$$

また，

$$G(\mathrm{j}\omega)=\frac{1}{5\sqrt{2}+\mathrm{j}5\sqrt{2}}$$
$$=\frac{1}{5\sqrt{2}+\mathrm{j}5\sqrt{2}}\times\frac{5\sqrt{2}-\mathrm{j}5\sqrt{2}}{5\sqrt{2}-\mathrm{j}5\sqrt{2}}$$
$$=\frac{5\sqrt{2}-\mathrm{j}5\sqrt{2}}{50+50}$$
$$=\frac{\sqrt{2}}{20}-\mathrm{j}\frac{\sqrt{2}}{20}$$

よって，位相θ［rad］は，

$$\theta = \angle\left(\frac{\sqrt{2}}{20} - \mathrm{j}\frac{\sqrt{2}}{20}\right)$$

$$= -\frac{\pi}{4}\ \mathrm{rad}$$

位相θ[rad]の導出は下図のような極座標系で考えると良い。

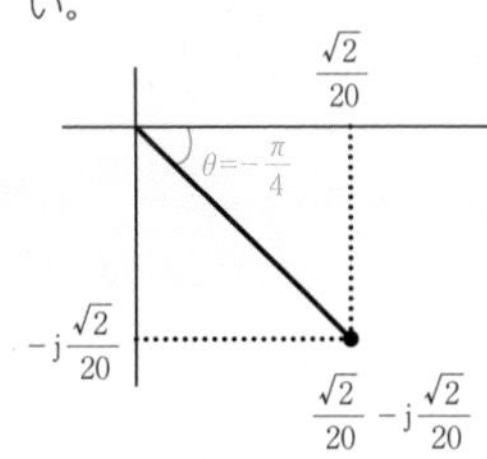

(3)　$G(\mathrm{j}\omega) = \dfrac{1}{50 + \mathrm{j}50\sqrt{3}}$のゲイン$g$［dB］は，

$$g = 20\log_{10}|G(\mathrm{j}\omega)|$$

$$= 20\log_{10}\left|\frac{1}{50 + \mathrm{j}50\sqrt{3}}\right|$$

$$= 20\log_{10}\frac{1}{\sqrt{50^2 + (50\sqrt{3})^2}}$$

$$= 20\log_{10}\frac{1}{\sqrt{2500 + 7500}}$$

$$= 20\log_{10}\frac{1}{100}$$

$$= 20\log_{10}1 - 20\log_{10}100$$

$$= 20\times0 - 20\times2$$

$$= -40\ \mathrm{dB}$$

三平方の定理を用いないで，1:2:$\sqrt{3}$の直角三角形の関係を用いて，50×2=100で計算しても良い。

また，

$$G(\mathrm{j}\omega) = \frac{1}{50 + \mathrm{j}50\sqrt{3}}$$

$$= \frac{1}{50} \times \frac{1}{1 + \mathrm{j}\sqrt{3}}$$

$$= \frac{1}{50} \times \frac{1 - \mathrm{j}\sqrt{3}}{4}$$

$$= \frac{1}{200} - \mathrm{j}\frac{\sqrt{3}}{200}$$

よって，位相θ［rad］は，

$$\theta = \angle\left(\frac{1}{200} - \mathrm{j}\frac{\sqrt{3}}{200}\right)$$

$$= \angle\frac{1}{200}(1 - \mathrm{j}\sqrt{3})$$

$$= -\frac{\pi}{3}\ \mathrm{rad}$$

(4) $G(\mathrm{j}\omega)=\dfrac{1}{1+\mathrm{j}\omega T}$ のゲイン g [dB] は，

$$g=20\log_{10}|G(\mathrm{j}\omega)|$$
$$=20\log_{10}\left|\frac{1}{1+\mathrm{j}\omega T}\right|$$
$$=20\log_{10}\frac{1}{\sqrt{1+(\omega T)^2}}$$
$$=20\log_{10}1-20\log_{10}\sqrt{1+(\omega T)^2}$$
$$=20\times0-20\log_{10}\sqrt{1+(\omega T)^2}$$
$$=-20\log_{10}\sqrt{1+(\omega T)^2}$$
$$=-10\log_{10}\{1+(\omega T)^2\}$$

また，位相 θ [rad] は，

$$G(\mathrm{j}\omega)=\frac{1}{1+\mathrm{j}\omega T}$$
$$=\frac{1}{1+\mathrm{j}\omega T}\times\frac{1-\mathrm{j}\omega T}{1-\mathrm{j}\omega T}$$
$$=\frac{1-\mathrm{j}\omega T}{1+(\omega T)^2}$$

よって，位相 θ [rad] は，

$$\theta=\angle\left(\frac{1-\mathrm{j}\omega T}{1+(\omega T)^2}\right)$$
$$=\angle\frac{1}{1+(\omega T)^2}(1-\mathrm{j}\omega T)$$
$$=-\tan^{-1}\frac{\omega T}{1}\,[\mathrm{rad}]$$
$$=-\tan^{-1}\omega T\,[\mathrm{rad}]$$

本問のように一般化された関数においても解けるようにしておくこと。

対数の公式

$\log_{10}A^B=B\log_{10}A$

本問においては

$-20\log_{10}\{1+(\omega T)^2\}^{\frac{1}{2}}$

$=-10\log_{10}\{1+(\omega T)^2\}$

となる。

三角関数の逆関数の定義は覚えておくこと。

$x=\sin\theta\Leftrightarrow\theta=\sin^{-1}x$

$x=\cos\theta\Leftrightarrow\theta=\cos^{-1}x$

$x=\tan\theta\Leftrightarrow\theta=\tan^{-1}x$

6 次の文章及び図は単位ステップ応答に関する記述及び波形である。(ア)～(オ)に当てはまる語句を答えよ。

図はフィードバック制御システムに，目標値として単位ステップ信号を入力したときの出力波形である。このシステムは安定か不安定かでいうと［(ア)］な制御システムである。このシステムの遅れ時間及び立ち上がり時間は t_1～t_5 を用いてそれぞれ［(イ)］及び［(ウ)］で表される。この応答における最大行き過ぎ量は［(エ)］であり，最終的に残る偏差Aを［(オ)］という。

POINT 7 制御システム安定性

注目 立ち上がり時間等は，電力の雷過電圧の問題を解く際にも使用する場合があるので，覚えておくこと。

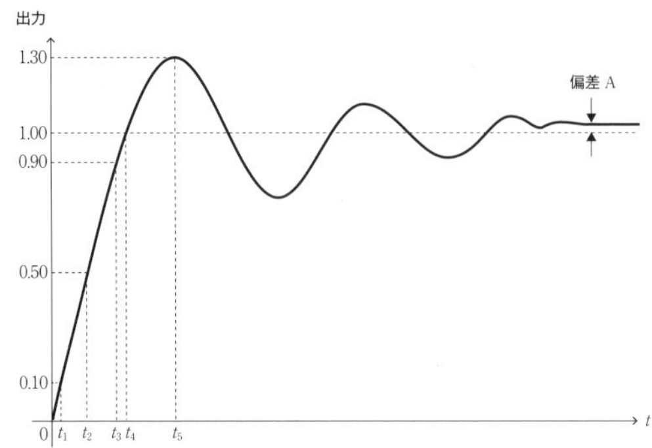

解答 （ア）安定　（イ）t_2　（ウ）$t_3 - t_1$
（エ）0.30　（オ）定常偏差

（ア）本問における単位ステップ応答は最終的に一定値に収束しているため，安定しているといえる。

（イ）システムの遅れ時間は目標値の50%までに到達する時間である。したがって，t_2となる。

（ウ）システムの立ち上がり時間は，目標値の10%から90%までに要する時間である。したがって，$t_3 - t_1$となる。

（エ）最大行き過ぎ量は，過渡応答の最大値1.30と最終値1.00の差である。したがって，

$$1.30 - 1.00 = 0.30$$

と求められる。

（オ）最終的に残る偏差を定常偏差という。

基本問題

1 フィードバック制御の各構成要素に関する記述として，誤っているものを次の(1)~(5)のうちから一つ選べ。

(1) 設定部では電気信号等で目標値を入力信号に変換する。

(2) 偏差とは入力信号と主フィードバック信号を比較器で比較して得られる値である。

(3) 検出部では外乱を検出し，主フィードバック信号として出力する。

(4) 調節部及び操作部では偏差の信号から操作量を変換して出力する。

(5) フィードバック制御全体として，制御量と目標値を比較して一致させるように制御している。

解答 (3)

フィードバック制御系のブロック線図は下図のようになる。

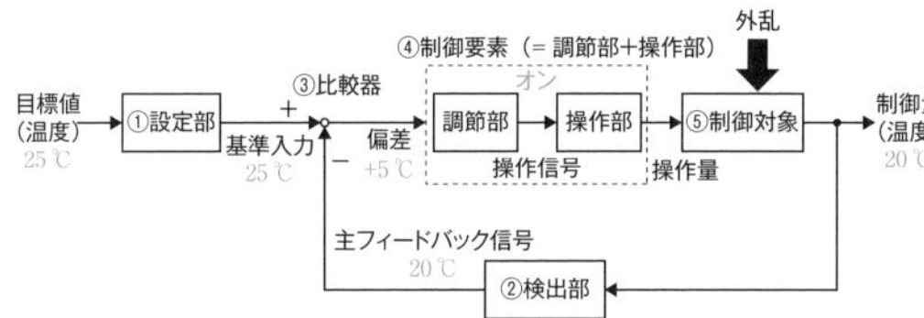

(1) 正しい。図のように，①設定部では電気信号等で目標値を入力信号に変換する。

(2) 正しい。図の通り，偏差とは入力信号と主フィードバック信号を③比較器で比較して得られる値である。

(3) 誤り。②検出部では制御量から，主フィードバック信号として出力する。外乱のみを検出するわけではなく，外乱も含めた制御量を検出する。

(4) 正しい。図の通り，④調節部及び操作部では偏差の信号から操作量を変換して出力する。

(5) 正しい。フィードバック制御全体として，制御量と目標値を比較して一致させるように制御している。

POINT 2 フィードバック制御系のブロック線図

2 次の文章は車の運転における自動制御に関する記述である。

近年の自動車技術は飛躍的に向上し，高速道路等では自動運転が可能となってきている。例えば，一旦速度を50 km/hにすれば，その後上り坂下り坂関係なく一定速度に制御する技術は［（ア）］制御を用いた制御であり，前方に車両があった際にセンサーで検知して自動的にブレーキをかける技術は［（イ）］制御を用いている。

［（ア）］制御において，出力を入力と比較する制御を［（ウ）］ループ制御という。この制御において，例えば下り坂から上り坂に変わり速度が48 km/hまで変化したときの［（エ）］は2 km/hとなり，加速信号を出す。

上記の記述中の空白箇所（ア），（イ），（ウ）及び（エ）に当てはまる組合せとして，正しいものを次の(1)～(5)のうちから一つ選べ。

	（ア）	（イ）	（ウ）	（エ）
(1)	シーケンス	フィードバック	開	偏差
(2)	フィードバック	シーケンス	閉	偏差
(3)	フィードバック	シーケンス	開	入力信号
(4)	フィードバック	シーケンス	閉	入力信号
(5)	シーケンス	フィードバック	開	偏差

POINT 1 自動制御の種類

注目 電験では，近年の動向を踏まえた問題も出題されやすい。しかし，基本をよく理解していれば解ける問題がほとんどである。

解答 (2)

（ア）上り坂下り坂関係なく一定速度に制御する技術は制御量を目標値と比較して，それらを一致させるように操作量を決定する制御なので，フィードバック制御となる。

（イ）前方に車両があった際にセンサーで検知して自動的にブレーキをかける技術は，センサーから出る距離の信号を条件にブレーキをかけるのでシーケンス制御となる。

（ウ）フィードバック制御において，出力信号を入力と比較し，制御するのを閉ループ制御という。

（エ）目標値50 km/hと制御量48 km/hの差は2 km/hであり，これを偏差と呼ぶ。フィードバック制御ではこの偏差から加速もしくは減速信号を出す。

3 次のブロック線図で示される制御系について，入力信号 $R(\mathrm{j}\omega)$ とそのときの出力信号 $C(\mathrm{j}\omega)$ の間の周波数伝達関数 $G(\mathrm{j}\omega)=\dfrac{C(\mathrm{j}\omega)}{R(\mathrm{j}\omega)}$ として，正しいものを次の(1)～(5)のうちから一つ選べ。

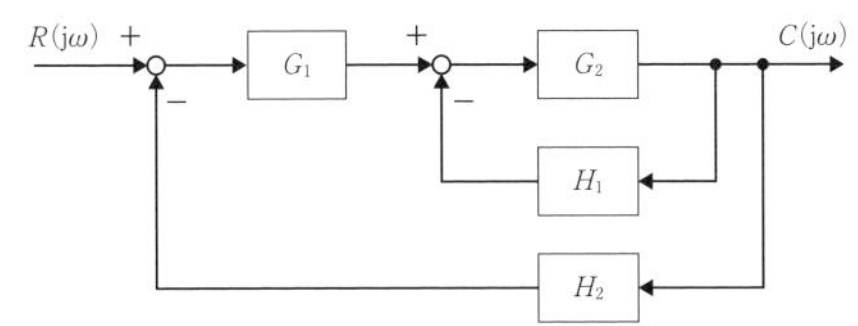

(1) $\dfrac{G_1 G_2}{1+G_2(G_1 H_2+H_1)}$　(2) $\dfrac{G_1 G_2}{1+G_1(G_2 H_1+H_2)}$

(3) $\dfrac{G_1 G_2}{1+G_1(H_1+G_2 H_2)}$　(4) $\dfrac{G_1 G_2}{1+G_2(H_2+G_1 H_1)}$

(5) $\dfrac{G_1 G_2}{1+G_1 G_2(H_1+H_2)}$

POINT 3 伝達関数$G(s)$とブロック線図

注目 ブロック線図は複雑になっても，等価変換のやり方は同じである。

解答 (1)

G_2 と H_1 のフィードバック結合の伝達関数は $\dfrac{G_2}{1+G_2 H_1}$ となるので，ブロック線図を書き換えると，下図のようになる。

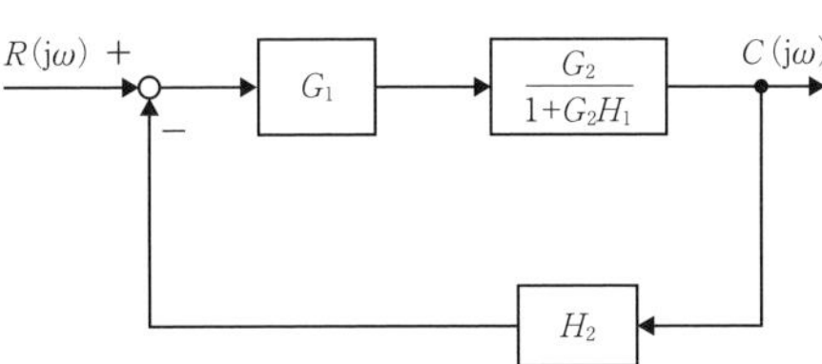

G_1 と $\dfrac{G_2}{1+G_2 H_1}$ の直列結合なので，その合成伝達関数は，

$$G_1\times\frac{G_2}{1+G_2 H_1}=\frac{G_1 G_2}{1+G_2 H_1}$$

となり，ブロック線図は下図のようになる。

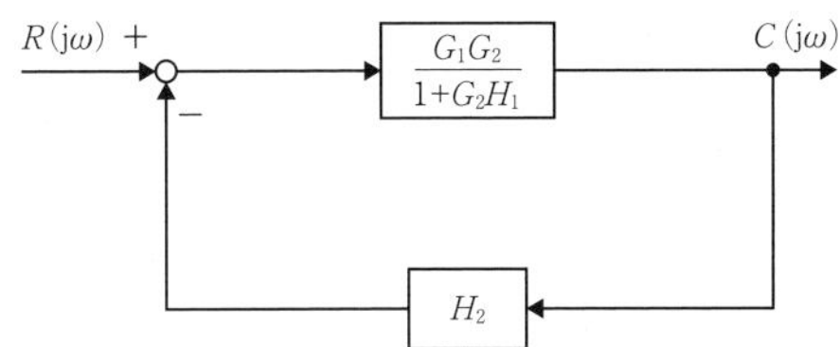

解答編　CHAPTER 06　自動制御 1

よって，全体の伝達関数$G(\mathrm{j}\omega)=\dfrac{C(\mathrm{j}\omega)}{R(\mathrm{j}\omega)}$は，$\dfrac{G_1G_2}{1+G_2H_1}$と$H_2$のフィードバック結合なので，

$$G(\mathrm{j}\omega)=\frac{\dfrac{G_1G_2}{1+G_2H_1}}{1+\dfrac{G_1G_2}{1+G_2H_1}H_2}$$

$$=\frac{\dfrac{G_1G_2}{1+G_2H_1}}{1+\dfrac{G_1G_2H_2}{1+G_2H_1}}\times\frac{1+G_2H_1}{1+G_2H_1}$$

$$=\frac{G_1G_2}{1+G_2H_1+G_1G_2H_2}$$

$$=\frac{G_1G_2}{1+G_2(G_1H_2+H_1)}$$

4 次のブロック線図で示される制御系について，入力信号$R(s)$とそのときの出力信号$C(s)$の間の伝達関数$G(s)=\dfrac{C(s)}{R(s)}$として，正しいものを次の(1)～(5)のうちから一つ選べ。

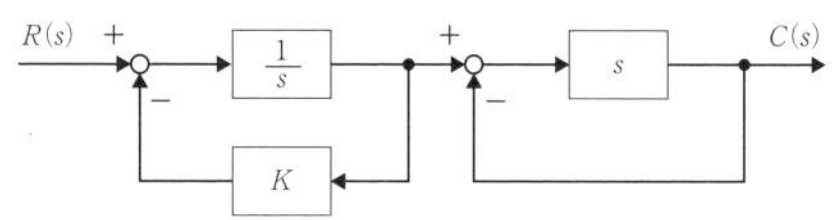

(1) $\dfrac{1}{s^2+s+K+1}$　(2) $\dfrac{1}{s^2+(K+1)s+K}$

(3) $\dfrac{s+1}{s^2+(K+1)s+K}$　(4) $\dfrac{s}{s^2+s+K+1}$

(5) $\dfrac{s}{s^2+(K+1)s+K}$

POINT 3 伝達関数$G(s)$とブロック線図

注目 特性要素が入っていても計算方法は同じである。

解答 (5)

$\dfrac{1}{s}$とKのフィードバック結合の伝達関数は，

$$\frac{\dfrac{1}{s}}{1+\dfrac{1}{s}K}=\frac{\dfrac{1}{s}}{1+\dfrac{1}{s}K}\times\frac{s}{s}$$

$$=\frac{1}{s+K}$$

であり，sの直結フィードバック結合の伝達関数は$\dfrac{s}{s+1}$となるので，ブロック線図は図のようになる。

$R(s) \rightarrow \boxed{\frac{1}{s+K}} \rightarrow \boxed{\frac{s}{s+1}} \rightarrow C(s)$

よって，全体の伝達関数$G(s)=\dfrac{C(s)}{R(s)}$は，$\dfrac{1}{s+K}$と$\dfrac{s}{s+1}$の直列結合なので，

$$G(s)=\frac{1}{s+K}\times\frac{s}{s+1}$$

$$=\frac{s}{s^2+(K+1)s+K}$$

5 制御システムに関する記述として，誤っているものを次の(1)〜(5)のうちから一つ選べ。

(1) 比例動作は偏差に比例して出力する動作である。

(2) 積分動作は単独で用いられることはなく，他の動作と組み合わせて用いる。

(3) 微分動作は単独で用いられることはなく，他の動作と組み合わせて用いる。

(4) 積分動作では，過渡状態において動作遅れが発生し安定度が低下しやすくなる。

(5) 比例動作では定常偏差が発生する可能性があるので，微分動作と組み合わせてオフセットをなくす。

POINT 7 制御システム安定性

解答 (5)

(1) 正しい。比例動作は偏差に比例して出力する動作である。

(2) 正しい。積分動作は単独で用いられることはなく，他の動作（比例動作）と組み合わせて用いる。

(3) 正しい。微分動作は単独で用いられることはなく，他の動作（比例動作）と組み合わせて用いる。

(4) 正しい。積分動作では，過渡状態において動作遅れが発生し安定度が低下しやすくなる。

(5) 誤り。比例動作では定常偏差が発生する可能性があるので，積分動作と組み合わせてオフセットをなくすことがある。

応用問題

1 図1で示されるブロック線図のブロック $G(\mathrm{j}\omega)$ が図2の回路の $\dfrac{V_o(\mathrm{j}\omega)}{V_i(\mathrm{j}\omega)}$ で表されるとき，図1の周波数伝達関数 $\dfrac{C(\mathrm{j}\omega)}{R(\mathrm{j}\omega)}$ として，正しいものを次の(1)〜(5)のうちから一つ選べ。

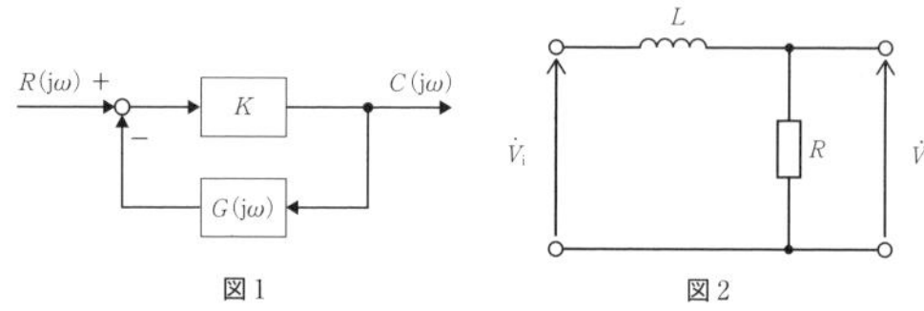

図1　　図2

(1) $\dfrac{K(R+\mathrm{j}\omega L)}{(K+1)R+\mathrm{j}\omega L}$　(2) $\dfrac{KR+\mathrm{j}\omega L}{(K+1)R+\mathrm{j}\omega L}$　(3) K

(4) $\dfrac{(K+1)R+\mathrm{j}\omega L}{K(R+\mathrm{j}\omega L)}$　(5) $\dfrac{KR+\mathrm{j}\omega L}{K(R+\mathrm{j}\omega L)}$

注目 自動制御では,式の変換の数学力も問われる。
分母や分子の中に分数がある繁分数の計算は慣れの要素が強いので,よく理解しておくこと。

解答 (1)

出力 $\dot{V}_o$[V] は抵抗 R に加わる電圧であるから，分圧の法則より，

$$\dot{V}_o=\frac{R}{R+\mathrm{j}\omega L}\dot{V}_i$$

となるので，周波数伝達関数 $G(\mathrm{j}\omega)=\dfrac{\dot{V}_o}{\dot{V}_i}$ は，

$$G(\mathrm{j}\omega)=\frac{R}{R+\mathrm{j}\omega L}$$

よって，全体の伝達関数 $G(\mathrm{j}\omega)=\dfrac{C(\mathrm{j}\omega)}{R(\mathrm{j}\omega)}$ は，K と $G(\mathrm{j}\omega)$ のフィードバック結合なので，

$$G(\mathrm{j}\omega)=\frac{K}{1+KG(\mathrm{j}\omega)}$$

$$=\frac{K}{1+K\cdot\dfrac{R}{R+\mathrm{j}\omega L}}$$

$$=\frac{K}{1+K\cdot\dfrac{R}{R+\mathrm{j}\omega L}}\times\frac{R+\mathrm{j}\omega L}{R+\mathrm{j}\omega L}$$

$$=\frac{K(R+\mathrm{j}\omega L)}{R+\mathrm{j}\omega L+KR}=\frac{K(R+\mathrm{j}\omega L)}{(K+1)R+\mathrm{j}\omega L}$$

2 次の回路で示されるゲインg[dB]として，最も近いものを次の(1)〜(5)のうちから一つ選べ。ただし，電源の周波数は50 Hzであり，$\log_{10}2 \fallingdotseq 0.301$，$\log_{10}3 \fallingdotseq 0.477$である。

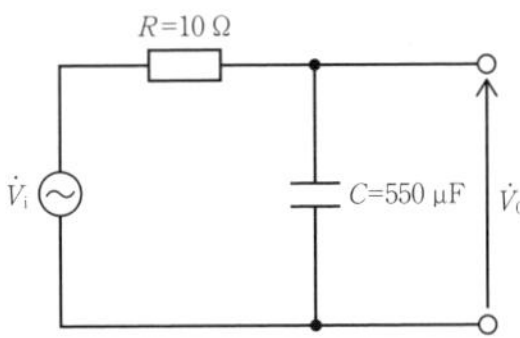

(1) −14　(2) −10　(3) −6　(4) 6　(5) 14

注目 問題自体はさほど難しい内容ではないが，非常に計算力が求められる問題。一度に全て理解しようとするのではなく，一つ一つ理解していくようにすること。

解答 (3)

出力$\dot{V}_o$[V]はコンデンサCに加わる電圧であるから，分圧の法則より，

$$\dot{V}_o = \frac{\frac{1}{j\omega C}}{R+\frac{1}{j\omega C}}\dot{V}_i$$

$$= \frac{\frac{1}{j\omega C}}{R+\frac{1}{j\omega C}}\dot{V}_i \times \frac{j\omega C}{j\omega C}$$

$$= \frac{1}{1+j\omega CR}\dot{V}_i$$

$$= \frac{1}{1+j2\pi fCR}\dot{V}_i$$

となるので，周波数伝達関数$G(j\omega)=\frac{\dot{V}_o}{\dot{V}_i}$は，

$$G(j\omega) = \frac{1}{1+j2\pi fCR}$$

よって，そのゲインg[dB]は，

$$g = 20\log_{10}|G(j\omega)|$$

$$= 20\log_{10}\left|\frac{1}{1+j2\pi fCR}\right|$$

$$= 20\log_{10}\frac{1}{\sqrt{1^2+(2\pi fCR)^2}}$$

$$= 20\log_{10}\frac{1}{\sqrt{1+(2\times 3.1416\times 50\times 550\times 10^{-6}\times 10)^2}}$$

$$\fallingdotseq 20\log_{10}\frac{1}{\sqrt{1+2.986}}$$

対数の公式

$$\log_{10}AB = \log_{10}A + \log_{10}B$$

$$\log_{10}\frac{A}{B} = \log_{10}A - \log_{10}B$$

は合わせて覚えておくこと。

$$\fallingdotseq 20\log_{10}\frac{1}{1.996}$$

$$\fallingdotseq 20\log_{10}1 - 20\log_{10}2$$

$$= 20\times 0 - 20\times 0.301$$

$$= -6.02\ \mathrm{dB}$$

3 図の制御対象の伝達関数として，正しいものを次の(1)～(5)のうちから一つ選べ。

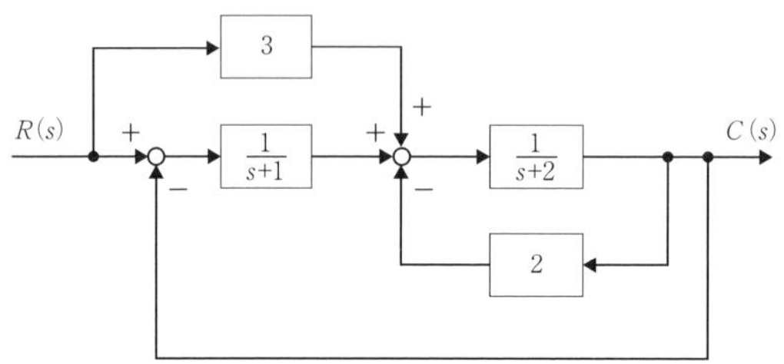

(1) $\dfrac{3s+2}{s^2+3s+2}$ (2) $\dfrac{3s+4}{s^2+3s+2}$ (3) $\dfrac{3s+2}{s^2+5s+4}$

(4) $\dfrac{3s+4}{s^2+5s+4}$ (5) $\dfrac{3s+4}{s^2+5s+5}$

解答 (5)

下図の通り，要素$\dfrac{1}{s+2}$への入力を$X(s)$とする。要素$\dfrac{1}{s+1}$への入力は$R(s)$と$C(s)$の偏差であるから，要素$\dfrac{1}{s+1}$の出力は，

$$\frac{1}{s+1}(R(s)-C(s))$$

となる。

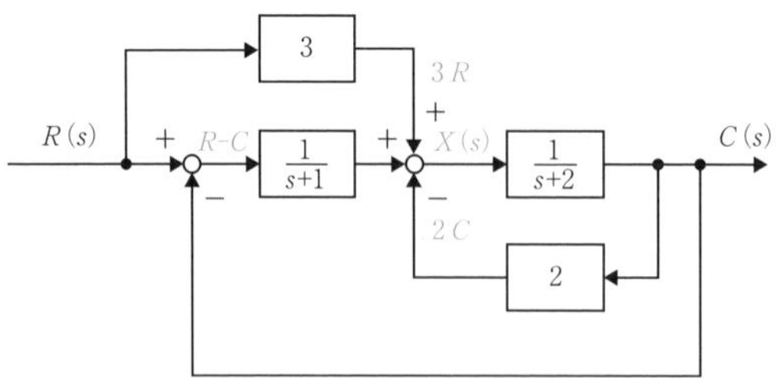

また，要素3の出力は$3R(s)$，要素2の出力は$2C(s)$であるため，$X(s)$は，

$$X(s)=\frac{1}{s+1}(R(s)-C(s))+3R(s)-2C(s)$$

となり，

$$C(s)=\frac{1}{s+2}X(s)$$

であるから，

$$C(s)=\frac{1}{s+2}\left\{\frac{1}{s+1}(R(s)-C(s))+3R(s)-2C(s)\right\}$$

$$(s+2)C(s)=\frac{1}{s+1}(R(s)-C(s))+3R(s)-2C(s)$$

$$(s+1)(s+2)C(s)=R(s)-C(s)+(s+1)(3R(s)-2C(s))$$

$$(s^2+3s+2)C(s)=R(s)-C(s)+(3s+3)R(s)-(2s+2)C(s)$$

$$(s^2+3s+2)C(s)=(3s+4)R(s)-(2s+3)C(s)$$

$$\{(s^2+3s+2)+(2s+3)\}C(s)=(3s+4)R(s)$$

$$(s^2+5s+5)C(s)=(3s+4)R(s)$$

$$\frac{C(s)}{R(s)}=\frac{3s+4}{s^2+5s+5}$$

注目 自動制御では，必ず次数は分母の方が大きくなる。
計算間違い防止のポイントとして覚えておく。
本問の場合，分母が2次で分子が1次。

4 次の図において，$R(s)$ は入力，$C(s)$ は出力，$D(s)$ は外乱である。$R(s)=0$ のとき，$D(s)$ から $C(s)$ の伝達関数として，正しいものを次の(1)～(5)のうちから一つ選べ。

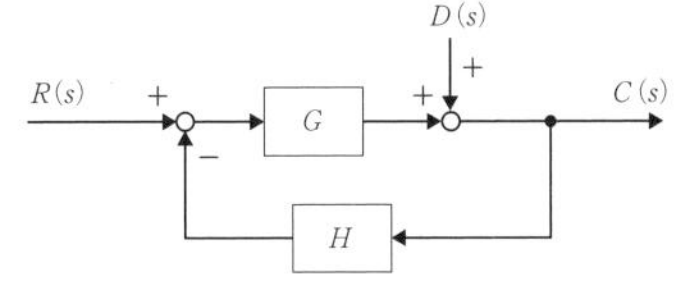

(1) $\frac{1}{1+G}$ (2) $\frac{1}{1+GH}$ (3) $\frac{G}{1+GH}$

(4) $\frac{H}{1+GH}$ (5) $\frac{GH}{1+GH}$

注目 外乱からの伝達関数は等価変換で解くよりも，計算で解いた方が良い場合が多い。

解答 (2)

要素 H の出力は $HC(s)$ となり $R(s)=0$ となるので，要素 G の入力は，

$$R(s)-HC(s)=0-HC(s)$$
$$=-HC(s)$$

したがって，要素 G の出力は，$-GHC(s)$ となるので，

$$D(s) - GHC(s) = C(s)$$

よって，伝達関数は，

$$D(s) = C(s) + GHC(s)$$
$$= (1 + GH)C(s)$$
$$\frac{C(s)}{D(s)} = \frac{1}{1 + GH}$$

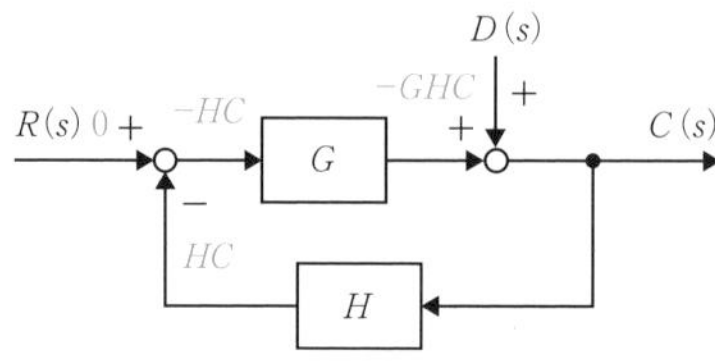

5 次のボード線図で示される周波数伝達関数$G(\mathrm{j}\omega)$として，正しいものを次の(1)～(5)のうちから一つ選べ。ただし，$\log_{10} 2 \fallingdotseq 0.301$，$\log_{10} 3 \fallingdotseq 0.477$である。

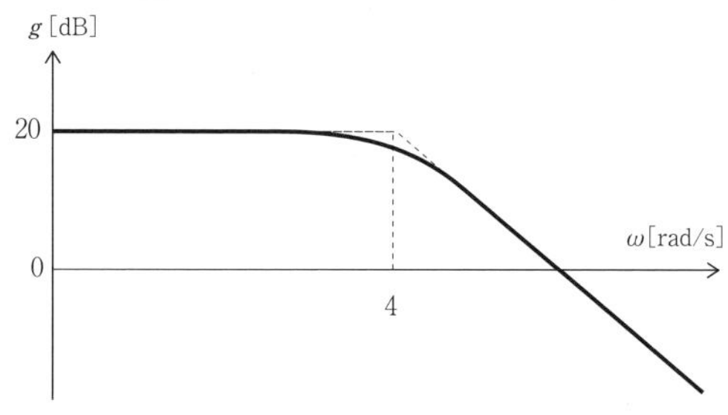

(1) $\dfrac{10}{1 + \mathrm{j}0.25\omega}$　(2) $\dfrac{20}{1 + \mathrm{j}0.25\omega}$　(3) $\dfrac{10}{1 + \mathrm{j}\omega}$

(4) $\dfrac{10}{1 + \mathrm{j}4\omega}$　(5) $\dfrac{20}{1 + \mathrm{j}4\omega}$

注目 ボード線図の問題は概念を理解していれば良い。
本問の内容を理解していれば本番でも十分に通用すると考えてよい。

解答 (1)

ゲインg[dB]は，ボード線図より，

$$g = 20\log_{10}|G(\mathrm{j}\omega)|$$
$$= 20\log_{10}\left|\frac{K}{1 + \mathrm{j}\omega T}\right|$$
$$= 20\log_{10}\frac{K}{\sqrt{1 + (\omega T)^2}}$$
$$= 20\log_{10}K - 20\log_{10}\sqrt{1 + (\omega T)^2}$$
$$= 20\log_{10}K - 10\log_{10}\{1 + (\omega T)^2\}$$

で表され，$\omega T \ll 1$のとき，

$$g = 20\log_{10}K - 10\log_{10}1$$
$$= 20\log_{10}K$$

ボード線図より，このときのゲインgは20 dBであるから，

$$20 = 20\log_{10}K$$
$$K = 10$$

また，折れ線の角周波数$\omega s = \dfrac{1}{T} = 4\ \mathrm{rad}/s$であるから，

$$T = 0.25\ s$$

よって，周波数伝達関数$G(\mathrm{j}\omega)$は，

$$G(\mathrm{j}\omega) = \frac{K}{1 + \mathrm{j}\omega T}$$
$$= \frac{10}{1 + \mathrm{j}0.25\omega}$$

解答

CHAPTER 07

情報

1 情報

確認問題

1 次の数を10進数から2進数に基数変換しなさい。

POINT 1 基数変換

(1) 13　(2) 31　(3) 68　(4) 167　(5) 433

解答 (1) 1101　(2) 11111　(3) 1000100
(4) 10100111　(5) 110110001

(1)

		余り
2) 13		
2) 6	…	1
2) 3	…	0
2) 1	…	1
0	…	1

(2)

		余り
2) 31		
2) 15	…	1
2) 7	…	1
2) 3	…	1
2) 1	…	1
0	…	1

(3)

		余り
2) 68		
2) 34	…	0
2) 17	…	0
2) 8	…	1
2) 4	…	0
2) 2	…	0
2) 1	…	0
0	…	1

(4)

		余り
2)167		
2) 83	…	1
2) 41	…	1
2) 20	…	1
2) 10	…	0
2) 5	…	0
2) 2	…	1
2) 1	…	0
0	…	1

(5)

		余り
2)433		
2)216	…	1
2)108	…	0
2) 54	…	0
2) 27	…	0
2) 13	…	1
2) 6	…	1
2) 3	…	0
2) 1	…	1
0	…	1

2 次の数を2進数から10進数に基数変換しなさい。

POINT 1 基数変換

(1) 1011　(2) 10101　(3) 111010
(4) 101011　(5) 10011001

解答 (1) 11 (2) 21 (3) 58 (4) 43 (5) 153

(1) 2進数$(1011)_2$を10進数に変換すると，

$$(1011)_2 = 1\times2^3+0\times2^2+1\times2^1+1\times2^0$$
$$=8+0+2+1$$
$$=11$$

(2) 2進数$(10101)_2$を10進数に変換すると，

$$(10101)_2 = 1\times2^4+0\times2^3+1\times2^2+0\times2^1+1\times2^0$$
$$=16+0+4+0+1$$
$$=21$$

解答編
CHAPTER 07
情報 1

(3)　2進数$(111010)_2$を10進数に変換すると，

$$(111010)_2 = 1\times2^5 + 1\times2^4 + 1\times2^3 + 0\times2^2 + 1\times2^1 + 0\times2^0$$
$$= 32 + 16 + 8 + 0 + 2 + 0$$
$$= 58$$

(4)　2進数$(101011)_2$を10進数に変換すると，

$$(101011)_2 = 1\times2^5 + 0\times2^4 + 1\times2^3 + 0\times2^2 + 1\times2^1 + 1\times2^0$$
$$= 32 + 0 + 8 + 0 + 2 + 1$$
$$= 43$$

(5)　2進数$(10011001)_2$を10進数に変換すると，

$$(10011001)_2 = 1\times2^7 + 0\times2^6 + 0\times2^5 + 1\times2^4 + 1\times2^3 + 0\times2^2 + 0\times2^1 + 1\times2^0$$
$$= 128 + 0 + 0 + 16 + 8 + 0 + 0 + 1$$
$$= 153$$

3 次の数を2進数から16進数に基数変換しなさい。

POINT 1 基数変換

(1)　1001　(2)　1110　(3)　110101
(4)　10011010　(5)　10111100

解答 (1) 9　(2) E　(3) 35　(4) 9A　(5) BC

(1)　2進数$(1001)_2$を10進数に変換すると，

$$(1001)_2 = 1\times2^3 + 0\times2^2 + 0\times2^1 + 1\times2^0$$
$$= 8 + 0 + 0 + 1$$
$$= 9$$

となるので，16進数においても9となる。

(2)　2進数$(1110)_2$を10進数に変換すると，

$$(1110)_2 = 1\times2^3 + 1\times2^2 + 1\times2^1 + 0\times2^0$$
$$= 8 + 4 + 2 + 0$$
$$= 14$$

となるので，16進数においてはEとなる。

16進数における10以上は覚えておく必要がある。

10 → A
11 → B
12 → C
13 → D
14 → E
15 → F

(3)　2進数$(110101)_2=(00110101)_2$を4桁毎に区切り，10進数に変換すると，

$$(0011)_2=0\times2^3+0\times2^2+1\times2^1+1\times2^0$$
$$=0+0+2+1$$
$$=3$$

$$(0101)_2=0\times2^3+1\times2^2+0\times2^1+1\times2^0$$
$$=0+4+0+1$$
$$=5$$

となるので，16進数においては35となる。

(4)　2進数$(10011010)_2$を4桁毎に区切り，10進数に変換すると，

$$(1001)_2=1\times2^3+0\times2^2+0\times2^1+1\times2^0$$
$$=8+0+0+1$$
$$=9$$

$$(1010)_2=1\times2^3+0\times2^2+1\times2^1+0\times2^0$$
$$=8+0+2+0$$
$$=10\rightarrow\mathrm{A}$$

となるので，16進数においては9Aとなる。

(5)　2進数$(10111100)_2$を4桁毎に区切り，10進数に変換すると，

$$(1011)_2=1\times2^3+0\times2^2+1\times2^1+1\times2^0$$
$$=8+0+2+1$$
$$=11\rightarrow\mathrm{B}$$

$$(1100)_2=1\times2^3+1\times2^2+0\times2^1+0\times2^0$$
$$=8+4+0+0$$
$$=12\rightarrow\mathrm{C}$$

となるので，16進数においてはBCとなる。

❹ 次の16進数を2進数に基数変換しなさい。　**POINT 1** 基数変換

(1) 9　(2) D　(3) 42　(4) 9C　(5) EF

解答 (1) 1001　(2) 1101　(3) 1000010
(4) 10011100　(5) 11101111

(1) 16進数$(9)_{16}$は10進数の9と等しいので，2進数に変換すると下記の通りとなる。

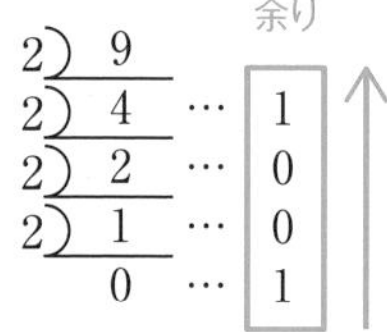

(2) 16進数$(D)_{16}$は10進数の13と等しいので，2進数に変換すると下記の通りとなる。

余り
2) 13
2) 6 … 1
2) 3 … 0
2) 1 … 1
0 … 1

(3) 16進数$(42)_{16}$を各桁ごとに2進数に変換すると，

$(4)_{16} = (0100)_2$

$(2)_{16} = (0010)_2$

となるので，2進数においては$(1000010)_2$となる。

(4) 16進数$(9C)_{16}$を各桁ごとに2進数に変換すると，

$(9)_{16} = (1001)_2$

$(C)_{16} = (1100)_2$

となるので，2進数においては$(10011100)_2$となる。

(5) 16進数$(EF)_{16}$を各桁ごとに2進数に変換すると，

$(E)_{16} = (1110)_2$

$(F)_{16} = (1111)_2$

となるので，2進数においては$(11101111)_2$となる。

5 次の論理回路の真理値表を描け。

(1)

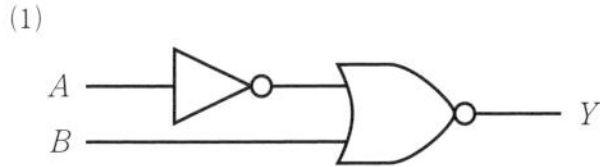

(2)

(3)

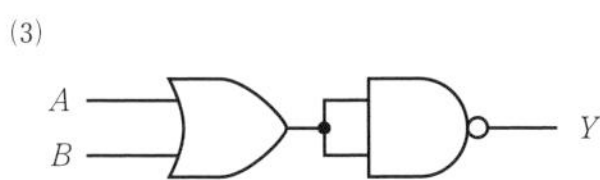

(4)

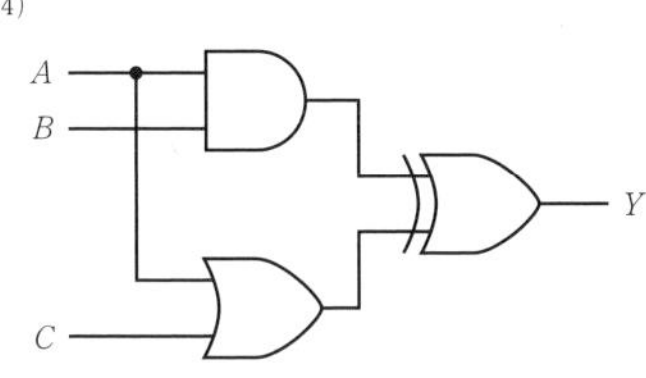

解答

(1)解答：表のとおり

入力		出力
A	B	Y
0	0	0
0	1	0
1	0	1
1	1	0

$A=0$, $B=0$を入力したときの各部の信号は下図の通りとなる。

他の入力も同様に実施する。

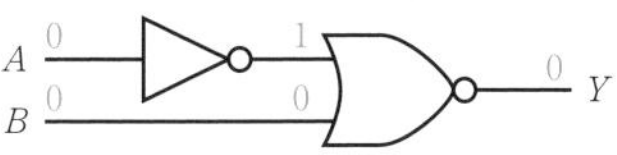

POINT 2 論理回路

ブール代数からの計算も可能である。

NOT回路は$Y=\bar{A}$, NOR回路は$Y=\overline{A+B}$なので,

$Y=\overline{\bar{A}+B}$

$=\bar{\bar{A}}\cdot\bar{B}$

$=A\cdot\bar{B}$

となる。

解答編 CHAPTER 07 情報 1

(2)解答：表のとおり

入力		出力
A	B	Y
0	0	1
0	1	1
1	0	1
1	1	0

$A=0$, $B=0$を入力したときの各部の信号は下図の通りとなる。

他の入力も同様に実施する。

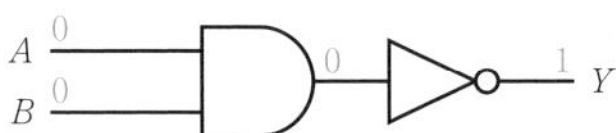

ブール代数で計算すると，AND回路は$Y=A\cdot B$，NOT回路は$Y=\bar{A}$であるから，

$$Y=\overline{A\cdot B}$$
$$=\bar{A}+\bar{B}$$

となる。

(3)解答：表のとおり

入力		出力
A	B	Y
0	0	1
0	1	0
1	0	0
1	1	0

$A=0$, $B=0$を入力したときの各部の信号は下図の通りとなる。

他の入力も同様に実施する。

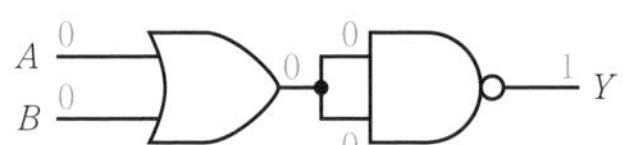

ブール代数で計算すると，OR回路は$Y=A+B$，NAND回路は$Y=\overline{A\cdot B}$であるから，

$$Y=\overline{(A+B)\cdot(A+B)}$$
$$=\overline{A+B}+\overline{A+B}$$
$$=\overline{A+B}=\bar{A}\cdot\bar{B}$$

となる。

(4)解答：表のとおり

入力			出力
A	B	C	Y
0	0	0	0
0	0	1	1
0	1	0	0
0	1	1	1
1	0	0	1
1	0	1	1
1	1	0	0
1	1	1	0

$A=0$, $B=0$, $C=0$を入力したときの各部の信号は下図の通りとなる。

他の入力も同様に実施する。

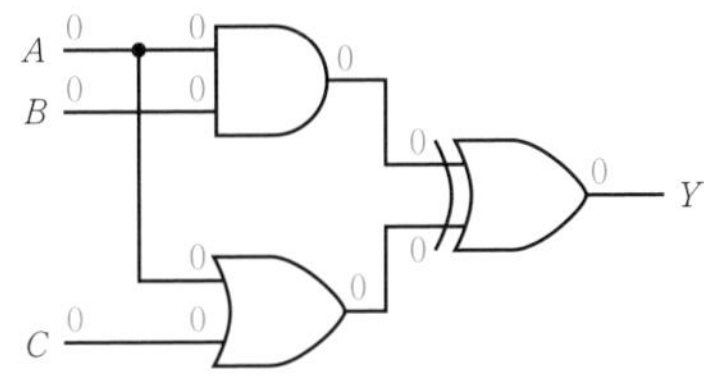

ブール代数で計算すると，AND回路は$Y=A \cdot B$，OR回路は$Y=A+B$，XOR回路は$Y=A \cdot \bar{B}+\bar{A} \cdot B$であるから，

$$
\begin{aligned}
Y&=(A \cdot B) \cdot \overline{(A+C)} \\
&\quad +\overline{A \cdot B} \cdot (A+C) \\
&=A \cdot B \cdot \bar{A} \cdot \bar{C} \\
&\quad +\overline{A \cdot B} \cdot A+\overline{A \cdot B} \cdot C \\
&=0 \cdot B \cdot \bar{C}+(\bar{A}+\bar{B}) \cdot A \\
&\quad +(\bar{A}+\bar{B}) \cdot C \\
&=0+\bar{A} \cdot A+\bar{B} \cdot A \\
&\quad +\bar{A} \cdot C+\bar{B} \cdot C \\
&=0+0+\bar{B} \cdot A \\
&\quad +\bar{A} \cdot C+\bar{B} \cdot C \\
&=\bar{B} \cdot A+\bar{A} \cdot C+\bar{B} \cdot C \\
&=A \cdot \bar{B}+\bar{A} \cdot C+\bar{B} \cdot C
\end{aligned}
$$

となる。

計算が複雑になるので，入力が増える場合は信号を順番に入れた方が良い。

6 次のブール代数を簡略化しなさい。

POINT 3 ブール代数の計算

(1) $\bar{A} \cdot B+\bar{A} \cdot \bar{B}$

(2) $A \cdot \bar{B}+\overline{\bar{A}+\bar{B}}$

(3) $A \cdot B \cdot C+\bar{A} \cdot B \cdot C$

(4) $\bar{A} \cdot B \cdot C+A \cdot \bar{B} \cdot \bar{C}+A \cdot \bar{B} \cdot C+A \cdot B \cdot C$

解答 (1) $\bar{A}$　(2) A　(3) $B \cdot C$
(4) $A \cdot \bar{B}+B \cdot C$

(1)

$$
\begin{aligned}
\bar{A} \cdot B+\bar{A} \cdot \bar{B}&=\bar{A} \cdot (B+\bar{B}) &\text{(分配則)}\\
&=\bar{A} \cdot 1 &\text{(補元則)}\\
&=\bar{A} &\text{(恒等則)}
\end{aligned}
$$

解答編 CHAPTER 07 情報 1

(2)

$$A\cdot\bar{B}+\overline{\bar{A}+\bar{B}}=A\cdot\bar{B}+\bar{\bar{A}}\cdot\bar{\bar{B}}$$ （ド・モルガンの定理）

$$=A\cdot\bar{B}+A\cdot B$$ （二重否定）

$$=A\cdot(\bar{B}+B)$$ （分配則）

$$=A\cdot 1$$ （補元則）

$$=A$$ （恒等則）

(3)

$$A\cdot B\cdot C+\bar{A}\cdot B\cdot C=(A+\bar{A})\cdot B\cdot C$$ （分配則）

$$=1\cdot B\cdot C$$ （補元則）

$$=B\cdot C$$ （恒等則）

(4)

$$\bar{A}\cdot B\cdot C+A\cdot\bar{B}\cdot\bar{C}+A\cdot\bar{B}\cdot C+A\cdot B\cdot C$$

$$=A\cdot\bar{B}\cdot\bar{C}+A\cdot\bar{B}\cdot C+\bar{A}\cdot B\cdot C+A\cdot B\cdot C$$ （交換則）

$$=A\cdot\bar{B}\cdot(\bar{C}+C)+(\bar{A}+A)\cdot B\cdot C$$ （分配則）

$$=A\cdot\bar{B}\cdot 1+1\cdot B\cdot C$$ （補元則）

$$=A\cdot\bar{B}+B\cdot C$$ （恒等則）

基本問題

1 基数変換に関する記述として，誤っているものを次の(1)～(5)のうちから一つ選べ。

(1) 10進数35を2進数に変換すると100011となる。

(2) 2進数10101を10進数に変換すると21となる。

(3) 2進数1101を16進数に変換するとDとなる。

(4) 10進数51を16進数に変換すると35となる。

(5) 16進数4Bを10進数に変換すると75となる。

POINT 1 基数変換

解答 (4)

(1) 正しい。10進数35を2進数に変換すると下記の通り，100011となる。

```
               余り
2) 35
2) 17  …  1   ↑
2)  8  …  1
2)  4  …  0
2)  2  …  0
2)  1  …  0
    0  …  1
```

(2) 正しい。2進数$(10101)_2$を10進数に変換すると，

$$(10101)_2 = 1\times2^4+0\times2^3+1\times2^2+0\times2^1+1\times2^0$$
$$=16+0+4+0+1$$
$$=21$$

(3) 正しい。2進数$(1101)_2$を10進数に変換すると，

$$(1101)_2 = 1\times2^3+1\times2^2+0\times2^1+1\times2^0$$
$$=8+4+0+1$$
$$=13$$

となるので，16進数においてはDとなる。

(4) 誤り。2進数と同様に10進数51を16進数に変換すると下記の通り，33となる。

10進数からの変換はすべてこの方法で変換可能である。

```
                余り
16) 51
16)  3  …  3   ↑
     0  …  3
```

(5)　正しい。16進数 $(4B)_{16}$ を2進数と同様に10進数に変換すると，

$$
\begin{aligned}
(4B)_{16} &= 4\times16^1 + 11\times16^0 \\
&= 64 + 11 \\
&= 75
\end{aligned}
$$

10進数への変換もすべてこの方法で可能である。したがって，10進数への変換及び10進数からの変換を覚えればあらゆる変換を10進数経由で導出することができる。

2　図のように，入力信号がA，B及びC，出力信号がYの論理回路がある。この論理回路の真理値表として，正しいものを次の(1)～(5)のうちから一つ選べ。

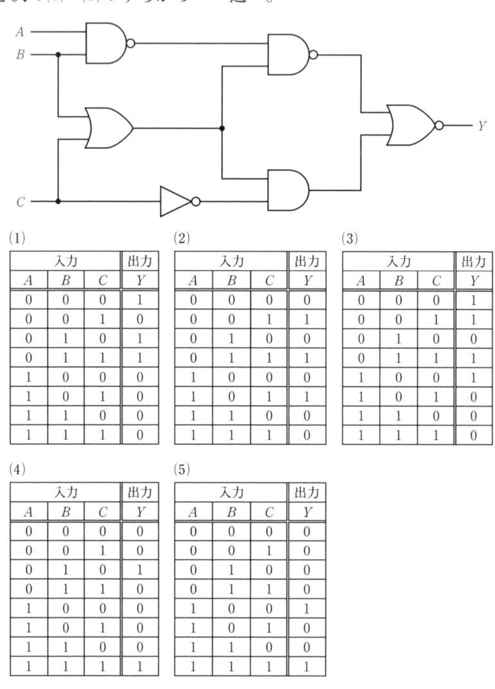

(1)

入力			出力
A	B	C	Y
0	0	0	1
0	0	1	0
0	1	0	1
0	1	1	1
1	0	0	0
1	0	1	0
1	1	0	0
1	1	1	0

(2)

入力			出力
A	B	C	Y
0	0	0	0
0	0	1	1
0	1	0	0
0	1	1	1
1	0	0	0
1	0	1	1
1	1	0	0
1	1	1	0

(3)

入力			出力
A	B	C	Y
0	0	0	1
0	0	1	1
0	1	0	0
0	1	1	1
1	0	0	1
1	0	1	0
1	1	0	0
1	1	1	0

(4)

入力			出力
A	B	C	Y
0	0	0	0
0	0	1	0
0	1	0	1
0	1	1	0
1	0	0	0
1	0	1	0
1	1	0	0
1	1	1	1

(5)

入力			出力
A	B	C	Y
0	0	0	0
0	0	1	0
0	1	0	0
0	1	1	0
1	0	0	1
1	0	1	0
1	1	0	0
1	1	1	1

POINT 2 論理回路

注目　電験では時間が制約されるので，できるだけ速く正答を導き出す必要がある。
本問も最低限の信号で正答を導き出し，残りのパターンは見直し等で時間が余った場合に実施すること。

解答　(2)

$A=0$，$B=0$，$C=0$を入力したときの各部の信号は図の通りとなる。

したがって，出力は0になるので，(2)，(4)，(5)は成立するが，(1)，(3)は除外される。

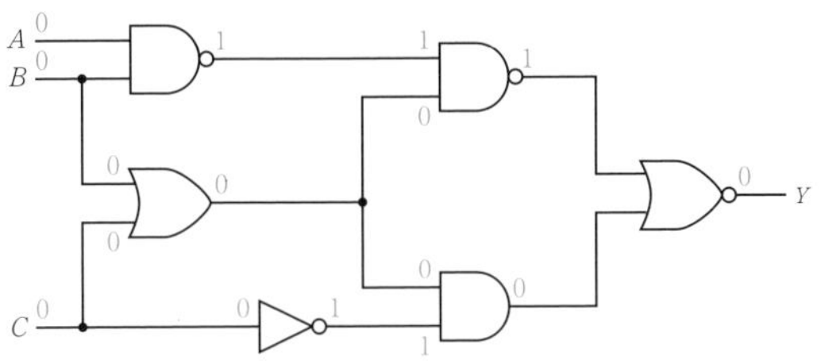

$A=0$，$B=0$，$C=1$を入力したときの各部の信号は下図の通りとなる。

したがって，出力は1になるので，(2)は成立するが，(4)，(5)は除外される。したがって，解答は(2)となる。

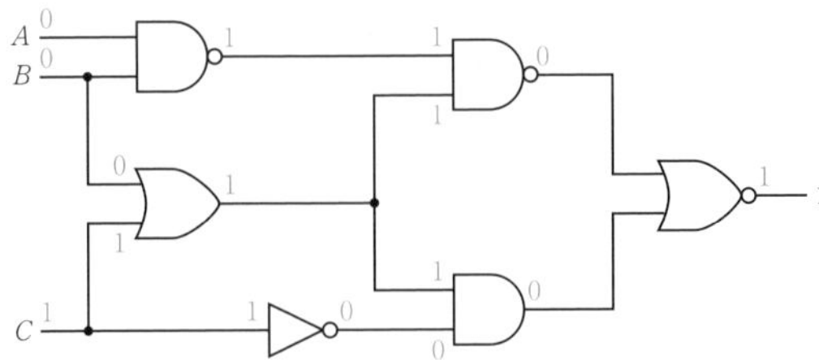

3 論理式$\bar{A}\cdot\bar{B}\cdot\bar{C}\cdot\bar{D}+\bar{A}\cdot\bar{B}\cdot\bar{C}\cdot D+\bar{A}\cdot B\cdot\bar{C}\cdot\bar{D}+\bar{A}\cdot B\cdot\bar{C}\cdot D+\bar{A}\cdot B\cdot C\cdot\bar{D}+A\cdot B\cdot\bar{C}\cdot\bar{D}+A\cdot B\cdot C\cdot\bar{D}$を簡略化したものとして，正しいものを次の(1)～(5)のうちから一つ選べ。

(1) $\bar{A}\cdot\bar{C}+B\cdot\bar{D}$　(2) $A\cdot\bar{C}+B\cdot D$　(3) $\bar{A}\cdot C+\bar{B}\cdot D$
(4) $\bar{A}\cdot C+\bar{B}\cdot\bar{D}$　(5) $A\cdot C+B\cdot D$

解答 (1)

$\bar{A}\cdot\bar{B}\cdot\bar{C}\cdot\bar{D}+\bar{A}\cdot\bar{B}\cdot\bar{C}\cdot D+\bar{A}\cdot B\cdot\bar{C}\cdot\bar{D}+\bar{A}\cdot B\cdot\bar{C}\cdot D+\bar{A}\cdot B\cdot C\cdot\bar{D}+A\cdot B\cdot\bar{C}\cdot\bar{D}+A\cdot B\cdot C\cdot\bar{D}$

$=\bar{A}\cdot\bar{B}\cdot\bar{C}\cdot(\bar{D}+D)+\bar{A}\cdot B\cdot\bar{C}\cdot(\bar{D}+D)+(\bar{A}\cdot B\cdot C+A\cdot B\cdot\bar{C}+A\cdot B\cdot C)\cdot\bar{D}$　(分配則)

$=\bar{A}\cdot\bar{B}\cdot\bar{C}\cdot 1+\bar{A}\cdot B\cdot\bar{C}\cdot 1+(\bar{A}\cdot C+A\cdot\bar{C}+A\cdot C)\cdot B\cdot\bar{D}$　(補元則，分配則)

$=\bar{A}\cdot\bar{B}\cdot\bar{C}+\bar{A}\cdot B\cdot\bar{C}+(\bar{A}\cdot C+A\cdot\bar{C}+A\cdot C)\cdot B\cdot\bar{D}$　(恒等則)

POINT 3 ブール代数の計算

注目 ブール代数の計算は主にB問題の選択問題で出題される。理解していなくても試験には対応できるが，理解しておくと出題された場合大きな得点源となる。

下図のようなカルノー図を描いても解くことができる。

$\bar{A}\cdot\bar{C}$

AB＼CD	00	01	11	10
00	1	1		
01	1	1		1
11	1			
10				

$B\cdot\bar{D}$

$$=\bar{A}\cdot\bar{C}\cdot\bar{B}+\bar{A}\cdot\bar{C}\cdot B+(\bar{A}\cdot C+A\cdot\bar{C}+A\cdot C)\cdot B\cdot\bar{D}$$
（交換則）

$$=\bar{A}\cdot\bar{C}\cdot(\bar{B}+B)+\{\bar{A}\cdot C+A\cdot(\bar{C}+C)\}\cdot B\cdot\bar{D}$$ （分配則）

$$=\bar{A}\cdot\bar{C}\cdot 1+(\bar{A}\cdot C+A\cdot 1)\cdot B\cdot\bar{D}$$ （補元則）

$$=\bar{A}\cdot\bar{C}+(\bar{A}\cdot C+A)\cdot B\cdot\bar{D}$$ （恒等則）

$$=\bar{A}\cdot\bar{C}+\bar{A}\cdot\bar{C}\cdot B\cdot\bar{D}+(\bar{A}\cdot C+A)\cdot B\cdot\bar{D}$$ （吸収則）

$$=\bar{A}\cdot\bar{C}+(\bar{A}\cdot\bar{C}+\bar{A}\cdot C+A)\cdot B\cdot\bar{D}$$ （分配則）

$$=\bar{A}\cdot\bar{C}+\{\bar{A}\cdot(\bar{C}+C)+A\}\cdot B\cdot\bar{D}$$ （分配則）

$$=\bar{A}\cdot\bar{C}+(\bar{A}\cdot 1+A)\cdot B\cdot\bar{D}$$ （補元則）

$$=\bar{A}\cdot\bar{C}+(\bar{A}+A)\cdot B\cdot\bar{D}$$ （恒等則）

$$=\bar{A}\cdot\bar{C}+1\cdot B\cdot\bar{D}$$ （補元則）

$$=\bar{A}\cdot\bar{C}+B\cdot\bar{D}$$ （恒等則）

応用問題

1 次の文章は基数変換に関する記述である。

10進数の145を2進数に変換すると［（ア）］であり，これに2進数の$(111001)_2$を加えると［（イ）］となる。さらに［（イ）］を16進数に変換すると［（ウ）］となり，さらに［（ウ）］を16進数$(2B)_{16}$で引くと8進数の［（エ）］となる。

上記の記述中の空白箇所（ア），（イ），（ウ）及び（エ）に当てはまる組合せとして，正しいものを次の(1)～(5)のうちから一つ選べ。

	（ア）	（イ）	（ウ）	（エ）
(1)	$(10001001)_2$	$(11001010)_2$	$(C2)_{16}$	$(227)_8$
(2)	$(10010001)_2$	$(11001010)_2$	$(CA)_{16}$	$(227)_8$
(3)	$(10001001)_2$	$(11000010)_2$	$(C2)_{16}$	$(227)_8$
(4)	$(10010001)_2$	$(11000010)_2$	$(C2)_{16}$	$(237)_8$
(5)	$(10010001)_2$	$(11001010)_2$	$(CA)_{16}$	$(237)_8$

注目 総合的な問題とするため，実際の電験の問題の難易度より若干高めにしている。
2進数，8進数，16進数が同時に出題されることはない。

解答 (5)

（ア）10進数145を2進数に変換すると次の通り，$(10010001)_2$となる。

```
                余り
2) 145
2)  72 … 1  ↑
2)  36 … 0
2)  18 … 0
2)   9 … 0
2)   4 … 1
2)   2 … 0
2)   1 … 0
     0 … 1
```

（イ）次の通り，計算すると，$(11001010)_2$と求められる。

```
   1 1     1
   10010001
 + 00111001
 ----------
   11001010
```

2進数の演算も10進数と同様に筆算で計算すれば良い。ただし，2で繰り上がる。
どうしても厳しい場合は一旦10進数に直して，再度2進数に戻しても良い。

（ウ）（イ）の解答を4桁毎に区切り，10進数に変換すると，

$$(1100)_2 = 1\times2^3 + 1\times2^2 + 0\times2^1 + 0\times2^0$$
$$= 8 + 4 + 0 + 0$$
$$= 12 \rightarrow C$$
$$(1010)_2 = 1\times2^3 + 0\times2^2 + 1\times2^1 + 0\times2^0$$
$$= 8 + 0 + 2 + 0$$
$$= 10 \rightarrow A$$

となるので，16進数においては$(CA)_{16}$となる。

（エ）$(CA)_{16}$及び$(2B)_{16}$を10進数に変換すると，

$$(CA)_{16} = 12\times16^1 + 10\times16^0$$
$$= 192 + 10 = 202$$
$$(2B)_{16} = 2\times16^1 + 11\times16^0$$
$$= 32 + 11 = 43$$

となるのでその差は，

$$(CA)_{16} - (2B)_{16} = 202 - 43 = 159$$

となる。159を8進数に変換すると，下記の通り$(237)_8$と求められる。

8) 159		余り
8) 19	…	7
8) 2	…	3
0	…	2

（余りを下から上へ読む）

2 図1で示される論理回路に図2のタイムチャートに示すような入力信号を加えたとき，出力信号Yとして正しいものを次の(1)～(5)のうちから一つ選べ。

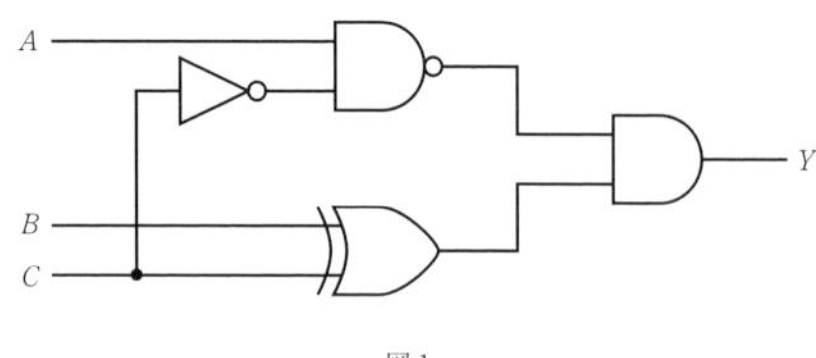

図1

【入力信号】

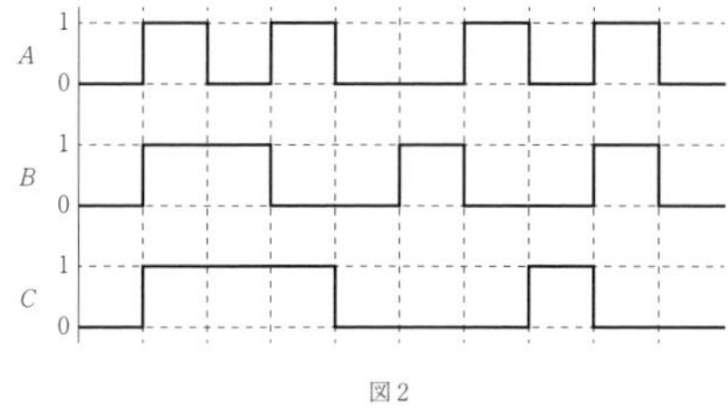

図2

【出力信号】

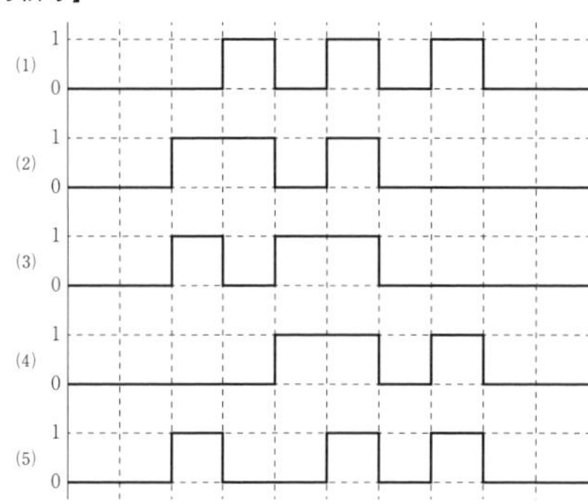

解答 (1)

$A=0$, $B=0$, $C=0$を入力したときの各部の信号は下図の通りとなる。

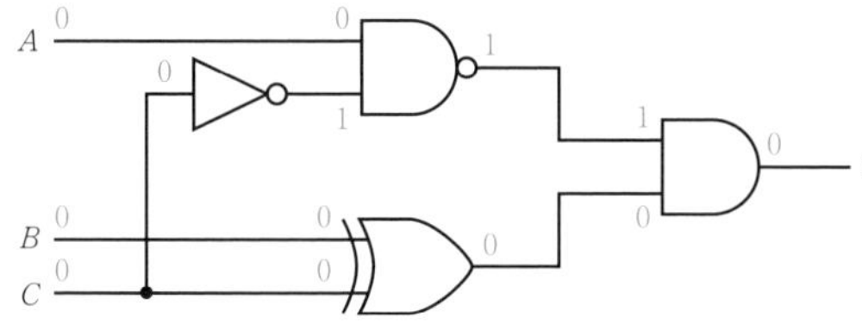

同様に，他の信号パターンも入力すると，真理値表は次の表の通りとなる。

慣れてきた場合には，真理値表を書かずにタイムチャートを見て導出しても良い。

入力			出力
A	B	C	Y
0	0	0	0
0	0	1	1
0	1	0	1
0	1	1	0
1	0	0	0
1	0	1	1
1	1	0	0
1	1	1	0

真理値表に沿ってタイムチャートに各出力の波形を描くと，下図のようになり，(1)と同様な波形となる。

3 ある論理回路に入力A,B及びCを加えたときの出力Xとして，次のカルノー図が得られた。このとき，次の(a)及び(b)の問に答えよ。

A ＼ BC	00	01	11	10
0			1	1
1		1	1	

(a) カルノー図を満たす論理回路として，正しいものを次の(1)～(5)のうちから一つ選べ。

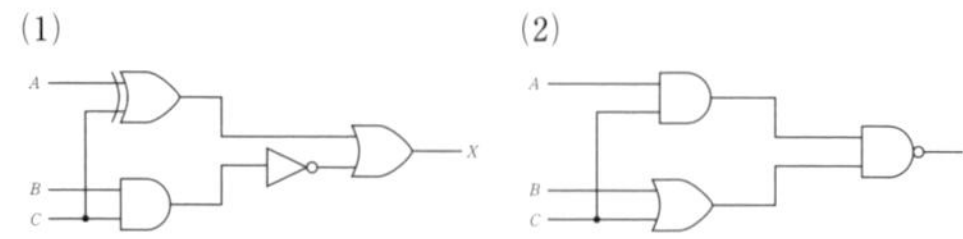

(3)

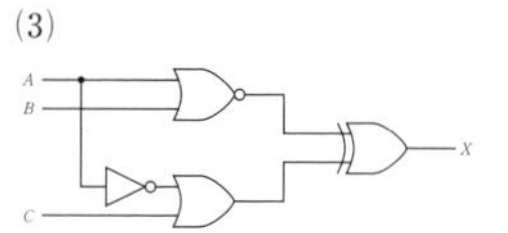

(4)

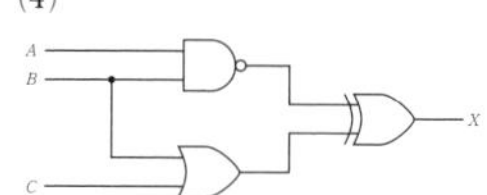

(5)

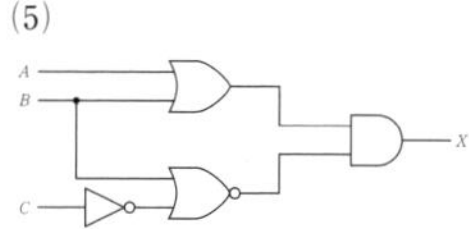

(b) Xの論理式を和積形式で表したものとして，正しいものを次の(1)～(5)のうちから一つ選べ。

(1) $(A+B+C)\cdot(\bar{A}+B+C)\cdot(A+\bar{B}+C)\cdot(A+\bar{B}+\bar{C})$

(2) $(A+B+C)\cdot(A+\bar{B}+C)\cdot(A+B+\bar{C})\cdot(\bar{A}+\bar{B}+C)$

(3) $(A+B+C)\cdot(\bar{A}+B+C)\cdot(A+\bar{B}+C)\cdot(\bar{A}+B+\bar{C})$

(4) $(A+B+C)\cdot(A+\bar{B}+C)\cdot(A+B+\bar{C})\cdot(A+\bar{B}+\bar{C})$

(5) $(A+B+C)\cdot(\bar{A}+B+C)\cdot(A+B+\bar{C})\cdot(\bar{A}+\bar{B}+C)$

解答 (a) (3) (b) (5)

(a) $A=0$, $B=0$, $C=0$を入力したときの各選択肢の各部の信号は図の通りとなる。

したがって，(3)，(5)は出力が0となり成立するが，(1)，(2)，(4)は出力が1となり除外される。

(1)

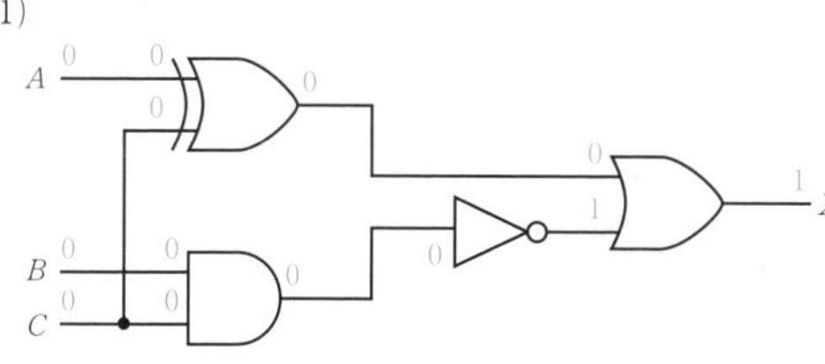

(2)

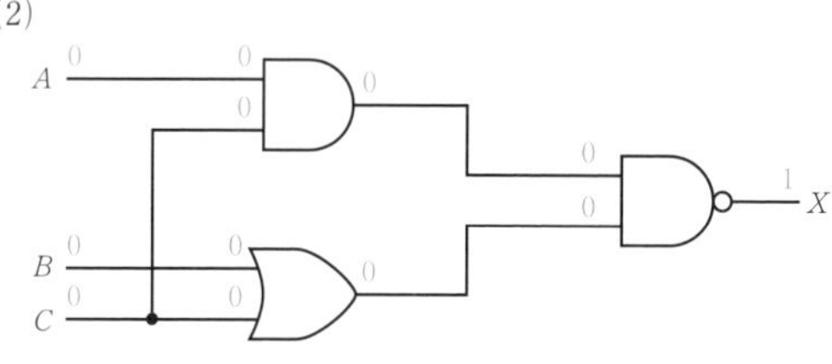

注目 電験でも出題されやすい問題パターンである。
各回路の出力は頭の中で瞬時で導き出せるように習熟しておくこと。

(3)

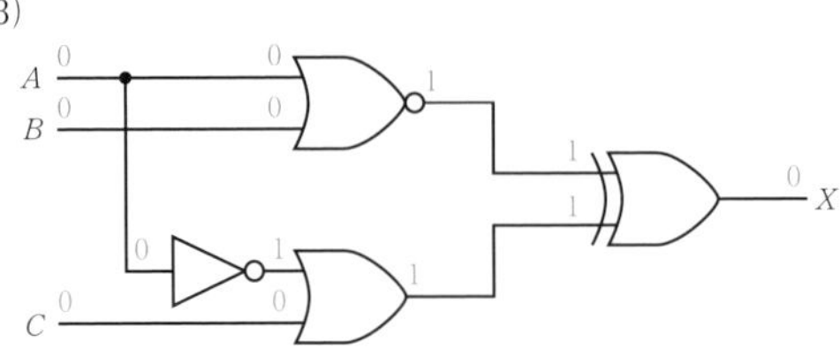

(4)

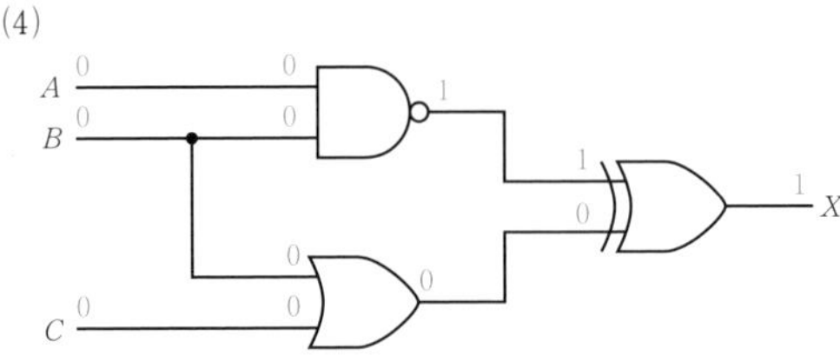

(5)

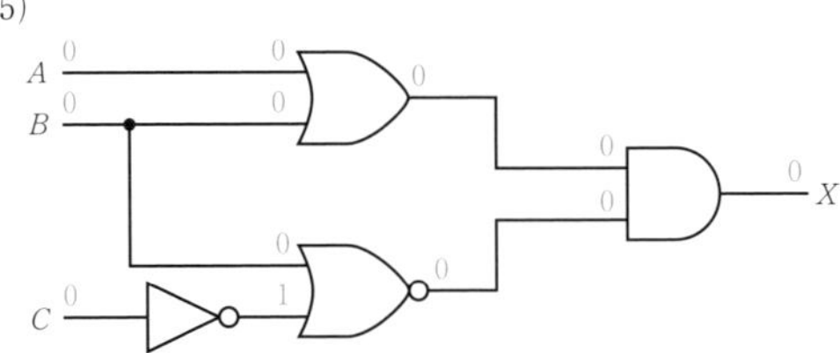

$A = 0$, $B = 0$, $C = 1$を入力したときの各部の信号は図の通りとなる。したがって，(3)，(5)ともに成立する。

(3)

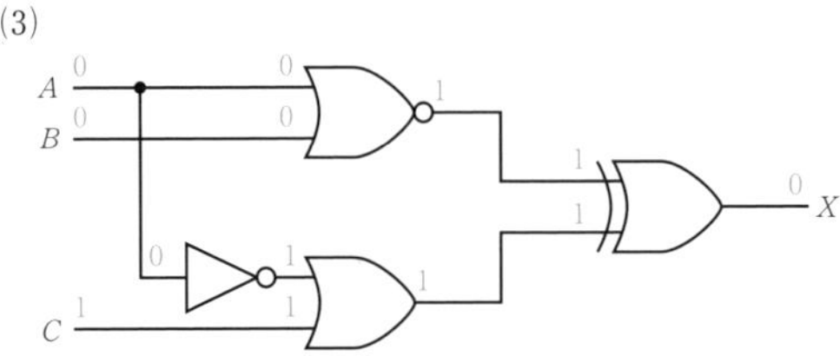

(5)

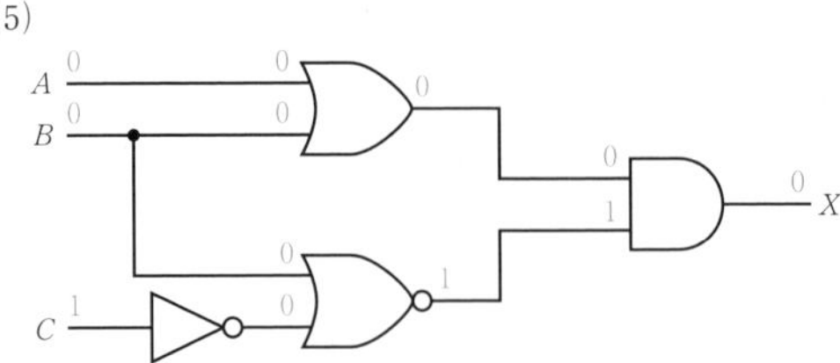

$A = 0$, $B = 1$, $C = 0$を入力したときの各部の信号は図の通りとなる。

したがって，(3)は成立するが(5)は成立しない。

したがって，解答は(3)と求められる。

(3)

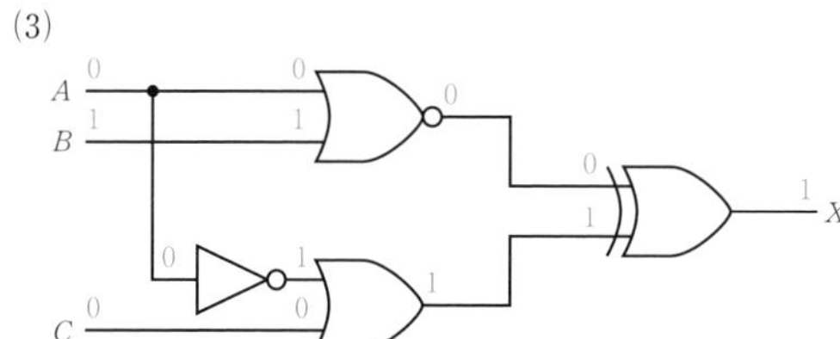

(5)

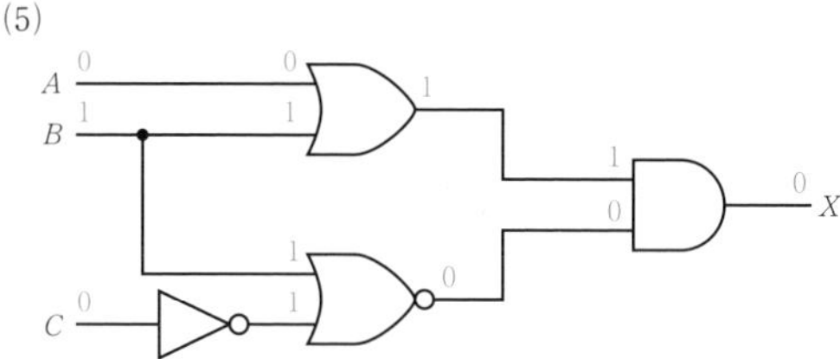

(b) カルノー図より，真理値表を作成すると下表のようになる。

慣れてきた場合には真理値表を描かずに直接式を導出する。

入力			出力
A	B	C	X
0	0	0	0
0	0	1	0
0	1	0	1
0	1	1	1
1	0	0	0
1	0	1	1
1	1	0	0
1	1	1	1

真理値表より，主乗法標準形の作成方法の通り，出力が0の行をピックアップすると，

$$X=(A+B+C)\cdot(A+B+\bar{C})\cdot(\bar{A}+B+C)\cdot(\bar{A}+\bar{B}+C)$$

$$=(A+B+C)\cdot(\bar{A}+B+C)\cdot(A+B+\bar{C})\cdot(\bar{A}+\bar{B}+C)$$

（交換則）

と求められる。

解答

CHAPTER 08

照明

1 照明

確認問題

1 次の照明に関する記述のうち，正しいものには○，誤っているものには×をつけよ。

(1) 球体の表面積を半径で除したものを立体角という。

(2) 光束とは光の量のことであり，ここでいう光とは紫外光から赤外光までのすべての範囲の光である。

(3) 人間が最も光の強さを感じる波長は約555 nmである。

(4) 光度とは単位面積あたりの光束のことである。

(5) 輝度は光源を見る角度によって変わることがある。

(6) 照度と輝度はほぼ同じものと考えてよい。

(7) 照度とは単位面積あたりの光度のことである。

(8) 照度は光源からの距離に反比例する。

(9) 入射角θ [rad] で入射したときの水平面照度E_{h} [lx] は法線照度をE_{n} [lx] とすると，$E_{\mathrm{h}} = E_{\mathrm{n}} \cos\theta$で求められる。

(10) ある電球から出た光束が作業面に到達する割合を照明率という。

(11) 保守率は通常使用で照明の能力が低下する割合のことをいう。

(12) 蛍光灯内には水銀原子があり，蛍光灯端子に電界をかけると電子がこの水銀原子に当たり，可視光が発生することにより発光する。

(13) LEDランプは電子と正孔の再結合により発光し，省電力で発熱も少ない等のメリットがある。

解答 (1) ×　(2) ×　(3) ○　(4) ×　(5) ○
(6) ×　(7) ×　(8) ×　(9) ○　(10) ○
(11) ×　(12) ×　(13) ○

POINT 1 明るさを表す量

(1) ×。球体の一部の表面積を半径の2乗で除したものを立体角という。

(2)　×。光束とは人に見える可視光の量で，同じ強さの光でも感度の高い光と感度の低い光がある。

(3)　○。人間が最も光の強さを感じる波長は約555 nmで，色でいうと緑色や黄色ぐらいの色である。

(4)　×。光度とは単位立体角あたりの光束のことである。

(5)　○。輝度は光源の見かけの単位面積あたりの光度で，見る角度により見かけの面積や光度も変わるので値も変わってくる。

(6)　×。照度は単位面積あたりに入射する光束で，輝度は光源の見かけの単位面積あたりの光度である。照度は照らされている面に着目し，輝度は光源に着目している点や，単位も異なることから，全く違うものである。

(7)　×。照度とは単位面積あたりに入射する光束である。

(8)　×。照度E[lx]は光度をI[cd]，光源からの距離をl[m]とすると，

$$E=\frac{I}{l^2}$$

となり，光源からの距離の2乗に反比例する。

(9)　○。図の通り，入射角θ[rad]で入射したときの水平面照度E_h[lx]は法線照度をE_n[lx]とすると，$E_h=E_n\cos\theta$で求められる。

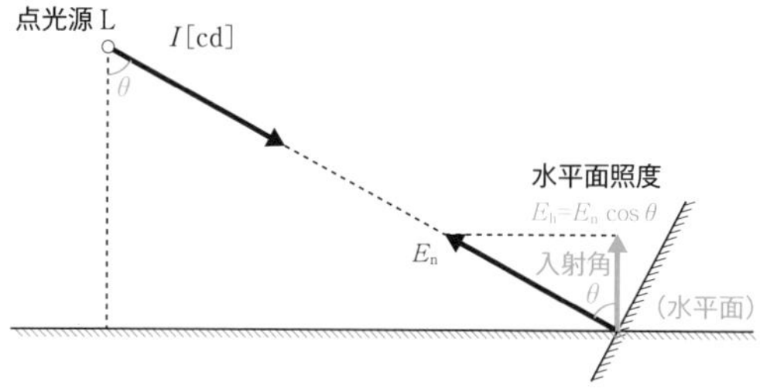

(10)　○。ある電球から出た光束が作業面に到達する割合を照明率といい，照明率Uは，

$$U=\frac{作業面に入射した光束}{光源から出た全光束}$$

注目　照明分野における基本的な公式は，他の分野と独立した内容であるため，イメージをしながらも暗記するしかない。

POINT 2　法線照度，水平面照度，鉛直面照度

POINT 3　平均照度

で表される。

⑾　×。保守率は光源や機器の汚れを考慮した割合であり，照明の能力が低下する割合ではない。

⑿　×。蛍光灯内には水銀原子があり，蛍光灯端子に電界をかけると電子がこの水銀原子に当たり，紫外線が発生する。紫外線を蛍光体に当てることで可視光に変換し，発光する。

⒀　○。ＬＥＤランプはp形半導体とn形半導体の境界面で，電子と正孔対が再結合することにより発光する。省電力で発熱も少ない等のメリットがある。

POINT 4 各種光源

2 光束が500 lmの電球があるとき，次の問に答えよ。ただし，電球は全方位に均一に光束を発するものとする。

(1)　この電球の光度[cd]を求めよ。

(2)　この電球から距離2 m離れた作業場所での照度[lx]を求めよ。

(3)　この電球を作業場所から見たところ，見かけの面積が0.005 m^2であった。輝度[cd/m^2]を求めよ。

(4)　この電球の光束を1000 lmにしたときの照度[lx]は何倍となるか。

(5)　光束を1000 lmのまま作業場所の距離を4 mにした。作業場所の照度は500 lm，距離2 mのときの何倍となるか。

POINT 1 明るさを表す量

POINT 2 法線照度，水平面照度，鉛直面照度

解答　(1) 39.8 cd　(2) 9.95 lx

(3) 7960 cd/m^2　(4) 2倍　(5) 0.5倍

(1)　球全体の立体角ωは4π srであるから，この電球の光度I[cd]は，

$$I=\frac{F}{\omega}$$

$$=\frac{500}{4\pi}$$

$$\fallingdotseq 39.789\rightarrow 39.8\text{ cd}$$

(2)　距離$l=2$ m離れた場所での照度E[lx]は，逆

2乗の法則より，

$$E=\frac{I}{l^2}$$

$$=\frac{39.789}{2^2}$$

$$\fallingdotseq 9.9473 \rightarrow 9.95\ \mathrm{lx}$$

(3) 輝度L[cd/m^2]は，光度I[cd]及び見かけの面積A'[m^2]を用いて，$L=\frac{I}{A'}$で求められるので，

$$L=\frac{I}{A'}$$

$$=\frac{39.789}{0.005}$$

$$=7957.8 \rightarrow 7960\ \mathrm{cd/m^2}$$

(4) 照度E[lx]は光度I[cd]に比例し，光度I[cd]は光束F[lm]に比例するので，照度E[lx]は光束F[lm]に比例する。よって，光束$F'=1000$ lmのときの照度E'[lx]は，

$$\frac{E'}{E}=\frac{F'}{F}$$

$$\frac{E'}{E}=\frac{1000}{500}$$

$$E'=2E$$

となり，2倍となる。

(5) 照度E[lx]は，逆2乗の法則より，距離の2乗に反比例するので，作業場所の距離を4 mにしたときの照度E''[lx]は，

$$E''=\left(\frac{2}{4}\right)^2E'$$

$$=\frac{1}{4}E'$$

$$=\frac{1}{4}\times 2E$$

$$=\frac{1}{2}E$$

となり，0.5倍と求められる。

3 図のように地面から高さ2 mの場所に点光源があり，点光源から2.5 m離れたP点での法線照度が400 lxであるとき，次の問に答えよ。ただし，点光源は各方向へ均等に光束が発散するとする。

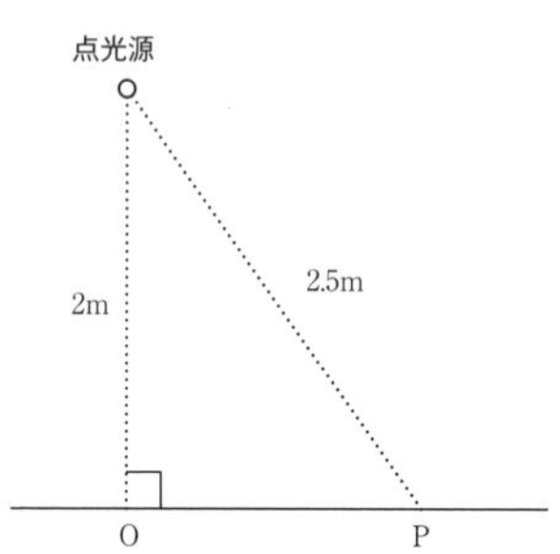

(1) 点光源の光度[cd]を求めよ。

(2) 点Oでの照度[lx]を求めよ。

(3) 点Pでの水平面照度[lx]を求めよ。

(4) 点Pでの鉛直面照度[lx]を求めよ。

POINT 2 法線照度，水平面照度，鉛直面照度

注目 水平面照度の導出は照明の中で最も出題されやすい内容である。
この問題を基本としてよく理解しておくこと。

解答 (1) 2500 cd　(2) 625 lx　(3) 320 lx　(4) 240 lx

(1) 法線照度E_n[lx]は，光度I[cd]及び距離l[m]を用いて，

$$E_n=\frac{I}{l^2}$$

よって，点光源の光度I[cd]は，

$$I=E_n l^2$$
$$=400\times2.5^2$$
$$=2500\text{ cd}$$

(2) 点Oでの照度E_O[lx]は，

$$E_O=\frac{I}{l^2}$$
$$=\frac{2500}{2^2}$$
$$=625\text{ lx}$$

(3)　点Pでの水平面照度E_h[lx]は，法線照度E_n[lx]および点光源から被照面への入射角θを用いて，

$$E_h = E_n \cos\theta$$

で求められ，$\cos\theta$は，

$$\cos\theta = \frac{2}{2.5}$$

$$= 0.8$$

よって，

$$E_h = E_n \cos\theta$$

$$= 400 \times 0.8$$

$$= 320 \text{ lx}$$

(4)　点Pでの鉛直面照度E_v[lx]は，法線照度E_n[lx]および点光源から被照面への入射角θを用いて，

$$E_v = E_n \sin\theta$$

で求められ，$\sin\theta$は，

$$\sin\theta = \sqrt{1-\cos^2\theta}$$

$$= \sqrt{1-0.8^2}$$

$$= 0.6$$

よって，

$$E_v = E_n \sin\theta$$

$$= 400 \times 0.6$$

$$= 240 \text{ lx}$$

4　図のような半径r[m]のテーブルがある。このテーブルから高さh[m]のところにテーブルに向かう光束がF[lm]の照明を置いたとき，次の問に答えよ。ただし，照明からテーブルを見た立体角はω[sr]とする。

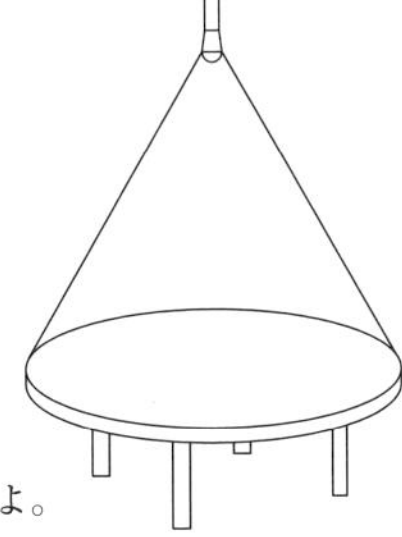

(1)　テーブルの面積S[m^2]を求めよ。

(2)　点光源の光度I[cd]を求めよ。

(3)　このテーブルの平均照度E[lx]を求めよ。ただし，照明率はU，保守率はMとする。

POINT 1 明るさを表す量

POINT 3 平均照度

解答 (1) $S=\pi r^2$[m^2]　(2) $I=\dfrac{F}{\omega}$[cd]

(3) $E=\dfrac{FUM}{\pi r^2}$[lx]

(1)　半径がr[m]の円形テーブルであるので，面積S[m^2]は，

$$S=\pi r^2$$

(2)　光度I[cd]は，光束F[lm]，立体角ω[sr]とすると，

$$I=\frac{F}{\omega}$$

(3)　照度E[lx]は，光束F[lm]，面積S[m^2]とすると，

$$E=\frac{FUM}{S}$$

$$=\frac{FUM}{\pi r^2}$$

基本問題

1 次の文章は照明に用いられる数量に関する記述である。

光源から出ている可視光の量を (ア) といい，単位立体角あたりの (ア) を (イ) という。また，ある方向から照明を見たときの見かけの面積で (イ) を除したときの値を (ウ) という。さらに， (ア) がある面積に入射したときの単位面積あたりの明るさを (エ) という。

上記の記述中の空白箇所（ア），（イ），（ウ）及び（エ）に当てはまる組合せとして，正しいものを次の(1)〜(5)のうちから一つ選べ。

	（ア）	（イ）	（ウ）	（エ）
(1)	光束	光度	輝度	照度
(2)	光束	輝度	照度	光度
(3)	光束	光度	照度	輝度
(4)	放射束	照度	輝度	光度
(5)	放射束	輝度	光度	照度

POINT 1 明るさを表す量

注目 用語の定義をよく理解しておくこと。特に，光度，輝度，照度は間違えやすい。

解答 (1)

2 図のような地面と平行な方向に最大光度 $I = 1200$ cd で，なす角 θ［°］に対して $I_\theta = I\cos\theta$［cd］となる配光特性を持つ光源を取り付けたときの現象について，次の(a)及び(b)の問に答えよ。

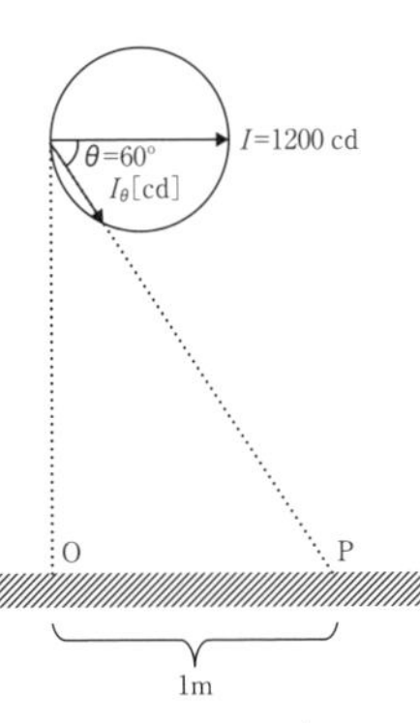

(a) なす角 $\theta = 60°$ のときの光度［cd］として，最も近いものを次の(1)〜(5)のうちから一つ選べ。

(1) 100　(2) 300　(3) 600　(4) 1000　(5) 1200

(b) OP間の距離が1 mであるとき，点Pの照度［lx］として最も近いものを次の(1)〜(5)のうちから一つ選べ。

POINT 2 法線照度，水平面照度，鉛直面照度

(1) 75　(2) 130　(3) 150　(4) 260　(5) 520

解答 (a) (3)　(b) (2)

(a) なす角θ[°]のときの光度は，$I_{\theta}=I\cos\theta$ [cd]で求められるので，

$$I_{\theta}=I\cos\theta$$
$$=1200\cos 60°$$
$$=1200\times\frac{1}{2}$$
$$=600\ \mathrm{cd}$$

(b) 点Pの角度は60°であるので，$1:2:\sqrt{3}$の直角三角形の関係より，光源から点Pまでの距離lは2 mとなる。よって，水平面照度E_{h}[lx]は，

$$E_{\mathrm{h}}=E_{\mathrm{n}}\sin\theta$$
$$=\frac{I_{\theta}}{l^2}\sin\theta$$
$$=\frac{600}{2^2}\times\frac{\sqrt{3}}{2}$$
$$\fallingdotseq 130\ \mathrm{lx}$$

問題文で点Pの照度と言われたら，基本的には地面と垂直な成分の照度，すなわち水平面照度を表している。

3 間口10 m，奥行き20 m，天井高さが4 mのオフィスがあり，天井に照明器具を取り付け，床面での平均照度を 600 lx以上としたい。このときの蛍光灯の必要本数として，最も近いものを次の(1)～(5)のうちから一つ選べ。ただし，蛍光灯1本あたりの光束は3000 lm，照明率は0.6，保守率は0.75とする。

POINT 3 平均照度

(1) 30　(2) 40　(3) 50　(4) 70　(5) 90

解答 (5)

蛍光灯の光束F[lm]，蛍光灯がN本，床面の面積A[m^2]，照明率U，保守率Mとすると，平均照度E[lx]は，

$$E=\frac{NFUM}{A}$$

床面の面積A[m^2]は，

$$A = 10 \times 20 = 200\ \mathrm{m}^2$$

よって，

$$E = \frac{NFUM}{A}$$

$$600 = \frac{N \times 3000 \times 0.6 \times 0.75}{200}$$

$$N = \frac{600 \times 200}{3000 \times 0.6 \times 0.75}$$

$$\fallingdotseq 88.9\ 本$$

以上より，最も近いのは90本となる。

4 次の文章は蛍光灯に関する記述である。

POINT 4 各種光源

蛍光灯は蛍光管と呼ばれる管内に (ア) 及び (イ) が入っており，放電により電子が (イ) に当たり，(ウ) を放出して，これを蛍光体に当てることで可視光に変換するフォトルミネッセンスを利用している。白熱灯と比べて，寿命は (エ) という特徴がある。

上記の記述中の空白箇所（ア），（イ），（ウ）及び（エ）に当てはまる組合せとして，正しいものを次の(1)～(5)のうちから一つ選べ。

	（ア）	（イ）	（ウ）	（エ）
(1)	水銀	アルゴンガス	赤外線	短い
(2)	アルゴンガス	水銀	紫外線	長い
(3)	アルゴンガス	水銀	赤外線	長い
(4)	水銀	アルゴンガス	紫外線	短い
(5)	水銀	アルゴンガス	赤外線	長い

解答 (2)

(ア)(イ)(ウ) 蛍光管には水銀とアルゴンガスが入っているが，アルゴンガスは希ガスと呼ばれ，非常に安定した気体であり，反応しない。水銀は電子が当たると紫外線を発する。

(エ) 蛍光灯は白熱灯に比べて寿命は長いが，LEDに比べると短い。

応用問題

1 図のように，高さ2.5 mに照明が下向きに設置されており，この照明の鉛直方向の光度I_0は800 cdである。このとき，次の(a)及び(b)の問に答えよ。ただし，鉛直方向となす角θ［rad］の光度I_θが$I_\theta = I_0 \cos\theta$で表せられるとする。

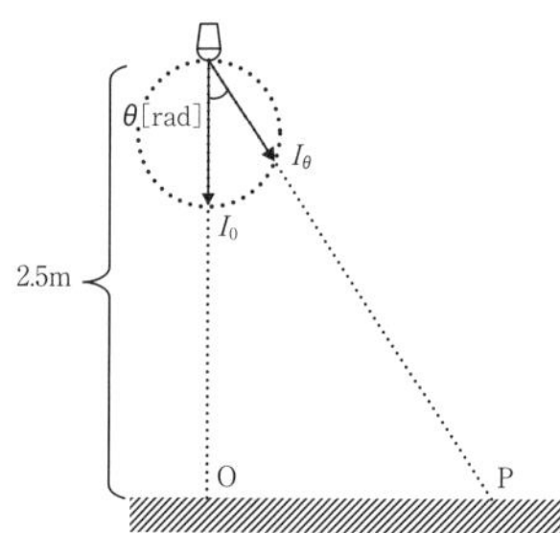

(a) 照明直下の点Oの照度として，最も近いものを次の(1)〜(5)のうちから一つ選べ。

(1) 51　(2) 128　(3) 217　(4) 320　(5) 506

(b) 点Oから1.5 m離れた点Pでの照度として，最も近いものを次の(1)〜(5)のうちから一つ選べ。

(1) 69　(2) 81　(3) 94　(4) 124　(5) 173

解答 (a) (2)　(b) (1)

(a) 点Oでの照度E_O［lx］は，

$$E_O = \frac{I_0}{l^2} = \frac{800}{2.5^2} = 128\ \text{lx}$$

(b) 照明から点Pまでの距離l'［m］は三平方の定理より，

$$l' = \sqrt{2.5^2 + 1.5^2} \fallingdotseq 2.9155\ \text{m}$$

注目 基本問題 2 の縦向きの場合の問題である。
$\sin\theta$なのか$\cos\theta$なのかは暗記するのではなく，図を見ながら判断するようにすること。

よって，水平面照度E_h[lx]は，

$$E_h = \frac{I_\theta}{l'^2}\cos\theta$$

$$= \frac{I_0}{l'^2}\cos^2\theta$$

$$= \frac{800}{2.9155^2} \times \left(\frac{2.5}{2.9155}\right)^2$$

$$\fallingdotseq 69 \text{ lx}$$

2 単位長さあたり2000 lmの直線光源を床面上4 mの高さに設置した。このとき，次の(a)及び(b)の問に答えよ。ただし，直線光源は十分に長いとし，完全拡散性であるとする。

注目 点光源と間違えると(a),(b)とも間違えるので注意する。必ず点光源で計算した場合の誤答が用意されていると考えておくこと。

(a) 光源直下の照度として，最も近いものを次の(1)～(5)のうちから一つ選べ。

(1) 40　(2) 80　(3) 120　(4) 160　(5) 200

(b) 光源直下から3 m離れた場所での照度として，最も近いものを次の(1)～(5)のうちから一つ選べ。

(1) 20　(2) 30　(3) 40　(4) 50　(5) 60

解答 (a) (2)　(b) (4)

(a) 直線光源から距離r[m]離れた場所の照度E[lx]は，$E = \frac{F}{2\pi r}$であるから，直線光源直下の照度E_0[lx]は，

$$E_0 = \frac{F}{2\pi r}$$

$$= \frac{2000}{2 \times \pi \times 4}$$

$$\fallingdotseq 79.6 \rightarrow 80 \text{ lx}$$

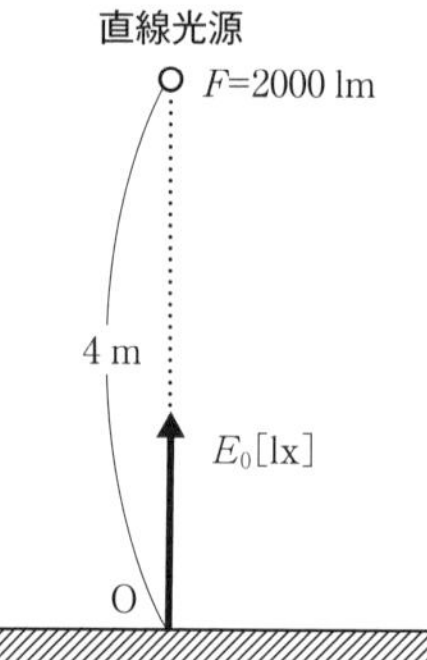

(b)　光源直下から3 m離れた場所を点Aとする。光源から点Aまでの距離r'[m]は，三平方の定理より，

$$r'=\sqrt{3^2+4^2}$$
$$=5\text{ m}$$

よって，点Aでの水平面照度E_h[lx]は，法線照度をE_n[lx]とすると，

$$E_h=\frac{F}{2\pi r'}\cos\theta=\frac{2000}{2\times\pi\times5}\times\frac{4}{5}$$
$$\fallingdotseq 50.9\rightarrow\mathbf{50\ lx}$$

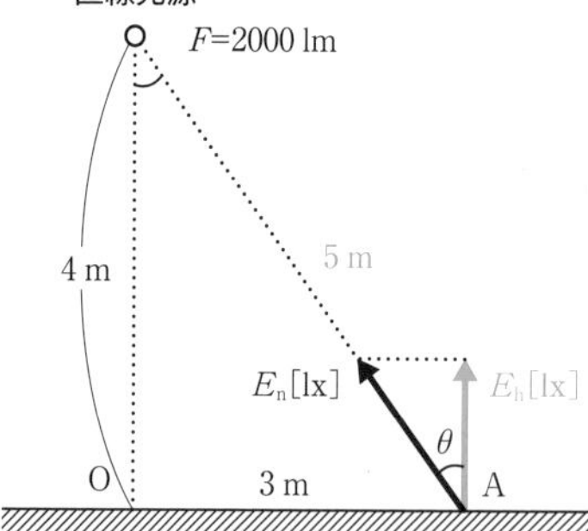

3:4:5の直角三角形の関係は覚えておくこと。

3　図のように，長さ400 mの道路上に街灯を道路を挟んで交互に設置した千鳥配列の設計を考える。街灯の道路へ入射する全光束を6000 lm，道路幅を12 m，照明の取付高さを8 m，間隔を30 mとするとき，次の(a)及び(b)の問に答えよ。ただし，照明率は0.6，保守率は0.7とする。

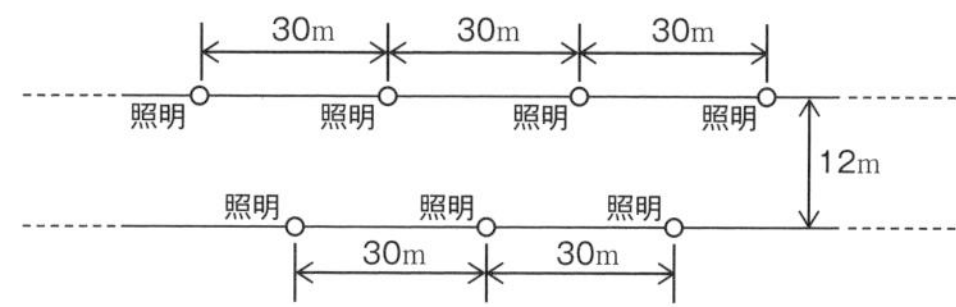

(a) 道路の平均照度[lx]として，最も近いものを次の(1)～(5)のうちから一つ選べ。

(1) 12　(2) 14　(3) 16　(4) 18　(5) 20

(b) 節電のため，街灯の取付間隔を変更し，道路の照度10 lxを確保するようにした。街灯を設置した本数として最も近いものを次の(1)～(5)のうちから一つ選べ。

(1) 16　(2) 18　(3) 20　(4) 22　(5) 24

解答 (a)(2)　(b)(3)

(a) 図のように一つの照明が分担する面積A[m^2]は，三角形の面積で求められるので，

$$A = 30\times12\div2$$
$$= 180\ \mathrm{m^2}$$

また，道路の平均照度E_{av}[lx]は，街灯の光束F = 6000 lm，照明率U = 0.6，保守率M = 0.7であるので，

$$E_{av} = \frac{FUM}{A}$$
$$= \frac{6000\times0.6\times0.7}{180}$$
$$= 14\ \mathrm{lx}$$

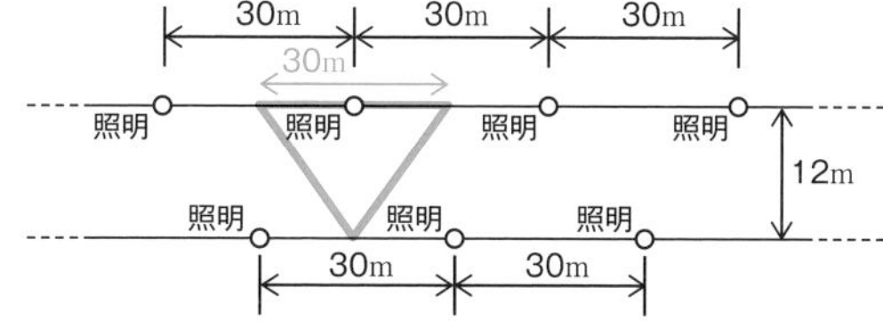

(b) 道路の平均照度$E_{av}{}'$ = 10 lxにするとき，一つの照明が分担する面積A'[m^2]は，

$$E_{av}{}' = \frac{FUM}{A'}$$

$$A' = \frac{FUM}{E_{av}{}'}$$

$$= \frac{6000 \times 0.6 \times 0.7}{10}$$

$$= 252 \text{ m}^2$$

よって，照明の間隔B'[m]は，

$$A' = B' \times 12 \div 2$$

$$B' = \frac{A'}{12 \div 2}$$

$$= \frac{252}{6}$$

$$= 42 \text{ m}$$

となり，図のように配置される。

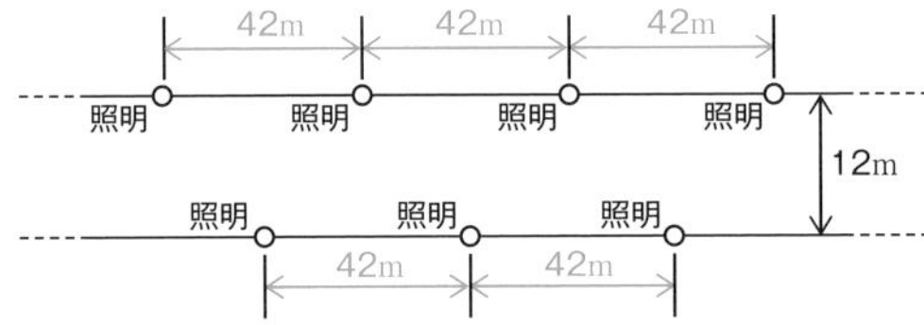

街灯は千鳥配列であるため，21 m毎に1灯ずつ立てることになるので，長さ400 mにおいて，10 lx確保するために必要な街灯の本数Nは，

$$N = \frac{400}{21}$$

$$\fallingdotseq 19.05 \text{ 本}$$

以上より，10 lx確保するためには街灯は20本必要となる。

千鳥配列となっていることを忘れないこと。図を描くと間違えにくい。

19本では10 lxには足りないので，くり上げる。仮に選択肢に19があっても選ばないように。

注目 本問題集では電験三種で最も出題されやすいLEDと蛍光灯のみ扱っている。
電験二種や一種の上位資格を目指す場合には，ナトリウムランプやハロゲンランプ，有機EL等も勉強しておくと良い。

4 次の文章は照明用LEDに関する記述である。

照明用LEDは青色発光ダイオードの誕生に伴い，高輝度・高効率・高寿命であり，省電力で保守性も良いことから，近年普及が非常に進んでいる。青色発光ダイオードの材料は[　(ア)　]系の元素であり，ダイオードからの発光は単色光なので，光の一部を蛍光体に照射し，そこから得られる[　(イ)　]色の光と青色の光を重ねることで疑似の白色光を得ている。また，蛍光灯では温度が［（ウ）］すると光束が低下するが，LEDではそれがほとんどないという特長も持っている。ただし，電源としてLEDは直流である必要があるため，［（エ）］が必要となる。

上記の記述中の空白箇所（ア），（イ），（ウ）及び（エ）に当てはまる組合せとして，正しいものを次の(1)～(5)のうちから一つ選べ。

	（ア）	（イ）	（ウ）	（エ）
(1)	GaP	緑	上昇	インバータ
(2)	GaN	緑	低下	インバータ
(3)	GaN	黄	上昇	コンバータ
(4)	GaN	黄	低下	コンバータ
(5)	GaP	黄	上昇	コンバータ

解答 (4)

（ア）青色の発光をするのはGaN系の材料である。GaPは緑色の発光をする。

（イ）青色の光と黄色の光を混ぜると白色光に見えるため，照明用LEDは光の一部を蛍光体に照射し，黄色の光を得るようにする。

（ウ）蛍光灯では温度が低下すると光束が低下するという弱点があるが，LEDの場合はない。

（エ）LEDは電源が直流である必要があるため，コンバータを必要とする。コンバータは交流を直流にするもの，インバータは直流を交流にするものである。

解答

CHAPTER

09 電熱

1 電熱

確認問題

1 電気加熱に関する記述として，正しいものには○，誤っているものには×をつけよ。

(1) 摂氏30度の液体の絶対温度は303.15 Kである。

(2) 1 Ωの抵抗に1 Aの電流を1秒間流したときに発生する熱量は1 Jである。

(3) 1 gの水を1 ℃上昇させるのに必要なエネルギーは1 Jである。

(4) 熱容量C[J/K]の物体m[g]をΔt[℃]上昇させるのに必要な熱量Q[J]は，$Q = mC\Delta t$で求められる。

(5) 水を加熱して蒸気にするためには，100 ℃に上昇するために必要な熱エネルギーである潜熱と液体から気体にするために必要な熱エネルギーである顕熱を加える必要がある。

(6) 20 ℃の水1 kgを80 ℃まで上昇させるのに必要なエネルギーは約251 Jである。ただし，水の比熱は4.186 J/(g・K)とする。

(7) 火力発電所において，ボイラーで水が蒸気に変化することを蒸発，復水器で蒸気が水になることを凝縮という。

(8) 鉄の棒の一端を加熱したとき，鉄中を熱が伝わり，反対側の端まで熱くなる現象を熱流という。

(9) 高温の物質が熱放射により放射するエネルギーは温度の4乗に比例する。

(10) ヒートポンプは冷暖房に使用され，冷房時の成績係数は空気を温める熱量を必要としないため，暖房時の成績係数よりも大きい。

(11) 誘導加熱は導体を加熱するための加熱方法であり，導体の導電率が大きい方が加熱しやすい。

(12) 誘電加熱は誘電体の誘電損を利用した加熱方法なので，金属を加熱することができない。

解答 (1) ○ (2) ○ (3) × (4) × (5) × (6) ○
(7) ○ (8) × (9) ○ (10) × (11) × (12) ○

(1) ○。セルシウス（摂氏）温度t[℃]と絶対温度T[K]には，

$$T=t+273.15$$

の関係があるので，摂氏30度の液体の絶対温度は，

$$30+273.15=303.15\ \mathrm{K}$$

POINT 1 セルシウス温度[℃]と絶対温度[K]

(2) ○。$R=1\ \Omega$の抵抗に$I=1\ \mathrm{A}$の電流を流したときの電力P[W]は，

$$P=RI^2$$
$$=1\times1^2=1\ \mathrm{W}$$

電力$P=1\ \mathrm{W}$を$t=1\mathrm{s}$流したときの熱量Q[J]は，

$$Q=Pt$$
$$=1\times1=1\ \mathrm{J}$$

POINT 2 熱量

(3) ×。水の比熱cは$c=4.186\ \mathrm{J/g\cdot K}$であるから，$m=1\ \mathrm{g}$の水を$\Delta t=1$ ℃上昇させるのに必要な熱量Q[J]は，

$$Q=mc\Delta t$$
$$=1\times4.186\times1=4.186\ \mathrm{J}$$

POINT 2 熱量

(4) ×。熱容量C[J/K]の物体をΔt[℃]上昇させるのに必要な熱量Q[J]は，$Q=C\Delta t$で求められる。熱容量は物体の質量と比熱の積である。

POINT 2 熱量

(5) ×。水を加熱して蒸気にするためには，100 ℃に上昇するために必要な熱エネルギーである顕熱と液体から気体にするために必要な熱エネルギーである潜熱を加える必要がある。

POINT 3 物質の三態

(6) ○。$m=1\ \mathrm{kg}$の水を$t_1=20$ ℃から$t_2=80$ ℃まで上げるのに必要な熱量Q[J]は，

$$Q=mc(t_2-t_1)$$
$$=1\times4.186\times(80-20)\fallingdotseq251\ \mathrm{J}$$

POINT 2 熱量

(7) ○。火力発電所において，ボイラーで水（液体）が蒸気（気体）に変化することを蒸発，復水器で蒸気（気体）が水（液体）になることを凝縮という。

POINT 3 物質の三態

(8) ×。鉄の棒の一端を加熱したとき，鉄中を熱が

POINT 4 熱エネルギーの伝わり方

伝わり，反対側の端まで熱くなる現象を熱伝導という。

(9) ○。高温の物質が熱放射により放射するエネルギーE[W]は，ステファン・ボルツマンの法則より，ステファン・ボルツマン定数をσ[W/(m^2・K^4)]，表面積をA[m^2]，温度をT[K]，放射率ε $(0<\varepsilon<1)$とすると，

$$E=\varepsilon\sigma AT^4$$

となり，温度Tの4乗に比例する。

POINT 4 熱エネルギーの伝わり方

(10) ×。冷房時の成績係数$\mathrm{COP_L}$は機械的仕事による消費電力の分小さくなり，暖房時の成績係数$\mathrm{COP_H}$は，$\mathrm{COP_H}=1+\mathrm{COP_L}$の関係がある。

POINT 5 ヒートポンプ

(11) ×。誘導加熱は導体を加熱するための加熱方法であり，ジュール熱で加熱するため，導体の抵抗率が大きい方（電流が流れにくい方）が加熱しやすい。

POINT 6 電気加熱の方式と原理

(12) ○。誘電加熱は誘電体の誘電損を利用した加熱なので，金属を加熱することができない。

POINT 6 電気加熱の方式と原理

2 次の文章は熱の伝達に関する記述である。（ア）～（エ）に当てはまる語句を答えよ。

熱は一般に高温部から低温部に伝わる。例えば，水をビーカーに入れガスバーナーで燃焼すると，最初ビーカー底面のガラスが熱くなるがこれは［（ア）］によりガスバーナーの火の熱がビーカーに伝わるからである。その後，底面に近い水が温まりビーカー内の水が流動することにより全体の水が温まるが，これは［（イ）］によるものである。しばらく熱するとビーカー上部においても手で持てないぐらい熱くなるが，これは［（ウ）］により，ビーカー底面の熱がビーカー上部まで伝わるからである。上記のうち，ステファン・ボルツマンの法則に従って伝わる熱の伝達は［（エ）］である。

POINT 4 熱エネルギーの伝わり方

解答 （ア）熱放射　（イ）熱対流
（ウ）熱伝導　（エ）熱放射

熱エネルギーの伝わり方には熱伝導，熱対流，熱放射があり，それぞれ次のような特徴がある。

① 熱伝導

物体中の熱運動が順次伝わっていき，熱が移動する現象。同じ物体中を伝わることがポイントとなる。

② 熱対流

液体や気体の流動による熱の伝達。本問においては，ビーカー内の水が温まることにより比重が小さくなり，上部の冷たい水と流動することによって熱が伝わる。

③ 熱放射

物体が持つエネルギーにより電磁波が放射され，熱が伝わる。放射されるエネルギーは温度の4乗に比例するステファン・ボルツマンの法則に従う。

注目 本問を通して，それぞれの熱エネルギーの伝わり方を具体例で理解すると覚えやすい。

3 次の文章はヒートポンプに関する記述である。(ア)～(エ)に当てはまる語句を答えよ。

ヒートポンプは圧縮や膨張等の機械的な仕事により，熱を［(ア)］温部から［(イ)］温部へ移動することができる装置であり，電気的入力以上に熱エネルギーを得られる。［(ア)］温部から吸収する熱量がQ_1[J]，［(イ)］温部に加わる熱量がQ_2[J]であるとき，機械的な仕事W[J]は［(ウ)］で表され，機械的入力に対し得られる熱エネルギーの比を［(エ)］という。

POINT 5 ヒートポンプ

注目 ヒートポンプは電熱の分野では最も出題されやすい内容である。
概要と成績係数は理解しておくこと。

解答 (ア) 低　(イ) 高
(ウ) $Q_2 - Q_1$　(エ) 成績係数

ヒートポンプにより低温部から吸収する熱量がQ_1[J]とコンプレッサー等の機械的な仕事W[J]を合わせたものが高温部に加わる熱量Q_2[J]となる。機械的仕事に対する得られる熱エネルギーを成績係数と呼ぶ。冷却時の成績係数COP_Lと加熱時の成績係数COP_Hはそれぞれ，

$$COP_L = \frac{Q_1}{W}$$

$$COP_H = \frac{Q_2}{W} = \frac{W + Q_1}{W}$$

となる。

基本問題

1 IHクッキングヒーターにより，500 gの水を20 ℃から100 ℃に温めるとき，次の(a)及び(b)の問に答えよ。ただし，水の比熱は4.186 J/g・Kとする。

(a) このとき必要な熱量[kJ]として，最も近いものを次の(1)〜(5)のうちから一つ選べ。

(1) 41　(2) 84　(3) 126　(4) 167　(5) 209

(b) このとき使用した電力量が0.055 kW・hであるとき，IHクッキングヒーターの効率[%]として，最も近いものを次の(1)〜(5)のうちから一つ選べ。ただし，IHクッキングヒーター以外の熱放射による損失や容器を温めるための熱量等は無視できるものとする。

(1) 63　(2) 72　(3) 79　(4) 85　(5) 92

POINT 2 熱量

解答 (a)(4)　(b)(4)

(a) m[g]の水をt_1[℃]からt_2[℃]まで加熱するのに必要な熱量Q[J]は，

$$Q = mc(t_2 - t_1)$$

よって，

$$Q = 500\times4.186\times(100-20)$$
$$= 167440\ \mathrm{J} = 167\ \mathrm{kJ}$$

(b) [kW・h]を[kJ]に変換すると，

$$1\ \mathrm{kW\cdot h} = 3600\ \mathrm{kW\cdot s} = 3600\ \mathrm{kJ}$$

IHクッキングヒーターの入力熱量Q_i[kJ]は，

$$Q_i = 3600\times0.055$$
$$= 198\ \mathrm{kJ}$$

よって，その効率η[%]は，

$$\eta = \frac{Q}{Q_i}\times100 = \frac{167.44}{198}\times100$$
$$\fallingdotseq 84.6 \rightarrow 85\ \%$$

[kW·h]から[kJ]への変換は覚えてもよいが，1 h=3600 s，[W·s]=[J]であることから導出できることも重要。

2 断面積が0.05 m^2，長さが2 mである金属棒の左端が500 K，右端が300 Kであるとき，次の(a)及び(b)の問に答えよ。ただし，金属の熱伝達率λは50 W/m・Kとする。

(a) この金属の熱抵抗率R_t[K/W]を求めよ。

(1) 0.80　(2) 1.25　(3) 1.95　(4) 3.05　(5) 5.00

(b) この金属を伝わる熱流の大きさΦ[W]を求めよ。

(1) 40　(2) 80　(3) 100　(4) 160　(5) 250

POINT 4 熱エネルギーの伝わり方

解答 (a)(1)　(b)(5)

(a) 熱抵抗R_t[K/W]は物質の熱伝導率をλ[W/(m・K)]，断面積をA[m^2]，長さをl[m]とすると，

$$R_t = \frac{l}{\lambda A}$$

よって，

$$R_t = \frac{2}{50 \times 0.05}$$

$$= 0.80 \text{ K/W}$$

(b) 熱回路のオームの法則より，熱流Φ[W]，温度差T[K]，熱抵抗R_t[K/W]とすると，

$$\Phi = \frac{T}{R_t}$$

よって，

$$\Phi = \frac{500-300}{0.80}$$

$$= 250 \text{ W}$$

注目 熱エネルギーの伝わり方に関しては電験でも本問ぐらいの難易度と予想される。
基本事項をきちんと理解しておくこと。

3 次の文章は電気加熱に関する記述である。

平行板電極に高周波電源を繋ぎ，平行板電極間内に［(ア)］を挿入し，分子が内部で振動・回転等をすることにより加熱する方法を［(イ)］という。内部の振動により加熱するため，短い加熱時間で内部から加熱することができる等

POINT 6 電気加熱の方式と原理

解答編　CHAPTER 09　電熱 1

の特長がある。発熱量は周波数に比例し，電界の強さの （ウ） に比例する。

上記の記述中の空白箇所（ア），（イ）及び（ウ）に当てはまる組合せとして，正しいものを次の(1)〜(5)のうちから一つ選べ。

	（ア）	（イ）	（ウ）
(1)	導体	誘電加熱	2乗
(2)	導体	誘導加熱	4乗
(3)	導体	誘導加熱	2乗
(4)	誘電体	誘電加熱	4乗
(5)	誘電体	誘電加熱	2乗

解答 (5)

（ア）「分子が内部で振動・回転等をすることにより加熱する」となっているので，これは誘電体の電気双極子が回転することで加熱されていることがわかる。

（イ）誘電体を加熱するのは誘電加熱である。

（ウ）誘電加熱の誘電損による発熱 W[W]は，周波数 f[Hz]，電界を E[V/m]，比誘電率 ε_r，誘電正接 $\tan\delta$ とすると，

$$W=\omega CV^2\tan\delta$$

$$\fallingdotseq\frac{5}{9}\varepsilon_r fE^2\tan\delta\times10^{-10}$$

で求められ，電界の強さ E の2乗に比例する。

$W=\omega CV^2\tan\delta$ は電力科目等でも使用するので覚えておく必要があるが，$\frac{5}{9}\varepsilon_r fE^2\tan\delta\times10^{-10}$ は覚えておく必要はない。

応用問題

1 25℃で含水率80％の廃棄物4tを回収し，乾燥機で強制的に水分がなくなるまで乾燥させるとき，次の(a)～(c)の問に答えよ。ただし，水分を除いた廃棄物の比熱は1.26 kJ/kg・K，水の比熱は4.19 kJ/kg・K，水の蒸発熱2260 kJ/kgとする。

(a) 25℃で1 kgの水を蒸発させるのに必要な熱量［kJ］として，最も近いものを次の(1)～(5)のうちから一つ選べ。

(1) 300　(2) 900　(3) 2600　(4) 3200　(5) 5400

(b) 廃棄物を乾燥させるのに必要な熱量［MJ］として，最も近いものを次の(1)～(5)のうちから一つ選べ。

(1) 1080　(2) 6780　(3) 7780　(4) 7860　(5) 8310

(c) 廃棄物を10 hで乾燥させたいとき，乾燥機で必要な容量［kW］として，最も近いものを次の(1)～(5)のうちから一つ選べ。ただし，乾燥機の効率は60％とする。

(1) 310　(2) 360　(3) 385　(4) 400　(5) 425

注目 熱力学の内容であるが，電験においても出題される可能性はある。
試験でもし出題される場合は(a)は出題されず，(b)と(c)のみで出題されると予想される。まずは(a)を基本としてきちんと理解しておくこと。

解答 (a)(3)　(b)(5)　(c)(3)

(a) m［kg］の水をt_1［℃］からt_2［℃］まで加熱するのに必要な熱量Q_1［kJ］は，

$$Q_1 = mc(t_2 - t_1)$$

25℃の水1 kgを100℃にするために必要な熱量Q_1［kJ］は，

$$Q_1 = 1 \times 4.19 \times (100 - 25)$$
$$= 314.25 \text{ kJ}$$

また，水1 kgを蒸発させるのに必要な熱量Q_2［kJ］は2260 kJであるので，25℃の水1 kgを蒸発させるのに必要な熱量Q［kJ］は，

$$Q = Q_1 + Q_2$$
$$= 314.25 + 2260$$

$\fallingdotseq$ 2574.3 kJ

よって，最も近い選択肢は(3)となる。

(b) 廃棄物に含まれる水分の除いた質量 m_w [kg] 及び水分 m_m [kg] はそれぞれ，

$$m_w = (1-0.8) \times 4000$$
$$= 800 \text{ kg}$$
$$m_m = 0.8 \times 4000$$
$$= 3200 \text{ kg}$$

全体を 100 ℃にするために必要な熱量 Q_3 [kJ] は，水分を除いた廃棄物の比熱 c_w が 1.26 kJ/kg・K，水の比熱 c_m が 4.19 kJ/kg・K であるから，

$$Q_3 = m_w c_w (t_2 - t_1) + m_m c_m (t_2 - t_1)$$
$$= 800 \times 1.26 \times (100-25) + 3200 \times 4.19 \times (100-25)$$
$$= 75600 + 1005600$$
$$= 1081200 \text{ kJ}$$

蒸発に必要な熱量 Q_4 [kJ] は，

$$Q_4 = 2260 \times 3200$$
$$= 7232000 \text{ kJ}$$

したがって，廃棄物を乾燥させるのに必要な熱量 Q' [kJ] は，

$$Q' = Q_3 + Q_4$$
$$= 1081200 + 7232000$$
$$= 8313200 \text{ kJ} \rightarrow 8310 \text{ MJ}$$

顕熱の計算が複雑であると，潜熱の計算を忘れてしまう場合があるので注意すること。

(c) 乾燥機の容量を P [kW] とすると，10 h で与える熱量 Q_m [kJ] は，1 kW・h = 3600 kW・s = 3600 kJ であり，効率 η = 0.60 であるから，

$$Q_m = P \times 10 \times 3600 \times \eta$$
$$= P \times 10 \times 3600 \times 0.60$$
$$= 21600 P$$

これが廃棄物を乾燥させるのに必要な熱量 Q' [kJ] と等しいので，

$21600P = 8313200$

$P \fallingdotseq 385$ kW

2 ある工場において，成績係数が5のヒートポンプを使用して水道水を15 ℃から90 ℃まで温めて，1日平均500 L使用する。このとき，次の(a)及び(b)の問に答えよ。ただし，水の比熱は4.186 J/g・Kとする。

(a) ヒートポンプでの消費電力[kW・h]として，最も近いものを次の(1)～(5)のうちから一つ選べ。

(1) 2.1　(2) 8.7　(3) 31.4　(4) 43.6　(5) 157

(b) 電気温水器を使用した場合と比較した年間削減額として，最も近いものを次の(1)～(5)のうちから一つ選べ。ただし，電気温水器の効率は80%，1年は365日であり，電気料金は15円/kW・hとする。

(1) 150000　(2) 200000　(3) 250000
(4) 300000　(5) 350000

注目 ヒートポンプの最大の特徴は入力以上に熱エネルギーを取り出せることである。
したがって，省エネ効果が高いものなので，コストメリット等の出題も予想される。

解答 (a)(2) (b)(3)

(a) m[kg]の水をt_1[℃]からt_2[℃]まで加熱するのに必要な熱量Q[kJ]は，

$$Q = mc(t_2 - t_1)$$

また，水500 Lの質量は500 kgなので，15 ℃の水500 kgを90 ℃にするために必要な熱量Q[kJ]は，

$$Q = 500 \times 4.186 \times (90 - 15)$$
$$= 156975 \text{ kJ}$$

1 kW・h = 3600 kW・s = 3600 kJなので，ヒートポンプでの消費電力量W[kW・h]は，成績係数COP = 5であるから，

$$\mathrm{COP} = \frac{Q}{3600W}$$

$$W = \frac{Q}{3600 \times \mathrm{COP}}$$

$$=\frac{156975}{3600\times 5}$$

$$\fallingdotseq 8.7208 \rightarrow 8.7\ \mathrm{kW\cdot h}$$

(b) 電気温水器での運転した場合の消費電力量W'［kW・h］は，電気温水器の効率ηが80％であるから，

$$Q=3600\ W'\eta$$

$$W'=\frac{Q}{3600\eta}$$

$$=\frac{156975}{3600\times 0.8}$$

$$\fallingdotseq 54.505\ \mathrm{kW\cdot h}$$

したがって，一日あたりの削減電力量ΔW［kW・h］は，

$$\Delta W=W'-W$$

$$=54.505-8.7208$$

$$\fallingdotseq 45.784\ \mathrm{kW\cdot h}$$

よって，一年間の削減電力量ΔW_y［kW・h］は，

$$\Delta W_y=365\times\Delta W$$

$$=365\times 45.784$$

$$\fallingdotseq 16711\ \mathrm{kW\cdot h}$$

以上より，年間削減額は，

16711×15＝251000円

よって，最も近い選択肢は(3)となる。

3 次の文章は誘導加熱に関する記述である。

誘導加熱は交番［（ア）］中に加熱する［（イ）］を置き，［（イ）］に生じる渦電流により加熱する方法である。被加熱物の電流分布は，表面が［（ウ）］，内部が［（エ）］という特徴がある。また，周波数が［（オ）］なると，電流分布の差は顕著となるため，内部まで加熱したい場合には周波数を［（カ）］する。

上記の記述中の空白箇所（ア），（イ），（ウ），（エ），（オ）及び（カ）に当てはまる組合せとして，正しいものを次の(1)

注目 誘導加熱と誘電加熱は計算問題は出題されないため，知識をきちんと固めておくことが重要となる。

〜(5)のうちから一つ選べ。

	(ア)	(イ)	(ウ)	(エ)	(オ)	(カ)
(1)	磁界	導電体	大きく	小さい	高く	低く
(2)	電界	導電体	大きく	小さい	低く	高く
(3)	磁界	誘電体	小さく	大きい	高く	低く
(4)	電界	誘電体	小さく	大きい	低く	高く
(5)	磁界	導電体	大きく	小さい	低く	高く

解答 (1)

誘導加熱は交番磁界内に導電体物質を入れることにより，渦電流を発生させ，渦電流損（ジュール熱）により加熱する方法である。

非加熱物の電流分布は，表面が大きく，内部が小さいという特徴があり，周波数が大きくなると，その電流分布がより表面に偏りやすい。

電流の浸透深さδは周波数fの1/2乗に反比例するため，内部まで加熱したい場合には，周波数を低くする必要がある。

解答

CHAPTER 10

電動機応用

1 電動機応用

確認問題

1 質量$m = 20$ kg，直径$D = 0.2$ m，回転速度$N = 300$ min^{-1}のはずみ車があるとき，次の(a)～(d)の問に答えよ。

(a) 角速度ω[rad/s]を求めよ。

(b) はずみ車効果[kg・m^2]を求めよ。

(c) 慣性モーメントJ[kg・m^2]を求めよ。

(d) 運動エネルギーW[J]を求めよ。

POINT 1 慣性モーメントJ[kg·m^2]とはずみ車効果GD^2[kg·m^2]

解答 (a) 31.4 rad/s (b) 0.8 kg・m^2
(c) 0.2 kg・m^2 (d) 98.7 J

(a) $\omega = \dfrac{2\pi N}{60}$であるので，

$$\omega = \frac{2\pi N}{60}$$

$$= \frac{2\times 3.1416\times 300}{60}$$

$$\fallingdotseq 31.4 \text{ rad/s}$$

(b) はずみ車効果GD^2において，$G = m = 20$ kg，$D = 0.2$ mであるから，

$$GD^2 = 20\times 0.2^2$$

$$= 0.8 \text{ kg}\cdot\text{m}^2$$

(c) 半径$r = 0.1$ mであるから，慣性モーメントJ[kg・m^2]は，

$$J = mr^2$$

$$= 20\times 0.1^2$$

$$= 0.2 \text{ kg}\cdot\text{m}^2$$

(d) 回転体の運動エネルギーW[J]は，慣性モーメ

ントJ[kg・m^2]，角速度をω[rad/s]とすると，

$$W=\frac{1}{2}J\omega^2$$

$$W=\frac{1}{2}\times0.2\times31.416^2$$

$$\fallingdotseq 98.7\ \mathrm{J}$$

2 地上にある池から高さ15 mにあるタンクに水を汲み上げるポンプがある。900 m^{3}の水を2時間30分で汲み上げるとき，次の問に答えよ。ただし，重力加速度は9.8 m/s^{2}とする。

(a) 損失水頭が2 mであるとき，全揚程[m]を求めよ。

(b) 水を汲み上げるときの揚水量[m^3/s]を求めよ。

(c) ポンプと電動機の総合効率が70 %であるとき，必要な電動機入力[kW]を求めよ。

(d) 電動機の消費電力量[kW・h]を求めよ。

POINT 4 ポンプ(電力)

解答 (a) 17 m (b) 0.1 m^3/s
(c) 23.8 kW (d) 59.5 kW・h

(a) 全揚程H[m]は実揚程15 mと損失水頭2 mの和であるから，

$$H=15+2=17\ \mathrm{m}$$

(b) 900 m^{3}の水を2時間30分(＝2.5時間)で汲み上げるので，1秒あたりの揚水量Q[m^3/s]は，

$$Q=\frac{900}{2.5\times3600}=0.1\ \mathrm{m^3/s}$$

(c) (a)，(b)と問題文より，全揚程$H=17$ m，揚水量$Q=0.1$ m^3/sであり，効率$\eta=0.7$であるから，電動機入力P[kW]は，

$$P=\frac{9.8QH}{\eta}$$

$$=\frac{9.8\times0.1\times17}{0.7}$$

$$=23.8\ \mathrm{kW}$$

(d)　$P = 23.8$ kWを2時間30分（＝2.5時間）で汲み上げるので，電動機の消費電力量W[kW・h]は，

$$W = P \times 2.5$$
$$= 23.8 \times 2.5$$
$$= 59.5 \text{ kW・h}$$

3 毎分40 m^{3}供給できる作業場を換気するための送風機がある。ダクトの直径が30 cm，風圧は40 Paであるとき，次の(a)及び(b)の問に答えよ。

(a)　この送風機から空気がダクトに流れこむときの風速[m/s]を求めよ。

(b)　送風機の電動機の必要出力[W]を求めよ。ただし，送風機の効率は75 %とする。

POINT 5 送風機

解答 (a) 9.43 m/s　(b) 35.6 W

(a)　ダクトの直径が0.3 mであるため，半径はr＝0.15 mであるから，ダクトの断面積A[m^2]は，

$$A = \pi r^2$$
$$= 3.1416 \times 0.15^2$$
$$= 0.070686 \text{ m}^2$$

毎分40 m^{3}を供給できるので送風量q[m^3/s]は，

$$q = \frac{40}{60}$$
$$\fallingdotseq 0.66667 \text{ m}^3/\text{s}$$

よって，風速v[m/s]は，

$$q = Av$$
$$v = \frac{q}{A}$$
$$= \frac{0.66667}{0.070686}$$
$$\fallingdotseq 9.43 \text{ m/s}$$

注目　この考え方は電力科目の風力発電と共通する内容である。理解できない場合には，風力発電の内容を復習すること。

(b)　流量q = 0.66667 m^3/s，風圧H = 40 Pa，効率η = 0.75であるから，電動機の必要出力P[W]は，

$$P = \frac{qH}{\eta} = \frac{0.66667 \times 40}{0.75}$$

$$\fallingdotseq 35.6 \text{ W}$$

4 次の文章は小形モータに関する記述である。正しいものには○，誤っているものには×で答えよ。

(1) ステッピングモータは，パルス状の信号が送られる毎に回転子が決められた角度だけ回転するモータで，パルスモータとも呼ばれる。

(2) ステッピングモータにはＰＭ形やＶＲ形等があり，ＶＲ形は回転子に永久磁石を用いた構造のモータである。

(3) コアレスモータは鉄心がないので，トルクが小さく，効率は悪くなる。

(4) ブラシレスＤＣモータは，永久磁石を固定子側に，電機子巻線を回転子側に取り付ける構造を持つ。

(5) ブラシレスＤＣモータは，摺動部にブラシを用いず，機械的摩耗がないので，ブラシ交換等の作業が不要となる。

POINT 6 小形モータ

解答 (1) ○　(2) ×　(3) ×　(4) ×　(5) ○

(1) ○。ステッピングモータは，パルス状の信号が送られる毎に回転子が決められた角度だけ回転するモータで，パルスモータとも呼ばれる。

(2) ×。ステッピングモータにはＰＭ形やＶＲ形等があり，ＶＲ形は回転子に鉄心を用いた構造のモータである。回転子に永久磁石を用いるのはＰＭ形である。

(3) ×。コアレスモータは鉄心がないので，トルクが小さくなるが，鉄損がないので効率は高くなる。

(4) ×。ブラシレスＤＣモータは，永久磁石を回転子側に，電機子巻線を固定子側に取り付ける構造を持つ。

(5) ○。ブラシレスＤＣモータは，摺動部にブラシを用いず，機械的摩耗がないので，ブラシ交換等の作業が不要となる。

基本問題

1 次の文章ははずみ車に関する記述である。

電動機を用いて質量G[kg]，直径D[m]のはずみ車を加速し，回転速度をN[min^{-1}]で安定させた。このとき，角速度ω[rad/s]はω=［（ア）］[rad/s]であり，慣性モーメントJ[kg・m^2]はJ=［（イ）］[kg・m^2]であるため，はずみ車の運動エネルギーW[J]はW=［（ウ）］[J]となる。はずみ車のブレーキをかけるとき，慣性モーメントが［（エ）］方が減速に時間がかかる。

上記の記述中の空白箇所（ア），（イ），（ウ）及び（エ）に当てはまる組合せとして，正しいものを次の(1)〜(5)のうちから一つ選べ。

	（ア）	（イ）	（ウ）	（エ）
(1)	$\dfrac{\pi N}{60}$	$\dfrac{GD^2}{2}$	$\dfrac{\pi^2 GD^2 N^2}{14400}$	大きい
(2)	$\dfrac{2\pi N}{60}$	$\dfrac{GD^2}{4}$	$\dfrac{\pi^2 GD^2 N^2}{7200}$	大きい
(3)	$\dfrac{2\pi N}{60}$	$\dfrac{GD^2}{4}$	$\dfrac{\pi^2 GD^2 N^2}{7200}$	小さい
(4)	$\dfrac{\pi N}{60}$	$\dfrac{GD^2}{2}$	$\dfrac{\pi^2 GD^2 N^2}{14400}$	小さい
(5)	$\dfrac{2\pi N}{60}$	$\dfrac{GD^2}{2}$	$\dfrac{\pi^2 GD^2 N^2}{7200}$	小さい

POINT 1 慣性モーメントJ[kg·m^2]とはずみ車効果GD^2[kg·m^2]

解答 (2)

（ア）角速度は$\omega=\dfrac{2\pi N}{60}$[rad/s]と求められる。

（イ）慣性モーメントJ[kg・m^2]は，質量m[kg]，半径r[m]であるとき，

$$J=mr^2$$

であるため，$m=G$，$r=\dfrac{D}{2}$を代入すると，

$$J=G\left(\frac{D}{2}\right)^2$$

$$=\frac{GD^2}{4}$$

$J=\dfrac{1}{2}mr^2$と間違えて覚えやすい。
$J=\dfrac{GD^2}{4}$と合わせて覚え，間違えないように注意する。

（ウ）回転体の運動エネルギーW[J]は，慣性モー

メントJ[kg・m^2]，角速度をω[rad/s]とすると，

$$W=\frac{1}{2}J\omega^2$$

$$=\frac{1}{2}\cdot\frac{GD^2}{4}\cdot\left(\frac{2\pi N}{60}\right)^2$$

$$=\frac{\pi^2 GD^2 N^2}{7200}$$

(エ) はずみ車のブレーキをかけるとき，慣性モーメントが大きい方が減速しにくく，減速に時間がかかる。

2 図のような天井クレーンがある。巻上速度は15 m/min，クラブの質量は400 kgで横行速度は40 m/min，ガータの質量は1.6 tで走行速度は120 m/min，いずれも効率は0.9とし，質量3 tの荷物（ホイストの質量を含む）を運ぶとき，次の問に答えよ。

POINT 2 天井クレーン

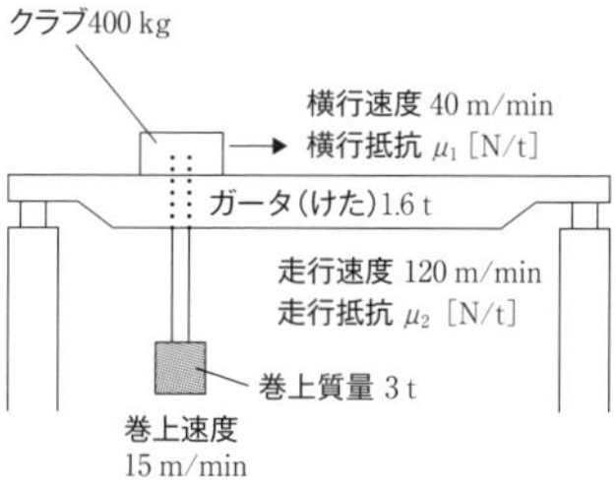

(a) 巻上用電動機の所要出力P_1[kW]として，最も近いものを次の(1)～(5)のうちから一つ選べ。ただし，重力加速度は9.8 m/s^{2}とする。

(1) 8　(2) 9　(3) 10　(4) 11　(5) 12

(b) 走行用電動機の所要出力P_2[kW]として，最も近いものを次の(1)～(5)のうちから一つ選べ。ただし，走行抵抗は120 N/tとする。

(1) 0.4　(2) 0.7　(3) 1.0　(4) 1.3　(5) 1.8

解答　(a)(1)　(b)(4)

(a)　荷物の質量$M_1=3$ t，巻上速度$v_1=15$ m/min$=0.25$ m/s，効率$\eta=0.9$であるから，

$$P_1=\frac{9.8M_1v_1}{\eta}=\frac{9.8\times3\times0.25}{0.9}\fallingdotseq 8.17\ \text{kW}$$

よって，最も近い選択肢は(1)となる。

(b)　荷物の質量$M_1=3$ t，クラブの質量$M_2=400$ kg$=0.4$ t，ガータの質量$M_3=1.6$ t，走行速度$v_2=120$ m/min$=2$ m/s，走行抵抗$\mu_2=120$ N/t，効率$\eta=0.9$であるから，

$$P_2=\frac{\mu_2(M_1+M_2+M_3)v_2}{\eta}\times10^{-3}=\frac{120\times(3+0.4+1.6)\times2}{0.9}\times10^{-3}\fallingdotseq 1.3\ \text{kW}$$

POINT 3 エレベータ

3　図のように，かごの質量が150 kg，釣り合いおもりの質量が450 kg，定格速度が90 m/minのエレベータがあるとき，次の(a)～(c)の問に答えよ。ただし，重力加速度は9.8 m/s^{2}とする。

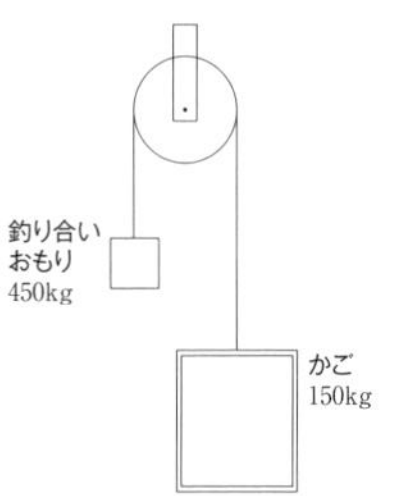

(a)　人が8人乗ったとき，巻上荷重の大きさ[N]として，最も近いものを次の(1)～(5)のうちから一つ選べ。ただし，人の平均体重は65 kgとする。

(1)　1900　(2)　2200　(3)　2500　(4)　2800　(5)　3100

(b)　人が8人乗ったとき，電動機の所要出力[kW]として，最も近いものを次の(1)～(5)のうちから一つ選べ。ただし，エレベータの効率は70 %とする。

(1)　3.2　(2)　3.9　(3)　4.6　(4)　5.4　(5)　6.6

解答 (a)(2) (b)(3)

(a) かごの質量M_C[kg]，人の質量M_L[kg]，釣り合いおもりの質量M_B[kg]とするとそれぞれ，

$$M_C = 150\ \text{kg}$$

$$M_L = 65 \times 8 = 520\ \text{kg}$$

$$M_B = 450\ \text{kg}$$

したがって，巻上荷重の大きさF[N]は，

$$F = 9.8(M_C + M_L - M_B) = 9.8 \times (150 + 520 - 450) = 2156\ \text{N}$$

よって，最も近い選択肢は(2)となる。

(b) 定格速度v[m/s]は，

$$v = \frac{90}{60} = 1.5\ \text{m/s}$$

また，エレベータの効率$\eta = 0.7$であるから，エレベータの電動機の所要出力P[kW]は，

$$P = \frac{Fv}{\eta} = \frac{2156 \times 1.5}{0.7} = 4620\ \text{W} \rightarrow 4.6\ \text{kW}$$

4 次の文章はブラシレスＤＣモータに関する記述である。

POINT 6 小形モータ

ブラシレスＤＣモータは永久磁石を［（ア）］，コイルを［（イ）］に配置した構造で通常の直流モータと［（ウ）］である。回転する原理や電動機の特性等はほぼ同じであるが，ブラシを持たない代わりに，［（エ）］で回転位置を検出し，［（オ）］を用いて固定子に流れる電流を切り換える。

上記の記述中の空白箇所（ア），（イ），（ウ），（エ）及び（オ）に当てはまる組合せとして，正しいものを次の(1)～(5)のうちから一つ選べ。

	(ア)	(イ)	(ウ)	(エ)	(オ)
(1)	回転子	固定子	逆	センサ	半導体スイッチ
(2)	固定子	回転子	同じ	センサ	機械スイッチ
(3)	固定子	回転子	逆	センサ	機械スイッチ
(4)	固定子	回転子	同じ	電源電圧	半導体スイッチ
(5)	回転子	固定子	逆	電源電圧	半導体スイッチ

解答 (1)

ブラシレスＤＣモータは，半導体スイッチの開発に伴い発展してきたモータであり，永久磁石を回転子，コイルを固定子とした通常の直流モータと逆の構造を持つ。

機械的接点の切換でコイルへの電流の切換を行う通常のモータと異なり，半導体スイッチの信号の切換により，コイルへ流れる電流の切換を行う。

機械的な摺動部がなくなることから，ブラシの交換が不要であるが，随時電流の切換を行うために，位置検出のセンサが必要となる。

応用問題

1 電動機の制動方法に関する記述として，誤っているものを次の(1)～(5)のうちから一つ選べ。

(1) 回生制動は，電動機の誘導起電力を電源電圧よりも高くし，電動機のエネルギーを電源に回生し制動する方法である。電車の制動に使用されることが多い。

(2) 発電制動は電源を切り離し，抵抗を接続することで，抵抗で電力を消費し制動する方法である。

(3) 逆転制動とは，電動機の電源の接続を切り換え，逆回転の磁束を発生させて停止させる方法である。三相電動機の場合は，三相とも入れ換える。

(4) 電気的な制動は速度低下とともに，制動トルクも減少するため，低速回転となったときには機械的制動（摩擦制動）を合わせることもある。

(5) 同じ回転速度の電動機を回生制動する際，慣性モーメントの大きい電動機を減速する方が，慣性モーメントの小さい電動機を減速するよりも多くの電力が電源に流れ込む。

注目 これまでの試験で制動方法も電動機応用で出題されたことがある。
テキストに記載のある内容以外も様々な内容に興味を持ち，知識を深めておくこと。

解答 (3)

(1) 正しい。回生制動は，電動機の誘導起電力を電源電圧よりも高くし，電動機を発電機として運転して，電動機のエネルギーを電源に回生し制動する方法である。エネルギーを有効利用できるため，電車の制動をはじめ様々な用途に使用されることが多い。

(2) 正しい。発電制動は電源を切り離し，抵抗を接続することで，ジュール熱を発生させ，抵抗で電力を消費し制動する方法である。回生制動のように電力を回収することはできないが，構造が回生制動より簡単であるため，コストメリット等を考慮して用いられる。

(3) 誤り。逆転制動とは，電動機の電源の接続を切り換え，逆回転の磁束を発生させて停止させる方法である。逆方向のトルクを発生させることで急停止が可能となる。三相電動機の場合は，三相のうち二相を入れ換える。

(4) 正しい。電気的な制動は速度低下とともに，制動トルクも減少する。したがって，低速回転となったときには制動片を押し付け摩擦熱としてエネルギーを消費し，機械的制動（摩擦制動）をすることもある。

(5) 正しい。慣性モーメントは現在の回転の状態を維持しようとする能力（慣性）であり，同じ回転速度の電動機を回生制動する際，慣性モーメントの大きい電動機を減速する方が，慣性モーメントの小さい電動機を減速するよりも多くの電力が電源に流れ込む。

2 図のような減速比が4，効率が0.95の減速機がある。この減速機と出力が10 kW，回転速度が1200 min^{-1}の電動機を組み合わせて負荷を駆動するとき，次の(a)及び(b)の問に答えよ。

注目 減速機の内容はテキストでは触れられていないことも多い。慣れてしまえば難しい内容ではないため，よく理解しておくこと。

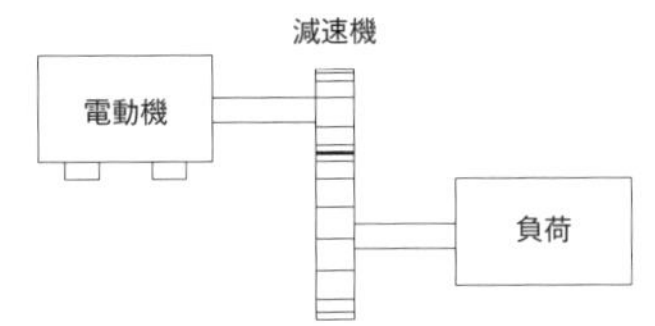

(a) 負荷の回転速度[min^{-1}]として，最も近いものを次の(1)〜(5)のうちから一つ選べ。

(1) 285 (2) 300 (3) 1200 (4) 4560 (5) 4800

(b) 負荷のトルク[N・m]として，最も近いものを次の(1)〜(5)のうちから一つ選べ。

(1) 76 (2) 80 (3) 300 (4) 320 (5) 1210

解答 (a) (2) (b) (3)

(a) 減速比$a=4$，電動機の回転速度$N_m=1200\ \mathrm{min}^{-1}$であるから，負荷の回転速度$N_l[\mathrm{min}^{-1}]$は，

$$N_l=\frac{N_m}{a}$$
$$=\frac{1200}{4}$$
$$=300\ \mathrm{min}^{-1}$$

(b) 電動機の角速度ω[rad/s]は，

$$\omega=\frac{2\pi N_m}{60}$$
$$=\frac{2\times3.1416\times1200}{60}$$
$$\fallingdotseq 125.66\ \mathrm{rad/s}$$

電動機から減速機への軸トルクT_i[N・m]は，電動機の出力$P_o=10$ kWより，

$$T_i=\frac{P_o}{\omega}$$
$$=\frac{10\times10^3}{125.66}$$
$$\fallingdotseq 79.580\ \mathrm{N\cdot m}$$

減速比$a=4$，減速機の効率$\eta=0.95$より，負荷の軸トルクT_o[N・m]は，

$$T_o=\eta a T_i$$
$$=0.95\times4\times79.580$$
$$\fallingdotseq 302\ \mathrm{N\cdot m}$$

よって，最も近い選択肢は(3)となる。

3 集中豪雨対策として，面積1 km^{2}に1時間あたり100 mmの降雨があった際にその水を貯水池に集め，全揚程8 m揚水し河川に流す設備を考える。このとき出力100 kWの電動機は何台所有すればよいか。最も近いものを次の(1)～(5)より一つ選べ。ただし，ポンプの効率は0.84，設計上の余裕係数は1.3とする。

(1) 20　(2) 26　(3) 34　(4) 40　(5) 48

注目 時事問題的な内容となる。過去問も出題されたことがない完全なオリジナル問題であるが，揚水発電の考え方ともよく似ている。基本をよく理解しておくことが応用力に繋がる。

解答 (3)

電動機の出力$P = 100$ kW，全揚程$H = 8$ m，効率$\eta = 0.84$，余裕係数$K = 1.3$であるから，１台あたりの汲み上げる水量Q_1[m^3/s]は，

$$P = K\frac{9.8Q_1H}{\eta}$$

$$Q_1 = \frac{P\eta}{9.8HK} = \frac{100\times0.84}{9.8\times8\times1.3} \fallingdotseq 0.82418 \text{ m}^3\text{/s}$$

１時間あたりに汲み上げる必要がある水量Q[m^3/h]は，

$$Q = 1000\times1000\times100\times10^{-3}$$
$$= 100000 \text{ m}^3\text{/h}$$

であるから，１秒あたりにくみ上げる水量Q[m^3/s]は，

$$Q = \frac{100000}{3600}$$
$$\fallingdotseq 27.778 \text{ m}^3\text{/s}$$

よって，必要な電動機台数Nは，

$$N = \frac{Q}{Q_1}$$
$$= \frac{27.778}{0.82418}$$
$$\fallingdotseq 33.7 \rightarrow 34$$

4 小形モータに関する記述として，誤っているものを次の(1)～(5)のうちから一つ選べ。

(1) ステッピングモータとは，パルス電圧を印加してステップ状に駆動するモータでありパルスモータとも呼ばれ，ロボットやアナログ時計等に使用される。

(2) 永久磁石形のステッピングモータは，磁極の間隔に一定以上の距離を保つ必要があるため，ステップ角を小さくするのには限界がある。

(3) 可変リラクタンス形のステッピングモータは，回転子に歯車形の鉄心を用い，ステップ角が小さくできトルクが大きいという特徴がある。

(4) コアレスモータは，鉄心を持たない電動機で，鉄損が発生しないので高効率であり，騒音や振動も少ないとい

う特徴がある。

(5) ブラシレスＤＣモータは，回転子に永久磁石を用いる電動機で，回転子の表面に永久磁石を張り付けたSPM，永久磁石を回転子内部においたIPM等がある。

解答 (3)

(1) 正しい。ステッピングモータとは，パルス電圧を印加してステップ状に駆動するモータでありパルスモータとも呼ばれ，ロボットやアナログ時計等に使用される。

(2) 正しい。永久磁石形のステッピングモータは，磁極の間隔に一定以上の距離を保つ必要があるため，ステップ角を小さくするのには限界がある。

(3) 誤り。可変リラクタンス形のステッピングモータは，回転子に歯車形の鉄心を用いるため，ステップ角が小さくできるがトルクは小さくなるという特徴がある。

(4) 正しい。コアレスモータは，鉄心を持たない電動機で，鉄損が発生しないので高効率であり，騒音や振動も少ないという特徴がある。

(5) 正しい。ブラシレスＤＣモータは，回転子に永久磁石を用いる電動機で，回転子の表面に永久磁石を張り付けたSPM，永久磁石を回転子内部においたIPM等がある。

解答

CHAPTER 11

電気化学

1 電気化学

確認問題

❶ 次の文章は電池に関する記述である。(ア)～(エ)に当てはまる語句を答えよ。

電池には一度放電すると再度充電することができない［(ア)］電池と充電をして再度使用することができる［(イ)］電池がある。［(イ)］電池には鉛蓄電池，アルカリ蓄電池，［(ウ)］蓄電池等があり，［(ウ)］蓄電池は公称電圧が［(エ)］Vと高く，エネルギー密度も高いため，携帯電話等でも使用されている。

POINT 1 各種電池

注目 電験として出題されるのは，二次電池中心であるが，その中でもリチウムイオン電池は普及が進んできている電池である。今後も新たな電池ができると，その内容が出題されやすくなったりするので，日頃から興味を持つことが重要。

解答 (ア) 一次 (イ) 二次
(ウ) リチウムイオン (エ) 3.7

❷ 次の文章は鉛蓄電池に関する記述である。(ア)～(エ)に当てはまる語句を答えよ。

鉛蓄電池は正極材料として二酸化鉛，負極材料として鉛が用いられ，電解質は［(ア)］が用いられる。放電時には正極では［(イ)］反応，負極では［(ウ)］反応が起こり，各電極には［(エ)］が生成される。重量が重くなるが資源が豊富で比較的安価に生産が可能であるため，自動車用バッテリーや非常用電源として使用されている。

POINT 1 各種電池

酸化反応→電子を失う
還元反応→電子を受け取る
は非常に重要。

解答 (ア) 希硫酸 (H_2SO_4) (イ) 還元
(ウ) 酸化 (エ) 硫酸鉛 ($PbSO_4$)

❸ 次の文章は燃料電池に関する記述である。(ア)～(エ)に当てはまる語句を答えよ。

燃料電池は正極に［(ア)］，負極に［(イ)］を供給し，生成物として水を得る反応により電気エネルギーを得る電池

POINT 1 各種電池

各電池の概略は図や反応式で理解しておくとよい。

である。生成物1 molに対し，［（ア）］は［（ウ）］mol，［（イ）］は［（エ）］mol反応する。化石燃料の発電と異なり二酸化炭素を排出せず，大量の冷却水も使用しないため地球温暖化対策としても有効であり，窒素酸化物や硫黄酸化物の排出もないため，非常にクリーンな発電システムであるといえる。

解答　（ア）酸素　（イ）水素　（ウ）0.5　（エ）1

燃料電池の反応は以下の通りである。

正極：$\frac{1}{2}O_2 + 2H^+ + 2e^- \rightarrow H_2O$

負極：$H_2 \rightarrow 2H^+ + 2e^-$

全体：$H_2 + \frac{1}{2}O_2 \rightarrow H_2O$

全体の反応式より生成物である水（H_2O）1 molに対し，酸素（O_2）は0.5 mol，水（H_2）は1 mol反応することがわかる。

4 二次電池である鉛蓄電池は，放電時各極において，次の化学反応をする。このとき，次の(a)〜(d)の問に答えよ。ただし，鉛（Pb）の原子量は207，ファラデー定数は96500 C/molとする。

正極：$PbO_2 + SO_4^{2-} + 4H^+ + 2e^- \rightarrow PbSO_4 + 2H_2O$
負極：$Pb + SO_4^{2-} \rightarrow PbSO_4 + 2e^-$

(a) 負極で鉛（Pb）1 molが反応するとき，流れる電気量［C］を求めよ。
(b) 負極で鉛（Pb）1 molが反応するとき，鉛の減少量［g］を求めよ。
(c) この鉛蓄電池で3 A，30分間通電したときの通電した電気量［C］を求めよ。
(d) (c)の条件における，鉛の減少量［g］を求めよ。

POINT 2 ファラデーの電気分解の法則

解答　(a) 193000 C　(b) 207 g
(c) 5400 C　(d) 5.79 g

(a) 負極の反応式より，鉛（Pb）1 molが反応するとき，電子は2 mol生成されるので，流れる電気量

解答編
CHAPTER 11
電気化学 1

Q[C]は，ファラデー定数がF = 96500 C/molであるから，

$$Q = F \times 2$$
$$= 96500 \times 2$$
$$= 193000\ \mathrm{C}$$

(b)　鉛(Pb)の原子量はm = 207であるから，鉛(Pb)1 molが反応したとき，鉛の減少量M[g]は，

$$M = 207 \times 1$$
$$= 207\ \mathrm{g}$$

(c)　電気量[C] = [A・s]であるから，I = 3 A，t = 30 分 = 1800 s，通電したときの電気量Q'[C]は，

$$Q' = It$$
$$= 3 \times 1800$$
$$= 5400\ \mathrm{C}$$

(d)　電気量Q' = 5400 C，ファラデー定数がF = 96500 C/mol，鉛(Pb)の原子量及び原子価はm = 207及びn = 2であるから，反応した鉛の質量W[g]は，

$$W = \frac{1}{F} \times \frac{m}{n} \times Q$$
$$= \frac{1}{96500} \times \frac{207}{2} \times 5400$$
$$\fallingdotseq 5.79\ \mathrm{g}$$

この公式はできるだけ丸暗記するのではなく，(a)～(c)の内容を理解した上で，自力で公式を導き出せるようにしておくこと。

基本問題

1 次の文章はアルカリ蓄電池に関する記述である。

アルカリ蓄電池のうち実用化されている代表的な電池としてニッケルカドミウム電池がある。ニッケルカドミウム電池は［（ア）］極にカドミウム，［（イ）］極にオキシ水酸化ニッケル，電解液に［（ウ）］を用いる。ニッケルカドミウム電池は電極材料としてカドミウムを使用するため，近年ではより環境負荷の小さい［（エ）］電池が実用化されている。ニッケルカドミウム電池及び［（エ）］電池共に公称電圧は［（オ）］Vである。

上記の記述中の空白箇所（ア），（イ），（ウ），（エ）及び（オ）に当てはまる組合せとして，正しいものを次の(1)〜(5)のうちから一つ選べ。

	（ア）	（イ）	（ウ）	（エ）	（オ）
(1)	負	正	KOH	ニッケル水素	1.2
(2)	正	負	NaOH	ニッケル酸素	1.2
(3)	正	負	KOH	ニッケル酸素	1.5
(4)	負	正	KOH	ニッケル酸素	1.2
(5)	負	正	NaOH	ニッケル水素	1.5

POINT 1 各種電池

解答 (1)

ニッケルカドミウム電池の反応は以下の通りである。

正極：$NiOOH + H_2O + e^- \rightarrow Ni(OH)_2 + OH^-$

負極：$Cd + 2OH^- \rightarrow Cd(OH)_2 + 2e^-$

反応式の暗記は不要。

反応式の通り，正極にオキシ水酸化ニッケル(NiOOH)，負極にカドミウム(Cd)を用いる。負極材料であるカドミウムの環境負荷が非常に大きいため，近年はニッケル水素電池が用いられ，ニッケルカドミウム電池は回収されている。

カドミウムは四大公害の一つであるイタイイタイ病を引き起こす有害物質である。

2 次の文章は金属の特性に関する記述である。

酸性溶液である希硫酸に電極として亜鉛板と銅板を入れ，豆電球をつなぐと，豆電球が光る。これは亜鉛板と銅板が電池となり起電力が生じているからであり，亜鉛と銅は［（ア）］の方がイオン化傾向が大きいため，［（ア）］が［（イ）］極となる電池となる。

したがって，亜鉛板の極では［（ウ）］反応が起こり，銅板の極で［（エ）］反応が起こるため，時間が経過すると亜鉛と銅のうち［（オ）］が減少することになる。

上記の記述中の空白箇所（ア），（イ），（ウ），（エ）及び（オ）に当てはまる組合せとして，正しいものを次の(1)～(5)のうちから一つ選べ。

	（ア）	（イ）	（ウ）	（エ）	（オ）
(1)	亜鉛	正	還元	酸化	銅
(2)	銅	正	酸化	還元	銅
(3)	亜鉛	正	酸化	還元	亜鉛
(4)	亜鉛	負	酸化	還元	亜鉛
(5)	銅	負	還元	酸化	亜鉛

POINT 1 各種電池

注目 各金属のイオン化傾向や価数を知っていれば応用できる内容となる。電池に使用する金属の価数は2価が圧倒的に多いことも知っておくと良い。

解答 (4)

本問の内容は，ボルタ電池と呼ばれる一次電池の反応に関する内容で，各極の反応は以下の通りである。

正極：$2H^+ + 2e^- \rightarrow H_2$

負極：$Zn \rightarrow Zn^{2+} + 2e^-$

亜鉛は電子を失い，酸化反応する負極となり，反応が進むと亜鉛がイオンとなり，負極の質量が減少する。

イオン化傾向
K,Ca,Na,Mg,Al,Zn,Fe,Ni,Sn,Pb,(H),Cu,Hg,Ag,Pt,Au
（覚え方）
かそうかな,まああてにするなひどすぎる借金

3 蓄電池に関する記述として，誤っているものを次の(1)～(5)のうちから一つ選べ。

(1) 蓄電池は充放電可能な電池で，二次電池とも呼ばれる。

(2) 鉛蓄電池に使用されている電解液は希硫酸であり，公称電圧は2.0 Vである。

(3) リチウムイオン電池では有機電解液が使用され，公称電圧は3.7 Vである。

POINT 1 各種電池

(4) ニッケル水素電池は電解液として水酸化カリウム水溶液が用いられ，公称電圧は1.2 Vである。

(5) 蓄電池では充電時，正極で還元反応が起こり電子を受け取り，負極で酸化反応が起こり電子を失う。

解答 (5)

(1) 正しい。蓄電池は充放電可能な電池で，充放電ができない一次電池と区別して二次電池とも呼ばれる。

(2) 正しい。鉛蓄電池に使用されている電解液は希硫酸であり，公称電圧は2.0 Vである。したがって，非常用電源等に用いる場合はその電圧に応じて，直列接続して使用する。

(3) 正しい。リチウムイオン電池では有機電解液が使用され，公称電圧は高く3.7 Vである。

(4) 正しい。ニッケル水素電池は電解液として水酸化カリウム水溶液が用いられ，公称電圧は1.2［V］である。

(5) 誤り。以下の鉛蓄電池の反応式からも分かる通り，蓄電池では充電時，正極で酸化反応が起こり電子を失い，負極で還元反応が起こり電子を受け取る。

$$\text{正極}:PbO_2+SO_4^{2-}+4H^++2e^- \underset{\text{充電}}{\overset{\text{放電}}{\rightleftarrows}} PbSO_4+2H_2O$$

$$\text{負極}:Pb+SO_4^{2-} \underset{\text{充電}}{\overset{\text{放電}}{\rightleftarrows}} PbSO_4+2e^-$$

酸化反応と還元反応，正極と負極は非常に勘違いしやすいので，よく理解しておくこと。試験にも出題されやすい。

4 粗銅から非常に純度の高い銅を得る方法として銅の電解精錬があり，陽極と陰極では以下の反応が起こる。次の(a)及び(b)の問に答えよ。ただし，銅の原子量は64，ファラデー定数は9.65×10^4 C/molとする。

陽極：$Cu \rightarrow Cu^{2+}+2e^-$

陰極：$Cu^{2+}+2e^- \rightarrow Cu$

POINT 2 ファラデーの電気分解の法則

(a) 陰極に銅が128 g析出したとき，使用した電気量[C]として最も近いものを次の(1)～(5)のうちから一つ選べ。

(1) 2.41×10^4　(2) 4.83×10^4　(3) 9.65×10^4
(4) 1.93×10^5　(5) 3.86×10^5

(b) 両電極に3 Aの電流を2時間連続して通電したとき，陰極に析出する銅の量[g]として，最も近いものを次の(1)～(5)のうちから一つ選べ。

(1) 1　(2) 3　(3) 5　(4) 7　(5) 9

解答 (a)(5) (b)(4)

(a) ファラデー定数が$F=9.65\times10^4$ C/mol，銅(Cu)の原子量及び原子価は$m=64$及び$n=2$であり，反応した銅の質量は$W=128$ gであるから，使用した電気量Q[C]は，

$$W=\frac{1}{F}\times\frac{m}{n}\times Q$$

$$128=\frac{1}{9.65\times10^4}\times\frac{64}{2}\times Q$$

$$Q=\frac{128\times9.65\times10^4\times2}{64}=3.86\times10^5\ \text{C}$$

電解精錬は銅以外にも銀や金といった貴金属,イオン化傾向の小さい金属でも行われる。基本は同じなので一つ理解しておけば試験には対応できる。

(b) 電気量[C]＝[A・s]であるから，$I=3$ A，$t=2$ h通電したときの電気量Q[C]は，

$$Q=It$$
$$=3\times2\times3600=21600\ \text{C}$$

ファラデー定数が$F=9.65\times10^4$ C/mol，銅(Cu)の原子量及び原子価は$m=64$及び$n=2$であるから，反応した銅の質量W[g]は，

$$W=\frac{1}{F}\times\frac{m}{n}\times Q$$

$$=\frac{1}{9.65\times10^4}\times\frac{64}{2}\times21600$$

$$\fallingdotseq7.16\ \text{g}$$

よって，最も近い選択肢は(4)となる。

応用問題

1 鉛蓄電池に関する記述として，誤っているものを次の(1)～(5)のうちから一つ選べ。

(1) 放電により，電解液と両極の物質が反応し，白色の生成物ができる。

(2) 鉛は灰色に近い金属であるが，二酸化鉛は黒色の物質である。

(3) 長期間使用により電解液の量が減った場合には，精製水を補給する。

(4) 放電終始電圧（約1.8 V）を超えて放電を続けると，電極が導電性の膜で覆われ急激に容量が小さくなるので注意を要する。

(5) 充電時，正極では鉛化合物は２価の物質から４価の物質に変化する。

解答 (4)

(1) 正しい。放電により，電解液と両極の物質が反応し，白色の生成物である硫酸鉛（$PbSO_4$）ができる。

(2) 正しい。鉛（Pb）は灰色に近い金属であるが，二酸化鉛（PbO_2）は黒色の物質である。

(3) 正しい。鉛蓄電池は長期間使用により，電気分解で電解液の量が減るので，その場合には精製水を補給する。

(4) 誤り。放電終始電圧（約1.8 V）を超えて放電を続けると，電極が非導電性の硫酸鉛（$PbSO_4$）の膜で覆われ急激に容量が小さくなるので注意を要する。これをサルフェーションという。

(5) 正しい。充電時，正極では２価の硫酸鉛（$PbSO_4$）から４価の二酸化鉛（PbO_2）に変化する。

サルフェーションは設備を扱う上でも知っていなければならない内容であるため，覚えておくこと。

2 燃料電池に関して，次の(a)及び(b)の問に答えよ。

(a) 燃料電池の電解質と動作温度，単体の発電容量の組合せとして正しいものを次の(1)～(5)のうちから一つ選べ。

	電解質	動作温度	発電容量
(1)	りん酸	約200℃	100kW
(2)	固体高分子膜	約90℃	2000kW
(3)	安定化ジルコニア	約100℃	500kW
(4)	水酸化ナトリウム水溶液	約80℃	20kW
(5)	炭酸塩	約600℃	40kW

(b) 燃料電池の運転により酸素が33.6 m^3消費されたとき，燃料電池から得られた電気量[kA・h]として，最も近いものを次の(1)～(5)のうちから一つ選べ。ただし，酸素のモル体積は22.4 m^3/kmol，ファラデー定数は27 A・h/molとする。

(1) 40　(2) 80　(3) 120　(4) 160　(5) 200

解答 (a)(1) (b)(4)

(a)

(1) 正しい。りん酸形は低温形の燃料電池であり，動作温度が200℃程度，発電容量も小容量のものから1万kW程度の容量まで幅広い容量をカバーできる。

(2) 誤り。固体高分子形はりん酸形と同じく低温形の燃料電池であり，動作温度も90℃程度である。小型の物が多く，発電容量は数100 kW程度が上限である。

(3) 誤り。電解質に安定化ジルコニアを用いる固体酸化物形は，高温形の燃料電池であり，動作温度が1000℃程度と高い。

(4) 誤り。燃料電池の種類にアルカリ形があるが，電解質に使用するのは水酸化カリウム水溶液である。

(5) 誤り。炭酸塩形の燃料電池は発電容量が数百

注目 燃料電池の電解質の内容は燃料電池の中でも出題されやすい内容である。

低温形か高温形か，一般的に高温形の方が発電容量が大きくできる等のポイントを理解しておくと正答が導き出せる。

kW以上の大きいものが多い。

(b) 燃料電池により消費された酸素の体積はV_o＝33.6 m^{3}であるから，その物質量N[kmol]は，

$$N=\frac{V_o}{22.4}$$
$$=\frac{33.6}{22.4}$$
$$=1.5\ \text{kmol}$$

ファラデー定数がF＝27 A・h/mol，酸素1 molに対して反応する電子の数は4 molなので，得られた電気量Q[kA・h]は，

$$Q=F\times4\times N$$
$$=27\times4\times1.5$$
$$=162\ \text{kA·h}$$

よって，最も近い選択肢は(4)となる。

ポイント解説の公式を丸暗記していると，この問題のような少し捻った問題が解けなくなる。
丸暗記しなければならないものもあるが，原則として公式は丸暗記するのではなく，中身を理解することが重要である。

$\frac{1}{2}O_2+2H^++2e^-\rightarrow H_2O$
なので電子のモル数は酸素のモル数の4倍である。

3 次の文章は金属めっきのうち，亜鉛めっきに関する記述である。

鉄はそのまま大気中に晒されると錆を生じるため，その錆止めに様々な金属めっきを施される。例えば，亜鉛めっきを施す場合，亜鉛は鉄よりもイオン化傾向が大きく，優先的に錆びさせることができるので，亜鉛めっきを施すことにより鉄を保護する役目を果たすことができる。

亜鉛めっきでは陽極に［(ア)］，陰極に［(イ)］を電解液である硫酸亜鉛の電解液に入れて通電する。通電ししばらく時間が経過すると，亜鉛が［(ウ)］イオンとなって溶け出し，鉄に薄く膜状にめっきされる。

例えば，2 Aで3時間通電すると，［(エ)］gめっきされる。ただし，亜鉛及び鉄の原子量はそれぞれ65及び56，電流効率は75 %，ファラデー定数は27 A・h/molとする。

	(ア)	(イ)	(ウ)	(エ)
(1)	鉄	亜鉛	陽	5.4
(2)	亜鉛	鉄	陰	4.5
(3)	亜鉛	鉄	陽	5.4
(4)	亜鉛	鉄	陽	9
(5)	鉄	亜鉛	陰	4.5

解答 (3)

(ア)(イ) 亜鉛に限らず，金属めっきにおいては，陽極にめっきする金属，陰極にめっきされる金属とする。亜鉛の場合の陽極（亜鉛）と陰極（鉄）の反応は以下の通りである。

陽極：$Zn \rightarrow Zn^{2+} + 2e^-$

陰極：$Zn^{2+} + 2e^- \rightarrow Zn$

金属めっきは亜鉛のようにより錆びやすい物質をめっきしたり，金のように錆びにくい物質で覆うようにする方法がある。

(ウ) 反応式の通り，陽極では亜鉛が陽イオンとなって溶け出す。

金属イオンは基本的に陽イオンである。

(エ) 2 Aで3時間通電したときの反応に使われる電気量Q[A・h]は，電流効率$\eta = 0.75$であるから，

$$Q = 2 \times 3 \times 0.75$$
$$= 4.5 \text{ A·h}$$

である。ファラデー定数が$F = 27$[A・h/mol]，亜鉛(Zn)の原子量及び原子価は$m = 65$及び$n = 2$あるから，反応した亜鉛の質量W[g]は，

$$W = \frac{1}{F} \times \frac{m}{n} \times Q$$
$$= \frac{1}{27} \times \frac{65}{2} \times 4.5$$
$$\fallingdotseq 5.4 \text{ g}$$